研究生教学用书

现代电力电子学

徐德鸿　陈治明　李永东
康　勇　阮新波　陈　敏　编著

机械工业出版社

本书供已具备电力电子技术初步知识的读者进一步学习之用，是一本电力电子技术的高级教程。本书内容包括电力电子技术中常用的数学方法，电力电子器件原理与应用基础、宽禁带器件，软开关、三电平、同步整流、交错并联等功率变换技术，DC/DC 变换器的动态建模方法，多电平逆变器拓扑及 PWM 调制，SPWM 逆变器的动态建模与控制，有源功率因数校正等内容。

本书可作为电力电子与电力传动专业及相关专业的研究生教材，也可作为从事开关电源、UPS、变频器、新能源变流器等开发、设计工程技术人员的参考书。

图书在版编目（CIP）数据

现代电力电子学/徐德鸿等编著．—北京：机械工业出版社，2012.5（2024.6 重印）

研究生教学用书

ISBN 978-7-111-39685-7

Ⅰ.①现…　Ⅱ.①徐…　Ⅲ.①电力电子学－研究生－教材　Ⅳ.①TM1

中国版本图书馆 CIP 数据核字（2012）第 211776 号

机械工业出版社（北京市百万庄大街 22 号　邮政编码 100037）

策划编辑：于苏华　责任编辑：于苏华　王寅生　路乙达

版式设计：霍永明　责任校对：张　媛

封面设计：张　静　责任印制：邓　博

北京盛通数码印刷有限公司印刷

2024 年 6 月第 1 版第 7 次印刷

184mm×260mm · 20 印张 · 491 千字

标准书号：ISBN 978-7-111-39685-7

定价：59.80 元

电话服务	网络服务
客服电话：010-88361066	机　工　官　网：www.cmpbook.com
010-88379833	机　工　官　博：weibo.com/cmp1952
010-68326294	金　　书　　网：www.golden-book.com
封底无防伪标均为盗版	机工教育服务网：www.cmpedu.com

前　　言

电力电子技术是一项实现电能高效率利用和运动精密控制的技术，已渗透到人类生活的各个方面，成为现代工业、信息和通信、能源、交通、国防等领域的支撑科学技术。自1948年美国贝尔实验室发明晶体管以来，电力电子器件经历了半个多世纪的发展，功率器件经历从结型控制器件（如晶闸管、功率GTR、GTO）到场控器件（如功率MOSFET、IGBT、IGCT）的发展历程，电力电子器件的性能取得了显著的进步。此外，以SiC为代表的新一代功率器件从实验室进入了工业应用。同时，电力电子电路理论及其控制技术也取得了长足的发展，在电路拓扑、分析方法、建模方法、控制方法、设计方法等方面实现了飞跃，出现了新的知识和内容。

目前，国内很少见到系统地反映电力电子技术新的知识和内容，并适合研究生教学的深度教材。针对以上情况，我们组织了该书的编写工作，本书可以作为研究生教材或电力电子技术高级课程的参考书。

本书力图以通俗易懂的方式，将电力电子技术的新知识介绍给大家。本书共分为8章。第1章为绪论，介绍电力电子技术的概况和技术展望。第2章介绍电力电子技术中常用的数学方法，包括傅里叶级数与傅里叶变换、坐标变换、瞬时功率理论、对称分量法。第3章介绍现代电力电子器件，包括二极管、功率MOS、IGBT、GTO和IGCT等的原理与特性、宽禁带半导体电力电子器件、电力电子器件应用技术基础。第4章介绍DC/DC高频功率变换技术，包括软开关直流变换、三电平直流变换、同步整流、交错并联等内容。第5章介绍DC/DC变换器的动态模型与控制，包括功率变换器动态建模的意义、开关周期平均与小信号线性化动态模型、统一电路模型等内容。第6章介绍逆变器及调制技术，包括常用PWM技术、多电平逆变器拓扑结构及其PWM调制。第7章介绍SPWM变换器系统控制技术，包括SPWM变换器的建模、SPWM变换器控制方法等内容。第8章介绍有源功率因数校正技术，包括单相有源功率因数校正原理、单相有源功率因数校正电路与控制、三相Boost PFC电路与控制、三相6开关PFC电路等内容。

本书可作为电气工程学科及相关专业的研究生教材，也可作为从事电力电子装置、变频器、开关电源、新能源变流器等开发与设计的工程技术人员的参考书。希望本书的出版能对国内广大从事电力电子技术、电源技术的科研人员了解电力电子技术的新知识有所帮助，在促进我国电力电子技术的教学和研究水平的提升方面发挥一点作用。

本书由徐德鸿编写了第1章、第5章、第8章，陈敏编写了第2章，陈治明编写了第3章，阮新波编写了第4章，李永东编写了第6章，康勇编写了第7章。徐德鸿负责全书的统稿。

本书引用了国内外许多专家、学者的著作、论文等文献，在此表示衷心的感谢。

由于作者水平有限，书中难免有疏漏和不妥之处，恳切希望读者批评指正。

作　者

目 录

前言
第1章 绪论 …… 1
1.1 电力电子技术的定义 …… 1
1.2 电力电子器件 …… 1
1.3 电力电子功率变换技术 …… 3
1.4 电力电子技术的展望 …… 4
1.5 本章小结 …… 10
参考文献 …… 10
第2章 电力电子技术中的数学方法 …… 11
2.1 傅里叶级数与傅里叶变换 …… 11
2.1.1 连续傅里叶级数与傅里叶变换 …… 11
2.1.2 离散傅里叶级数与傅里叶变换 …… 14
2.2 坐标变换 …… 17
2.2.1 三相到两相的静止变换 …… 18
2.2.2 d-q 旋转变换 …… 18
2.2.3 空间矢量 …… 22
2.3 瞬时功率理论 …… 23
2.3.1 瞬时无功功率理论基础及其发展 …… 23
2.3.2 Akagi 瞬时无功功率理论 …… 24
2.3.3 基于电流分解的瞬时无功功率理论 …… 25
2.3.4 通用瞬时无功功率理论 …… 26
2.4 对称分量分解法 …… 27
2.4.1 正序分量 …… 27
2.4.2 负序分量 …… 27
2.4.3 零序分量 …… 27
2.4.4 总量和正序、负序、零序分量之间的关系 …… 28
2.5 本章小结 …… 29
参考文献 …… 29
第3章 现代电力电子器件 …… 31
3.1 概述 …… 31
3.1.1 电力电子器件概述 …… 31
3.1.2 发展沿革与趋势 …… 33
3.2 电力电子器件原理与特性 …… 37
3.2.1 整流原理与阻断特性 …… 37
3.2.2 开关原理与频率特性 …… 44
3.2.3 电导调制原理与通态特性 …… 50
3.2.4 功率损耗原理与高温特性 …… 51
3.3 现代整流二极管 …… 56
3.3.1 普通肖特基势垒二极管 …… 56
3.3.2 PN 结-肖特基势垒复合二极管 …… 57
3.3.3 MOS-肖特基势垒复合二极管 …… 58
3.3.4 改进的 PIN 二极管 …… 58
3.4 功率 MOS …… 59
3.4.1 功率 MOS 的基本结构与工作原理 …… 59
3.4.2 功率 MOS 的特征参数 …… 61
3.4.3 功率 MOS 的基本特性 …… 62
3.4.4 功率 MOS 的可靠性问题 …… 67
3.5 绝缘栅双极晶体管（IGBT） …… 70
3.5.1 IGBT 的基本结构和工作原理 …… 70
3.5.2 IGBT 的工作特性 …… 72
3.5.3 安全工作区 …… 77
3.5.4 特种 IGBT 与 IGBT 的进化 …… 77
3.6 宽禁带半导体电力电子器件 …… 79
3.6.1 电力电子器件的材料优选 …… 79
3.6.2 碳化硅电力电子器件 …… 80
3.6.3 其他宽禁带半导体电力电子器件 …… 83
3.7 本章小结 …… 83
参考文献 …… 84
第4章 DC/DC 高频功率变换 …… 85
4.1 软开关直流变换器 …… 85
4.1.1 直流变换器软开关的分类 …… 85
4.1.2 谐振变换器 …… 88
4.1.3 *LLC* 谐振变换器 …… 92
4.1.4 PWM 软开关变换器 …… 94
4.1.5 移相控制全桥变换器 …… 97
4.2 三电平 DC/DC 变换器 …… 100
4.2.1 多电平变换器的分类 …… 100
4.2.2 基本的三电平变换器 …… 101
4.2.3 隔离型三电平变换器 …… 112

4.3　同步整流技术 …… 120
4.3.1　同步整流技术的基本概念 …… 120
4.3.2　同步整流管的驱动时序 …… 120
4.3.3　同步整流管驱动电路分类 …… 121
4.3.4　同步整流双向驱动方式 …… 123
4.3.5　同步整流单向驱动方式 …… 128
4.4　交错并联技术 …… 131
4.4.1　交错并联技术的基本概念 …… 131
4.4.2　交错并联变换器 …… 131
4.4.3　交错并联变换器和多电平变换器的对比 …… 134
4.5　本章小结 …… 135
参考文献 …… 135
第5章　DC/DC变换器的动态模型与控制 …… 137
5.1　功率变换器动态建模的意义 …… 137
5.2　开关周期平均与小信号线性化动态模型 …… 142
5.3　统一电路模型 …… 158
5.4　调制器的模型 …… 159
5.5　闭环控制与稳定性 …… 161
5.6　本章小结 …… 164
参考文献 …… 164
第6章　逆变器及调制技术 …… 165
6.1　概述 …… 165
6.2　电压型逆变器及其PWM技术 …… 166
6.2.1　电压型PWM逆变器的主回路 …… 166
6.2.2　电流正弦PWM技术 …… 167
6.2.3　空间矢量PWM技术 …… 171
6.3　多电平变换器的拓扑结构 …… 173
6.3.1　多电平变换器的特点 …… 173
6.3.2　箝位型多电平变换器 …… 175
6.3.3　级联型多电平变换器 …… 183
6.3.4　其他多电平结构 …… 185
6.4　多电平变换器的PWM控制 …… 188
6.4.1　多电平载波PWM技术 …… 188
6.4.2　多电平空间矢量PWM技术 …… 194
6.4.3　多电平载波与空间矢量的统一 …… 213
6.5　本章小结 …… 218
参考文献 …… 219
第7章　SPWM变换器系统控制技术 …… 220
7.1　概述 …… 220
7.2　SPWM变换器系统的一般性能要求及指标 …… 222
7.2.1　SPWM变换器的一般性能要求 …… 223
7.2.2　SPWM变换器的一般性能指标 …… 223
7.3　SPWM变换器的建模 …… 226
7.3.1　SPWM逆变器（独立运行）的数学模型 …… 226
7.3.2　SPWM整流器（接入电网）的数学模型 …… 235
7.4　独立运行逆变器的控制技术 …… 240
7.4.1　逆变器输出电压控制技术 …… 240
7.4.2　逆变器并联运行控制技术 …… 242
7.5　接入电网的SPWM变换器控制技术 …… 248
7.5.1　接入电网的SPWM变换器直流侧电压控制技术 …… 248
7.5.2　接入电网的SPWM变换器电网侧基波电流控制技术 …… 251
7.5.3　接入电网的SPWM变换器电网侧功率控制技术 …… 252
7.5.4　接入电网的SPWM变换器电网侧谐波电流控制技术 …… 255
7.6　控制器的设计 …… 259
7.6.1　基于经典控制理论的设计 …… 260
7.6.2　基于状态空间理论的设计 …… 262
7.6.3　重复控制 …… 264
7.6.4　无差拍控制 …… 266
7.7　本章小结 …… 268
参考文献 …… 269
第8章　有源功率因数校正技术 …… 271
8.1　单相有源功率因数校正原理 …… 271
8.1.1　电阻负载模拟 …… 271
8.1.2　功率变换器与有源功率因数校正 …… 272
8.2　CCM单相BOOST功率因数校正变换器 …… 276
8.2.1　电路原理分析 …… 276
8.2.2　CCM单相BOOST功率因数校正变换器的控制 …… 281
8.3　DCM单相BOOST功率因数校正变换器 …… 284
8.3.1　CRM单相BOOST功率因数校正变换器电路分析 …… 286

8.3.2 CRM单相BOOST功率因数校正变换器的控制 …………… 291
8.4 其他单相功率因数校正变换技术 …… 292
8.4.1 无桥型功率因数校正变换电路 ………………………… 292
8.4.2 低频开关功率因数校正变换电路 ………………………… 293
8.4.3 窗口控制功率因数校正变换电路 ………………………… 296
8.5 三相PFC原理 …………………… 297
8.5.1 三相单开关Boost PFC电路的控制 ………………………… 297
8.5.2 三相六开关PFC电路的控制 …… 305
8.5.3 其他三相PFC电路 …………… 308
8.6 本章小结 ……………………… 310
参考文献 ………………………… 310

第1章　绪　　论

1.1　电力电子技术的定义

电力电子技术通俗地说，就是利用半导体实现电能的高效率应用的技术。因此，电力电子技术的基础是功率半导体器件，或称为电力电子器件。1948 年美国贝尔实验室的肖克利等人发明了能够放大电信号的晶体管，从而开创了半导体电子学。实际上，晶体管不仅可以放大信号，也可以进行功率变换，如功率放大器。如果使晶体管工作在开关工作方式，并通过控制晶体管导通状态或关断状态在一个周期中持续的时间，就可以实现输出功率大小的控制。目前广泛采用的功率半导体器件如功率场效应晶体管（功率 MOSFET）、绝缘栅双极型晶体管（IGBT）、晶闸管都发展自晶体管，因此晶体管诞生也标志着电力电子技术学科发展的基础已经建立。历史上对电力电子技术学科的形成发挥关键作用的要数晶闸管的出现。1957 年美国通用电气公司在晶体管的基础上发明了晶闸管（SCR），晶闸管是一个可控的单向开关，可以实现大功率的应用，因此很快被应用在整流电路，实现交流电能到直流电能的变换和调节；后来，晶闸管又被应用在直流电能到交流电能的变换，采用晶闸管器件的变流装置迅速推广。1974 年美国学者 W. Newell 提出了电力电子技术（Power Electronics）的定义，并用倒三角形对电力电子技术作了描述。倒三角形寓意电力电子技术是由电气工程与技术、控制理论、电子科学与技术三大学科交叉而形成的，这一观点已被学术界普遍接受。电力电子技术的定义如图 1-1 所示。

电力电子技术是依靠功率半导体器件实现电能的高效率变换与控制，或是对电动机运动实现精密控制的一门学科。电力电子技术是现代社会的支撑科技，几乎进入社会的各个方面，如电气化、汽车、飞机、自来水供水系统、电子技术、无线电与电视、农业机械化、计算机、电话、空调与制冷、高速公路、航天、互联网、成像技术、家电、保健科技、石化、激光与光纤、核能利用、新材料制造等。电力电子技术在推动科学技术和经济的发展中发挥着越来越重要的作用。

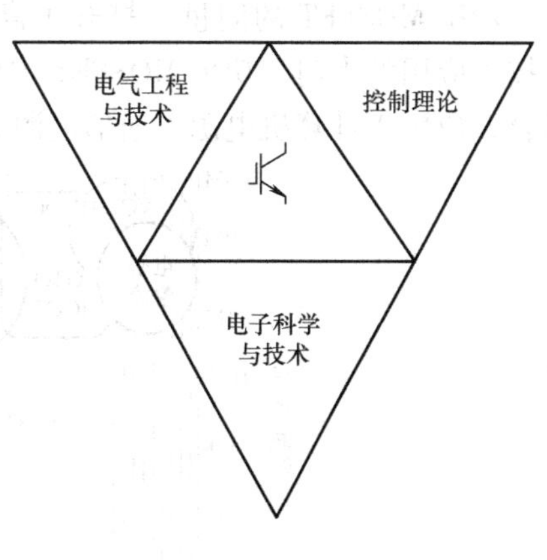

图 1-1　电力电子技术的定义

1.2　电力电子器件

按照载流子导电类型分类，电力电子器件可分为双极型、单极型和混合型。双极型器件采用两种载流子导电，具有耐压高、通态压降低的特点，适合于高压大容量的应用；单极型器件采用单一载流子导电，具有开关速度快和驱动方便的特点，适合于小功率的应用；混合型器件结合了双极型器件和单极型器件的优点。表

1-1 给出了典型电力电子器件的分类和用途。

表 1-1　典型电力电子器件的分类和用途

载流子导电类型	器件名称	英文名	用途	说明
双极型器件	二极管	Diode	整流、能量回馈、续流	分整流二极管和快速二极管
	功率晶体管	GTR		已被 IGBT 代替
	晶闸管	Thyristor	整流、逆变	高压大容量
	门极关断晶闸管	GTO	大容量逆变	已被 IGCT 替代
单极型器件	场效应晶体管	MOSFET	DC/DC 变换功率因数校正	小功率、高功率密度的应用
混合型器件	绝缘栅双极型晶体管	IGBT	逆变、DC/DC 变换、PWM 整流	应用十分广泛
	集成门极换流晶闸管	IGCT	大容量逆变	GTO 的进化

功率器件经历从结型控制器件（如晶闸管、GTR、GTO）到场控器件（如功率 MOSFET、IGBT、IGCT）的发展历程。20 世纪 90 年代又出现了智能功率模块（IPM），智能功率模块是将一个或多个功率器件及其驱动、保护等电路集成在一个硅片或一个基板上，形成了电力电子集成化的概念。大功率、高频化、驱动场控化成为功率器件发展的重要特征。图 1-2 所示为功率器件的电压等级和功率水平，图 1-3 所示为功率器件的应用场合。

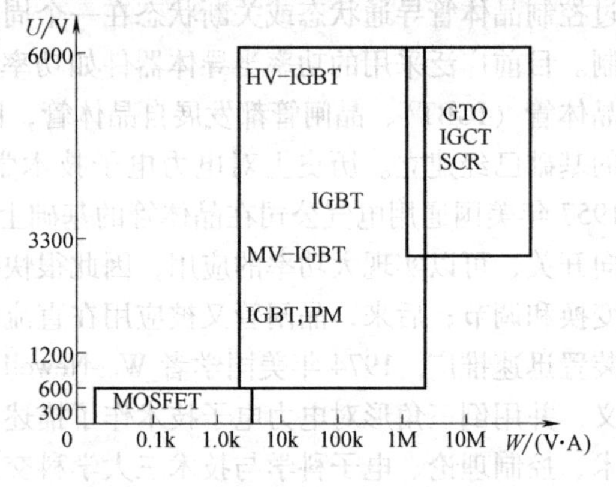

图 1-2　功率器件水平（电压、容量）

功率 MOSFET 的问世，打开了高频电力电子技术应用的大门。功率 MOSFET 主要应用在电压小于 600V、功率从数百毫瓦到数千瓦的场合，应用于计算机电源、通信电源、微型充电器、微型电动机控制等场合。

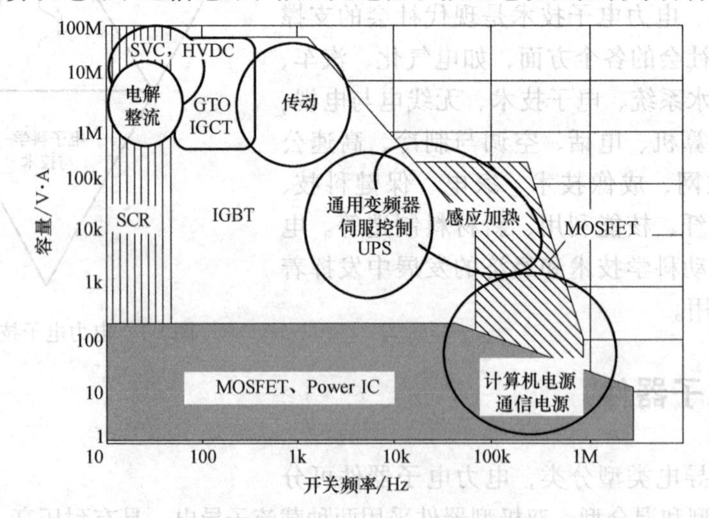

图 1-3　功率器件的应用场合

绝缘栅双极型晶体管（IGBT）综合了功率 MOSFET 和双极型 GTR 两者的优势，电压为

600V～6.5kV，适合功率从数千瓦到数兆瓦的应用场合。IGBT已经成为最具有发展前景的功率器件，应用于不间断电源设备（UPS）、通用变频器、中压变频器、电力牵引、电动汽车、大功率开关电源、高频电焊机、感应加热电源、光伏变流器、风电变流器、静止无功发生器、电力储能控制装置等。

在IGBT出现以前，GTR应用于开关电源、不间断电源设备、感应加热电源，但目前GTR几乎被IGBT所替代。

晶闸管是最古老的功率器件，目前仍是容量最大的功率器件，主要应用在高压大容量整流、大容量电动机调速、无功补偿、直流输电等。由于晶闸管的门极没有关断能力，需要借助电网或负载进行换流，因此在逆变应用场合逐渐被IGBT、GTO、IGCT等替代。

门极关断晶闸管（GTO）是在晶闸管基础上发展起来的全控型电力电子器件，目前的电压电流等级可达6kV、6kA。GTO开关速度较低，损耗大，需要复杂的缓冲电路和门极驱动电路，使其应用受到限制。集成门极换流晶闸管（IGCT）综合了功率MOSFET和晶闸管两者优势。IGCT继承了晶闸管的高阻断能力和低通态压降的特点。与GTO相比，IGCT的关断时间降低了30%，功耗降低40%。由于IGCT采用功率MOSFET作为场控驱动，方便了应用。目前IGCT容量已达到6.5kV/4kA，适合功率从数百千瓦到数十兆瓦的应用场合。IGCT同样主要面向高压大容量应用，中压电机调速、电力牵引、风力发电、直流输电、固体断路器等。目前，随着IGBT的高压大容量化，IGCT的传统应用领地也不断受到IGBT蚕食。

1.3 电力电子功率变换技术

新的电力电子器件出现或新需求的出现总是对电力电子功率变换技术的发展注入新的动力。随着功率MOSFET器件和IGBT的出现，20世纪80～90年代掀起电力电子电路拓扑研究的热潮，当时也正好是计算机技术快速发展时期，对开关电源、不间断电源等产生了巨大的需求。为了满足开关电源的效率和功率密度等性能的提升要求，发明了众多AC/DC和DC/DC功率变换的电路拓扑，其中软开关谐振功率变换电路研究成为当时的热点。这一时期出现了如有源钳位DC/DC功率变换电路、全桥移相软开关DC/DC功率变换电路、单相功率因数校正电路、三相功率因数校正电路等新颖电路拓扑。20世纪90年代以来出现了中压变频、无功补偿等应用需求，高压、大容量的需求推动多电平变流技术的发展，代表性的电路拓扑有中点钳位的三电平变流器或多电平变流器、飞跨电容多电平变流器、级联式多电平变流器。进入21世纪，节能环保的要求拉动了新能源和电动汽车等需求，以光伏逆变器电路拓扑为例，出现H5、HERIC等新型光伏逆变电路拓扑。

对电力电子电路的功率调节主要有三种途径：相控、PWM控制、变频控制。传统晶闸管整流电路、交流调压电路一般依靠相控实现功率调节，而以功率MOSFET或IGBT为开关器件的电力电子电路主要采用PWM控制。在三相变流系统中，出现自然采样PWM、规则采样PWM、3次谐波注入的PWM、空间向量调制方法、特定谐波消除PWM、最小损耗PWM，其中空间向量调制方法已成为三相变流系统的主流功率调节方法。伴随着三电平、多电平变流电路的出现，空间向量调制方法或基于载波移相的PWM方法获得发展。一些面向高功率密度应用的谐振功率变换DC/DC变换电路采用变频控制实现功率调节，同时实现电力电子器件的软开关和开关损耗的减少。

在电力电子系统理论方面出现了瞬时功率理论，它是分析以电力电子系统为代表的非正弦功率系统的有功、无功功率流动的基础。Park 变换被成功引入三相电力电子系统的控制，并在无功补偿器、有源滤波器、三相整流器、三相逆变器的控制中获得应用。许多控制理论的方法，如双环级联控制、解耦控制、前馈控制、重复控制、比例谐振控制、Deadbeat 控制、电流滞环控制、预测控制、神经网络控制，被引入电力电子系统的控制。数字锁相获得广泛应用，并发展出了能够适应非理想电网的锁相算法。

为了使电力电子系统达到所需的静态和动态指标，一般需要引入反馈控制。自动控制理论是进行反馈控制设计的有效工具。自动控制理论中关于控制器或补偿网络设计的主要工具有频域法和根轨迹法，它们只适用于线性系统。由于电力电子系统中包含功率开关器件或二极管等非线性器件，因此电力电子系统是一个非线性系统。为了进行控制器或补偿网络设计，需要建立电力电子系统的线性化动态模型。尽管电力电子系统为非线性电路，但在研究它在某一稳态工作点附近的动态特性时，仍可以把它当作线性系统来近似。

在电力电子电路和系统的仿真手段方面出现多种商用软件，如电路、系统分析软件 PSPICE、PSIM、SABER、SIMPLIS、PSCAD 等；变压器、电感等的分析软件 ANSOFT、热分析软件 ICEPAK。

1.4 电力电子技术的展望

1. 功率器件

功率器件的发展是电力电子技术发展的基础。功率 MOSFET 至今仍是最快速的功率器件，减少其通态电阻仍是今后功率 MOSFET 的主要研究方向。1998 年出现了超级结（Superjunction）的概念，通过引入等效漂移区，在保持阻断电压能力的前提下，有效地减少了 MOSFET 的导通电阻，这种 MOSFET 被称为 CoolMOS。CoolMOS 与普通 MOSFET 结构的比较如图 1-4 所示。比如 600V 耐压的 CoolMOS 的通态电阻仅为普通 MOSFET 的 1/5。它在中、小开关电源、固体开关中得到广泛的应用。

IGBT 综合了场控器件快速性的优点和双极型器件低通态压降的优点。IGBT 的高压、大容量也是长期以来的研究目标。1985 年人们认为 IGBT 的极限耐压为 2kV，然而 IGBT 器件的阻断电压上限不断刷新，目前已达到 6.5kV。采用 IGBT 改造 GTO 变频装置，减小了装置的体积和损耗。IGBT 的阻断电压的提高，使其能覆盖更大的功率应用领域，如 IGBT 替代 GTO 改造原有电气化电力机车的变频器。IGBT 正不断地蚕食晶闸管、GTO 的传统领地，在大功率应用场合极具渗透力。如何提高 IGBT 器件的可靠性如采用压接工艺等也是重要发展方向之一。对于应用于市电的电力电子装置的低压 IGBT 器件，其主要性能提高目标是降低通态压降和提高开关速度，出现了沟槽栅结构 IGBT

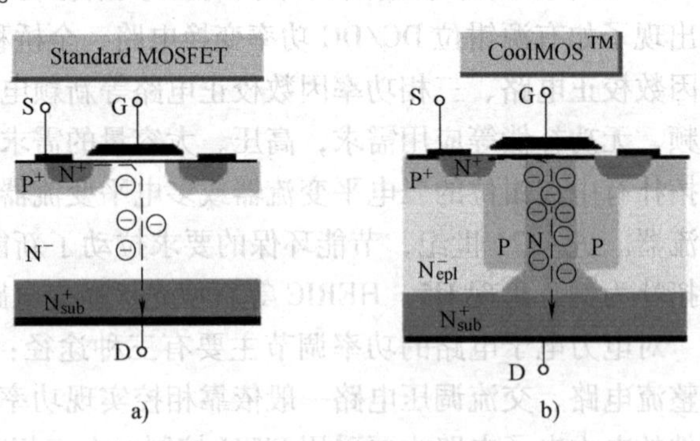

图 1-4 CoolMOS 与普通 MOSFET 结构的比较
a) 普通 MOSFET 结构 b) CoolMOS 结构

器件。面临 IGBT 的追赶，出现 GTO 的更新换代产品 IGCT，如图 1-5 所示。IGCT 通过分布集成门极驱动、浅层发射极等技术使器件的开关速度有一定的提高，同时减小了门极驱动功率，方便了应用。IGCT 正面临 IGBT 的严峻竞争，IGCT 的出路是高压、大容量化，可能在未来的柔性交流输电（FACTS）应用中寻找出路。

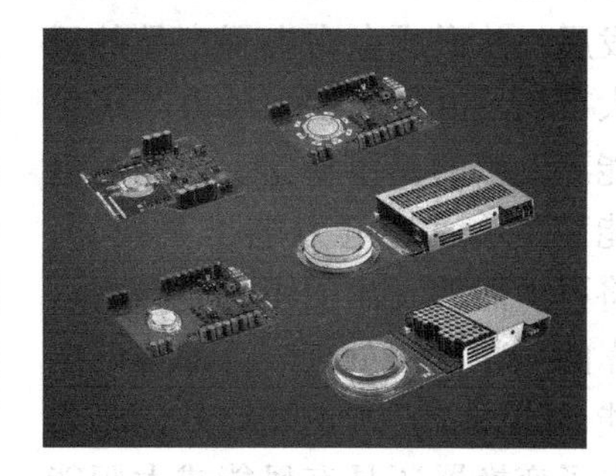
图 1-5 ABB 开发的 IGCT

宽禁带功率器件是 21 世纪最有发展潜力的电力电子器件之一。目前最受关注的两种宽禁带材料是碳化硅（SiC）和氮化镓（GaN），图 1-6 是两种宽禁带材料与硅材料的特性比较。SiC 材料的临界电场强度是硅材料的 10 倍，热导率是硅材料的 3 倍，结温超过 200℃。从理论上讲，SiC 功率开关器件的开关频率将显著提高，损耗减至硅功率器件的 1/10。由于热导率和结温提高，因此散热器设计变得容易，构成的装置的体积变得更小。由于 SiC 器件的禁带宽，结电压高，因此比较适合于制造单极型器件。目前 600V 和 1.2kV 的 SiC 肖特基二极管产品具有几乎零反向恢复过程，已经在计算机电源中得到应用。2011 年 1200V SiC MOSFET 和 SiC JFET 实现了商业化。采用 SiC JFET 的光伏逆变器实现 99% 的变换效率。SiC 功率器件将应用于电动汽车、新能源并网逆变器、智能电网等场合。近年来，氮化镓（GaN）功率器件也十分引人注目，由于氮化镓（GaN）功率器件可以集成在廉价的硅基衬底上，并具有超快的开关特性，受到国际上的关注。主要面向 900V 以下的场合应用，开关电源、开关功率放大器、汽车电子、光伏逆变器、家用电器等。

2. 再生能源与环境保护

现代社会对环境造成了严重的污染，温室气体的排放引起了国际社会的关注，大量的能源消耗是温室气体排放的主要原因。发达国家的长期工业化过程是造成温室气体问题的主要原因。然而，改革开放以来，我国的能源消费量急剧上升，二氧化碳排放量也有较大增加。2011 年，我国的二氧化碳排放量已超过美国，成为世界上第一排放国。1997 年在日本京都召开的“联合国气候变化框架公约”会议上，通过了著名京都议定书 COP3，即温室气体排放限制议定书。通过国际社会的努力，2005 年京都议定书正式生效。

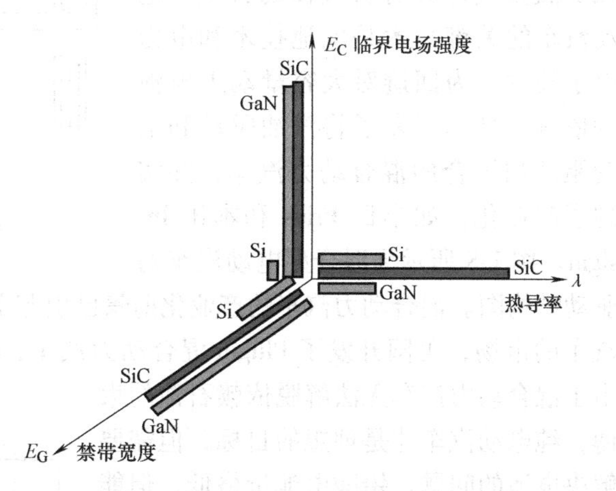

图 1-6 两种宽禁带材料与硅材料的特性比较

扩大再生能源应用比例和大力采用节能技术是实现京都议定书目标十分关键和有效的措施。欧盟制定了 20-20-20 计划，到 2020 年可再生能源占欧盟总能源消耗的 20%。2007 年 12 月美国总统签署了“能源独立和安全法案（EISA）”。

我国也十分重视再生能源的开发利用，2006 年我国施行了《再生能源法》。指定了《可再生能源中长期发展规划》，到 2020 年我国可再生能源将占总能源消耗的 15%。2010 年我国累计风电装机容量为 4200 万 kW，居世界第一，预计到 2020 年累计风电装机容量将逾 1

亿 kW。2010 年我国累计光伏装机容量为 100 万 kW，预计到 2020 年光伏装机容量将逾 4000 万 kW。

光伏、风力、燃料电池等新能源发电推动了电力电子技术的发展，并形成电力电子产品的巨大市场。由于光伏、风力等再生能源发出的是不稳定、波动的电能，必须通过电力电子变换器，将再生能源发出的不稳定、不可靠的“粗电”处理成高品质的电能，如图 1-7 所示。此外，电力电子变换器还具有风能或太阳能的最大捕获功能。因此，电力电子技术能提升新能源发电的可靠性、安全性，使其成为具有经济性、实用性的能源的支撑科技。

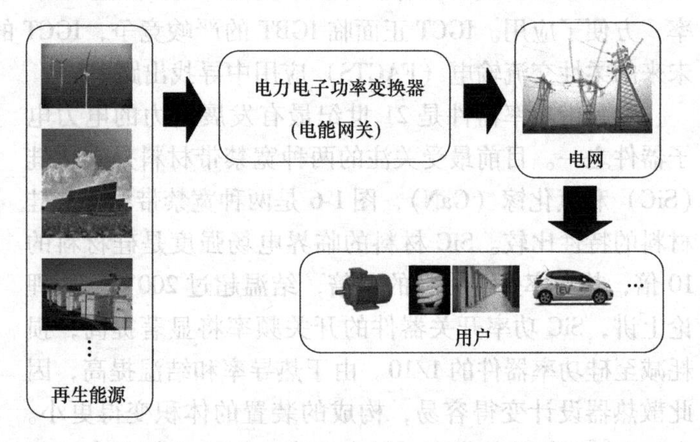

图 1-7 电力电子功率变换器是再生能源与电网之间的接口

3. 电动汽车

纯电动汽车与汽油汽车的一次能源利用率之比为 1:0.6。因此，发展电动汽车可以提高能源的利用率，同时减少温室气体和有害气体的排放。电动汽车的关键技术是电池技术和电力电子技术。为回避对大容量动力电池的依赖，日本开发了将汽油驱动和电动驱动相结合的混合动力汽车，并实现了产业化，如丰田 Prius 和本田 Insight。图 1-8 所示为混合型电动汽车的驱动结构图。混合动力汽车的产业化前景已引起美国汽车行业的注意，为防止失去混合动力汽车的市场，美国开发了 Plugin 混合动力汽车，Plugin 混合动力汽车配置一个较大的电池。

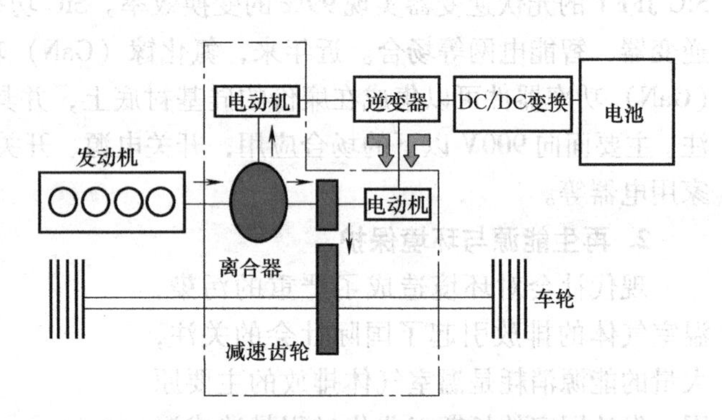

图 1-8 混合型电动汽车的驱动结构图

由于混合动力汽车无法解脱依赖石油的束博，纯电动汽车才是理想的目标，但需要解决电池的问题。铅酸电池价格低，但能量密度低，体积大，一次充电的持续里程低，可充电次数少。于是开发比能量密度、比功率密度的电池成为研究热点，近年来磷酸铁锂动力电池由于其安全性、比能量密度、比功率密度等综合优势，已在电动汽车中获得实际应用。另一种受到关注的电池是以氢为燃料的质子交换膜燃料电池，它具有能量密度高的显著特点，因

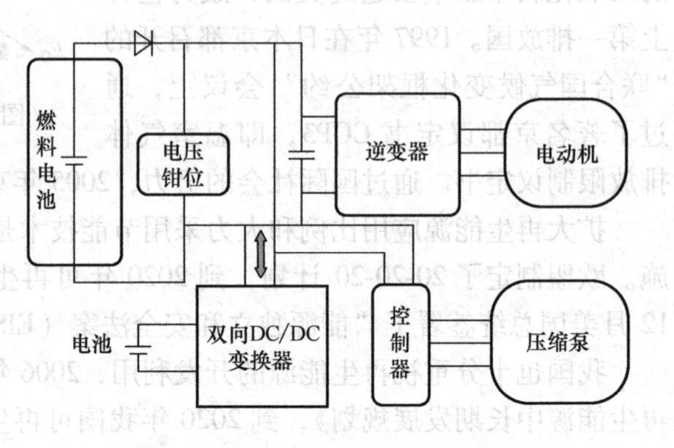

图 1-9 燃料电池电动汽车的结构

此燃料电池汽车是远景的理想环保的交通工具，图1-9所示为燃料电池电动汽车的结构。质子交换膜燃料电池开发重点是低成本化、长寿命。我国也十分重视电动汽车研究开发，已在部分城市进行电动汽车的应用示范。电动汽车产业将带动如电动机驱动、逆变器、DC/DC变换器、辅助电源、充电器等电力电子产品的发展。

4. 轨道交通

2004年1月国务院批准了中国铁路历史上第一个《中长期铁路网规划》，我国规划建设“四纵四横”高速铁路网、三个城际客运系统，到2020年基本实现铁路的现代化，客运专线达到1.2万km以上。2008年11月颁布了《中长期铁路网规划（调整）》，到2020年，全国铁路营业里程将达到12万km以上，复线率和电气化率均分别达到50%和60%，建成高速铁路1.6万km，在10个煤炭外运基地及新疆地区建成大能力的煤运通道，开行10000～20000t重载单元组合列车。

我国客运专线运行的高速动车组时速从200～350km/h，采用电力牵引交流传动系统，如图1-10所示。牵引变流器由预充电单元、四象限变流器、中间直流侧电路、牵引逆变器组成。在牵引变流器中，3300V/1200A、4500V/900A、6500V/600A等级的IGBT器件成为主流，约各占1/3。

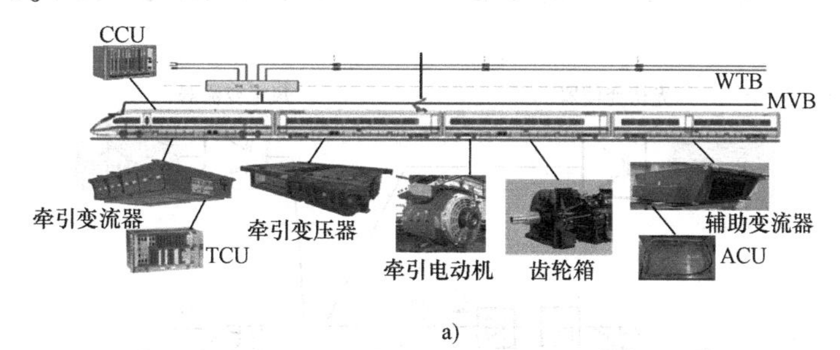

a)

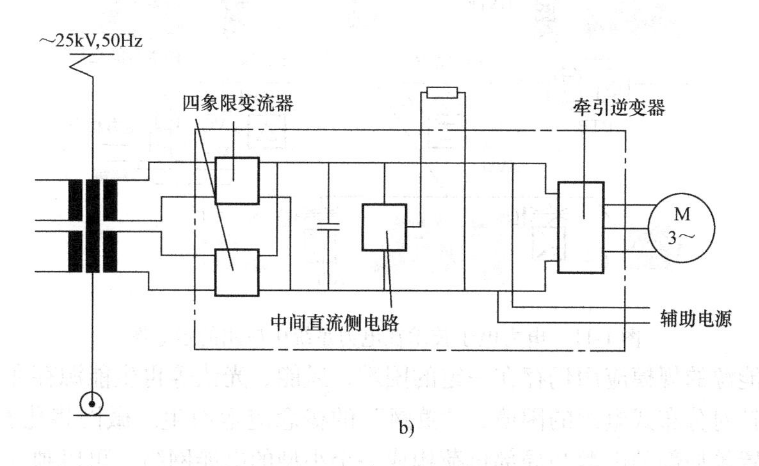

b)

图1-10 电力牵引交流传动系统

a）电力牵引交流传动系统部件配置 b）电力牵引交流传动系统示意图

在城市轨道交通方面，到2015年将有超过30个城市建设85条城市轨道线路，总长2700km以上。到2020年，北京、上海、广州、南京、天津、深圳、成都、沈阳、哈尔滨、青岛等城市将建成、通车的线路总计40多条，约6000km，总投资在7000亿元以上。

电力电子技术是轨道交通的核心技术，我国急需开展高压大功率电力电子器件、大容量高功率密度功率变流器、电力牵引交流传动控制技术的研发工作，以满足我国高铁和城市轨道交通的发展需求。

5. 智能电网

目前在国际上正在进行一场解放电力系统的创新——智能电网。智能电网核心技术包含信息技术、通信技术和电力电子技术。智能电网的目标是提高电力系统资产的利用率，减少能耗；提高电力系统的安全性、经济性；提高电力系统接纳新能源的能力，实现节能减排。智能电网将推动电力市场的发展，将使电力市场的发电方与供电方从垄断走向社会化。电力市场将促进分散供电系统的发展，可大幅度地减少电力输送的能耗，同时提高了电力系统的安全性，有利于能源多样化的实施，对国家安全有利；有利于采用再生能源、环保发电技术。从技术层面来讲，电力市场的引入将出现按质论价的电能供应方式，产生对电力品质改善装置，如 UPS、静止无功补偿装置（SVC）、静止无功发生器（SVG）、动态电压恢复器（DVR）、电力有源滤波器（APF）、限流器、电力储能装置、微型燃气发电机（Micro Gas Turbo）等；再生能源、环保发电技术等分散发电将需要交直流变流装置。电力市场将使柔性交流输电技术全面应用成为现实，带动直流输电（HVDC）、背靠背装置（BTB）、统一潮流控制器（UPFC）等电力电子技术的应用。图 1-11 所示为电力电子技术在电力系统中应用的示意图。

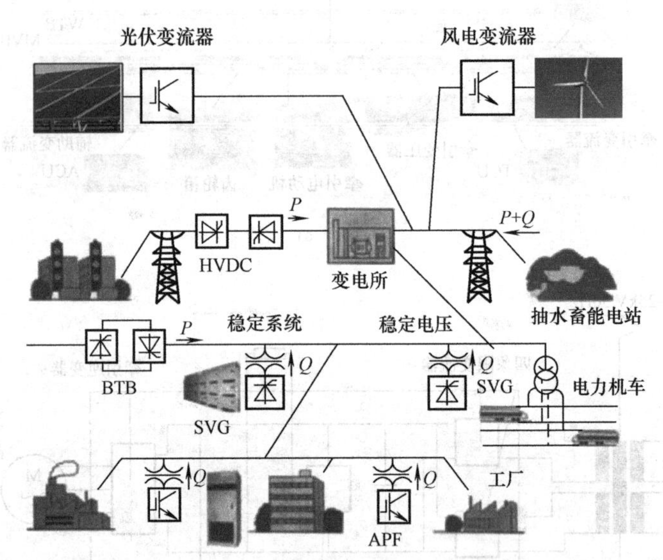

图 1-11 电力电子技术在电力系统中应用的示意图

目前再生能源的规模应用仍存在一定的困难，风能、光伏等再生能源存在间歇性、不稳定性等问题。针对分布式电源的困境，“微网”的概念应运而生。微网将化石能源、光伏、风力、储能装置等局部的电源和局部负荷构成一个小型的电能网络，可以独立于外电网或与外电网相连，如图 1-12 所示。它将若干个具有互补特性的分布式电源和局部负荷组成一个相对独立的微型电网，弥补再生能源存在间歇性、不稳定性等问题。微网可以小到给一户居民供电，大到给一个工厂或社区或一个工业区供电。微网可以通过一个潮流控制环节与外部大电网相连，既能实现微网与大电网的电能交换，也能实现微网与外电网故障的隔离。此外，微网具有能源利用率高的显著特点，如果采用热电联产，可以进一步提升能源利用效率。可见微网能够起到风能、光伏等分布式电源规模化推广的助推器的作用。

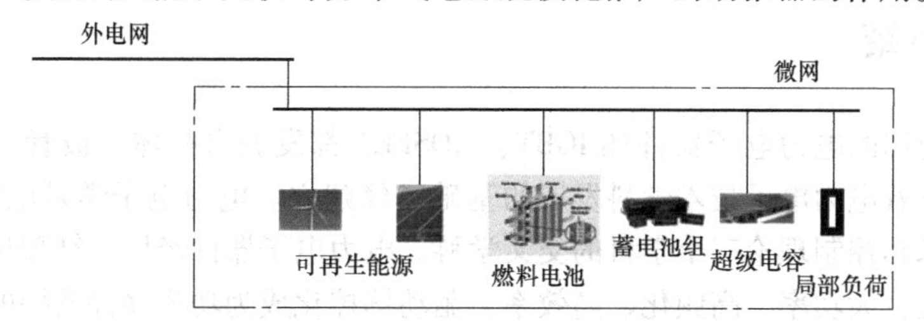

图1-12 微网示意图

随着电动汽车的普及，大量电动汽车同时充电将对电力系统造成严重负担，需要将智能电网和储能技术相结合，借助市场杠杆实现充电的智能管理。另外，每个电动汽车都是一个储能装置，这种数量众多的分布式的储能装置，可以用来增加电力系统备用能力、实现电源与负荷平衡、提高故障处理能力、提升系统的经济性，是一种新的调控工具。于是就出现了所谓电动汽车对电网的作用的研究（V2G）。

6. IT产业

由于IT技术的迅速普及，计算机、网络设备、办公设备的电力消耗日益增加，如何提高IT设备能源利用效率变得越来越重要。

图1-13所示为传统数据中心电源系统的电能利用效率分析，其利用率约为70%，一次能源的利用率仅为24%，其能源利用效率不高的主要原因是串联的功率变换环节级数太多。一次能源由电站转化成电能，然后通过输配电系统到达用户，再通过不间断电源（UPS）、整流器（AC/DC）、隔离型直流-直流变换器（DC/DC）、负载电源调节器（POL），最后供给数据处理芯片（CPU）。目前，出现了一种高压直流供电（HVDC）的数据中心电源系统方案，以减少串联的功率变换环节的级数。未来光伏、燃料电池等新能源发电将被引入数据中心电源系统，以实现节能排放，同时可以提高数据中心电源系统的可靠性。

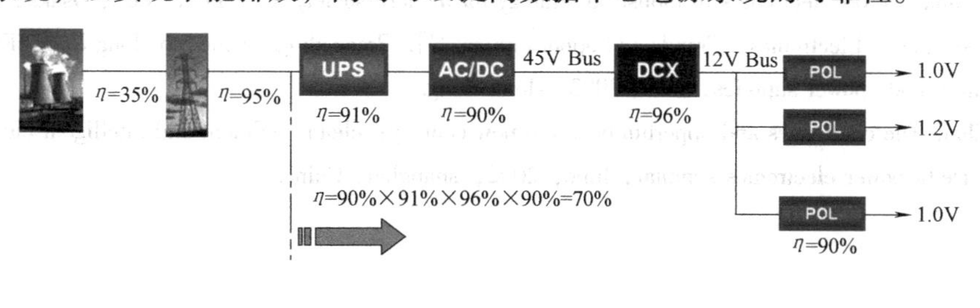

图1-13 传统数据中心电源系统的电能利用效率分析

电源效率的提高，轻载或待机损耗下降，提高电源的功率密度将是未来的重要课题。电源的标准化、智能化、与新能源的融合将是计算机、网络电源发展的方向。

电力电子技术已经渗透到现代社会的各个方面，未来90%的电能均需通过电力电子处理后再加以利用，以便提高能源利用的效率、提高工业生产的效率、实现再生能源的最大利用。电力电子技术将在21世纪中为建设一个节能、环保、和谐的人类家园发挥重要的作用。

1.5 本章小结

目前广泛应用的电力电子器件如 IGBT、MOSFET 都发展自晶体三极管，因此晶体三极管的诞生也标志着电力电子技术学科发展的基础已经建立。电力电子学是电气工程与技术、电子科学与技术和控制理论三个学科的交叉学科。电力电子器件经历从结型控制器件到场控器件的发展历程，大功率、高频化、高效率、驱动场控化成为功率器件发展的重要特征。电力电子功率变换技术与电力电子器件同步发展，在电路、控制、仿真手段等方面取得了重大的发展。

电力电子技术是依靠功率半导体器件实现电能的高效利用，或者对运动的精密控制的一门学科。电力电子技术是现代社会的支撑科技，几乎进入社会的各个方面。我国已形成上千亿元的电力电子产品市场，支撑着数十万亿元的信息、通信、机电、能源、交通、家电等产业。电力电子技术在推动科学技术和经济的发展中发挥着越来越重要的作用。当今世界正面临能源、环境的双重压力，特别是正在和平发展中的国家面临的史无前例的严峻挑战。电力电子技术是现代制造、新能源、智能电网、现代交通的核心技术。

参考文献

[1] 陈伯时．电力拖动自动控制系统[M]．北京：机械工业出版社，2000.

[2] 林谓勋．电力电子技术基础[M]．北京：机械工业出版社，1990.

[3] 张立，等，现代电力电子技术[M]．北京：科学出版社，1992.

[4] 王兆安，黄俊．电力电子技术[M]．北京：机械工业出版社，2000.

[5] 陈坚．电力电子学——电力电子变换和控制技术[M]．北京：高等教育出版社，2002.

[6] 张占松，蔡宣三．开关电源的原理与设计[M]．北京：电子工业出版社，1998.

[7] E. Masada. Power electronics in industrial strategy for modern society[C]. PCC'2002, Osaka, April, 2002.

[8] F C Lee. Power Electronics: Trends and opportunities[C]. Proceedings of the 5th Hong Kong IEEE workshop on switch mode power supplies, June, 2002, Hong Kong.

[9] C C Chan. The challenges and opportunity in the new century: clean, efficient and intelligent electric vehicles [C]. Delta power electronics seminar, June, 2002, shanghai, China.

第2章　电力电子技术中的数学方法

近年来，随着非线性设备的大量使用，电力系统的谐波问题越来越显得突出。非线性设备包括传统的变压器，旋转电动机以及电弧炉等，也包括现代电力电子的非线性设备。电力电子技术给人类带来了方便，但是它产生的谐波、它的非线性也给市电电能质量带来了严重污染。治理谐波的方法有主动控制和被动抑制两种，主动控制主要通过研制高功率因数的整流器和逆变器来实现，被动抑制又可分为有源滤波器和无源滤波器两种。设计研制这些高性能的电力电子变流装置需要用到电力电子技术中的数学方法。这些方法包括利用傅里叶级数和傅里叶变换提取非线性电压或电流中包含的谐波分量，用坐标变换方法实现三相电力电子装置的建模，有利于设计三相电力电子装置的控制系统，以及用瞬时无功理论求有功功率和无功功率。

2.1　傅里叶级数与傅里叶变换

实际电力系统中的电压和电流并不是理想的正弦波，而是有畸变的，通过对非线性的电流进行谐波分析，可分析非线性电流中的谐波含量。傅里叶级数与傅里叶变换是分析非线性电流所含谐波分量大小的一种最有效的数学工具。下面分连续和离散两个方面来进行讨论。

2.1.1　连续傅里叶级数与傅里叶变换

非正弦的电压、电流信号通常可分为周期和非周期两种，本节首先讨论非正弦的周期电压、电流信号的分析和计算方法，主要是利用数学中的傅里叶级数展开法，将非正弦周期电压、电流信号分解为一系列不同频率分量的正弦量之和。然后利用分解后的各个分量计算电压、电流信号的有效值和讨论非正弦周期电流电路的功率问题，最后再简要介绍非周期信号的处理方法。

非正弦周期性的电压、电流信号等都可以用一个周期函数$f(t)$来表示，且满足

$$f(t) = f(t + kT)$$

式中，T为周期函数$f(t)$的周期，$k=0$，1，2，3，…。

如果函数$f(t)$是周期函数的同时又满足狄里赫利条件，那么它就可以展开成一个收敛级数。对上式的函数$f(t)$可展开为

$$\begin{aligned} f(t) &= a_0 + (a_1\cos\omega_1 t + b_1\sin\omega_1 t) + (a_2\cos 2\omega_1 t + b_2\sin 2\omega_1 t) \\ &\quad + \cdots + (a_k\cos k\omega_1 t + b_k\sin k\omega_1 t) + \cdots \\ &= a_0 + \sum_{k=1}^{\infty}(a_k\cos k\omega_1 t + b_k\sin k\omega_1 t) \end{aligned} \tag{2-1}$$

式(2-1)中，a_n、b_n($n=0$，1，2…)为常系数，$\omega_1 = \dfrac{2\pi}{T}$为基波角频率。式(2-1)还可表示为下列一种形式：

$$
\begin{aligned}
f(t) &= A_0 + A_{1m}\cos(\omega_1 t + \varphi_1) + A_{2m}\cos(2\omega_1 t + \varphi_2) \\
&\quad + \cdots + A_{km}\cos(k\omega_1 t + \varphi_k) + \cdots \\
&= A_0 + \sum_{k=1}^{\infty} A_{km}\cos(k\omega_1 t + \varphi_k)
\end{aligned} \tag{2-2}
$$

式(2-2)中的第一项 A_0 称为周期函数 $f(t)$ 的直流分量；第二项 $A_{1m}\cos(\omega_1 t + \varphi_1)$ 称基波分量，其周期或频率与原周期函数的相同，A_{1m} 为基波分量的幅值，φ_1 为基波分量的初始相位；其他各项统称为高次谐波，即 2 次谐波分量，3 次谐波分量，4 次谐波分量，…k 次谐波分量。

由式(2-1)和式(2-2)可得出下列关系：

$$
\begin{cases}
A_0 = a_0 \\
A_{km} = \sqrt{a_k^2 + b_k^2} \\
a_k = A_{km}\cos\varphi_k \\
b_k = -A_{km}\sin\varphi_k \\
\varphi_k = \arctan\left(\dfrac{-b_k}{a_k}\right)
\end{cases}
$$

上式中 φ_k 为 k 次谐波的初始相位，式(2-1)或式(2-2)的无穷三角级数就称为傅里叶级数。

式(2-1)中的系数 a_k、b_k($k=0$，1，2，…)可按下列公式计算：

$$
\begin{cases}
a_0 = \dfrac{1}{T}\displaystyle\int_0^T f(t)\,\mathrm{d}t = \dfrac{1}{T}\int_{-\frac{T}{2}}^{\frac{T}{2}} f(t)\,\mathrm{d}t \\
a_k = \dfrac{2}{T}\displaystyle\int_0^T f(t)\cos(k\omega_1 t)\,\mathrm{d}t = \dfrac{1}{\pi}\int_0^{2\pi} f(t)\cos(k\omega_1 t)\,\mathrm{d}(\omega_1 t) = \dfrac{1}{\pi}\int_{-\pi}^{\pi} f(t)\cos(k\omega_1 t)\,\mathrm{d}(\omega_1 t) \\
b_k = \dfrac{2}{T}\displaystyle\int_0^T f(t)\sin(k\omega_1 t)\,\mathrm{d}t = \dfrac{1}{\pi}\int_0^{2\pi} f(t)\sin(k\omega_1 t)\,\mathrm{d}(\omega_1 t) = \dfrac{1}{\pi}\int_{-\pi}^{\pi} f(t)\sin(k\omega_1 t)\,\mathrm{d}(\omega_1 t)
\end{cases} \tag{2-3}
$$

式中，$k=1$，2，3，…。

由式(2-1)～式(2-3)的数学表达式虽然能详尽准确地表达周期函数分解的结果，但是不够直观。为了表示一个周期函数分解为傅里叶级数后包含哪些频率分量和各分量大小，通常用长度和各次谐波幅度大小相对应的线段，按频率的高低把它们依次排列起来，如图 2-1 所示。横坐标表示的是谐波次数，纵坐标表示该次谐波的幅值图形称为周期函数 $f(t)$ 的幅频谱图。另一种以各次谐波的初始相位为纵坐标表示的图称为相频谱图。一般情况下，如无特殊说明，指的都是幅度频谱。

从式(2-1)和式(2-2)中可看出，傅里叶级数是一个无穷级数，因此把一个非正弦周期函数 $f(t)$ 分解为傅里叶级数后，从理论上讲，必须取无穷多项方能准确地代表原有函数。但是从实际运算来看，只能截取有限的项数，因此就产生了截断误差问题。截取项数的多少，视误差的要求而定。这里就涉及级数收敛的快慢问题。如果级数收敛得很快，那么只取级数的前面几项就够了。可以大体上说，周期函数 $f(t)$ 的波形越光滑和越接近正弦波，其傅里叶展开函数收敛得越快。

从前面的分析中得到了各次谐波的幅值和其频谱图，下面以非正弦周期电流为例，看如

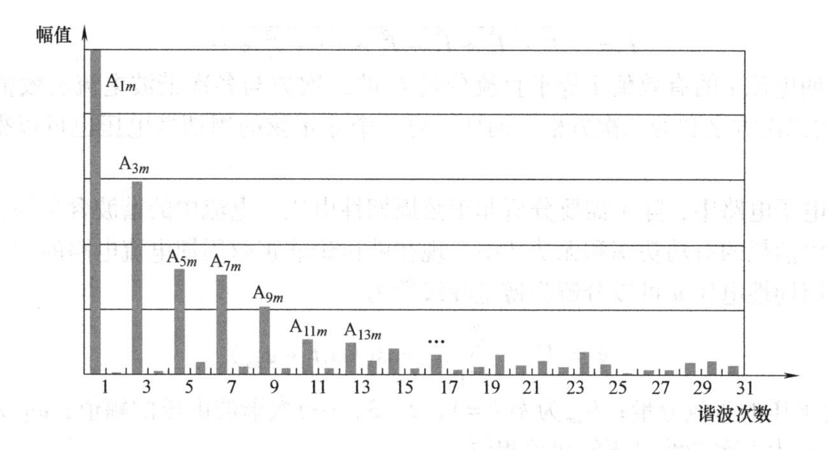

图 2-1　幅频谱图

何得到非正弦周期电流的总有效值和各次谐波有效值之间的关系。

按有效值的定义方法，一个交流电流和一个直流电流流过同样大小的电阻，如产生的热量相同，那么交流电流的有效值就等于直流电流的大小。这样任何非正弦周期电流 i 的有效值 I 为

$$I = \sqrt{\frac{1}{T}\int_0^T i^2 \mathrm{d}t} \tag{2-4}$$

式中，T 为非正弦周期电流 i 的周期。

因此，可以用非正弦周期函数直接进行上述定义的积分来求得总电流有效值。在这里主要是寻找电流有效值和各次谐波电流有效值之间的关系。

假设一非正弦周期电流 i 可以分解为傅里叶级数如下：

$$i = I_0 + \sum_{k=1}^{\infty} I_{km}\cos(k\omega_1 t + \varphi_{ki}) \tag{2-5}$$

式中，I_0 为直流分量的大小；I_{km} 为 $k(k=1, 2, 3, \cdots)$ 次谐波电流的幅值；ω_1 为基波电流角频率；φ_{ki} 为 k 次谐波电流的初始相位。

把式(2-5)代入式(2-4)，则可得此非正弦周期电流 i 的有效值 I 为

$$I = \sqrt{\frac{1}{T}\int_0^T \left[I_0 + \sum_{k=1}^{\infty} I_{km}\cos(k\omega_1 t + \varphi_{ki})\right]^2 \mathrm{d}t} \tag{2-6}$$

式(2-6)右边根式为展开时的各项可按下式化简为

$$\frac{1}{T}\int_0^T I_0^2 \mathrm{d}t = I_0^2$$

$$\frac{1}{T}\int_0^T I_{km}^2 \cos^2(k\omega_1 t + \varphi_{ki})\mathrm{d}t = \frac{I_{km}^2}{2} = I_k^2$$

$$\frac{1}{T}\int_0^T 2I_0 I_{km}\cos(k\omega_1 t + \varphi_{ki})\mathrm{d}t = 0$$

$$\frac{1}{T}\int_0^T 2I_{km}\cos(k\omega_1 t + \varphi_{ki}) I_{pm}\cos(p\omega_1 t + \varphi_{pi})\mathrm{d}t = 0 \quad 当 k \neq p$$

上式中 I_k 为各次谐波电流的有效值，这样可以求得非正弦周期电流 i 的有效值 I 和各次谐波电流有效值之间的关系为

$$I = \sqrt{I_0^2 + I_1^2 + I_2^2 + I_3^2 + \cdots + I_k^2 + \cdots} \tag{2-7}$$

即非正弦周期电流 i 的有效值 I 等于直流分量 I_0 的二次方与各次谐波电流有效值 $I_k(k=1, 2, 3, \cdots)$ 的二次方之和的二次方根。同样，对一个非正弦的周期性电压也可以得到类似的关系。

在电力电子电路中，除了需要分析非正弦周期性电压、电流中的谐波含量外，通常还需要计算电路中消耗的有功功率和无功功率。现在就讨论非正弦周期电流电路的功率问题。假设一非正弦周期性电压 u 可以分解为傅里叶级数为

$$u = U_0 + \sum_{k=1}^{\infty} U_{km}\cos(k\omega_1 t + \varphi_{ku}) \tag{2-8}$$

式中，U_0 为电压的直流分量；U_{km} 为 $k(k=1, 2, 3, \cdots)$ 次谐波电压的幅值；ω_1 为基波电压的角频率；φ_{ku} 为 k 次谐波电压的初始相位。

那么根据式(2-5)和式(2-8)可得任意一端口的瞬时功率为

$$p = ui = \left[U_0 + \sum_{k=1}^{\infty} U_{km}\cos(k\omega_1 t + \varphi_{ku})\right]\left[I_0 + \sum_{k=1}^{\infty} I_{km}\cos(k\omega_1 t + \varphi_{ki})\right] \tag{2-9}$$

平均功率 $\overline{P}$ 定义为

$$\overline{P} = \frac{1}{T}\int_0^T ui\mathrm{d}t \tag{2-10}$$

类似于求非正弦周期电流有效值时所遇到的积分，对不同频率分量的非正弦周期电压、电流的乘积，上述积分结果为零(即不产生平均功率)；同频率分量的非正弦周期电压、电流的乘积，上述积分结果则不为零。这样，把式(2-9)代入式(2-10)可求得平均功率为

$$\overline{P} = U_0 I_0 + U_1 I_1\cos\varphi_1 + U_2 I_2\cos\varphi_2 + \cdots + U_k I_k\cos\varphi_k + \cdots \tag{2-11}$$

式中，$P_0 = U_0 I_0$ 为系统的直流分量产生的功率；各次谐波电压的有效值为 $U_k = U_{km}/\sqrt{2}$；各次谐波电流的有效值为 $I_k = I_{km}/\sqrt{2}$，$\varphi_k = \varphi_{ku} - \varphi_{ki}$，$k=1, 2, \cdots$。

即平均功率 $\overline{P}$ 等于直流分量构成的功率 P_0 和各次谐波平均功率的代数和。

同理，无功功率 Q 可表示为

$$Q = U_1 I_1\sin\varphi_1 + U_2 I_2\sin\varphi_2 + \cdots + U_k I_k\sin\varphi_k + \cdots$$

下面讨论非周期信号的处理问题。

对于不重复的单个波形的非周期性函数 $f(t)$ 不能直接用傅里叶级数来表示。但是如果把这种非周期函数 $f(t)$ 仍看做一种周期函数，在其周期趋向无限大的条件下，求出其极限形式的傅里叶级数展开式，这样就得到了表示这种非周期函数 $f(t)$ 的傅里叶变换公式或称为傅里叶积分公式，即

$$F(\mathrm{j}\omega) = \int_{-\infty}^{\infty} f(t)\mathrm{e}^{-\mathrm{j}\omega t}\mathrm{d}t$$

同理，如果 $f(t)$ 满足狄里赫利条件，并且 $f(t)$ 绝对可积，那么存在傅里叶反变换公式为

$$f(t) = \frac{1}{2\pi}\int_{-\infty}^{\infty} F(\mathrm{j}\omega)\mathrm{e}^{\mathrm{j}\omega t}\mathrm{d}t$$

用傅里叶积分公式就可以求出非周期函数 $f(t)$ 的各频率分量。

2.1.2　离散傅里叶级数与傅里叶变换

随着计算机的运算速度快速增加，可以采用数字信号处理计算这些非正弦周期电压、电

流信号中的谐波分量。用计算机来计算非正弦周期电压、电流信号的谐波分量就必须通过采样一个基波周期内的电压、电流信号，把模拟量信号转换成数字量信号再在计算机内经过DFT 或 FFT 计算得到这些信号的各次谐波分量和总电压、电流有效值。

用 $x(t)$ 表示时域函数，$X(n)$ 表示时域函数的频谱，那么周期为 T_1 的连续时间函数 $\bar{x}(t)$ 的傅里叶变换就是熟知的傅里叶级数，其正反变换分别为

$$X(n) = \frac{1}{T_1}\int_0^{T_1} \bar{x}(t)\mathrm{e}^{-\mathrm{j}n\omega_1 t}\mathrm{d}t \tag{2-12}$$

$$\bar{x}(t) = \sum_{n=-\infty}^{\infty} X(n)\mathrm{e}^{\mathrm{j}n\omega_1 t} \tag{2-13}$$

式中，$\omega_1 = \frac{2\pi}{T_1}$ 为离散频谱相邻两谱线间的角频率间隔，也就是基波角频率；n 为各次谐波序号；$X(n)$ 为傅里叶级数的系数。

对式(2-13)进行离散化，将连续时间函数 $\bar{x}(t)$ 在基波周期 T_1 中以等时间间隔 T_S 进行采样，共采样 N 点，则 $T_1 = NT_S$，这样可得时域中周期离散序列为

$$\bar{x}(k) = \sum_{n=-\infty}^{\infty} X(n)\mathrm{e}^{\mathrm{j}n\omega_1 kT_S} \quad (-\infty < k < \infty) \tag{2-14}$$

式中，T_S 为采样周期。考虑到 $\omega_1 = \frac{2\pi}{T_1}$，$T_1 = NT_S$，代入式(2-14)，可得

$$\bar{x}(k) = \sum_{n=-\infty}^{\infty} X(n)\mathrm{e}^{\mathrm{j}\frac{2\pi}{N}nk} \quad (-\infty < k < \infty) \tag{2-15}$$

需要指出的是，$X(n)$ 是时域周期连续函数 $\bar{x}(t)$ 的 n 次谐波的复系数，还不是所要求的离散傅里叶级数变换对中的复系数，为求取离散傅里叶级数变换对中的复系数，将式(2-15)两边同乘 $\mathrm{e}^{-\mathrm{j}\frac{2\pi}{N}mk}$ 后再求和 $(\sum_{k=0}^{N-1})$，则对式(2-15)有

$$\text{左边} = \sum_{k=0}^{N-1} \bar{x}(k)\mathrm{e}^{-\mathrm{j}\frac{2\pi}{N}mk}$$

$$\text{右边} = \sum_{k=0}^{N-1}\left[\sum_{n=-\infty}^{\infty} X(n)\mathrm{e}^{\mathrm{j}\frac{2\pi}{N}nk}\right]\mathrm{e}^{-\mathrm{j}\frac{2\pi}{N}mk} = \sum_{n=-\infty}^{\infty} X(n)\sum_{k=0}^{N-1}\mathrm{e}^{\mathrm{j}\frac{2\pi}{N}(n-m)k} \tag{2-16}$$

式中，第二个求和号是一个等比级数求和，其中 m 是参变量，故有

$$\sum_{k=0}^{N-1}\mathrm{e}^{\mathrm{j}\frac{2\pi}{N}(n-m)k} = \frac{1-\mathrm{e}^{\mathrm{j}\frac{2\pi}{N}(n-m)N}}{1-\mathrm{e}^{\mathrm{j}\frac{2\pi}{N}(n-m)}} = \begin{cases} N & (m = n) \\ 0 & (m \neq n) \end{cases} \tag{2-17}$$

将式(2-17)代入式(2-16)可得

$$NX(n) = \sum_{k=0}^{N-1} \bar{x}(k)\mathrm{e}^{-\mathrm{j}\frac{2\pi}{N}kn} \quad (-\infty < k < \infty) \tag{2-18}$$

式(2-18)右边是以 N 为周期的序列，故记

$$\bar{X}(n) = NX(n) \tag{2-19}$$

将式(2-19)代入式(2-18)得

$$\bar{X}(n) = \sum_{k=0}^{N-1} \bar{x}(k)\mathrm{e}^{-\mathrm{j}\frac{2\pi}{N}kn} \quad (-\infty < k < \infty) \tag{2-20}$$

式(2-20)即为离散傅里叶级数的定义式，$\bar{X}(n)$ 为离散傅里叶级数变换对中的复系数，

与傅里叶级数的复系数 $X(n)$ 的关系由式(2-19)相联系。

为求得反变换，将式(2-20)两边同乘 $\mathrm{e}^{-\mathrm{j}\frac{2\pi}{N}mk}$ 后再求和（$\sum\limits_{k=0}^{N-1}$），仿照上面的做法，可得

$$\bar{x}(k) = \frac{1}{N}\sum_{k=0}^{N-1}\bar{X}(n)\mathrm{e}^{\mathrm{j}\frac{2\pi}{N}nk} \quad (-\infty < k < \infty) \tag{2-21}$$

式(2-20)和式(2-21)构成离散傅里叶级数变换对，分别称为离散傅里叶级数的变换和反变换，记为

$$\bar{X}(n) = \mathrm{DFS}[\bar{x}(k)]$$
$$\bar{x}(k) = \mathrm{IDFS}[\bar{X}(n)]$$

根据离散傅里叶级数的性质，只要计算时域和频域中的主值区间序列的值即可求出其余全部数值。如果把有限长序列看成周期序列的主值区间序列，利用离散傅里叶级数计算周期序列的一个周期也就计算了有限长序列，为此可定义变换对为

$$X(n) = \sum_{k=0}^{N-1}x(k)\mathrm{e}^{-\mathrm{j}\frac{2\pi}{N}kn} = \sum_{k=0}^{N-1}x(k)W_N^{kn} = \mathrm{DFT}[x(k)] \quad (0 \leqslant n \leqslant N-1) \tag{2-22}$$

$$x(k) = \frac{1}{N}\sum_{k=0}^{N-1}X(n)\mathrm{e}^{\mathrm{j}\frac{2\pi}{N}nk} = \frac{1}{N}\sum_{k=0}^{N-1}X(n)W_N^{-kn} = \mathrm{IDFT}[X(n)] \quad (0 \leqslant k \leqslant N-1) \tag{2-23}$$

式(2-22)和式(2-23)分别称为离散傅里叶变换的正变换和反变换。

那么如何由 DFT 来求信号的有效值和相位呢？设有周期信号 $x(t) = A_1\sin(\omega_1 t + \varphi_1)$，$\omega_1 = 2\pi/T_1$，$T_1$ 为信号的周期。信号采样后得到的离散序列 $x(k)$ 为

$$x(k) = A_1\sin\left(\frac{2\pi}{N}k + \varphi_1\right) \tag{2-24}$$

式中，$k=0, 1, 2, \cdots, N-1$，N 为一个周期内的采样点数。

对 $x(k)$ 进行 DFT 变换可得

$$X(n) = \mathrm{DFT}[x(k)] = \sum_{k=0}^{N-1}x(k)W_n^{kn} = \sum_{k=0}^{N-1}A_1\sin\left(\frac{2\pi}{N}k + \varphi_1\right)\cdot\left[\cos\frac{2\pi}{N}kn - \mathrm{j}\sin\frac{2\pi}{N}kn\right] \tag{2-25}$$

由于

$\sum\limits_{k=0}^{N-1}\sin\left(\frac{2\pi}{N}k\right)\sin\left(\frac{2\pi}{N}kn\right) = \begin{cases} >0, n=1, & N-1 \\ =0, n\neq 1, & N-1 \end{cases}$。令 $n=1$ 和 $n=N-1$ 并代入式(2-25)可得

$$X(1) = \sum_{k=0}^{N-1}A_1\sin\left(\frac{2\pi}{N}k + \varphi_1\right)\cos\left(\frac{2\pi}{N}k\right) - \mathrm{j}\sum_{k=0}^{N-1}A_1\sin\left(\frac{2\pi}{N}k + \varphi_1\right)\sin\left(\frac{2\pi}{N}k\right)$$
$$= X_r(1) - \mathrm{j}X_i(1)$$

$$X(N-1) = \sum_{k=0}^{N-1}A_1\sin\left(\frac{2\pi}{N}k + \varphi_1\right)\cos\left(\frac{2\pi}{N}k\right) + \mathrm{j}\sum_{k=0}^{N-1}A_1\sin\left(\frac{2\pi}{N}k + \varphi_1\right)\sin\left(\frac{2\pi}{N}k\right)$$
$$= X_r(1) + \mathrm{j}X_i(1)$$

当 $n\neq 1$，$N-1$ 时，$X(n)=0$。

再利用傅里叶反变换，把 $x(k)$ 表示成 $X(n)$ 的表达式，则有

$$\begin{aligned}x(k) &= \frac{1}{N}\sum_{k=0}^{N-1}X(n)W_N^{-kn}\\&= \frac{1}{N}[X_r(1)-\mathrm{j}X_i(1)]\left[\cos\frac{2\pi}{N}k-\mathrm{j}\sin\frac{2\pi}{N}k\right]+\frac{1}{N}[X_r(1)+\mathrm{j}X_i(1)]\left[\cos\frac{2\pi}{N}k+\mathrm{j}\sin\frac{2\pi}{N}k\right]\\&= \frac{2}{N}X_r(1)\cos\frac{2\pi}{N}k-\frac{2}{N}X_i(1)\sin\frac{2\pi}{N}k\end{aligned}\tag{2-26}$$

将式(2-24)展开可得

$$x(k) = A_1\cos\left(\frac{2\pi}{N}k\right)\sin\varphi_1 + A_1\sin\left(\frac{2\pi}{N}k\right)\cos\varphi_1\tag{2-27}$$

比较式(2-26)和式(2-27)可得

$$\begin{cases}A_1\cos\varphi_1 = -\dfrac{2}{N}X_i(1)\\A_1\sin\varphi_1 = \dfrac{2}{N}X_r(1)\end{cases}$$

因此可以求得周期信号 $x(t)=A_1\sin(\omega_1 t+\varphi_1)$的有效值$\widetilde{X}$为

$$\widetilde{X} = \frac{\sqrt{2}}{N}\sqrt{X_i^2(1)+X_r^2(1)}\tag{2-28}$$

周期信号的初始相位 φ_1 为

$$\varphi_1 = \arccos\left[\frac{-X_i(1)}{\sqrt{X_i^2(1)+X_r^2(1)}}\right]\tag{2-29}$$

当周期信号 $x(t)=A_1\cos(\omega_1 t+\varphi_1)$时，同样可以得到其有效值$\widetilde{X}$和初始相位 φ_1 分别为

$$\widetilde{X} = \frac{\sqrt{2}}{N}\sqrt{X_i^2(1)+X_r^2(1)}$$

$$\varphi_1 = \arccos\left[\frac{X_r(1)}{\sqrt{X_i^2(1)+X_r^2(1)}}\right]$$

因此，利用上面的离散傅里叶变换公式就可以得到各次谐波的有效值和各次谐波的初始相位，进而可以求出总有效值的大小。

2.2　坐标变换

大功率的电力电子装置一般采用三相系统，通常需要计算三相有功功率和无功功率，或者进行电网相位的跟踪，有时还需要进行谐波计算。因此为了分析三相电力系统或对三相电力电子变换装置进行建模，常常需要应用各种坐标变换和电压、电流等的相量表示方法。图 2-2 所示为三相电力系统的电流相量图，图中 $\dot{I}_a$、$\dot{I}_b$、$\dot{I}_c$分别表示 a、b、c 三相电流相量，相量的大小表示电流的有效值，相位表示各相电流的时间关系。即与 a 相电流相比，b 相

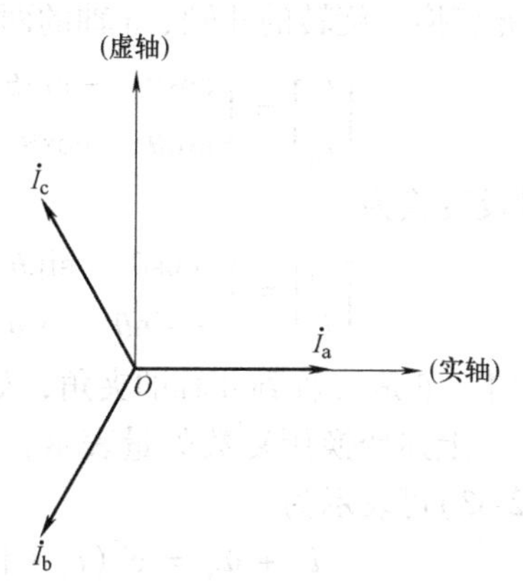

图 2-2　三相电力系统的电流相量图

和 c 相电流分别滞后了相当于 2π/3、4π/3 相位的时间。

2.2.1　三相到两相的静止变换

在三相逆变器的控制中，通常采用空间矢量控制，这个时候就需要用到三相到两相的变换。三相交流电流 i_a、i_b、i_c 可以用 α-β 静止坐标系中两相交流电流 i_α、i_β 及零序电流 i_0 表示，此时 α 轴与 a 相重合。其坐标变换式为

$$\begin{bmatrix} i_0 \\ i_\alpha \\ i_\beta \end{bmatrix} = \sqrt{\frac{2}{3}} \begin{bmatrix} \frac{1}{\sqrt{2}} & \frac{1}{\sqrt{2}} & \frac{1}{\sqrt{2}} \\ 1 & -\frac{1}{2} & -\frac{1}{2} \\ 0 & \frac{\sqrt{3}}{2} & -\frac{\sqrt{3}}{2} \end{bmatrix} \begin{bmatrix} i_a \\ i_b \\ i_c \end{bmatrix} \tag{2-30}$$

其反变换式为

$$\begin{bmatrix} i_a \\ i_b \\ i_c \end{bmatrix} = \sqrt{\frac{2}{3}} \begin{bmatrix} \frac{1}{\sqrt{2}} & 1 & 0 \\ \frac{1}{\sqrt{2}} & -\frac{1}{2} & \frac{\sqrt{3}}{2} \\ \frac{1}{\sqrt{2}} & -\frac{1}{2} & -\frac{\sqrt{3}}{2} \end{bmatrix} \begin{bmatrix} i_0 \\ i_\alpha \\ i_\beta \end{bmatrix} \tag{2-31}$$

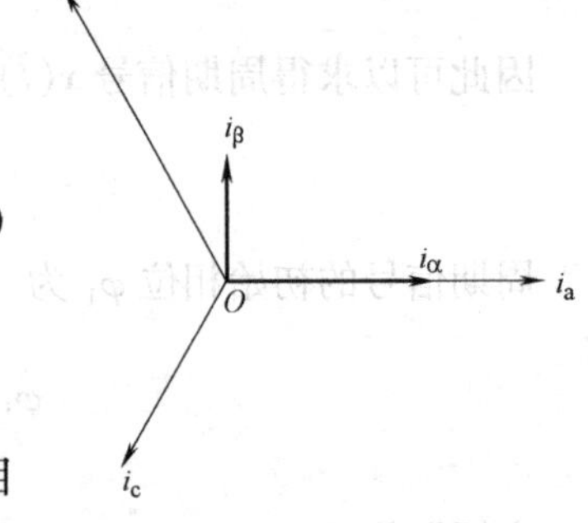

图 2-3　三相到两相变换

考虑到 b、c 相电流相对于 a 相电流有 2π/3、4π/3 的相位差，如图 2-3 所示。电压的变换矩阵与电流的变换矩阵相同。

零序电流 i_0 是在三相四线制系统的中性线中流动的电流。对于三相三线制系统，由于三相相电流之和 $i_a + i_b + i_c = 0$，则该零序电流为零。式(2-30)可以简化为三相到两相变换。

2.2.2　d-q 旋转变换

首先，定义功率不变的坐标变换为绝对变换，而坐标变换后的功率变化，则称之为相对变换。旋转坐标变换用于将旋转坐标系变换成静止坐标系或与之相反的变换，一般称之为 d-q 变换。旋转的 d 轴、q 轴的两相电流 i_d、i_q 变换到 α 轴、β 轴上的电流 i_α、i_β 的变换式为

$$\begin{bmatrix} i_\alpha \\ i_\beta \end{bmatrix} = \begin{bmatrix} \cos\theta & -\sin\theta \\ \sin\theta & \cos\theta \end{bmatrix} \begin{bmatrix} i_d \\ i_q \end{bmatrix} \tag{2-32}$$

其反变换为

$$\begin{bmatrix} i_d \\ i_q \end{bmatrix} = \begin{bmatrix} \cos\theta & \sin\theta \\ -\sin\theta & \cos\theta \end{bmatrix} \begin{bmatrix} i_\alpha \\ i_\beta \end{bmatrix} \tag{2-33}$$

式中，θ 是 α 轴到 d 轴的夹角，如图 2-4 所示。

上述变换用复数矢量表示，则式(2-32)、式(2-33)可表示为

$$i_\alpha + \mathrm{j}i_\beta = \mathrm{e}^{\mathrm{j}\theta}(i_d + \mathrm{j}i_q) \tag{2-34}$$

$$i_d + \mathrm{j}i_q = \mathrm{e}^{-\mathrm{j}\theta}(i_\alpha + \mathrm{j}i_\beta) \tag{2-35}$$

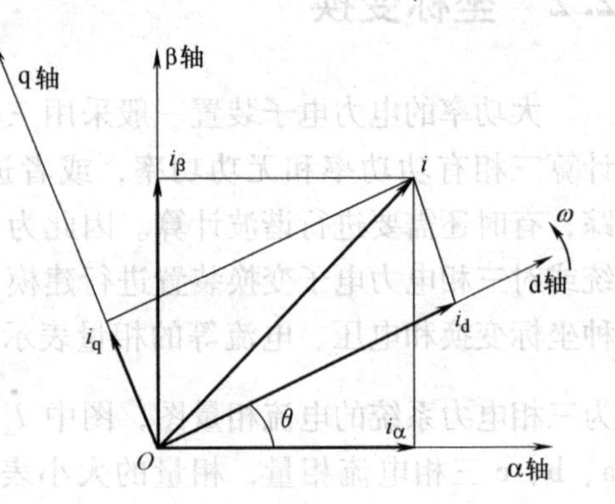

图 2-4　旋转坐标变换

三相电流 i_a、i_b、i_c 到两相电流 i_d、i_q 的绝对变换可由式(2-30)～式(2-33)求得，即

$$\begin{bmatrix} i_d \\ i_q \end{bmatrix} = \begin{bmatrix} \cos\theta & \sin\theta \\ -\sin\theta & \cos\theta \end{bmatrix} \times \sqrt{\frac{2}{3}} \begin{bmatrix} 1 & -\frac{1}{2} & -\frac{1}{2} \\ 0 & \frac{\sqrt{3}}{2} & -\frac{\sqrt{3}}{2} \end{bmatrix} \begin{bmatrix} i_a \\ i_b \\ i_c \end{bmatrix}$$

$$= \sqrt{\frac{2}{3}} \begin{bmatrix} \cos\theta & \cos\left(\theta - \frac{2\pi}{3}\right) & \cos\left(\theta - \frac{4\pi}{3}\right) \\ -\sin\theta & -\sin\left(\theta - \frac{2\pi}{3}\right) & -\sin\left(\theta - \frac{4\pi}{3}\right) \end{bmatrix} \begin{bmatrix} i_a \\ i_b \\ i_c \end{bmatrix} \tag{2-36}$$

$$\begin{bmatrix} i_a \\ i_b \\ i_c \end{bmatrix} = \sqrt{\frac{2}{3}} \begin{bmatrix} 1 & 0 \\ -\frac{1}{2} & \frac{\sqrt{3}}{2} \\ -\frac{1}{2} & -\frac{\sqrt{3}}{2} \end{bmatrix} \begin{bmatrix} \cos\theta & -\sin\theta \\ \sin\theta & \cos\theta \end{bmatrix} \begin{bmatrix} i_d \\ i_q \end{bmatrix}$$

$$= \sqrt{\frac{2}{3}} \begin{bmatrix} \cos\theta & -\sin\theta \\ \cos\left(\theta - \frac{2\pi}{3}\right) & -\sin\left(\theta - \frac{2\pi}{3}\right) \\ \cos\left(\theta - \frac{4\pi}{3}\right) & -\sin\left(\theta - \frac{4\pi}{3}\right) \end{bmatrix} \begin{bmatrix} i_d \\ i_q \end{bmatrix} \tag{2-37}$$

如果考虑零序电流，则称 d-q-0 变换，绝对变换也可以用下式表示为

$$\begin{bmatrix} i_0 \\ i_d \\ i_q \end{bmatrix} = \sqrt{\frac{2}{3}} \begin{bmatrix} \frac{1}{\sqrt{2}} & \frac{1}{\sqrt{2}} & \frac{1}{\sqrt{2}} \\ \cos\theta & \cos\left(\theta - \frac{2\pi}{3}\right) & \cos\left(\theta - \frac{4\pi}{3}\right) \\ -\sin\theta & -\sin\left(\theta - \frac{2\pi}{3}\right) & -\sin\left(\theta - \frac{4\pi}{3}\right) \end{bmatrix} \begin{bmatrix} i_a \\ i_b \\ i_c \end{bmatrix} \tag{2-38}$$

$$\begin{bmatrix} i_a \\ i_b \\ i_c \end{bmatrix} = \sqrt{\frac{2}{3}} \begin{bmatrix} \frac{1}{\sqrt{2}} & \cos\theta & -\sin\theta \\ \frac{1}{\sqrt{2}} & \cos\left(\theta - \frac{2\pi}{3}\right) & -\sin\left(\theta - \frac{2\pi}{3}\right) \\ \frac{1}{\sqrt{2}} & \cos\left(\theta - \frac{4\pi}{3}\right) & -\sin\left(\theta - \frac{4\pi}{3}\right) \end{bmatrix} \begin{bmatrix} i_0 \\ i_d \\ i_q \end{bmatrix} \tag{2-39}$$

因为是绝对变换，所以三相瞬时功率 p 不考虑系数，可表示为

$$p = v_a i_a + v_b i_b + v_c i_c = v_d i_d + v_q i_q + v_0 i_0 \tag{2-40}$$

d-q-0 变换的相对变换如下式所示，该变换方式也被使用，即

$$\begin{bmatrix} i_0 \\ i_d \\ i_q \end{bmatrix} = \frac{2}{3} \begin{bmatrix} \frac{1}{2} & \frac{1}{2} & \frac{1}{2} \\ \cos\theta & \cos\left(\theta - \frac{2\pi}{3}\right) & \cos\left(\theta - \frac{4\pi}{3}\right) \\ -\sin\theta & -\sin\left(\theta - \frac{2\pi}{3}\right) & -\sin\left(\theta - \frac{4\pi}{3}\right) \end{bmatrix} \begin{bmatrix} i_a \\ i_b \\ i_c \end{bmatrix} \tag{2-41}$$

$$\begin{bmatrix} i_a \\ i_b \\ i_c \end{bmatrix} = \begin{bmatrix} 1 & \cos\theta & -\sin\theta \\ 1 & \cos\left(\theta - \frac{2\pi}{3}\right) & -\sin\left(\theta - \frac{2\pi}{3}\right) \\ 1 & \cos\left(\theta - \frac{4\pi}{3}\right) & -\sin\left(\theta - \frac{4\pi}{3}\right) \end{bmatrix} \begin{bmatrix} i_0 \\ i_d \\ i_q \end{bmatrix} \tag{2-42}$$

相对变换的三相瞬时功率 p 可表示为

$$p = u_a i_a + u_b i_b + u_c i_c = \frac{3}{2}(u_d i_d + u_q i_q + 2u_0 i_0) \tag{2-43}$$

下面来看一个坐标变换的例子。

利用 d-q 坐标对三相电压型 PWM 整流器建模，首先考虑三相电力系统接有三相电压型 PWM 整流器的情况，如图 2-5 所示，则根据回路电压之和为零可得

$$\begin{bmatrix} e_a \\ e_b \\ e_c \end{bmatrix} = R\begin{bmatrix} i_a \\ i_b \\ i_c \end{bmatrix} + L\frac{d}{dt}\begin{bmatrix} i_a \\ i_b \\ i_c \end{bmatrix} + \begin{bmatrix} u_a \\ u_b \\ u_c \end{bmatrix} \tag{2-44}$$

式中，e_a、e_b、e_c 表示电源相电压；i_a、i_b、i_c 表示相电流；u_a、u_b、u_c 表示变换器相电压；R、L 分别表示电阻和电感。在不考虑开关器件损耗的前提下，根据输入和输出的功率平衡的条件，可得

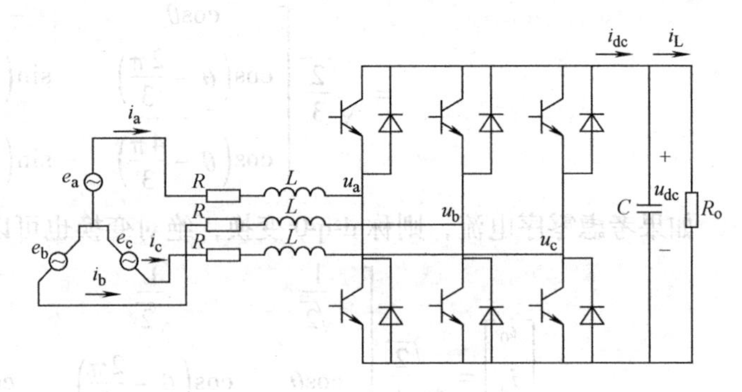

图 2-5 三相电压型 PWM 整流器

$$u_a i_a + u_b i_b + u_c i_c = u_{dc} i_{dc} \tag{2-45}$$

式中，u_{dc}表示直流电压；i_{dc}表示变换器输出电流。再根据直流侧电路，可得

$$C\frac{d}{dt}u_{dc} = i_{dc} - i_L \tag{2-46}$$

式中，i_L 表示负载电流；C 表示电容。

记$[C]$为从 d-q 坐标系到三相 a-b-c 坐标系的坐标变换矩阵，设 $\theta = \omega t + \alpha$，$\omega$ 为角频率，α 为初始相位，则有

$$[C] = \sqrt{\frac{2}{3}}\begin{bmatrix} \cos(\omega t + \alpha) & -\sin(\omega t + \alpha) \\ \cos\left(\omega t + \alpha - \frac{2\pi}{3}\right) & -\sin\left(\omega t + \alpha - \frac{2\pi}{3}\right) \\ \cos\left(\omega t + \alpha - \frac{4\pi}{3}\right) & -\sin\left(\omega t + \alpha - \frac{4\pi}{3}\right) \end{bmatrix} \tag{2-47}$$

$$[C]^{-1} = \sqrt{\frac{2}{3}}\begin{bmatrix} \cos(\omega t + \alpha) & \cos\left(\omega t + \alpha - \frac{2\pi}{3}\right) & \cos\left(\omega t + \alpha - \frac{4\pi}{3}\right) \\ -\sin(\omega t + \alpha) & -\sin\left(\omega t + \alpha - \frac{2\pi}{3}\right) & -\sin\left(\omega t + \alpha - \frac{4\pi}{3}\right) \end{bmatrix} \tag{2-48}$$

由$\begin{bmatrix} e_a \\ e_b \\ e_c \end{bmatrix} = [C]\begin{bmatrix} e_d \\ e_q \end{bmatrix}$，$\begin{bmatrix} i_a \\ i_b \\ i_c \end{bmatrix} = [C]\begin{bmatrix} i_d \\ i_q \end{bmatrix}$，$\begin{bmatrix} u_a \\ u_b \\ u_c \end{bmatrix} = [C]\begin{bmatrix} u_d \\ u_q \end{bmatrix}$代入式(2-44)可得

$$[C]\begin{bmatrix} e_d \\ e_q \end{bmatrix} = R[C]\begin{bmatrix} i_d \\ i_q \end{bmatrix} + L[C]\frac{d}{dt}\begin{bmatrix} i_d \\ i_q \end{bmatrix} + L\left[\frac{d}{dt}[C]\right]\begin{bmatrix} i_d \\ i_q \end{bmatrix} + [C]\begin{bmatrix} u_d \\ u_q \end{bmatrix} \tag{2-49}$$

上式两边乘以$[C]^{-1}$得

$$\begin{aligned}[C]^{-1}[C]\begin{bmatrix} e_d \\ e_q \end{bmatrix} &= R[C]^{-1}[C]\begin{bmatrix} i_d \\ i_q \end{bmatrix} + L[C]^{-1}[C]\frac{d}{dt}\begin{bmatrix} i_d \\ i_q \end{bmatrix} \\ &\quad + L[C]^{-1}\left[\frac{d}{dt}[C]\right]\begin{bmatrix} i_d \\ i_q \end{bmatrix} + [C]^{-1}[C]\begin{bmatrix} u_d \\ u_q \end{bmatrix}\end{aligned} \tag{2-50}$$

由于

$$\frac{d}{dt}[C] = \sqrt{\frac{2}{3}}\omega\begin{bmatrix} -\sin(\omega t + \alpha) & -\cos(\omega t + \alpha) \\ -\sin\left(\omega t + \alpha - \frac{2\pi}{3}\right) & -\cos\left(\omega t + \alpha - \frac{2\pi}{3}\right) \\ -\sin\left(\omega t + \alpha - \frac{4\pi}{3}\right) & -\cos\left(\omega t + \alpha - \frac{4\pi}{3}\right) \end{bmatrix} \tag{2-51}$$

$$[C]^{-1}[C] = [I],[C]^{-1}\frac{d}{dt}[C] = \omega\begin{bmatrix} 0 & -1 \\ 1 & 0 \end{bmatrix} \tag{2-52}$$

因此把式(2-51)、式(2-52)代入式(2-48)，可得

$$\begin{bmatrix} e_d \\ e_q \end{bmatrix} = L\frac{d}{dt}\begin{bmatrix} i_d \\ i_q \end{bmatrix} + \begin{bmatrix} R & -\omega L \\ \omega L & R \end{bmatrix}\begin{bmatrix} i_d \\ i_q \end{bmatrix} + \begin{bmatrix} u_d \\ u_q \end{bmatrix} \tag{2-53}$$

式(2-53)变换形式后，可得

$$\frac{d}{dt}\begin{bmatrix} i_d \\ i_q \end{bmatrix} = \begin{bmatrix} -\frac{R}{L} & \omega \\ -\omega & -\frac{R}{L} \end{bmatrix}\begin{bmatrix} i_d \\ i_q \end{bmatrix} + \frac{1}{L}\begin{bmatrix} e_d & -u_d \\ e_q & -u_q \end{bmatrix} \tag{2-54}$$

同理，$\begin{bmatrix} i_a \\ i_b \\ i_c \end{bmatrix} = [C]\begin{bmatrix} i_d \\ i_q \end{bmatrix}$，$\begin{bmatrix} u_a \\ u_b \\ u_c \end{bmatrix} = [C]\begin{bmatrix} u_d \\ u_q \end{bmatrix}$代入式(2-45)后，得

$$u_d i_d + u_q i_q = u_{dc} i_{dc} \tag{2-55}$$

由式(2-55)和式(2-46)可得

$$\frac{d}{dt}u_{dc} = \frac{1}{Cu_{dc}}(u_d i_d + u_q i_q) - \frac{i_L}{C} \tag{2-56}$$

式(2-54)和式(2-56)利用拉普拉斯算子s，并化简后可得

$$i_d = (e_d - u_d + \omega L i_q)\frac{1}{R + Ls}, i_q = (e_q - u_q - \omega L i_d)\frac{1}{R + Ls}, u_{dc} = \left(\frac{u_d i_d + u_q i_q}{u_{dc}} - i_L\right)\frac{1}{Cs}$$

因此由上式可求得如图 2-6 所示的三相电压型 PWM 整流器框图。

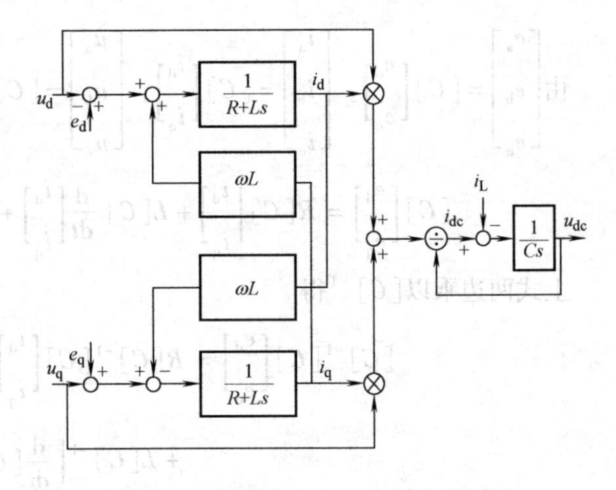

图 2-6 三相电压型 PWM 整流器框图

当电源电压为三相对称波形，且相电压有效值为 E 时，可以令

$$\begin{bmatrix} e_a \\ e_b \\ e_c \end{bmatrix} = \sqrt{2}E \begin{bmatrix} \cos(\omega t + \alpha) \\ \cos\left(\omega t + \alpha - \frac{2\pi}{3}\right) \\ \cos\left(\omega t + \alpha + \frac{2\pi}{3}\right) \end{bmatrix} \tag{2-57}$$

上式两边同乘以变换矩阵 $[C]^{-1}$，则有

$$\begin{bmatrix} e_d \\ e_q \end{bmatrix} = \begin{bmatrix} \sqrt{3}E \\ 0 \end{bmatrix} \tag{2-58}$$

2.2.3 空间矢量

在三相 DC/AC 逆变器和三相 AC/DC 整流器的控制中，通常三相电量分别描述。若能将三相三个标量用一个合成量来表示，并保持信息的完整性，则三相的问题可以简化。假设三相三个标量为 x_a、x_b 和 x_c，而且满足 $x_a + x_b + x_c = 0$，则可引入变换为

$$\boldsymbol{X} = x_a + a x_b + a^2 x_c \tag{2-59}$$

式中，$a = e^{j\frac{2\pi}{3}}$，$a^2 = e^{j\frac{4\pi}{3}}$。

通过式(2-59)变换，三个标量用一个复数 X 表示，则 $\boldsymbol{X}$ 在复数平面上为一个矢量，由式(2-59)可以写出复数矢量 $\boldsymbol{X}$ 的实部和虚部分别为

$$\mathrm{Re}\boldsymbol{X} = x_a + x_b\cos\left(\frac{2\pi}{3}\right) + x_c\cos\left(\frac{4\pi}{3}\right) \tag{2-60}$$

$$\mathrm{Im}\boldsymbol{X} = x_b\sin\left(\frac{2\pi}{3}\right) + x_c\sin\left(\frac{4\pi}{3}\right) \tag{2-61}$$

上两式与 $x_a + x_b + x_c = 0$ 联立可得

$$\begin{bmatrix} \mathrm{Re}X \\ \mathrm{Im}X \\ 0 \end{bmatrix} = \begin{bmatrix} 1 & \cos\left(\frac{2\pi}{3}\right) & \cos\left(\frac{4\pi}{3}\right) \\ 0 & \sin\left(\frac{2\pi}{3}\right) & \sin\left(\frac{4\pi}{3}\right) \\ 1 & 1 & 1 \end{bmatrix} \begin{bmatrix} x_a \\ x_b \\ x_c \end{bmatrix} = \begin{bmatrix} 1 & -\frac{1}{2} & -\frac{1}{2} \\ 0 & \frac{\sqrt{3}}{2} & -\frac{\sqrt{3}}{2} \\ 1 & 1 & 1 \end{bmatrix} \begin{bmatrix} x_a \\ x_b \\ x_c \end{bmatrix} \tag{2-62}$$

若已知复数矢量 $\boldsymbol{X}$，可唯一解出 x_a、x_b 和 x_c，即

$$\begin{bmatrix} x_a \\ x_b \\ x_c \end{bmatrix} = \begin{bmatrix} 1 & \cos\left(\frac{2\pi}{3}\right) & \cos\left(\frac{4\pi}{3}\right) \\ 0 & \sin\left(\frac{2\pi}{3}\right) & \sin\left(\frac{4\pi}{3}\right) \\ 1 & 1 & 1 \end{bmatrix}^{-1} \begin{bmatrix} \mathrm{Re}X \\ \mathrm{Im}X \\ 0 \end{bmatrix} = \frac{3}{2} \begin{bmatrix} 1 & 0 & 1 \\ -\frac{1}{2} & \frac{\sqrt{3}}{2} & 1 \\ -\frac{1}{2} & -\frac{\sqrt{3}}{2} & 1 \end{bmatrix} \begin{bmatrix} \mathrm{Re}X \\ \mathrm{Im}X \\ 0 \end{bmatrix} \tag{2-63}$$

这样，就将三个标量 x_a、x_b 和 x_c 用一个复数矢量 $\boldsymbol{X}$ 表示出来了。

设三相电压 u_a、u_b和 u_c 为三相对称正弦波，即

$$u_a = U_m\sin\omega t$$

$$u_b = U_m\sin\left(\omega t - \frac{2\pi}{3}\right)$$

$$u_c = U_m\sin\left(\omega t - \frac{4\pi}{3}\right)$$

三相电压 u_a、u_b 和 u_c 对应的空间矢量为 $\boldsymbol{U}_1 = u_a + au_b + a^2u_c$，由式(2-60)求空间电压矢量 $\boldsymbol{U}_1$ 的实部为

$$\mathrm{Re}\boldsymbol{U}_1 = u_a + u_b\cos\left(\frac{2\pi}{3}\right) + u_c\cos\left(\frac{4\pi}{3}\right) = \frac{3}{2}U_m\sin\omega t \tag{2-64}$$

由式(2-61)求空间电压矢量 $\boldsymbol{U}_1$ 的虚部为

$$\mathrm{Im}\boldsymbol{U}_1 = u_b\sin\left(\frac{2\pi}{3}\right) + u_c\sin\left(\frac{4\pi}{3}\right) = -\frac{3}{2}U_m\cos\omega t \tag{2-65}$$

则可得空间电压矢量 $\boldsymbol{U}_1$ 为

$$\boldsymbol{U}_1 = \mathrm{Re}U_1 + \mathrm{jIm}U_1 = \frac{3}{2}U_m\mathrm{e}^{\mathrm{j}\left(\omega t - \frac{\pi}{2}\right)} \tag{2-66}$$

由式(2-66)可见，三相对称正弦电压对应的空间电压矢量 $\boldsymbol{U}_1$ 的顶点的运动轨迹为一个圆，圆的半径为相电压幅度的1.5倍，即 $3U_m/2$。空间电压矢量 $\boldsymbol{U}_1$ 以角速度 ω 逆时针旋转。

根据空间矢量变换的可逆性，可以想象空间电压矢量 $\boldsymbol{U}_1$ 的顶点的轨迹越趋近于圆，则原三相电压越趋近于三相对称正弦波。三相对称正弦电压是理想的供电方式，也是逆变器交流输出电压控制的追求目标。因此，希望通过对逆变器的适当控制，使逆变器输出的空间电压矢量的运动轨迹趋近于圆。通过空间矢量变换，将逆变器三相输出的三个标量的控制问题转化为一个矢量的控制问题。

2.3　瞬时功率理论

三相电路瞬时无功功率理论出现于20世纪80年代，在许多方面得到了成功的应用。瞬时无功功率理论可用于谐波和无功电流、有功功率、无功功率等实时检测。本节介绍瞬时无功功率理论及其主要的发展历程，并对各种瞬时无功功率理论的内容和特征进行介绍。

2.3.1　瞬时无功功率理论基础及其发展

在单相正弦电路或三相对称正弦电路中，利用基于平均值的概念定义的有有功功率、无功功率、有功电流、无功电流、视在功率和功率因数等概念。但当电压电流中含有谐波分量或三相电路不对称时，功率现象十分复杂，传统概念已无法对其进行有效的解释和描述。为了建立能包含畸变和不平衡现象的完善的功率理论，对谐波和无功功率进行有效的补偿，许多学者对此展开广泛的研究。20世纪80年代，赤木泰文等人提出的瞬时无功功率理论，对谐波和无功补偿装置的研究和开发起到了推动作用。

2.3.2 Akagi 瞬时无功功率理论

三相电路瞬时无功功率理论是以瞬时实功率 p 和瞬时虚功率 q 的定义为基础，因此也称为 pq 理论。在电压和电流均不含零序分量的三相系统中可将电压瞬时值 e_a、e_b、e_c 和电流瞬时值 i_a、i_b、i_c 变换到两相正交的 α、β 坐标系上。

$$\begin{bmatrix} e_\alpha \\ e_\beta \end{bmatrix} = C_{32}\begin{bmatrix} e_a \\ e_b \\ e_c \end{bmatrix} \tag{2-67}$$

$$\begin{bmatrix} i_\alpha \\ i_\beta \end{bmatrix} = C_{32}\begin{bmatrix} i_a \\ i_b \\ i_c \end{bmatrix} \tag{2-68}$$

在式(2-67)和式(2-68)中，$C_{32} = \sqrt{\dfrac{2}{3}}\begin{bmatrix} 1 & \dfrac{-1}{2} & \dfrac{-1}{2} \\ 0 & \dfrac{\sqrt{3}}{2} & \dfrac{-\sqrt{3}}{2} \end{bmatrix}$

定义瞬时有功功率为

$$p(t) = e_\alpha i_\alpha + e_\beta i_\beta = e_a i_a + e_b i_b + e_c i_c \tag{2-69}$$

定义瞬时无功功率为

$$q(t) = e_\alpha i_\alpha - e_\beta i_\beta \tag{2-70}$$

由以上定义很容易验证以下公式成立

$$i_a^2 + i_b^2 + i_c^2 = i_\alpha^2 + i_\beta^2 \tag{2-71}$$

和

$$i_a^2 + i_b^2 + i_c^2 = \frac{p(t)^2 + q(t)^2}{e_a^2 + e_b^2 + e_c^2} \tag{2-72}$$

因为电路上的损耗与 $i_a^2+i_b^2+i_c^2$ 成正比，因此式(2-72)表明在电压一定的情况下，如果 $p(t)$ 或 $q(t)$ 减小，则电路损耗就可以下降。

基于以上的定义，在三相电路中，三相之间的功率关系可表示为

$$\begin{cases} p_a(t) = p_{ap}(t) + p_{aq}(t) \\ p_b(t) = p_{bp}(t) + p_{bq}(t) \\ p_c(t) = p_{cp}(t) + p_{cq}(t) \end{cases} \tag{2-73}$$

式中，等号右边第一部分各量与 $p(t)$ 成比例，其和即为 $p(t)$；而等号右边第二部分各量与 $q(t)$ 成比例，其和为零。每一相的瞬时功率都被分解为有功分量和无功分量。因为等号右边第二部分各量之和为零，即 $p_{aq}+p_{bq}+p_{cq}=0$，故通过合适的方法，不需能量的存储，即可将其补偿。这样，电网电路上的损耗就可得到降低。

赤木泰文等提出的瞬时无功功率理论，使得谐波和无功的检测进入了一个新的阶段。该理论突破了传统的以平均值为基础的功率定义，系统地定义了瞬时有功功率、瞬时无功功率等瞬时功率量，并指出可以通过无能量存储的补偿装置来补偿电网上的无功功率，为有源电力滤波器的发展提供了新的理论基础，在许多方面取得了成功的应用。但该理论也存在以下

一些不足：

1）只适用于无零序电流和电压分量的三相系统。

2）只能用于三相系统，不能从中推导出单相系统的情况，也不能推广到多相系统，而多相系统近年来在大功率传输领域应用广泛。

2.3.3　基于电流分解的瞬时无功功率理论

为了解决瞬时无功功率理论（pq 理论）的不足及其相关问题，Willems 等于 1991 年提出不直接对功率进行分解，而是将电流分解为平行于电压的有功分量和垂直于电压的无功分量的分解方法。

以 m 代表系统的相数，则可用向量 $i(t)$ 和 $e(t)$ 来表示系统中的电流和电压瞬时值。瞬时功率 $p(t)$ 定义为电压向量 $e(t)$ 和电流向量 $i(t)$ 的内积，即

$$p(t) = e(t)^{\mathrm{T}} i(t) \tag{2-74}$$

定义有功电流分量 $i_{\mathrm{p}}(t)$ 为电流向量 $i(t)$ 在电压向量 $e(t)$ 上的正交投影，则有

$$i_{\mathrm{p}}(t) = \frac{e(t)^{\mathrm{T}} i(t)}{|e(t)|^2} e(t) = \frac{p(t)}{|e(t)|^2} e(t) \tag{2-75}$$

式中，$|\ |$ 表示向量的长度，如 $|e|^2 = e^{\mathrm{T}} e$。

定义无功电流分量 $i_{\mathrm{q}}(t)$ 为

$$i_{\mathrm{q}}(t) = i(t) - i_{\mathrm{p}}(t) \tag{2-76}$$

则由几何原理可知，向量 $i_{\mathrm{q}}(t)$ 与向量 $e(t)$ 正交，即有 $e(t)^{\mathrm{T}} i_{\mathrm{q}}(t) = 0$。

电路中瞬时有功功率和无功功率有如下关系式：

$$p(t) = e(t)^{\mathrm{T}} i(t) = e(t)^{\mathrm{T}} i_{\mathrm{p}}(t) \tag{2-77}$$

$$q(t) = e(t) \cdot i_{\mathrm{q}}(t) \tag{2-78}$$

此外，由定义不难推出以下结果：

$$|i(t)|^2 = |i_{\mathrm{p}}(t)|^2 + |i_{\mathrm{q}}(t)|^2 \tag{2-79}$$

$$|i_{\mathrm{p}}(t)|^2 = \frac{p(t)^2}{|e(t)|^2} \tag{2-80}$$

$$|i_{\mathrm{q}}(t)|^2 = \frac{q(t)^2}{|e(t)|^2} \tag{2-81}$$

从式(2-79)～式(2-81)中可以看出，电网线路损耗正比于瞬时有功功率 $p(t)$ 和无功功率 $q(t)$ 的二次方和，或者正比于瞬时有功电流 $i_{\mathrm{p}}(t)$ 和无功电流 $i_{\mathrm{q}}(t)$ 的二次方和；利用不需要能量存储的装置补偿掉 $i_{\mathrm{q}}(t)$，即可减少线路损耗。

该理论具有如下的特点：

1）通过将电流分解为平行于电压的有功分量 $i_{\mathrm{p}}(t)$ 和垂直于电压的无功分量 $i_{\mathrm{q}}(t)$ 的方法，使得该理论可应用于有零序电流和电压分量存在的系统。

2）该理论可推广到任意相系统。瞬时无功功率理论（pq 理论）中的瞬时无功功率的概念是局限于三相系统，而此理论中的瞬时无功电流的概念则不但包含了单相系统，也可推广到任意相系统。

3）该理论基于电流分解而不需要定义瞬时有功功率和无功功率，也可以得到和 pq 理论一样的结果，即在无零序电流和电压分量的三相系统中，该理论保持了与 pq 理论的一致性。

2.3.4　通用瞬时无功功率理论

将瞬时电压向量和瞬时电流向量分别定义为

$$\boldsymbol{e}=\begin{bmatrix}e_a\\e_b\\e_c\end{bmatrix},\ \boldsymbol{i}=\begin{bmatrix}i_a\\i_b\\i_c\end{bmatrix} \tag{2-82}$$

式中，e_a、e_b、e_c 和 i_a、i_b、i_c 分别表示三相系统中的电压瞬时值和电流瞬时值。

则瞬时有功功率为

$$p=\boldsymbol{e}\cdot\boldsymbol{i} \tag{2-83}$$

式中，· 表示矢量点乘。

引入瞬时无功矢量的概念并定义为

$$\boldsymbol{q}=\boldsymbol{e}\times\boldsymbol{i} \tag{2-84}$$

式中，× 表示矢量叉乘。

则瞬时无功功率为

$$q=\|\boldsymbol{q}\|=\|\boldsymbol{e}\times\boldsymbol{i}\|=\begin{bmatrix}q_a\\q_b\\q_c\end{bmatrix} \tag{2-85}$$

且有

$$q=\|\boldsymbol{q}\|=\sqrt{q_a^2+q_b^2+q_c^2} \tag{2-86}$$

定义瞬时有功电流为

$$\boldsymbol{i}_p=\begin{bmatrix}i_{ap}\\i_{bp}\\i_{cp}\end{bmatrix}=\frac{p}{\boldsymbol{e}\cdot\boldsymbol{e}}\boldsymbol{e} \tag{2-87}$$

定义瞬时无功电流为

$$\boldsymbol{i}_q=\begin{bmatrix}i_{aq}\\i_{bq}\\i_{cq}\end{bmatrix}=\frac{\boldsymbol{q}\times\boldsymbol{e}}{\boldsymbol{e}\cdot\boldsymbol{e}} \tag{2-88}$$

定义瞬时视在功率为

$$s=\|\boldsymbol{e}\|\times\|\boldsymbol{i}\|=\sqrt{e_a^2+e_b^2+e_c^2}\times\sqrt{i_a^2+i_b^2+i_c^2} \tag{2-89}$$

定义瞬态功率因数为

$$\boldsymbol{\lambda}=\frac{p}{s} \tag{2-90}$$

该理论对先前提出的瞬时无功功率理论和定义方法进行了适当的总结，一方面包含了之前理论所具有的一些性质，另一方面也使得其中的物理意义能够更好地凸现。该理论可应用于三相正弦或者非正弦、平衡或者不平衡系统，并且能适用于包含零序电流或电压的情况。

2.4 对称分量分解法

在三相不平衡电力系统中，常常需要把不对称的电压或电流相量分解成三组对称的分量，这三组对称分量分别叫做正序分量、负序分量和零序分量，这就是对称分量法。这三组对称分量也可以合成一组分量，这种关系是可逆的。下面以三相正弦电流为例进行说明。

2.4.1 正序分量

正序分量的特点是 A、B、C 三相对称，三相电量的相序为顺时针方向。设有三相对称正弦电流相量 $\dot{I}_{A1}$、$\dot{I}_{B1}$、$\dot{I}_{C1}$，如图 2-7 所示。

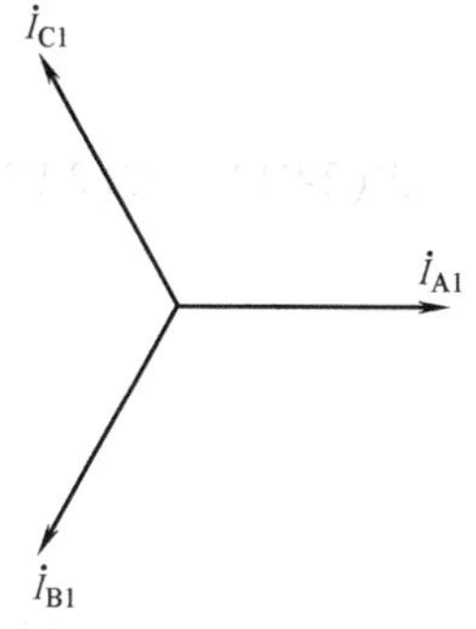

图 2-7　正序分量

图 2-7 中三相电流相量 $\dot{I}_{A1}$、$\dot{I}_{B1}$、$\dot{I}_{C1}$ 中只有一个独立分量，那么只要知道其中一个分量的大小，就可以计算出另外两个分量。例如，已知其中 A 相电流相量 $\dot{I}_{A1}$，则有

$$\dot{I}_{B1} = a^2\dot{I}_{A1}$$

$$\dot{I}_{C1} = a\dot{I}_{A1}$$

式中，a、a^2 为旋转因子，$a = e^{j\frac{2\pi}{3}}$，$a^2 = e^{j\frac{4\pi}{3}}$。

2.4.2 负序分量

负序分量的特点是 A、B、C 三相对称，三相电流相量相序为逆时针方向。设有三相对称正弦电流相量 $\dot{I}_{A2}$、$\dot{I}_{B2}$、$\dot{I}_{C2}$，如图 2-8 所示。

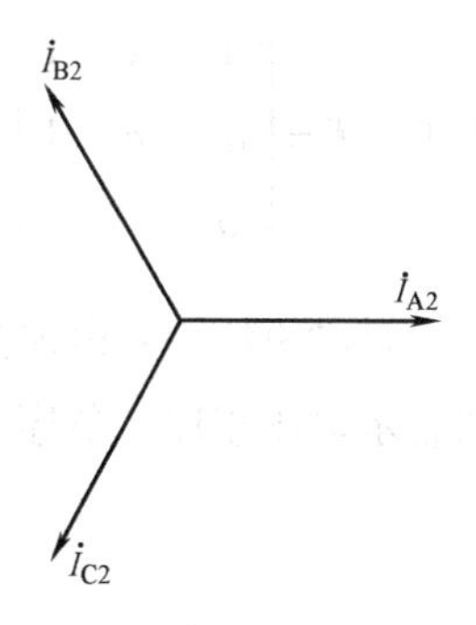

图 2-8　负序分量

图 2-8 中三相电流相量 $\dot{I}_{A2}$、$\dot{I}_{B2}$、$\dot{I}_{C2}$ 只有一个独立分量，只要知道其中一个分量，就可以计算出另外两个分量。例如，已知其中一相电流 $\dot{I}_{A2}$，则有

$$\dot{I}_{B2} = a\dot{I}_{A2}$$

$$\dot{I}_{C2} = a^2\dot{I}_{A2}$$

2.4.3 零序分量

零序分量的特点是 A、B、C 三相完全相等。设有三相电流相量 $\dot{I}_{A0}$、$\dot{I}_{B0}$、$\dot{I}_{C0}$，如图 2-9 所示。

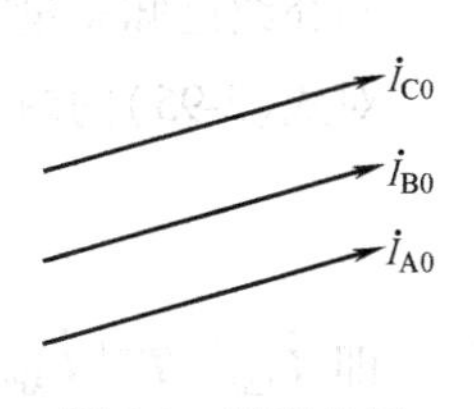

图 2-9　零序分量

图 2-9 中三相电流相量 $\dot{I}_{A0}$、$\dot{I}_{B0}$、$\dot{I}_{C0}$ 只有一个独立分量，只要知道其中一个分量，就可以计算出另外两个分量。例如，已知 $\dot{I}_{A0}$，则有

$$\dot{I}_{B0} = \dot{I}_{A0}$$

$$\dot{I}_{C0}=\dot{I}_{A0}$$

2.4.4　总量和正序、负序、零序分量之间的关系

已知正序、负序、零序分量，可以由如下方法求得总量：

假设三相电流分量$\dot{I}_{A0}$、$\dot{I}_{A1}$、$\dot{I}_{A2}$已知，则有

$$\dot{I}_{A}=\dot{I}_{A0}+\dot{I}_{A1}+\dot{I}_{A2} \tag{2-91}$$

$$\dot{I}_{B}=\dot{I}_{B0}+\dot{I}_{B1}+\dot{I}_{B2}=\dot{I}_{A0}+a^2\dot{I}_{A1}+a\dot{I}_{A2} \tag{2-92}$$

$$\dot{I}_{C}=\dot{I}_{C0}+\dot{I}_{C1}+\dot{I}_{C2}=\dot{I}_{A0}+a\dot{I}_{A1}+a^2\dot{I}_{A2} \tag{2-93}$$

式(2-91)～式(2-93)可以用矩阵的形式表示为

$$\begin{bmatrix}\dot{I}_A\\ \dot{I}_B\\ \dot{I}_C\end{bmatrix}=\begin{bmatrix}1&1&1\\ a^2&a&1\\ a&a^2&1\end{bmatrix}\begin{bmatrix}\dot{I}_{A1}\\ \dot{I}_{A2}\\ \dot{I}_{A0}\end{bmatrix} \tag{2-94}$$

式(2-94)可以简写为

$$\dot{\boldsymbol{I}}_{ABC}=\boldsymbol{T}\dot{\boldsymbol{I}}_{120} \tag{2-95}$$

式中，$\boldsymbol{T}=\begin{bmatrix}1&1&1\\ a^2&a&1\\ a&a^2&1\end{bmatrix}$；$\dot{\boldsymbol{I}}_{120}=\begin{bmatrix}\dot{I}_{A1}\\ \dot{I}_{A2}\\ \dot{I}_{A0}\end{bmatrix}$；$\dot{\boldsymbol{I}}_{ABC}=\begin{bmatrix}\dot{I}_{A}\\ \dot{I}_{B}\\ \dot{I}_{C}\end{bmatrix}$。

式(2-94)表示电流从正序分量、负序分量和零序分量求得总量的关系式。同样，可以得到表示电压正序、负序、零序和总量之间的关系为

$$\dot{\boldsymbol{U}}_{ABC}=\boldsymbol{T}\dot{\boldsymbol{U}}_{120} \tag{2-96}$$

式中$\dot{\boldsymbol{U}}_{120}=\begin{bmatrix}\dot{U}_{A1}\\ \dot{U}_{A2}\\ \dot{U}_{A0}\end{bmatrix}$；$\dot{\boldsymbol{U}}_{ABC}=\begin{bmatrix}\dot{U}_{A}\\ \dot{U}_{B}\\ \dot{U}_{C}\end{bmatrix}$。

当介绍已知总量时，如何求正序、负序、零序分量的方法。

对式(2-95)的两边分别乘T^{-1}可得

$$\boldsymbol{T}^{-1}\dot{\boldsymbol{I}}_{ABC}=\boldsymbol{T}^{-1}\boldsymbol{T}\dot{\boldsymbol{I}}_{120}=\dot{\boldsymbol{I}}_{120}$$

即$\dot{\boldsymbol{I}}_{120}=\boldsymbol{T}^{-1}\dot{\boldsymbol{I}}_{ABC}$

上式也可以用矩阵的形式表示为

$$\begin{bmatrix} \dot{I}_{A1} \\ \dot{I}_{A2} \\ \dot{I}_{A0} \end{bmatrix} = \frac{1}{3}\begin{bmatrix} 1 & a & a^2 \\ 1 & a^2 & a \\ 1 & 1 & 1 \end{bmatrix}\begin{bmatrix} \dot{I}_{A} \\ \dot{I}_{B} \\ \dot{I}_{C} \end{bmatrix} \tag{2-97}$$

这样就得到了电流从总量分解为正序分量、负序分量和零序分量的关系式。同样可以得到用电压表述的关系为

$$\dot{\boldsymbol{U}}_{120} = \boldsymbol{T}^{-1}\dot{\boldsymbol{U}}_{ABC}$$

当没有中性线时，意味着零序电流不存在，则式(2-94)可重写为

$$\begin{bmatrix} \dot{I}_{A} \\ \dot{I}_{B} \\ \dot{I}_{C} \end{bmatrix} = \begin{bmatrix} 1 & 1 & 1 \\ a^2 & a & 1 \\ a & a^2 & 1 \end{bmatrix}\begin{bmatrix} \dot{I}_{A1} \\ \dot{I}_{A2} \\ 0 \end{bmatrix} = \begin{bmatrix} 1 & 1 & 0 \\ a^2 & a & 0 \\ a & a^2 & 0 \end{bmatrix}\begin{bmatrix} \dot{I}_{A1} \\ \dot{I}_{A2} \\ 0 \end{bmatrix} \tag{2-98}$$

可简化为

$$\begin{bmatrix} \dot{I}_{A} \\ \dot{I}_{B} \\ \dot{I}_{C} \end{bmatrix} = \begin{bmatrix} 1 & 1 \\ a^2 & a \\ a & a^2 \end{bmatrix}\begin{bmatrix} \dot{I}_{A1} \\ \dot{I}_{A2} \end{bmatrix}$$

对称分量法适用于三相不对称系统，比如当电力系统发生短路，这时短路点的三相电压和三相电流是不对称的，可以利用对称分量法把短路点不对称的参数分解成三组对称的参数，然后将原来的电网分解成三个对称的电网，分别进行短路电流的计算。

2.5　本章小结

本章首先针对电网中的电压和电流不是理想的正弦波，而是畸变的波形，通过利用傅里叶级数和傅里叶变换方法对非线性的电流进行谐波分析，来分析非线性电流中的谐波含量，进而可以研究非线性负载产生的谐波电流是否会对电网产生影响，研究电力电子设备产生的谐波是否会对电网造成污染。介绍了三相电力电子装置建模中采用的三相静止坐标系到两相静止坐标系的变换方法，两相静止坐标系到 d-q 旋转坐标系的坐标变换方法，简化了高性能电力电子变流装置中控制参数的分析和设计的基础。介绍了瞬时无功理论。最后针对电网中的三相电压和电流会出现的不平衡现象，介绍了三相电量的对称分量分解法，该方法可用于在三相电网电压和电流不平衡时进行分析和设计合适的控制回路。

参考文献

[1] George J Wakileh. 电力系统谐波——基本原理、分析方法和滤波器设计[M]. 徐政，译. 北京：机械工业出版社，2003.

[2] 陈立新，吴志宏. 电力系统分析[M]. 北京：高等教育出版社，2006.

[3] 电气学会半导体电力变换系统调查专门委员会. 电力电子电路[M]. 陈国呈，译. 北京：科学出版

社，2003.
[4] 徐德鸿．电力电子系统建模及控制[M]．北京：机械工业出版社，2006.
[5] 王兆安，杨君，刘进军，王跃．谐波抑制和无功功率补偿[M]．北京：机械工业出版社，2006.
[6] 周庭阳，江维澄．电路原理[M]．杭州：浙江大学出版社，1988.
[7] 邱关源．电路[M]．北京：高等教育出版社，1999.
[8] 祁才君．数字信号处理技术的算法分析与应用[M]．北京：机械工业出版社，2005.
[9] 吕润馀．电力系统高次谐波[M]．北京：中国电力出版社，1998.
[10] 吴竞昌．供电系统谐波[M]．北京：中国电力出版社，1998.
[11] J ARRILLAGA，DABRADLEY，PSBODGER. 电力系统谐波[M]．容健纲，张文亮，译．武汉：华中理工大学出版社，1994.
[12] 张一中，等．电力谐波[M]．成都：成都科技大学出版社，1992.
[13] 许克明，徐云，刘付平．电力系统高次谐波[M]．重庆：重庆大学出版社，1991.

第3章　现代电力电子器件

电力电子器件是指在各种电力电子电路中起整流或开关作用的有源电子器件。现代电力电子器件都是半导体器件，因而又叫电力半导体器件。目前，绝大多数电力电子器件是用硅（Si）材料做成的。用碳化硅（SiC）和氮化镓（GaN）等宽禁带半导体可以制成性能更加优越的电力电子器件，但这类器件目前尚处于研发之中，只有少数品种已经商品化。本章主要介绍电力电子器件的基本工作原理、主要特性以及与使用有关的一些基本问题。重点是硅器件中的功率MOS管和IGBT。晶闸管之类的电流控制型器件已使用近半个世纪，相关教材和著作颇多，毋需赘述；一些开发多年或仍在开发之中，但因各种原因并未得到或尚未得到广泛应用的器件（例如MCT、SIT等），更值得器件研发人员去关注，不一定适合本书读者，因而只作简要评述。但碳化硅等宽禁带半导体器件应该引起电力电子技术应用领域的更多关注，因而着重介绍其特长，使读者了解其开发对发展未来电力电子技术的重要性。

3.1　概述

3.1.1　电力电子器件概述

电力电子器件是半导体器件中额定通态电流较大、阻断电压较高、在电路中主要起整流或开关作用的一类有源器件，通常以分立器件的形式使用，但其中一些也可用微电子工艺与电阻、电容等无源元件和半导体传感器等实行单片集成，制成功率集成电路。电力电子功能模块本质上也是分立器件的一种应用形式，是两个以上分立器件芯片的组合式封装，不属于集成技术的范畴。

1. 电力电子器件的基本构成

跟其他半导体器件一样，电力电子器件也是由不同导电类型（P型或N型）半导体薄层或微区以及金属薄层和介质薄层，用特种工艺组合而成的。不同的组合方式形成了半导体器件的三种基本构成元素。

1）PN结：P型（以带正电的空穴作为主要载流子）和N型（以电子为主要载流子）半导体薄层或微区在原子尺度上的紧密结合体；P层和N层为同种材料者叫同质结，为不同材料者叫异质结。例如P型硅与N型硅的结合是同质结，P型砷化镓与N型硅的结合则为异质结。构成电力电子器件的PN结大多是同质结。PN结的基本特征是单向导电性，即当P端比N端电位高时电阻极低，反之电阻极高。

2）金属-半导体肖特基势垒接触（MES）：有选择的金属薄层与半导体表面的紧密接触，具有类似于PN结的单向导电性。这种金属-半导体接触（以下简称金-半接触）与仅起电流引出作用的电极接触有本质区别。电极接触为欧姆接触，具有线性伏安特性，且电阻极小，不产生也不影响任何器件特性，在所有器件中所起作用相同。所以，作为器件构成元素的金-半接触单指具有单向导电性的MES接触。

3）金属-氧化物-半导体系统（MOS）：半导体硅表面经氧化处理后再淀积一层金属薄膜构成的3层系统，例如Al-SiO_2-Si系统。MOS结构的基本特征是可以通过金属膜电位的变化改变氧化层下半导体表层的导电极性和电导率。

目前，在结构或功能上有明显区别的200余种各式各样的半导体器件，包括电力电子器件，皆主要由这三种构成元素之中的一种或两种构成。其中，PN结是这三种构成元素中最重要的一种，很多器件完全由PN结构成，而以MES或MOS为主要构成元素的器件却常常同时包含有PN结元素。

2. 电力电子器件的分类及其特点

电力电子器件按功能分为整流和开关两大类，按基本工作原理分为单极器件、双极器件和复合型器件三大类。这里的“极”指载流子的极性，而非电极。因此，单极器件指仅由一种载流子（N型半导体中的电子或P型半导体中的空穴，即多数载流子）导电的器件，双极器件指额外载流子（热平衡统计数之外的载流子）也参与导电，而且对器件特性产生重要影响的器件。一般情况下，额外载流子主要对半导体中少数载流子（N型半导体中的空穴，P型半导体中的电子，简称少子）的密度有明显改变，因而有些文献称双极器件为少子器件，称单极器件为多子器件。由于额外载流子的参与，双极器件中电流通过的区域具有随电流大小而变化的电阻，其理想状态下的正向伏安特性在电流较大时具有指数特征，即电流激烈升高时电压增量不大，此即电导调制效应。有无电导调制效应是单、双极器件的主要区别。

双极器件完全以PN结作为基本构成元素，其电导调制效应即归功于PN结正向导通时的额外载流子注入。如图3-1所示，只含一个PN结的器件叫PN结二极管，是最简单也最典型的双极器件。由两个PN结串联而成的三层三端器件叫双极晶体管（BJT），简称晶体管。由三个PN结串联起来的四层器件有两种。其中，只有阴（K）阳（A）两极的叫两端双向开关（Diac）；增加一个电极G（俗称门极或控制极），因而可等效为一个PNP型晶体管和一个NPN型晶体管相串联的器件即晶闸管（Thyristor）。晶闸管是一个器件大家族，PNPN四层结构是其主要的公共特点。

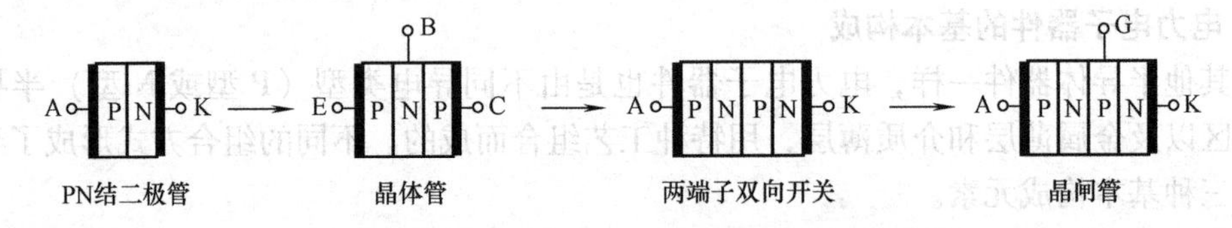

图3-1 主要双极电力电子器件的构造示意图

最典型的单极器件是肖特基势垒二极管（SBD）和金属-氧化物-半导体场效应晶体管（MOSFET）。如图3-2a所示，SBD的基本构成就是MES本身。但是，将PN结结合进去可以使SBD的性能获得很大改善，这样做成的SBD叫JBS（Junction Barrier SBD）或MPS（Merged PN Junction SBD）[1]，其结构如图3-2b所示。

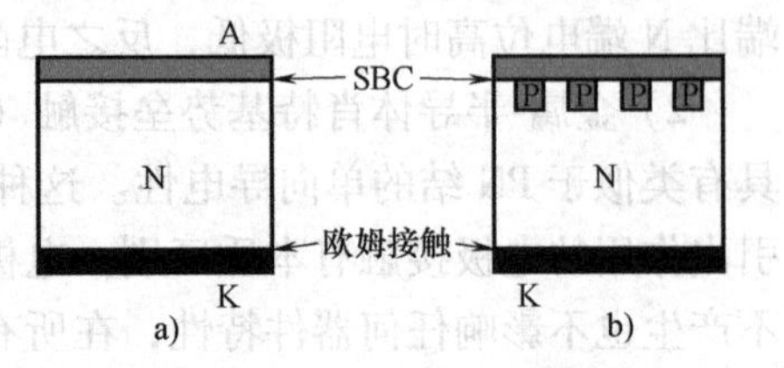

图3-2 普通SBD和带PN结的SBD

MOSFET的基本结构如图3-3所示，其主要构成元素是MOS系统，但PN结也是其必不可少的构成元素，否则源（S）-漏（D）之间不能形成必要的隔离以保持常关状态。在这种器件中，MOS系统犹如一个平板电容器。对图3-3a所示由N型半导体构成的MOS系统，当金属栅所加电压（栅压G）为负时，电容器的电荷收集效应使SiO_2介质层下聚集空穴，从而使N型半导体的表层反型为P型，在两个本无导电连接的P区之间形成一个可受栅压灵活控制的导电沟道，实现对器件源-漏极间通断状态的电压控制。这种器件被称为P沟MOSFET。同样，把用P型半导体构成的MOS系统应用在两个本无导电连接的N区之间，即可形成N沟MOSFET，如图3-3b所示。图3-3所示器件的源漏电极皆处于同一表面，称为平面MOSFET。在电力电子电路中作为功率开关使用的功率MOSFET（简称功率MOS）采用类似于图3-4a所示的纵向结构，但其栅极结构及其开关原理与平面MOSFET相同。

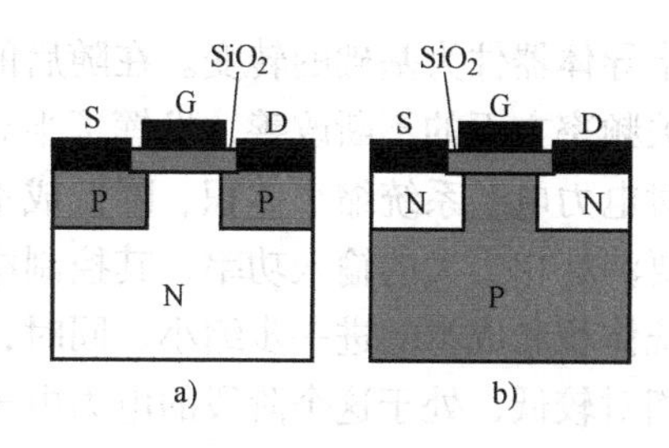

图3-3 P沟和N沟平面MOSFET

在功率MOS的漏极侧加一个PN结，即在其漏电极与N区之间加一P型层，利用PN结的额外载流子注入效应对处于导通状态的N区加以电导调制，提高其电导率，则该新结构器件兼有单极器件输入阻抗高和双极器件导通电阻低的优点。这就是复合型器件的典型——绝缘栅双极晶体管（IGBT），如图3-4b所示。

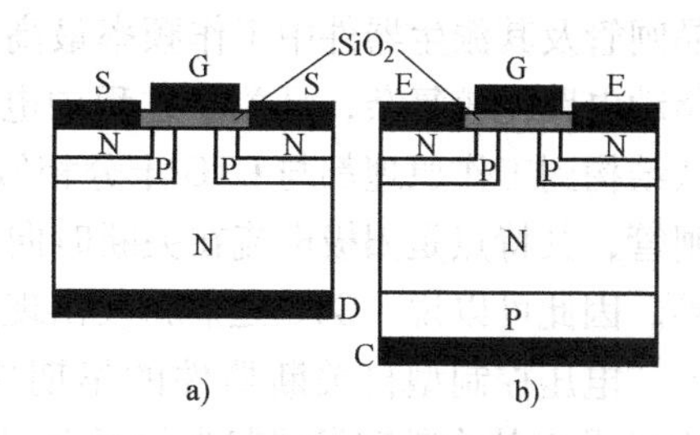

图3-4 功率MOS和IGBT结构示意图

纯PN结也可构成单极器件，例如SIT（静电感应晶体管），如图3-5a所示。这是一个与功率MOS不同的常开型电子开关。当P型微区与N型材料之间的所有PN结同时加上反向偏置电压，这些反偏PN结的空间电荷区扩展相连，就会把阴、阳极间的电流通路夹断，从而使器件从通态转入断态。作为单极器件中的PN结，无论是在MOS还是SIT中，它被利用的都是其反偏置状态下的电压阻断作用，其额外载流子注入作用无从发挥。但当其中有PN结的正向偏置状态可被利用时，单极器件就变成了复合型器件。例如，在SIT的阳极与N漂移区之间也加一P型层形成PN结，利用该PN结的额外载流子注入效应产生电导调制，则该新结构器件就能够输运高密度电流，称这种器件为SITH（静电感应晶闸管），如图3-5b所示。

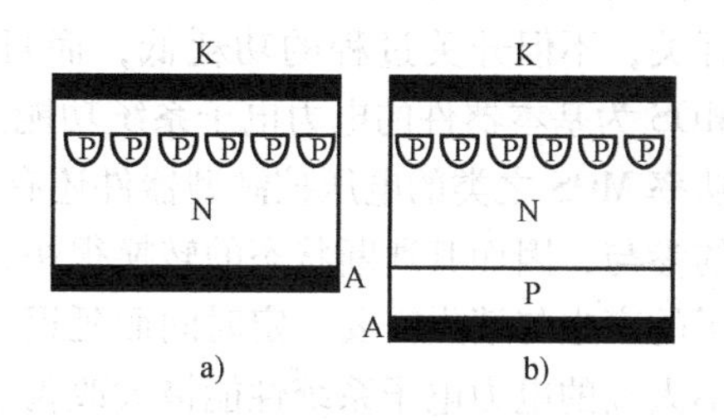

图3-5 SIT和SITH结构示意图

3.1.2 发展沿革与趋势

20世纪50年代中后期之前，在电力系统中起整流和开关作用的有源电子器件主要是真空管和离子管等电真空器件。尽管金-半接触的整流效应早在20世纪初叶即已为人所知，并在二战时期投入实际应用（雷达检波）；而具有电流开关和放大作用的晶体管也已在20世纪40年代末期发明，并很快投入实际应用（助听器）；但这些器件的功率都很小，主要用于信号处理。直到1958年前后，随着功率型BJT和晶闸管（当时称为可控硅，Silicon Controlled Rectifier，简称SCR）的问世和应用，电力电子技术才开始了从以电子管为基础到以半导体器件为基础的转变。在随后的20来年中，晶闸管及其派生器件在功率处理能力和开关频率方面的不断改善，发挥了半导体器件相对于电真空器件体积小、能耗低的超强优势，对电力电子系统缩小体积、降低成本起到了极其关键的作用。然而，这些电流控制型器件需要消耗相当大的输入功率，其控制电路因使用分立器件而变得很复杂，这阻碍了电力电子系统体积和成本的进一步缩小。同时，普通晶闸管只能控制导通而不能控制关断，且开关频率相对较低，处于这个阶段的电力电子技术还比较幼稚，应用领域相对较窄。

自20世纪70年代中后期起，各种通、断两态双可控的大功率开关器件逐渐开始推广应用。与普通晶闸管的强制过零关断方式不同，这类器件可用较小的控制电流（门电流）或控制电压（栅压）令其关断，因而称为自关断器件。

电流控制型自关断器件的典型产品是功率晶体管（Giant Transistor，GTR，若采用达林顿结构，亦称大功率达林顿晶体管）和门极关断晶闸管（Gate Turn-off Thyristor，GTO）。GTO一直是功率容量（阻断电压与通态电流之积）最高的自关断器件，在同等功率容量的晶闸管及其派生器件中工作频率最高，并具有较高的du/dt耐量。但其门极驱动功率也大，驱动电路比较复杂，且关断过程中电流分布的均匀性差。GCT（Gate Commutated Thyristor）从结构到工作原理都与GTO十分相似，最多可算是在GTO基础上派生出来的一种自关断晶闸管，其特点是阳极电流在关断时向门极换向的时间较普通GTO短，其高频特性有较大改善。因此可以说，GTO之后再没出现过新概念的电流控制型电力电子器件。

电压控制型自关断器件的早期典型产品是SIT和功率MOS。这类器件，特别是功率MOS及以其为基础发展起来的复合型器件IGBT的兴起，使电力电子技术逐渐走向成熟。电压控制型自关断器件的主要特点是输入阻抗高，只需要极小的稳态输入电流即可实现器件的开关，不但开关过程的功耗低，而且很容易实现与控制电路的单片集成。因此，以功率MOS为基本器件的电力电子系统功能大大增强，而体积却大为缩小、成本大为降低。同时，功率MOS之类的电压控制型器件还有一个更大的特点，就是其导通过程中没有额外载流子的参与，因而其通断状态的转换很快，不会像GTR和GTO之类的双极器件那样因额外载流子的产生与消失需要一定时间而延迟。这类器件的高频特征，使计算机开关电源这样的功率不太高的电力电子系统性能极大改善。人们因此曾期望功率MOS在所有GTR的应用领域将其取而代之。

但是，额外载流子的缺失也给功率MOS这类单极器件带来了通态电阻较高，因而导通过程中的稳态功耗较大的问题，特别是对额定阻断电压超过300V的器件，其通态压降明显高于相同电压等级的双极器件。功率MOS最终只在低压电力电子装置中成功取代了GTR。

不过，功率MOS问世之后大约十年，将功率MOS的触发原理同双极器件的导通原理有机结合起来的一类新型电力电子器件被迅速推向市场，并很快在高压应用领域开始取代功率BJT和晶闸管。IGBT即是这一类器件的典型。IGBT利用MOS栅获得极高的输入阻抗，利用PN结的电导调制效应降低了通态电阻，加上其优良的电流饱和能力和极优异的安全工作区，非常适合于高频大电流电力电子系统。目前，除特大功率应用场合还在继续使用传统晶闸管和GTO外，大多数电力电子系统和装置都改用功率MOS和IGBT之类的现代电力电子器件，即便是像电车和电力机车这些原本专属GTO的大型牵引装置，也正在逐渐被高压大电流IGBT取而代之。

MOS控制的晶闸管（MOS-Controlled Thyristor，MCT）曾被认为是能够取代GTO的场控双极型电力电子器件。这种器件将MOS栅应用于晶闸管（或GTO），而且不仅用其实现晶闸管的开通，也用其实现晶闸管的可控关断。由于保留了晶闸管的双向电导调制，MCT的通态电阻几乎不随额定阻断电压的提高而增大。不过，由于结构复杂，MCT的性能对工艺精度的依赖性太大，其开发虽与IGBT同时起步，但至今未能实现真正意义上的商品化。究其原因，跟IGBT超乎预料的高压大电流化有很大关系。在取代GTO的可能性方面，当初谁也没有料到IGBT会捷足先登。

不过，MCT的设计理念还是给予人们很多改造GTO的启发。首先，GTO的门极驱动电路从使用BJT改为使用功率MOS。随后，为了避开MCT将MOS与GTO单片集成的困难，采用混合集成电路（Hybrid Integrated Cicuit，HIC）技术将GTO集成在使用功率MOS的门极驱动电路印制板上。这种混合集成电路按门极驱动电路的不同分别称为ETO（Emitter Turn-off Thyristor）和MTO（MOS Turn-off Thyristor）。类似的产品还有IGCT（Integrated GCT），它是GCT与其门极驱动电路的混合集成。因此，ETO、MOT以及IGCT事实上并非传统概念上的器件或模块（Module），也非真正意义上的集成电路。这些改进产品，是在IGBT高压大电流化的可行性尚不清晰，而MCT又迟迟不能商品化的时期推出来的，其生命力可想而知。

IGBT问世之后大约十年，碳化硅和氮化镓等宽禁带新型半导体材料的研发进展引起了电力电子器件专家们的注意，对宽禁带半导体电力电子器件的开发开始受到重视。这是因为硅工艺的长足进步已使硅器件的性能在很多方面都逼近了它的理论极限，继续像前40年那样通过器件原理的创新、结构的改善以及制造工艺的进步来提高电力电子器件的总体性能，已没有太大发展空间。更大的、突破性的提高，只能从器件制造材料的改弦更张中寻找出路。与其他半导体器件相比，电力电子器件以承受高电压、大电流和耐高温为其基本特点，这就要求其制造材料要有较宽的禁带、较高的临界雪崩击穿电场强度和较高的热导率等。基础研究表明[2]，使用碳化硅制造的电力电子器件，可在硅器件无法承受的高温下长时间稳定工作，其最高工作温度有可能超过600℃。不仅如此，在额定阻断电压相同的前提下，碳化硅功率MOS不但通态比电阻（单位面积器件的通态电阻）只有硅功率MOS的1/200左右，其开关频率也有可能提高10倍以上。

电力电子器件的进步不但得益于半导体材料技术的进步，更得益于半导体工艺的长足发展。与强制关断器件相比，自关断器件在结构和制造工艺上有一个明显的进步，那就是借助于制造集成电路的微电子工艺，把一个器件做成由若干相同器件单元的并联集成。由普通晶闸管派生出来的GTO就是一个典型的例子。大功率GTO和普通晶闸管虽然看起来都是一块圆片做成一个器件，但普通晶闸管的一块圆片就是一个完整的、巨大的晶闸管单元，而GTO则利用微电子工艺将一块圆片化整为零，做成若干个共用阳极和门极而各自具有独立阴极的晶闸管微小单元，这些单元紧密排布在半径不同的同心圆上，把整个圆片布满。功率MOS也是一样，虽然其体积很小，是一种小方片形器件。用一块硅圆片可以生产大量功率MOS芯片，但每个边长以mm计的芯片则包含了大量边长以μm计的并联功率MOS单元。单元为正四边形的被称为TMOS，例如MOTOROLA的产品形式；单元为正六边形的被称为HEXFET，这是IR的专利产品形式。

采用并联集成结构不但是自关断器件工作原理的需要，也是改善器件性能的需要。功率MOS的通态比电阻就与其单元尺寸的大小有关。如图3-6所示，对一个额定电压为50V的功率 MOS，当使用2.5μm 技术来制造时，其多晶硅栅的光刻窗口不能小于15μm，相应的通态比电阻为1.2mΩ/cm²。但若改用1.25μm 加工技术，即便多晶硅栅的光刻窗口尺寸不变，由于结构单元的重复距离可以大大缩短，其通态比电阻将降低到0.6mΩ/cm²，只有2.5μm 工艺产品的一半[4]。

电力电子技术从微电子技术长足进步的更大受益，是从器件集成进一步向电力电子电路集成和电力电子系统集成方向发展。电力电子电路的单片集成因为涉及强电元器件与弱电元器件的隔离问题和工艺兼容问题，远比一般集成电路，包括超大规模集成电路的设计和制造难度大。但是，这些问题目前都已基本得到解决。不但功率集成电路已进入推广应用的阶段，电力电子系统集成的开发时机也已成熟。

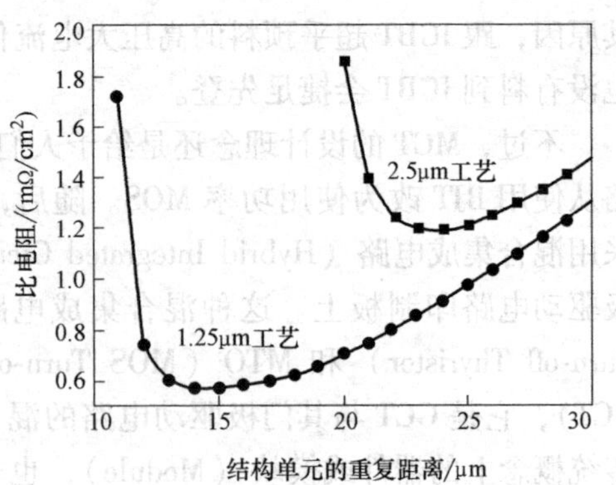

图 3-6　50V 功率 MOSFET 的比电阻同结构单元的重复距离及工艺水平的关系

电力电子电路集成的典型产品是功率集成电路（PIC）。PIC 通常指的是至少包含有额定电流不小于0.5A，或额定电压不低于50V 的功率器件，并具有某种完整电路功能的单片集成电路。模块和混合集成电路不属此列。只含高压器件、功能比较简单的高压集成电路（HVIC）严格说也不属此列。真正的 PIC 不单是包含有功率较大的元器件，更重要的是包含了功率控制及其信号处理、诊断保护等辅助电路，功能完整，因而又被称为 Smart Power。

典型的 Smart Power 一般由功率控制、监测与保护以及接口这样三个基本的功能单元构成，如图 3-7 所示。其功率控制电路包含电力电子器件和驱动电路两部分。电力电子器件多采用具有高输入阻抗的功率 MOS 或 IGBT 等。监测与保护分别由检测电路和模拟电路来执行，可对过热、过电流、过电压和欠电压等电路异常情况作出迅速反应。由于短路时的 di/dt 非常高，这种电路一般由频率响应极快的快速双极晶体管构成。接口功能需要用一个逻辑电路来进行编码与解码，以对中央微处理器（CPU）的指令作出反应，并将有关 Smart Power 芯片及其负载状态的信息反馈给 CPU。

Smart Power 市场发展很快，长期以来年平均增长率超过20%。其主要应用领域包括办公自动化与计算机外围设备、消费电子产品、汽车电子、照明电源、电机控制以及开关式电力变换器等。

PIC 的应用不但进一步缩小了电力电子装置的体积，降低了功耗和成本，提高了可靠性，而且为电力电子系统集成奠定了基础。与自动化领域的大系统集成和装备制造领域的计算机集成制造系统（CIMS）相似，电力电子技术的近期发展方向也是要采用系统集成技术进一步缩短电力电子产品的开发周期和制造周期，并最大限度地提高性能、降低成本。系统集成对电力电子器件从结构设计到制造工艺都提出了更高的要求。即便是根据应用领域和功率的不同把电力电子系统划分成工业、汽车、电源三个不同的开发系统，其基本构成大体上是一样的，都应该从设计到制造皆能兼容双极、CMOS（P 沟 MOS 和 N 沟 MOS 联动的互补型 MOS，属平面结构）和 DMOS（即功率 MOS），因而器件的结构必然与分立器件有所不同，要为了适应这种兼容性而作必要的改进。

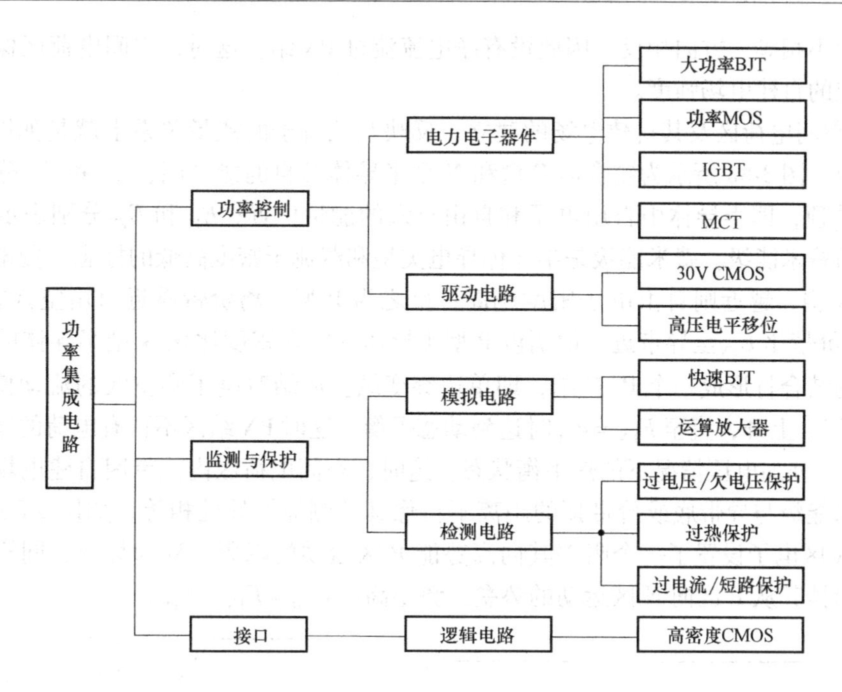

图 3-7　功率集成电路的基本功能与构成

总而言之，现代电力电子器件的主流发展方向可归结为两点：一是加速开发宽禁带半导体电力电子器件，并同时考虑宽禁带半导体电力电子电路的集成化；二是进一步改进硅器件的结构及其制造工艺，以适应系统集成的需要，同时开发更适合于集成化的新型元器件，包括像无磁芯平面变压器这样的无源元器件。

3.2　电力电子器件原理与特性

电力电子器件的主要功能及其特性由其构成元素的基本特性决定。比如整流是 PN 结和肖特基势垒接触的单向导电性赋予的功能，开关是多个 PN 结相互作用的结果（双极型）或 MOS（MES）系统以及 PN 结的场效应所赋予的功能。要了解电力电子器件的工作原理，首先要了解上述三种结构元素的基本特性。

3.2.1　整流原理与阻断特性

1. PN 结

当同一种半导体的 N 型薄层和 P 型薄层紧密结合成 PN 结时，二者之间同种载流子密度的悬殊差异引起空穴从 P 区向 N 区、电子从 N 区向 P 区扩散。对 P 区，空穴离开后留下了不可动的带负电的电离受主，形成负空间电荷区。同样，电子的扩散在 PN 结附近的 N 型侧形成一个由不可动的电离施主构成的正空间电荷区。这些空间电荷产生从 N 区指向 P 区的电场，称之为自建电场。自建电场同样会使其作用范围内的载流子作定向运动，即漂移运动，其方向恰与各自的扩散方向相反。这就是说，自建电场起阻滞电子和空穴继续扩散的作用。随着载流子扩散的进行，自建电场逐渐增强，对载流子扩散的阻滞作用增强。在无外加电压的情况下，载流子的扩散和漂移将最终达到动态平衡，即两种载流子的扩散电流和漂移电流各自大小相等、方向相反，因此没有净电流流过PN结。这时，空间电荷区保持一定的宽度和一定的自建电场强度。

PN结空间电荷区及其自建电场的建立，反映在载流子的能量关系上就是如图3-8所示的能带弯曲。图3-8a所示为结合前P型和N型半导体各自的能带图，E_C 和 E_V 分别表示导带底和价带顶，即半导体中自由电子和自由空穴的能量位置；E_{FP} 和 E_{FN} 分别表示P型和N型半导体的费米能级。费米能级是半导体导电类型和载流子密度高低的标志。费米能级离导带近者为N型，越近则自由电子密度越高；反之为P型，离价带越近自由空穴密度越高。图中 E_{FP} 至价带比 E_{FN} 至导带近，说明该P型半导体的空穴密度比该N型半导体的电子密度高，二者的结合将形成一个 P^+N 结，即单边突变结。成结时电子和空穴的流动使N区 E_{FN} 下降，P区 E_{FP} 上升，直至 $E_{FN}=E_{FP}$ 时达到动态平衡。这时PN结区不再有电荷的净流动，此即PN结在无外加电压情况下的热平衡状态。这时，空间电荷区内能带因自建电场的建立而弯曲，费米能级与导带底或价带顶的距离不再像其外侧那样处处相等，如图3-8b所示。能带弯曲给N区电子设置了一个阻挡其向高势能P区运动的障碍，称为势垒；同样，空穴也面临一个阻挡其从P区向N区运动的势垒。势垒高度 $qV_D=E_{FN}-E_{FP}$。

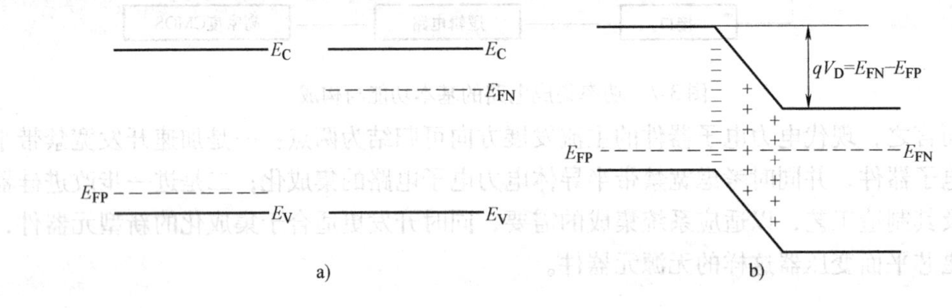

图3-8　热平衡状态下的PN结能带图

在图3-8b中，符号“-”表示负空间电荷，符号“+”表示正空间电荷。如果PN结两边皆为均匀掺杂，但浓度相差较大，则空间电荷区中正负电荷总数相等的电中性条件，必使浓度低的一边空间电荷区较宽，如图中轻掺杂N区那样。

外加电压使PN结偏离热平衡状态，空间电荷区及其中的能带弯曲发生相应改变，并有相应的电流产生。对P区接正、N区接负的正偏置状态，外加电压 U 在空间电荷区内产生与自建电场方向相反的电场，使总电场强度降低，空间电荷减少，空间电荷区变窄，势垒高度也相应地由 qV_D 降低到 $q(V_D-U)$，如图3-9a所示。这个变化不仅削弱了由自建电场引起的电子由P向N、空穴由N向P的漂移，更因势垒降低而增强了电子从N向P、空穴从P向N的扩散。扩散电子进入P区之后，首先在P区边界 x_P 附近作为额外少数载流子形成积累，使 x_P 附近电子密度高于P区内部，形成促使电子继续向P区内部扩散的密度梯度。这些额外电子边扩散边与P区的空穴复合，经过若干个扩散长度的距离后才被全部复合掉。这一区域称为扩散区。在正向偏压不变的情况下，N区以固定速率向P区注入额外电子（少子），在扩散区内形成稳定的额外电子分布，从而形成稳定的电子扩散电流。

同样，在N区也形成稳定的额外空穴分布和稳定的空穴扩散电流。

少子注入提高了P区和N区的载流子密度，改善了PN结的导电性。由于少子的注入量与正偏压的大小有关，因而导电性的改善程度依赖于电压的大小。这就是电导调制，是PN

结的基本效应之一，是双极器件通流能力强的根本原因。

对P区接负、N区接正的反偏置状态，偏压 $-U$ 在空间电荷区中产生的电场与自建电场方向一致，因而使空间电荷区展宽，电场升高，势垒高度由 qV_D 增高至 $q(V_D+U)$，如图3-9b所示。电场升高，不仅增强了空间电荷区中载流子的漂移运动，更因势垒的升高而极大地削弱了电子由N向P、空穴由P向N的扩散。这时，由于N区空穴在边界 x_N 处被空间电荷区的强电场驱向P区，反而在近边界处形成空穴的密度梯度。同样，在P区接近边界 x_P 的部分也因为电子被强电场驱入N区而形成电子的密度梯度。在此梯度的驱使下，P区内部的电子和N区内部的空穴分头一起向空间电荷区扩散，形成电流。与正偏状态不同的是，不仅电流方向相反，更有输运电流的载流子性质不同。反偏压所驱动的是P区和N区的少数载流子，其热平衡状态下的密度很低，而扩散长度基本不变，所以反偏压形成的少数载流子的密度梯度较小，反向电流也就很小。而且，这个梯度是以P、N两区不变的热平衡少子密度作为高端、空间电荷区边界被电场抽取后剩余载流子的密度作为低端形成的，较低的反向电压即已将边界附近的少子密度降低至零，因而密度梯度不再随电压变化，反向扩散电流也就不随电压变化。所以，PN结的反向电流较小并且几乎不随电压变化。

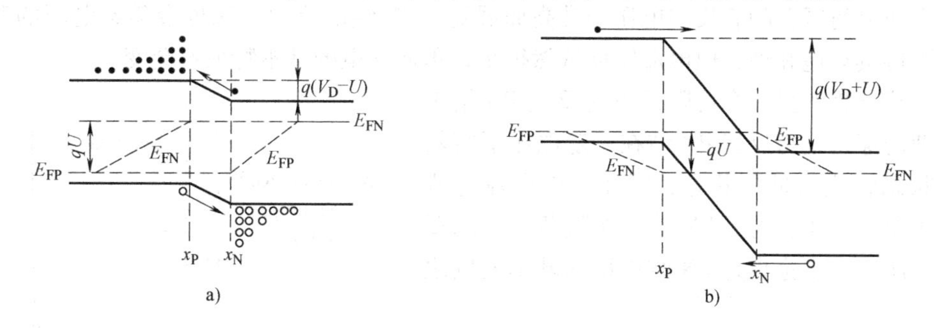

图3-9　正偏置PN结和反偏置PN结的能带结构示意图

以上是关于PN结电流-电压关系的定性描述，其定量描述用肖克莱方程表示为[5]

$$J = J_S\left[\exp\left(\frac{qU}{kT}\right) - 1\right] \tag{3-1}$$

式中，J 为电流密度；U 为外加电压；q 为电子电荷；k 为玻耳兹曼常数；T 为用绝对温标表示的PN结温度；J_S 是一个由PN结材料参数决定大小的常数，其值为

$$J_S = \frac{qD_N n_{P0}}{L_N} + \frac{qD_P p_{N0}}{L_P} = \frac{qn_i^2}{N_A}\frac{\sqrt{D_N}}{\sqrt{\tau_N}} + \frac{qn_i^2}{N_D}\frac{\sqrt{D_P}}{\sqrt{\tau_P}} \tag{3-2}$$

式中，n_{P0} 和 p_{N0} 分别是P侧的电子密度和N侧的空穴密度，其值很小；D_N 和 D_P 分别是电子和空穴的扩散系数，单位为 cm^2/s；L_N 和 L_P 分别是电子和空穴的扩散长度，单位为cm。可分别将 D_N/L_N 和 D_P/L_P 视为电子和空穴的扩散速度。该式第一个等号右边的两项即是荷电粒子扩散流密度的标准表达式。该式最后结果的获得，利用了半导体物理的两个重要关系：载流子扩散长度与寿命 τ 和扩散系数的关系 $L^2=\tau D$，本征载流子密度 n_i 同热平衡载流子密度 n_0 和 p_0 的关系 $n_i^2=n_0p_0$；同时还利用了近似关系 $n_0\approx N_D$，$p_0\approx N_A$，即掺杂浓度不高的半导体的多数载流子密度与掺杂浓度近似相等。

由于室温下 $kT=0.026\text{eV}$，实际应用中的正、反偏置状态基本上都是 $|qU| >> kT$，所

以，由式（3-1）可知理想状态下的PN结正向电流-电压关系为指数形式，即

$$J_F = J_S \exp\left(\frac{qU}{kT}\right)$$

而反向电流 J_R 则因式（3-1）中的指数项近似为零而等于 $-J_S$。

参照式（3-2）可知，J_S 的大小只决定于PN结两侧少数载流子的热平衡密度、寿命和扩散系数。由于这些材料参数在确定温度下皆为常数，与外加电压无关，所以 J_S 具有不随外加电压的变化而变化的饱和特性，因而被称为反向饱和电流；又由于 n_{P0}、p_{N0} 皆很小，因而 J_S 很小。

图3-10所示为根据肖克莱方程绘制的一个理想硅PN结的伏安特性曲线，绘制曲线所需要的参数标注于图中空白处。因为肖克莱方程是针对PN结的理想状态，所以曲线非常鲜明地反映了PN结的单向导电性。所谓理想状态，主要是指在方程推导过程中只考虑小注入情况，即注入的额外载流子密度远低于其中的多数载流子密度，但远高于少数载流子密度；同时忽略了PN结空间电荷区中载流子的热产生对反向电流的影响。这个忽略对实际PN结和理想PN结反向特性的差异起着决定性的作用。如果考虑了空间电荷区中载流子的热产生，则由于空间电荷区会随着反向电压的升高而展宽，PN结的反向电流也会随着电压的升高而升高，不再具有饱和性，但电流密度依然很小，单向导电的基本特征不会变。

肖克莱方程的另一个局限是不能反映PN结击穿。所谓击穿，是指反偏PN结在一定电压下突然从高阻状态转变为低阻状态，因而反向电流急剧升高的现象。由于击穿，PN结只能阻断一定的反向电压。所以，击穿也是PN结应用的基本问题之一。

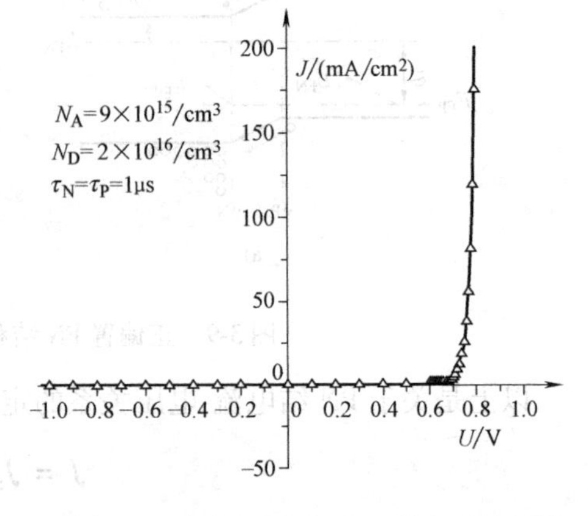

图3-10　一个理想硅PN结的伏安特性曲线

PN结有三种不同的击穿机制，分别是雪崩击穿、隧道击穿和热电击穿。

（1）雪崩击穿

当PN结承受反向电压时，其空间电荷区中的电场随着外加电压的上升而不断增强。当电场强度升高到一定程度时，以任何方式进入其中的自由载流子都会被这强电场加速而升高动能。动能足够高的自由载流子对点阵原子的碰撞将使其电离，产生新的电子-空穴对。在电场足够强、空间电荷区足够宽的情况下，这些新产生的二次载流子也同样会被加速，然后碰撞点阵原子产生更多的电子和空穴。如此一而二，二而四地增殖下去，就会引起空间电荷区中自由载流子密度的急剧增加。这就是载流子的雪崩倍增。反偏PN结在其空间电荷区中发生载流子雪崩倍增效应时，反向电流就会急剧增大。这就是PN结的雪崩击穿。发生雪崩击穿时加在PN结上的电压叫雪崩击穿电压，通常用 U_B 表示。设电子和空穴碰撞电离点阵原子的能力相同，则雪崩倍增效应的发生条件可表示为[7]

$$\int_0^W \alpha \mathrm{d}x = 1$$

式中，α 被称作电离系数，定义为平均每个电子或空穴能够在单位长度的空间电荷区中产生

的电子-空穴对的数目。这样，$1/\alpha$ 就是一个载流子要想通过碰撞电离产生一对新的电子-空穴必须在电场中经历的加速路程。这也就是空间电荷区的最小宽度，而空间电荷区的宽度与材料的掺杂浓度有关。对空间电荷区主要在轻掺杂一侧展宽的 P^+N 或 N^+P 单边突变结，与偏压 U 对应的空间电荷区宽度为

$$X_D \approx \sqrt{\frac{2\varepsilon_r\varepsilon_0(V_D - U)}{qN_B}} \tag{3-3}$$

式中，V_D 表示 PN 结的自建电势；N_B 是轻掺杂一侧的掺杂浓度；ε_r 和 ε_0 分别是半导体的介电常数和真空电容率。根据雪崩倍增条件求出空间电荷区的最小宽度，代入式（3-3），即可求出雪崩击穿电压 U_B 与 N_B 的关系。对硅 P^+N 结，此关系为

$$U_B = 60(N_B/10^{16})^{-0.75} \tag{3-4}$$

式（3-4）表明，若要提高 PN 结承受反向电压的能力，就要降低其轻掺杂一侧的杂质浓度。因为浓度越低，空间电荷区越宽，电场强度达到雪崩临界值的电压就越高。上述关系也可换算成用 N 型硅电阻率 ρ 来表示，即

$$U_B = 95.14\rho^{\frac{3}{4}} \tag{3-5}$$

这个公式说明，高耐压器件要使用高阻材料来制造。

（2）隧道击穿

雪崩击穿发生在至少一边是轻掺杂的 PN 结中，其击穿电压一般较高。当 PN 结两边杂质浓度都很高时，在较低的反偏压下也会发生击穿。这种击穿叫隧道击穿，也称齐纳击穿，因为是齐纳最先对此作出合理的解释。

隧道击穿的基本原理是：对于两边掺杂浓度都很高的 PN 结，其反偏压下的空间电荷区很窄（参见式（3-3）），不很高的反向电压就会在其中产生很强的电场，致使能带极度弯曲，将 N 区的导带底 E_{CN} 降低到 P 区的价带顶 E_{VP} 之下，并使空间电荷区更加减薄，如图 3-11 所示。这时 P 区的一些价带电子就会与 N 区导带底的空状态能量相等，若二者之间的空间距离 Δx 也小于电子的平均自由程（约 10nm），则 P 区价带中的电子就会直接隧穿禁带进入 N 区的导带，使反向电流急剧增大。这就是 PN 结的隧道击穿。发生隧道击穿的电压较低，但 PN 结中的电场很强。利用隧道击穿原理制造的稳压二极管常在电路中用于稳定电压。

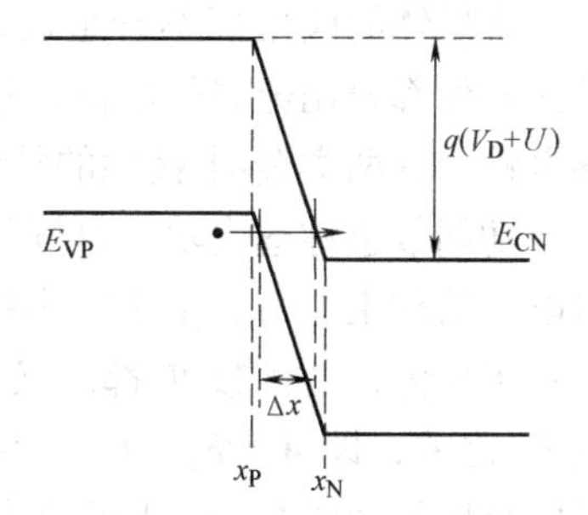

图 3-11　重掺杂 PN 结的隧道击穿

（3）热电击穿（二次击穿）

以上对 PN 结特性的讨论皆以温度不变为前提。在此前提下，对于一个处于反向偏置状态的理想 PN 结，在反向电压介于 kT/q 与击穿电压 U_B 之间时，其反向漏电流基本保持为常数。但是，由于反偏 PN 结的阻抗很高，尽管反向电流很小，其功耗以及随之产生的焦耳热却不容忽略。如果有良好的散热系统将这些热量及时传出，使 PN 结保持在热平衡状态，则结温可保持不变，反向电流也不会改变；反之，结温就会升高。由式（3-2）可知，PN 结的反向饱和电流密度 $J_s \propto n_i^2$，而 n_i 是温度的指数函数，因而 J_s 会随着结温的升高而指数上升。J_s 的升高会产生更多的焦耳热，进而导致结温新的上升，J_s 再度增大。如此反复循环，形

成热电正反馈，最后使 PN 结因 J_s 极度增大而击穿。这种由热不稳定性引起的击穿称为热电击穿（或称二次击穿）。

发生热电击穿的上述过程如图 3-12 所示。图中的平行线族表示不同温度下反偏 P^+N 结的等温伏安特性，是按式（3-2）绘出的。图中的双曲函数型曲线族则是该 P^+N 结在不同结温下的等温功耗曲线，其相应的函数用反向阻断状态下的消耗功率表示为

$$(T_j - T_a)/R_{th} = I_R U_R$$

式中，T_j 和 T_a 分别代表结温和环境温度；R_{th} 表示从 PN 结至散热器的等效热阻。

实际情况中，反偏 PN 结常常难以保持其稳定的安全结温，容易出现温度持续上升的趋势。这时，其反向伏安特性就由图 3-12 中两组曲线的等温交点构成，呈现电流越大，电压越低的负阻特征。这样，如果任其发展下去，不但反向电流会越来越大，结温更会越来越高，乃至高达材料的熔点，使器件因晶体的局部烧熔而毁坏。即使不高达晶体熔点，也容易超过欧姆接触处低共溶合金的熔点。因此，热电击穿往往是一种不可恢复的毁坏性击穿；而雪崩击穿和隧道击穿都是可恢复的，只要在发生击穿的瞬间把电压降下来，器件就不会被损坏。

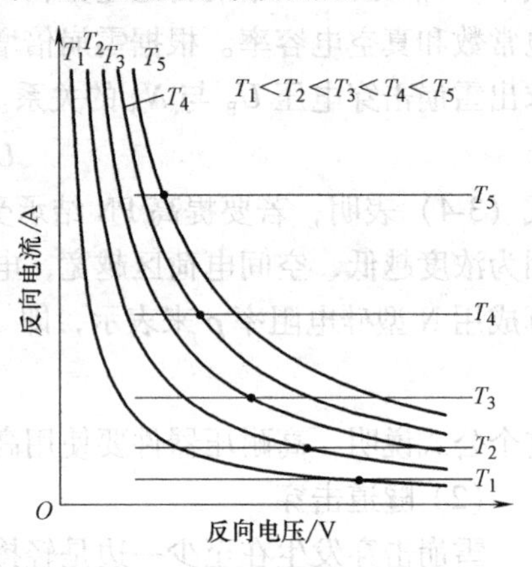

图 3-12　PN 结热电击穿时的反向伏安特性

2. 肖特基势垒接触

半导体的应用离不开金属。这不仅是因为任何半导体器件都要用金属作电极，还因为满足一定条件的某些金-半接触也像 PN 结一样具有单向导电性。这两类金-半接触的特性差异很大，而造成这种差异的根本原因是功函数。

功函数也称逸出功，是固体元素和化合物的重要物理性质之一，反映固体元素或化合物对电子的约束能力。由于费米能级是一个电子系统平均电子能量的量度，因此无论对金属还是对半导体，功函数 W 都定义为其费米能级 E_F 与真空中静止电子（能量最低的电子）的能量 E_0 之差，即 $W=E_0-E_F$。不过，因为金属的费米能级 E_{FM} 代表电子填充能级的最高水平，所以金属的功函数 W_M 也就是电子脱离金属逸出体外所需要的最低能量。半导体中能量最高的电子是自由电子，其能级为导带底 E_C，因而半导体中电子逸出体外所需要的最低能量应为 $\chi=E_0-E_C$，称 χ 为电子亲和能。因半导体的费米能级 E_{FS} 一般在 E_C 之下，所以 W_S 一般要大于 χ，费米能级进入导带的重掺杂 N 型半导体除外。因为 E_{FS} 随杂质浓度变化，所以 W_S 是杂质浓度的函数。

对功函数不同的一块金属和一块半导体而言，二者的费米能级一般不会相等，其差值就是它们的功函数差。若将二者紧密接触，该费米能级之差就会引起相互间电子的转移，跟 PN 结的情况类似。不过，情况要复杂一些。电子的转移方向与半导体的极性和二者功函数的相对大小有关。考察图 3-13a 所示 $W_M>W_S$ 的金属与 N 型半导体的接触。在这种情况下 E_{FS} 高于 E_{FM}，电子要从半导体向金属转移，半导体表层因电子耗尽而成为由电离施主构成的带正电的空间电荷区，形成一个方向从半导体指向金属的自建电场，使其中的能带发生弯曲，而空间电荷区以外的能带则随同 E_{FS} 一起下降，直到 E_{FS} 与 E_{FM} 相平，才不再有电子的净转移。这时，E_{FS} 下降的幅度即为功函数差（W_M-W_S），如图 3-13b 所示。若以 qV_D 表示由

此引起的半导体表层的能带弯曲，则 $qV_D = W_M - W_S$。式中 V_D 为接触势或表面势。能带弯曲为半导体一边的电子产生了一个阻挡其继续向金属转移的表层势垒，其高度就是 qV_D。这时，金属一边的电子若要流向半导体则面临更高的势垒，由图 3-13b 可知其高度为

$$q\phi_M = qV_D + (E_C - E_{FS})$$

$W_M < W_S$ 的金属-N 型半导体接触情况与此相反。由于 E_{FM} 高于 E_{FS}，电子从金属流向半导体，在半导体表层形成由电子累积而成的高密度负电荷区，产生方向由表及里的电场，使能带向下弯曲。能带向下弯曲意味着导带底在表层比在体内距费米能级更近，甚至可能弯到费米能级之下。这样的半导体表层不能阻挡电子的转移，因而称之为反阻挡层。反阻挡层是一个很薄的高电导层，对金-半接触不产生明显的附加电阻，是一种欧姆接触，可当纯电极使用。

对金属-P 型半导体接触，形成阻挡层和反阻挡层的条件与 N 型半导体相反，即当 $W_M < W_S$ 时形成 P 型阻挡层，$W_M > W_S$ 时形成 P 型反阻挡层。

形成阻挡层的两种金-半接触，因在半导体表层出现阻挡其多数载流子向金属转移的势垒，被称为肖特基势垒接触（SBC）。

在 SBC 的两端加电压，由于阻挡层是空间电荷区，因此电压主要降落于其中。与 PN 结的偏置状态类似，当外加电压产生的电场与阻挡层自建电场的方向相反时，阻挡层减薄，势垒降低，称此状态为正偏置。N 型半导体的 SBC 在金属接正、半导体接负时为正偏置；P 型半导体的 SBC 则在金属接负、半导体接正时为正偏置。反之为反偏置。由于大多数半导体都是电子迁移率高于空穴迁移率，实际应用中大多采用 N 型半导体与功函数较大的金属形成 SBC。

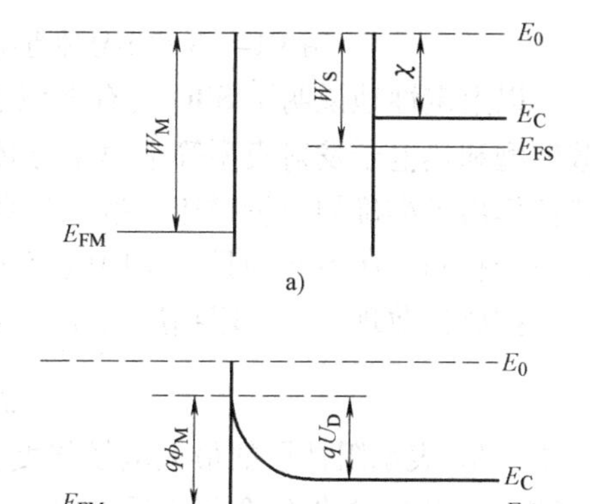

图 3-13　$W_M > W_S$ 的金属-N 型半导体接触前后的能带图

设 SBC 的半导体表面与体内之间的电位差（表面势）在外加电压 $U=0$ 的平衡态为 V_D，则偏置状态因外加电压全部降落在阻挡层上而使之变为 $V_D + U$。阻挡层电子势垒的高度也相应地从 qV_D 变为 $q(V_D + U)$。正偏置时 U 与 V_D 符号相反，阻挡层势垒降低；反偏置时 U 与 V_D 符号相同，阻挡层势垒升高。偏置电压使半导体与金属处于非平衡状态，二者没有统一的费米能级。半导体阻挡层外中性区的费米能级和金属费米能级之差，即等于外加电压引起的静电势能之差。

图 3-14 描绘了 N 型半导体 SBC 的这三种偏置状态。图中可见，随着偏置状态的改变，电子在半导体一侧的势垒高度和宽度会发生相应的变化，而在金属一侧的势垒高度 $q\phi_M$ 则由于外加电压对金属无任何影响而始终不变。因此，当正偏压 U 使半导体一侧的电子势垒由 qV_D 降低为 $q(V_D - U)$ 时，从半导体流向金属的电子数大大超过从金属流向半导体的电子数，形成从金属到半导体的正向净电流。与 PN 结不同，该电流是由半导体的多数载流子构成的。外加正电压越高，势垒下降越多，正向电流越大。对反偏状态，半导体一侧的电子势垒增高为 $q(V_D + U)$，从半导体流向金属的电子数大幅度减少，而金属一侧的电子势垒高度未变，从金属流向半导体的电子流占相对优势，两相抵消，形成由半导体流向金属的反

向电流。但是，金属中的电子要越过相当高的势垒 $q\phi_M$ 才能进入半导体，因此反向电流很小。由于金属一侧的电子势垒不随外加电压变化，从金属流向半导体的电子流的流密度也不会变化。当反向电压提高到可使从半导体流向金属的电子流忽略不计时，反向电流即趋于饱和。

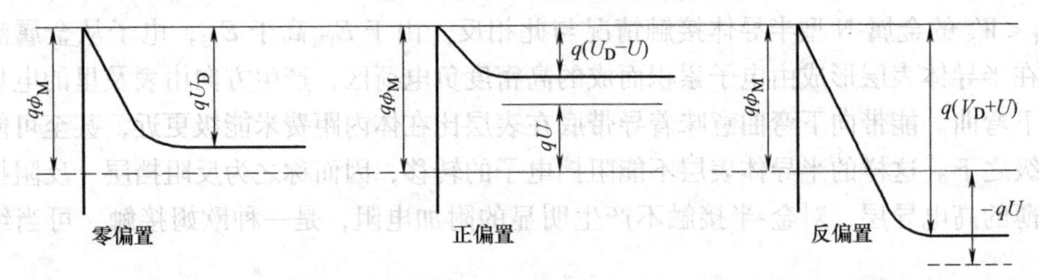

图 3-14 N 型半导体肖特基势垒接触在不同偏置状态下的电子势垒

以上定性地说明了 SBC 具有类似于 PN 结的单向导电性。早在 PN 结理论问世之前，扩散模型和热电子发射模型等金属半导体接触的整流理论就从不同角度成功地对 SBC 的伏安特性作出了准确的定量描述。按照这些理论[6]，SBC 的电流-电压方程在形式上与肖克莱方程完全相同，所不同的只是反向电流 J_S 的含义与表述。

按照扩散理论，对阻挡层较厚（实指载流子迁移率 μ 较低的半导体）的 SBC 有，

$$J_S = q\mu E_M N_C e^{-\frac{q\phi_M}{kT}} \tag{3-6}$$

式中，E_M 表示阻挡层的最大电场强度；N_C 是导带底的等效态密度。因为 E_M 是外加电压的函数，所以此时的 J_S 会随着反向电压的升高而缓慢增大，没有饱和性。

按热电子发射理论，对阻挡层较薄（也即 μ 较高的半导体）的 SBC 有，

$$J_S = A^* T^2 e^{-\frac{q\phi_{ns}}{kT}} \tag{3-7}$$

式中，A^* 被称为有效理查逊常数，相当于在理查逊常数（表征金属真空热电子发射过程的物理常数）$A = 4\pi q m_0 k^2/h^3 = 120.1\text{A}/(\text{cm}^2 \cdot \text{K}^2)$ 中用电子有效质量 m^* 替换惯性质量 m_0。此时的 J_S 与外加电压无关，具有饱和性，但对温度有更大的依赖性。

3.2.2 开关原理与频率特性

在半导体器件的三个构成元素中，PN 结和肖特基势垒接触除具有如前所述的单向导电性，因而具有整流功能外，还具有开关功能，是多种开关器件的重要功能元素，而 MOS 系统则主要在场控型器件中构成栅，起开关作用。

1. MOS 栅原理

为了简明扼要地说明场效应器件的 MOS 栅原理，这里只考虑理想情况，即构成 MOS 结构的金属和半导体功函数相同，绝缘层完全不导电，绝缘层内无任何电荷，绝缘层-半导体间也不存在任何界面态。可以将这样的 MOS 结构视为一个平板电容器。因此，若施加电压于其上，其金属层与半导体层的两个对立面上就会被充电。二者所带电荷符号相反，数目相同，但密度和分布很不相同。由于半导体中的电子态密度比金属低得多，等量电荷在金属层中大致只占一个原子层的厚度，而在半导体中则需分布在百倍、千倍于原子层厚度的表面层内，形成一个空间电荷区。该空间电荷区承受全部外加电压，对半导体内层起屏蔽外电场的作用。外加电压使半导体表面相对于体内产生电势差，从而使能带弯曲。通常将空间电荷区

两端的电势差称为表面势，以 V_S 表示之。规定表面的电势比内部高时，V_S 取正值，反之取负值。表面势及空间电荷区内电荷的极性随加在金属-半导体间电压（栅压）U_G 的变化而变化，表现为载流子堆积、耗尽和反型三种不同特征。

下面以P型半导体为例，结合图3-15，分别对这三种情况加以说明。

（1）多数载流子累积

当 $U_G<0$（即金属接负）时，表面势 V_S 为负值，半导体表面层能带向上翘，但费米能级在热平衡条件下保持不变，如图3-15a所示。这时，越靠近表面，价带顶距费米能级越近，空穴密度越高。单就表面而言，只要表面势随栅压绝对值的升高有一点下降，表面这个地方的空穴密度就会相对于体内有明显的升高，形成空穴的累积层，电导率比零栅压时高。由于电离杂质的分布并不因 U_G 而改变，因而此时表面层因负栅压引起的空穴累积而带正电。

这种用外加电压累积多数载流子而提高表层导电能力的方法对改善器件性能十分有效，在场效应器件中常有应用。

（2）多数载流子耗尽

当 $U_G>0$（即金属接正）时，表面势 V_S 为正值，能带在表面附近向下弯曲，形成高度为 qV_S 的空穴势垒，如图3-15b所示。这时，价带顶随着 U_G 的增大而在表面附近逐渐远离费米能级，空穴密度随之降低。表面层因空穴的退出而带负电，电荷密度基本上等于电离受主杂质浓度。表面层的这种状态称作载流子耗尽。这时，表面空穴密度随 V_S 绝对值的升高而指数衰减。如果表面势垒 qV_S 足够高，耗尽近似能够成立，则此时耗尽层内的电场、电势分布和能带弯曲的情形跟突变 PN^+ 结中P型一侧空间电荷区的情形完全相同，其宽度亦可按式（3-3）求出。

（3）少子变多子的反型状态

正向 U_G 进一步增大，表面处能带相对于体内将进一步向下弯曲，如图3-15c所示。在

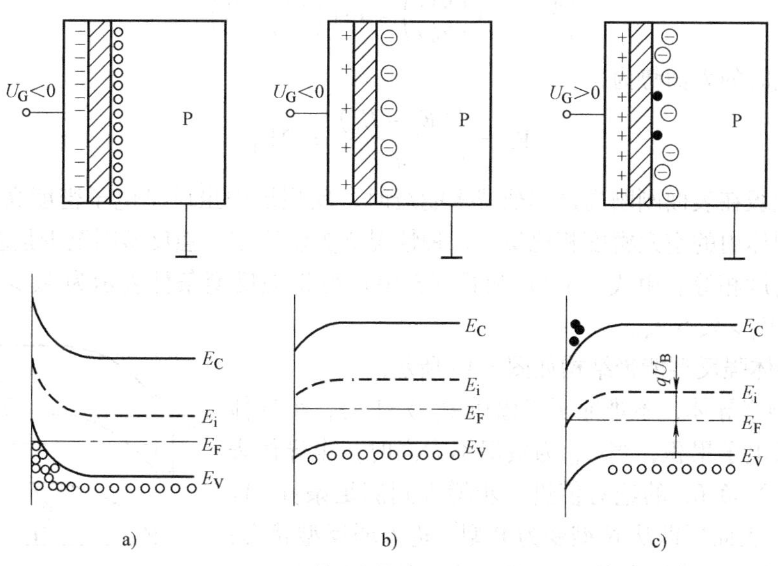

图3-15　P型MOS结构在各种 U_G 下的空间电荷分布和能带图

a）多数载流子累积　b）多数载流子耗尽　c）反型

这种情况下，能带的严重弯曲使表面的禁带中央降低到费米能级以下，使表面附近的导带底比价带顶更靠近费米能级，从而使电子密度超过空穴密度，成为多数载流子。这样的薄层叫反型层。从图3-15c不难看出，在表面反型层与半导体内层之间还夹着一个多数载流子的耗尽层，因而此时的半导体空间电荷层由耗尽层中的电离受主和反型层中的电子两种负电荷组成。

此时，半导体表面的电子密度n_S可利用非简并状态下热平衡载流子密度n_0、p_0与本征载流子密度n_i的关系表示为

$$n_S = n_i \exp\left(\frac{E_F - E_{is}}{kT}\right)$$

式中，E_{is}表示半导体表面的本征费米能级。因为能带弯曲，E_{is}比体内本征费米能级E_i低qV_S。由此，上式即

$$n_S = n_i \exp\left[\frac{E_F - (E_i - qV_S)}{kT}\right] = n_0 \exp\left(\frac{qV_S}{kT}\right)$$

利用关系$n_i^2 = n_0 p_0$，上式可改写为

$$n_S = \frac{n_i^2}{p_0} \exp\left(\frac{qV_S}{kT}\right) \tag{3-8}$$

当V_S升高到使半导体表面电子与空穴密度相等，即$n_S = p_S = n_i$时，由式（3-8）可知

$$\frac{p_0}{n_i} = \exp\left(\frac{qV_S}{kT}\right)$$

以$n_S = p_S = n$作为反型的临界标志，由此知反型的临界条件是

$$qV_S = E_i - E_F = qV_B \tag{3-9}$$

式中，qV_B表示半导体内层本征费米能级E_i与费米能级E_F之差。

当n_S随着V_S的增大而升高到与p_0相等时，由式（3-8）可得

$$\frac{p_0}{n_i} = \exp\left(\frac{qV_S}{2kT}\right) = \exp\left(\frac{E_i - E_F}{kT}\right)$$

这就是说，此时的表面势为

$$V_S = \frac{2(E_i - E_F)}{q} = 2V_B \tag{3-10}$$

当费米能级在表面刚刚高过本征费米能级时，反型层中虽已是电子密度高于空穴密度，但还不足以同体内的空穴密度相比拟，这种情况称为弱反型。强反型则至少是表面电子密度与体内空穴密度相等。由式（3-9）和式（3-10）可将强反型条件表示为$V_S > 2V_B$，弱反型条件表示为$2V_B > V_S > V_B$。

P型半导体强反型能带结构如图3-16所示。

对于N型半导体，不难证明当栅压U_G为正时，半导体表面层内形成电子累积；当U_G为负但不太高时，半导体表面电子耗尽；当负U_G的绝对值进一步增大到满足条件$2V_B > V_S > V_B$时，表面层即从N型变为P型，进入弱反型状态；当U_G进一步升高到满足条件$V_S > 2V_B$时，表面层即进入$p_S \geq n_0$的强反型状态。

图3-16 临界强反型条件下的能带图

满足强反型条件的临界电压习惯上称做 MOS 栅的开启电压，以 U_T 表示。当栅压从 U_G 升高到 U_T 时，MOS 栅因其半导体表层进入强反型状态而打开。这时，如图 3-3 或图 3-4 所示的器件就被开通。取消栅压或改变栅压的极性，器件即被关断。

2. PN 结与 MES 栅原理

空间电荷区中的自由载流子密度极低，利用 PN 结或 MES 结构在反向偏置条件下形成的空间电荷区，不但可以在整流电路中阻断反向电压，也可在电路开启的情况下，利用空间电荷区的扩展和势垒的升高将电流通路夹断。电路需要重新开启时，只须取消反向偏置电压。由于反向偏置是 PN 结和 MES 结构的高阻状态，因而这种形式的栅跟 MOS 栅一样具有功耗低、反应快、驱动电路简单等优点。

利用反偏 PN 结做栅制成的常开型开关器件，除图 3-5 所示的 SITH 和 SIT 之外，最典型的还有 JFET（结型场效应晶体管）。这种器件因其开关速度高而广泛应用于微波功率控制。

利用反偏 MES 结构做栅，可以弥补砷化镓等高电子迁移率材料和氮化镓等宽禁带材料因不能生长天然氧化物而难以制造高迁移率 MOSFET 的不足，由此制成的开关器件 MESFET（肖特基栅场效应晶体管），是重要的微波功率器件，尤其对微波单片集成电路（MMIC）的开发具有举足轻重的作用。

3. 电流控制型器件的开关原理

GTR 和 GTO 等电流控制型大功率开关器件利用 PN 结的电流调控作用，通过相邻 PN 结之间的相互作用实现开关状态的转换。BJT 是最简单的电流控制型器件，了解 BJT 的开关原理是理解其他电流控制型器件开关原理的基础。

（1）BJT 开关原理

如图 3-1 所示，BJT 的基本结构是两个背靠背的 PN 结。如果不设置基极 B，则发射极 E 和集电极 C 之间无论施加什么方向的电压都不会导通，因为这两个 PN 结总有一个处于反偏状态。反偏结承担了全部外加电压，正偏结分压极小，到不了阈值电压，也不能开通。因此，为了使两个背靠背的 PN 结处于低压大电流的开通状态，关键是改变其中反偏置 PN 结的状态，增大其反向电流。如前所述，PN 结反向电流的大小对反向偏置电压并不敏感，而与其空间电荷区附近的少数载流子（少子）密度有关。在实际应用中至少有两个经验可以证明这一点。一个经验是反向电流随着结温的升高而增大，如图 3-12 所示。这是温度越高本征载流子密度 n_i 越高，而多数载流子（多子）密度在室温以上不再变化（只决定于掺杂浓度），因而少子密度随温度升高而升高的结果。另一个经验是光照可使 PN 结反向电流增大。这个经验并非直接来自普通二极管，而是来自太阳电池。作为太阳电池使用的 PN 结二极管，其光生电流在管芯内的方向是从 N 流向 P，为反向电流。PN 结反向电流因光照而增大是光照在 PN 结中注入额外载流子的结果。

既然光注入和热激发可以增大一个反偏 PN 结的电流，那么，如果能够用电的方法在其空间电荷区附近注入额外载流子，应该也能得到同样的效果。譬如用一个假想的“少子注入器”在 PN 结的 P（或 N）区靠近空间电荷区处注入额外电子（或空穴），空间电荷区的较强反向电场会迅速将其扫向 N（或 P）区，使反向电流增大。实际应用中，这个“少子注入器”就是另一个 PN 结及其附设电路。

图 3-17 所示为一个共发射极连接的 NPN 晶体管，开关电路中 BJT 一般用这种接法。图中左上角的基极驱动电路及其作用对象 j_1 结即相当于这个“少子注入器”。按此连接，j_1 结

在 BJT 中负有双重任务。一个是在基极驱动电路中向基区注入少子，另一个是在主电路中作为发射结向基区发射少子。不过，在第一个功能不起作用时，第二个功能无效。无基极电流 I_B 时，发射结 j_1 虽处于正偏状态，但集电结 j_2 处于反偏高阻状态，BJT 关断，输出电流 I_C 仅是 j_2 结的反向漏电流，其值很小，负载电阻 R_L 的分压也很小，电源电压主要加在 j_2 结上。但当基极电流 I_B 不为零时，基极电源 U_{BE} 通过 j_1 结向 P 基区注入额外电子，形成电子累积。这些电子因密度差要向 j_2 结方向扩散。由于基区不宽，会有足够的注入电子能够到达 j_2 结而没有在扩散中途因复合而消失。这些电子即被 j_2 结空间电荷区的强电场扫入集电区，使 j_2 结反向电流增大。与此同时，j_1 结的偏置电压也因注入电子而超过阈值电压，发射极开始发射电子。集电极电流 I_C 因 I_B 的输入而逐渐形成。I_B 越大则 I_C 越大，到 I_C 接近其饱和值 $I_{C,sat} \approx U_{CE}/R_L$ 时不再受 I_B 的影响。这时，I_C 的上升使 R_L 上的压降增大，j_2 转为正偏，BJT 进入低阻大电流的开通状态。

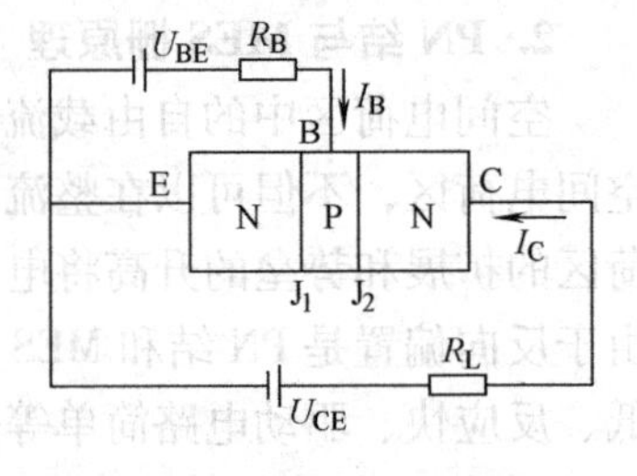

图 3-17 共射极连接 NPN 晶体管示意图

由于 BJT 的电流放大作用，I_B 只有 I_C 的 $1/\beta$。β 即 BJT 的共射极电流放大系数，通常远大于 1。因而常说 BJT 这一类器件是小电流控制大电流。

BJT 因基区注入额外少子而开通，欲将其关断自然要清除这些额外载流子，这通常用 U_{BE} 反向使 j_1 结反向偏置的办法来实现。这时，基极驱动电路中会出现反向电流。由于正、反向 I_B 都会在基极电阻 R_B 上产生焦耳热，因而要消耗一定的功率。

（2）普通晶闸管和 GTO 的开关原理

如图 3-18 所示，可将普通晶闸管等效为两个具有公共集电结 j_2 的晶体管，即 N_1 区既是 $P_1N_1P_2$ 晶体管（BJT1）的基区（长基区），也是 $N_1P_2N_2$ 晶体管（BJT2）的集电区，P_2 区既是 BJT1 的集电区，也是 BJT2 的基区（短基区）。因而其开通原理与 BJT 有相似之处，但不尽相同。晶闸管正向连接时，其阳极 A 和阴极 K 分别与主电源的正、负极相接，其阳极侧的 j_1 结（BJT1 的发射结）和阴极侧的 j_3 结（BJT2 的发射结）皆处于正偏状态，而 j_2 结处于反偏状态。在门极触发电路无输入信号时，主电路电流 I_A 只是 j_2 结的反向饱和漏电流，晶闸管处于关断状态。当门极触发电路向晶闸管输入门极电流 I_G 时，I_G（相当于 BJT2 的基极电流）通过 j_3 结向 P_2 区注入额外电子，P_2 区很窄，有足够的注入电子能够在复合之前到达 j_2 结，然后被反偏 j_2 结的强电场扫入 N_1 区，形成 N_1 区的电子积累，使 j_1 结正偏压升高，促使 P_1 区向 N_1 区注入额外空穴。在此过程中，BJT2 的集电极电流即是 BJT1 的基极电流，BJT1 的集电极电流又反馈回 BJT2 作为基极电流，从而建立起晶闸管特有的电流再生反馈机构，使 j_1 结和 j_3 结的少子注入越来越强，N_1 区的空穴积累和 P_2 区的电子积累越来越多，最终使 j_2 结极性反转，晶闸管开通。

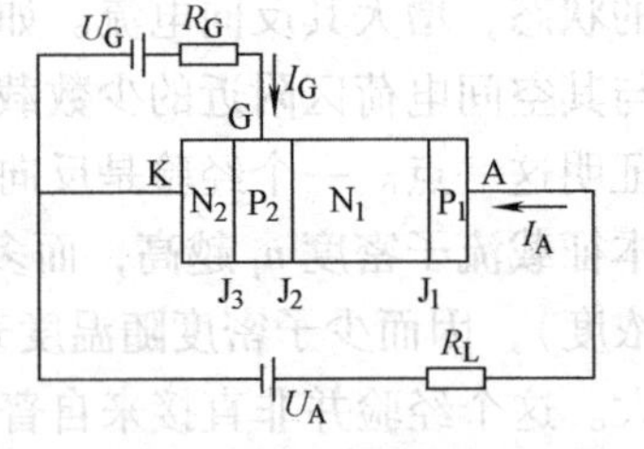

图 3-18 晶闸管门极触发机构示意图

与 BJT 不同的是，晶闸管开通后，电流再生反馈机构使 j_2 结极性反转进入正偏状态，只要阳极电流没有衰减到令再生反馈结构不能维持的地步，即便 I_G 归零，晶闸管仍能保持导通状态。因此，为了将晶闸管关断，必须在阴、阳级施加反向电压使阳极电流衰减到维持电流之下，这将产生一个很强的反向恢复电流，开关功耗很大。另一方面，晶闸管的面积一般较大，开通过程从门极附近开始，然后电流扩展至全面积导通，这需要一定时间，因而工作频率不高。优化门极设计也效果有限。

GTO 本质上是晶闸管化整为零后的小单元并联，因而其开通过程就每个单元而言与普通晶闸管完全相同；就整个器件而言则是全面积上的所有单元同时开通，而不是像普通晶闸管那样从门极附近逐渐扩展。其关断过程也是在所有单元中同时进行的，而且关断原理及方式不同。因为单元面积较小，可以用反偏门极的方式将 P_2 区中的额外空穴迅速抽走，从而恢复 j_2 结的反偏状态将器件关断。因为这些原因，GTO 具有跟普通晶闸管可相比拟的功率处理能力，而工作频率较高。

与电压控制型器件相比，电流控制型器件输入电流较大，开关功耗较高，且因控制电路复杂而体积较大，目前已在很多应用领域被功率 MOS 和 IGBT 取代。但是，由于这类器件（主要是普通晶闸管和 GTO）控制特大电流并阻断特高电压的能力较强，在功率特别大的应用领域仍保有一席之地。

4. PN 结的反向恢复过程与双极器件的开关特性

不但是 BJT 和晶闸管，即便是最简单的 PN 结整流二极管，其正向导通时都伴随有额外载流子的注入。这些额外载流子在器件开通的瞬时过程中和稳定的导通过程中都起着积极的作用。但是，到了要关断的时刻，导通时注入并储积于结附近扩散区内的额外载流子就成为多余，需要一定时间来抽走或通过复合而逐渐消失。这样，当外加在 PN 结上的电压已于瞬间从正向转到反向时，流经器件的电流并不能相应地瞬间从正向导通电流 I_F 转换成反向饱和电流 I_S。这时，反偏压形成的强大空间电荷区电场对这些储积载流子的抽取，将首先形成一个远大于 I_S 的反向恢复电流 I_R。与此同时，复合过程也在加速使这些额外载流子的密度下降，因而反向电流随时间衰减，到 PN 结两侧的额外载流子都完全消失之后，反向电流才下降并最后稳定到该 PN 结应有的反向饱和电流 I_S，如图 3-19 所示。表征这个过程的时间常数称为反向恢复时间或关断时间，定义为 I_R 维持不变的时间 t_1 和衰减至剩余 10% 所经历的时间 t_2 之和。一个按高耐压要求设计的 P^+N 结的关断时间近似表示为

$$t_{off} = \tau_p \frac{I_F}{2I_R}$$

式中，τ_p 是该 P^+N 结的 N 区少子寿命。为了使 PN 结具有较高的开关频率，通常需要采用特别的工艺措施来降低 τ_p。所谓快恢复 PN 结二极管，就是使用了这些特殊工艺，例如电子辐照或掺金，使其 N 区少子寿命缩短，因而恢复时间很短。但是，硅这种半导体从本质上是一种少子寿命较长的材料，最有效的短寿命措施也只能将恢复时间缩短到 1 ~ 5ns 左右[7]。GaAs 本质上是一种少子寿命很短的材料，GaAs 快恢复二极管的恢复时间可达到 0.1ns 以下。

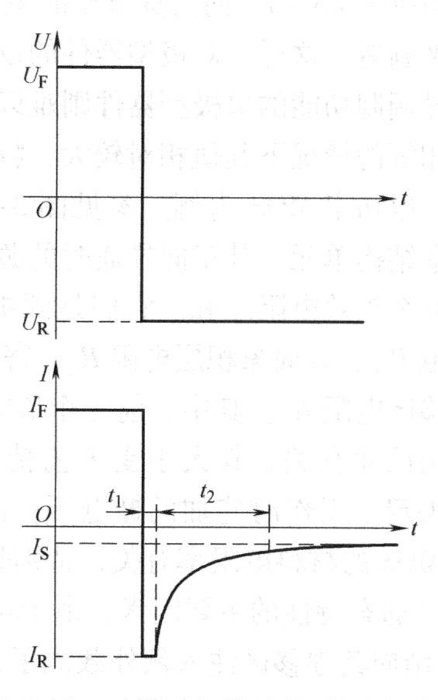

图 3-19　PN 结二极管关断过程示意图

反向恢复特性更好的器件是 SBD。作为单极器件，SBD 正向导通时基本上没有少数载流子的注入和存储，

其反向恢复时间可以忽略。

BJT 以及结构和原理都要更复杂一些的普通晶闸管和 GTO 等双极器件的开关过程自然要比单一 PN 结复杂得多。一般而言，这些器件不但有关断过程的反向恢复电流延迟，还有开通过程中输出电流相对于输入信号的延迟。

3.2.3 电导调制原理与通态特性

1. PN 结的电导调制作用

在实际应用中，当 PN 结的正向电压 U_F 满足条件 $qU_F >> kT$ 时，肖克莱方程变为

$$J_F = J_S \exp\left(\frac{qU_F}{kT}\right)$$

将表示 J_S 的式（3-2）代入上式，并利用半导体物理中描述本征载流子密度 n_i 与禁带宽度 E_g 关系的熟知公式，可将 PN 结正向电压与正向电流的关系表示为

$$U_F = [E_g - kT(B - \ln J_F)]/q \tag{3-11}$$

式中，B 是只与半导体材料参数有关的常数。该式说明，PN 结正向导通时，其端电压并不随电流线性变化，很大的电流增量只产生很小的电压增量。从图 3-9a 可以看到，在 J_F 较小时，U_F 全部降落在 PN 结上，部分地抵消自建电势，使势垒降低，引起额外载流子的注入，即 P 区向 N 区注入额外空穴，N 区向 P 区注入额外电子，从而使 P、N 两区的少数载流子密度大幅度提高，这就是电导调制。因为额外载流子的注入量与正向偏压的大小有关，电导调制作用会随着正向电压的升高而增强。当 PN 结进入大注入状态，即额外载流子的注入密度可与多数载流子密度相当甚至更高时，正向电流密度就会很高。这样，正向电流在电极的接触电阻和 PN 结电导调制区外的体电阻上的压降就成为正向电压不可忽视的组成部分。这就是说，PN 结二极管正向电流较大时，其正向偏置电压并不完全是 PN 结的结压降。

2. 器件的通态特性

由于电导调制效应，双极型器件通态功耗基本上与材料的电阻率无关。如前所述，电阻率是决定 PN 结反向击穿电压的主要材料参数（参见式（3-5）），高压器件必须选用高阻材料来制造。这样，双极型器件的设计就能够对阻断电压和通态电流有较好的兼顾，而不具备电导调制功能的单极型器件则难以做到这一点，其通态功耗直接由材料的电阻率决定，在电流相等的情况下其值相对较大，特别是高耐压器件。

以功率 MOS 为例。参见图 3-20 所示的功率 MOS 基本结构单元，其正向导通时的源漏间电阻 R_{SD} 可表示成五个等效电阻之和。它们是源扩散区电阻 R_s、沟道电阻 R_{ch}、表面累积层电阻 R_a、寄生 JFET 电阻 R_j 以及漂移区电阻 R_d。其中，前三个等效电阻主要与器件的结构尺寸有关，其大小受工艺精度的限制，R_{ch} 和 R_a 还决定于工作时施加的栅电压；而 R_j 和 R_d 主要与功率 MOS 的材料电阻率有关，特别是 R_d，它是决定功率 MOS 通态特性的主要因素。由于功率 MOS 导通时没有 PN 结向其漂移区注入额外载流子，其单位面积器件的漂移区电阻 R_{d0}（比电阻），根据定义可用漂移区长度

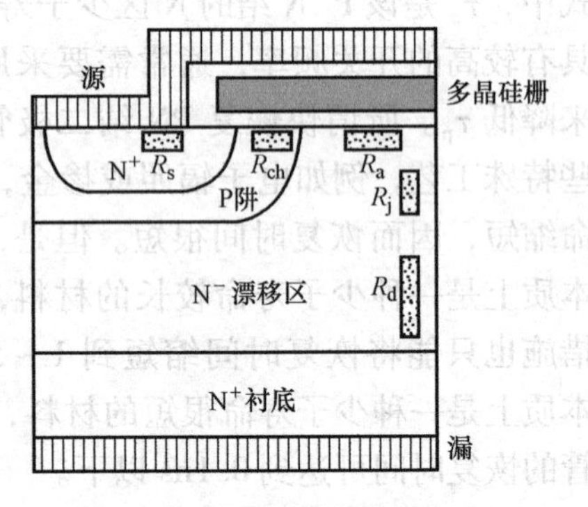

图 3-20 通态功率 MOS 的等效电阻示意图

L 和材料电阻率 ρ 表示为

$$R_{d0} = \rho L \tag{3-12}$$

这两个漂移区参数通常是根据阻断电压的要求确定下来的，阻断电压越高，漂移区则越宽，材料电阻率也越高，因而单极型器件的通态电流和阻断电压难以兼顾。

3.2.4　功率损耗原理与高温特性

1. 功率损耗

功率损耗（Power Loss 或 Consumption）是器件在单位时间内消耗的能量，即电流通过各等效电阻所作的功，通常以焦耳热的形式表现出来。因此，为了保持良好的工作状态，器件的封装基板和外壳应具有一定的吸热和散热功能，功耗较大的器件还须安装散热器。

管壳和散热器在单位时间内吸收和散失的能量叫功率耗散（Power Dissipation）。功率损耗和功率耗散是两个不同的概念。当功率损耗大于功率耗散时，器件温度持续上升；平衡时，也就是器件温度恒定不变时二者相等。对于连续的功率脉冲，这显然是指平均功率耗散与平均功率损耗相等。因此，利用平衡性质可以通过平均功率损耗的测量测出平均功率耗散。对于任意波形的连续脉冲，可用图解积分法来求，即在规定的恒定温度下，首先利用数字存储器技术记录下器件在一个完整开关周期中各时刻的即时电压 $u(t)$ 和即时电流 $i(t)$，然后用数值积分法求二者之积在这个完整周期中的平均值，即令平均功率损耗为

$$P_d = f_s \int_0^{1/f_s} u(t)i(t)\,dt$$

式中，f_s 是开关频率。对矩形功率脉冲，若其幅值为 P_p，则以上积分简化为

$$P_d = f_s P_p t_p = P_p \delta$$

式中，t_p 是脉冲的持续时间；$\delta = f_s t_p$ 即占空比。

在实际问题中，P_d 的求值常常比较复杂。就一般情况而言，P_d 主要包含导通状态下的稳态功耗 P_0（通态损耗）和开关过程中的瞬态功耗 P_s（开关损耗）两部分，对电流驱动型器件还应包含驱动损耗 P_g，对阻断电压较高的器件，还要考虑高压阻断状态下的漏电损耗 P_{c0}。

（1）通态损耗

功率器件在稳定导通状态下的单位时间内消耗的能量称为通态损耗。对占空比为 δ 的矩形连续电流脉冲，平均通态功耗 P_0 可用器件的通态压降 U_{on} 和电流脉冲的幅值 I_p 表示为

$$P_0 = I_p U_{on} \delta$$

对不存在电导调制效应的单极型器件，通态损耗通常直接用通态电流与器件的通态电阻表示。譬如，对功率 MOS 即有

$$P_0 = I_{SD}^2 R_{SD}$$

式中，I_{SD} 表示功率 MOS 的漏极电流。

需要注意的是 R_{SD} 是温度的函数。由于硅功率 MOS 的 R_{SD} 在 25℃以上的温区随温度上升而线性增大，因而任意温度 T 下的通态电阻可表示为

$$R_{SD}(T) = R_0[1 + \alpha(T - 25)]$$

式中，R_0 是 R_{SD} 在 25℃时的额定值；α 是其温度系数。

（2）开关损耗

开关过程中，如果电流的上升或下降同时伴随有电压的变化，则器件在此过程中会有能量消耗。器件在开关瞬态过程的单位时间内消耗的能量称为开关损耗。一般情况下，开关损耗不需用图解积分法精确求值，常常把关断过程和开通过程中的电流、电压曲线都近似当作直线来简化计算。开关损耗跟负载的性质有关，其表达式对感性负载和阻性负载分别为

$$P_{s,感性} = \frac{U_S I_M}{2} f_s (t_{on} + t_{off}) \qquad P_{s,阻性} = \frac{U_S I_M}{6} f_s (t_{on} + t_{off})$$

式中，U_S 和 I_M 分别代表断态电压和最大电流；f_s 代表开关频率；t_{on}和 t_{off}分别代表开通时间和关断时间。有些器件的 t_{off}远大于 t_{on}，因而关断损耗在开关损耗甚至总功耗中占主导地位，而开通损耗常可忽略不计。

由于功率 MOS 通断两态的转变是靠沟道荷电状态的改变、也即栅漏极间电容的充放电来实现的，因而其开关损耗亦可用栅漏电容 C_{GD}和栅压 U_G 表示成

$$P_s = C_{GD} U_G^2 f_s$$

（3）驱动损耗

驱动损耗指消耗在开关器件的驱动极（晶闸管的门极、晶体管的基极、功率 MOS 和 IGBT 的栅极等）上的功率。一般情况下，这种功率消耗与器件的其他功耗及外部驱动电路的功耗相比常可忽略，尤其是功率 MOS 和 IGBT 等电压控制型器件，其直流输入阻抗一般都在 $10^{12}\Omega$ 左右，通过栅极维持器件于导通状态或关断状态都不需要消耗多大能量。但是 GTR 和 GTO 这些电流控制型器件的驱动损耗往往不可忽略。GTO 的门极关断电流在阳极电流较大时远大于其门极开通电流，加上关断时间较长，因而其关断过程中的门极功耗往往较大。GTR 由于正向电流增益较小，为维持较大集电极电流所需要的基极电流 I_B 自然就大，而基极-发射极饱和压降 U_{BE0}往往比集电极-发射极饱和压降 U_{CE0}大得多，因而其驱动损耗

$$P_g = I_B U_{BE0} \delta$$

常与其通态功耗大小可比。

（4）断态漏电损耗

在器件处于断态期间，若断态电压 U_s 很高，微小的漏泄电流 I_{C0}仍有可能产生明显的断态功率损耗 P_{C0}，其值为

$$P_{C0} = I_{C0} U_s (1 - \delta)$$

该式从表面上看似乎 P_{C0}会随着占空比 δ 的增大而线性下降，但事实上 P_{C0}会随着 δ 的增大而上升，因为漏泄电流 I_{C0}是结温的指数函数。δ 越大，器件在关断期间的平均结温就越高，I_{C0}也就越大。

2. 结温与热阻

结温可理解为泛指器件有源区的温度，不一定非指 PN 结不可。对于功率 MOS，结温就是漂移区的温度。对于稳定的器件功耗 P_d，由稳态热阻 R_θ 的定义

$$R_\theta = \Delta T / P_d$$

可知功率消耗与功率耗散相等时的稳态结温为

$$T_j = P_d R_{\theta,jc} + T_c$$

式中，T_c 为管壳温度，简称壳温；$R_{\theta,jc}$表示管芯与管壳之间的热阻，简称结壳热阻。对不带散热器的器件，壳温 T_c 由环境温度 T_a 和管壳至环境的热阻 $R_{\theta,ca}$决定，因此

$$T_j = P_d (R_{\theta,jc} + R_{\theta,ca}) + T_a = P_d R_{\theta,ja} + T_a$$

式中，$R_{\theta,ja}$即从管芯至环境的热阻。对加有散热器的器件，$R_{\theta,ca}$为管壳与散热器间的接触热阻$R_{\theta,cs}$与散热器热阻$R_{\theta,sa}$之和。

对以开关模式工作的功率器件，结温 T_j 一般会随时间变化，具体的变化情况与电流脉冲的参数有关，但任何情况下每次结温脉动的峰值必出现在功率脉冲下降的后沿。对于单脉冲或间隔时间足够长的连续脉冲，T_j 自初始温度 T_0 按指数规律

$$T_j(t) = P_p R_{\theta,ja}(1 - e^{-t/\tau})$$

上升至峰值结温

$$T_{jmax} = T_j(t_p) + T_0$$

式中，t_p 对应于峰值结温出现的时刻。然后，T_j 再按指数规律

$$T_j(t) = P_p R_{\theta,ja} e^{-t/\tau}$$

下降，经足够长时间后恢复至 T_0。这里 τ 是指包括散热器在内的整个散热系统的热时间常数。若功率脉冲是在器件已有恒定功耗的背景下出现的，则初始温度 T_0 应理解为它在恒定功耗下的恒定结温；若功率脉冲是在功耗原本为零的背景下出现的，则 T_0 即是环境温度 T_a。图 3-21a 描绘了上述结温变化情况。在这种情况下，器件的峰值结温必然与平均结温有一定差别。在电流脉冲的持续时间较长、占空比也较高的情况下，峰值结温有可能非常接近平均结温。这时，稳态热阻的概念仍然适用。相反，在如图 3-21a 所示脉冲较短、占空比较低的情况下，峰值结温对平均结温的偏差会很大，成为器件工作特性的主要限制因素。这时，结温的高低不仅与器件的消耗功率有关，还在很大程度上决定于电流脉冲的形状、持续时间和重复频率，因而热阻的概念不再适用，需用瞬态热阻抗来代替。瞬态热阻抗反映了传热体的热惯性在热量传递的瞬变过程中对热阻的改变，因而与稳态热阻仍保持有一定的关系，即可用稳态热阻 R_θ 将瞬态热阻抗 Z_θ 表示成

$$Z_\theta = r(t_p) R_\theta$$

式中，$r(t_p)$是一个与脉冲宽度及占空比有关的比例因子，从本质上看，其实就是以稳态热阻 R_θ 为 1 的归一化瞬态热阻抗。

对于间隔时间不足以使结温恢复到起始温度 T_0 的连续脉冲，在最初的几个脉冲周期内，由于每个后加脉冲所产生的结温升的起点温度一个比一个高，因而每个脉冲后沿所对应的峰值结温也会一个比一个高，直到某个脉冲周期所对应的温度波动的起点和终点相等时止。这时，结温进入周期性的等幅波动状态，如图 3-21b 所示。结温的等幅波动表明热量的产生与

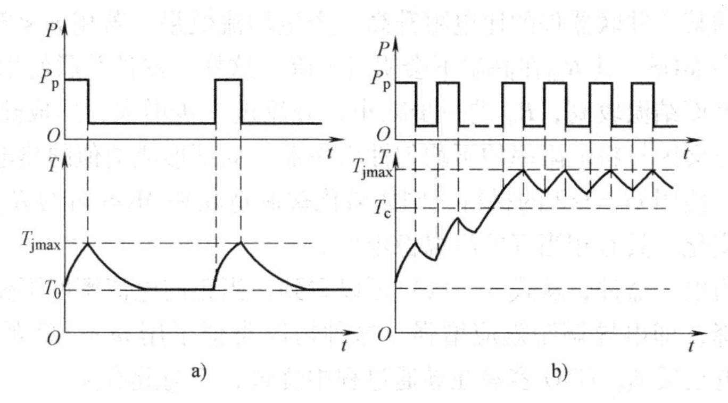

图 3-21　连续功率脉冲引起的结温变化

a) 低频　b) 高频

散失已达到动态平衡。在实际问题中，散热器的热惯性通常远大于器件的热惯性。在功率脉冲的频率较高或占空比较大的情况下，平衡时尽管结温仍有等幅波动，但与散热器紧密接触的管壳的温度仍有可能保持不变。于是，峰值结温 T_{jmax} 可用结壳瞬态热阻抗 $Z_{\theta,jc}$ 表示为

$$T_{jmax} = P_p Z_{\theta,jc} + T_c$$

式中，T_c 已被当成由稳态热阻 $R_{\theta,cs}$ 和 $R_{\theta,sa}$ 决定的恒定温度，而 P_d 应为平均功耗。

3. 高温特性

由于消耗功率产生焦耳热，电力电子器件常处于高于室温的工作状态。半导体是一种对温度十分敏感的材料，因而高温下的器件特性以及器件的极限工作温度是需要特别关注的问题。器件的高温特性通常指两个方面：高温下材料特性的变化对器件导通状态的影响；高温下器件热产生漏电流的上升对其阻断能力的影响。当热产生漏电流超过一定限度时，器件就会破坏性失效。因此，对任何器件都规定有最高允许工作温度。这个限制与器件的类别有一定关系，但更多地取决于制造器件的材料。众所周知，硅晶闸管的最高允许结温为125℃，硅大功率晶体管、功率 MOS 和 IGBT 的最高允许结温为150℃。砷化镓功率器件的极限温度可比硅器件高30%左右，但是，由于砷化镓的热导率只有硅的1/3，其功率耗散能力较差，相同消耗功率下的结温升较高，通常只适合于制造中等功率的高频器件。

(1) 高温通态特性

首先考察温度升高对功率 MOS 通态特性的影响，为此需要了解漂移区比电阻 R_{d0} 随温度变化的规律。以 N 沟 MOS 为例，从定义式 $R_{d0}=\rho L$ 不难看出，由于 $\rho=(qn\mu)^{-1}$，温度变化对 R_{d0} 的影响，完全是电子迁移率 μ 和电子密度 n 随温度改变的结果。由半导体物理可知，μ 和 n 随温度 T 变化的基本规律分别为

$$\mu(T) \propto T^{-m}$$

$$n \propto T^{3/2}\exp(-E_D/kT)$$

式中，m 是一个反映载流子迁移率随温度变化规律的材料参数；E_D 表示半导体材料中产生电子的施主杂质的电离能；k 为玻耳兹曼常数，室温下 $kT=0.0259\text{eV}$。在室温及其以上温度区域，上式中的指数项对硅这种 E_D 较小的材料已不起作用，决定比电阻大小的主要是式中的 $T^{3/2}$ 和迁移率随温度变化的 T^{-m} 项。所以，当 $m>3/2$ 时，功率 MOS 的比电阻在高温下会升高。对硅，$m=2.42$。硅功率 MOS 通态比电阻的温度系数大约是0.007/℃，即当结温从25℃升至200℃时，R_{d0} 约增大两倍。硅功率 MOS 并联特性较好就与这个特点有关，因为它可以使电流集中的某个并联器件的比电阻升高，产生均流效果。若用 $m<3/2$ 的材料，例如砷化镓来制造功率 MOS，其 R_{d0} 在高温下会明显下降。这样，器件并联使用时，R_{d0} 较小的器件就会因分流较大而结温较高，R_{d0} 进一步减小，分流进一步增大，形成热电正反馈而终至烧毁。单个器件也会因材料电阻率的不均匀性而在器件局部形成类似的热电正反馈，因而容易在导通时烧毁。使用 $m=3/2$ 的材料，例如磷化镓制造功率 MOS 时的 R_{d0} 在杂质完全电离后基本不随温度变化，具有相当好的高温稳定性。

对双极型电力电子器件，从式（3-11）可以看到，当正向电流密度不变时，正向电压会因结温升高而下降，即电导调制效应增强。这种情况类似于用 $m<3/2$ 的材料制造的功率 MOS，会出现热电正反馈。GTO 容易在导通过程中烧毁，正与此有关。

(2) 高温阻断特性

在以 PN 结承受反向电压的所有功率器件中，反向漏电流包含扩散电流和空间电荷区产

生电流两部分。因此，P^+N 结的反向漏电流密度为

$$J_R = \frac{qn_i^2\sqrt{D_p}}{N_D\sqrt{\tau_p}} + \frac{qn_iW}{\tau_{sc}}$$

式中，q 为电子电荷；n_i 为本征载流子密度；N_D 为 N 区的施主杂质浓度；D_p 和 τ_p 分别是空穴的扩散系数和复合寿命；τ_{sc}是空间电荷区中额外载流子的产生寿命；W 为空间电荷区的宽度。

与式（3-2）所示的理想 PN 结反向电流密度相比，该式少了 P^+ 区的扩散项（因为 P^+ 区的少子密度很低），增加了表示产生电流的第二项。式中可见，产生电流和扩散电流的大小都与 n_i 有关，而 n_i 是温度的函数。n_i 随温度 T 变化的情况可借助某个特定温度 T_0，例如室温下的 n_i（300K）表示为材料禁带宽度 E_g 的函数为

$$n_i(T) = n_i(300\text{K})(T/300)^{1.5}\exp\left(\frac{E_g}{0.0518} - \frac{E_g}{2kT}\right)$$

在温度一定的情况下，J_R 表达式中的扩散电流分量固定不变，J_R 因产生电流项中 W 随反向偏置电压的升高而缓慢增大。在反向偏置电压不变的情况下，J_R 的两个分量都随着温度的升高而激烈地增大，其中扩散电流分量因为与 n_i 的二次方成正比，随温度变化的程度更激烈。低温下，反向漏电流以产生电流为主。当温度升高到一定程度，扩散电流开始占优势，反向漏电流随温度的变化更加激烈。在以上两式中，除 n_i 以外，载流子的寿命和扩散系数也是温度的函数，但它们对温度的灵敏性都远不如 n_i。因此，器件反向漏电流从以产生电流为主向以扩散电流为主转变的温度主要决定于 n_i。对硅，此温度大约为 400K；对砷化镓和磷化镓则大约为 1000K；对碳化硅和金刚石等宽禁带半导体则更高。这样，在温度已经相当高的高温状态，例如在 400～1000K，硅器件反向漏电流的温度依赖性已由扩散电流决定，而用宽禁带半导体材料做成的器件仍由产生电流起主导作用。

因此，在 400～1000K 的温度范围对使用不同材料制成的器件进行高温特性的比较时，由于有不同的电流输运机制决定其反向漏电流的大小，因而不能使用统一的漏电流模型。对硅器件可只考虑扩散项，对砷化镓及其他宽禁带材料做成的器件则仍可只考虑产生项。但不管用什么模型，材料之间的禁带宽度之差所引起的器件漏电流的差别都是明显的。用宽禁带材料制造的器件在高温下的漏电流非常小。即使在 700℃ 以上的高温，即便考虑到不良生长和加工条件对 τ_{sc}、τ_p、D_p 等材料参数可能带来的负面影响，碳化硅和金刚石功率器件在高温阻断状态下的漏电流仍可忽略。相对于硅和砷化镓器件而言，碳化硅和金刚石器件的高温阻断功耗几乎为零。

高温漏电流小的最大好处主要不在于阻断功耗的大小，而在于能有效避免热电击穿。参照图 3-12 所示的 PN 结反向阻断状态，当漏电流产生的阻断功耗超过功率耗散能力，结温就会升高。由于器件的反向漏电流对温度比较敏感，温度升高则漏电流进一步增大，阻断功耗与功率耗散之间的不平衡进一步加剧，从而形成热电正反馈，使 PN 结进入电流越大、电压越低的负阻状态。器件物理学将这种现象称为“热奔”（Thermal Runaway）。“热奔”发生时，PN 结的反向漏电流急剧升高，类似于雪崩击穿，但电压比雪崩击穿电压低得多，且结温远高于雪崩击穿时的结温，因而往往导致器件的不可恢复性击穿。对双极型器件，这种现象习惯上称为二次击穿。

3.3 现代整流二极管

整流二极管无论功能还是结构都是最简单的电力电子器件。整流二极管分 PN 结型、肖特基势垒型以及结合二者所长的复合型。由于 PN 结二极管的反向恢复特性较差，而肖特基势垒二极管（SBD）开关速度较高且正向压降较低，在现代电力电子技术中的地位上升很快。特别是在碳化硅 SBD 市场化以后，以阻断电压 100V 作为 SBD 和 PN 结二极管应用领域分界的局面已被彻底打破。现在，1200V 和 600V 两个系列的碳化硅 SBD 已商品化多年，其单管通态电流可达 20A。当然，更大功率的整流应用还得依靠硅 PN 结二极管，而且现代器件技术也在竭力改进其反向恢复特性。

本节重点介绍肖特基势垒二极管、PN 结-肖特基势垒、MOS 肖特基势垒复合二极管和改进的 PN 二极管。

3.3.1 普通肖特基势垒二极管

如前所述，SBD 属于无额外载流子参与电流输运的单极型器件，所有跟额外载流子的注入、存储、抽取和复合等相关的器件问题，都不存在于这种器件的开通与关断过程之中，其开关过程的时间常数只受金-半接触处空间电荷区充放电时间常数的限制，而这个时间常数大约是 10^{-13}s 量级，因而在高频应用中极具优势。

功率 SBD 通常用功函数较大的金属与轻掺杂 N^- 外延层直接接触而成，为保持低功耗，需使用重掺杂的 N^+ 衬底。N^- 外延层是该器件的漂移区，其长度和电阻率既决定着 SBD 通态比电阻的大小（类似于功率 MOS 的漂移区，见式(3-12)），也决定着 SBD 的反向阻断特性（类似于 P^+N 结的 N 区，见式(3-3) ~ 式(3-5)）。由于高压设计需要提高材料的电阻率并增加漂移区的长度，使其比电阻 R_{d0} 增大，这不但会使正向压降升高，也会因 RC 时间常数正比于 $R_{d0}^{1/2}$ 而使开关特性变坏。因此其正向压降低、工作频率高的优势只存在于低压器件中。不过，即便是低压 SBD，由于正向导通时缺乏额外载流子的电导调制，电流密度增高时，其正向压降会迅速升高，如图 3-22 所示。图中两条实线所代表的功率 SBD 和 PIN 二极管具有相同击穿电压。

由于 N^+ 衬底电阻率很低，SBD 的正向压降主要降落在漂移区和金-半接触上。在漂移区比电阻 R_{d0} 因反向阻断电压的限制而不能减小时，降低金-半接触的势垒高度也可使正向压降降低。不过，降低势垒高度必然会导致反向漏电流增大（参见式(3-6) 或式(3-7)）。因此，对功率 SBD 需要在其正向压降 U_F 和反向漏电流密度 J_R 间进行折衷，以实现其综合性能的优化。对 U_F 和 J_R 的优化直接关系到功率 SBD 的最高工作温度。若忽略开关损耗，功率 SBD 的总功耗可表示为

$$P_d = J_F U_F \delta + J_R U_R (1 - \delta)$$

式中，J_F 和 U_R 分别是正向电流密度和反向阻断电压；δ 为功率脉冲的占空比。利用该式可针对不

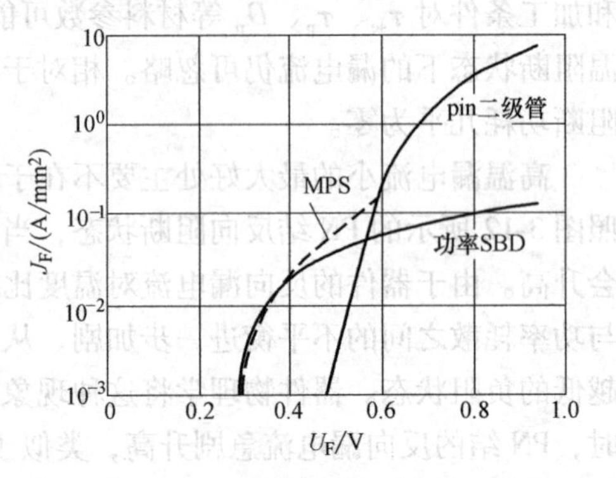

图 3-22　不同整流二极管正向特性的比较

同势垒高度的功率 SBD 计算其功耗最低时的温度，即最高工作温度。图 3-23 所示为针对势垒高度分别为 0.6eV、0.7eV、0.8eV、0.9eV 的四种情况计算出来的硅 SBD 功耗随温度变化的曲线，计算时取 $J_F = 100A/cm^2$，$U_R = 20V$，$\delta = 0.5$。由图中可见，随着肖特基势垒高度的降低，功耗会有一些减小，但最高工作温度更会明显降低。

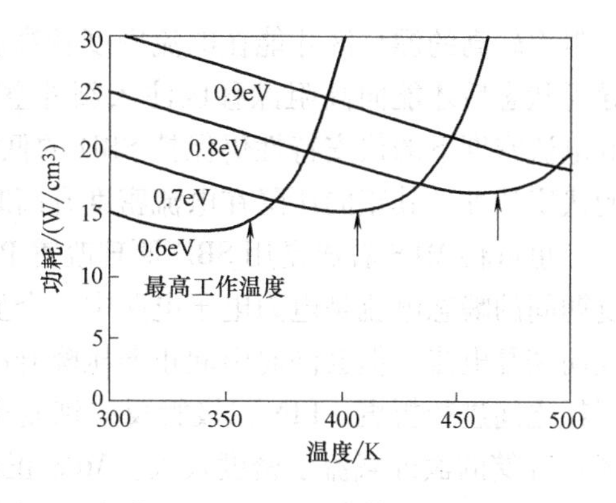

图 3-23　硅 SBD 功耗随温度和势垒高度的变化

以上分析说明，SBD 从原理上有相对于 PN 结二极管的特性优势，也有明显的不足。因此，有必要对 SBD 的结构作必要的改造。于是就产生了结合 PN 结的两种复合结构肖特基势垒器件 JBS 和 MPS 以及结合了 MOS 结构的复合器件 TMBS。

3.3.2　PN 结-肖特基势垒复合二极管

1. JBS（Junction Barrier SBD）

JBS 是一种利用反偏 PN 结的空间电荷区为 SBD 承受较高反向偏压，从而可使其适当降低肖特基势垒以保持较低正向压降的复合结构型器件，其结构剖面如图 3-24 所示。该复合结构的设计保证了相邻 PN 结的空间电荷区在反偏压下能够很快接通，从而在阴极和阳极之间形成比肖特基势垒更高更宽的 PN 结势垒。这样，当 SBD 正向偏置时，PN 结也进入正偏状态，但 SBD 的阈值电压比 PN 结低，正向电流将通过肖特基势垒接触走 PN 结之间的 SBD 通道，因而正向压降较低，尤其是在有意识地削减了肖特基势垒高度之后。当 SBD 反向偏置时，PN 结也进入反偏状态，其空间电荷区的横向扩展迅速将阴、阳极间的电流通道夹断。如果反向电压继续升高，所加电压都将降落在空间电荷区上，并使其在 N^- 漂移区中向 N^+ 衬底扩展。因此，PN 结空间电荷区屏蔽了外加反向电压对肖特基势垒的影响，即使是为了降低正向压降而有意识地削减肖特基势垒，其反向漏电流也不会明显升高，而会像 PN 结二极管那样在雪崩击穿之前基本保持不变。

JBS 设计着重于协调 SBD 正向压降与反向漏电流之间的矛盾，其正向电流不经过 PN 结，因而 PN 结的底部是电流的"死区"。这相当于在 SBD 的等效电路中增加了一个串联电阻。"死区"越宽，该串联电阻越大，正向压降低的优势越难发挥。因此，JBS 的工艺关键是尽可能缩小形成 PN 结的掺杂窗口。这通常要采用亚微米工艺将窗口宽度做到 0.5μm 以下，否则正向压降与反向漏电流的折衷效果不会太好。

JBS 的反向阻断电压较低，适用于低压整流。

2. MPS（Merged PN Junction SBD）

MPS 的结构类似于图 3-24 所示的 JBS 复合结构，但其设计目标和设计方法都与 JBS 不同。MPS 的创意在于引进 PN 结的电导调制作用降低 SBD 在高密度正向电流下的压降。这主要是针对耐压较高的 SBD，因为高耐压 SBD 的漂移区较宽，且电阻率较高，以至电流稍一增大其压降就会升高很多。另一方面，MPS 创意也只能针对高耐压 SBD，因为只有

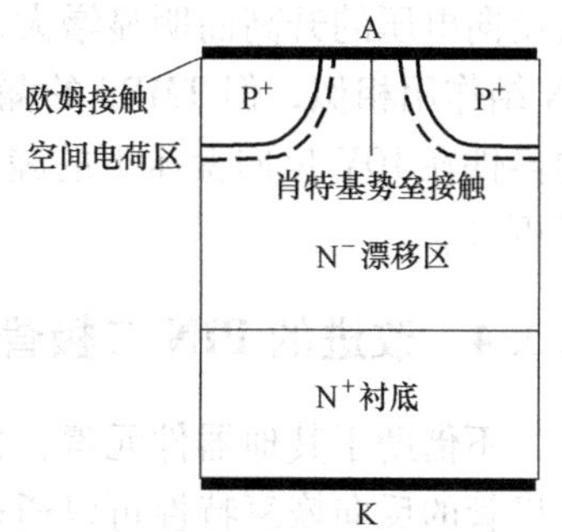

图 3-24　JBS 结构剖面图

电阻率较高的漂移区才能在电流密度较高时使 PN 结上的电压超过其阈值电压，PN 结进入导通状态后才能向高阻漂移区注入额外空穴，产生电导调制。因此，MPS 正向导通时，其低电流密度下的伏安特性仍保持 SBD 的低压降特征，而高电流密度下则具有类似于 PIN 结的伏安特性，其正向压降在电流密度升高时增量不大，如图 3-22 中的虚线所示。

也可将 MPS 看成是用 SBD 原理改善 PIN 二极管的开关特性。高压 PIN 整流管在反向恢复期间的瞬态电流是电力电子电路中一个显著的功率损耗源。缩短额外载流子寿命可以减小反向恢复电流，但会同时引起正向压降升高。因此，PIN 二极管一般需要在通态损耗和开关损耗之间进行折衷。PIN 二极管反向恢复电流较大的主要原因是正向导通时 I 区（N^- 漂移区）存储的额外载流子密度较大。MPS 正向电流密度较高时虽然也有明显的额外载流子注入，但这些载流子相对于 PIN 二极管中的注入载流子而言多一条 360°的横向扩展路径，这既提高了注入比，也提高了复合率，因而其存储载流子的密度不高，反向恢复电流较小。计算机模拟表明 MPS 正向导通时的存储电荷密度只是相同规格 PIN 二极管的 1/4 左右。由于 MPS 反向恢复电流的减小不是通过缩短额外载流子寿命来实现的，因而其正向压降不会升高。

采用 MPS 结构的硅肖特基势垒二极管的反向阻断电压可达 200V 以上。

3.3.3 MOS-肖特基势垒复合二极管

将 MOS 结构结合到 SBD 之中，利用 MOS 结构在适当偏压下的载流子耗尽作用（见图 3-15b)，也可像 JBS 那样在肖特基势垒区之下再形成一个空间电荷区，使低势垒 SBD 的反向漏电流大幅度极低。这种器件名叫 TMBS（Trench MOS-Barrier SBD)，其结构如图 3-25 所示。

TMBS 是一种在表面层中用干法腐蚀工艺制作有沟槽网格的 SBD，在其沟槽侧壁与底部表面都生长有氧化层。槽内淀积金属为栅（G)，并与形成肖特基势垒接触的阳极（A）短接。当 TMBS 反向偏置时，栅压为负，MOS 结构进入耗尽状态，产生空间电荷区。当两个相邻 MOS 结构的空间电荷区随着偏压的升高而扩展相连时，即像 JBS 一样形成比肖特基势垒更高更宽的势垒，帮助肖特基势垒阻挡从阳极发射向半导体的电子。由于这些电子的发射产生 TMBS 的反向漏电流，因而其漏电流很小，即使为了降低正向压降而有意识地降低了肖特基势垒，其漏电流也不会随着反向电压的升高而明显增大，直至雪崩击穿。在这点上，TMBS 中的 MOS 结构与 JBS 中的 PN 结作用相似，但 TMBS 的漏电流更小。在相同条件下，例如正向电流密度同为 $60A/cm^2$ 的器件在 10V 反向偏压下的漏电流，TMBS 要比 JBS 低约 3 个数量级，比普通 SBD 当然就低得更多。

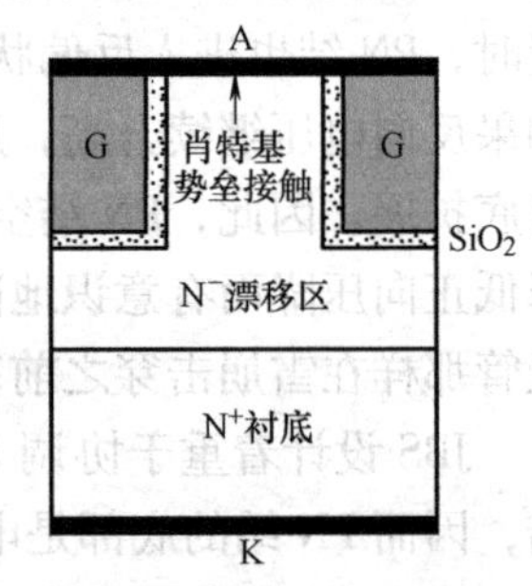

图 3-25 TMBS 结构示意图

3.3.4 改进的 PIN 二极管

不借助于其他器件元素，也不必缩短额外载流子寿命（这会影响其他特性），功率 PIN 二极管的反向恢复特性可以通过 PN 结自身的结构变化得到明显改善。这就是图 3-26 所示的 SSD（Static Screened Diode)。这种结构与常规 PIN 二极管的不同之处仅在于其 P 层不具有均匀的厚度和杂质浓度，而是在较低浓度的浅结 P 型薄层中镶嵌了均匀分布的高浓度深结 P^+ 微区。由于 PIN 结的额外空穴注入比跟 P 层的掺杂浓度有关，因而 SSD 相当于两种注入比不同的微型 PIN 二极管的镶嵌并联。这样，由注入比高的 P^+N 结注入漂移区的高浓度空穴也会像 MPS 中的注入空穴那样向四周迅速扩散，使额外载流子的存储效应减弱。计算机模拟表明，当 SSD 低浓度 P 区的表面杂质浓度降到 $1\times10^{15}/cm^2$ 时，其漂移区的存储电荷密度将减小 35%。虽然正向压降会因为低注入比区域电导调制效应的削弱而略有升高（从 1.2V 升高到 1.43V），但反向恢复特性因为存储电荷密度的下降而有很大改善，其正向压降和反向恢复电流之间的折衷效果可与 MPS 相比。

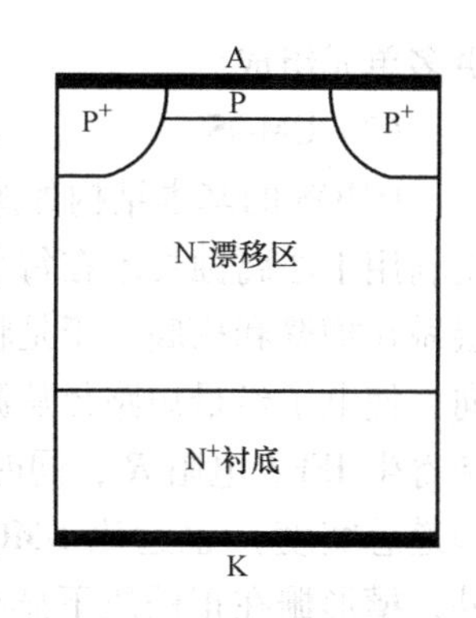

图 3-26　SSD 结构示意图

3.4　功率 MOS

功率 MOS 指电流路径垂直于芯片表面的 MOSFET，其源、漏电极分处芯片两面而栅、源共面，让漏极独占全部下表面（衬底背面），因而其导电沟道短、截面积大，具有较高的通流能力和耐压能力。同时，作为一种场控型单极型开关器件，它还具有工作频率高、驱动功率小、无热电二次击穿以及跨导线性度高等令双极型功率器件难以相比的优点，因而在电力电子技术中的地位上升很快，应用很广。特别是由于它的驱动功率低、制造工艺又与微电子工艺兼容，因而不但以分立器件的形式应用于各种电子装置，也作为主要功率开关应用于各种功率集成电路。

3.4.1　功率 MOS 的基本结构与工作原理

1. 基本结构

功率 MOS 主要有两种基本结构，一种是表面不开槽的，因采用扩散工艺而称为 DMOS（早期文献中也称 VDMOS）；另一种是表面开槽的，因槽的截面形状而简称为 UMOS（早期开槽器件因槽截面为 V 形而称为 VMOS 或 VVMOS）。

（1）DMOS

N 沟道 DMOS 的基本结构已在前节图 3-20 中示意地画出。与小信号电路中使用的平面 N 沟 MOS 不同，由于电子流要从衬底背面的漏极引出，制造 N 沟功率 MOS 不用 P 型硅片而用 N 型硅片，而且是重掺杂的低阻硅片，以使器件通态比电阻最低。DMOS 最主要的管芯制造工艺，是在 N^+ 衬底上的 N^- 外延层中用类似于双极型器件制造工艺中的双扩散技术形成一个 N^+PN^- 结构。这样，对于以 N^+ 扩散掺杂区为源、N^+ 衬底为漏的电极配置，只需在 N^+ 源区和 N^- 外延层之间的 P 型扩散区浅表层中，利用 MOS 开关原理令其反型成为电子通道，即可将源、漏极接通。于是，称 P 型扩散区为沟道体（也称 P 阱）。沟道长度由两次扩散的横向深度之差确定，可以精确控制到很短，譬如 1μm 左右，因而沟道电阻甚小。电子从源区经此水平沟道流入 N^- 外延层后，即在漏-源电压 U_{DS} 的驱使下竖直地向漏极漂移。由于 N^- 外延层杂质浓度低，U_{DS} 主要降落在这里，电子在这里漂移很快，因而称之为漂移区。

由于器件设计的对称性，图 3-20 所示只是 DMOS 单元的一半。实际器件由数万个甚至更多单元组成。

(2) UMOS

UMOS 的基本结构如图 3-27 所示，这也是一个对称器件单元的一半。这种结构的特点是利用干法腐蚀技术在每个单元的 N^+ 源区中心刻槽，槽底一直贯通到 N^- 漂移区。栅氧化层做在槽壁和槽底，于是将 N^+ 源区和 N^- 漂移区间的栅控导电沟道从水平方向变成竖直方向，使电子经最短路径从源区进入漂移区，消除了图 3-20 所示 DMOS 的表面累积层电阻 R_a 和寄生 JFET 电阻 R_j；同时，其沟道密度（单位面积有源区中的沟道总宽度）也远比 DMOS 高，因而通态比电阻显著降低。此外，槽形栅在正栅压下感生导电沟道的同时，还会在 N^- 漂移区靠近槽底处形成电子密度很高的累积层（见本章 3.2.2 节中多数载流子累积），使漂移区通态比电阻减小。还可进一步将沟槽向深处扩展至 N^+ 衬底，使电子累积层贯通整个漂移区，漂移区通态比电阻更小。这种结构的 UMOS 又称 EXTFET，是通态比电阻最低（可达 0.2mΩ · cm）的一种功率 MOS。但是，由于 U_{DS} 全部降落在栅氧化层上，其阻断电压较难超过 25V，仅适合于低压低功耗应用。

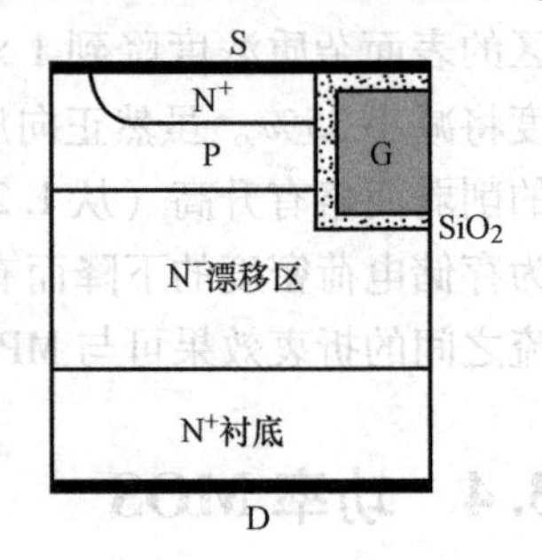

图 3-27 UMOS 结构示意图

最早商品化的功率 MOS 也具有类似于 UMOS 的沟槽结构，不过其沟槽的截面形状不是 U 形而是 V 形，称为 VVMOS。V 形槽采用湿法腐蚀工艺成型，其稳定性较差。而且，V 形槽的槽平面是硅晶体的（111）面，其界面态密度远高于 U 形槽的（100）面。受界面态的影响，V 形槽导电沟道中的电子远没有 U 形槽沟道中的电子迁移率高，加上 V 形槽尖沟部容易电场集中，因而 VVMOS 已被淘汰。

(3) CoolMOS

目前，解决功率 MOS 阻断电压与通态电阻矛盾的最有效办法，是将原本均匀掺杂的 N^- 漂移区（N 沟道器件）或 P^- 漂移区（P 沟道器件）做成 P 型和 N 型微区交替紧密接触而成的所谓“超结”（PN-SuPer-Junction）结构，如图 3-28 所示。这是我国陈星弼院士在 20 世纪 90 年代初提出的[7]，当初称为复合缓冲（CB）层结构。采用这种结构的 DMOS 和 UMOS 因为通态比电阻特别低而统称 CoolMOS。其实，CoolMOS 原本只是西门子公司这种产品的商标名称。“超结”结构之所以能够更好地兼顾阻断电压和通态电流，主要是因为复合缓冲层被外加电压耗尽时，其交替排列的 P 区和 N 区的空间电荷因极性相反而使电场大部分相互抵消，从而大大降低了 N^+ 衬底与 P 阱之间电压承受区中的电场强度，使其掺杂浓度可以适当提高，达到降低比电阻的目的。而且，“超结”还把大部分电场的方向从纵向改为横向，这不但避免了 PN 结的表面击穿，还改善了空间电荷区的电场均匀性，使漂移区可以缩短，从而进一步使通态比电阻降低。

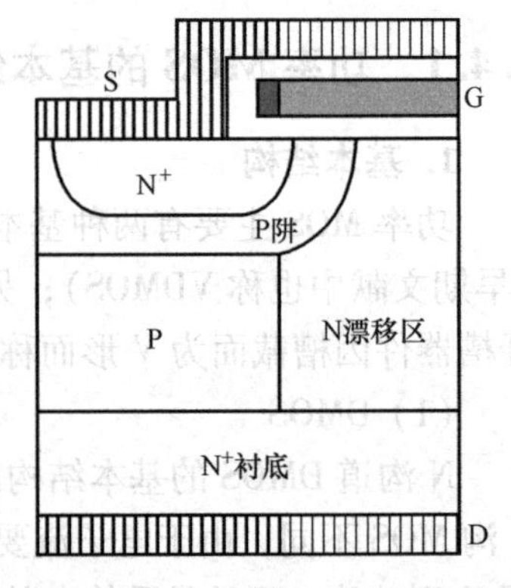

图 3-28 CoolMOS 结构示意图

通过对“超结”两边施、受主杂质浓度的优化，CoolMOS 的通态比电阻可以比常规 DMOS 降低 10 倍左右。因此，超结结构的发明，跟功率 MOS 和 IGBT 的发明一样在电力电子器件的发展史上具有里程碑式的重大意义。

2. 基本工作原理

由于不同结构功率 MOS 的基本工作原理大同小异，以下以基本结构 DMOS 为例进行讨论。由图 3-20 可见，虽然源、漏极间有两个 PN 结，但是由 N^+ 源区与 P 阱形成的第一个 PN 结（PN^+ 结）已被源电极永久短接，源、漏两电极间只在 P 阱与 N^- 漂移区间的第二个 PN 结（PN^- 结）被反向偏置、且导电沟道尚未形成之前才会处于关断状态。所以，源负漏正，是作为开关器件使用的 N 沟功率 MOS 的正常接法，此时的漏-源电压 $U_{DS}>0$。不过，正的 U_{DS} 对 PN^- 结却是一个反向偏置电压，在栅-源短接时必将引起结两侧空间电荷区的扩展。由于 P 阱的掺杂浓度远高于漂移区的掺杂浓度，空间电荷区主要在漂移区扩展，是 U_{DS} 的主要降落区。因此，漂移区的宽度及其掺杂浓度要符合阻断电压的需要，以保证器件在导电沟道形成之前一直处于关断状态。然而导电沟道一旦形成，漏极正电压即驱动电子绕开 PN^- 结，从源区经过沟道和漂移区向漏极运动，形成电流。电流的大小取决于 U_{DS} 以及沟道的开通程度，而后者是栅压 U_G 的函数，因而栅极不但控制功率 MOS 的开关状态，也控制确定 U_{DS} 下漏极电流 I_D 的大小。

在功率 MOS 的单元结构中由于源电极与 P 阱短接而形成的纵向 PN 结（图 3-20、图 3-27 和图 3-28 的左侧边沿部分），犹如一个集成在功率 MOS 之中的反并联二极管，它可以让与 I_D 大小相同方向相反的电流通过。因此，在感性负载的逆变电路中，该二极管可自然代替一般情况下必须在外电路中设置的续流二极管，对功率 MOS 起非常有效的过电压保护作用。同时，由于 N^+ 源区与 P 阱的掺杂浓度都比较高，对应的 PN^+ 结在源-漏极间出现负电压时很容易被击穿，该反并联二极管可保护其不被击穿。

要关断功率 MOS，只需将其栅-源短接。短接后栅压复零，则导电沟道消失，功率 MOS 迅速从通态恢复到断态，其间不会出现双极型器件因储存电荷的抽取和复合而出现的开关延迟。其关断时间仅由栅电容的放电时间决定，一般不到 100ns。

3.4.2　功率 MOS 的特征参数

功率 MOS 的通态电阻和极间电容，是两个在本质上取决于器件结构，又从根本上决定着器件特性的重要参数，分别在其定态特性和瞬态特性中起着关键作用。

可将充分导通的功率 MOS 看成是一个由若干等效电阻串联而成的纯电阻，其主要构成如图 3-20 中所标注的各等效电阻分量所示。对于高压功率 MOS，为了优先满足电压设计的需要，其漂移区较厚、杂质浓度较低。当导电沟道充分形成之后，其通态总电阻 R_{DS} 主要决定于漂移区电阻 R_D。利用漏-源间击穿电压 BU_{DS} 与漂移区杂质浓度和厚度的关系以及漂移区电阻与其杂质浓度和厚度的关系，可将高压硅功率 MOS 的通态电阻表示成击穿电压的函数，即

$$R_{DS}=8.3\times10^{-7}\cdot BU_{DS}^{5/2}/A$$

式中，A 代表芯片面积，单位为 mm^2；BU_{DS} 的单位为 V。利用该式可以很方便地根据器件的额定击穿电压估算其通态压降 $U_{DS}=I_DR_{DS}$ 或功耗 $P_d=I_D^2R_{DS}$。

上式只适合于漂移区电阻较大的高压功率 MOS。对于低压 MOS，其通态电阻主要由沟道电阻决定。

对功率 MOS 的极间电容，可分别按栅-源电容 C_{GS}、栅-漏电容 C_{GD} 和漏-源电容 C_{DS} 来进行分析，如图 3-29a 所示。用它们可以概括功率 MOS 的全部本征电容和寄生电容，并可组

合成器件特性分析的各种等效电容，例如漏源短路输入电容 C_{iss} 和共源输出电容 C_{oss}，即

$$C_{iss} = C_{GS} + C_{GD}(C_{DS}\text{短接})$$

$$C_{oss} = C_{DS} + C_{GD}(C_{GS}\text{短接})$$

其中，C_{GD} 又叫反向转移电容，在厂商提供的参数表中常用 C_{rss} 表示。

这些特征电容的大小与测试频率及器件偏置状态有关。器件商通常只提供它们在确定频率和确定漏-源电压下的典型测试值，因而对认定或比较备选器件的开关速度或输入、输出电容的实际用途不大。能够真正反映器件性能的是描述这些特征电容随偏压变化的 *C-U* 曲线。图 3-29b 是这种曲线的一个典型例子。虽然所有型号功率 MOS 都同这个例子一样只在低偏压范围内具有对电压敏感的电容，但是不同型号器件的压敏范围、敏感程度以及在相同偏压下的电容大小等参数都有很大差别，而这些参数恰好对器件特性起着决定性的作用。因此实际应用中常常要测量备选器件的 *C-U* 曲线。测试频率一般为 1MHz。测 C_{iss} 时须将 C_{DS} 短接，测 C_{oss} 时须将 C_{GS} 短接。为了避免高频短路，短接电极要接到一个大容量的高频电容器上。

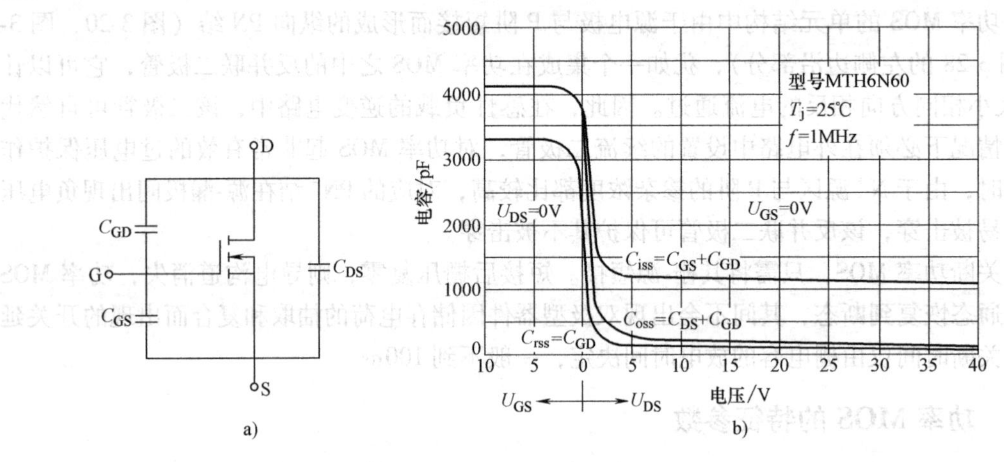

图 3-29　功率 MOS 的极间电容及其与栅源电压 U_{GS} 和漏源电压 U_{DS} 的关系

由于是竖直传导电流，功率 MOS 的漏、源电极之间应有两个 PN 结。参照图 3-20 所示的器件结构可见，如果没让源电极同 P 阱短接（从原理上说它们本不该接触，见图 3-4），功率 MOS 的漏、源之间就是两个 PN 结。但是，两个 PN 结的存在必然使功率 MOS 的极间电容，特别是 C_{DS} 和 C_{GS} 的容量过大。因此，器件设计故意在源扩散区中设置了类似于晶闸管的短路点结构（对 DMOS 而言，见图 3-20），或将源电极同 P 阱表面搭一点边（对 UMOS 而言，见图 3-27），借此短掉一个 PN 结，使相关电容大幅度减小。

功率 MOS 仍可有 P 沟和 N 沟两种类型。不过，由于通态电阻与载流子的迁移率成反比，在器件所有结构尺寸完全相同的情况下，空穴导电的 P 沟器件要比电子导电的 N 沟器件在通态电阻上几乎高三倍（对硅器件而言）。换言之，对于相同的通态电阻和击穿电压，P 沟器件要比 N 沟器件使用的芯片面积大得多，因而极间电容也就大得多。所以，无论从通态电阻、极间电容、还是产品成本考虑，绝大多数应用场合都选择 N 沟功率 MOS。

3.4.3　功率 MOS 的基本特性

与双极型器件相比，功率 MOS 的优势特性主要是基本不存在由热电正反馈引起的二次

击穿（热奔），输入阻抗高，跨导的线性度高以及工作频率高等。

1. 极限参数与安全工作区

功率MOS的极限参数主要包括最大允许漏极电流 I_D（直流状态）和 I_{DM}（脉冲状态，通常是 I_D 的2~4倍）、最大允许漏-源电压 U_{DSS}、最大允许栅-源电压 U_{GSS} 和最大允许功耗 P_D。

根据半导体器件功耗与热阻的定义，功率MOS的最大允许漏极连续电流 I_D 可用通态电阻 R_{DS}、结-壳热阻 R_θ 和最高允许结温 T_{jm} 表示为

$$I_D = \sqrt{\frac{T_{jm} - T_a}{R_{DS} R_\theta}}$$

式中，T_a 表示环境温度（25℃）；T_{jm} 通常定为150℃，但对某些低压大电流硅功率MOS定为175℃。对于高压功率MOS，其 R_{DS} 和 R_θ 都主要决定于漂移区的宽度及其所用材料的性质，所以 I_D 在很大程度上取决于芯片外延层的性质与厚度。I_D 确定之后，最大允许功耗 $P_D = I_D^2 R_{DS}$ 也就确定。

由于扩散区的杂质浓度高于外延层的杂质浓度，且源区与P阱又有短路连接，因而功率MOS的最大允许漏-源电压 U_{DSS} 主要受P阱与 N^- 外延层之间的 PN^- 结雪崩击穿电压 BU_{DS} 的限制。该结在承受反向偏压时的空间电荷区主要在外延层内展开，因而外延层的性质和厚度也是决定 U_{DSS} 的关键因素。

功率MOS的栅-源电压 U_{GS} 控制着导电沟道传导电流能力的大小。在相同的漏-源电压下，U_{GS} 越高，可能得到的漏极电流就越大。但是 U_{GS} 的最大允许值 U_{GSS} 受到 SiO_2 层介电击穿的限制。各种MOSFET的 U_{GSS} 通常在20~40V之间。

极限参数的温度特性对功率器件具有特别重要的意义。在室温与最高允许结温 T_{jm} 之间，功率MOS的 R_{DS} 和 U_{DSS} 都会随着温度的升高而增大，在这点上与双极型器件截然不同。之所以如此，与功率MOS仅靠多数载流子导电有关。如前所述，在此温度区间，硅功率MOS的温度升高对其多数载流子密度的增大远不如对其迁移率的减小作用明显，因而漂移区电阻会随着温度的升高而升高。电阻升高会使电流减小，从而使由焦耳热引起的结温升再降下来。可见功率MOS电流与结温之间为负反馈关系。如果器件某处因某种原因引起的电流集中而过热，这种负反馈关系即可使那里的电流密度自动降下来，从而保证了功率MOS电流沿沟道乃至整个芯片的均匀性。功率MOS比各种双极型器件更适合于并联使用，正得益于这个负反馈特性。

热电负反馈有效地抑制了二次击穿（热奔），使功率MOS的安全工作区（SOA）更大。图3-30所示为功率MOS的SOA基本特征。首先，直流SOA由最大允许漏极连续电流 I_D、最大允许漏-源电压 U_{DSS} 和最大允许功耗三条极限边界确定，比双极型器件少一条二次击穿限，因而比具有相同极限参数的双极型晶体管扩大了图中阴影所示的一片区域。由于任何器件处在脉冲工作状态时的平均功耗都会减小，因而脉冲状态下功率MOS的电流限和功耗限会随着脉宽及占空比的减小而向外推移，并最终（大多在脉冲持续时间 t_{on} =

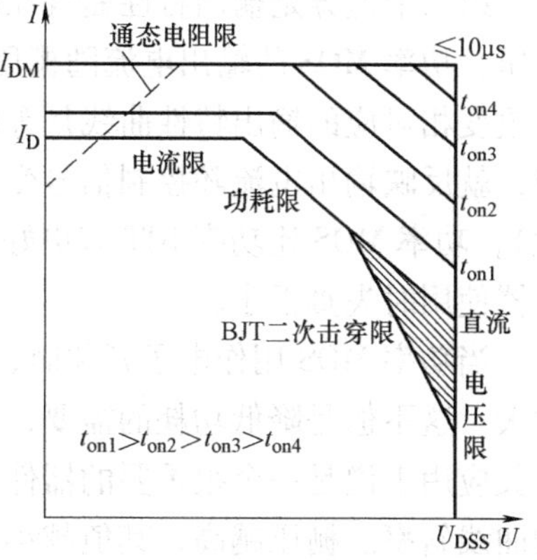

图3-30 功率MOS正向SOA示意图

10μs 及其以下时）将相应的 SOA 扩展成由其最大允许峰值电流 I_{DM} 和 U_{DSS} 界定的矩形。大多数功率 MOS 的 SOA 还在其左上角有一条通态电阻限，对工作于低漏-源电压下的漏极电流有所限制，如图中虚线所示。

以上分析忽略了 N^+ 源区与其正下方的 P 阱和 N^- 漂移区构成的寄生 BJT 的影响。现代功率 MOS 从结构设计上采取了充分而有效的措施，可避免寄生 BJT 在功率 MOS 工作于高压大电流状态时诱发二次击穿。因此，忽略寄生 BJT 不产生实质性误差。

2. 静态特性

（1）输出特性

图 3-31 所示为一个典型功率 MOS 和一个典型 BJT 的输出特性曲线。这两组曲线的基本特征相近，但也不难看出有一些明显的差别。就相似之处而言，这两组曲线都具有明显的转折特征，即器件在输出电压的低值区和高值区具有相差十分悬殊的等效电阻，而实现这一悬殊变化的电压过渡区很窄。通常将输出电流随电压线性改变的低电压区叫作阻性导电区。这时，确定栅压（对 BJT 为确定基极电流）下的等效电阻为常值。当等效电阻随着输出电流的增大而突然变得很大之后，输出电流趋于饱和。这时，功率 MOS 和功率 BJT 的特性曲线有所不同，功率 MOS 在确定栅压下的输出电流基本上为一常量，而功率 BJT 在确定基极电流下的输出电流还会随着电压的上升而增大，并未完全饱和，特别是在基极电流较大的时候。

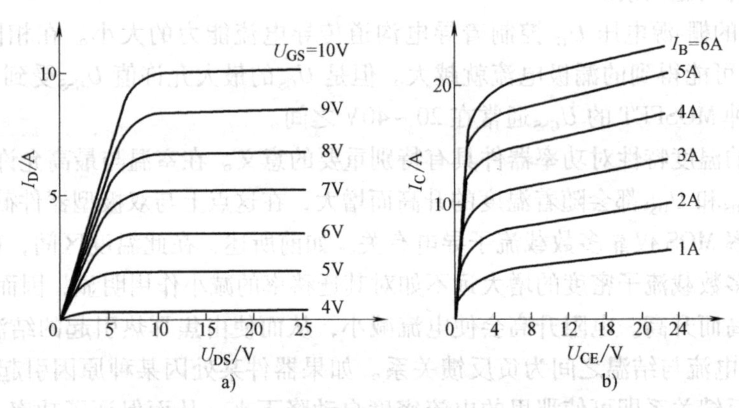

图 3-31　功率 MOS 与功率 BJT 输出特性的比较

第二个差异是输出特性曲线在饱和区的间隔均匀性不同。对于饱和区中的某个确定输出电压，功率 MOS 的输出电流随栅压 U_{GS} 的变化在 $U_{GS} \geqslant 4V$ 时几乎是等比例的，即与 U_{GS} 等步长改变相对应的输出特性曲线是等间隔的；而功率 BJT 的输出特性曲线却不是这样。这就是说，就反映输出电流随控制信号变化关系的转移特性而言（BJT 的增益特性也可称为转移特性），功率 MOS 比功率 BJT 有更好的线性度，更接近于理想状态。因此，功率 MOS 作为放大器使用时失真很小。

当功率 MOS 用作电子开关时，它必须工作在阻性导电区而非饱和区，否则其通态压降太大。这不但是降低功耗的需要，也便于通过负载确定电流的大小。因此，通态电阻 R_{DS} 对开关应用来说是一个很重要的器件参数，其值可以直接从输出特性曲线求出，即阻性导电区的曲线斜率。栅压越高，其值越小。

（2）转移特性与跨导

转移特性指器件 I_D 与 U_{GS} 的关系。跟其他场效应器件一样，功率 MOS 也有一个最低 U_{GS}，对应于 P 阱前沿强反型形成导电沟道时的最低栅压，因而称为开启电压，通常用 U_T 表示。$U_{GS} < U_T$ 时，I_D 很小。N 沟硅功率 MOS 的 U_T 通常在 2 ~ 3V 左右，但为温度的函数。温度每升高 1℃，其值约下降 5mV。在 $U_{GS} > U_T$ 之后，I_D 首先随着 U_{GS} 的升高而线性增长，然后逐渐趋于饱和。作为转移特性的一阶导数，跨导 g_m 的大小反映了 U_{GS} 对 I_D 的控制能力。功率 MOS 跨导随温度的变化较小，其温度系数大约只有 -0.2%/℃。BJT 的类似参数是放大系数 β，其温度系数为 0.8%/℃。可见功率 MOS 比功率 BJT 的开关特性要稳定得多。

（3）阻断特性

功率 MOS 在栅-源电极短接的状态下，施加在漏-源之间的正向电压使其 P 阱与 N^- 漂移区间的 PN^- 结反向偏置，因而处于阻断状态。此前对阻断状态的分析仅着眼于 N^- 漂移区，这其实是不够全面的。寄生 N^+PN^- 晶体管的客观存在，也对功率 MOS 的正向阻断特性产生重要影响。由于 P 阱的主要功能是产生栅控导电沟道，其杂质浓度受开启电压的限制，不能太高，因而阻断状态下 P 阱层中也有空间电荷区的形成和扩展。另一方面，功率 MOS 为了获得良好的通态特性而千方百计降低通态电阻，缩短沟道长度（即 N^+ 源区与 P 阱的边界距离）是重要设计措施之一。因此，阻断状态下，PN^- 结空间电荷区在 P 阱一侧的扩展空间十分有限（只有 1μm 左右），很容易扩展到 N^+ 源区边界，使 PN^- 结与 N^+ 源区穿通，PN^+ 结（寄生 BJT 的发射结）处于正向偏置状态。这样，寄生 BJT 就会因为发射极向 P 基区发射电子而导通，PN^- 结因此失去阻断能力。由此可见，精确设计、并在制造工艺中严格控制 P 阱的尺寸和杂质浓度分布，对保持功率 MOS 的阻断能力也是十分关键的。

3. 开关特性

决定功率 MOS 开关速度的主要因素有两个：一个是栅电极的电位变化速率，一个是载流子在漂移区的渡越时间。当载流子的漂移路程不是很长时，第一个因素起主导作用，输入电容的充放电时间成为决定开关速度的关键参数。

功率 MOS 在开通过程和关断过程中的栅压变化各有三个阶段，每个阶段的栅压变化率 du/dt 各不相同。图 3-32 所示为一个功率 MOS 在幅值为 U_{gg} 的方波脉冲（见图 3-32a）驱动下的输入电压波形（见图 3-32b）和输出电压波形（见图 3-32c）。测试条件为漏极负载电阻 R_L 远小于栅极驱动阻抗 R_G（决定于外接栅极电阻和脉冲发生器内阻）。对于图示的理想方波驱动脉冲，虽然驱动电压一开始就上升到 U_{gg}，但栅-源电压受充电速率的限制只能逐渐上升。在它上升到开启电压 U_T 之前，器件不能导通，漏-源电压维持在断态值 U_{dd} 不变。这是开通过程的第一阶段。由于此时漏-源电压较高，输入电容 C_{iss} 的对应值较小，对于确定的充电电压 U_{gg} 和栅极驱动阻抗 R_G，充电电流较大，因而这个时期的栅压变化率 du/dt 较大。栅-源电压在此阶段随时间按指数规律上升，具体形式为

$$u_{GS}(t) = U_{gg}\left[1 - \exp\left(-\frac{t - t_0}{C_{iss}R_G}\right)\right]$$

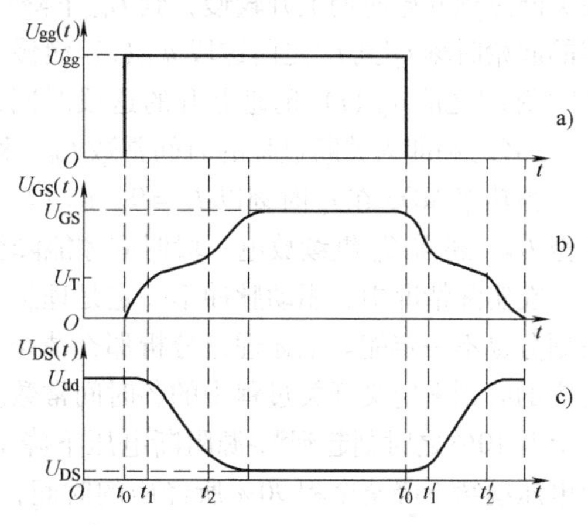

图 3-32　功率 MOS 在 $R_G >> R_L$ 时的开关波形

若栅-源电压在时刻 t_1 上升到开启电压 U_T，即若 $u_{GS}(t_1)=U_T$，则由上式可知开通过程第一阶段所经历的时间为

$$t_1-t_0=C_{iss}R_G\ln\left(1-\frac{U_T}{U_{gg}}\right)$$

式中，t_0 是驱动脉冲的起始时刻，习惯上令 $t_0=0$。这个结果表明，C_{iss} 或 R_G 越大，各阶段所经历的时间就越长。

器件导通之后，随着负载电流的增大，负载电阻 R_L 上的压降升高，输出电压（即漏源电压）$u_{DS}(t)$ 相应地随着时间的延长而下降。由于 C_{iss} 是漏－源电压的函数（见图 3-29），$u_{DS}(t)$ 的下降将引起 C_{iss} 的增大。同时，$u_{DS}(t)$ 随时间的迅速下降还将通过电容 C_{Gd}（即 C_{rss}）对栅极产生一个电流反馈，即产生方向由源至栅的位移电流。此电流通过 R_G 使栅压减弱。这样，在 $u_{DS}(t)$ 随时间下降的过程中，$u_{GS}(t)$ 随时间上升的速率明显变缓。这就是开通过程的第二阶段。原则上可以用类似于求（t_1-t_0）的上述方法求出这一阶段所经历的时间（t_2-t_1）。虽然 C_{iss} 在此期间是时间的复杂函数，但作为一种近似，可将 t_2 时刻的输入电容表示成不变 C_{iss} 与一个跟 C_{Gd} 有关的增量之和[8]，即

$$C_{in}=C_{iss}+g_mR_LC_{Gd}$$

在开通过程的第一阶段，功率 MOS 虽有驱动电压而无漏极电流，因而称相应的时间周期（t_1-t_0）为开通延迟时间，记为 $t_{d,on}$。开通过程的第二阶段以漏极电流的迅速上升为特点，其时间周期（t_2-t_1）被称作上升时间，记为 t_r。二者之和即是开通过程的时间常数 t_{on}，称为开通时间。

在开通过程即将结束的第三阶段，$u_{DS}(t)$ 已下降到接近其稳态值 U_{DS}，不会因为栅压的继续上升而再有明显下降，通过电流反馈而使栅压削弱的密勒效应渐趋消失。这样，C_{in} 恢复到与 C_{iss} 近似相等，$u_{GS}(t)$ 的上升速率与第一阶段相近。

当栅压达到其稳态值 U_{GS} 之后，功率 MOS 即充分导通，这时的漏-源电压也相应地降至稳态值 U_{DS}，R_L 上的压降最大。从导通过程开始至此，驱动电压脉冲的波形一直没有变化。若驱动电压突然下降至零，则器件开始进入关断阶段。这时，共源输入电容 C_{iss} 开始通过 R_G 放电，而外加漏极电源则通过 R_L 对输出电容 C_{oss} 充电，于是漏-源电压开始回升。由于 C_{oss} 也是漏-源电压的函数，其值在电压较低时甚大，但随着电压升高而迅速减小，因而 $u_{DS}(t)$ 在关断过程开始时期上升较慢，到 C_{oss} 下降到接近于零时才迅速上升。图 3-32 中，从关断过程的起始时刻 t_0' 到 t_1' 之前这段 $u_{DS}(t)$ 缓慢上升的时间即是关断延迟时间 $t_{d,off}$，而从时刻 t_1' 到时刻 t_2' 之前 $u_{DS}(t)$ 迅速上升的这段时间，因有 I_D 的迅速下降而被称为下降时间，记为 t_f。二者之和即为关断过程的时间常数 t_{off}，称为关断时间。

当功率 MOS 在 t_2 时刻以 $I_D=0$、$u_{DS}(t)=U_{dd}$ 为标志被关断时，栅－源电压 $u_{GS}(t)$ 只降至 U_T，还需 C_{iss} 继续放电一段时间才能降至零。

在实际情况中，驱动脉冲不一定是理想方波，器件上的栅压波形和漏－源电压波形的阶段划分也不一定能如上述理论分析那么清晰。因此，实际应用中规定按波幅 10% 和 90% 所对应的时刻来定义开关过程中的各时间常数。如图 3-33 所示，开通延迟时间 $t_{d,on}$ 定义为从栅压上升 10% 之时刻起到漏-源阻断电压下降 10% 时止的时间间隔，上升时间 t_r 则定义为漏-源电压继续下降至全程 90% 所经历的时间；而关断延迟时间 $t_{d,off}$ 则定义为从栅压下降 10% 之时刻起到漏-源阻断电压回升 10% 时止的时间间隔，下降时间 t_f 则定义为漏－源阻断电压

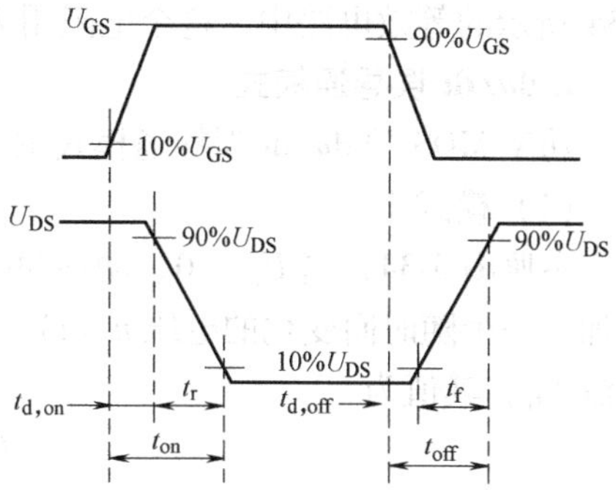

继续回升至全程 90% 时所经历的时间。功率 MOS 的这些开关时间常数一般为数十到一、二百纳秒，比双极型器件的同类时间常数短得多。

尽管实际应用中用这样一种规定方式定义开关过程的时间常数，但通过此前对功率 MOS 动态特性的分析，可以对开关过程的物理本质有所了解，知道开关时间常数主要受器件电容充放电过程的限制。于是，其工作频率 f 由 RC 时间常数决定，即

$$f = (2\pi C_{iss} R_G)^{-1}$$

图 3-33　功率 MOS 开关时间常数的定义

因为充放电速率可以通过充放电电流来调节，所以工作频率可随器件的输入、输出电流之比而变化，在二者相等时工作频率最高，其值可用跨导 g_m 表示为

$$f_m = \frac{g_m}{2\pi C_{iss}}$$

该式同时也反映了功率 MOS 工作频率与通流能力的矛盾。式中 f_m 与 C_{iss} 成反比，而大电流器件必须用大面积芯片，大面积芯片必带来大电容问题。该式所定义的极限频率在通常情况下也要避免使用，因其相应的驱动回路必然功耗过大。功率器件的开关效率定义为有效输入功率与总输入功率（即有效输入功率与开关损耗之和）之比，频率过高必导致效率下降。

电子渡越沟道与漂移区的时间一旦对功率 MOS 的工作频率起主要限制作用，其最高工作频率也就通过雪崩击穿电压与外延层厚度及电阻率的关系直接跟参数 BU_{DS} 联系起来，对硅功率 MOS 有

$$f_m = 6.11 \times 10^{11}\left(1 + \frac{L}{d}\right)^{-1} BU_{DS}^{-7/8}$$

式中，L 为导电沟道的长度；d 为外延层厚度。对功率 MOS，因常有 $L \ll d$，所以 $1 + L/d$ 实际上没有多大意义。上式也同时反映了功率 MOS 工作频率与耐压能力的矛盾。

3.4.4　功率 MOS 的可靠性问题

功率 MOS 的可靠性问题涉及面很广，从使用角度考虑，这里着重分析与 du/dt 效应有关的失效与损坏模式。功率 MOS 虽然可因电流与结温之间的负反馈效应而避免热电二次击穿，但使用不当仍有可能发生由过高 du/dt 诱发的二次击穿。

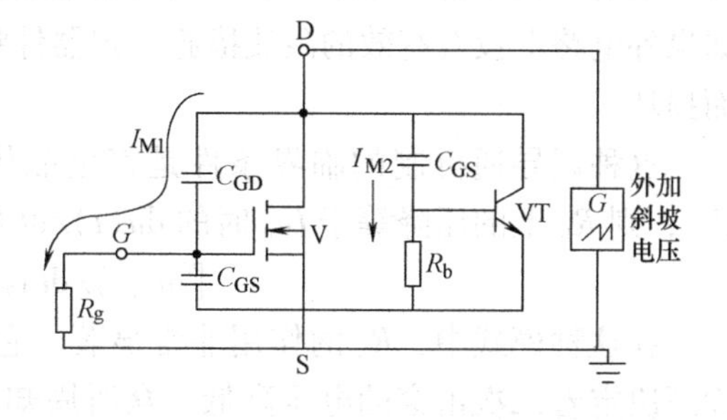

图 3-34　分析 du/dt 误导通的等效电路

为了分析功率 MOS 的 du/dt 误导通，需要首先建立它在漏-源之间加有随时间变化的电压（斜坡电压）时的等效电路。在这等效电路中应予考虑的，除了三个极间电容之外，还有前述的寄生 N^+PN^- 晶体管，其发射极和集电极分别是功率 MOS 主器件的源极和漏极，其基区就是主器件的 P 阱区。虽然 P 阱区已与源极短路，但短路点仍会有一定电阻。这个电阻即是寄生晶体管的基极-发射极分流电阻。在图

3-34 所示的等效电路中，这个电阻用 R_b 表示。

1. d*u*/d*t* 误导通模式

功率 MOS 的 du/dt 误导通模式主要有两种，下面分别予以讨论。

(1) 模式Ⅰ

参照图 3-34，当 $U_{GS}=0$、功率 MOS 处于关断状态并准备继续维持关断时，若在漏-栅之间加上一个随时间变化的电压 $u(t)$，该电压即会通过电容 C_{GD} 在栅-源回路中产生一个位移电流 I_{M1}，其值为

$$I_{M1}=C_{GD}du(t)/dt$$

若该电压变化很快，以至 I_{M1} 大到通过栅极电阻 R_g 产生的压降 U_{GS} 能够超过功率 MOS 的开启电压 U_T，则功率 MOS 即被误导通。在这种模式中的临界 du/dt 值为

$$[du(t)/dt]_{T1}=U_T/(R_gC_{GD})$$

该式表明，当电压变化较快时，为了保证器件运行的可靠性，需要设计阻抗很低的栅极驱动电路，并极力避免高温运行，因为 U_T 随温度升高而降低，使器件 du/dt 耐量下降。如此看来，让功率 MOS 在栅-源开路的状态下工作是不可靠的，而在栅-源短路的状态下工作则可使其 du/dt 耐量极大提高。不过，这种 du/dt 效应在一般情况下只引起误导通，而不会损坏器件。这是因为，一则栅压不大会超过 U_T 太多，二则器件误导通后，其漏-源间电阻会下降，du/dt 即会相应减小。由于栅压不会太高，误导通产生的漏极电流不会太大，因此电路中的其他元器件也不会受到损坏。

(2) 模式Ⅱ

另一种 du/dt 误导通机制与寄生晶体管有关。与第一种模式的起源类似，斜坡电压 $u(t)$ 通过电容 C_{DS} 产生位移电流 I_{M2}，其值为

$$I_{M2}=C_{DS}du(t)/dt$$

若此电流足够大，以致它在电阻 R_b 上产生的压降足以使寄生晶体管的发射结正向导通，寄生晶体管本身即被开通，主器件的漏-源电极间就会有电流通过。但是，发射结正向导通的后果往往不止于此。由于 $u(t)$ 使集电结反向偏置，当 $u(t)$ 上升到使集电结雪崩击穿时发射结又被 du/dt 误导通，则由发射区注入基区的电子会在集电结的空间电荷区中加入雪崩倍增过程。雪崩过程中产生的空穴倍增电流又经过 R_b 流入发射极，使基极电位进一步升高，发射结的注入量进一步增大，加入雪崩倍增过程的电子进一步增多，由此形成电流正反馈。如果外电路上没有有效的限流措施，则器件将会因这 du/dt 引起的电流正反馈二次击穿效应而损坏。

这种误导通机制的临界条件是寄生晶体管的发射结正向导通。若该结的导通电压为 U_{BE}，则 R_b 上的压降等于 U_{BE} 时的 $du(t)/dt$ 即是该误导通模式的临界值，即

$$[du(t)/dt]_{T2}=U_{BE}/(R_bU_{DS})$$

在这种模式中，R_b 的作用非常显著。它一方面决定着误导通的临界 du/dt 值，另一方面还决定着二次击穿的电压高低。众所周知，当一个晶体管像图 3-34 中的寄生晶体管那样通过 R_b 接成共发射极电路时，其集电极-发射极击穿电压为 BU_{CER}，其值介于发射极开路时的集电极-基极击穿电压 BU_{CBO} 与基极开路时的集电极-发射极击穿电压 BU_{CEO} 之间，究竟多高与 R_b 的大小有关。当 R_b 很小时，BU_{CER} 接近于 BU_{CBO}，当 R_b 很大时，BU_{CER} 接近于 BU_{CEO}。一般情况下，BU_{CEO} 只有 BU_{CBO} 的 60% 左右。R_b 较大时，寄生晶体管的击穿电压降低，又容

易被较低的 du/dt 误导通，因而很容易被二次击穿损坏。

2. du/dt 误导通预防措施

既然 R_b 越大，du/dt 误导通越容易发生，在功率 MOS 的使用中就要尽可能避免使 R_b 增大。参照功率 MOS 的结构简图（见图 3-20 或图 3-27、图 3-28）可知，R_b 是 P 阱底部的分布电阻，其值不仅取决于器件设计和工艺，也会在工作状态下发生变化。首先，正向阻断电压通过反偏 PN^- 结在 P 阱底部产生一定宽度的耗尽层，使 P 阱的有效深度减小，R_b 增大。U_{DS}越高，R_b 越大。其次，由于 P 阱的掺杂浓度较高，其载流子密度在允许的工作温区恒定不变，但载流子的迁移率会随着温度的上升而下降，即 P 阱的电阻率会随着温度的升高而下降，因而 R_b 在高温下变大。

保持功率 MOS 足够高的 du/dt 耐量，也是避免 du/dt 误导通的重要措施之一。但是，寄生晶体管的发射结通态电压 U_{BE}会随着温度的升高而下降，这就使功率 MOS 的临界 du/dt 降低，因而高温下功率 MOS 的 du/dt 耐量较低，容易误导通。

就功率 MOS 的这种误导通及二次击穿机制而言，P 沟器件在本质上会比 N 沟器件优越。由于 P 沟器件的沟道体区是 N 型，寄生晶体管为 P^+NP^- 型，因而在结构与掺杂浓度相同的情况下，R_b 要因为电子迁移率几乎是空穴迁移率的 3 倍而明显缩小。同时，由于导通时寄生晶体管发射结注入 N 基区的是空穴，相应的电流也要小 1～2 倍。这样，P 沟器件的误导通 du/dt 临界值就要比 N 沟器件高得多。此外，就二次击穿而言，由于空穴的电离率要比电子低一个数量级，引起二次击穿的电流反馈自然要弱得多。因此，在无法避免高 du/dt 的应用中，可以考虑使用 P 沟功率 MOS。

功率 MOS 电路中有两种基本的 du/dt 产生机制。一种是带感性负载的功率 MOS 突然关断时负载对器件的电压回授。由于绝大多数负载在开关速度很高时都有分布电感，因而功率 MOS 作为高频开关使用时经常会碰到这个问题。由于回授电压的上升速率往往很高，器件这时要同时经受很大的漏极电流、很高的漏-源电压以及很可能不低的位移电流（视电容大小）。因此，这种 du/dt 产生机制常常会损坏器件。一般情况下，功率 MOS 在这种电压回授机制限制下的 du/dt 耐量只有 10～50V/ns 左右（漏-源击穿电压额定值 BU_{DS}较高的器件相对较高）。因比，在高频开关电路中使用低压功率 MOS 时要特别注意电路设计的合理性，尽可能减小电路的分布电感。从这个角度看，模块和混合集成电路有很高的优越性。

另一种 du/dt 产生机制与功率 MOS 体内的寄生反并联二极管有关。该二极管的反向恢复过程有可能在主器件的漏-源电极之间产生斜坡电压。与上述感性负载的电压回授机制不同，这种机制不一定使器件失效，除非下列三种情况同时出现：

1）该二极管在开关循环中导通。这是一个必要条件，但非充分条件。作为一个同主器件反并联的双极型二极管，它首先要在导通过程中存储少数载流子，然后才会在关断时产生反向恢复电流。该电流对主器件来说是一个附加的随时间变化的漏-源正向电流。尽管这事实上不会引起与 du/dt 有关的器件失效问题，但是主器件的安全工作区在此二极管的反向恢复期间有可能明显缩小。

2）该二极管反向恢复很快。反向恢复期间存储电荷的迅速消除将提高电流密度和峰值电场，对主器件的影响很大。

3）该二极管的存储电荷要靠一个足够高的再加电压来消除，其幅值至少是主器件 BU_{DS} 额定值的 30%～50%。在二极管的反向恢复过程中，迅速上升的漏-源电压将存储电荷逐入沟道体区（寄生晶体管的基区）。如果由此产生的晶体管发射极电流足够大，则上述第二种 du/dt 误导通机制引起的二次击穿就会发生。

为了避免出现与寄生反并联二极管有关的 du/dt 效应，必须在电路中采取适当措施避免上述三种情况同时出现。同时，为了更有效地防止 du/dt 失效，还应在选择功率 MOS 时注意它们的换流特性，了解其换流安全工作区（CSOA）的大小[9]。CSOA 不同于 SOA，是针对反并联二极管换流时可能引起的 du/dt 问题提出来的，反映了漏-源再加电压对该二极管正向电流的限制，因而其面积大小与二极管反向恢复过程初期的电流变化率 di/dt 有关，di/dt 越大，CSOA 越小。器件设计时特别考虑了这个 du/dt 问题的功率 MOS 的 CSOA 较大，甚至是矩形。

3.5 绝缘栅双极晶体管（IGBT）

功率 MOS 克服了双极型器件开关速度低、开关损耗大的缺点，但缺乏少数载流子的电导调制作用，其通态电阻较大，通流能力较小。基于单、双极型器件各有短长的这个事实，应该把二者结合起来，取各方之长构成一种新的器件。这种新的器件设计与制造技术就是双极-MOS 复合器件技术，简称 BiMOS 技术。

利用 BiMOS 技术可以形成多种复合结构器件，其共同特点是利用 MOS 栅控制双极电流的输运。在各种复合型器件中，绝缘栅双极晶体管（IGBT）以其优良的通态特性、适用的开关频率和极大的安全工作区，成为当前电力电子技术领域最成功的商用功率开关器件。用 IGBT 代替 GTR 应用于 PWM 变频调速，可使载波频率提高一个数量级，达到 20 kHz 以上。目前，IGBT 不但在阻断电压 2000V 以下的中等功率应用领域全面取代了 GTR，阻断电压 3000V 以上、通态电流 1000A 以上的高压大电流 IGBT 也已实用化，正在逐渐取代 GTO 之类的大功率双极开关。

3.5.1 IGBT 的基本结构和工作原理

一种由 N 沟功率 MOS（DMOS）与 PNP 型双极型晶体管组合而成的 IGBT 的基本结构如图 3-35 所示。如果把这个结构剖面图与反映 DMOS 基本结构的图 3-20 对照一下，不难看出这两种器件的上半部分基本上完全相同，只是下半部分有明显差别，即 IGBT 比 DMOS 多了一个 P^+ 层，从而多了一个大面积的 PN 结。仔细观察 IGBT 的器件单元，不难发现这个 P^+ 层的加入，使 DMOS 中的反并联集成二极管变成了 PNP 型双极型晶体管，寄生 NPN 型晶体管变成了寄生晶闸管。DMOS 的 N^- 漂移区即寄生晶闸管的 N 基区（长基区），P 阱扩散区即寄生晶闸管的 P 基区（短基区）。这样，DMOS 的源极和栅极分别原封不动地变成了 IGBT 的发射极 E 和栅极 G，而 DMOS 的 N^+ 衬底换成 P^+ 衬底后，相应的电极即成为 IGBT 的集电极 C。

参照图 3-35 可知，当 IGBT 的集电极相对于发射极加负电压，即集射极电压 $U_{CE}<0$ 时，靠近集电极的 P^+N^- 结（j_1 结）将处于反偏状态，因而不管 DMOS 的沟道体区中有没有形成 N 型导电沟道，电流都不能在集-射极间通过。由此可见，IGBT 由于比 DMOS 多了一个 j_1 结而首先获得了反向电压阻断能力，反向阻断电压的高低决定于 j_1 结的雪崩击穿电压。当 IGBT 的栅极与发射极短接（栅压 $U_G=0$）时，若对集电极相对于发射极加正电压，则靠近发射极的 P^+N^- 结（j_2 结）就被此电压反偏置，IGBT 处于正向阻断状态，其阻断电压主要由

j_2 结的雪崩击穿电压决定。由于 j_1 结和 j_2 结被反偏置时的空间电荷区都主要在 N^- 漂移区展开，因而其正、反向最高阻断电压近似相等，称为集电极-发射极击穿电压，记为 BU_{CEO}，如图3-36 曲线①所示。

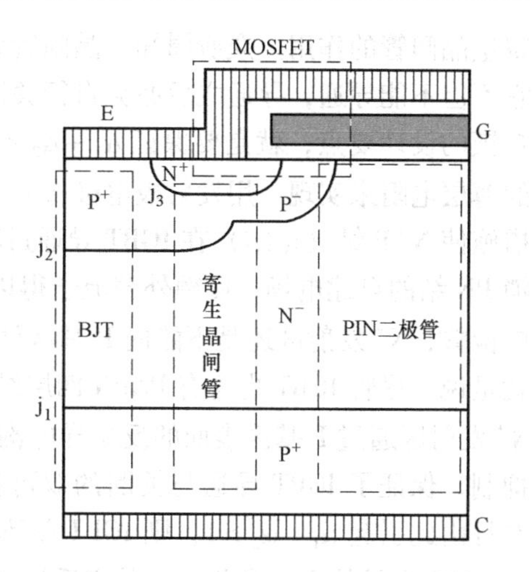

图3-35 N沟道IGBT结构示意图

当IGBT处于正向阻断状态时，若对栅极加足够高的正电压，将栅极下面的P基区（沟道体区）表面反型形成导电沟道，使 N^+ 发射区的电子可经此沟道进入N基区，形成PNP型晶体管的基极电流，则IGBT即进入正向导通状态。这时，由于 j_1 结处于正偏状态，P^+ 集电区将向N基区注入空穴，对其产生电导调制作用。注入空穴的密度随着正偏压的升高而指数上升，在N基区的大部分区域超过其热平衡多数流子密度。按照这种工作方式，只要栅压足够高，能使导电沟道开得足够大，则IGBT的通态伏-安特性就跟PIN二极管类似，如图3-36 曲线②所示。因此，即便是额定阻断电压很高（>2500V）的IGBT，其电流容量也能达到1000A以上的很高水平。但是，若栅压高得不充分，导电沟道虽可形成但电导率较低，则 U_{CE} 就会在沟道区有显著降落。由于正向 U_{CE} 使 j_2 结反偏，当此压降同栅压与开启电压之差（$U_{GE}-U_T$）可相比拟时，导电沟道就会被此压降在其 j_2 结一端产生的空间电荷区夹断，但PNP型晶体管仍处于导通状态，只是电子电流会趋于饱和。由于这限制了晶体管的基极电流，集电极电流（空穴电流）也会受到限制，IGBT此时的伏-安特性跟传统MOSFET一样呈现饱和特征[10]，如图3-36 曲线族③所示。处于饱和状态的IGBT的正向集电极电流 I_C 主要由 U_G 决定而与 U_{CE} 无关。栅压越高，饱和电流也越大。

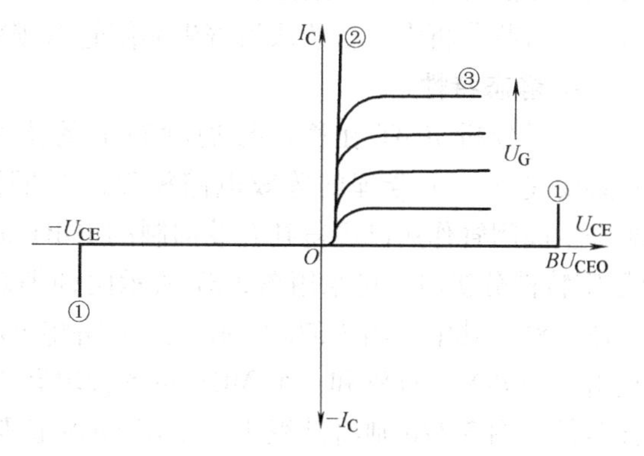

图3-36 IGBT在不同栅压状态下的伏安特性曲线

对于已经正向导通的IGBT，若想令其转入关断状态，只需令 $U_G=0$。这可以通过将栅极与发射极短路来实现。这时，P基区表面正对栅极处不再能维持反型状态，因而导电沟道消失，切断了 N^+ 发射区对N基区的电子供给，关断过程开始。由于IGBT导通时有P发射区向N基区注入额外载流子空穴，这些额外载流子在向 j_2 结方向扩散的同时在N基区靠近 j_1 结的一定范围内存储起来，像任何一种双极型器件的正向导通过程那样建立了一定的密度梯度，关断时需要一定的时间通过复合而消失，因而集电极电流随时间逐渐衰减，衰减过程的时间常数与N基区中空穴的寿命有关。

如前所述，在IGBT的发射极与集电极之间寄生着一个晶闸管。晶闸管的主要特点之一是具有自锁能力，即一旦导通则不易关断，除非阳极电流降至擎住电流之下。如果IGBT中的寄生晶闸管也具有这一特性，则 $U_G=0$ 就不一定能把它关断，通态电流的大小也不好用 U_G 来控制。早期IGBT（第一代）确实存在这个问题，但很快就通过一定的设计手段抑制了寄生晶闸管的作用。众所周知，晶闸管要导通必须满足 $\alpha_1+\alpha_2>1$ 的条件。如果 $\alpha_1+\alpha_2<1$，它不但不能导通，导通之后亦会自行关断，即不能自锁。因此，避免 IGBT 在导通之后也被自锁的设计要点，就是要保证 $\alpha_1+\alpha_2<1$。这可以通过缩小 N^+ 发射区的面积和降低 P 基区的薄层电阻来实现，用发射极电极将 N^+ 发射区与 P 基区部分短接也是为了这个目的。这些措施使 N^+P 结（j_3 结）在 IGBT 导通过程中的正向偏置电压总是低于 PN 结的偏移电压（抵消 PN 结的自建电场，使额外载流子得以注入的最低正向偏置电压）。这样，尽管 j_3 结被正向偏置，N^+ 发射区还是不能向 P 基区注入电子，NPN 型晶体管的电流放大系数 $\alpha_2=0$。这就是说，尽管 IGBT 也含有 PNPN 四层结构，但其 I_C 并未走晶闸管电流的常规路线，而是由 N^+ 发射区通过 P 基区表面的反型导电沟道直接向 N 基区输送电子。寄生晶闸管效应的有效抑制，保证了 IGBT 导通与关断的双可控性。如果 j_3 结在集射极电压 $U_{CE}>0$ 时也能导通，并且由此引起 $\alpha_1+\alpha_2>1$，则 IGBT 就不成其为 IGBT，而变成 MOS 栅晶闸管（MGT）。MGT 与 IGBT 在结构上非常相近，其实质性的差别就在这个 j_3 结上[11]。

3.5.2 IGBT 的工作特性

由于 IGBT 是用 MOS 栅控制双极电流，对其工作特性的分析方法与对其他电力电子器件的分析方法有所不同。这里着重从应用角度对其静态特性、动态特性和高温特性作一简单分析。在这些分析中，自然认为寄生晶闸管自锁效应已被有效抑制。

1. 静态特性

为了分析 IGBT 在稳定导通状态下的伏-安特性，有必要建立一个合理的等效电路模型。参照图 3-35，对寄生晶闸管作用已经得到有效抑制的 IGBT 进行静态伏-安特性分析时，可采用图 3-37 所示两种等效电路中的任一种。其中，图 3-37a 所示等效电路将 IGBT 看成是由一个 PIN 二极管和一个 MOS 晶体管串联而成的复合器件，图 3-37b 则将其视为一个用 MOS 管驱动的长基区 PNP 型晶体管。虽然后一种模型比前一种模型对 IGBT 的特性描述更完整，但从使用器件的角度考虑，前一种模型较为简单，且足以用来对多种情况下的 IGBT 静态特性进行定量分析。因此，这里只讨论图 3-37a 所示的 PIN/MOS 等效电路模型。

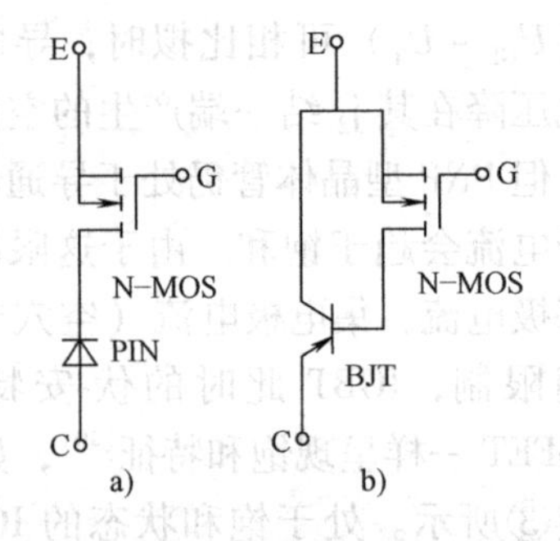

图 3-37 分析 IGBT 通态特性的等效电路
a) PIN/MOS 等效电路
b) BJT/MOS 等效电路

使用 PIN/MOS 等效电路分析 IGBT 的通态特性时，将器件单元分成两个略有重叠的部分，一部分是 N 沟 MOS，另一部分是 PIN 二极管，如图 3-35 所示。因为是串联，这两个器件的正向电流相等，且压降之和即为 IGBT 正向导通时的 U_{CE}。因此，利用这些条件，由 PIN 二极管和 MOSFET 的电流方程即可得到 IGBT 的电流方程。

按照 PN 结理论，一个 i 层厚度（在此模型中即 N 基区宽度）为 $2d$ 的 PIN 二极管的正向电流密度可以表示为[9]

$$J_F=\frac{2qD_a n_i}{d}F\ (d/L_a)\ \exp\left(\frac{qU_{F1}}{2kT}\right) \tag{3-13}$$

式中，D_a 和 L_a 分别是载流子的双极扩散系数和双极扩散长度（大注入条件下，电子和空穴的等效扩散系数和扩散长度）；n_i 是本征载流子密度；q 为电子电荷；U_{F1} 表示 PIN 二极管的正向压降，函数 $F(d/L_a)$ 的具体形式为

$$F(d/L_d) = \frac{(d/L_a)\tanh(d/L_a)}{\sqrt{1-0.25\tanh^4(d/L_a)}}\exp\left(-\frac{qU_m}{2kT}\right) \tag{3-14}$$

式中，U_m 表示 PIN 二极管 i 区的压降，其值为

$$U_m = 3\pi kT e^{d/L_a}/q \qquad d > L_a$$

$$U_m = 3kT\ (d/L_a)^2/q \qquad d \leqslant L_a$$

设 PIN 二极管单元的截面积为 A，则 IGBT 的集电极电流可用 PIN 二极管的正向电流密度表示为 $I_C = J_F A$。于是，PIN 二极管正向压降作为 I_C 的函数可表示为

$$U_{F1} = \frac{2kT}{q}\ln\left[\frac{I_C d}{2qAD_a n_i F\ (d/L_a)}\right] \tag{3-15}$$

另一方面，由 MOSFET 的输出特性方程[5]，可将 IGBT 通态压降的另一部分，即栅压足够高时 MOSFET 上的压降表示为

$$U_{F2} = \frac{I_C L}{\mu_{ns} C_{ox} Z\ (U_G - U_T)} \tag{3-16}$$

式中，U_{F2}和 I_C 即 MOSFET 的 U_{DS}和 I_D；L 和 Z 分别表示 MOSFET 沟道长度和宽度；μ_{ns}是沟道中电子的迁移率；C_{ox}表示栅氧化层的比电容；U_G 和 U_T 分别是 MOSFET 栅压和开启电压。

于是，IGBT 的通态电流-电压方程即可用以上两式之和表示。由此对不同栅压算出的 IGBT 通态伏安特性曲线如图 3-38 所示。由于式（3-16）只针对 MOSFET 在（$U_G - U_T$）$\gg$ U_{F2}（U_{DS}）时的线性工作区，因而图 3-38 中的曲线也只反映 IGBT 线性工作区的通态特性。这些曲线，特别是高栅压曲线明显的转折特征，是 IGBT 有别于功率 MOS 的特征之一，是 PIN 二极管起作用的结果。由于 j_1 结在其偏置电压低于二极管偏移电压时不能向 N 基区注入额外载流子，相应的集电极电流即便在高栅压下也会很小。这个情况说明了额外载流子注入对提高功率器件电流容量的重要性。需要指出的是，由于在计算中没有考虑 μ_{ns} 随 U_G 的改变，图中不同 U_G 曲线的间隔几乎相同。实际情况并非如此。实际器件在高栅压下的曲线间隔会缩小，即相同 U_{CE} 下 I_C 随 U_G 变化的幅度会减小。这是因为 μ_{ns}是表面电场的函数，其值因 U_G 升高而下降。在精确模拟 IGBT 工作特性时应考虑这个因素。

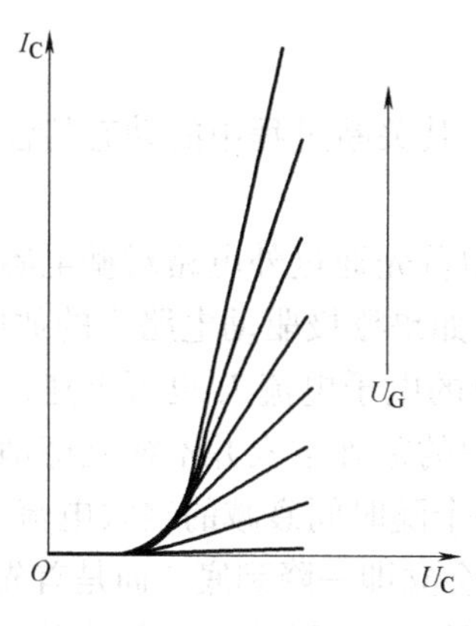

图 3-38　基于 PIN/MOS 模型的 IGBT 通态特性

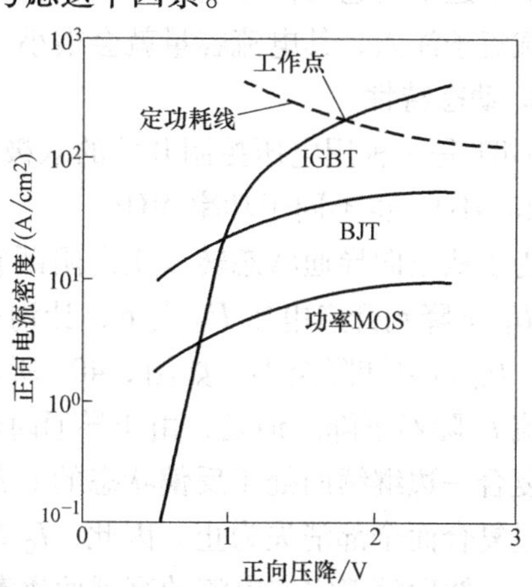

图 3-39　耐压 600V 的 IGBT 与相同规格 BJT 和功率 MOS 的通态特性比较

以上分析表明，在栅压足够高的情况下，IGBT 的通态伏-安特性由等效 PIN 二极管决定，其正向电流密度随着正偏压的升高而指数增长。图 3-39 列举了一个阻断电压为600V 的 IGBT 的通态特性实测曲线。作为比较，图中并表示了同为600V 的 BJT 和功率 MOS 的通态特性曲线，其中 BJT 的电流增益为 10。由图可见，当正向压降超过 1V 之后，IGBT 的通态电流密度就会超过功率 MOS 和 BJT。在典型的 2～3V 工作电压下，IGBT 的电流密度大约是功率 MOS 的 20 倍，是 BJT 的 5 倍。图中，定功耗线是按照最高结温 200℃绘制的，功耗线与器件通态伏-安特性曲线的交点即是器件的工作点。由此可见，与其他开关器件相比，IGBT 在提高电流密度和降低正向压降方面具有无可比拟的优势。这样，在电流容量相等的前提下，IGBT 的芯片面积可以比其他器件小。这对提高开关频率、降低开关损耗十分有利。

利用 PIN/MOS 等效电路模型同样可以推演出 IGBT 的电流饱和特性。即当 MOSFET 的沟道随着漏-源电压的升高而在端头被夹断时，MOSFET 的饱和漏-源电流即成为 IGBT 的集电极电流。于是，由 MOSFET 的饱和电流公式[5]得

$$I_C = I_{SD,sat} = \frac{\mu_{sn} C_{ox} Z}{2L} \ (U_G - U_T)^2$$

其值只与 U_G 有关而与 U_{F2}无关。该式所代表的曲线即图 3-36 中的曲线族③。

跨导大也是 IGBT 的优势特征之一。由于其结构中的 PNP 型双极型晶体管单元（见图 3-35 所示单元的左侧部分）具有电流放大作用，IGBT 的跨导应由下式表示为

$$g_{ms} = \frac{1}{1-\alpha_{PNP}} \frac{\mu_{sn} C_{ox} Z}{L} \ (U_G - U_T)$$

式中，α_{PNP}表示该 PNP 型晶体管的电流增益，其典型值约为 0.5。因此，在器件的单元尺寸和沟道长度都相同的情况下，IGBT 的跨导要比功率 MOS 大一倍左右。

虽然 IGBT 的通态特性与 PIN 二极管相似，但其电导调制效应还是不够大，相同电流下的通态压降要比 PIN 二极管高。这是因为 IGBT 正向导通时比 PIN 二极管多了一个处于反偏状态的 PN 结（j_2 结），这必然影响 N^- 基区中的载流子分布，使靠近 j_2 结的区域载流子密度很低，而 PIN 二极管的整个 i 区（N^- 区）载流子密度都很高，电导调制在其两端都很强。另外，硅 IGBT 不适合于在要求器件压降低于 0.7V 的场合中使用，因为 j_1 结上的正向偏置电压如果达不到它的偏移电压要求，它就不能进入电流随电压指数变化的导通状态，就没有额外载流子注入，其电流容量就会很小。

2. 动态特性

IGBT 是一种用电压控制开关的双极型自关断器件，其关断过程中的动态特性既不同于 GTR 和 GTO，也不同于功率 MOS。

为了从正向导通状态转入正向阻断状态，IGBT 必须首先通过外电路对栅电容放电，使栅压 U_G 下降到开启电压 U_T 之下，让沟道反型层消失。如果栅极驱动电路中的放电电阻 R_G 很小，U_G 可以陡降至零，如图 3-40a 所示，则流经沟道的电子电流 I_e 也可迅速消失，集电极电流 I_C 陡然下降。但是，由于导通时储存在 N 基区中的额外空穴并不能立即消失，仍会一边复合一边继续向处于反偏状态的 j_2 结扩散，形成一个随时间衰减的空穴电流 $i_h(t)$，直至通过复合而全部消失为止。因此，I_C 在关断过程中不会立即一降到底，而是首先陡然失去 I_e 部分，然后随着空穴电流的衰减而逐渐下降至零，如图 3-40b 所示。I_C 在时刻 t_0 陡然下降的幅度 ΔI_C 也就是导通时流经沟道的电子电流 I_e，其值决定于 PNP 型晶体管的电流增益 α_1

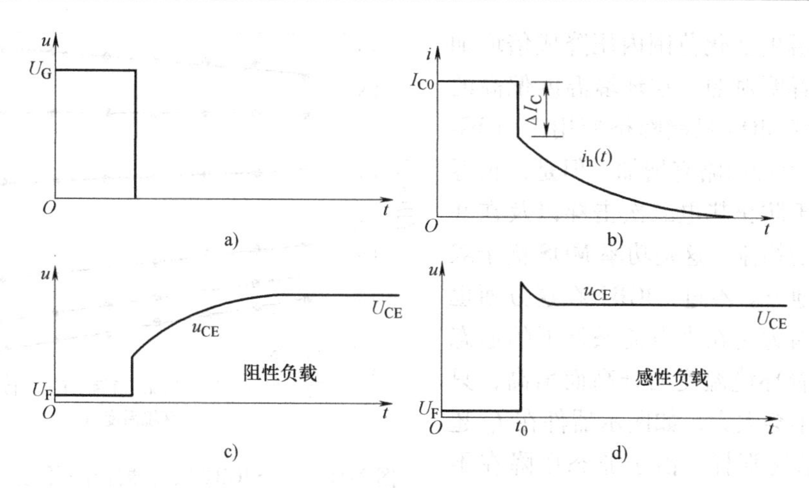

图3-40　IGBT关断过程中 i_C 和 u_{CE} 波形

和导通时的稳定集电极电流 I_{C0}，即

$$\Delta I_C = I_e = (1-\alpha_1)\ I_{C0}$$

而空穴电流的初始值 I_{h0} 由此可知即为

$$I_{h0} = I_{C0} - \Delta I_C = \alpha_1 I_{C0}$$

关断过程中 u_{CE} 的变化情况取决于负载的性质。若是阻性负载，则 u_{CE} 曲线的形状就是 i_C 曲线的反演，如图3-40c所示；若是感性负载，则 u_{CE} 的陡然上升通常会过冲，在超过外加电压 U_{CE} 后再降回到 U_{CE} 来，如图3-40d所示。在这种情况下，IGBT所承受的 du/dt 冲击颇高，只是由于关断过程中电流分布比较均匀，所以无需设计缓冲器也能正常工作。

由于关断过程中栅压 U_G 的下降速率决定于放电电阻 R_G 的大小，所以改变 R_G 即可改变关断初期 i_C 的下降速率。R_G 越大，i_C 的初期衰减也就越慢。由于储存于N基区的部分额外空穴会在缓变的 i_C 初期衰减过程中因复合而消失，因而 i_h 衰减时的初始值 I_{h0} 也会随着 R_G 的增大而下降。这就是说，电路设计人员可利用 R_G 来调整关断过程中的 di/dt。高速IGBT器件的 ΔI_C 较大，利用 R_G 控制一下 di/dt 很有必要。

IGBT的关断时间 t_{off} 定义为 I_C 从 I_{C0} 下降至 $0.1I_{C0}$ 时经历的时间（由于关断初期 I_C 下降很快，按常规用 $0.9I_{C0}$ 定义 t_{off} 的起点没有意义）。I_C 的下降过程主要是N基区中额外载流子的复合过程，因而 t_{off} 的长短首先取决于N基区中额外载流子的寿命。利用电子辐照工艺缩短额外载流子寿命，可将IGBT的关断时间从数十微秒缩短到近100ns，工作频率提高到100kHz。不过，这是器件设计制造者关心的问题。对于IGBT的使用者，需要知道的是 t_{off} 也是 U_{CE} 和 I_C 的函数。若 U_{CE} 较高，t_{off} 就会相应地较长。这是 U_{CE} 越高，j_2 结在N基区的空间电荷层越宽的自然结果。增大 I_C 反而使 t_{off} 缩短的事实似乎不大好理解。一种说得过去的解释是：由于PNP型晶体管的电流增益 α_1 随着 I_C 的增大而减小，因而 I_C 较大时 ΔI_C 必然更大，I_{h0} 相对减小，从而缩短了集电极电流衰减至 $0.1I_{C0}$ 所需要的时间。

3. 高温特性

IGBT具有卓越的高温通态特性，在散热器温度接近200℃的情况下也能正常工作，适合于环境温度较高的工作条件。但其通态电阻随温度变化的规律跟电流大小有关。图3-41所示为一个IGBT试验器件在保持集电极电流 I_C 固定不变的条件下，通态压降随环境温度变化的测试曲线。该试验器件在 I_C 不超过5A时，通态压降随着温度的升高而下降，这与功率

MOS 在相同温度变化范围内压降成倍增加的情况形成鲜明对照。在环境温度偏高的应用中，功率 MOS 只能降格使用，而 IGBT 的载流能力反而略有增加。但是，正温度系数有利于防止热电二次击穿以及在并联使用时自动均流，这是功率 MOS 优于双极型器件的地方。不过，IGBT 在这方面也并不逊色，因为它在大电流条件下的通态压降也会随着环境温度的升高而增高，只是变化幅度不会太大，如图示器件在 I_C 超过 9A 时的情况那样。由于通态压降在不同的 I_C 范围内随温度变化的趋势不同，IGBT 可以在某个特定的通态电流下工作而保持压降不随温度变化，如图 3-41 中 $I_C=7A$ 的曲线所示。

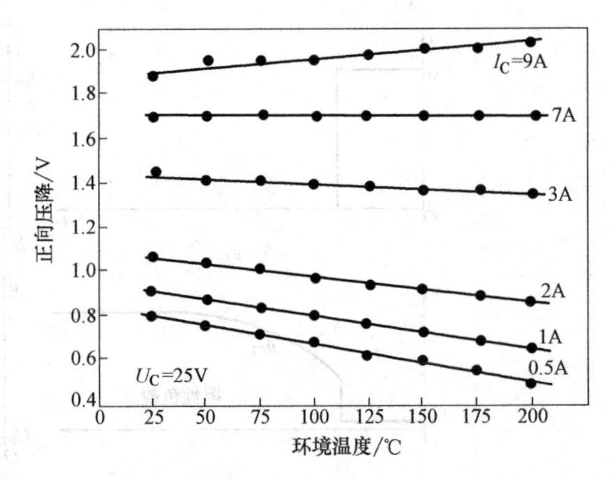

图 3-41 一个 IGBT 试验器件在不同集电极电流下的通态压降随环境温度的变化情况

IGBT 的这种高温行为跟其复合结构有关。按前述 PIN/MOS 等效电路模型，其通态压降可分为二极管压降和 MOS 管的沟道电阻压降两部分。PIN 二极管因为高温下电导调制效应增强，其通态压降随温度升高而降低；而 MOS 管的沟道电阻总是随着温度升高而升高，其上的压降具有正温度系数。二者相互补偿。电流较小时，沟道压降的比重较小，二极管压降的温度特性起主要作用；电流较大时，沟道压降的比重较大，二极管压降的减小补偿了一部分，还保持一定大小的正温度系数；而适当大小的电流则有可能形成接近完全的补偿，使通态压降几乎不随温度变化。

实用器件的正向压降在多大的 I_C 下会改变温度系数的符号，取决于器件负载电流的设计能力。这通常在其伏-安特性从指数函数形式向线性函数形式转变的过渡范围内，因而大体上与其正向电流的直流额定值相等。

虽然环境温度的升高能够在一定范围内改善 IGBT 的通态特性，但对动态特性却会带来不良影响。因为硅中额外载流子寿命随着温度的升高而延长，而延长寿命一方面增加了复合过程经历的时间，另一方面也增大了 PNP 型晶体管的电流增益，使 ΔI_C 减小，I_{h0} 升高。这两个因素都会使 t_{off} 延长。

温度升高对 IGBT 的另一消极影响是有可能造成栅控失灵。IGBT 之所以能够通过栅压的变化改变 I_C 的大小或转入关断状态，关键之处在于有效地避免了寄生晶闸管的自锁。不过，这是指正常工作状态而言。当通过 IGBT 的电流过大时，寄生晶闸管的自锁仍有可能发生。这时，IGBT 就会失去栅压对它的控制。使 IGBT 自锁的集电极电流也可称之为擎住电流，其值在室温下一般是平均工作电流的 6 倍以上，但在温度升高时会严重下降。因此 IGBT 在高温下容易因为自锁而失控。擎住电流在高温下变小的主要原因是寄生晶闸管的 NPN 和 PNP 两个晶体管的电流增益都在高温下增大。P 基区电阻随着温度的升高而增大也对自锁条件的形成起到一定作用。不过，器件制造商对这个问题早有警觉，在设计和制造中采取了一系列有效措施来提高器件的擎住电流，特别是高温条件的擎住电流。当前的市售 IGBT 一般在 125℃以下不会出现自锁，200℃时的擎住电流也高达其平均电流的 10 倍左右。

3.5.3　安全工作区

作为一种复合型器件，IGBT 的优化设计有两种不同的做法。一种把 IGBT 当作电导调制型功率 MOS，其优化设计的重点是其中的 MOSFET 部分；另一种把 IGBT 当做 MOS 驱动的 BJT，其优化设计的重点是其中的 BJT 部分。因而不同商家、不同型号 IGBT 的 SOA 会有较大差别。设计上偏重于 MOSFET 的，其 SOA 的特征当更接近于功率 MOS，其工作参数选择的安全性主要受极限参数的限制；而设计上更注重于 BJT 的电流增益和电导调制的，则其 SOA 也必然会受到一些自锁效应和热电二次击穿的限制。

就一般情况而言，IGBT 跟 BJT 和功率 MOS 一样，其 SOA 的主要边界也由三条极限参数边界，即击穿电压限、最大电流限和最大功耗限确定。但是在高栅压状态下，过大的集电极电流中的空穴流分量有可能使寄生晶闸管开通而进入自锁状态，因而 IGBT 能够承受的最大集电极电流要受寄生晶闸管自锁效应的限制，特别是工作温度较高的情况下更是如此。这一现象有时又称为电流感应自锁效应，因为它发生在集电极电流密度超过某一限度的时候，而不管集射极电压有多么低。

短时间内电流和电压同时上升而影响器件 SOA 的问题对 IGBT 也同样存在。在这种情况下，最大功耗限不起作用，SOA 由称为雪崩诱导二次击穿的效应决定，与前面所述功率 MOS 的 du/dt 误导通并通过雪崩倍增诱发热电二次击穿的机理相似。该效应在 IGBT 的开通过程和关断过程中都有可能发生，而且雪崩击穿电压会降低。在 IGBT 正向导通时，如果提高其 U_{CE}，器件即进入饱和工作区。这时，电子和空穴要在因电压升高而电场增强的 N 基区中通过。如果此电场强到足以令载流子漂移速度饱和，则按电流密度正比于载流子密度与漂移速度之积的简单关系可知，电流密度升高即意味着载流子密度升高。考虑到正向电流由电子电流和空穴电流两部分组成，但空穴电流远大于电子电流（对 N 沟 IGBT），因而提高电流密度后，N 基区中的正电荷密度 $N^+ = N_D + \Delta p - \Delta n$ 会增大。这里，N_D 表示 N 基区的掺杂浓度，Δp 和 Δn 分别表示在饱和工作区提高电流密度引起的空穴密度和电子密度的增量。N 基区的电场分布即由此净正电荷确定。由于 $\Delta p \gg \Delta n$，正电荷的净增量会很大。由式（3-4）可知，硅 P^+N 结的雪崩击穿电压与 N 区正电荷密度的 3/4 次方成反比。稳定状态下 N 区正电荷密度即是施主杂质浓度 N_D，当正电荷密度出现增量（$\Delta p - \Delta n$）时，其雪崩击穿电压即会降低。这个击穿电压就是 IGBT 在集电极电流饱和的情况下能够正常工作而不发生破坏性失效所能承受的最高电压，即正偏 SOA（FBSOA）的电压限。

IGBT 关断时，由于栅压为零或为负值，沟道陡然消失而使电子电流为零，因而 N 基区中只有空穴电流。此时 N 基区中的正电荷密度 $N^+ = N_D + \Delta p$ 比正向导通时更高，雪崩击穿电压下降幅度更大。这个击穿电压就是 IGBT 在集电极电流饱和的情况下关断时能够承受的最高电压，习惯上称为反偏 SOA（RBSOA）的电压限。

3.5.4　特种 IGBT 与 IGBT 的进化

1. P 沟 IGBT

在数字和仪表控制电路中常常采用互补器件技术来提高电路的负载能力和抗干扰能力，降低功耗。比如 N 沟 MOS 与 P 沟 MOS 并联组成的 CMOS 结构。P 沟 IGBT 即为此目的而开发。由于硅中空穴的迁移率只有电子迁移率的 1/3 左右，相同尺寸 P 型沟道的通态电阻是 N

型沟道的三倍左右，所以P沟功率MOS很少使用。但是IGBT的情况有所不同。由于集电结j_1的注入作用，P沟IGBT正向导通时由集电区注入到长基区的是迁移率高的电子，其电导调制效果比N沟IGBT强，在栅压足够高的线性工作区状态下，这足以弥补沟道电阻的增高。N沟IGBT的沟道电阻虽然相对较低，但其j_1结向基区注入的是迁移率较低的空穴。所以，在条件相同的情况下，P沟IGBT和N沟IGBT的通态压降其实很接近，使之更适合于互补结构的应用。

2. 高压IGBT

跟功率MOS一样，提高IGBT的阻断电压也需要提高其长基区的材料电阻率，并增加其宽度。但是，由于j_1结的高密度少子注入，IGBT的通态压降受长基区电阻率的影响不大，主要取决于长基区的宽度。当IGBT的阻断电压随长基区的加宽和材料电阻率的增高而提高时，与相同条件下的功率MOS相比，其通态压降的增加要小得多。用阻断电压分别为300V、600V和1200V的对称结构IGBT所作的通态特性比较测试表明，IGBT的通态电流密度近似地随着击穿电压二次方根的增加而减小。电流密度以如此平缓的比率减小的特点，表明了开发高压大电流IGBT的可行性。

3. 高温IGBT

如前所述，IGBT的MOSFET部分和PIN二极管部分互补的高温特性使其很适合于在高温环境下使用，尤其是针对高温应用目标而充分利用这种互补性专门设计的高温IGBT。这种器件在额定电流下的通态压降几乎不随温度变化，而在最高允许电流下具有一定大小的正温度系数，从而确保良好的均流效果，有利于组装大电流IGBT模块。高温IGBT通常都采用P基区局部短路的非对称器件结构（参考图3-35），以进一步防止寄生晶闸管在高温工作状态下可能发生的自锁效应，其工作温度高达200℃。

4. 槽栅IGBT

槽栅IGBT的栅极结构与图3-27所示的UMOS相同，可将其看成是将UMOS的N^+衬底换成P^+衬底的结果，因而又叫UMOS-IGBT。与UMOS类似，其U形槽必须挖到j_2结之下，以使N^+发射极与N基区之间能够用栅压感应的N型沟道连通。如此一来，槽栅IGBT中就消除了DMOS和平面栅IGBT中都存在的累积层电阻R_a和寄生JFET电阻R_j（见图3-20）。此外，槽栅结构可以缩小器件单元的中心距，使沟道密度增加5倍。因此槽栅IGBT的通态特性有很大改善，在N基区额外载流子寿命较高的场合，其通态压降相对于平面栅IGBT能降低大约1/3；在为了提高开关速度而降低额外载流子寿命的情况下，这两种结构的通态压降会相差更大。槽栅IGBT的抗自锁能力也比平面栅IGBT高，这归因于槽栅结构中空穴电流路径从横向改为纵向，空穴电流的电阻只由N^+发射区的深度决定，其值甚小，由此产生的压降很低。

5. IGBT的进化

IGBT是结构变化最频繁、性能改进最多最快的半导体器件之一。问世20余年来，围绕着通态压降和开关特性折衷关系的改善，IGBT不断地发生着飞跃性的进化，因而时常会见到对这种器件“代”的区分。以N沟IGBT为例，通过对P^+集电区（衬底）厚度和掺杂浓度的优化，并通过N^+缓冲层连接到N^-漂移区等方法，第二代IGBT的通态压降和关断时间与第一代相比同时降低了30%以上。第三代IGBT借助于微电子技术的精细工艺缩小N^+发射区的面积和降低P基区的薄层电阻，对寄生晶闸管实现了有效抑制，擎住电流密度从第二代产品的300A/cm^{2}提高到1100A/cm^2，并使综合特性得到极大改善，功耗又降低了20%。有些文献将有效抑制了寄生器件的IGBT称做第2.5代产品。上述采用沟槽技术制栅的槽栅IGBT被视为第四代，其功耗可比第三代器件再减少20%。第五代IGBT主要采用对额外载流子寿命的有效控制方法，将关断时间缩短到100ns，而通态压降却降低到1.5V。第四、五代IGBT的主要特征是通态压降低、关断时间短，从而实现了低耗、高频、无自锁的理想开关目标，并有进一步改善的潜力，基本上能够适应现代电力电子技术发展的需要。

3.6 宽禁带半导体电力电子器件

从晶闸管问世到IGBT普遍应用，电力电子器件近40年的长足发展，基本上都是器件原理和结构上的改进和创新，无论是功率MOS还是IGBT，它们跟晶闸管和整流二极管一样都是硅器件。但是，随着硅材料和硅工艺的日趋完善，各种硅器件的性能逐渐趋近其理论极限，而电力电子技术的发展却不断对器件的性能提出更高的要求，尤其希望器件的功率和频率能够得到更高程度的兼顾。因此，硅是不是最适合于制造电力电子器件的材料，具备怎样一些特性的半导体材料更适合于制造电力电子器件的问题，就在20世纪的最后10年提到了议事日程上来。

3.6.1 电力电子器件的材料优选

任何一种半导体器件，其工作特性既决定于所用材料的性质，也与器件的结构和制造工艺有关。但是，结构参数和工艺参数往往也是材料参数的函数，因此一般情况下较难准确估计器件特性与材料特性之间的定量关系。只有完全用材料参数把器件特性，特别是若干重要特性之间的制约关系表示出来，而不涉及器件本身的任何结构参数和工艺参数，器件对材料的依赖关系才是明确的。这样，也就回答了某种类型的器件究竟用何种材料来制造更为适合的问题。这就是对器件制造材料的优选。为此，需要建立只用材料特性参数表示的器件特征函数，并由此演绎出由材料的一个或几个基本属性参数唯一决定的所谓材料优选因子（Figure of Merit）。利用材料优选因子，可以定量地比较各种材料对器件某一特性或其综合特性的适合程度。

以功率MOS为例，其材料优选，着重考虑漂移区电阻R_d对通态电流和工作频率的限制。对低频应用，R_d主要由器件的阻断电压与通态功耗之间的合理折衷确定；对高频应用，R_d则主要由器件的开关频率与开关损耗之间的合理折衷确定。根据雪崩击穿电压U_B与漂移区电阻率和宽度的关系，可将功率MOS的最小通态比电阻用其制造材料的临界雪崩击穿电场强度E_T和电子迁移率μ表示为

$$R_{on,min} = \frac{4U_B^2}{\varepsilon_0 \varepsilon \mu E_T^3}$$

式中，ε_0和ε分别是真空电容率和制造材料的介电常数。该式表明，对于相同的U_B要求，材料参数ε、μ、E_T越大，用这种材料制造的功率MOS的通态比电阻越小，也即通态功耗越小。于是，定义低频功率MOS的材料优选因子为

$$F_{BL} = \varepsilon \mu E_T^3$$

对于高频应用需计入开关损耗，功率MOS的总功耗应表示为

$$P = I^2 \frac{R_{on}}{A} + C_{in} A U_G^2 f$$

式中，I代表平均电流；U_G代表栅压；f代表开关频率；A代表器件面积；R_{on}为器件通态比电阻；而C_{in}是单位面积器件的输入电容，即输入比电容。该式表明，增大器件面积虽能降低通态电阻，从而使通态损耗减小，但也会增大器件的总电容而使开关损耗增加。对该式求导可知总功耗的极小值为

$$P_{min} = 2U_G I \sqrt{R_{on} C_{in} f}$$

由于式中只有R_{on}和C_{in}与材料参数有关，而R_{on}和C_{in}之积最小时，P_{min}才会真正最小。因此，最小功耗与材料参数的关系可由最小通态比电阻$R_{on,min}$和最小输入比电容$C_{in,min}$与材料参数的关系确定。在前面的讨论中已得出$R_{on,min}$的表达式，而最小输入比电容可表示为

$$C_{in,min} = \frac{\varepsilon_0 \varepsilon E_T}{2\sqrt{U_G U_B}}$$

因此，欲使总功耗最小，需是

$$R_{on} C_{in} = R_{on,min} C_{in,min} = \frac{2U_B^{1.5}}{\mu E_T^2 \sqrt{U_G}}$$

该式表明，对于相同的U_B和U_G，材料参数μ、E_T越大，用这种材料制造的功率MOS的总功耗越小。于是，将高频功率MOS的材料优选因子定义为

$$F_{BH} = \mu E_T^2$$

以上推导虽是针对功率MOS，其结果也适用于SBD和JFET等其他单极型功率器件。针对双极型功率开关器件的材料优选也同样倾向于临界雪崩击穿电场强度高的宽禁带半导体[12]。宽禁带半导体除了临界雪崩击穿电场高之外，一般还具有热导率高、电子饱和漂移速度高等其他特点，这些也都是电力电子器件对材料的优选条件。就目前已广泛开展实用电力电子器件研究的碳化硅而言，其电子迁移率虽然只有硅的一半左右，但禁带宽度是硅的三倍，临界雪崩击穿电场强度比硅高一个数量级，热导率高两倍，饱和漂移速度高一倍。因此，按以上分析，用晶体结构略有不同的6H-SiC和4H-SiC制造功率MOS，其通态比电阻大约分别是同等级的硅功率MOS的1/100和1/2000。这就是说，如果用碳化硅制造单极型器件，在阻断电压高达10kV的情况下，其通态压降会比用硅做的双极型器件还低，而工作频率却高得多。

3.6.2 碳化硅电力电子器件

碳化硅是最先实现商业化电力电子器件应用的宽禁带半导体。使用碳化硅制造电力电子器件，有可能将半导体器件的极限工作温度提高到600°C以上，并在额定阻断电压相同的前提下，大幅度降低通态电阻，提高工作频率。因此，包含微波电源在内的电力电子技术有可能从碳化硅器件实用化得到的好处，就不仅是整机性能的改善，也有整机体积的大幅度缩小以及对工作环境的广泛适应能力。

随着直径30mm左右的碳化硅片在20世纪90年代初期投放市场，以及高品质6H-SiC和4H-SiC外延层生长技术紧随其后的成功应用，对各种碳化硅功率开关的研究和开发，即在世纪之交于世界范围内蓬勃开展起来。早期工作很快证明，各种用硅制造的电力电子器件都可基本按原结构改用碳化硅来制造。尽管产量、成本以及可靠性等问题一直是其商品化进

程的障碍，但碳化硅器件从示范到实用的进展十分迅速。碳化硅 SBD 首先揭开了在电力电子技术领域替代硅器件的序幕，美国 Cree 公司和德国 Infineon 公司率先推出耐压 600V、电流分别为 12A 和 10A 以下的系列产品。当时，一支额定电流为 4A 的 600V 碳化硅 SBD 仅售 4 美元。这一下子将 SBD 的应用范围从 250V（砷化镓 SBD）提高到 600V。目前，市售碳化硅 SBD 的耐压已提高到 1200V，电流最高可达 20A。这种器件具有预期的反向漏电流极小，几乎没有反向恢复时间等明显优点。同时，其高温特性异常优越，当测试温度从室温一直上升到管壳所能经受的 175℃时，其反向漏电流几乎没有什么增加。若采用适当的管壳，其工作温度可以超过 300℃。于是，电力电子行业的一些领头公司争相在其 IGBT 变频或逆变装置中用这种器件取代硅快恢复二极管，取得提高工作频率、大幅度降低开关损耗的明显效果，其总体效益远远超过了替换器件的价格差异造成的成本增加。

使用宽禁带半导体制造电力电子器件的第一优势是容易提高开关器件、特别是高频大电流器件的耐压能力。PN 结二极管是最容易显示这一优势的示范性器件。但宽禁带半导体 PN 结的结压降注定会比较高，因而其通态功耗相对较高。就应用要求而言，电力电子器件除了要尽可能降低稳态和动态损耗而外，还要尽可能提高对浪涌电流的承受能力。由于浪涌电流会引起器件结温的骤然升高，通态比电阻偏高的器件，其浪涌电流承受力必然很低。因此，对碳化硅电力电子器件的研究和开发，从一开始就比较集中于通态压降较低的 SBD 和 MOSFET，并首先从 SBD 开始了碳化硅电力电子器件的商业应用。如图 3-42 所示，为研发期间碳化硅 PN 结二极管与碳化硅 SBD 的阻断电压 U 以及碳化硅功率 MOS 的品质因子 FM（定义为阻断电压的二次方与器件通态比电阻之比，单位为 W/cm^2）的最高水平随时间递增的情况。由图中可见，这些代表着电力电子器件基本性能的特征参数自 1998 年以来，尤其是进入 21 世纪以来增长很快。其中，场效应器件的研发进展尤其明显，表明其发展潜力很大。

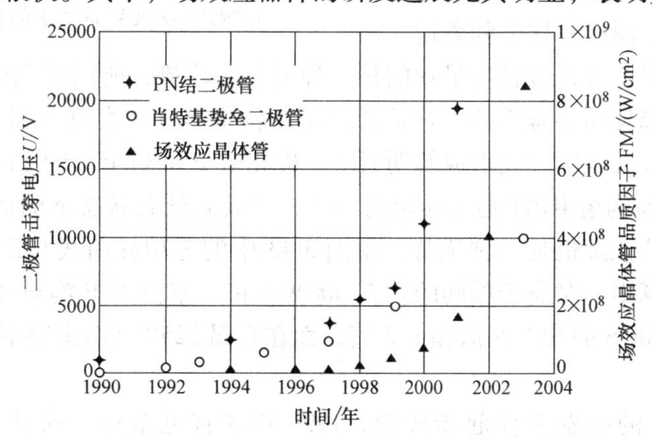

图 3-42 SiC 器件研发进程中二极管阻断电压与场效应器件品质因子的增长

美国北卡州立大学功率半导体研究中心（PSRC）于 1992 年最先报道了世界上第一个 6H-SiC SBD 的研发情况。这种器件最初的阻断电压只有 400V，1994 年提高到 1000V。随后，对碳化硅 SBD 的研发活动扩展到欧洲和亚洲，使用材料扩展到 4H-SiC。到 2003 年，碳化硅 SBD 的研发水平已达到高压器件阻断电压超过 10000V，大电流器件通态电流高达 130A、阻断电压高达 5000V 的水平。

碳化硅功率 MOS 于 1994 年首次见报，第一个研发样品的阻断电压只有 260V，通态比电阻为 $18m\Omega \cdot cm^2$。1998 年，用 4H-SiC 制作的槽栅碳化硅功率 MOS 的阻断电压提高到

1400V，但通态比电阻高达 311mΩ · cm^2。2000 年，器件结构的改进使 4H-SiC 功率 MOS 的阻断电压提高到 4500V，而通态比电阻没有多大增长，仅有 387mΩ · cm^2。2004 年，碳化硅功率 MOS 不仅在高耐压指标上达到了硅功率 MOS 永远无法达到的 10000V 水平，而且在通态比电阻上向理论极限迈进了一大步，低达 123mΩ · cm^2。尽管如此，更高阻断电压也会让碳化硅功率 MOS 面临不可逾越的通态电阻问题，就像 1000V 阻断电压对于硅功率 MOS 那样。理论计算表明，一个耐压 20000V 的碳化硅功率 MOS，其 N 型外延层的厚度要超过 172μm，相应的漂移区最小比电阻会超过 245mΩ · cm^2。为此，人们对碳化硅 IGBT 寄予厚望。

借助于电导调制效应，碳化硅高压 IGBT 的通态比电阻远比碳化硅功率 MOS 低，而且随着阻断电压额定值的提高变化不大。在电导调制效应充分发挥作用的情况下，IGBT 漂移区的通态压降只与载流子的双极扩散系数和双极寿命有关，不会随着导通电流的升高而升高。图 3-43 所示为碳化硅 IGBT 与碳化硅功率 MOS 在额定阻断电压均设计为 20000V 时的理论伏-安特性之比较，表现了 IGBT 十分明显的高压优势。从图中还可看到，由于碳化硅外延层中载流子的双极寿命随着温度的升高而增大，虽然扩散系数也跟硅一样会随着温度的升高而缩小，但双极扩散长度呈现的是一种增大的趋势，所以碳化硅高压 IGBT 在高温工作条件下通态压降反而略有降低。这种情况在 N 沟道器件中尤其明显。这跟功率 MOS 在高温状态下正向压降大幅度升高形成鲜明对照。碳化硅 P 沟道 IGBT 因为沟道电阻较大而在相同电流密度下比 N 沟道 IGBT 通态压降高一些，但其高低温状态下的伏-安特性变化不大。从应用的角度看，这无疑也是一种优势。由图 3-43 中的等功耗曲线与这几种器件的导通特性曲线的交点不难算出：对应于相同的功耗 300W/cm^2，室温下 P 沟道和 N 沟道 IGBT 的导通电流分别是功率 MOS 的约 1.5 倍和 1.8 倍，而在高温 225℃的工作条件下更是分别提高到约 2.7 倍和 3.5 倍。

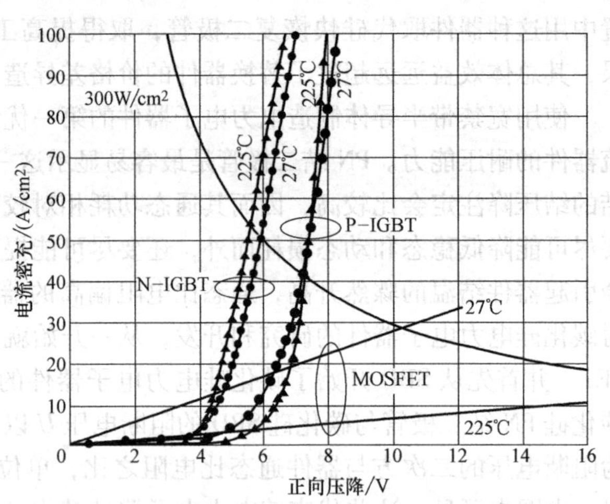

图 3-43 碳化硅 IGBT 与碳化硅功率 MOS 在耐压 20000V 条件下的特性比较

对碳化硅 IGBT 的研发工作起步较晚，1999 年才首见报道。这是一个阻断电压仅为 790V 的 P 沟道 4H-SiC IGBT，而且通态压降很高，在 75A/cm^2 电流密度下即高达 15V。这说明碳化硅 IGBT 在阻断电压不高的情况下，相对于碳化硅功率 MOS 来说并没有什么优势。其优越性只在 10000V 以上的高压应用中才能凸显出来。碳化硅高压 IGBT 研发工作的主要困难是 P 沟道 IGBT 的源电极接触电阻偏高，而 N 沟道 IGBT 需要用 P 型碳化硅材料作衬底。遗憾的是，P 型碳化硅因受主杂质的电离能较高而比具有相同杂质浓度的 N 型碳化硅的电阻率高。目前，这个难题已接近解决，碳化硅 IGBT 的商业应用已指日可待。

3.6.3　其他宽禁带半导体电力电子器件

受材料制备与加工技术的限制，目前已成功进入电力电子器件研发领域的宽禁带半导体，除碳化硅外，主要是氮化镓和以氮化镓为基的三元系合金（III-N 合金），例如铝镓氮（$Al_xGa_{1-x}N$）等。对制造电力电子器件而言，氮化镓的突出优点，在于它结合了碳化硅的高击穿电场特性和砷化镓、锗硅合金和磷化铟等材料在制造高频器件方面的特征优势，其材料优选因子普遍比碳化硅高，对进一步改善电力电子器件的工作性能，特别是提高工作频率，具有很大的潜力和应用前景。

开发氮化镓器件的主要方向是微波功率器件。微波器件的功率特性经常以器件每单位栅极宽度所对应的输出功率来表示和进行比较。微波晶体管的源-漏电流靠栅极来控制。为提高输出功率和工作频率，其栅极要尽可能宽而短。栅极宽（垂直于电流方向的尺寸）可允许通过更大的电流，提高输出功率；栅极短（沿电流方向的尺寸）则可缩短电子在器件中的渡越时间，提高工作频率。2004 年，康奈尔大学和加州大学的氮化镓功率器件研究小组同时研制出 10GHz 频率下功率密度达到或超过 10W/mm 的 GaN 晶体管。与之相比，其他材料相差甚远。众所周知，普通硅管只能有效放大最高 2～3GHz 频率的信号。碳化硅微波器件有可能在功率密度上接近 GaN 的这个水平，但相应的工作频率超不过 3.5GHz；或者频率能达到 10GHz，但功率密度不到 GaN 的一半。砷化镓微波晶体管的频率可以达到 10GHz，但相应的功率密度不到 1W/mm。SiGe/Si 异质结微波晶体管的频率可以更高，但跟砷化镓一样无法实现较高的功率密度。

开关器件的工作频率通常依赖于两个因素，即电子的迁移率和饱和漂移速度。氮化镓外延层的电子饱和漂移速度比砷化镓高，约为 2.5×10^7cm/s，但电子迁移率比砷化镓低。不过，这可能只是暂时的事情，随着薄膜生长和衬底制备技术的不断改善，GaN 电子迁移率近几年来一直在提升，跟砷化镓 20 世纪 80 年代的情况有点类似。

除微波功率器件之外，用 GaN 开发其他电力电子器件的工作也时有报导，耐压 600V 的 GaN 肖特基势垒二极管也已由 Velox 公司首先推入市场。

宽禁带半导体电力电子器件的诞生和长足发展是电力电子技术在世纪之交的一次革命性进展。人们期待着宽禁带半导体电力电子器件在成品率、可靠性和价格等方面的较大改善而进入全面推广应用的阶段。不久的将来，性能优越的各种宽禁带半导体电力电子器件就会逐渐成为电力电子技术的主流器件，使电力电子技术的节能优势得以更加充分的发挥，从而极有可能引发电力电子技术的一场新的革命。

3.7　本章小结

本章立足于应用，在简要介绍电力电子器件基本情况之后，首先讨论了电力电子器件的基本工作原理及其相关工作特性。主要内容包括：PN 结和肖特基势垒接触的整流原理与相关器件的电压阻断特性；PN 结-肖特基势垒接触和 MOS 结构的开关原理与相关器件的频率特性；PN 结的电导调制原理与器件的通态特性；电力电子器件的功率损耗原理与高温特性。在此基础上，分别对目前应用较广的现代电力电子器件，主要是现代整流二极管、功率 MOS 和 IGBT 的工作原理、特征参数和性能特点等作了简要介绍；同时，对业界所期待的宽禁带半导体电力电子器件的潜在优势及其研发进展作了简要评述，着重从宽禁带半导体材料的性能说明宽禁带半导体电力电子器件特性优越的必然性。

参考文献

[1] 施敏. 现代半导体器件物理［M］. 刘晓彦，等译. 北京：科学出版社，2001.

[2] Baliga B J. Power semiconductor device figure of merit for high frequency applications［J］. IEEE Elctron Dev. Lett.，1989，ED-10：455.

[3] 陈治明. 电力电子器件基础［M］. 北京：机械工业出版社，1992.

[4] Baliga B J. Microelectronic Journal，1993，24：31.

[5] 施敏. 半导体器件物理［M］. 黄振岗，译. 北京：电子工业出版社，1987.

[6] 叶良修. 半导体物理学［M］. 北京：高等教育出版社，1983.

[7] 陈星弼. 半导体功率器件，中国发明专利，ZL 91 1 01845. X.

[8] B J Baliga. Power Semiconductor Devices，PWS，Boston，1995.

[9] Motorola Power MOSFET Transistor Data，4th ed.，1989.

[10] 维捷斯拉夫·本达，等. 功率半导体器件——理论及应用［M］. 吴郁，等译. 北京：化学工业出版社，2005.

[11] B J巴利伽. 硅功率场控器件和功率集成电路［M］. 王正元，等译. 北京：机械工业出版社，1986.

[12] 陈治明. 半导体器件的材料物理学基础［M］. 北京：科学出版社，1999.

[13] B J Baliga. High voltage silicon carbide devices. in Proc. MRS Symp.，1998，512：77.

第4章　DC/DC 高频功率变换

4.1　软开关直流变换器

4.1.1　直流变换器软开关的分类

1. 硬开关的概念

在直流变换器中，开关管工作在导通和截止两个状态，由于导通压降和漏电流很小，其导通损耗和截止损耗均近似为零，因此直流变换器比传统线性调节器（又称线性电源）的效率高。开关管从导通状态变为截止状态的过程称为开通（Turn-on），而开关管从截止状态变为导通状态的过程称为关断（Turn-off）。在分析直流变换器的工作原理时，通常假设开关管是理想器件，其开通和关断是瞬时完成的，也就是说，开通和关断时间为零。但实际上，开关管并不是理想器件，其开通和关断过程是需要时间的，如图4-1所示。在开通时，开关管的电压不是立即下降到零，而是有一个下降时间，同时它的电流也不是立即上升到负载电流，也有一个上升时间。在这段时间里，电流和电压有一个交叠区，会产生损耗，称之为开通损耗（Turn-on Loss）。当开关管关断时，

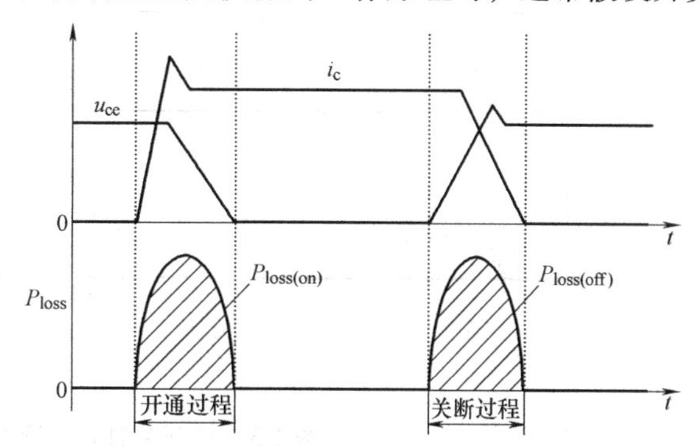

图4-1　硬开关时开关管的电压和电流波形

开关管的电压不是立即从零上升到稳态电压，而是有一个上升时间，同时它的电流也不是立即下降到零，也有一个下降时间。在这段时间里，电流和电压也有一个交叠区，产生损耗，称之为关断损耗（Turn-off Loss）。开通损耗和关断损耗统称为开关损耗（Switching Loss），在一定条件下，每个开关周期中开关损耗是恒定的，因此总开关损耗与开关频率成正比，开关频率越高，总开关损耗越大，变换器效率就越低。开关损耗限制了开关频率的提高，从而限制了变换器的小型化和轻量化。

参考图4-1可知，开关管开通和关断时，其电流和电压分别上升很快，即 di/dt 和 dv/dt 很大，因此称之为硬开关（Hard Switching），它会产生很大的电磁干扰（Electromagnetic Interference，EMI）。

图4-2所示为硬开关时开关管的开关轨迹，图中虚线为开关管的安全工作区（Safety Operation Area，SOA），如果不改善开关管的开关条件，其开关轨迹很可能会超出安全工作区，导致开关管的损坏。

2. 软开关的概念

为了减小变换器的体积和质量，必须提高开关频率，这就需要降低甚至消除开关损耗，否则开关损耗随着开关频率的升高而线性增加，一方面变换器效率很低，另一方面需要很大

的散热器，导致体积和质量增加。减小开关损耗的途径就是减小开关过程中电压与电流的交叠时间。可采取以下方法来减小开通损耗：

1）开关管开通时，使其电流保持在零，或者限制电流的上升率，如图4-3a所示，从而减小电流与电压的交叠区，这就是所谓的零电流开通。

2）在开关管开通前，使其电压下降到零，这就是所谓的零电压开通，如图4-3b所示，此时，开通损耗基本减小到零。

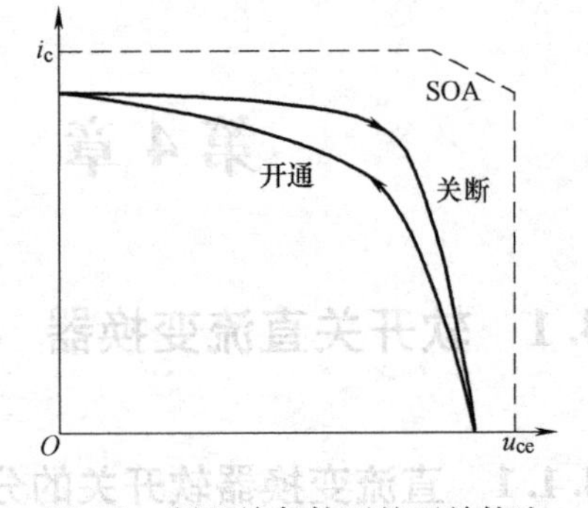

图4-2　硬开关条件下的开关轨迹

3）同时做到上述两点的情况下，开通损耗为零。

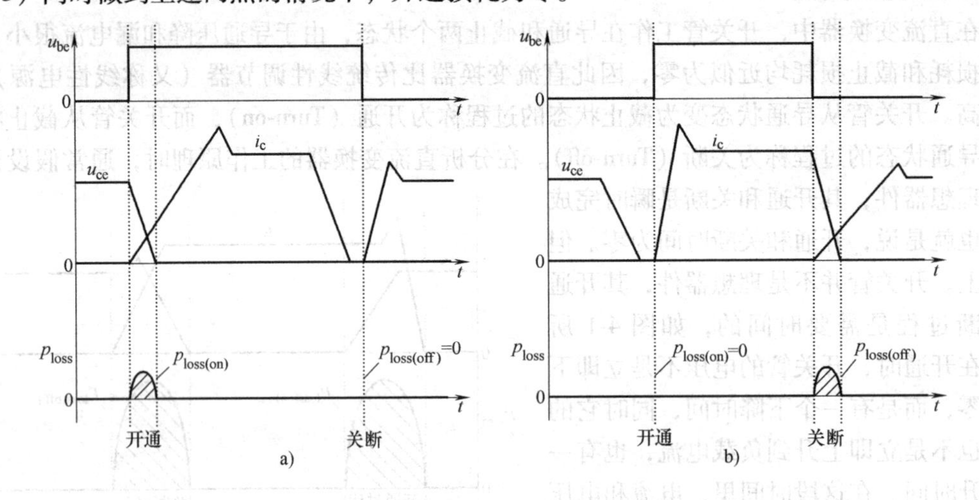

图4-3　软开关时开关管的电压和电流波形

a）零电流开通　b）零电压开通

减小关断损耗可以采取以下几种方法：

1）在开关管关断前，使其电流减小到零，这就是零电流关断。从图4-3a可以看出，关断损耗基本减小到零。

2）在开关管关断时，使其电压保持在零，或者限制电压的上升率，如图4-3b所示，从而减小电流与电压的交叠区，这就是零电压关断。

3）同时做到上述两点的情况下，关断损耗为零。

实际上，对于一只开关管而言，其开通损耗和关断损耗需要同时减小或消除，不能只消除一个。后面将会看到，如果开关管是零电流开通，那么一定是零电流关断，即实现零电流开关（Zero Current Switching，ZCS）。这里所谓的零电流开通，是指开关管开通时，其电流是慢慢增加的，实际上是近似的零电流开通。而当它关断时，需要提前将其电流减小到零，是真正的零电流关断。类似的，如果开关管是零电压开通，那么一定是零电压关断，即实现零电压开关（Zero Voltage Switching，ZVS）。零电压关断是指开关管关断时，其电压慢慢上升，近似于零电压关断。而当开关管开通时，其反并二极管已提前导通，将开关管两端电压箝在零，是真正的零电压开通。由于电流流过反并二极管，开关管中并无电流，也可以说它是零电流开通。也有文献说，此时开关管实现了零电压/零电流开关。为了与零电压关断相匹配，称之为零电压开通较为合适。

从图4-3中可以看出，开关管如果实现ZCS，其开通时电流上升速度较慢；而在实现ZVS时，其关断时电压的上升速度较慢。相对于硬开关来说，无论ZCS还是ZVS，开关管开关过程较为软化，因此称之为软开关（Soft Switching）。图4-4所示为软开关条件下开关管的开关轨迹，它靠近安全工作区的内侧，因此工作条件很好。

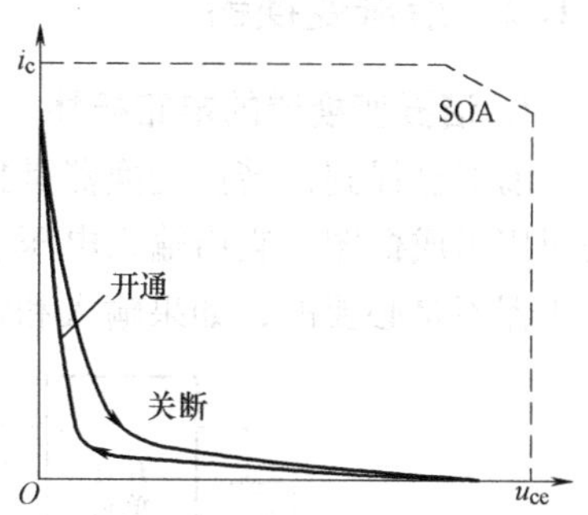

图4-4 软开关条件下的开关轨迹

3. 软开关的分类

软开关技术实际上是利用电感和电容来对开关管的开关轨迹进行整形。最早的方法是采用有损缓冲电路来实现，从能量的角度来看，它是将开关损耗转移到缓冲电路消耗掉，以改善开关管的开关条件。这种方法不会提高变换器的效率，甚至会使效率降低。通常所说的软开关技术，是指可以真正减小开关损耗，而不是转移开关损耗的方法。

直流变换器的软开关技术一般可分为以下几类：

1）全谐振型变换器，一般称之为谐振变换器（Resonant Converters），其特点是负载一直谐振工作，参与能量变换的全过程，所以又称该类变换器为负载谐振型变换器。按照谐振元件的谐振方式，谐振型变换器分为串联谐振变换器（Series Resonant Converters，SRCs）和并联谐振变换器（Parallel Resonant Converters，PRCs）两类。按负载与谐振电路的连接关系，谐振变换器可分为两类，一类是负载与谐振回路相串联，称为串联负载（或串联输出）谐振变换器（Series Load Resonant Converters，SLRCs），另一类是负载与谐振回路相并联，称为并联负载（或并联输出）谐振变换器（Parallel Load Resonant Converters，PLRCs）。该类变换器与负载关系很大，对负载的变化很敏感，一般采用频率调制方法。

2）准谐振变换器（Quasi Resonant Converters，QRCs）和多谐振变换器（Multi Resonant Converters，MRCs）。这是软开关技术的一次飞跃，这类变换器的特点是，谐振元件参与能量变换的某一个阶段，不是全程参与。QRCs分为ZCS和ZVS两类，MRCs则只实现ZVS。这类变换器需要采用频率调制方法。

3）零开关（Zero Switching）脉宽调制（Pulse Width Modulation，PWM）变换器。它可分为ZVS PWM变换器和ZCS PWM变换器。它们是在QRCs的基础上，加入一个辅助开关管，来控制谐振元件的谐振过程，实现恒定频率控制，即实现PWM控制。与QRCs不同的是，谐振元件的谐振工作时间与开关周期相比很短，一般为开关周期的1/10～1/5。

4）零转换（Zero Transition）PWM变换器。它可分为零电压转换（Zero Voltage Transition，ZVT）PWM变换器和零电流开关（Zero Current Transition，ZCT）PWM变换器。这类变换器是软开关技术的又一个飞跃。它的特点是变换器工作在PWM方式下，辅助谐振电路只是在主开关管开关时工作一段时间，以实现其软开关，其他时间则停止工作，这样辅助谐振电路的损耗很小。

在直流变换器的软开关技术中，还有无源无损软开关技术，即不附加有源器件，只是采用电感、电容和二极管来构成无损缓冲网络。本书不讨论这类软开关技术。

4.1.2　谐振变换器

1. 谐振变换器的电路拓扑

前面已提到，谐振变换器是指谐振元件一直参与能量的变换。图 4-5 所示为谐振变换器的通用组成框图，它由输入电压、开关单元、谐振单元、变压器和整流滤波单元组成，其中变压器不是必要的，如果输入和输出不需要电气隔离或电压匹配，它可以省去。

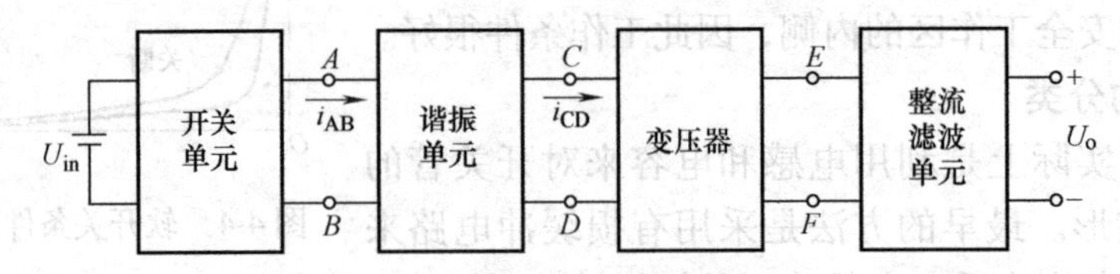

图 4-5　谐振变换器通用框图

输入电压和开关单元的作用是为谐振单元提供正负脉宽相等的交流方波激励源，它既可以是电压源，也可以是电流源，如图 4-6 所示。对于电压源激励来说，开关单元可采用全桥、半桥和不对称半桥结构，分别如 4-7a、b、c 所示。全桥结构的电流激励源如图 4-7d 所示。本书主要讨论电压源激励的谐振变换器，非特别说明，以下所述谐振变换器均为电压源激励型。

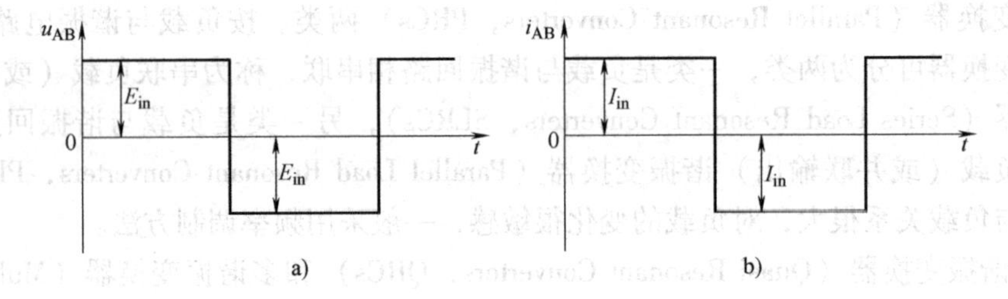

图 4-6　输入电压和开关单元的激励波形

a）电压源　b）电流源

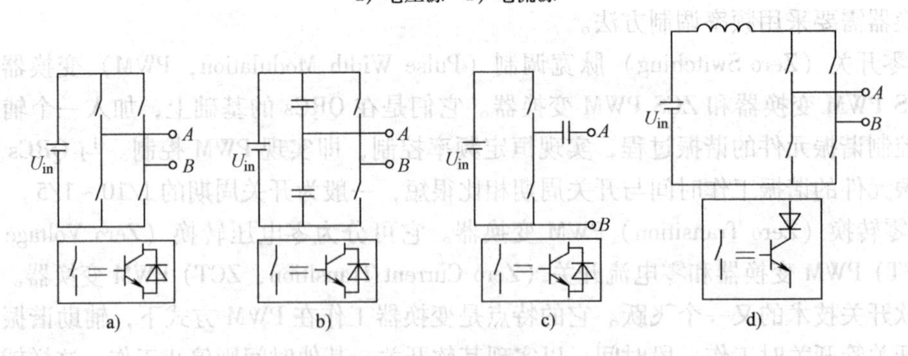

图 4-7　输入电压和开关单元构成的激励源

a）全桥　b）半桥　c）不对称半桥　d）全桥电流源

谐振单元的种类很多，根据谐振元件的数量可以分为两元件、三元件、四元件等类型。谐振元件数量越多，谐振变换器的工作就越复杂，一般来说，两元件和三元件的谐振单元比较实用。

两元件的谐振单元包含一个电感和一个电容，有8种构成方式（详见参考文献［1］），常用的有两种，一种是负载与谐振支路相串联，如图4-8a所示，一般称之为串联谐振；另一种是负载与谐振电容相并联，如图4-8b所示，一般称之为并联谐振。准确地讲，这两种谐振单元均为串联谐振，前者应称为串联谐振串联输出，后者称为串联谐振并联输出。

三元件的谐振单元种类很多，它既可以由两个电容和一个电感组成，也可以由两个电感和一个电容组成。其结构形式有36种（详见参考文献［1］），常见的有两种，一种是*LCC*谐振单元，一种是*LLC*谐振单元，如图4-9所示。*LCC*谐振单元可以看成是在串联谐振单元的基础上，加入一个谐振电容与负载并联，也可以看成并联谐振单元中加入一个谐振电容与谐振电感串联。因此*LCC*谐振单元又被称为串联-并联谐振单元，它集成了串联谐振和并联谐振的优点。*LLC*谐振单元则是可以看成在串联谐振单元中加入一个电感与负载并联。

变压器的作用是进行电气隔离和输入输出电压匹配，结合输出整流电路，可以构成桥式整流和全波整流两种方式，前者只需要一个二次绕组，后者需要两个带中心抽头的二次绕组。

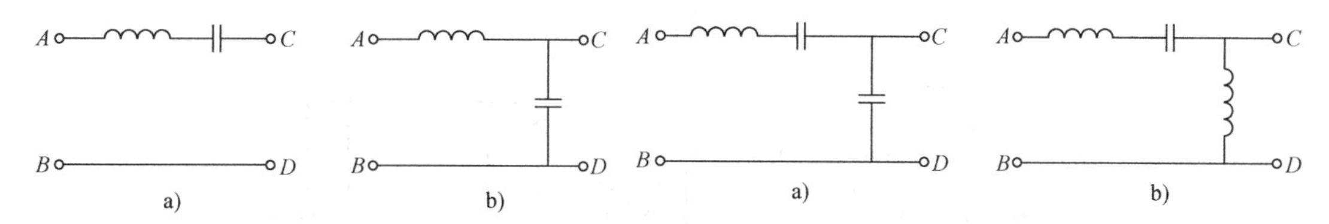

图4-8　两元件谐振单元

a）串联谐振　b）并联谐振

图4-9　三元件谐振单元

a）*LCC*谐振单元　b）*LLC*谐振单元

整流滤波电路分为电感电容滤波和电容滤波两种类型，如图4-10所示，前者适合于接电压型输出的谐振单元，如图4-8b和4-9a所示；后者适合于接电流型输出的谐振单元，如图4-8a和4-9b所示。

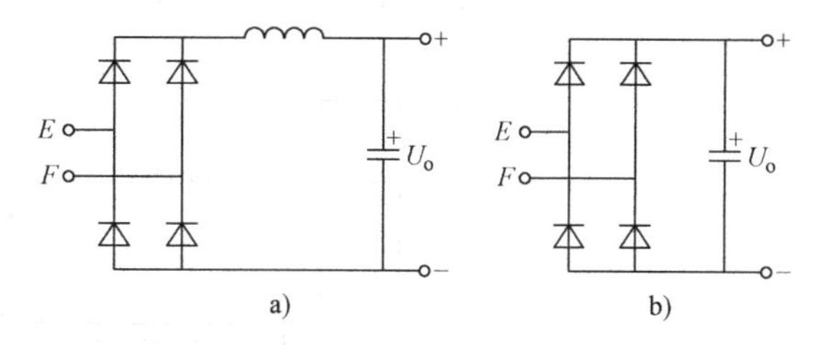

图4-10　整流滤波单元

a）电感电容滤波　b）电容滤波

根据前面的讨论，可以得到各种谐振变换器电路拓扑，图4-11所示为基于全桥电压型交流方波激励、采用图4-8和4-9所示的谐振单元的谐振变换器，它们分别称为串联谐振变换器、并联谐振变换器、*LCC*谐振变换器和*LLC*谐振变换器。

2. 谐振变换器的控制策略

谐振变换器一般采用频率调制方法，即所谓变频控制。根据开关频率f_s与谐振频率f_r的关系，可以分为三种工作方式：$f_s<f_r/2$，$f_r/2<f_s<f_r$，$f_s>f_r$。

当$f_s<f_r/2$时，谐振单元的谐振周期T_r小于半个开关周期$T_s/2$，因此谐振单元在半个开关周期内可以完成一个完整的谐振周期，如图4-12a所示。如果开关管的导通时间小于T_r，则电流i_{AB}（见图4-11）由负半周回零后不能正向流动，它将变成断续。也就是说，变换器工作在电流断续模式，此时，开关管是零电流开通和零电流关断的，即它实现了ZCS。

如果谐振频率不变，将开关频率升高，使它满足$f_r/2<f_s<f_r$，那么谐振单元在半个开关周期内无法完成一个谐振周期，当开关周期正半周结束时，谐振电流处于负半周，即i_{AB}为

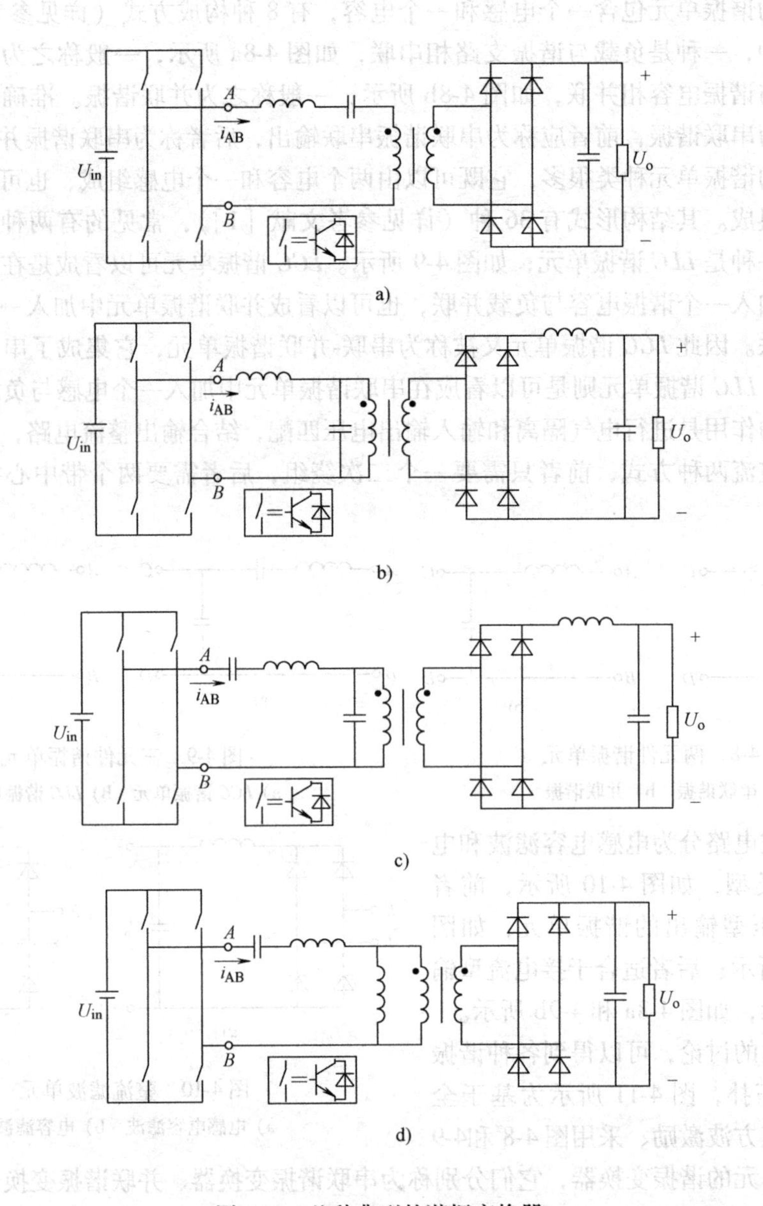

图4-11 几种典型的谐振变换器

a）串联谐振变换器 b）并联谐振变换器 c）*LCC* 谐振变换器 d）*LLC* 谐振变换器

负。如图4-13a所示，此时开关管 VT_1 和 VT_4 的反并二极管 VD_1 和 VD_4 导通，那么 VT_1 和 VT_4 可以实现零电流关断。当 VT_1 和 VT_4 关断后，VT_2 和 VT_3 需要开通，此时 VD_1 和 VD_4 存在反向恢复，因此 VT_2 和 VT_3 是硬开通，存在开通损耗和较大的电流尖峰，如图4-13b所示。当 $f_r/2<f_s<f_r$ 时，谐振单元电流是连续的，其相位超前于谐振单元电压 u_{AB}，因此谐振单元呈容性。

如果谐振频率不变，将开关频率进一步升高，当 $f_s>f_r$ 时，谐振单元在半个开关周期内无法完成半个谐振周期。当开关周期正半周结束时，谐振电流处于正半周，也就是说，i_{AB} 为正，如图4-14a所示。此时关断 VT_1 和 VT_4，则同一桥臂开关管的反并二极管 VD_2 和 VD_3

导通，为 VT_2 和 VT_3 创造零电压开通的条件。如果在开关管两端并联电容，则开关管可以实现零电压关断。也就是说，开关管可以实现ZVS。当 $f_s>f_r$ 时，谐振单元电流工作在电流连续模式，且其相位滞后于谐振单元电压 u_{AB}，因此谐振单元呈感性。

需要说明的是，在稳定工作时，在 $f_r/2<f_s<f_r$ 和 $f_s>f_r$ 两种情况下，谐振单元电流 i_{AB} 并不是如图4-12所示的从零开始，但不影响上面的结论，即当 $f_s<f_r/2$ 时，谐振电感电流断续，开关管实现ZCS；当 $f_r/2<f_s<f_r$ 时，谐振单元呈容性，开关管实现零电流关断，但是为硬开通；当 $f_s>f_r$ 时，谐振单元呈感性，开关管实现ZVS。

谐振变换器工作在何种频率范围，需要根据输入电压、输出电压、输出功率等实际情况来选择。

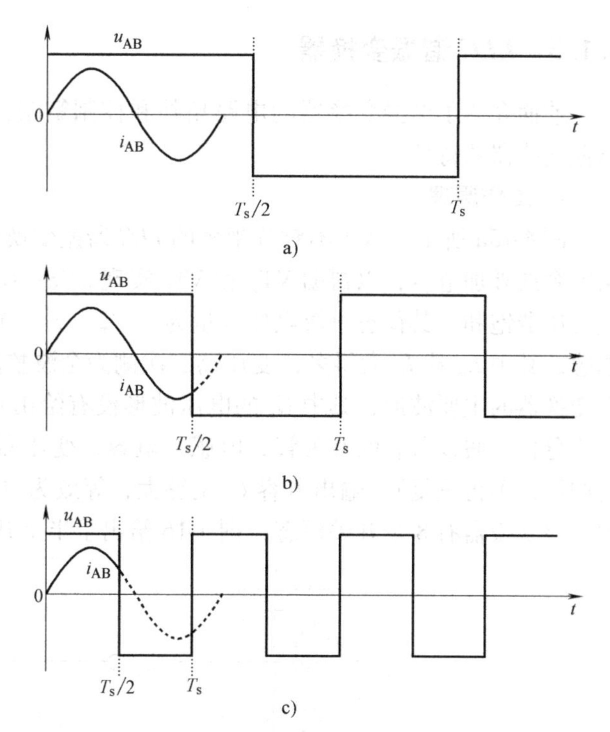

图4-12 不同开关频率时的谐振单元电压和电流波形

a) $f_s<f_r/2$ b) $f_r/2<f_s<f_r$ c) $f_s>f_r$

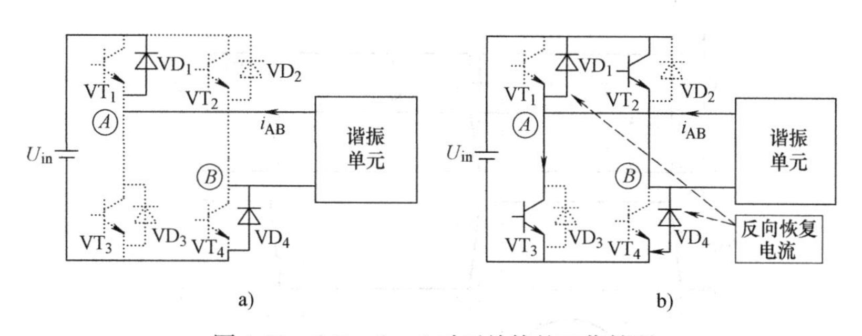

图4-13 $f_r/2<f_s<f_r$ 时开关管的工作情况

a) 关断 b) 开通

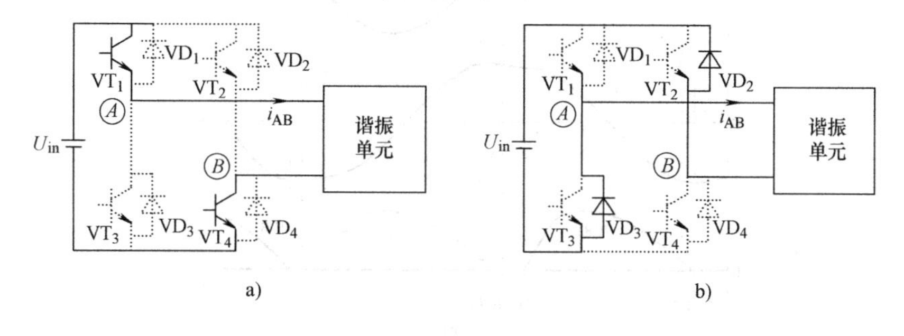

图4-14 $f_s>f_r$ 时开关管的工作情况

a) 关断 b) 开通

4.1.3 *LLC* 谐振变换器

前面介绍了谐振变换器的电路拓扑和控制策略，下面以 *LLC* 谐振变换器为例，来分析谐振变换器的特性。

1. 工作原理

图 4-15a 所示为基于不对称半桥的 *LLC* 谐振变换器，其中 C_1 和 C_2 分别为 VT_1 和 VT_2 的结电容或外加电容，以帮助 VT_1 和 VT_2 实现 ZVS；C_r 起两个作用，一个是隔直作用，以防止变压器饱和，其稳态直流电压分量为 $U_{in}/2$，另一个是作为谐振电容；L_r 和 L_m 是两个谐振电感，其中 L_m 比 L_r 大得多；变压器二次侧为全波整流加电容滤波。图 4-15b 所示为 *LLC* 谐振变换器的主要波形，其中 C_r 的电压波形没有给出直流分量。下面分析其工作原理，为了简化分析，假设所有的开关管、电感、电容、变压器均为理想元器件（本章以下内容均为此假设，不再重复），输出电容 C_f 足够大，等效为电压值为 U_o 的电压源。在一个开关周期中，该变换器有 8 个开关模态，图 4-16 给出了半个开关周期内 4 个开关模态的等效电路。

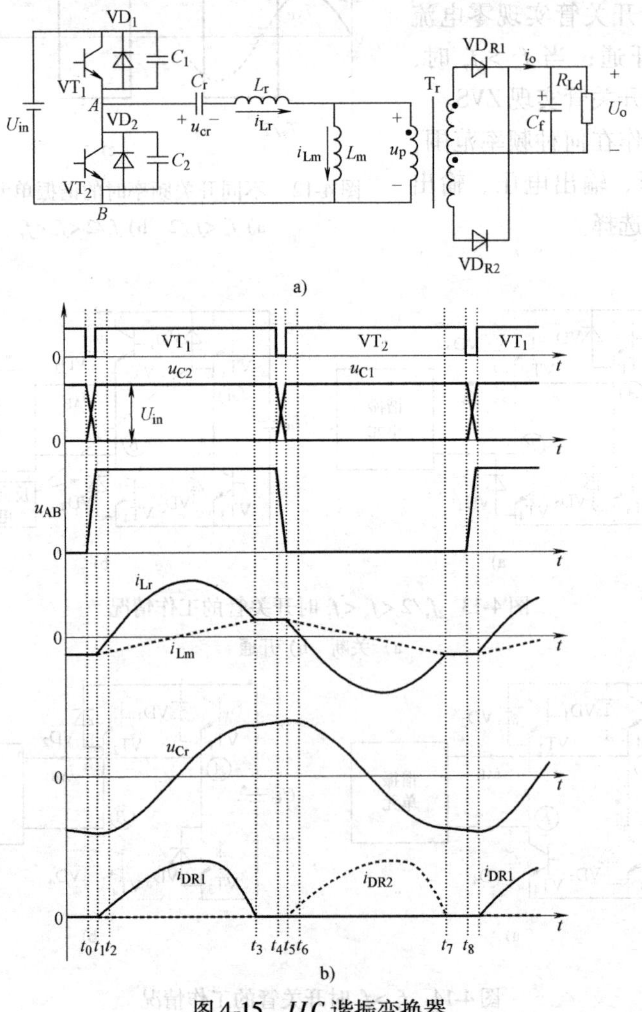

图 4-15 *LLC* 谐振变换器

a）主电路 b）主要波形

在 t_0 时刻之前，VT_1 截止，VT_2 导通，两个谐振电感电流相等，流过 VT_2，变压器原二次侧均无电流，负载由输出电容供电。在 t_0 时刻，关断 VT_2，如图4-16a所示，此时谐振电感电流 i_{Lr} 给 C_2 充电，同时给 C_1 放电，由于 C_2 和 C_1 的缓冲作用，VT_2 是零电压关断。由于这段时间很短，可近似认为 i_{Lr} 和 i_{Lm} 均保持不变，因此负载依然由输出电容供电。在 t_1 时刻，C_2 的电压上升到 U_{in}，C_1 的电压下降到0，反并二极管 VD_1 导通，这时可以零电压开通 VT_1。

从 t_1 时刻开始，VD_1 导通，加在 A、B 两点的电压为 U_{in}，如图4-16b所示。C_r 电压的直流分量为 $U_{in}/2$，因此加在谐振单元上的电压为 $U_{in}-U_{in}/2=U_{in}/2$。i_{Lr} 和 i_{Lm} 开始增加，整流管 VD_{R1} 导通，将变压器一次电压箝在 U_o/n（n 为变压器一二次绕组匝比），使 i_{Lm} 线性增加，而 C_r 和 L_r 谐振工作。在 t_2 时刻，i_{Lr} 过零，开始流过 VT_1，如图4-16c所示，其工作情况和［t_1，t_2］时段相同。

在 t_3 时刻，i_{Lr} 谐振减小到与 i_{Lm} 相等，此时变压器一次电流 i_p 减小到零，整流管 VD_{R1} 自然截止，不存在反向恢复问题，负载由输出电容供电，如图4-16d所示。在［t_3，t_4］时段内，C_r 与 L_r 和 L_m 谐振工作，由于 L_m 较大，i_{Lr} 近似保持不变，C_r 被恒流充电。

在 t_4 时刻，关断 VT_1，开始另一个半周期的工作，其工作原理与前面描述的一样，这里不再赘述。

从上面的分析可以看出，*LLC* 谐振变换器具有以下特点：①开关管实现了ZVS；②输出整流管实现了ZCS，避免了反向恢复问题，其电压应力仅为 $2U_o$，有利于选择低压二极管；③两个谐振电感可分别用变压器的漏感和励磁电感代替，因此它们可以与变压器集成在一起，电路结构十分简单。

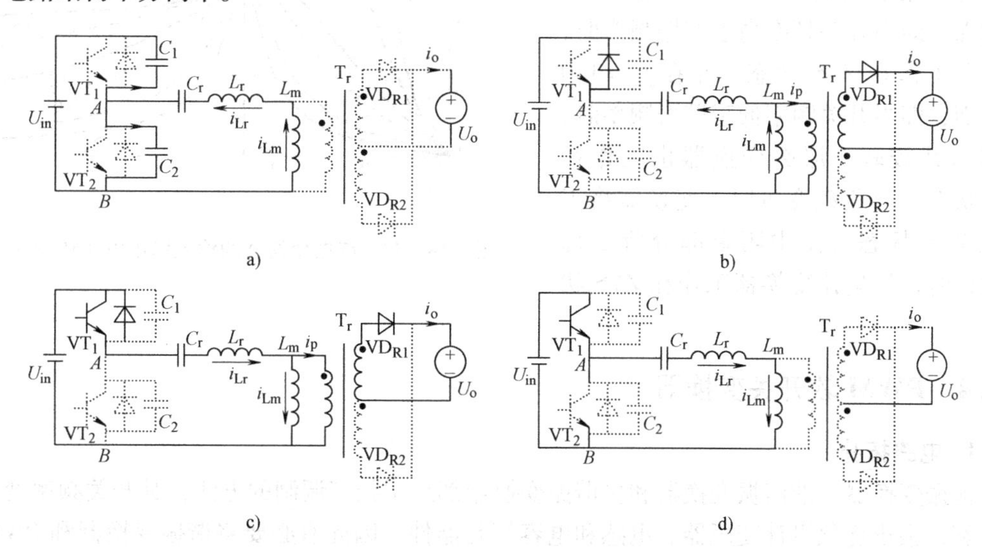

图4-16 各开关模态的等效电路

a)［t_0，t_1］ b)［t_1，t_2］ c)［t_2，t_3］ d)［t_3，t_4］

2. 基本特性

输入输出电压传输比是谐振变换器的一个重要特性，是设计元器件参数的重要依据，它与开关频率、负载大小相关。谐振变换器的分析方法一般采用基波分量简化法，它假设只有开关频率的基波分量才传输能量，这样谐振变换器就可以简化为一个线性电路来分析。

LLC 谐振变换器可以简化为图4-17所示的线性电路，其中 E_{in} 和 E_o 均为开关频率基波有

效值，它们与输入电压 U_{in} 和输出电压 U_o 的关系分别为[3] $E_{in}=\frac{2\sqrt{2}}{\pi}\frac{U_{in}}{2}$，$E_o=\frac{2\sqrt{2}}{\pi}nU_o$。等效电阻 R_{ac} 和负载电阻 R_{Ld} 的关系为[3] $R_{ac}=\frac{8n^2}{\pi^2}R_{Ld}$。根据上述关系，并结合图4-17所示，可以得到

$$\frac{nU_o}{U_{in}/2}=\frac{E_o}{E_{in}}=\frac{Kf_n^2}{[(1+K)f_n^2-1]+jKf_nQ(f_n^2-1)\frac{\pi^2}{8n^2}} \tag{4-1}$$

式中，$f_n=f_s/f_r$，是标幺值频率，其中 f_s 是开关频率，$f_r=1/(2\pi\sqrt{L_rC_r})$ 是谐振频率；$K=L_m/L_r$，是两个谐振电感之比；$Q=Z_r/R_{Ld}$，是谐振电路的品质因数，其中 $Z_r=\sqrt{L_r/C_r}$，是特征阻抗。

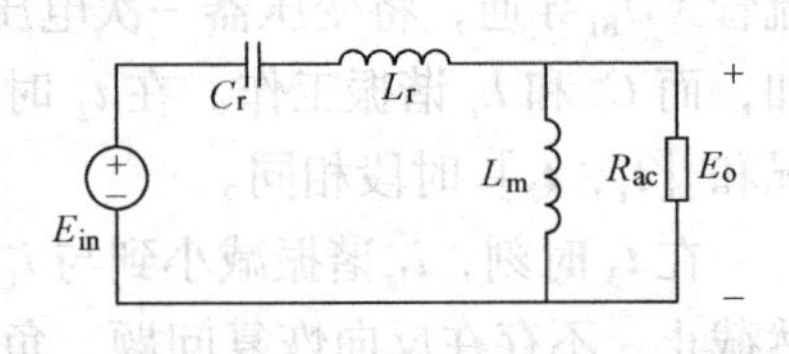

图4-17　LLC 谐振变换器的简化电路

根据式（4-1），可以绘出 LLC 谐振变换器的输入输出电压传输比曲线，如图4-18所示，其中 $n=1$，$K=4$。从图中可以看出，当开关频率等于谐振频率 f_r 时，无论负载多大，变换器的电压传输比均为1，这是因为此时 L_r 和 C_r 谐振支路的阻抗为零，电源激励直接加在变压器一次侧，将电压传输到负载，与谐振电感 L_m 也无关。在 $f_n=1.0$ 的右面，即当开关频率高于谐振频率时，变换器工作在 ZVS 状态；而在 $f_n=1.0$ 的左面，即当开关频率低于谐振频率时，如果负载较轻，那么变换器也工作在 ZVS 状态，当负载变重时，变换器将工作在 ZCS 状态（图中阴影部分所示）。在设计时，尽量让变换器工作在 ZVS 状态。

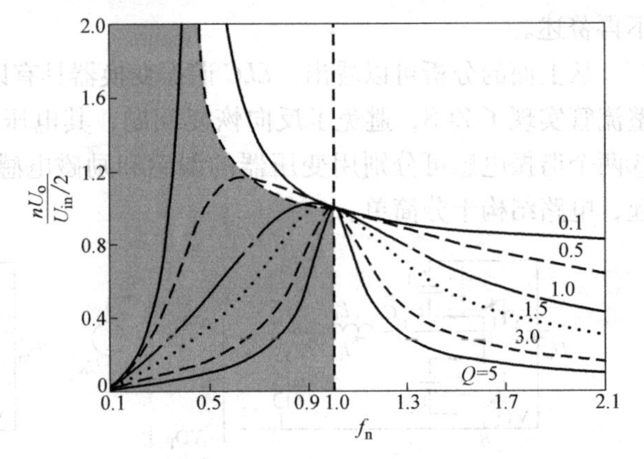

图4-18　LLC 谐振变换器的输入输出电压传输比

4.1.4　PWM 软开关变换器

1. 电路拓扑

谐振变换器、准谐振变换器和多谐振变换器都采用频率调制的方法，其开关频率变化范围较宽，很难优化设计变压器、电感和电容等元器件。因此有必要将谐振变换器和 PWM 变换器结合起来，既可以实现软开关，又可以实现恒频开关。PWM 软开关变换器在准谐振变换器的基础上，加入辅助开关管，将谐振元器件的谐振过程切分为两个阶段。当主开关管需要开关时，辅助开关管先工作，让谐振元件谐振，为主开关管创造软开关的条件，因此主开关管可以实现 PWM 控制。虽然该类变换器中谐振元器件不是一直谐振工作，但谐振电感串联在主功率回路中，损耗较大。同时，与准谐振变换器一样，开关管和谐振元器件的电压应力和电流应力很高。

ZVT 和 ZCT 变换器是在 PWM 控制变换器的基础上，加入辅助电路，当主开关管开关

时，辅助电路短时间工作，为主开关管创造软开关的条件。ZVT PWM 变换器的基本思路是给主开关管并联一个缓冲电容，以实现其零电压关断。在主开关管开通之前，采用辅助电路将缓冲电容上的电荷释放到零，然后再开通主开关管，就实现了零电压开通。图 4-19 和图 4-20 分别给出了一族不隔离和隔离的 ZVT PWM 变换器的电路拓扑，其中辅助电路由辅助开关管 VT_a、辅助二极管 VD_a、缓冲电容 C_r 和辅助电感 L_a 组成，在 SEPIC 和 Zeta 变换器和隔离式变换器中，辅助电感替换为一个反激变压器，这里为了统一，仍然将其标注为 L_a。

2. 工作原理

下面以 Boost ZVT PWM 变换器为例，来介绍 ZVT PWM 变换器的工作原理。如图 4-19b 所示，输入电压 U_{in}、主开关管 VT、升压二极管 VD、升压电感 L_b 和滤波电容 C_f 组成基本的 Boost 变换器，C_r 是缓冲电容，它包括了 VT 的结电容，VD_Q 是 VT 的体二极管；虚框内部分为辅助电路。

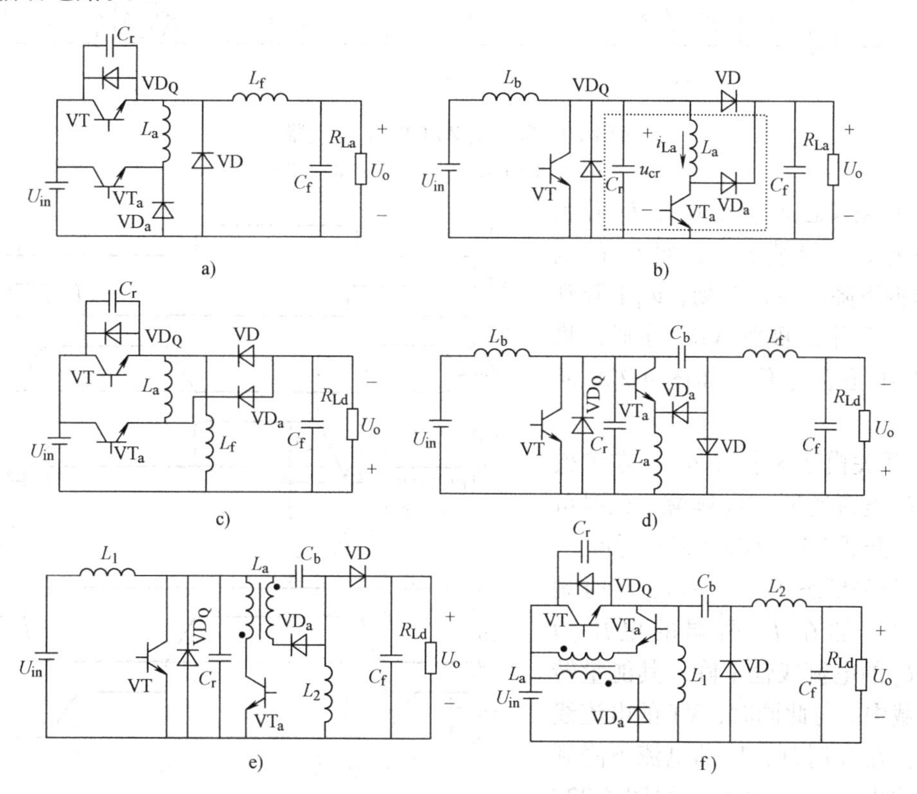

图 4-19　不隔离的 ZVT PWM 变换器

a) Buck　b) Boost　c) Buck- Boost　d) Cuk　e) SEPIC　f) Zeta

图 4-21 所示为 Boost ZVT PWM 变换器的主要波形图，在一个开关周期中，该变换器有 7 种开关模态。升压电感 L_b 和滤波电容 C_f 一般很大，在一个开关周期中，其电流和电压分别保持 I_{in} 和 U_o 不变。

1）开关模态 1 ［t_0，t_1］：在 t_0 时刻之前，主开关管 VT 和辅助开关管 VT_a 处于截止状态，升压二级管 VD 导通。在 t_0 时刻，开通 VT_a，辅助电感电流 i_{La} 从 0 开始线性上升，而 VD 的电流开始线性下降。在 t_1 时刻，i_{La} 上升到 I_{in}，VD 的电流减小到 0 后自然关断，如图 4-22a 所示。

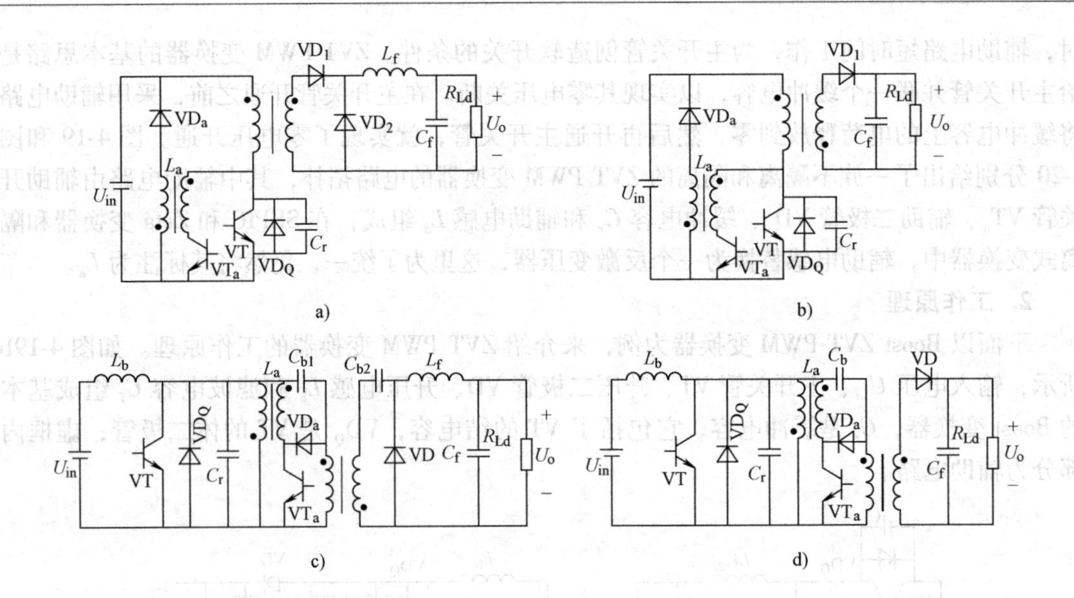

图 4-20 隔离的 ZVT PWM 变换器

a) Forward b) Flyback c) Cuk d) SEPIC

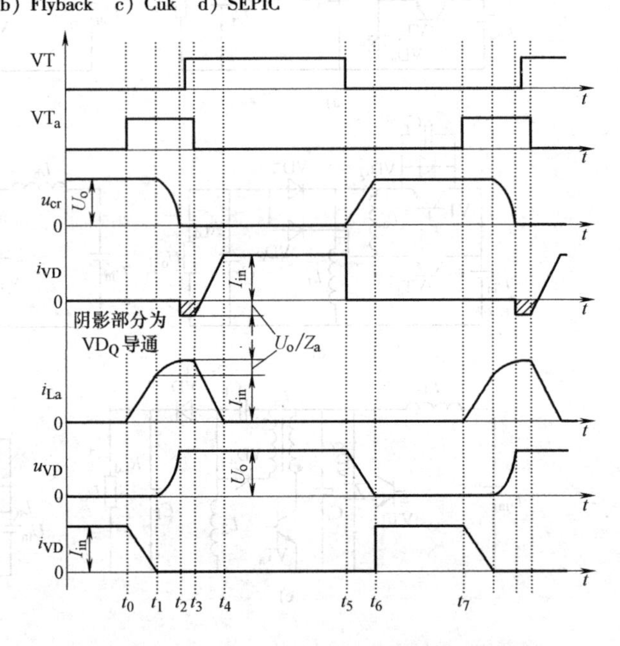

图 4-21 Boost ZVT PWM 变换器的主要波形图

2）开关模态 2 $[t_1, t_2]$：L_a 开始与 C_r 谐振，i_{La} 继续上升，而 C_r 的电压 u_{cr} 谐振下降。在 t_2 时刻，u_{cr} 下降到 0，VT 的反并二极管 VD_Q 导通，将 VT 的电压箝在零位，如图 4-22b 所示。

3）开关模态 3 $[t_2, t_3]$：在该模态中，L_a 电流通过 VD_Q 续流，此时可以零电压开通 VT，如图 4-22c 所示。

4）开关模态 4 $[t_3, t_4]$：t_3 时刻关断 VT_a，加在 L_a 两端的电压为 $-U_o$，L_a 的电流线性下降，其能量转移到负载中。与此同时，VT 的电流线性上升。在 t_4 时刻，L_a 的电流下降到 0，VT 的电流上升到 I_{in}，如图 4-22d 所示。

5）开关模态 5 $[t_4, t_5]$：在此模态中，VT 导通，VD 关断。升压电感电流流过 VT，滤波电容给负载供电，如图 4-22e 所示。

6）开关模态 6 $[t_5, t_6]$：在 t_5 时刻关断 VT，此时升压电感电流给 C_r 充电，C_r 的电压从 0 开始线性上升。由于 C_r 的存在，VT 是零电压关断。在 t_6 时刻，C_r 的电压上升到 U_o，VD 自然导通，如图 4-22f 所示。

7）开关模态 7 $[t_6, t_7]$：该模态与基本的 Boost 电路一样，L_b 和 U_{in} 给滤波电容 C_f 和负载供电，如图 4-22g 所示。

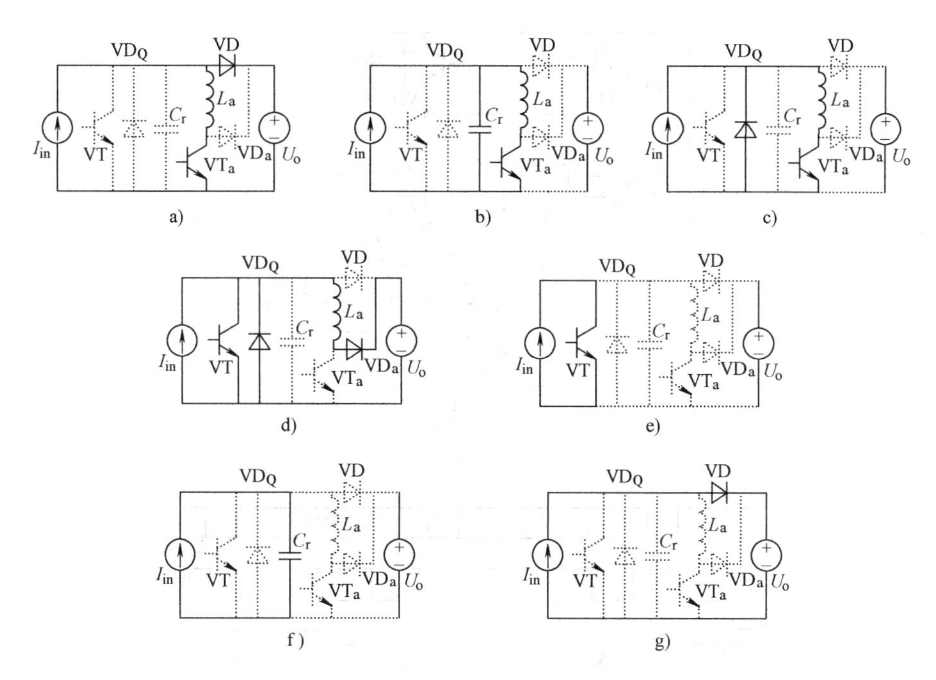

图4-22　在不同开关状态下的等效电路

a) $[t_0, t_1]$　b) $[t_1, t_2]$　c) $[t_2, t_3]$　d) $[t_3, t_4]$　e) $[t_4, t_5]$　f) $[t_5, t_6]$　g) $[t_6, t_7]$

在 t_7 时刻，VT_a 开通，开始另一个开关周期。

从上面的分析可以看出，Boost ZVT PWM 变换器具有以下优点：①在任意负载和输入电压范围内，主开关管均可实现 ZVS；②升压二极管实现了 ZCS，消除了反向恢复问题；③主开关管和升压二极管的电压、电流应力与其基本电路一样；④辅助开关管是零电流开通，但有容性开通损耗；⑤辅助电路工作时间很短，其电流有效值和损耗小；⑥实现了恒频工作。

4.1.5　移相控制全桥变换器

全桥变换器广泛应用于中大功率的场合，实现其 PWM 软开关的控制方法和电路拓扑很多，可以归纳为两类：一类是所有开关管实现 ZVS；另一类是一个桥臂实现 ZVS，另一个桥臂实现 ZCS，其控制方法都可以采用移相控制。

1. 工作原理

下面介绍移相控制 ZVS 全桥变换器，其电路结构及主要波形如图4-23所示，其中四只开关管 VT_1 ~ VT_4 及其反并二极管 VD_1 ~ VD_4 和并联电容 C_1 ~ C_4 组成逆变桥，L_r 是谐振电感，它包括了变压器的一次侧漏感。每个桥臂的两个功率管180°互补导通，两个桥臂的导通角相差一个相位，即移相角，通过调节移相角的大小来调节输出电压。VT_1 和 VT_3 分别超前于 VT_4 和 VT_2 一个相位，称 VT_1 和 VT_3 组成的桥臂为超前桥臂，VT_2 和 VT_4 组成的桥臂则为滞后桥臂。

在一个开关周期中，该变换器有12种开关模态。在分析中，假设 $C_1 = C_3 = C_{lead}$，$C_2 = C_4 = C_{lag}$。输出滤波电感 L_f 一般很大，可等效为电流为 I_o 的恒流源。图4-24所示为该变换器在不同开关模态下的等效电路。

1）开关模态1 $[t_0, t_1]$：在 t_0 时刻之前，VT_1 和 VT_4 导通，U_{in} 向负载传递能量。在 t_0

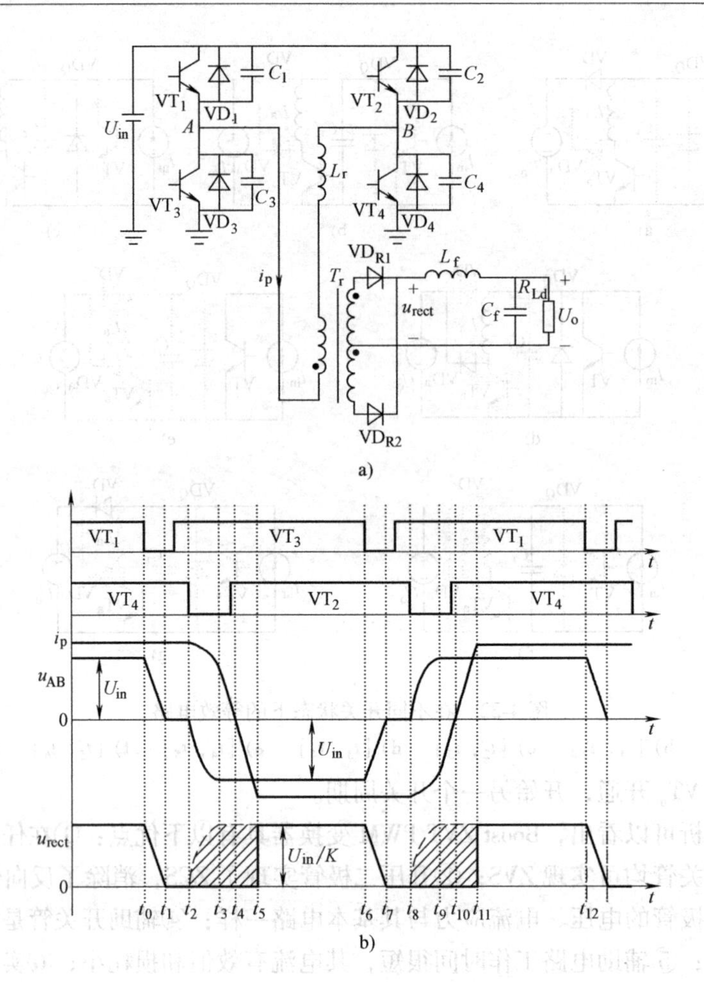

图4-23　主电路及主要波形

a）主电路　b）主要波形

时刻关断 VT_1，i_p 给 C_1 充电，同时 C_3 被放电。由于有 C_1 和 C_3，VT_1 是零电压关断。在这个时段里，L_f 反射到一次侧与 L_r 串联，因此 $i_p=I_o/K$，其中 K 为变压器一、二次匝比。C_1 电压线性上升，C_3 电压线性下降。在 t_1 时刻，C_3 电压下降到零，VT_3 的反并二极管 VD_3 自然导通，如图4-24a 所示。

2）开关模态2［t_1，t_2］：VD_3 导通后，可以零电压开通 VT_3。在这段时间里，$u_{AB}=0$，变换器工作在零状态，$i_p=I_o/K$，如图4-24b 所示。

3）开关模态3［t_2，t_3］：在 t_2 时刻，关断 VT_4，i_p 给 C_4 充电，同时给 C_2 放电。由于 C_2 和 C_4 的存在，VT_4 是零电压关断。此时 $u_{AB}=-u_{C4}$，u_{AB}的极性自零变为负，变压器二次绕组电动势下正上负，这时整流二极管 VD_{R2} 导通，二次绕组 L_{s2} 中开始流过电流。整流管 VD_{R1} 和 VD_{R2} 同时导通，将变压器二次绕组短接，使其电压为零，一次绕组电压也相应为零，u_{AB}全部加在 L_r 上。因此在这段时间里，L_r 和 C_2、C_4 在谐振工作。在 t_3 时刻，C_4 的电压上升到 U_{in}，VD_2 自然导通，如图4-24c 所示。

4）开关模态4［t_3，t_4］：VD_2 在 t_3 时刻自然导通后，将 VT_2 的电压箝在零位，此时可以零电压开通 VT_2。虽然此时 VT_2 已开通，但它不流过电流，i_p 由 VD_2 流通。谐振电感的储

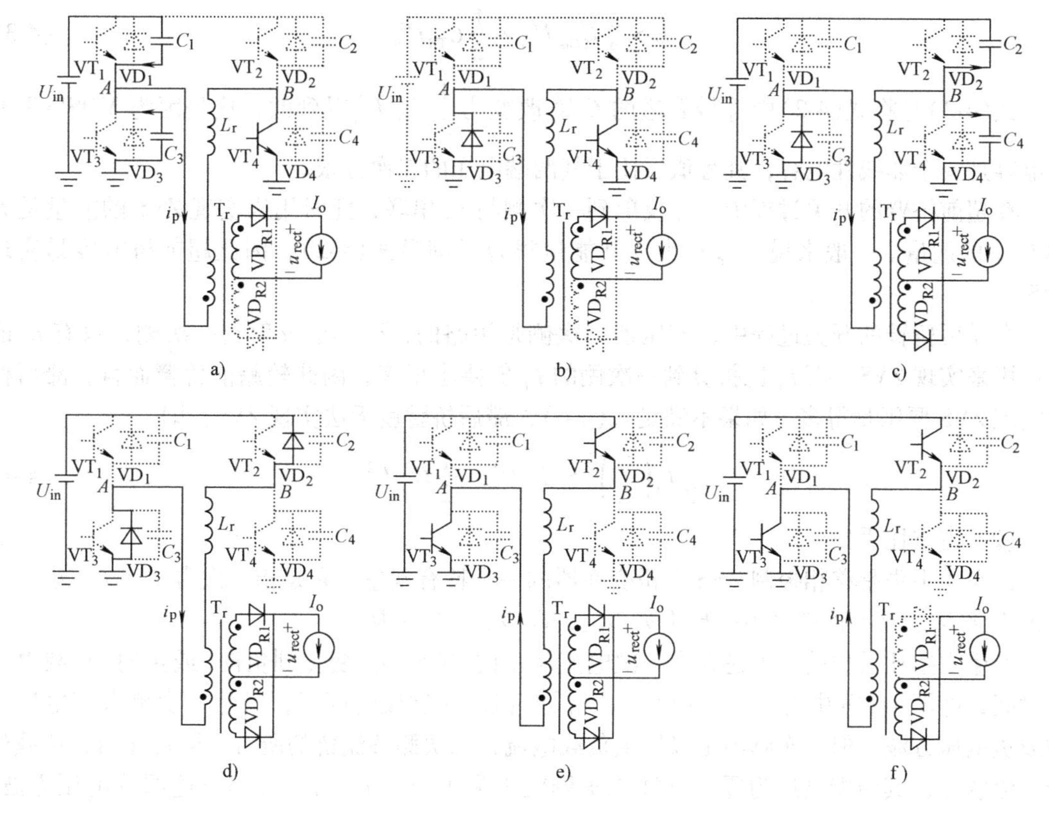

图 4-24　各种开关状态的等效电路

a) $[t_0, t_1]$　b) $[t_1, t_2]$　c) $[t_2, t_3]$　d) $[t_3, t_4]$　e) $[t_4, t_5]$　f) $[t_5, t_6]$

能回馈给输入电源。由于二次侧两个整流管同时导通，因此变压器一、二次绕组电压均为零，这样 U_{in}全部加在 L_r 上，i_p 线性下降。在 t_4 时刻，i_p 下降到零，二极管 VD_2 和 VD_3 自然关断，VT_2 和 VT_3 中开始流过电流，如图 4-24d 所示。

5）开关模态 5 $[t_4, t_5]$：在 t_4 时刻，i_p 由正值过零，并且向负方向增加，流过 VT_2 和 VT_3。由于 i_p 仍不足以提供负载电流，负载电流仍由两个整流管提供回路，因此一次绕组电压仍然为零，加在 L_r 上的电压是 U_{in}，i_p 反向线性增加。到 t_5 时刻，$i_p = -I_o/K$，VD_{R1}关断，VD_{R2}流过全部负载电流。

6）开关模态 6 $[t_5, t_6]$：在这段时间里，U_{in}给负载供电，$i_p = -I_o/K$。

在 t_6 时刻，关断 VT_3，变换器开始另一半周期的工作，工作情况类似于上述半个周期。

2. 主要特性

(1) 开关管的 ZVS 实现

由上面的分析可知，并联电容用来实现开关管的零电压关断，但要实现零电压开通，必须要在开关管开通之前，将其电荷放到零，因此需要足够的能量来抽走即将开通的开关管并联电容上的电荷；给同一桥臂关断开关管的并联电容充电；如果考虑变压器的一次绕组电容，还要一部分能量来抽走其上的电荷。也就是说，必须满足下式

$$E > \frac{1}{2}C_iU_{in}^2 + \frac{1}{2}C_iU_{in}^2 + \frac{1}{2}C_{TR}U_{in}^2 = C_iU_{in}^2 + \frac{1}{2}C_{TR}U_{in}^2 \quad i = \text{lead, lag} \tag{4-2}$$

如果开关管是 MOSFET，利用自身结电容来实现 ZVS，那么上式可变为

$$E > \frac{4}{3}C_{\text{Mos}}U_{\text{in}}^2 + \frac{1}{2}C_{\text{TR}}U_{\text{in}}^2 \tag{4-3}$$

式(4-3)是将式(4-2)中等号右边的 $C_iU_{\text{in}}^2$ 改变为$\frac{4}{3}C_{\text{Mos}}U_{\text{in}}^2$得到的，这是因为 MOSFET 的结电容是一个非线性电容，其容值反比于其两端电压的二次方根。

在超前桥臂的开关过程中，L_{f} 反射到一次侧与 L_{r} 串联，此时用来实现 ZVS 的能量是 L_{r} 和 L_{f} 中的能量。一般来说，L_{f} 很大，其能量很容易满足式(4-2)，因此超前桥臂容易实现 ZVS。

在滞后桥臂的开关过程中，变压器二次侧是短路的，L_{f} 不能反射到一次侧，只有 L_{r} 的能量用来实现 ZVS。而 L_{r} 比折算到一次侧的 L_{f} 值要小得多，因此较超前桥臂而言，滞后桥臂实现 ZVS 要困难得多。如果不满足式(4-4)，滞后桥臂就无法实现 ZVS，即

$$\frac{1}{2}L_{\text{r}}\left(\frac{I_{\text{o}}}{K}\right)^2 > C_{\text{lag}}U_{\text{in}}^2 + \frac{1}{2}C_{\text{TR}}U_{\text{in}}^2 \tag{4-4}$$

(2) 占空比丢失

占空比丢失是移相控制 ZVS 全桥变换器的一个特有现象，它是指二次占空比 D_{sec} 小于一次占空比 D_{p}，其差值就是占空比丢失 D_{loss}，即 $D_{\text{loss}} = D_{\text{p}} - D_{\text{sec}}$。

产生占空比丢失的原因是存在一次电流从正向(或负向)变化到负向(或正向)负载电流的时间，即图 4-23b 中的[t_2，t_5]和[t_8，t_{11}]时段。在这段时间里，虽然一次侧有正电压方波或负电压方波，但一次侧不足以提供负载电流，二次侧整流桥的所有二极管导通，负载处于续流状态，其两端电压为零。这样二次侧就丢失了[t_2，t_5]和[t_8，t_{11}]这部分电压方波，如图 4-23b 中的阴影部分所示，这段时间与开关周期的一半之比就是占空比丢失，即

$$D_{\text{loss}} = \frac{t_{25}}{T_{\text{s}}/2} \tag{4-5}$$

[t_2，t_3]时段一般很短，可以忽略，因此 $t_{25} \approx t_{35} = L_{\text{r}}\left[\frac{I_{\text{o}}}{K} - \left(-\frac{I_{\text{o}}}{K}\right)\right] \Big/ U_{\text{in}}$，代入上式可得:

$$D_{\text{loss}} = \frac{4L_{\text{r}}I_{\text{o}}f_{\text{s}}}{KU_{\text{in}}} \tag{4-6}$$

从式(4-6)可知：L_{r} 越大，D_{loss}越大；负载越大，D_{loss}越大；U_{in}越低，D_{loss}越大。

D_{loss}的产生使 D_{sec}减小，为了得到所要求的输出电压，就必须减小一、二次绕组匝比。而匝比的减小，又带来两个问题：一次电流增加，由此导致开关管电流峰值增加，通态损耗加大；二次整流桥的耐压值要增加。

从式(4-4)可以看出，要想在较宽的负载范围内实现 ZVS，可以增加谐振电感，但谐振电感增加又会带来 D_{loss}的增加，因此是相互矛盾的，需要根据实际情况折衷考虑。

4.2 三电平 DC/DC 变换器

4.2.1 多电平变换器的分类

多电平逆变器的优点是开关管的电压应力低，可以用低压的开关管应用于高压的功率变

换场合。同时，其输出侧可得到多个电平，因此可以减小输出电压的谐波，从而减小输出滤波器。

多电平逆变器可以分为三类：二极管箝位型、飞跨电容型和级联型。图 4-25 所示为这三类多电平逆变器其中一相的电路图。在图 4-25a 中，C_{d1} 和 C_{d2} 是分压电容，VD_{15} 和 VD_{16} 是箝位二极管，当最上面两只开关管导通时，$u_{AN}=U_{in}$；当最下面两只开关管导通时，$u_{AN}=0$；而当中间两只开关管导通时，$u_{AN}=U_{in}/2$。也就是说，u_{AN} 可以得到三种电平，而且开关管电压应力为输入电压的一半。在图 4-25b 中，它没有分压电容和箝位二极管，取而代之的是飞跨电容 C_{fly1}，其稳态电压为 $U_{in}/2$。同样，当上面的两只开关管和下面的两只开关管分别同时导通时，u_{AN} 等于 U_{in} 和 0，当 VT_{12} 与 VT_{14} 导通或者 VT_{11} 与 VT_{13} 导通时，$u_{AN}=U_{in}/2$，因此 u_{AN} 也可以得到三种电平。图 4-25c 所示的电路由两个全桥单元串联而成，在 *AN* 两端可以得到 $\pm 2U_{in}$、$\pm U_{in}$、0 共五种电平，它是一个五电平逆变器，该逆变器不需要分压电容、箝位二极管或飞跨电容，但需要多个独立的电源。在图 4-25 的基础上可以得到多电平逆变器。

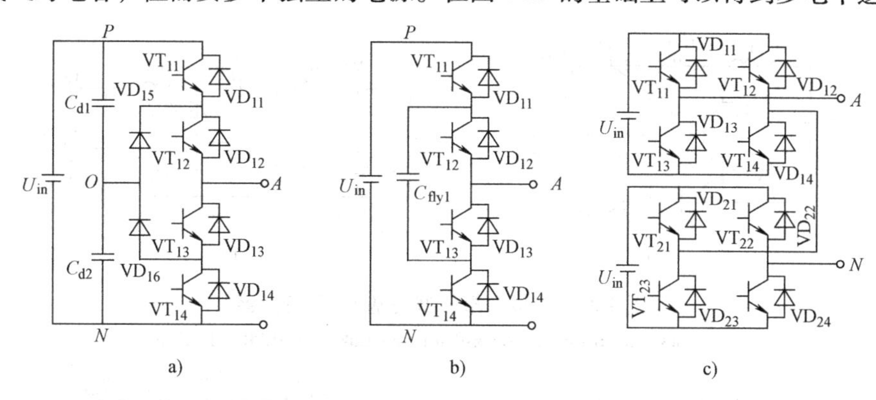

图 4-25　多电平逆变器

a) 二极管箝位型　b) 飞跨电容型　c) 级联型

多电平 DC/DC 变换器是在多电平逆变器的基础上发展而来的，按照输入与输出是否具有电气隔离功能，可分为基本型和电气隔离型两类；按照箝位方式主要分为二极管箝位型和飞跨电容型两种。下面重点介绍三电平(Three-level，TL)DC/DC 变换器。

4.2.2　基本的三电平变换器

基本的 TL 变换器包括 Buck、Boost、Buck-Boost、Cuk、SEPIC 和 Zeta 六种，如图 4-26 和图 4-27 所示，它们分别为二极管箝位型和飞跨电容型。在图 4-26 中，C_{d1} 和 C_{d2} 为输入分压电容，C_{f1} 和 C_{f2} 为输出分压电容，C_{b1} 和 C_{b2} 为中间储能分压电容。而 VD_1 和 VD_2 为箝位二极管，它同时也承担原来变换器的作用，比如在 Buck TL 变换器中，VD_1 和 VD_2 还起着续流作用。在图 4-27 中，这些变换器都没有分压电容和箝位二极管，但它们都有一个飞跨电容 C_{fly}。请注意，图 4-26 中变换器的输入和输出不共地，而图 4-27 中则是共地的。

下面以 Buck 和 Boost 两种二极管箝位型的 TL 变换器为例，来阐述这类变换器的特点。

1. Buck TL 变换器

图 4-28 所示为 Buck TL 变换器的主电路，其中 C_{d1} 和 C_{d2} 为分压电容，其容量很大且相等，均分输入电压 U_{in}。VT_1、VT_2 是开关管，VD_1 和 VD_2 是续流二极管，L_f 是滤波电感，C_f 是滤波电容，R_{Ld} 是负载。VT_1 和 VT_2 交错工作，其驱动信号相差 180°相角。

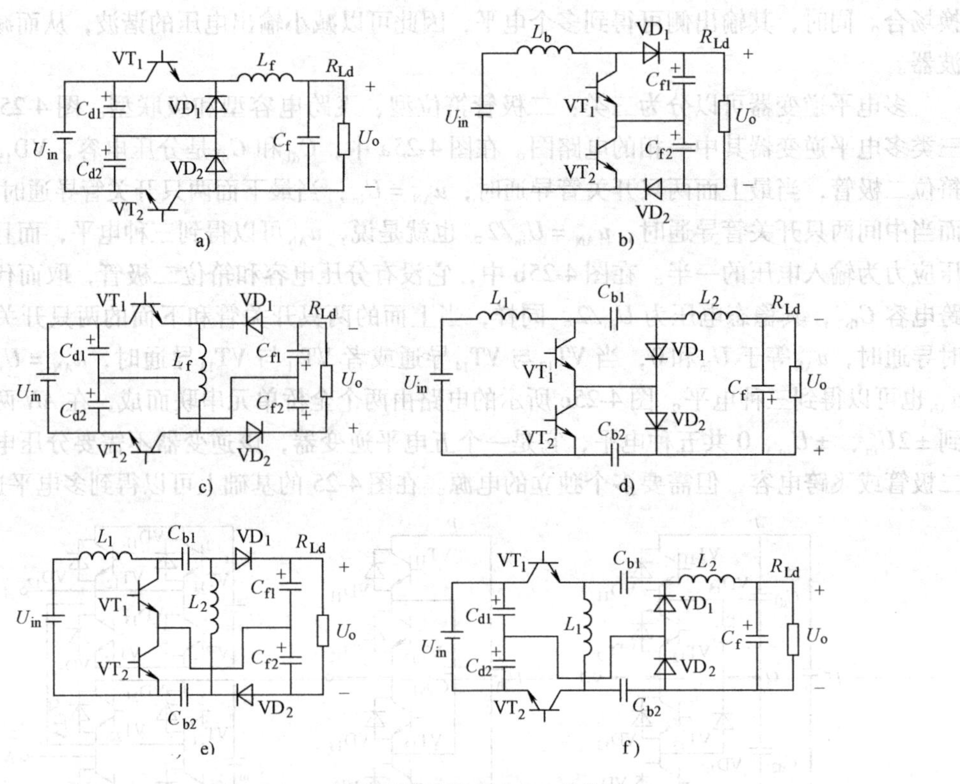

图 4-26 二极管箝位型的基本 TL 变换器

a) Buck b) Boost c) Buck-Boost d) Cuk e) SEPIC f) Zeta

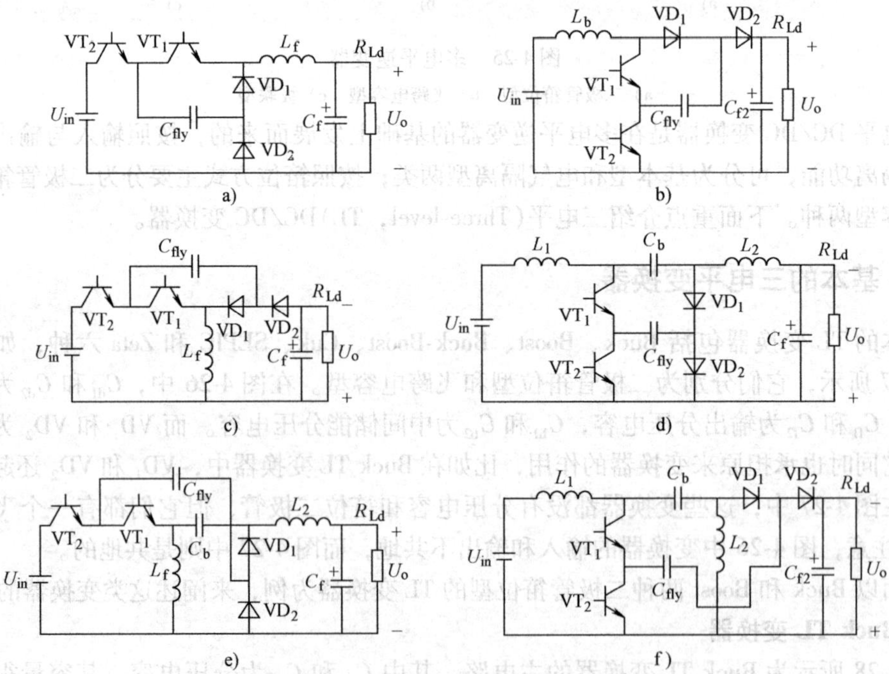

图 4-27 飞跨电容型基本 TL 变换器

a) Buck b) Boost c) Buck-Boost d) Cuk e) SEPIC f) Zeta

（1）工作原理

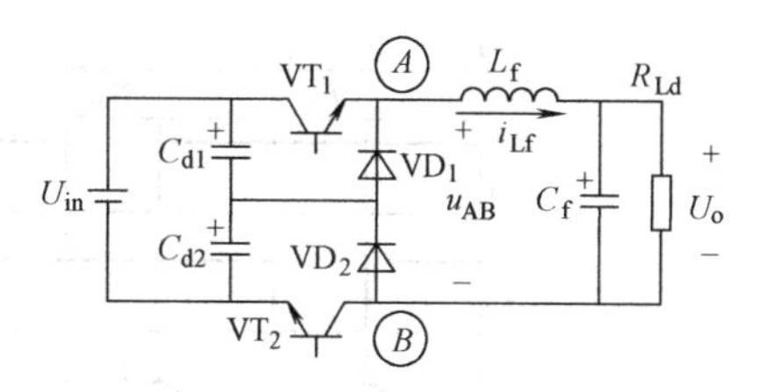

图4-28　Buck TL变换器

当电感电流连续或断续时，Buck TL变换器的工作原理有所不同。当开关管的占空比 D 大于0.5和小于0.5时，变换器工作模式也有所不同，下面分别加以分析。为了简化分析，假设所有开关管、二极管、电感、电容均为理想器件和元件；$C_{d1}=C_{d2}$ 且足够大，等效为两个电压为 $U_{in}/2$ 的电压源；输出电容足够大，等效为电压源 U_o。图4-29所示为不同开关模态的等效电路。

先分析电感电流连续的情况。当 $D \geqslant 0.5$ 时，其主要波形如图4-30a所示。在一个开关周期内，变换器有四个开关模态。在$[t_0, t_1]$时段，VT_1 和 VT_2 同时导通，AB 两点间电压为 U_{in}，VD_1 和 VD_2 上的电压为 $U_{in}/2$，滤波电感 L_f 的电流线性增加，如图4-29a所示。在$[t_1, t_2]$时段，VT_2 截止，VD_2 导通。$u_{AB}=U_{in}/2$，VT_2 和 VD_1 上电压为 $U_{in}/2$，L_f 电流线性下降，如图4-29b所示。$[t_2, t_3]$时段与$[t_0, t_1]$时段相同，$[t_3, t_4]$时段的工作原理与$[t_1, t_2]$时段类似，如图4-29c所示这里不再赘叙。

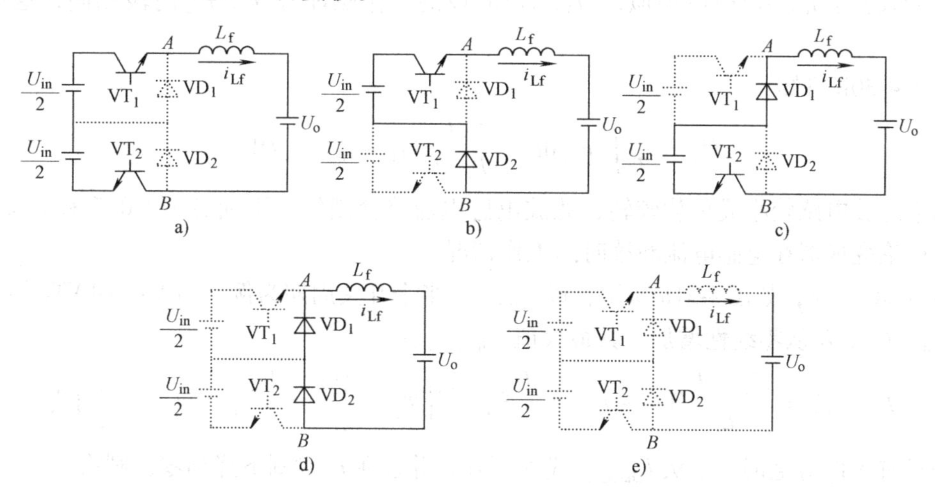

图4-29　不同开关模态的等效电路

a）VT_1 和 VT_2 同时导通　b）VT_1 导通，VT_2 关断　c）VT_2 导通，VT_1 关断

d）VT_1 和 VT_2 同时关断　e）电感电流等于零

由图4-30a可知：

$$U_o = \frac{1}{T_s}\int_{t_0}^{t_4} u_{AB}\,\mathrm{d}t = \frac{2}{T_s}\left[U_{in}(t_1-t_0)+\frac{U_{in}}{2}(t_2-t_1)\right] = \frac{2}{T_s}\left[U_{in}\frac{T_{on}-T_{off}}{2}+\frac{U_{in}}{2}T_{off}\right] = DU_{in} \tag{4-7}$$

式中，$T_s=1/f_s$ 是开关周期；f_s 是开关频率；T_{on} 为开关管的导通时间，T_{off} 为开关管的截止时间；$D=T_{on}/T_s$ 为占空比。

当 $D<0.5$ 时，变换器的主要波形如图4-30b所示，同样，在一个开关周期内包括四个开关模态。在$[t_0, t_1]$时段（见图4-29b），VT_1 导通，VT_2 截止，VD_2 导通，$u_{AB}=U_{in}/2$，VT_2 和 VD_1 上的电压为 $U_{in}/2$，L_f 的电流线性增加。在$[t_1, t_2]$时段（见图4-29d），VT_1 截止，VD_1、VD_2 导通。$u_{AB}=0$，VT_1、VT_2 两端电压均为 $U_{in}/2$，L_f 的电流线性下降。$[t_2, t_3]$时段

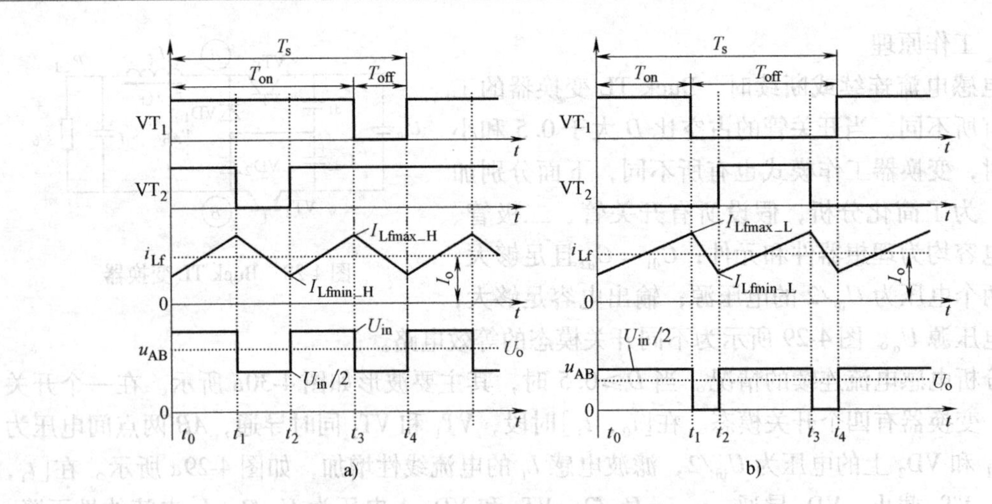

图 4-30　电感电流连续时 Buck TL 变换器的主要波形

a) $D \geqslant 0.5$　b) $D < 0.5$

(见图 4-29c)与[t_0，t_1]时段类似，[t_3，t_4]时段的工作原理与[t_1，t_2]时段相同，这里不再赘叙。

由图 4-30b 可知：

$$U_o = \frac{1}{T_s}\int_{t_0}^{t_4} u_{AB}\mathrm{d}t = \frac{2}{T_s}\frac{U_{in}}{2}(t_1 - t_0) = DV_{in} \tag{4-8}$$

如果滤波电感较小或负载较轻，滤波电感电流将会断续。下面分 $D \geqslant 0.5$ 和 $D < 0.5$ 两种情况讨论变换器在电感电流断续时的工作情况。

当 $D \geqslant 0.5$ 时，如图 4-31a 所示，以[t_0，t_3]半个开关周期为例。当 VT_1 和 VT_2 同时导通时，$u_{AB} = U_{in}$，i_{Lf}从零线性增加，其最大值 I_{Lfmax_Hd}为

$$I_{Lfmax\_Hd} = \frac{U_{in} - U_o}{L_f}(t_1 - t_0) = \frac{U_{in} - U_o}{L_f}\left(T_{on} - \frac{T_s}{2}\right) = \frac{U_{in} - U_o}{L_f}\left(D - \frac{1}{2}\right)T_s \tag{4-9}$$

当只有 VT_1 导通时，i_{Lf}从 I_{Lfmax_Hd}线性下降，并且在 t_2 时刻下降到零，则有

$$I_{Lfmax\_Hd} = \frac{U_o - \dfrac{U_{in}}{2}}{L_f}(t_2 - t_1) \tag{4-10}$$

在[t_2，t_3]时段，电感电流为零，负载由输出滤波电容供电，等效电路如图 4-29e 所示。电感电流断续时，输出电流为滤波电感电流平均值，即

$$I_{o\_H} = \frac{1}{T_s/2}\frac{1}{2}I_{Lfmax\_Hd}(t_2 - t_0) \tag{4-11}$$

由式(4-9) ~ 式(4-11)，可得

$$I_{o\_H} = \frac{(U_{in} - U_o)U_{in}T_s}{4(2U_o - U_{in})L_f}(2D - 1)^2 \tag{4-12}$$

当 $D < 0.5$ 时，如图 4-31b 所示，同理可以得到

$$I_{o\_L} = \frac{(U_{in} - 2U_o)U_{in}T_s}{4U_oL_f}D^2 \tag{4-13}$$

(2) 外特性

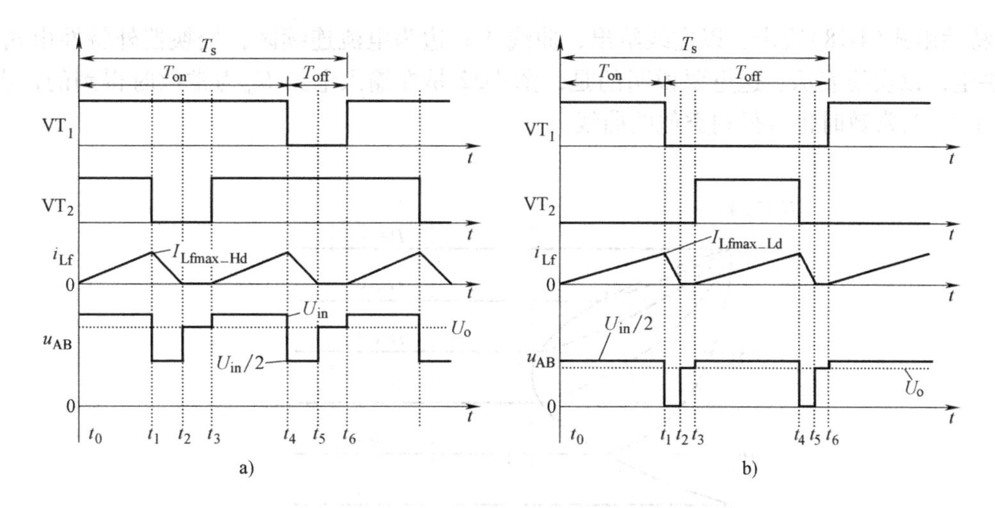

图4-31 电感电流断续时Buck TL变换器的主要波形

a) $D \geqslant 0.5$ b) $D < 0.5$

在恒定占空比下，变换器的输出电压与输出电流的关系 $U_o = f(I_o)|_D$ 称为它的外特性。

由式(4-7)和式(4-8)知道，当电感电流连续时有

$$U_o/U_{in} = D \tag{4-14}$$

从图4-30可以看出，当负载电流减小到使 $I_{Lfmin\_j}=0$（当 $D \geqslant 0.5$，$j=H$；当 $D<0.5$，$j=L$）时，$\Delta I_{Lf}=I_{Lfmax\_j}$，此时的负载电流 I_{omin} 即为电感临界连续电流 I_G。在电感电流临界连续时，输入电压和输出电压依然满足式(4-14)的关系。将式(4-14)分别代入到式(4-12)和式(4-13)中，可以得到 $D \geqslant 0.5$ 和 $D<0.5$ 时的临界连续电流 I_{G_H} 和 I_{G_L} 为

$$I_{G\_H} = \frac{U_{in}T_s}{4L_f}(1-D)(2D-1) \tag{4-15}$$

$$I_{G\_L} = \frac{U_{in}T_s}{4L_f}D(1-2D) \tag{4-16}$$

上述两式均为占空比 D 的二次函数，当 $D=0.75$ 和 $D=0.25$ 时，它们分别达到最大值，其最大值是相等的，即

$$I_{G\_max} = \frac{U_{in}T_s}{32L_f} \tag{4-17}$$

由式(4-12)、式(4-13)和式(4-17)可得电感电流断续时的外特性为

$$\frac{U_o}{U_{in}} = \begin{cases} \dfrac{1+\dfrac{I_o}{8I_{G\_max}(2D-1)^2}}{1+\dfrac{I_o}{4I_{G\_max}(2D-1)^2}} & (D \geqslant 0.5) \\ \dfrac{1}{2+\dfrac{I_o}{8I_{G\_max}D^2}} & (D < 0.5) \end{cases} \tag{4-18}$$

将 $D \geqslant 0.5$ 和 $D<0.5$ 时的外特性绘于同一图中，得到如图4-32所示曲线。其中，曲线 A 为电感电流临界连续曲线，由式(4-15)和式(4-16)决定。曲线 A 左边为电流断续区，变换

器外特性由式(4-18)决定，以虚线给出；曲线 A 右边为电流连续区，变换器外特性由式(4-14)决定，以实线表示。这里要说明的是，图 4-32 是在输入电压 U_{in} 为常数时得到的，当输出电压 U_o 为常数时也可得到类似的曲线。

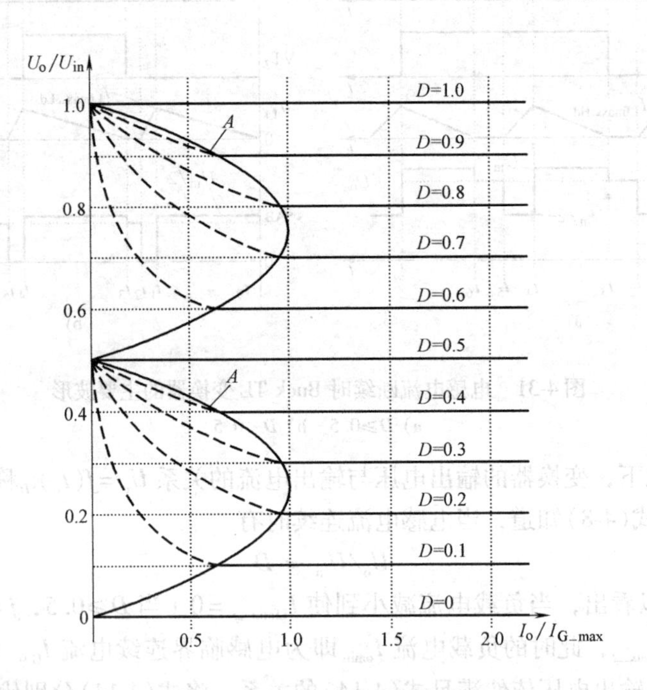

图 4-32　Buck TL 变换器的外特性

(3) 优点

1) 电压应力。从前面的分析可知，Buck TL 变换器中的开关管和续流二极管的电压应力仅是输入电压的一半，与 Buck 变换器相比，均减小一半，有利于选择合适的开关管。

2) 滤波电感。对于 Buck 变换器而言，其电感电流的脉动值为

$$\Delta I_{Lf\_Buck} = \frac{U_o}{L_f}(1-D)T_s = \frac{U_{in}}{L_f}(1-D)DT_s \tag{4-19}$$

当输入电压恒定时，在 $D=0.5$ 时，电感电流脉动最大，为

$$\Delta I_{Lf\_Buck\_max\_1} = \frac{U_{in}T_s}{4L_f} \tag{4-20}$$

当输出电压恒定，$D=0$ 时，电感电流脉动最大，为

$$\Delta I_{Lf\_Buck\_max\_2} = \frac{U_oT_s}{L_f} \tag{4-21}$$

为了比较 Buck TL 变换器和 Buck 变换器的滤波电感脉动值大小，下面以 Buck 变换器的滤波电感脉动最大值为基准，计算两种变换器的滤波电感电流脉动标幺值。

当输入电压恒定时，由式(4-19)和式(4-20)可以得到 Buck 变换器电感电流脉动标幺值为

$$\Delta I^*_{Lf\_Buck\_1} = 4D(1-D) \tag{4-22}$$

从图 4-30 中可以得到电感电流脉动为

$$\Delta I_{\mathrm{Lf\_H}} = \frac{U_{\mathrm{in}} - U_{\mathrm{o}}}{L_{\mathrm{f}}}(t_1 - t_0) = \frac{U_{\mathrm{in}} - U_{\mathrm{o}}}{L_{\mathrm{f}}}\frac{T_{\mathrm{on}} - T_{\mathrm{off}}}{2} = \frac{(U_{\mathrm{in}} - U_{\mathrm{o}})(2D-1)T_{\mathrm{s}}}{2L_{\mathrm{f}}} \tag{4-23a}$$

$$\Delta I_{\mathrm{Lf\_L}} = \frac{\frac{U_{\mathrm{in}}}{2} - U_{\mathrm{o}}}{L_{\mathrm{f}}}T_{\mathrm{on}} = \frac{(U_{\mathrm{in}} - 2U_{\mathrm{o}})DT_{\mathrm{s}}}{2L_{\mathrm{f}}} \tag{4-23b}$$

由式(4-23)、式(4-14)和式(4-20)可以得到 Buck TL 变换器的电感电流脉动标幺值为

$$\Delta I^*_{\mathrm{Lf\_Buck\_TL\_1}} = \begin{cases} 2D(1-2D) & (D < 0.5) \\ 2(1-D)(2D-1) & (D \geqslant 0.5) \end{cases} \tag{4-24}$$

由式(4-22)和式(4-24)可以画出图 4-33a 所示曲线，该图表明，在滤波电感和开关频率均相等的情况下，Buck TL 变换器的电感电流最大脉动量仅为 Buck 变换器的 1/4。这个优点来源于两个因素，一是 Buck TL 变换器的滤波电感电流脉动频率为开关频率的二倍，二是该变换器总是以最接近于输出电压的两个电平去合成输出电压。当输出电压大于 $U_{\mathrm{in}}/2$ 时，用 U_{in} 和 $U_{\mathrm{in}}/2$ 来合成输出电压；当输出电压小于 $U_{\mathrm{in}}/2$ 时，用 $U_{\mathrm{in}}/2$ 和 0 来合成输出电压，这样滤波器上电压的高频交流分量较小。如果两种变换器的电感电流脉动最大值相同，那么 Buck TL 变换器的滤波电感将减小为 Buck 变换器的 1/4。

当输出电压恒定时，由式(4-19)和式(4-21)可得 Buck 变换器的电感电流脉动标幺值为

$$\Delta I^*_{\mathrm{Lf\_Buck\_2}} = 1 - D \tag{4-25}$$

由式(4-23)、式(4-14)和式(4-21)可以得到 Buck TL 变换器的电感电流脉动标幺值为

$$\Delta I^*_{\mathrm{Lf\_Buck\_TL\_2}} = \begin{cases} (1-2D)/2 & (D < 0.5) \\ (1-D)(2D-1)/(2D) & (D \geqslant 0.5) \end{cases} \tag{4-26}$$

由式(4-25)和式(4-26)可以画出图 4-33b 所示曲线，该图表明，在相同滤波电感和相同开关频率的条件下，Buck TL 变换器的电感电流脉动量明显小于 Buck 变换器。如果两种变换器的电感电流脉动值相同，那么 Buck TL 变换器的滤波电感将可以减小。

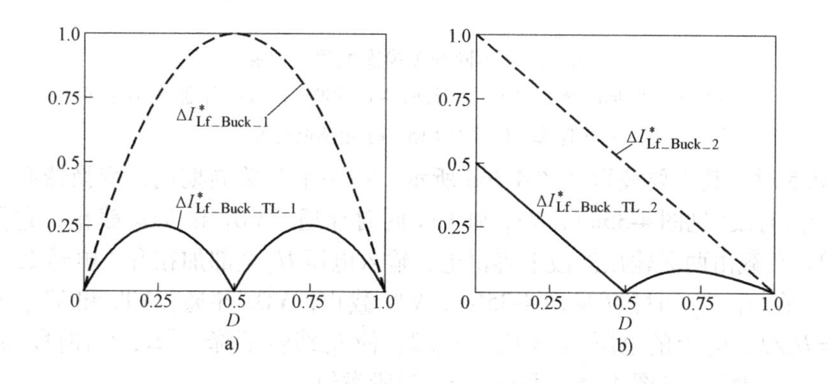

图 4-33　Buck TL 变换器与 Buck 变换器电感电流脉动值的比较

a) 输入电压恒定时　b) 输出电压恒定时

3)滤波电容。滤波电感的脉动电流流过滤波电容，对滤波电容进行充放电。由图 4-30 可以看出，在一个开关周期内，滤波电感电流对滤波电容充放电两次，也就是说滤波电容充放电的频率为开关频率的两倍。而 Buck 变换器的滤波电容充放电的频率为开关频率。如果滤波电感电流脉动相等，同时要求滤波电容电压脉动相等，由于 Buck TL 变换器的输出滤波

电容充放电频率较 Buck 变换器提高了一倍，因此其容量可以减小为 Buck 变换器的一半。

2. Boost TL 变换器

图 4-34 所示为 Boost TL 变换器的电路拓扑，其中 VT_1、VT_2 是两只开关管，VD_1 和 VD_2 是升压二极管，L_b 是升压电感，C_{f1}和 C_{f2}为两个输出分压电容，其容量很大且相等，电压均为输出电压 U_o 的一半，R_{Ld}是负载。VT_1 和 VT_2 交错工作，其驱动信号相差 180°相角。

图 4-34　Boost TL 变换器

(1) 工作原理

与 Buck TL 变换器的分析一样，下面分电感电流连续和断续两种情况来分析 Boost TL 变换器的工作原理，图 4-35 所示为不同开关模态的等效电路。

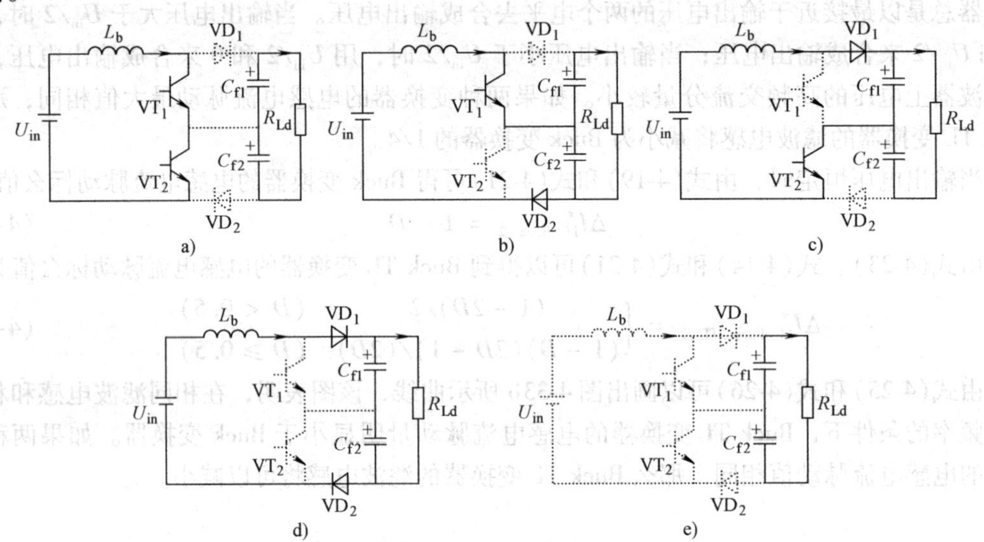

图 4-35　不同开关模态的等效电路

a) VT_1 和 VT_2 同时导通　b) VT_1 导通，VT_2 关断　c) VT_2 导通，VT_1 关断

d) VT_1 和 VT_2 同时关断　e) 电感电流等于零

当 $D \geqslant 0.5$ 时，其主要波形如图 4-36a 所示。在一个开关周期内，变换器有 4 个开关模态。在$[t_0, t_1]$时段(见图 4-35a)，VT_1 和 VT_2 同时导通，VD_1 和 VD_2 截止，它们的电压应力均为 $U_o/2$。负载由两只输出滤波电容供电，输入电压 U_{in}全部加在升压电感 L_b 上，使其电流线性增加。在$[t_1, t_2]$时段(见图 4-35b)，VT_2 截止，VD_2 导通，VT_2 和 VD_1 上电压均为 $U_o/2$。$u_{AB}=U_o/2$，L_b 上的电压 $u_{Lb}=U_{in}-U_o/2$，使 i_{Lb}线性下降。$[t_2, t_3]$时段与$[t_0, t_1]$时段相同，$[t_3, t_4]$时段(见图 4-35c)与$[t_1, t_2]$时段类似。

稳态工作时，在一个开关周期中，加在 L_b 上的伏秒面积为零，即

$$U_{in}(T_{on}-T_s/2)+(U_{in}-U_o/2)(T_s-T_{on})=0 \tag{4-27}$$

由上式可得

$$U_o/U_{in}=1/(1-D) \tag{4-28}$$

当 $D<0.5$ 时，其主要波形如图 4-36b 所示。在一个开关周期内，变换器有四个开关模态。在$[t_0, t_1]$时段(见图 4-35b)，VT_1 和 VD_2 导通，VT_2 和 VD_1 截止，它们的电压应力均

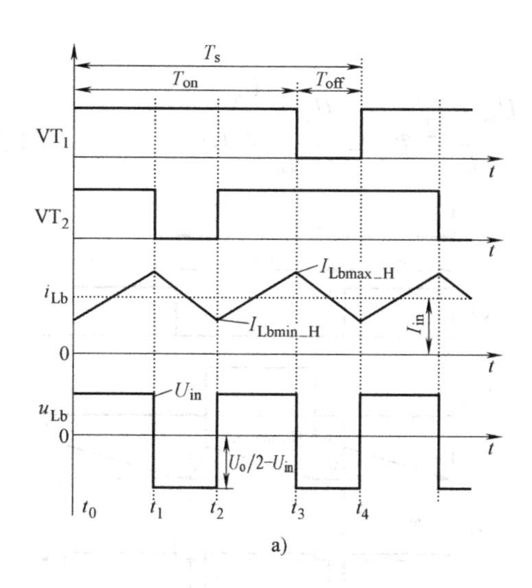

a)

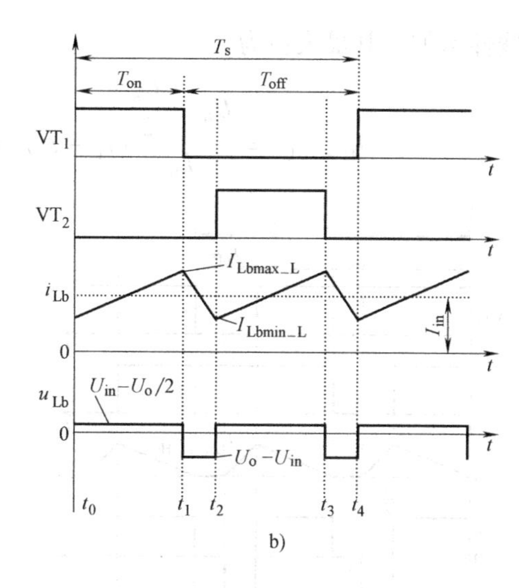

b)

图 4-36　电感电流连续时 Boost TL 变换器的主要波形

a) $D\geqslant0.5$　b) $D<0.5$

为 $V_o/2$。$u_{Lb}=U_{in}-U_o/2$，i_{Lb}线性增加。在$[t_1,\ t_2]$时段(见图 4-35d)，VT_1 截止，VD_1 和 VD_2 导通，VT_1 和 VT_2 上的电压均为 $U_o/2$。L_b 上的电压 $u_{Lb}=U_{in}-U_o$，使 i_{Lb}线性下降。$[t_2,\ t_3]$时段与$[t_0,\ t_1]$时段类似，$[t_3,\ t_4]$时段(见图 4-35c)与$[t_1,\ t_2]$时段相同。

稳态工作时，在一个开关周期中，加在 L_b 上的伏秒面积为零，即

$$(U_m-U_o/2)T_{on}+(U_{in}-U_o)(T_s/2-T_{on})=0 \tag{4-29}$$

由上式可得

$$U_o/U_{in}=1/(1-D) \tag{4-30}$$

当升压电感电感量较小或负载减轻时，升压电感电流将会出现断续。当 $D\geqslant0.5$ 时，如图 4-37a 所示，以$[t_0,\ t_3]$半个开关周期为例。当 VT_1 和 VT_2 同时导通时，i_{Lb}从零线性增加，其最大值为

$$I_{Lb\,max\_Hd}=\frac{U_{in}}{L_b}(t_1-t_0)=\frac{U_{in}}{L_b}\left(T_{on}-\frac{T_s}{2}\right)=\frac{U_{in}}{L_b}\left(D-\frac{1}{2}\right)T_s \tag{4-31}$$

当只有 VT_1 导通时，i_{Lb}从 I_{Lbmax_Hd}线性下降，并且在 t_2 时刻下降到零，则有

$$I_{Lbmax\_Hd}=\frac{\dfrac{U_o}{2}-U_{in}}{L_b}(t_2-t_1) \tag{4-32}$$

在$[t_2,\ t_3]$时段，升压电感电流为零，负载由输出滤波电容供电，如图 4-35e 所示。

输出电流为$[t_1,\ t_2]$时段升压电感电流在半个开关周期中的平均值，即

$$I_{o\_H}=\frac{1}{T_s/2}\,\frac{1}{2}I_{Lfmax\_Hd}(t_2-t_1) \tag{4-33}$$

由式(4-31)~式(4-33)可得

$$I_{o\_H}=\frac{U_{in}^2T_s}{2(U_o-2U_{in})L_b}(2D-1)^2 \tag{4-34}$$

当 $D<0.5$ 时，如图 4-37b 所示，同样以$[t_0,\ t_3]$半个开关周期为例。当 VT_1 导通时，i_{Lb}

从零线性增加，其最大值为

$$I_{\text{Lbmax\_Ld}} = \frac{U_{\text{in}} - \frac{U_{\text{o}}}{2}}{L_{\text{b}}}(t_1 - t_0) = \frac{U_{\text{in}} - \frac{U_{\text{o}}}{2}}{L_{\text{b}}}T_{\text{on}} = \frac{U_{\text{in}} - \frac{U_{\text{o}}}{2}}{L_{\text{b}}}DT_{\text{s}} \tag{4-35}$$

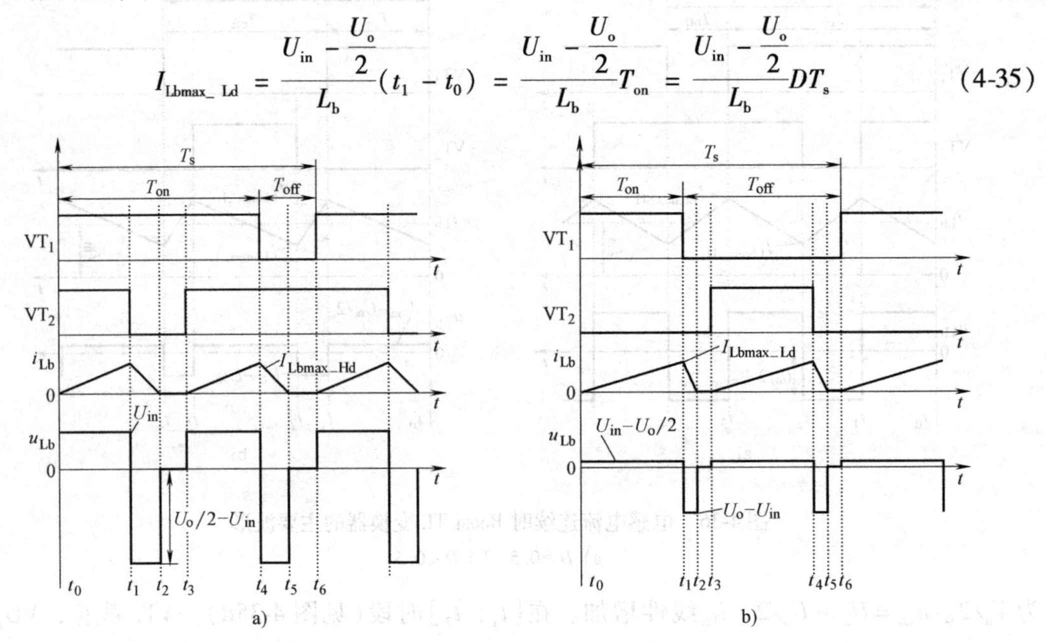

图 4-37　电感电流断续时 Boost TL 变换器的主要波形

a) $D \geqslant 0.5$　b) $D < 0.5$

当 VT_1 和 VT_2 同时关断时，i_{Lb} 从 $I_{\text{Lbmax\_Ld}}$ 线性下降，并且在 t_2 时刻下降到零，则有

$$I_{\text{Lb max\_Ld}} = \frac{U_{\text{o}} - U_{\text{in}}}{L_{\text{b}}}(t_2 - t_1) \tag{4-36}$$

在$[t_2, t_3]$时段，电感电流为零，负载由输出滤波电容供电。

同样，输出电流为$[t_1, t_2]$时段升压电感电流在半个开关周期中的平均值，即

$$I_{\text{o\_L}} = \frac{1}{T_{\text{s}}/2}\frac{1}{2}I_{\text{Lb max\_Ld}}(t_2 - t_0) \tag{4-37}$$

由式(4-35)～式(4-37)可得

$$I_{\text{o\_L}} = \frac{(2U_{\text{in}} - U_{\text{o}})U_{\text{o}}T_{\text{s}}}{4(U_{\text{o}} - U_{\text{in}})L_{\text{b}}}D^2 \tag{4-38}$$

(2) 控制特性

由式(4-28)和式(4-30)可知，当电感电流连续时，Boost TL 变换器的输出电压和输入电压之比为

$$U_{\text{o}}/U_{\text{in}} = 1/(1 - D) \tag{4-39}$$

与基本的 Boost 变换器完全一样。

由图 4-36 可知，当负载电流减小到使 $I_{\text{Lbmin\_}j} = 0$（当 $D \geqslant 0.5$，$j = \text{H}$；当 $D < 0.5$，$j = \text{L}$）时，$\Delta I_{\text{Lb}} = I_{\text{Lbmax\_}j}$，此时的负载电流 I_{omin} 即为电感临界连续电流 I_{oG}。在电感电流临界连续时，输入电压和输出电压依然满足式(4-39)的关系。将式(4-39)分别代入到式(4-34)和式(4-38)中，可以得到 $D \geqslant 0.5$ 和 $D < 0.5$ 时的临界连续电流 $I_{\text{oG\_H}}$ 和 $I_{\text{oG\_L}}$ 为

$$I_{\text{oG\_H}} = \frac{U_{\text{in}}}{2L_{\text{b}}}(2D - 1)(1 - D)T_{\text{s}} \tag{4-40}$$

$$I_{oG\_L}=\frac{U_{in}T_s}{4L_b}\frac{1-2D}{1-D}D \tag{4-41}$$

当 $D=0.75$ 时，I_{oG_H}最大，为

$$I_{oG\_H\_max}=\frac{U_{in}T_s}{16L_b} \tag{4-42}$$

取 $I_{oG_H_max}$为电感临界连续电流 I_{oG}的基准值，那么由式(4-34)、式(4-38)和式(4-42)，可得升压电感电流断续时，Boost TL 变换器的输出电压和输入电压之比为

$$\frac{U_o}{U_{in}}=\begin{cases}\dfrac{8D^2-I_o^*+\sqrt{I_o^{*2}+64D^4}}{8D^2} & (D<0.5)\\[2ex] \dfrac{8(2D-1)^2}{I_o^*}+2 & (D\geqslant 0.5)\end{cases} \tag{4-43}$$

式中，$I_o^*=I_o/I_{oG\_H\_max}$。

利用式(4-39)和式(4-43)可以绘出 Boost TL 变换器的控制特性曲线，如图4-38所示。

(3) 优点

1) 电压应力。前面分析表明，Boost TL 变换器中的开关管和升压二极管的电压应力仅是输出电压的一半，与 Boost 变换器相比，均降低一半。

2) 升压电感。Boost 变换器的电感电流的脉动值为

$$\Delta I_{Lb\_Boost}=\frac{U_{in}}{L_b}DT_s=\frac{U_o}{L_b}(1-D)DT_s \tag{4-44}$$

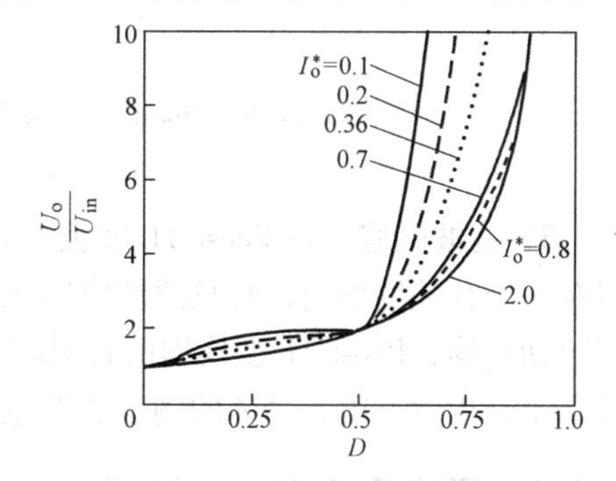

图4-38 Boost TL 变换器的控制特性

当输入电压恒定时，在 $D=1$ 时，电感电流脉动最大，为

$$\Delta I_{Lb\_Boost\_max\_1}=U_{in}T_s/L_b \tag{4-45}$$

当输出电压恒定时，在 $D=0.5$ 时，电感电流脉动最大，为

$$\Delta I_{Lb\_Boost\_max\_2}=\frac{U_oT_s}{4L_b} \tag{4-46}$$

以 Boost 变换器的升压电感脉动最大值为基准，可以得到 Boost 变换器和 Boost TL 变换器的升压电感电流脉动标幺值。

当 U_{in}恒定时，由式(4-44)和式(4-45)可以得到 Boost 变换器的电感电流脉动标幺值为

$$\Delta I_{Lb\_Boost\_1}^*=D \tag{4-47}$$

由式(4-31)、式(4-35)和式(4-45)可以得到 Boost TL 变换器的电感电流脉动标幺值为

$$\Delta I_{Lb\_Boost\_TL\_1}^*=\begin{cases}D\left(\dfrac{1}{2}-D\right)\Big/(1-D) & (D<0.5)\\ D-1/2 & (D\geqslant 0.5)\end{cases} \tag{4-48}$$

当 U_o 恒定时，由式(4-44)和式(4-46)可以得到 Boost 变换器的电感电流脉动标幺值为

$$\Delta I_{Lb\_Boost\_2}^*=4D(1-D) \tag{4-49}$$

由式(4-31)、式(4-35)和式(4-46)可以得到 Boost TL 变换器的电感电流脉动标幺值为

$$\Delta I^*_{\text{Lb\_Boost\_TL\_2}} = \begin{cases} 4D(1/2 - D) & (D < 0.5) \\ 4(D - 1/2)(1 - D) & (D \geqslant 0.5) \end{cases} \tag{4-50}$$

由式(4-47)和式(4-48)可以画出图4-39a所示曲线，由式(4-49)和式(4-50)可以画出图4-39b所示曲线，从该图可以看出，在升压电感和开关频率均相等的条件下，Boost TL变换器的电感电流脉动比Boost变换器要小。如果两种变换器的电感电流脉动最大值相同，那么Boost TL变换器的升压电感将可减小。

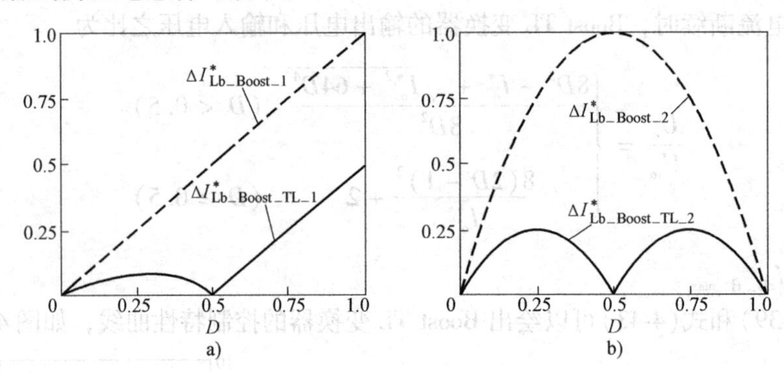

图4-39 Boost TL变换器与Boost变换器电感电流脉动值的比较
a）输入电压恒定时 b）输出电压恒定时

3）滤波电容。在Boost TL变换器中，每只滤波电容上的电流脉动频率等于开关频率，即在一个开关周期内，每只滤波电容充放电一次。如果电流脉动相等，同时要求滤波电容电压脉动相等，Boost TL变换器的每只输出滤波电容容量与Boost变换器的相等，但电压定额低一半。也就是说，总体的输出滤波电容容量减小一半。

4.2.3 隔离型三电平变换器

1. 隔离型三电平变换器的种类

隔离型TL变换器包括正激、反激、推挽、半桥、复合全桥和全桥六种，如图4-40所示。其中正激TL变换器就是熟知的双管正激变换器，其开关管电压应力为输入电压，和复位绕组匝数与一次绕组匝数相等的单管正激变换器相比，其电压应力降低一半。推挽TL变换器与全桥变换器相比，开关管数量一样，均为4只，开关管的电压应力也相等，均为输入电压，因此应用价值不大。下面重点介绍半桥和复合全桥两种TL变换器。

2. 半桥TL变换器

半桥TL变换器不仅可以降低开关管的电压应力，还可以实现软开关，下面介绍ZVS半桥TL变换器，其主电路如图4-41a所示，其中C_{d1}和C_{d2}为输入分压电容，其容量很大，而且相等，其电压均为输入电压U_{in}的一半，即$U_{cd1}=U_{cd2}=U_{in}/2$。$VT_1\sim VT_4$是4只开关管，$VD_1\sim VD_4$分别是$VT_1\sim VT_4$的内部寄生二极管，$C_1\sim C_4$分别是$VT_1\sim VT_4$的结电容，VD_5和VD_6是续流二极管。L_r是谐振电感，它包括了变压器的漏感。C_{ss}是飞跨电容，其容量较大，在稳态工作时，C_{ss}的电压为$U_{css}=U_{in}/2$。该变换器采用移相控制方法，其中VT_1和VT_4为超前管，VT_2和VT_3为滞后管。图4-41b所示为ZVS半桥TL变换器的主要波形。

(1) 工作原理

在一个开关周期中，该变换器有12种开关状态，图4-42所示为不同开关模态下的等效

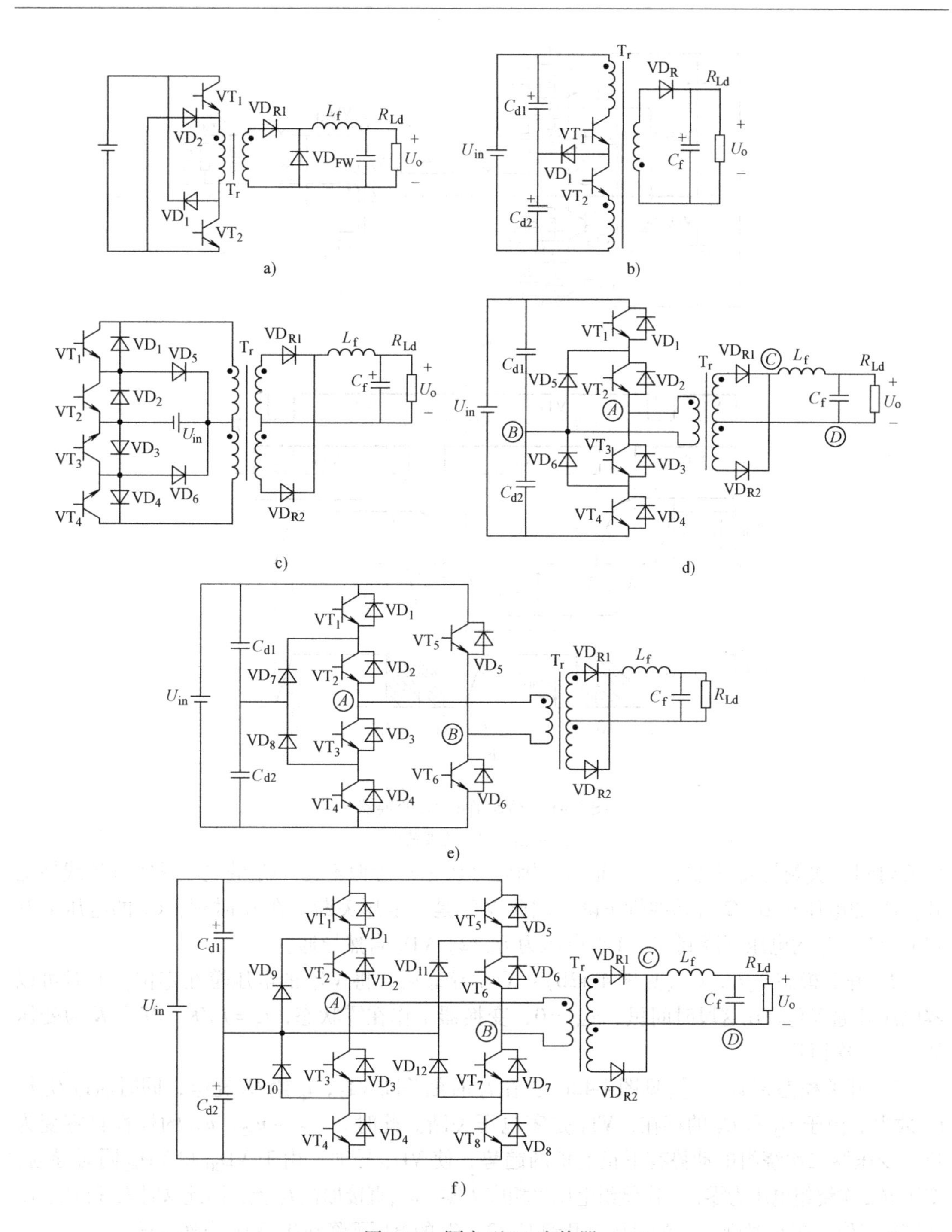

图 4-40　隔离型 TL 变换器

a) 正激　b) 反激　c) 推挽　d) 半桥　e) 复合全桥　f) 全桥

电路。在下面的分析中，假设 $C_1 = C_4 = C_{lead}$，$C_2 = C_3 = C_{lag}$，滤波电感很大，在一个开关周期中等效为输出电流 I_o 的电流源。

1）开关模态 1［t_0，t_1］（见图 4-42a）：在 t_0 时刻之前，VT_1 和 VT_2 导通，VD_{R1} 导通，VD_{R2} 截止。在 t_0 时刻关断 VT_1，一次电流 i_p 给 C_1 充电，同时通过 C_{ss} 给 C_4 放电。滤波电感

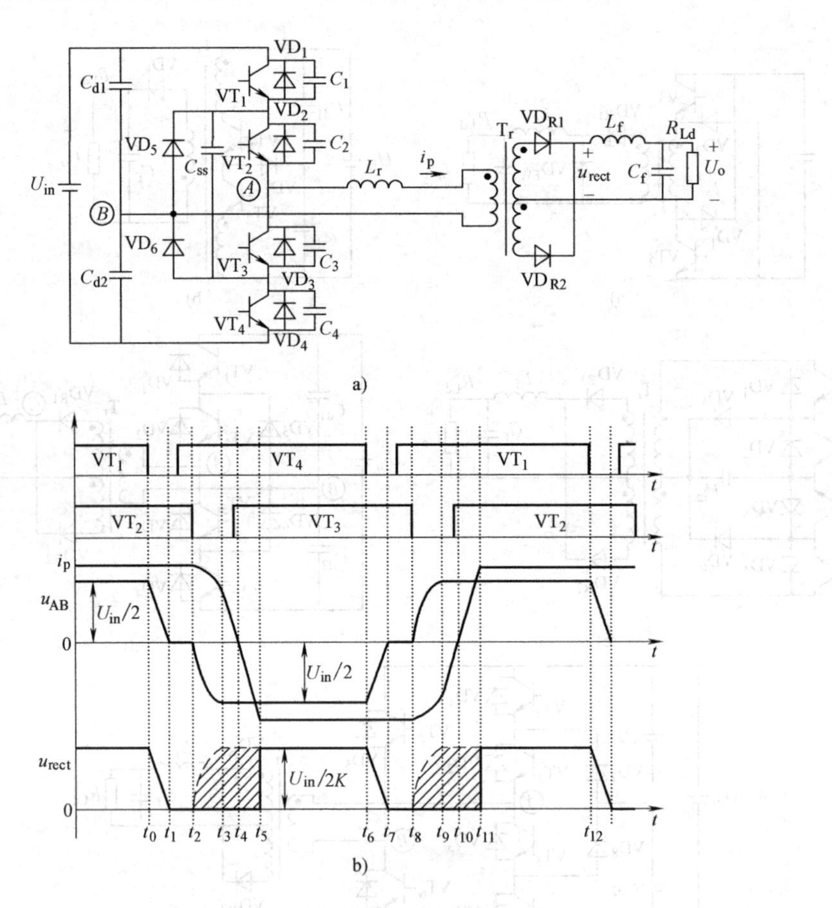

图 4-41　ZVS 半桥 TL 变换器

a）主电路　b）主要波形

L_f 反射到二次侧与 L_r 串联，而 L_f 很大，因此可认为 i_p 近似不变。C_1 的电压从零开始线性上升，C_4 的电压从 $U_{in}/2$ 开始线性下降，因此 VT_1 是零电压关断。在 t_1 时刻，C_1 的电压上升到 $U_{in}/2$，C_4 的电压下降到零，A 点电压为 $U_{in}/2$，VD_5 自然导通。

2）开关模态 2[t_1，t_2]（见图 4-42b）：VD_5 导通后，将 VT_4 的电压箝在零位，此时可以零电压开通 VT_4。在这段时间里，$u_{AB}=0$，变换器工作在零状态，$i_p=I_o/K$，其中 K 为变压器一、二次匝比。

3）开关模态 3[t_2，t_3]（见图 4-42c）：在 t_2 时刻关断 VT_2，i_p 给 C_2 充电，同时通过 C_{ss} 给 C_3 放电。由于 C_2 和 C_3 的存在，VT_2 是零电压关断。此时 $u_{AB}=-u_{c2}$，u_{AB} 的极性自零变为负，变压器二次绕组电动势有下正上负的趋势，使 VD_{R2} 导通。由于 VD_{R1} 和 VD_{R2} 同时导通，变压器二次绕组电压为零，一次绕组电压也相应为零，u_{AB} 直接加在 L_r 上，因此这时 L_r 和 C_2、C_3 在谐振工作。在 t_3 时刻，C_2 的电压上升到 $U_{in}/2$，C_3 的电压下降到 0，VD_3 自然导通。

4）开关模态 4[t_3，t_4]（见图 4-42d）：VD_3 导通后，可以零电压开通 VT_3。由于两个整流管同时导通，变压器二次绕组和一次绕组电压均为零，这样 $U_{in}/2$ 加在 L_r 上，i_p 线性下降。到 t_4 时刻，i_p 下降到零，VD_2 和 VD_3 自然关断。

5）开关模态 5[t_4，t_5]（见图 4-42e）：i_p 反方向流动，流经 VT_3 和 VT_4。由于 i_p 不足以提供负载电流，两个整流管同时导通。加在 L_r 上的电压为 $U_{in}/2$，i_p 反向线性增加。在 t_5 时刻，i_p 达到折算到一次侧的负载电流 $-I_o/K$，VD_{R1} 关断，负载电流全部流过 VD_{R2}。

6）开关模态 6[t_5，t_6]（见图 4-42f）：在这段时间里，电源给负载供电。

在 t_6 时刻，VT_4 关断，变换器开始另一半周期工作，其工作情况类似于上述半个周期。

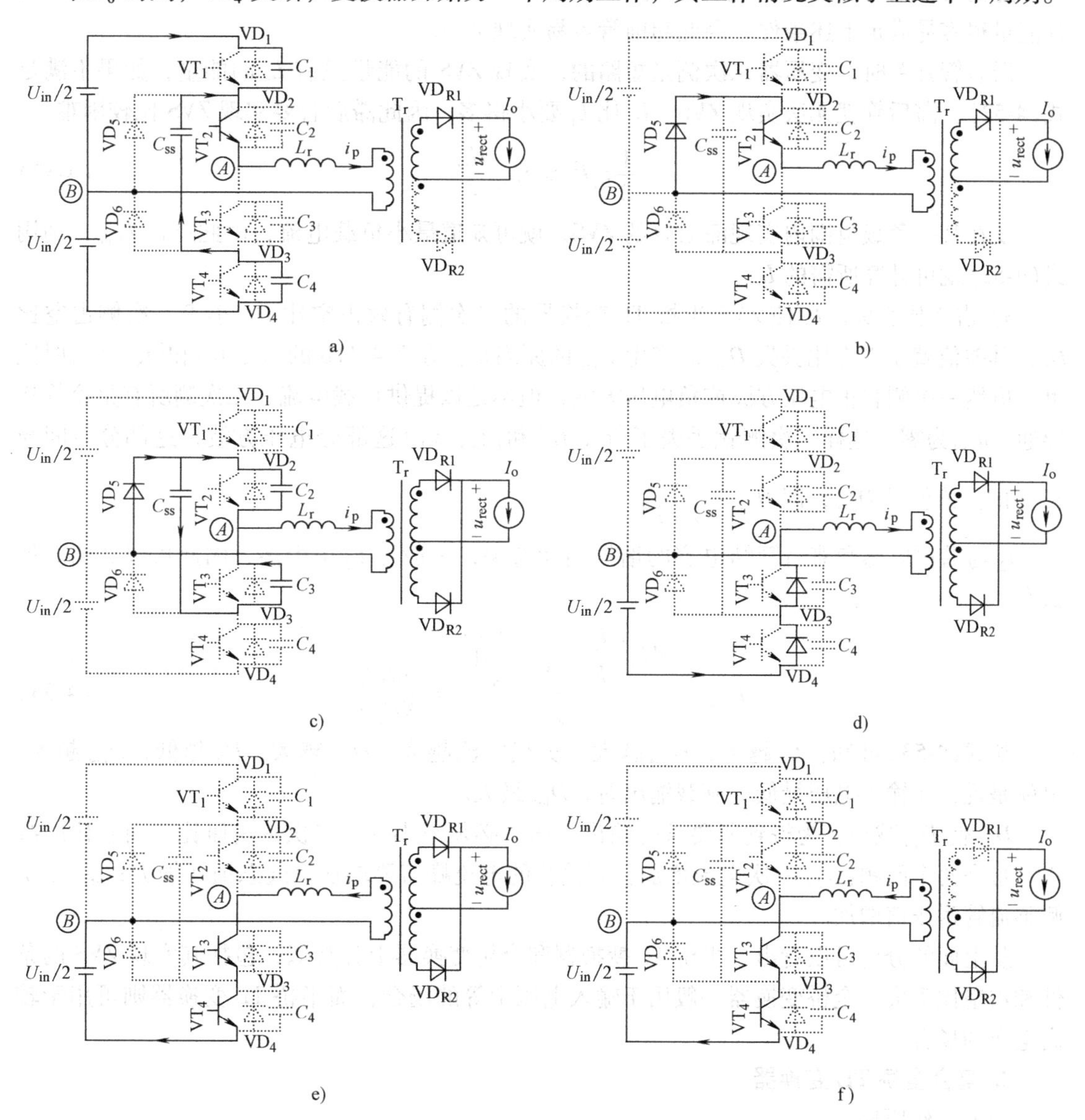

图 4-42 各种开关状态的等效电路

a) [t_0，t_1] b) [t_1，t_2] c) [t_2，t_3] d) [t_3，t_4] e) [t_4，t_5] f) [t_5，t_6]

（2）主要特点

1）开关管的电压应力。从上面的分析可以看出，所有开关管的电压应力均为输入电压的一半，因此该变换器适用于输入电压较高的场合。

2）开关管的 ZVS 实现。与全桥变换器一样，要实现开关管的零电压开通，必须满足下式

$$E > \frac{1}{2}C_i\left(\frac{U_{in}}{2}\right)^2 + \frac{1}{2}C_i\left(\frac{U_{in}}{2}\right)^2 = C_i\frac{U_{in}^2}{4} \quad (i = \text{lead,lag}) \tag{4-51}$$

超前管开关时，L_f 与 L_r 是串联的，用来实现 ZVS 的能量是两者能量之和。L_f 一般很大，其能量很容易满足上述条件，因此超前管容易实现 ZVS。

滞后管开关时，变压器二次侧是短路的，实现 ZVS 的能量只有 L_r 的能量，如果不满足式(4-52)，滞后管就无法实现 ZVS。L_r 比 L_f 要小得多，因此滞后管要实现 ZVS 比较困难。

$$\frac{1}{2}L_rI_2^2 > C_{lag}\frac{U_{in}^2}{4} \tag{4-52}$$

要在某一负载范围内实现滞后管的 ZVS，就可知道最小负载电流，由此可得 I_{2min}，利用式(4-52)就可计算所需的 L_r。

3）占空比丢失。L_r 使 ZVS 半桥 TL 变换器的二次侧有效占空比 D_{sec} 小于一次侧占空比 D_p，其差值就是占空比丢失 D_{loss}。产生 D_{loss} 的原因是：在图 4-41b 的[t_2，t_5]和[t_8，t_{11}]时段里，虽然一次侧有正电压方波或负电压方波，但不足以提供负载电流，二次侧所有整流管均导通，u_{rect} 为零。这样二次侧就丢失了[t_2，t_5]和[t_8，t_{11}]这部分电压方波，这部分时间与 $T_s/2$ 的比值就是 D_{loss}，即 $D_{loss} = \frac{t_{25}}{T_s/2}$。

t_{23} 与谐振电感和滞后管结电容的谐振周期有关，一般比 t_{35} 小很多，因此可以忽略。那么有

$$D_{loss} = \frac{4L_r\left[\frac{I_o}{K} - \left(-\frac{I_o}{K}\right)\right]}{U_{in}T_s} = \frac{8L_rI_o}{KU_{in}T_s} \tag{4-53}$$

从式(4-53)可知，L_r 越大，D_{loss} 越大；负载电流越大，D_{loss} 越大；U_{in} 越低，D_{loss} 越大。也就是说，在输入电压最低、满载输出时，D_{loss} 最大。

D_{loss} 使 D_{sec} 减小，为得到所要求的输出电压，必须减小一、二次绕组匝比。而匝比的减小，带来两个问题：① 一次电流增加，开关管的电流峰值要增加，通态损耗加大；② 二次侧整流管耐压值增加。

从上面的分析可以看出，半桥 TL 变换器和全桥变换器十分类似，包括其实现 ZVS 的条件和占空比丢失。全桥变换器一般用于输入电压中等的场合，而半桥 TL 变换器则可用于较高电压的场合。

3. 复合全桥 TL 变换器

(1) 工作原理

为了阐述方便，图 4-43 重新给出复合全桥(Hybrid Full-Bridge，HFB) TL 变换器的电路图。四只开关管 VT_1 ~ VT_4 及其反并二极管 VD_1 ~ VD_4、输入分压电容 C_{d1} 和 C_{d2}、续流二极管 VD_7 和 VD_8 组成 TL 桥臂；VT_5 和 VT_6 及其反并二极管 VD_5 和 VD_6 组成两电平桥臂。VD_{R1} 和 VD_{R2} 是输出整流管，L_f 是输出滤波电感，C_f 是输出滤波电容，R_{Ld} 是负载。

图 4-44 所示为 HFB TL 变换器的控制策略。VT_2 和 VT_3 为 180°互补导通，VT_5 和 VT_6 为 180°互补导通，VT_2 和 VT_3 与 VT_5 和 VT_6 移相工作，相对于 VT_6 和 VT_5 分别超前一个相位。VT_1 和 VT_4 分别同相位于 VT_2 和 VT_3 PWM 工作。故定义 VT_1 和 VT_4 为斩波管，VT_2 和 VT_3 为超前管，VT_5 和 VT_6 为滞后管。

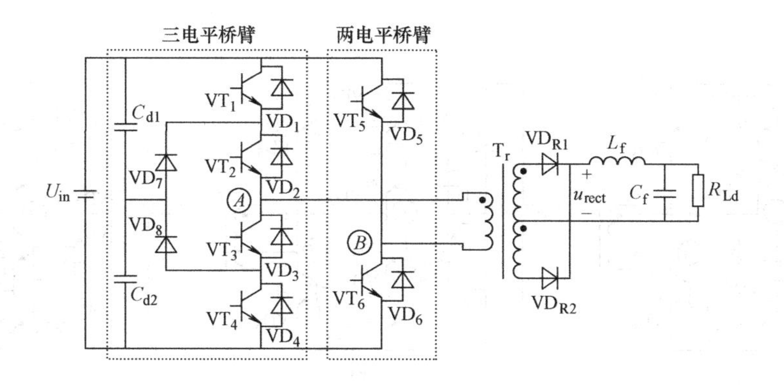

图 4-43　HFB TL 变换器

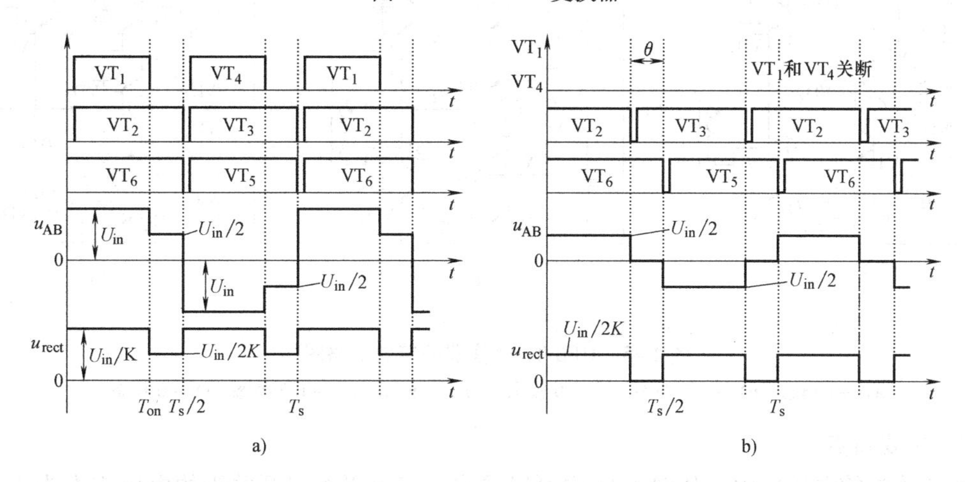

图 4-44　HFB TL 变换器的控制策略

a）三电平模式　b）两电平模式

当输入电压较低或输出电压较高时，VT_1 和 VT_4 PWM 工作，VT_2、VT_3 分别与 VT_6、VT_5 同相位工作。在这种工作模式下，变换器有四种工作模态。当 VT_1、VT_2 和 VT_6 导通时，$u_{AB}=(+1)U_{in}$，称之为 +1 模态，如图 4-45a 所示；当 VT_1 截止，VT_2 和 VT_6 导通时，VD_7 导通，$u_{AB}=(+1/2)U_{in}$，称之为 +1/2 模态，如图 4-45b 所示；当 VT_3、VT_4 和 VT_5 导通时，$u_{AB}=(-1)U_{in}$，称之为 -1 模态，如图 4-45d 所示；当 VT_4 截止，VT_3 和 VT_5 导通时，VD_8 导通，$u_{AB}=(-1/2)U_{in}$，称之为 -1/2 模态，如图 4-45e 所示。u_{AB}经过变压器和整流电路后，得到的电压 u_{rect}有两个电平：$(+1)U_{in}/K$ 和$(+1/2)U_{in}/K$。在实际电路中，由于变压器存在漏感，与全桥变换器和半桥 TL 变换器一样，HFB TL 变换器也存在占空比丢失，因此 u_{rect}还有一个 0 电平。也就是说，输出整流后的电压为三电平波形，因此称这种工作模式为三电平(3L)模式。它通过调节 VT_1 和 VT_4 的脉宽可调节输出电压。

当输入电压较高或输出电压较低时，VT_1 和 VT_4 的脉宽将减小到零，VT_2、VT_3 与 VT_6、VT_5 移相工作，此时变换器也有四种工作模态，其中 VT_2 和 VT_6 导通、VT_3 和 VT_5 导通时，与前面介绍的一样，u_{AB}分别等于$(+1/2)U_{in}$和$(-1/2)U_{in}$。当 VT_3 和 VT_6 导通或 VT_2 和 VT_5 导通时，$u_{AB}=0$，分别如图 4-45c、f 所示。u_{AB}经过变压器和整流电路后，得到的电压 u_{rect}有两个电平：$(+1/2)U_{in}/K$ 和 0，也就是说，输出整流后的电压为两电平波形，称之为两电平(2L)模式，它通过调节移相角来调节输出电压。

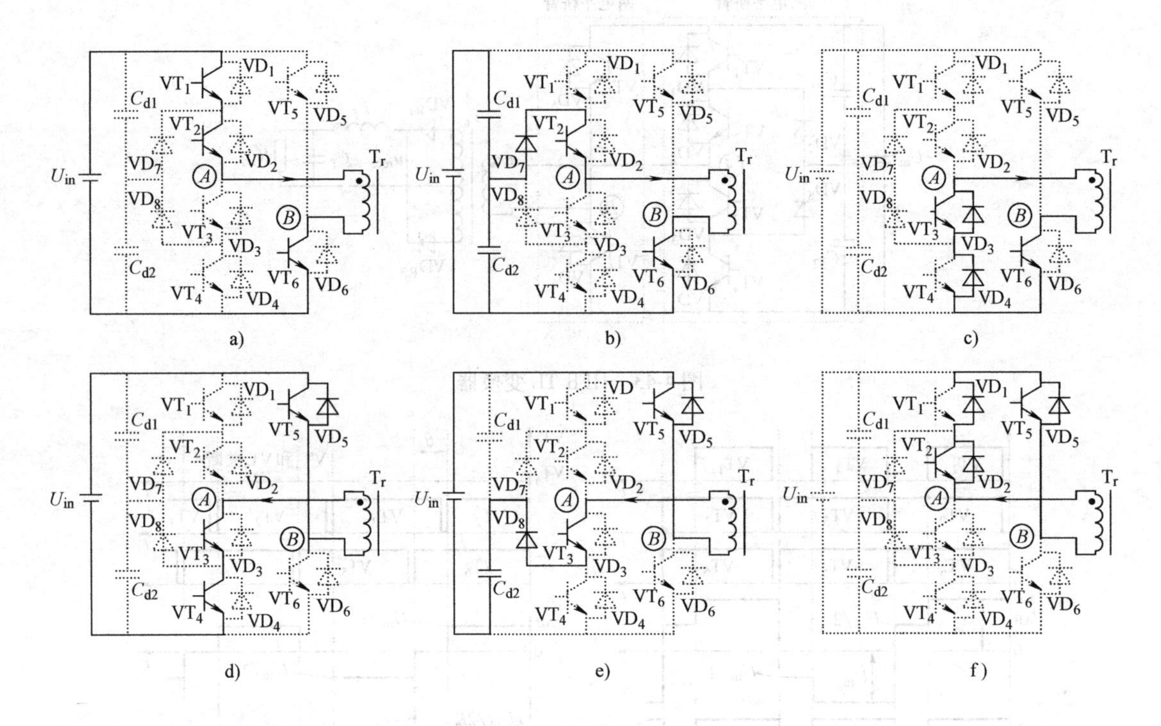

图 4-45 HFB TL 变换器的等效电路图

a) +1 模态 b) +1/2 模态 c) +0 模态 d) −1 模态 e) −1/2 模态 f) −0 模态

（2）主要特点

1）开关管的电压应力。从图 4-45 中可以看出，三电平桥臂开关管的电压应力为 $U_{in}/2$，两电平桥臂开关管的电压应力为 U_{in}。

2）输出滤波电感。从图 4-44 中可以得到变换器的输出电压与输入电压的关系式为

$$\frac{U_o}{U_{in}}=\frac{1}{2K}(1+D_{3L}) \quad \text{(3L 模式)} \tag{4-54a}$$

$$\frac{U_o}{U_{in}}=\frac{D_{2L}}{2K} \quad \text{(2L 模式)} \tag{4-54b}$$

式中，D_{3L}是斩波管的占空比，$D_{3L}=T_{on}\Big/\frac{T_s}{2}$；$D_{2L}$是移相控制得到的占空比。

在 3L 模式下和 2L 模式下，滤波电感电流的脉动分别为

$$\Delta I_{Lf\_3L}=\frac{1}{L_f}\left(\frac{U_{in}}{K}-U_o\right)D_{3L}\frac{T_s}{2} \tag{4-55a}$$

$$\Delta I_{Lf\_2L}=\frac{1}{L_f}\left(\frac{U_{in}}{2K}-U_o\right)D_{2L}\frac{T_s}{2} \tag{4-55b}$$

由式(4-54a)和式(4-55a)可得

$$\Delta I_{Lf\_3L}=\frac{T_s}{2L_f}\left(\frac{U_{in}}{K}-U_o\right)\left(\frac{2KU_o}{U_{in}}-1\right) \tag{4-56a}$$

由式(4-54b)和(4-55b)可得

$$\Delta I_{Lf\_2L} = \frac{T_s}{2L_f}\left(\frac{U_{in}}{2K} - U_o\right)\frac{2KU_o}{U_{in}} \tag{4-56b}$$

为了与全桥变换器(它是一个两电平变换器)比较，这里也给出全桥变换器的滤波电感电流脉动的表达式为

$$\Delta I_{Lf\_FB} = \frac{T_s}{2L_f}\left(\frac{U_{in}}{K} - U_o\right)\frac{KU_o}{U_{in}} \tag{4-57}$$

假设当输入电压最低时，两种变换器刚好可以输出所需要的电压，这时它们的占空比都为 1，这样由式(4-54a)，则有

$$K = U_{in\,min}/U_o \tag{4-58}$$

将式(4-58)代入式(4-56a)、式(4-56b)和式(4-57)，可得

$$\Delta I_{Lf\_3L} = \frac{U_oT_s}{2L_f}\left(\frac{U_{in}}{U_{in\,min}} - 1\right)\left(\frac{2U_{in\,min}}{U_{in}} - 1\right) \tag{4-59a}$$

$$\Delta I_{Lf\_2L} = \frac{U_oT_s}{2L_f}\left(\frac{U_{in}}{2U_{in\,min}} - U_o\right)\frac{2U_{in\,min}}{U_{in}} \tag{4-59b}$$

$$\Delta I_{Lf\_FB} = \frac{U_oT_s}{2L_f}\left(\frac{U_{in}}{U_{in\,min}} - 1\right)\frac{U_{in\,min}}{U_{in}} \tag{4-60}$$

从式(4-60)可以看出，输入电压越高，全桥变换器的电感电流脉动越大。以输入电压最高时的全桥变换器电感电流脉动为基准，利用式(4-59)和式(4-60)可以画出图 4-46a 所示曲线，图中 $U_{in}^* = U_{in}/U_{in\,min}$。从图中可以看出，HFB TL 变换器的电感电流脉动显然小于全桥变换器。如果要求电感电流脉动一样，那么 HFB TL 变换器的滤波电感则小于全桥变换器。

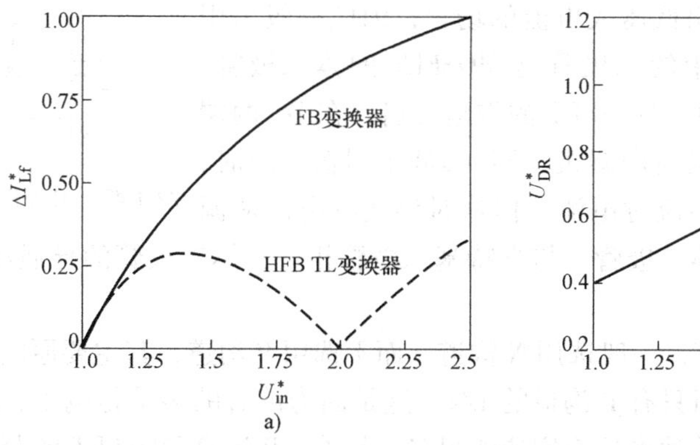

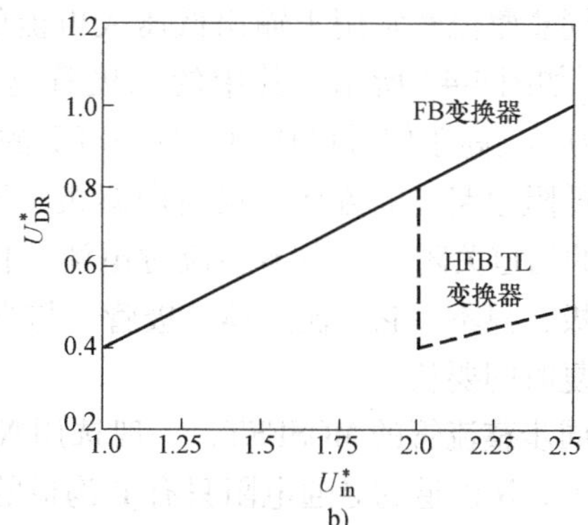

图 4-46　HFB TL 变换器和全桥变换器的比较

a）滤波电感电流脉动　b）输出整流二极管电压应力

3）输出整流二极管电压应力。如果采用全波整流模式，当 HFB TL 变换器工作在 3L 模式和 2L 模式下时，其输出整流二极管电压应力为

$$U_{DR} = \begin{cases} 2U_{in}/K & (3L\text{ 模式}) \\ U_{in}/K & (2L\text{ 模式}) \end{cases} \tag{4-61}$$

全桥变换器的输出整流二极管电压应力为

$$U_{DR} = 2U_{in}/K \tag{4-62}$$

从式(4-62)可以看出，全桥变换器的输出整流二极管电压应力随着输入电压的升高而升高，以其最高电压应力为基准，利用式(4-61)和式(4-62)可以得到图4-46b，从图中可以看出，对于HFB TL变换器而言，其输出整流二极管电压应力开始随着输入电压的升高而升高，在 $U_{in}^{*}=2$ 时，有一个下跳，然后又开始增加。这是因为当 $U_{in}^{*}<2$ 时，变换器工作在3L模式，当 $U_{in}^{*}=2$ 时，变换器开始进入2L模式，其电压应力只有原来的一半，即从0.8下跳到0.4，然后又随着输入电压的升高而升高。所以HFB TL变换器的输出整流二极管电压应力要低于全桥变换器。

上面介绍的是复合全桥TL变换器的基本工作原理，它也可以利用开关管的结电容和变压器的漏感实现ZVS。限于篇幅，这里没有介绍。

4.3 同步整流技术

4.3.1 同步整流技术的基本概念

所谓同步整流(Synchronous Rectifier，SR)，是指在开关电源中，采用开关管代替二极管来实现整流的功能，其目的是降低整流电路的导通损耗。用来作为整流管的开关管一般称为同步整流管，它需要有较低的导通压降。同步整流通常应用于输出电压低、输出电流大的开关电源中，因为整流二极管的导通压降接近于输出电压，其导通损耗已成为电源总损耗的主要部分。采用同步整流管代替二极管，利用其较低的导通压降，可以大大降低损耗，提高电源的效率。

由于同步整流管常用于输出低压大电流的场合，因此一般采用MOSFET，如图4-47所示，其中的二极管是MOSFET的体二极管。当栅极电压 u_{GS} 高于门槛电压时，MOSFET的沟道开启，在DS两端形成一个低阻通路，电流从源极流向漏极；当 u_{GS} 低于门槛电压时，MOSFET的沟道关闭，其中不会流过电流，但这时仍然有电流从源极流向漏极，只不过它是流过体二极管。与肖特基二极管相比，体二极管的导通压降要高，且反向恢复时间要长。

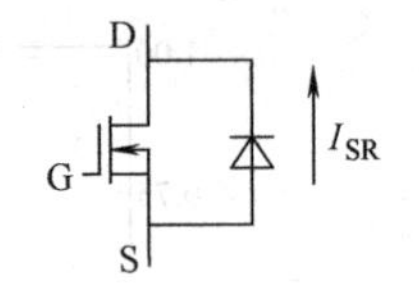

图4-47 MOSFET的符号

作为同步整流管的MOSFET，一般选用N沟道，而不选用P沟道，其主要原因是在相同硅片面积上，N沟道的导通电阻只有P沟道的1/2，这是因为前者的多子是电子，后者的多子是空穴，而电子的迁移和飘移速度比空穴要快得多。另外，P沟道MOSFET的跨导小、电容大、门槛电压高、体二极管易损坏。

4.3.2 同步整流管的驱动时序

同步整流管的驱动信号必须与其电流同步，当有电流从源极流向漏极时，同步整流管需要被驱动导通，以使电流从低阻抗的沟道中流过；当该电流下降到零时，同步整流管需要被关断，以避免出现反向电流。请注意，对于同步整流管来说，电流从源极流向漏极，称之为正向电流，反之，从漏极流向源极，则称之为负向电流，这与MOSFET常规应用的定义刚好相反。

图4-48所示为同步整流管的电流 i_{SR} 及其驱动信号 $u_{GS(SR)}$，其中 i_{SR} 存在电流上升和下降

时间，这是电路中的寄生电感引起的。开通延迟时间 $t_{d(on)}$ 和关断延迟时间 $t_{d(off)}$ 的定义如图所示。如果 $t_{d(on)}=0$，说明同步整流管在刚有正向电流时就被驱动导通了。如果 $t_{d(off)}=0$，说明同步整流管在其正向电流一下降到零时就关断了。显然 $t_{d(on)}$ 和 $t_{d(off)}$ 等于零时最理想的情况，此时同步整流管真正取代了二极管工作。但在实际电路中，由于功率电路和驱动电路寄生参数的影响，很难保证 $t_{d(on)}$ 和 $t_{d(off)}$ 等于零。

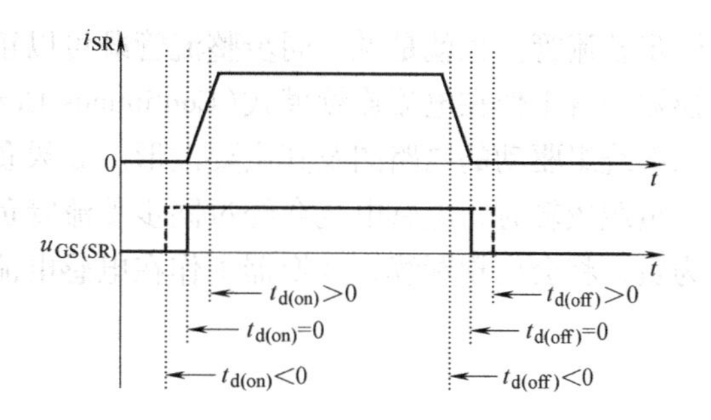

图 4-48　同步整流管的驱动时序

如果 $t_{d(on)}<0$，则意味着在正向电流出现之前，同步整流管已被开通，如图 4-49 所示，这时会造成电路短路，导致电路损坏。

如果 $t_{d(on)}>0$，那么正向电流出现以后，先流过同步整流管的体二极管，直到同步整流管开通。由于体二极管的导通压降比一般的快恢复二极管大得多，因此会造成较大的导通损耗。为了减小导通损耗，希望 $t_{d(on)}$ 越小越好。

如果 $t_{d(off)}<0$，则意味着正向电流下降到零之前关断同步整流管，此时电流将流过其体二极管，导通损耗较大。而且，该体二极管关断时存在反向恢复问题，会造成较大的反向恢复损耗。

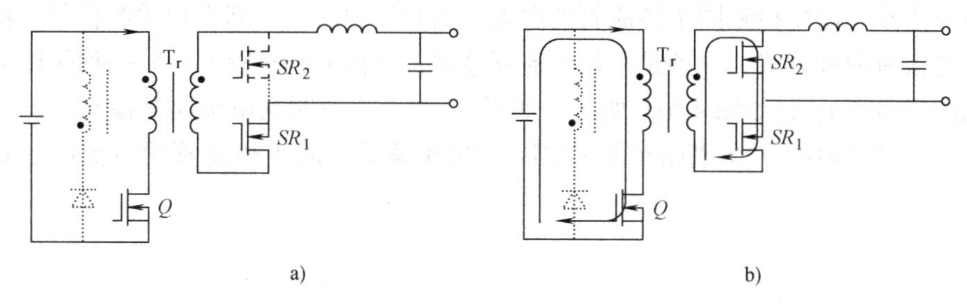

图 4-49　同步整流管提前开通
a) Q 导通　b) SR_2 提前开通

如果 $t_{d(off)}>0$，那么当正向电流下降到零后，将继续反向流动，直到同步整流管关断，这样会造成额外的导通损耗和关断损耗。如果 $t_{d(off)}$ 较大，反向电流造成的损耗增加可能会抵消同步整流带来的损耗减小。

因此，同步整流管的驱动时序十分重要。当正向电流出现时，要及时开通同步整流管。而当正向电流下降到零时，要及时关断同步整流管。

4.3.3　同步整流管驱动电路分类

同步整流管的驱动电路多种多样，从同步整流管的电流流动情况来看，可以分为电流双向流动和电流单向流动两类，它们可分别称为双向驱动方式和单向驱动方式。

所谓双向驱动方式，是指同步整流管的电流可以双向流动。因为同步整流管实质上是一只可控管，而非二极管，它的驱动信号来自于变换器的内部信号，比如主开关管的驱动信号，或者变压器二次绕组信号。由于它没有检测电流信号，因此无法在电流反向流动时关断同步整流管。也就是说，同步整流管既可以正向流动，也可以反向流动。在这种情况下，变换器一直工作在电流连续模式(Continuous Current Mode，CCM)。图4-50所示为采用变压器二次绕组驱动的电路图及其主要波形。如果负载较重，同步整流管导通时，电流始终为正。当负载较轻时，电感电流会经过同步整流管负方向流过。如果是二极管整流，电感电流不会为负，将会出现断续，变换器工作在电感电流断续模式(Discontinuous Current Mode，DCM)。

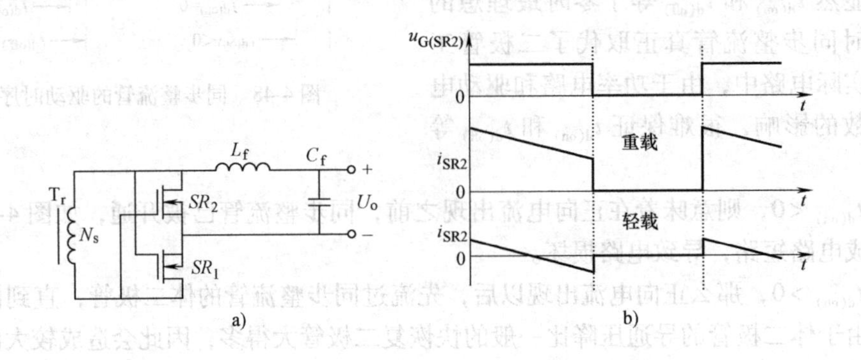

图4-50　同步整流管电流双向流动驱动方式

a) 电路图　b) 主要波形

单向驱动方式是指同步整流管的电流只能正向流动，和二极管的功能完全一样。为了实现电流单向流动，需要检测同步整流管的电流，当它反向时，立即发出关断信号。检测同步整流管的电流有两种方式，一种是采用电流互感器，如图4-51a所示；另一种是检测同步整流管的漏源极电压v_{DS}，如图4-51b所示。如果u_{DS}为正，说明其电流是从漏极流向源极，电流方向为负。图4-51c、d分别给出了CCM和DCM模式下同步整流管的电流波形和驱动信号。

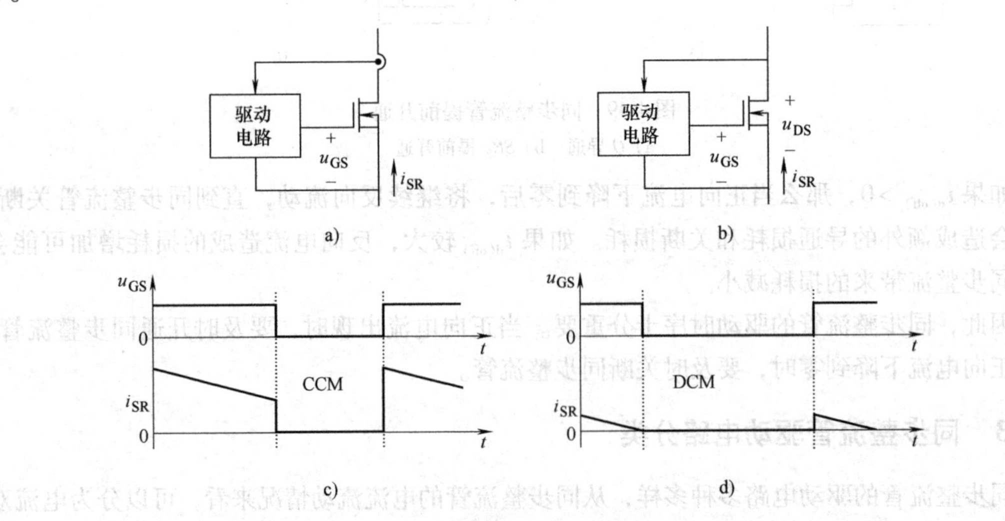

图4-51　同步整流管电流单向流动驱动方式

a) 电流检测方法　b) 电压检测方法　c) 电流连续模式　d) 电流断续模式

4.3.4　同步整流双向驱动方式

1. 驱动逻辑信号

同步整流管的驱动是保证其正常工作的重要因素，不同电路和不同控制方式下，同步整流管的驱动是不一样的。基本的电路拓扑包括单端和双端两类，前者包括正激和反激两种变换器，后者包括推挽、半桥和全桥电路三种变换器。双端变换器的变压器二次侧整流方式包括全波整流、全桥整流和倍流整流三种，其中全桥整流方式在低压大电流输出的场合很少使用，因为它的电流通路中有两个整流二极管，导通损耗较大。

下面分析正激、反激、推挽、半桥和全桥电路中同步整流电路的驱动信号的要求。

如图 4-52 所示，对于复位绕组的正激变换器，当 Q 导通时，同步整流管 SR_1 导通，SR_2 截止。当 Q 截止时，SR_2 导通，SR_1 截止。因此 SR_1 和 SR_2 的驱动信号应为 $SR_1=Q$，$SR_2=\overline{Q}$。

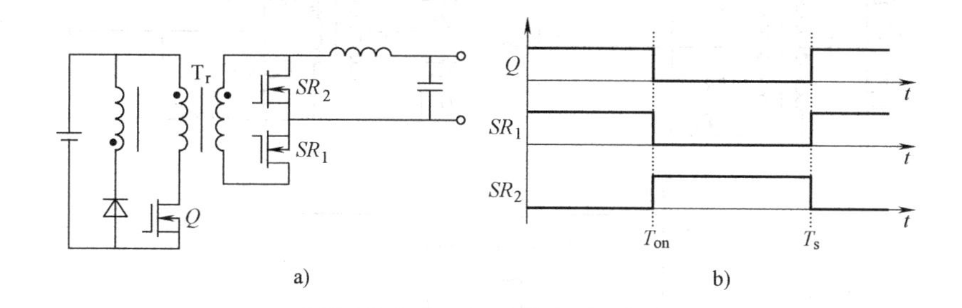

图 4-52　带复位绕组的正激变换器

a）电路图　b）同步整流管的驱动逻辑信号

有源箝位正激变换器如图 4-53 所示，当主开关管 Q_1 导通、辅助开关管 Q_2 截止时，SR_1 导通，SR_2 截止。当 Q_1 截止、Q_2 导通时，SR_1 截止，SR_2 导通。因此 SR_1 和 SR_2 的驱动信号应为 $SR_1=Q_1$，$SR_2=\overline{Q}_1$。

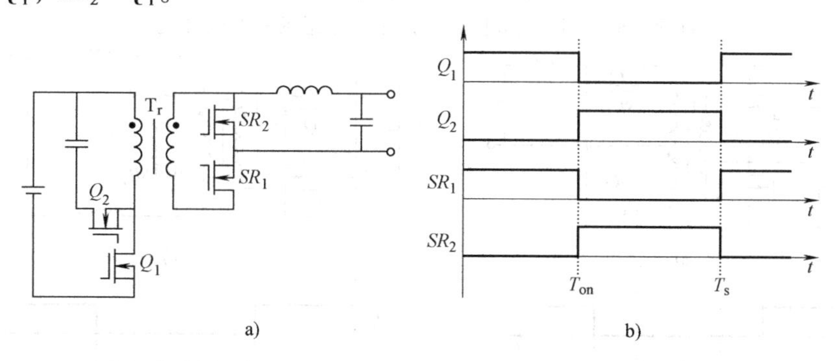

图 4-53　有源箝位正激变换器

a）电路图　b）同步整流管的驱动逻辑信号

同理，反激变换器（见图 4-54）的同步整流管的驱动信号应为 $SR=\overline{Q}$。

前面提到，推挽、半桥和全桥变换器的变压器二次侧可以采用全波整流和倍流整流两种方式。图 4-55a 所示为全波整流方式的推挽变换器，当 Q_1 和 Q_2 分别导通时，SR_1 和 SR_2 分别导通。而当 Q_1 和 Q_2 均截止时，SR_1 和 SR_2 同时导通。图 4-55c 所示为开关管和同步整流管的驱动信号，从中可以看出，SR_1 和 SR_2 的驱动信号应该为 $SR_1=\overline{Q}_2$，$SR_2=\overline{Q}_1$。如果将整

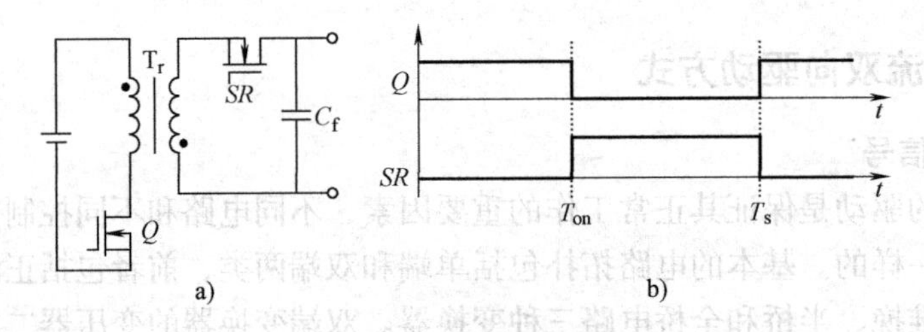

图 4-54　反激变换器

a）电路图　b）同步整流管的驱动逻辑信号

流方式改为倍流整流（见图 4-55b），同步整流管的驱动信号与全波整流方式一样，如图 4-55c 所示。也就是说，无论采用何种整流方式，同步整流管驱动逻辑信号完全一样。

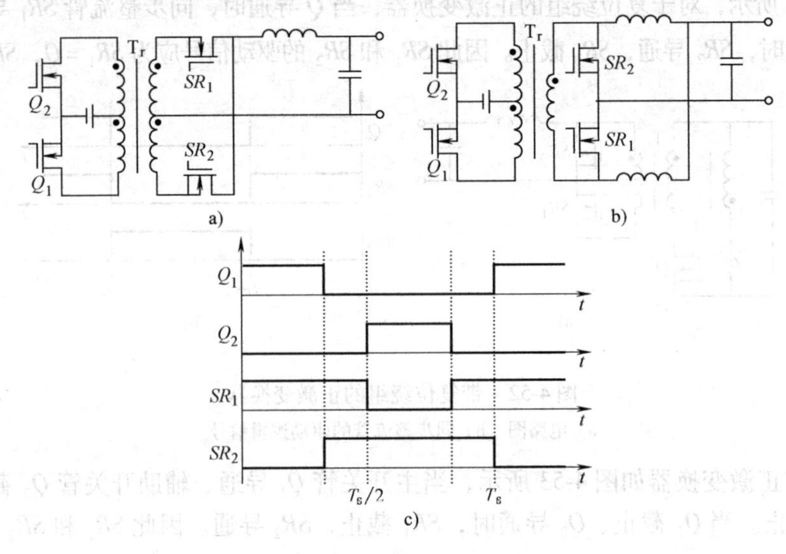

图 4-55　推挽变换器

a）全波整流　b）倍流整流　c）同步整流管的驱动逻辑信号

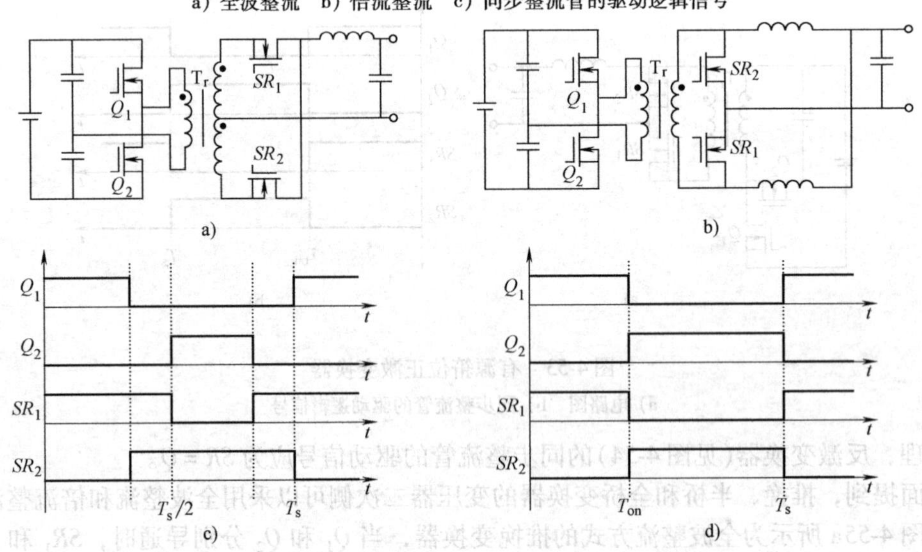

图 4-56　半桥变换器

a）全波整流　b）倍流整流　c）对称控制　d）不对称控制

半桥变换器无论采用全波整流(见图 4-56a)还是倍流整流(见图 4-56b)，它都可以采用两种控制方式：对称控制和不对称控制，其主要波形分别如图 4-56c、d 所示。对称控制是指两只开关管分别在正负半周导通，其导通时间相等。而不对称控制是指两只开关管互补导通，其导通时间不相等(占空比为 0.5 除外)。对称控制方式下，同步整流管的驱动信号与推挽变换器类似，也有 $SR_1=\overline{Q_2}$，$SR_2=\overline{Q_1}$。在不对称控制下，当 Q_1 导通、Q_2 截止时，SR_1 导通、SR_2 截止。而当 Q_1 截止、Q_2 导通时，SR_1 截止、SR_2 导通。因此 SR_1 和 SR_2 的驱动信号可以为 $SR_1=Q_1$，$SR_2=Q_2$。由于 $Q_1=\overline{Q_2}$，因此也可以写为 $SR_1=\overline{Q_2}$，$SR_2=\overline{Q_1}$，与对称控制一样。请注意，上面的讨论对于全波整流和倍流整流都是相同的。

全桥变换器的控制方式很多，主要有基本控制、有限单极性控制和移相控制三种，如图 4-57c、d、e 所示。基本控制方式就是斜对角的两只开关管同时导通和截止；有限单极性控制是指一只桥臂的两只开关管呈 180°互补导通，另一只桥臂的两只开关管脉宽调制工作；移相控制方式中，两只桥臂的开关管均为 180°互补导通，通过调节两只桥臂的相移角来调节输出脉宽。从图中可以看出，无论采用何种控制方式，当斜对角的开关管 Q_1 和 Q_4 同时导通时，SR_1 导通、SR_2 截止；当斜对角的开关管 Q_2 和 Q_3 同时导通时，SR_2 导通、SR_1 截止；当斜对角的两对开关管 Q_1 和 Q_4、Q_2 和 Q_3 均不同时导通时，SR_1 和 SR_2 同时导通。因此 SR_1 和 SR_2 的驱动信号可写为 $SR_1=\overline{Q_2\cdot Q_3}$，$SR_2=\overline{Q_1\cdot Q_4}$。

表 4-1 列出了各种变换器的同步整流管驱动逻辑信号，要实现上面的驱动逻辑信号，主要有两种方法，一种是利用主开关管的驱动信号，按照表 4-1 对它进行适当处理后，用来驱动同步整流管，这种方式称为它驱式；另一种是利用变压器二次绕组的电压来直接驱动，这种方式称为自驱式。

表 4-1　各种变换器的同步整流管驱动逻辑信号

单端变换器			双端变换器		
带复位绕组正激变换器	有源箝位正激变换器	反激变换器	推挽变换器	半桥变换器	全桥变换器
$SR_1=Q$ $SR_2=\overline{Q}$	$SR_1=Q_1$ $SR_2=\overline{Q_1}$	$SR=\overline{Q}$	$SR_1=\overline{Q_2}$ $SR_2=\overline{Q_1}$	$SR_1=\overline{Q_2}$ $SR_2=\overline{Q_1}$	$SR_1=\overline{Q_2\cdot Q_3}$ $SR_2=\overline{Q_1\cdot Q_4}$

2. 它驱式电路

图 4-58 所示为一个通用的同步整流它驱式电路。变换器的输入和输出一般需要电气隔离，主功率部分是通过高频变压器来隔离，而 PWM 控制电路是与输入侧共地的，因此输出电压反馈需要用光耦来隔离。PWM 控制器给出主开关管的驱动信号，用于调节输出电压，它们按照表 4-1 的关系经过逻辑处理后，去驱动同步整流管。由于逻辑处理后的信号与输入侧共地，因此需要采用变压器或者光耦进行电气隔离。这里要注意的是，为了防止主开关管和同步整流管同时导通造成直通或短路现象，主开关管和同步整流管的驱动信号需要加入开通延迟时间。以图 4-52 所示的正激变换器为例，当主开关管 Q 关断时，同步整流管 SR_2 需要延时一段时间再开通，同样当 SR_2 关断时，Q 也要延时一段时间再开通，如图 4-59 所示，这样可以避免 Q 和 SR_2 同时导通引起直通或短路。

3. 自驱式电路

自驱动方式是指利用变换器中高频变压器的二次绕组来驱动两只同步整流管，而不需要

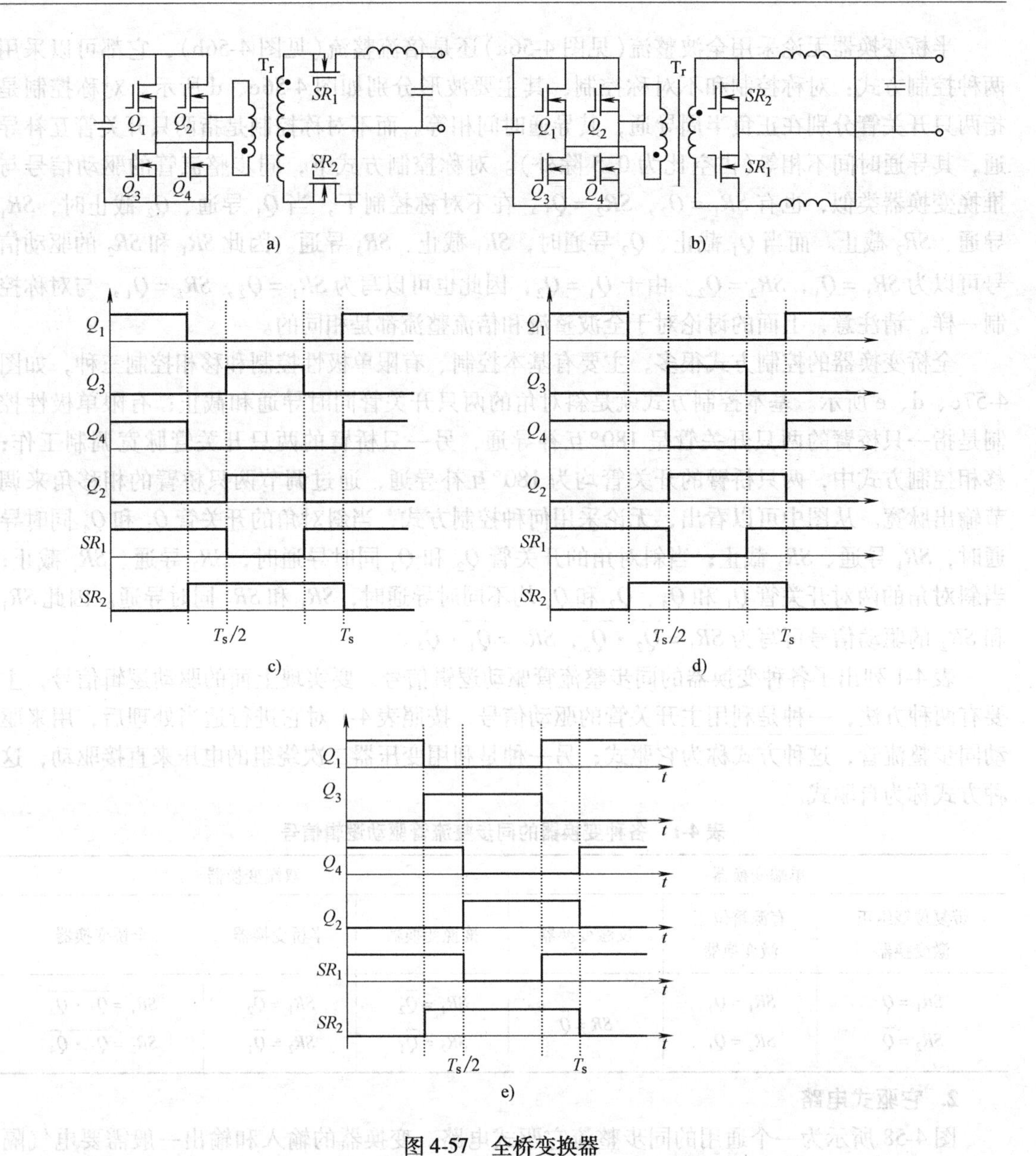

图 4-57 全桥变换器

a）全波整流 b）倍流整流 c）基本控制

d）有限单极性控制 e）移相控制

增加额外的电路，如图 4-60 所示，其中图 4-60a 是正激变换器的二次电路，图 4-60b、c 分别为双端变换器(包括推挽、半桥和全桥)采用全波整流和倍流整流方式的二次电路。当二次绕组同名端“·”电压为正时，SR_1 被驱动导通，SR_2 截止；而当二次绕组同名端“·”电压为负时，SR_2 被驱动导通，SR_1 截止。自驱动虽然简单，但存在一些问题，需要加以改进。

第一个问题是变压器二次电压脉冲不能严格遵守表 4-1 给出的逻辑关系。以加复位绕组正激变换器为例，其主要波形如图 4-61a 所示。从中可以看出，当变压器磁复位完成后，其一、二次绕组电压均为零(图中的阴影部分)，此时 SR_2 被关断，由于这段时间同步整流管没有驱动信号，电流只能流经其体二极管，造成较大的导通损耗。如果采用有源箝位方法

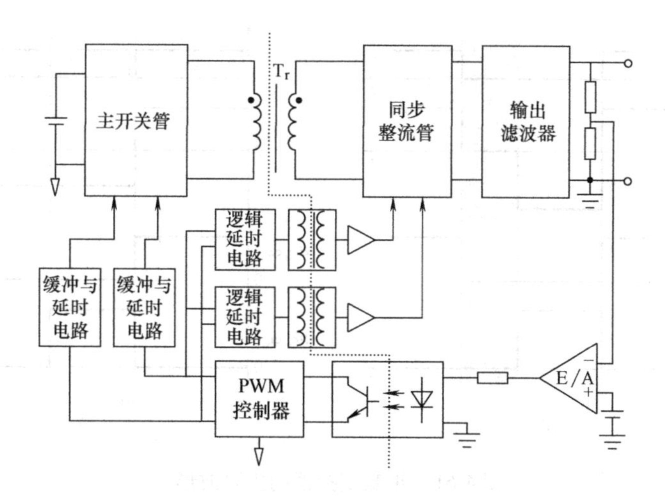

图 4-58 同步整流它驱式电路

(见图 4-53)，这一问题可以得到解决，因为当主开关管 Q_1 关断后，箝位管 Q_2 一直导通，箝位电容电压一直加在变压器一次绕组，使二次绕组得到电压来驱动 SR_2。

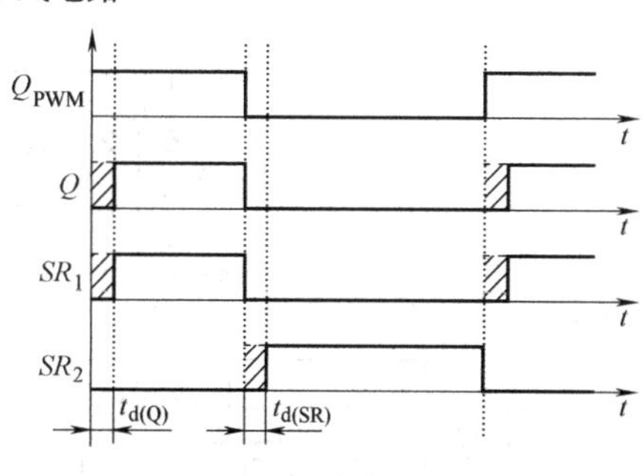

图 4-59 开通延时设置

对于双端变换器(见图 4-55 ~ 图 4-57)而言，当两个整流管同时导通时，变压器一、二次电压均为零，无法驱动同步整流管。半桥变换器如果采用不对称控制方式，那么变压器上一直有正向或负向电压，同步整流管能可靠地被驱动。

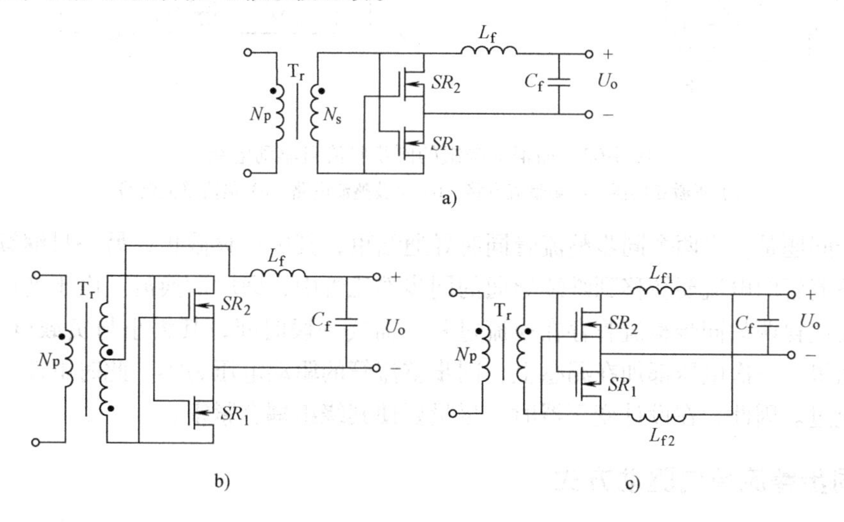

图 4-60 同步整流自驱动电路

a) 正激变换器二次整流电路 b) 全波整流电路 c) 倍流整流电路

第二个问题是，如果输出电压太低或太高，那么变压器二次电压幅值相应太高或太低，不能直接用来驱动同步整流管。为了得到合适的驱动电压，可以加入辅助绕组，如图 4-62 中虚框部分所示。合理设计辅助绕组的匝数，可以得到合适的驱动电压幅值。

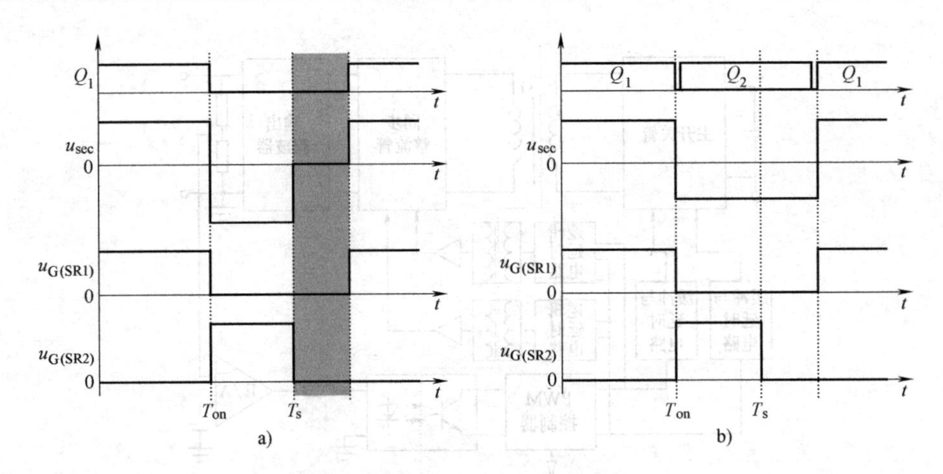

图 4-61 正激变换器的主要波形

a）加复位绕组 b）有源箝位

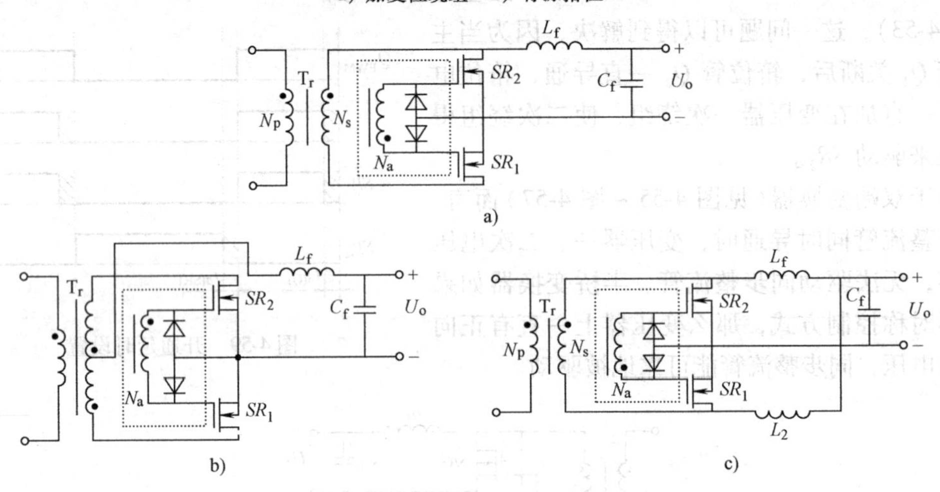

图 4-62 加辅助绕组的同步整流自驱动电路

a）正激变换器二次侧整流电路 b）全波整流电路 c）倍流整流电路

第三个问题是，当两个同步整流管同时导通结束，其中一只截止，另一只继续导通，截止的同步整流管的电流要转移到继续导通的同步整流管中，即所谓换流。由于变压器存在寄生漏感，会使得两只同步整流管存在换流过程，需要一段时间，其大小与负载电流成正比。在这段时间里，一次电压都加在漏感上，同步整流管的驱动电压为零，此时电流只能从其体二极管中流过。因此，在设计变压器时，尽量要使其绕组耦合紧密。

4.3.5 同步整流单向驱动方式

前面已提到，同步整流单向驱动方式是真正模拟二极管的特性，当同步整流管的电流减小到零并试图反向时，应该关断同步整流管。这种驱动方法由于需要检测同步整流管的电流信息，因此又被称为电流型驱动方法。

图 4-63 所示为一种具有能量恢复的电流型驱动同步整流电路及其主要波形。*SR* 为同步整流管，C_G 为 *SR* 的等效栅极电容，可认为一恒定值。T_r 为耦合很好的四绕组的变压器，

其中，N_1 为电流检测绕组，N_2 为驱动绕组，N_3 为驱动电压幅值箝位绕组，N_4 为变压器复位绕组。这里忽略漏感，L_m 为 N_2 绕组的励磁电感，VD_1、VD_2 为理想二极管，U_o 为输出电压。下面分析其工作原理，在一个开关周期内，有八个开关模态，其等效电路如图 4-64 所示。

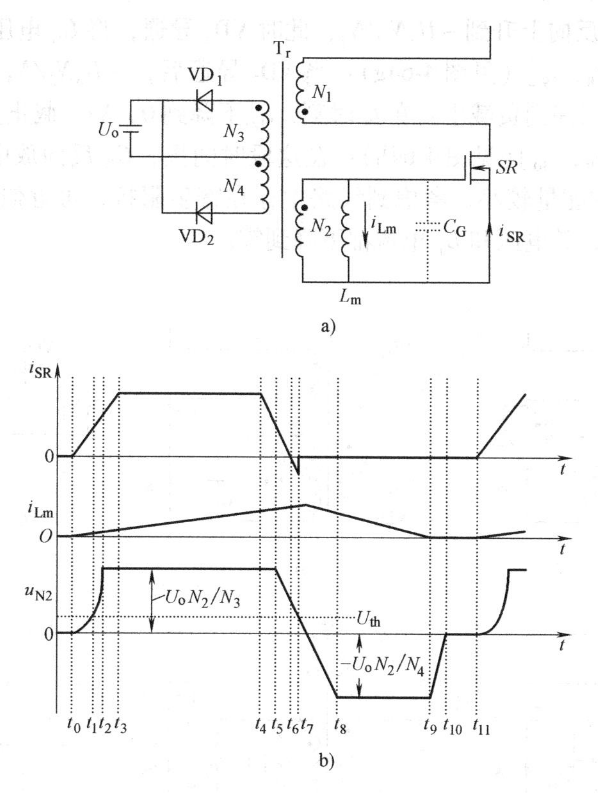

图 4-63　电流型驱动同步整流电路

a) 电路图　b) 主要波形

1) 开关模态 1 [t_0，t_1]（见图 4-64a）：在 t_0 之前，栅极电容电压、励磁电感电流和同步整流管电流均为零。在 t_0 时刻，同步整流管所处的变换器使其电流 i_{SR} 从零开始增加。由于同步整流管尚未驱动，i_{SR} 流过体二极管，并从绕组 N_1 的同名端流进，根据电流互感器的原理，绕组 N_2 中也流过电流，从同名端流出，使 L_m 和 C_G 谐振工作。由于 C_G 电压较低，VD_1 和 VD_2 截止。

2) 开关模态 2 [t_1，t_2]（见图 4-64b）：在 t_1 时刻，C_G 电压谐振上升到同步整流管的门槛电压，使得它开始导通，i_{SR} 流过其沟道。C_G 电压继续谐振上升，并在 t_2 时刻达到 U_oN_2/N_3。

3) 开关模态 3 [t_2，t_5]（见图 4-64c）：当 C_G 电压达到 U_oN_2/N_3 时，VD_1 导通，将得 C_G 电压箝在该值，由此同步整流管得到一个稳定的驱动电压。i_{SR} 在 t_3 时刻增加到其稳态值，在 t_4 时刻，变换器使 i_{SR} 开始减小。从 t_0 时刻开始，励磁电感电流 i_{Lm} 一直在增加。在 t_5 时刻，i_{SR} 减小，直到使绕组 N_2 的电流等于 i_{Lm}。

4) 开关模态 4 [t_5，t_6]（见图 4-64d）：由于 i_{SR} 减小，绕组 N_2 的电流开始小于 i_{Lm}，这时 C_G 放电，其电压降低，VD_1 截止。在此时段中，i_{SR} 继续减小，并在 t_6 时刻过零。

5）开关模态 5 $[t_6, t_7]$（见图 4-64e）：由于 C_G 电压高于门槛电压，因此 i_{SR} 过零后继续反向流动。在 t_7 时刻，C_G 电压下降到门槛电压，同步整流管关断，i_{SR} 立即下降到零。一般来说，此模态时间很短，因此 i_{SR} 的反向电流值很小。

6）开关模态 6 $[t_7, t_8]$（见图 4-64f）：在这段时间里，L_m 和 C_G 谐振工作，C_G 电压下降并为负，并在 t_8 时刻反向上升到 $-U_oN_2/N_4$，此时 VD_2 导通，将 C_G 电压箝在该值。

7）开关模态 7 $[t_8, t_9]$（见图 4-64g）：当 VD_2 导通后，$-U_oN_2/N_4$ 加在 L_m 上，使其电流线性下降，其能量回馈到负载中。在 t_9 时刻，i_{Lm} 下降到 0，VD_2 截止。

8）开关模态 8 $[t_9, t_{10}]$（见图 4-64h）：在这段时间里，C_G 反向放电，与 L_m 谐振工作。由于 C_G 较小，存储的能量较小，考虑到线路中存在寄生阻抗，可近似认为在很短时间内，其能量消耗在线路中，其电压和 L_m 电流都下降到零。

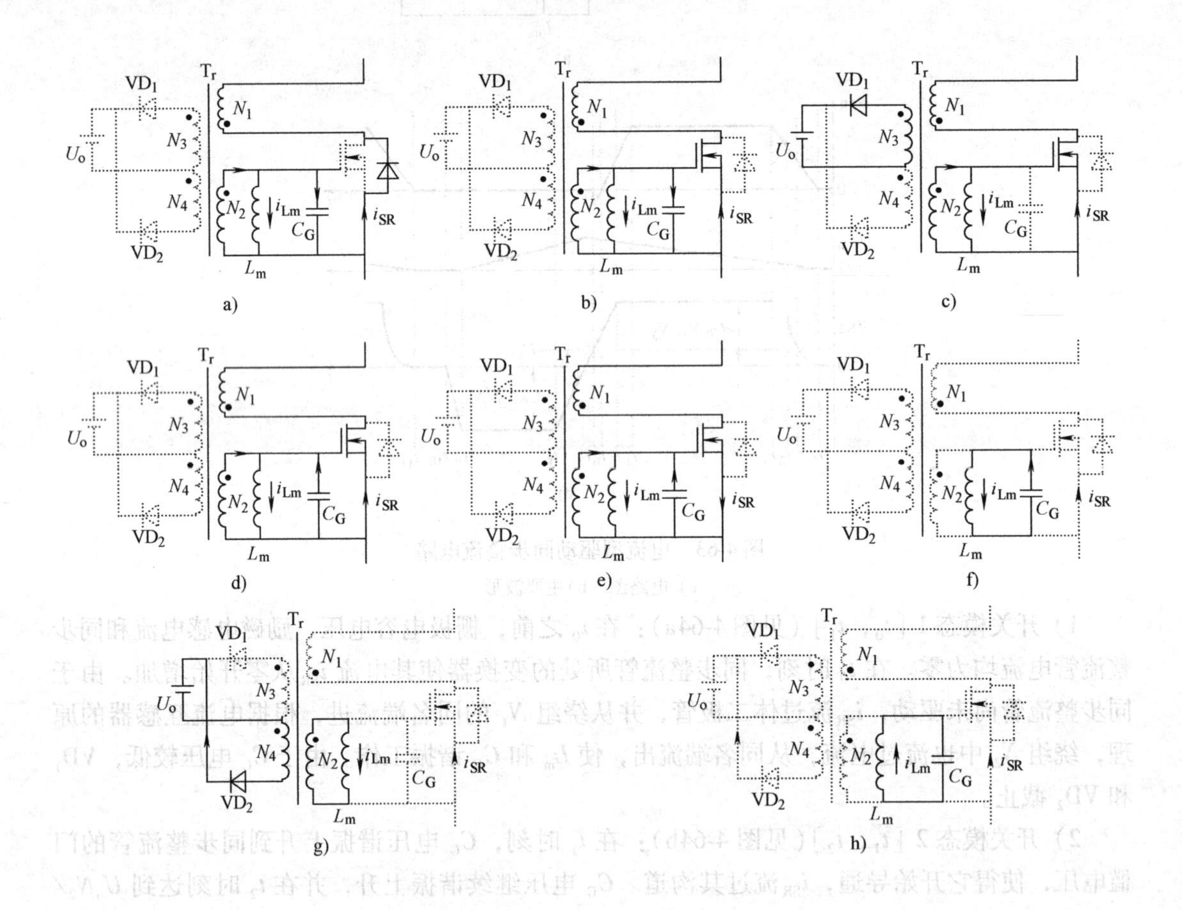

图 4-64　同步整流各个开关模态等效电路

a) $[t_0, t_1]$　b) $[t_1, t_2]$　c) $[t_2, t_5]$　d) $[t_5, t_6]$　e) $[t_6, t_7]$　f) $[t_7, t_8]$

g) $[t_8, t_9]$　h) $[t_9, t_{10}]$

从上面的分析可以看出，该电流型驱动电路有以下特点：

1）其驱动电压幅值是恒定的，不受输入电压和负载变化的影响；

2）驱动变压器的励磁能量回馈到负载，效率高；

3)适用于电流连续模式和电流断续模式；

4)适用于各种变换器及各种整流方式。

4.4 交错并联技术

4.4.1 交错并联技术的基本概念

当电源装置输出功率较大，无法选择到合适电流定额的开关管时，一般可以采用多只开关管并联的方法。为了保证这些开关管共同分担电流，需要慎重挑选，使它们的特性尽量一致。同时在布板时，也要使它们的电流通路尽量对称或一致。为了满足大功率的需求，另一种方法是采用多个变换器并联，除了采用必要的输出均流措施外，对变换器的开关频率、电感、电容、功率器件、控制电路等的一致性没有要求，这样可以避免挑选开关管以及布板的苛刻要求。幸运的是，如果使开关频率一致，并且在各变换器之间引入一定的相移，则可以减小输入和输出电流纹波，由此可以减小输入滤波器和输出滤波电容的大小。当 n 个变换器并联时，如果各变换器之间的相移为 $2\pi/n$，总的输入和输出电流纹波最小，此时我们称这些变换器是交错(Interleaved)并联的。

4.4.2 交错并联变换器

1. Buck 变换器

下面以图4-65所示的两个 Buck 变换器并联为例，来说明交错并联技术的优点。图4-66分别给出了占空比小于0.5和大于0.5的主要波形。如果两个变换器的开关频率相同，同相位工作，那么滤波电感电流是同相位的，输出电流 i_o 的脉动是叠加的，即为单个滤波电感电流脉动的两倍。当采用交错控制后，从图中可以看出，i_o 的脉动小于单个滤波电感电流脉动，即它具有电流脉动抵消作用，同时其脉动频率也是开关频率的两倍。下面定量分析采用交错控制前后输出电流脉动的情况。

单个 Buck 变换器电感电流脉动为

$$\Delta I_{Lf} = \frac{U_{in}}{L_f f_s}(1-D)D \tag{4-63}$$

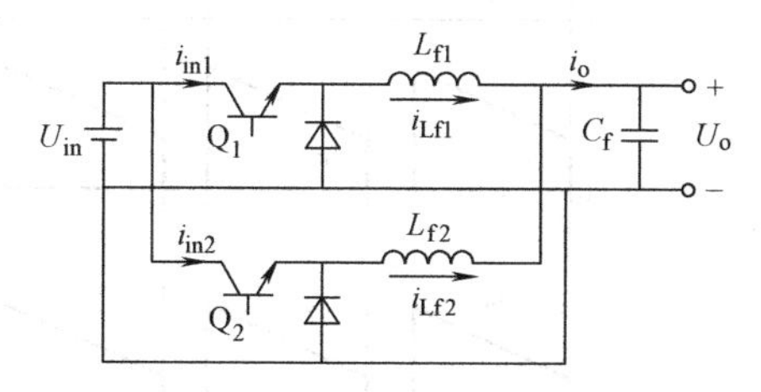

图4-65 两个 Buck 变换器并联

如果 $D<0.5$，从图4-66a中可以看出，当两只开关管同时关断时，两只电感电流同时下降，这段时间里，两只电感电流下降量之和就是 i_o 的脉动量，即

$$\Delta I_{o\_\pi} = 2\frac{U_o}{L_f}\left(\frac{T_s}{2}-T_{on}\right) = \frac{U_{in}}{L_f f_s}D(1-2D) \tag{4-64a}$$

如果 $D>0.5$，从图4-66b中可以看出，当两只开关管同时导通时，两只电感电流同时上升，这段时间里，两只电感电流上升量就是 i_o 的脉动量，即

$$\Delta I_{o\_\pi} = 2\frac{U_{in}-U_o}{L_f}\left(T_{on}-\frac{T_s}{2}\right) = \frac{U_{in}}{L_f f_s}(1-D)(2D-1) \tag{4-64b}$$

不采用交错控制时，i_o 的脉动量为单个电感电流脉动的两倍，即

$$\Delta I_{o\_0}=2\Delta I_{Lf}=\frac{U_{in}}{L_f f_s}2(1-D)D \tag{4-65}$$

由式(4-65)可知，当 $D=0.5$ 时，ΔI_{o_0}的得到最大值 $\Delta I_{o\_0\_max}=U_{in}/2L_f f_s$，以此为基准，由式(4-64)和式(4-65)可以得到交错控制和不交错控制时输出电流的脉动值为

$$\Delta I^*_{o\_\pi}=\begin{cases}2D(1-2D) & (D<0.5)\\ 2(1-D)(2D-1) & (D\geqslant 0.5)\end{cases} \tag{4-66}$$

$$\Delta I^*_{o\_0}=4(1-D)D \tag{4-67}$$

根据式(4-66)和式(4-67)可以画出图4-67所示曲线，从中可以看出，采用交错控制后，输出电流脉动可以大幅度减小，最大值仅为不采用交错控制的1/4，而且在 $D=0.25$ 和 $D=0.75$ 时，输出电流脉动为0。如果三个Buck变换器交错并联，那么其输出电流脉动仅为不采用交错控制的1/9，如图4-67所示。推而广之，如果 n 个Buck变换器交错并联，其输出电流脉动将仅为不采用交错控制的 $1/n^2$。

观察图4-66可知，如果不采用交错控制，并联变换器的输入电流的脉动将是单个Buck变换器的两倍。采用交错控制后，无论占空比是大于0.5还是小于0.5，其脉动均大大减小，即具有脉动抵消作用，并且还有倍频作用。

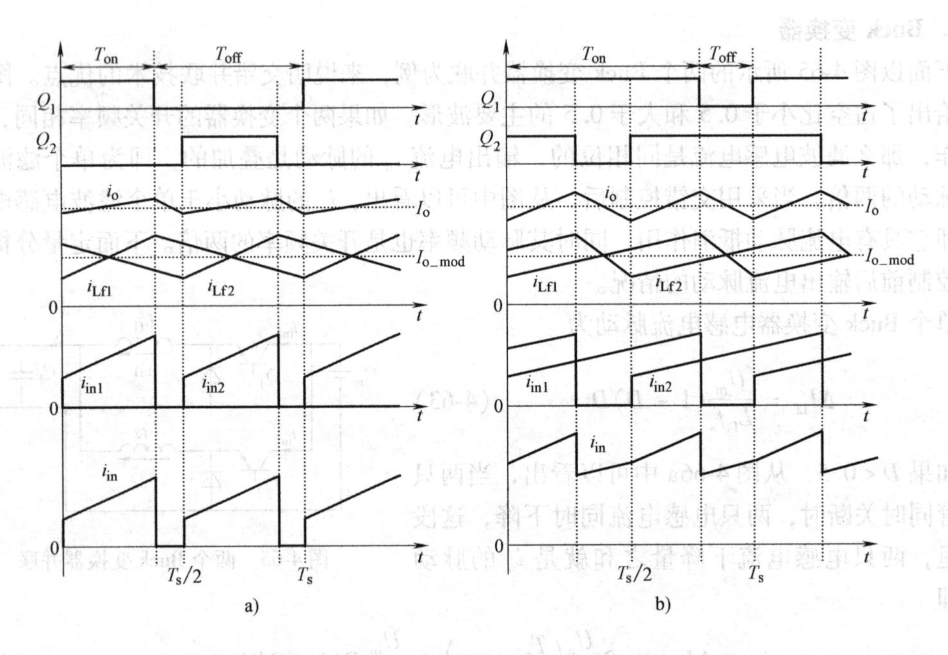

图4-66 两个Buck变换器并联的主要波形

a) $D<0.5$ b) $D>0.5$

2. 正激变换器

上面是以Buck变换器为例，讨论了交错并联的优点，其他的变换器也具有这样的优点。正激变换器的并联有两种方法，一种在滤波电感之前，一种是在滤波电感之后，如图4-68

所示。

当在滤波电感前并联时，只需要一个续流二极管和一个滤波电感。整流后电压 u_{rect}，也就是加在滤波器上的电压，其频率为开关频率的两倍，而且其等效占空比为开关管占空比的两倍，因此其交流分量很小，由此可以大大减小输出滤波电感。

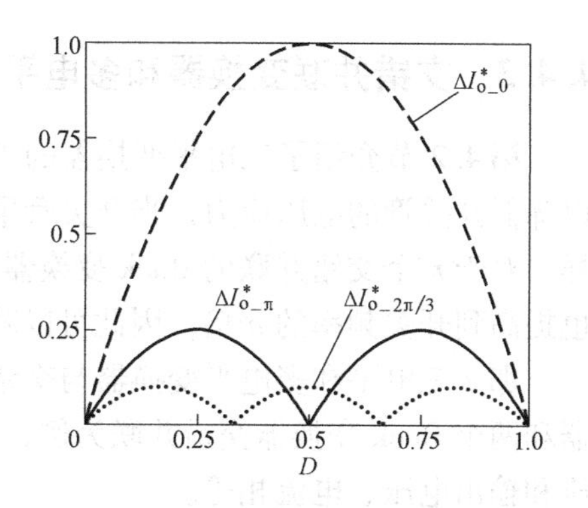

图 4-67　输出电流脉动比较

3. 双端变换器

对于双端变换器，如推挽、半桥、全桥来说，由于其副边整流电路具有倍频作用，当采用交错控制时，其原边开关管的驱动信号的相移不再是 $2\pi/n$，而应该是 π/n，图 4-69 给出了两个变换器并联的主要波形，它们的相位相差 $T_s/4$，即 90°，其中开关管的编号与图 4-54～图 4-56（采用基本控制方式）一致，下标 a 和 b 分别表示两个变换器。

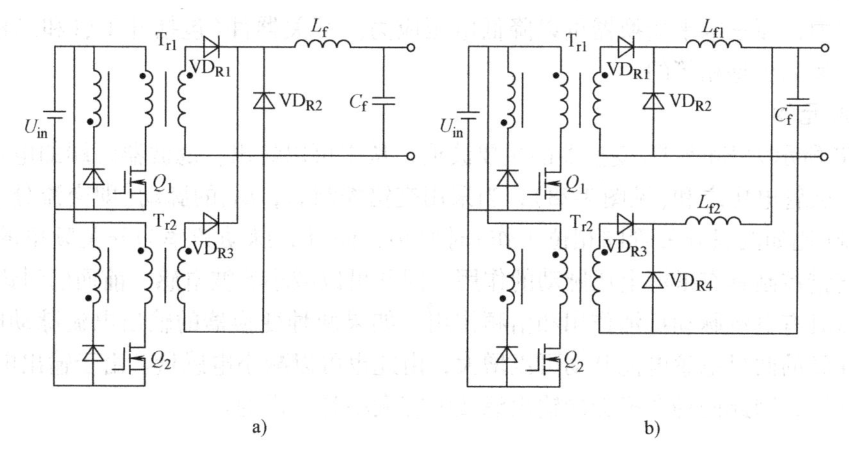

图 4-68　输出电流脉动比较

a）在滤波电感前并联　b）在滤波电感后并联

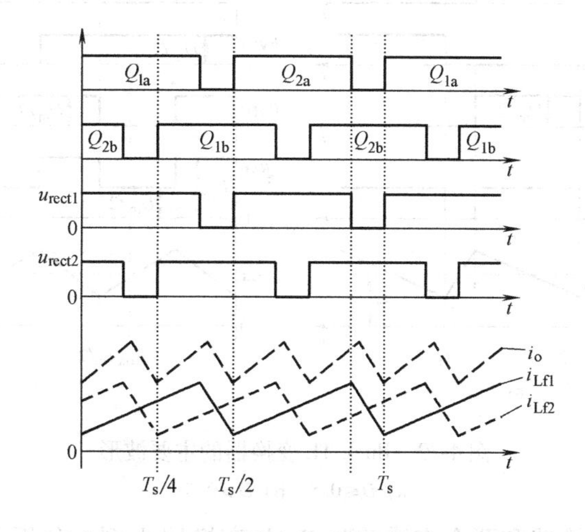

图 4-69　两个双端变换器并联的主要波形

4.4.3 交错并联变换器和多电平变换器的对比

第4.2节介绍了三电平变换器的工作原理及其特点，以Buck TL变换器为例，它不仅可以降低开关管的电压应力，当开关管采用交错控制时，还可以减小滤波电感和滤波电容。同样，对于n个交错并联的Buck变换器来说，它也可以减小输出电流脉动，同时其脉动频率也提高到开关频率的n倍，因此可以减小滤波电容。

那么三电平和多电平变换器与交错并联变换器之间有什么联系呢？下面以Buck TL变换器和两个Buck变换器交错并联为例，来对比它们之间的关系，对比的前提条件是其输入电压和输出电压、电流相等。

1. 开关器件

Buck变换器的开关管和二极管的电压应力均为输入电压，由于是两个变换器并联，所以其电流应力为输出电流的一半，这里忽略电感电流脉动。Buck TL变换器的开关管和二极管的电压应力均为输入电压的一半，其电流应力为输出电流。从中可以看出，交错并联可以降低电流应力，而三电平变换器可以降低电压应力。开关器件(包括开关管和二极管)的电压、电流定额之积是相等的。

2. 滤波元件

图4-70所示为Buck TL变换器的主要波形，从中可以看出，滤波器两端的电压u_{AB}实际上是两只二极管电压之和(见图4-28)，当采用交错控制后，u_{AB}的脉动(即交流分量)比不采用交错控制(比如两只开关管同相位工作)时要小，而且其脉动频率为开关频率的两倍。也就是说，交错控制具有抵消电压脉动的作用，因此可以减小滤波电感。前面已讨论过，交错并联变换器具有电流脉动抵消作用和倍频作用。如果两种变换器的输出电流脉动电流相等，那么交错并联的两只电感电流脉动可以增大，由此也可以减小电感量。由于输出电流脉动相等且频率一样，因此两种变换器的输出滤波电容大小是一样的。

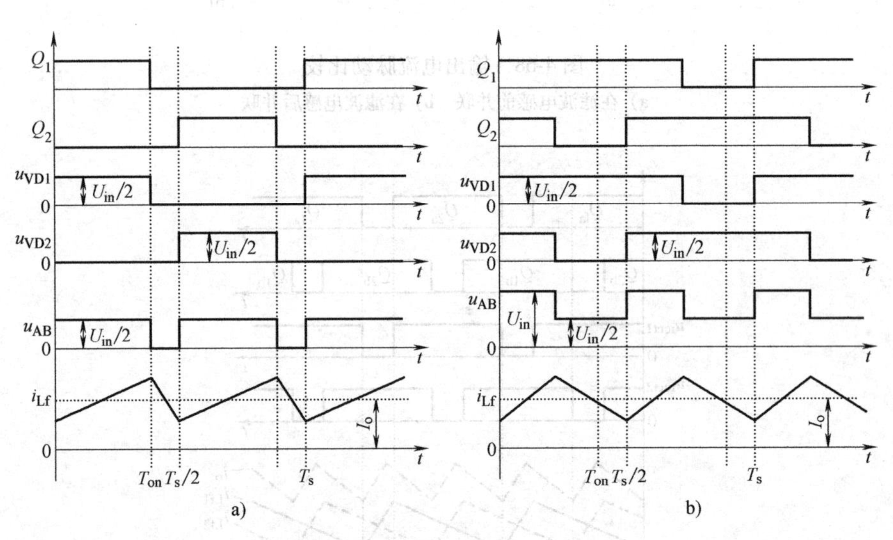

图4-70 Buck TL变换器的主要波形

a) $D \leqslant 0.5$ b) $D > 0.5$

上面以Buck TL变换器和两个交错并联Buck变换器为例，分析了它们之间的关系。如果再进一步推广，对于多电平变换器和多个交错并联变换器来说，如果它们的类型一样，即同为 Buck 变换器或 Boost 变换器等等，那么它们的对比关系如下：

1）开关管和二极管数量相等，多电平变换器可以降低开关器件的电压应力，而交错并联变换器则可以降低电流应力。

2）多电平变换器具有电压脉动抵消和倍频作用，交错并联变换器则具有电流脉动抵消和倍频作用，它们都可以减小滤波电感和滤波电容。

4.5　本章小结

本章围绕 DC/DC 高频功率变换介绍了软开关直流变换器、三电平 DC/DC 变换器、同步整流技术和交错并联技术，具体内容如下：

（1）介绍了软开关的基本概念以及软开关直流变换器的分类，介绍了谐振变换器的电路拓扑及其控制策略，并选择 LLC 谐振变换器、PWM 软开关变换器和移相控制全桥变换器，介绍了它们的工作原理。

（2）介绍了三电平 DC/DC 变换器的分类，以 Buck 三电平变换器、Boost 三电平变换器、半桥三电平变换器和复合全桥三电平变换器为例，介绍了它们的工作原理、外特性和优点。三电平变换器具有开关管电压应力低和减小输出滤波器等优点。

（3）介绍了同步整流技术的基本概念及同步整流管的驱动时序要求；根据同步整流管电流流动的不同情况，将同步整流管的驱动方式分为双向驱动和单向驱动两种，并给出了相应的驱动电路。

（4）多个 DC/DC 交错并联可以减小输入和输出电流纹波，由此可以减小输入滤波器和输出滤波电容的大小。以 Buck 变换器为例介绍了交错并联技术的优点，介绍了两个正激变换器交错并联时的不同连接方式，并对交错并联变换器与多电平变换器进行了对比。

参考文献

[1] Batarseh I. Resonant converter topologies with three and four energy storage elements[J]. IEEE Transactions on Power Electronics, 1994, 9(1): 64-73.

[2] Severns R P. Topologies of three-element resonant converter[J]. IEEE Transactions on Power Electronics, 1992, 7(1): 89-98.

[3] Steigerwald R L. A comparison of half-bridge resonant converter topologies[J]. IEEE Transactions on Power Electronics, 1988, 3(2): 174-182.

[4] Yang B, Lee F C, Zhang A J, Huang G. LLC resonant converter for front end dc/dc conversion. Proc[C]. IEEE APEC, 2002, 1108-1112.

[5] 阮新波，严仰光. 直流开关电源的软开关技术[M]. 北京：科学出版社，2000.

[6] 阮新波，严仰光. 脉宽调制全桥 DC/DC 变换器的软开关技术[M]. 北京：科学出版社，1999.

[7] Nabae A, Takahashi I. Akagi H. A new neutral-clamped PWM inverter[J]. IEEE Transactions on Industry Applications, 1981, 17(5): 518-523.

[8] Meynard T A, Foch H. Multi-level conversion: high voltage choppers and voltage-source inverters[C]. Proc. IEEE PESC, 1992, 397-403.

[9] Ruan X, Li B, Chen Q. Three-level converters - A new approach in high voltage dc-to-dc conversion[C].

Proc. IEEE PESC, 2002. 663-668.

[10] 阮新波. 三电平直流变换器及其软开关技术[M]. 北京：科学出版社，2006.

[11] Xie X. A study of drive schemes for synchronous rectifier in switching power supplies[C], Ph. D. Dissertation, Hong Kong University, 2002.

[12] Zhang M T, Jovanovic M M, Lee F C. Analysis and evaluation of interleaving techniques in forward converters[J]. IEEE Transactions on Power Electronics, 1998, 13(4): 690.

第5章　DC/DC变换器的动态模型与控制

5.1　功率变换器动态建模的意义

20世纪，功率器件经历了从结型控制器件如晶闸管、功率GTR、GTO，到场控器件如功率MOSFET、IGBT、IGCT的发展历程，功率器件的发展历程是一个向理想电子开关逐步逼近的过程。功率器件性能日益提高，使得应用更加方便。功率变换电路拓扑经历了从发展到逐渐稳定的过程。器件和电路的日趋成熟，使得人们自然地将注意力转向电力电子系统的整体性能的优化上来，电力电子系统的问题比以往受到了更多的关注。电力电子系统问题包括控制系统分析与设计、功率变换器组合系统的分析与设计、功率变换器的并联冗余设计、热设计、电磁兼容设计等。

电力电子装置需要满足静态指标和动态指标要求。如直流开关电源、逆变电源、UPS等通常需要满足如下指标要求：电源调整率、负载调整率、输出电压的精度、纹波、动态性能、变换效率、功率密度、并联模块的不均流度、功率因数和EMC等。这些技术指标可以分成两类，第一类指标有变换效率、功率密度、纹波等，它们主要与主回路拓扑、磁设计、热设计、功率元件选择、驱动等主电路设计有关。第二类指标有电源调整率、负载调整率、输出电压的精度、动态性能、并联系统的不均流度等指标，它们主要由控制系统的设计决定。主电路设计与系统控制设计就如汽车的左、右轮，同等重要。要设计出高品质的电力电子装置，不仅需要精心设计主电路，也需要有一个良好的控制系统设计。电力电子装置开发遵循的流程如图5-1所示，其中控制系统设计主要包括控制环路构架设计和控制参数设计。

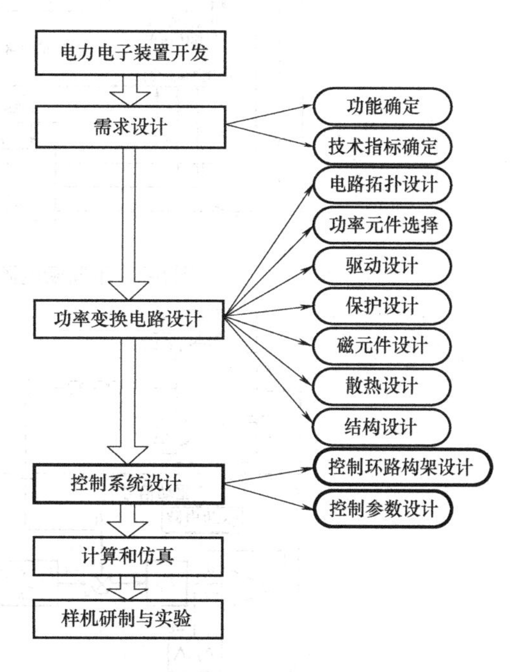

图5-1　电力电子装置开发流程

随着微电子技术的发展，系统控制向数字化控制方向发展，更多地将采用单片机或DSP等微机控制，因此控制环节出现软件化或虚拟化的现象，或在整体系统中所占的体积变得更小，它的重要性容易被人忽视，实际上控制系统设计得好坏将直接关系到电力电子装置整体性能的优劣。图5-2所示为不间断电源设备(UPS)系统框图，包括三相功率因数校正(PFC) AC/DC变换器和三相DC/AC变换器，不间断电源设备系统实现高质量电能输出供给关键负荷。在UPS系统中，三相逆变器由三个独立控制的单相半桥逆变器构成，如图5-3所示。图中给出了逆变器的控制框图，包含三个控制环路，分别为电压有效值环、电压瞬时值环、电流内环，其中电压有效值环用于确保输出电压的稳态精度，电压瞬时值环保证输出电压波形质量，电流环提高系统的动态响应。

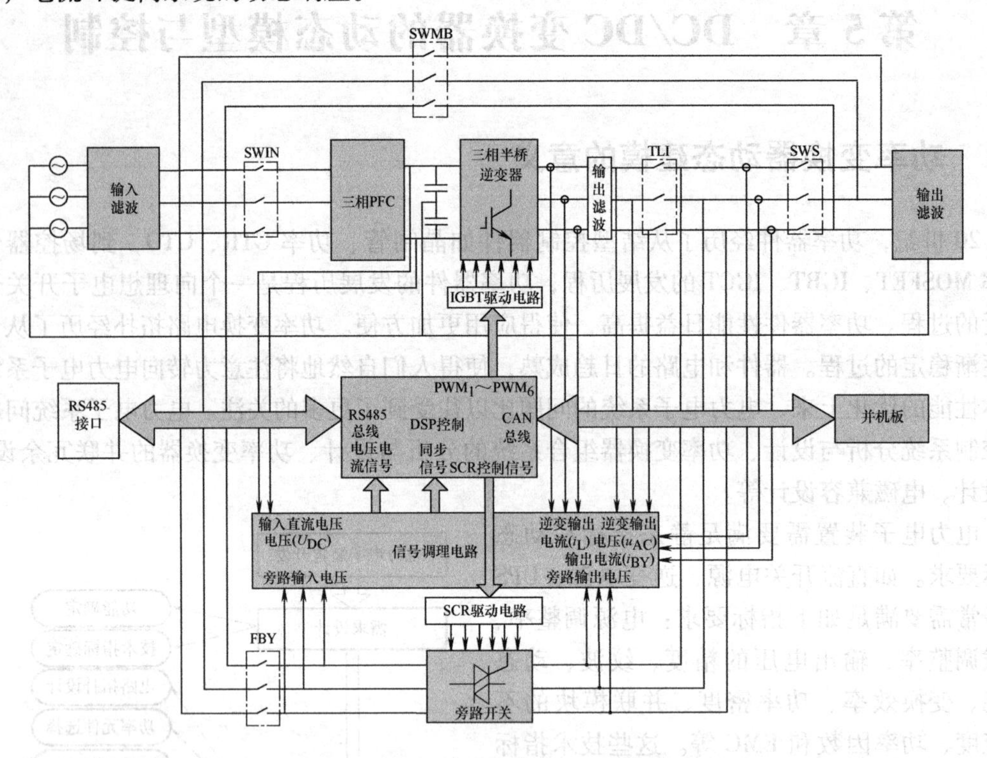

图 5-2　不间断电源设备(UPS)系统框图

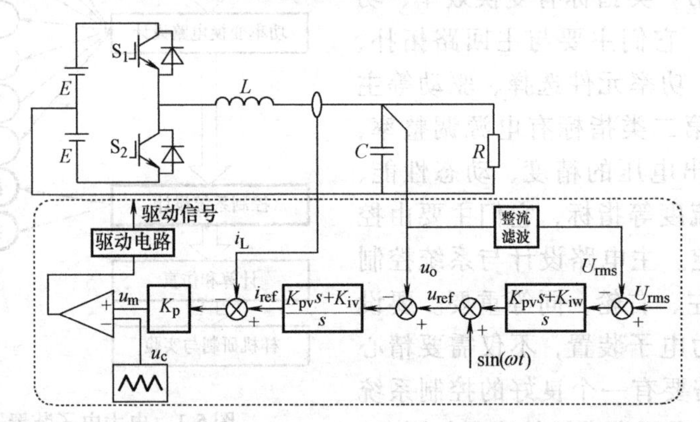

图 5-3　不间断电源逆变部分其中一相半桥逆变器的控制框图

图 5-4 所示为一个通信基础电源的系统框图，由前级功率因数校正 AC/DC 变换器(PFC)和 DC/DC 变换器构成。前级功率因数校正 AC/DC 变换器实现输入的功率因数校正，后级 DC/DC 变换器实现电隔离，同时实现高精度的直流输出。前级功率因数校正 AC/DC 变换器和后级 DC/DC 变换器都引入了反馈控制。前级功率因数校正 AC/DC 变换器包含一个电压环和一个电流环，外环为电压环，内环为电流环。其中电压环用于保证功率因数校正单元输出直流电压的稳定，为后级 DC/DC 变换器提供稳定的电压输入；电流环用于保证功率因数校正单元输入电流跟踪输入电网电压变化，使输入电流近似为一个正弦波，以实现通信基

础电源输入功率因数为1的目标。DC/DC变换器也有一个电压外环和一个电流内环。电压外环用于稳定输出电压，电流内环用于实现输出电流限流和改善动态性能。此外，反馈控制有利于抑制电网输入电压扰动对DC/DC变换器输出电压的影响，即反馈控制可以提高电源调整率；反馈控制也有利于抑制负载变化对DC/DC变换器输出的影响，即反馈控制可以提高负载调整率。

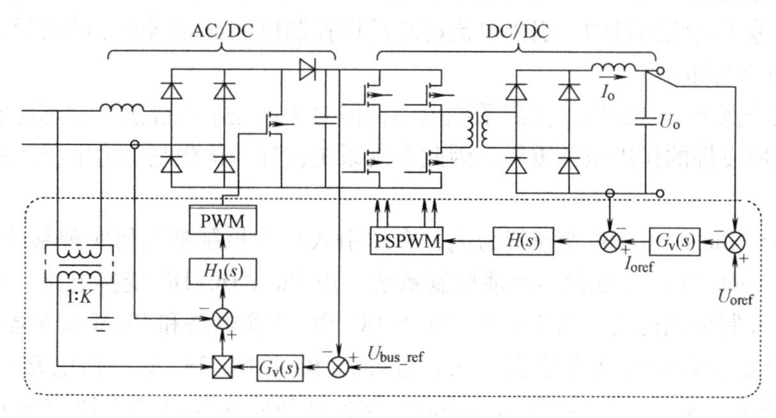

图5-4　通信基础电源的系统框图

图5-5所示为一个光伏逆变并网系统框图，由前级全桥DC/DC变换器和逆变器构成。前级DC/DC变换器实现电隔离，同时实现光伏阵列(PV)的最大功率跟踪，后级逆变器的任务是调节直流母线电压、控制并网电流，保证并网电流THD满足并网标准。这里分别为前级DC/DC变换器和后级DC/AC变换器引入了反馈控制。前级DC/DC变换器采集光伏阵列输出电压、电流，并通过最大功率跟踪(MPPT)算法给出PWM的控制信号，动态调整DC/DC变换器的占空比，即改变DC/DC变换器的等效输入阻抗，始终保证光伏阵列输出功率最大。通过反馈控制实现光伏阵列最大功率跟踪(MPPT)。后级DC/AC反馈控制包含锁相环、电压外环、电流内环。锁相环的功能是确保逆变输出与电网同步；电压外环采集直流母线电

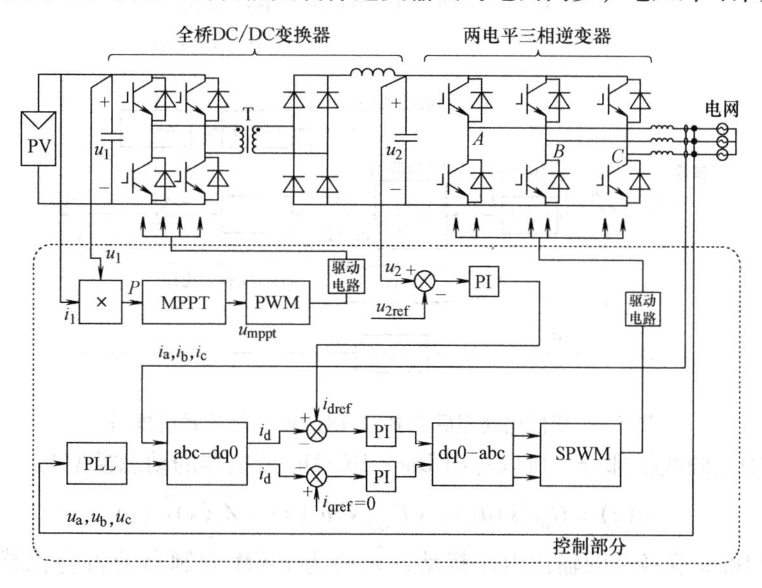

图5-5　光伏并网发电系统框图

压作为反馈量，与直流母线电压参考量的误差量经过 PI 调节后作为有功电流内环的参考量，用于稳定直流母线电压。采集三相并网电流并使用锁相环得出的相位进行 abc-dq0 变换，得到有功电流分量 i_d 和无功电流分量 i_q。无功电流环参考量 i_{qref} 为 0，有功电流环参考量 i_{dref} 由直流母线电压外环给出。有功电流环与无功电流环的反馈误差量经过 PI 调节后进行 dq0-abc 变换，给出三相逆变器的 PWM 调制信号，通过驱动电路控制三相逆变器中 IGBT 的通断，达到控制并网输出电流的目的。引入电流内环反馈控制以保证并网电流的质量，保证并网电流 THD 满足并网标准。

由以上三个例子可以看出，控制系统虽小，但对于保证系统静态、动态性能指标，提高系统总体性能所发挥的作用至关重要，因此控制系统设计和优化是电力电子工程师一项必备的专业技能。

下面以一个 Buck DC/DC 变换器为例，介绍引入反馈控制是如何实现系统性能改善的。图 5-6 所示为 Buck DC/DC 变换器反馈控制系统，由 Buck DC/DC 变换电路、PWM 调制器、驱动器、反馈控制单元构成。图 5-6 中，Buck DC/DC 变换电路和 PWM 调制器是非线性的，需要一套电力电子系统的动态建模方法，推导出 Buck DC/DC 变换器电路的动态模型和 PWM 调制器的动态模型。图 5-7 表示应用动态建模处理后的 Buck DC/DC 变换器系统框图，图 5-7 中点画线框部分为 Buck DC/DC 变换器电路的动态模型，PWM 调制器的模型是放大系数等于 $1/U_M$ 的方框，$H(s)$ 为输出电压反馈系数。

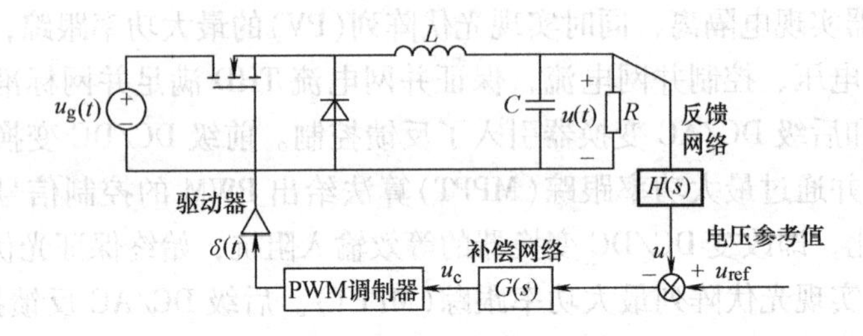

图 5-6　Buck DC/DC 变换器反馈控制系统

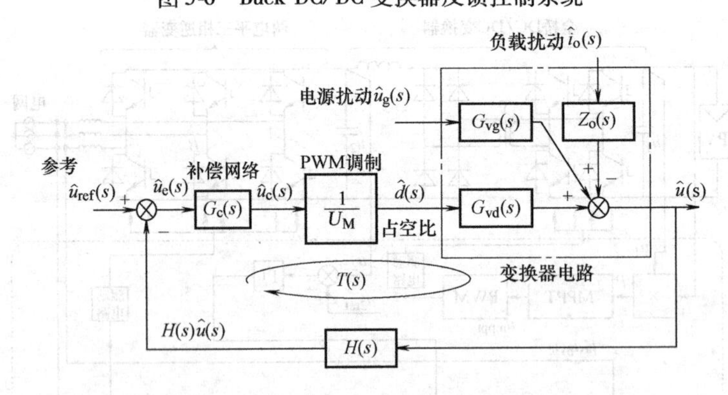

图 5-7　线性化处理后的 Buck DC/DC 变换器系统框图

由图 5-7 中点画线框部分，可以写出 Buck DC/DC 变换器的动态模型为

$$\hat{u}(s)=G_{vd}(s)\hat{d}(s)+G_{vg}(s)\hat{u}_g(s)-Z_o(s)\hat{i}_o(s) \tag{5-1}$$

式中，$\hat{u}(s)$ 为 Buck 变换器的输出电压扰动；$\hat{d}(s)$ 为 PWM 调制器的占空比扰动、$\hat{u}_g(s)$ 为 Buck 变换器的输入电压扰动；$\hat{i}_o(s)$ 为 Buck 变换器的输出负载电流扰动。由式(5-1)可以

分别求出没有引入反馈控制时，输入电压扰动对输出电压的影响、输出负荷变化对输出电压的影响、PWM 调制器的占空比到输出电压的传递函数。输入电压扰动对输出电压的影响为

$$G_{vg}(s)=\left.\frac{\hat{u}(s)}{\hat{u}_g(s)}\right|_{\hat{d}(s)=0,\hat{i}_o(s)=0} \tag{5-2}$$

输出负荷变化对输出电压的影响为

$$Z_o(s)=-\left.\frac{\hat{u}(s)}{\hat{i}_o(s)}\right|_{\hat{u}_g(s)=0,\hat{d}(s)=0} \tag{5-3}$$

占空比到输出电压的传递函数为

$$G_{vd}(s)=\left.\frac{\hat{u}(s)}{\hat{d}(s)}\right|_{\hat{u}_g(s)=0,\hat{i}_o(s)=0} \tag{5-4}$$

如图 5-7 所示，引入反馈控制后，可以导出输出电压扰动为

$$\hat{u}(s)=\hat{u}_{ref}\frac{1}{H}\frac{T}{1+T}+\hat{u}_g\frac{G_{vg}}{1+T}-\hat{i}_o\frac{Z_o}{1+T} \tag{5-5}$$

式中，$T(s)=H(s)G_c(s)G_{vd}(s)/U_M$ 为回路增益。

由式(5-5)可以求出引入反馈控制后，输入电压扰动对输出电压的影响，负荷变化对输出电压的影响，占空比到输出的传递函数。输入电压扰动对输出电压的影响为

$$\left.\frac{\hat{u}(s)}{\hat{u}_g(s)}\right|_{\hat{d}(s)=0,\hat{i}_o(s)=0}=\frac{G_{vg}(s)}{1+T} \tag{5-6}$$

如果回路增益 T 在输入电压扰动频率范围内设计得很大，引入反馈控制后可以将输入电压扰动对输出的影响减少$\frac{1}{1+T}$倍。

引入反馈控制后输出负荷变化对输出电压的影响为

$$\left.\frac{\hat{u}(s)}{\hat{i}_o(s)}\right|_{\hat{u}_g(s)=0,\hat{d}(s)=0}=-\frac{Z_o(s)}{1+T} \tag{5-7}$$

同样引入反馈控制后可以将负载扰动对输出的影响减少$\frac{1}{1+T}$倍。

引入反馈控制后参考电压到输出电压的传递函数为

$$\left.\frac{\hat{u}(s)}{\hat{u}_{ref}(s)}\right|_{\hat{u}_g(s)=0,\hat{i}_o(s)=0}=\frac{1}{H}\frac{T}{1+T} \tag{5-8}$$

如果回路增益 T 在低频范围内设计得很大，于是上式可以近似为

$$\left.\frac{\hat{u}(s)}{\hat{u}_{ref}(s)}\right|_{\hat{u}_g(s)=0,\hat{i}_o(s)=0}\approx\frac{1}{H} \tag{5-9}$$

上式表明，输出的精确度主要由反馈系数 H 决定，而与系统中其他部分参数的漂移和变化无关，使输出的精确度基本不受电力电子系统前向通道中参数的漂移和变化的影响。

由此可见，引入反馈控制，通过合理补偿网络设计，修改回路增益 T 的特性，达到抑制输入扰动、负荷扰动对输出的影响，提高系统静态、动态性能的目的。

上面这个例子一方面用数学的方法描述了反馈控制改善系统性能的机理，另一方面也说明了反馈控制设计需要掌握电力电子系统的动态模型，即所谓的电力电子系统的动态建模。

要进行反馈控制设计，首先需要了解被控对象的动态模型，对于电力电子系统，就是要获得电力电子变换器和PWM调制器的动态模型。在经典的自动控制理论中，需获得电力电子变换器和PWM调制器动态模型的数学表达式，即传递函数，这样就可以用频率法或根轨迹法来进行反馈控制网络的设计。电力电子系统的动态建模就是用数学模型描述系统的动态行为和控制性能，它是电力电子系统稳定性分析和控制器设计的基础。本章重点介绍DC/DC变换器动态模型的求解方法。

5.2 开关周期平均与小信号线性化动态模型

DC/DC变换器中包含功率开关器件、二极管等非线性元器件，因此DC/DC变换器是一个非线性系统。但是当DC/DC变换器运行在某一稳态工作点附近时，电路状态变量的小信号扰动量之间呈现线性关系。因此，尽管DC/DC变换器为非线性电路，但当考察它在某一稳态工作点附近的动态特性时，仍可以把它当作线性系统来近似。变换器动态模型的建立就是基于以上思想，通过简化的方法抓住主要矛盾，忽略次要因素，获得简洁的公式，直观地反映变换器动态特性与电路元器件参数之间的关系，是控制系统的工程化设计的基础。下面通过一个具体的例子介绍变换器动态模型的建模方法。

图5-8所示为DC/DC变换器的反馈控制系统，由Boost变换器、PWM调制器、驱动器、补偿网络等单元构成。设DC/DC变换器的占空比为$d(t)$，设稳态工作点的占空比为D。又设占空比$d(t)$在D附近有一个小的扰动，即

$$d(t)=D+D_m\sin\omega_m t \tag{5-10}$$

这里D和D_m均为常数，且占空比扰动的幅度远小于占空比D，即$|D_m| \ll D$，占空比扰动的频率ω_m远低于变换器的开关频率$\omega_s=2\pi f_s$。占空比扰动使占空比$d(t)$在恒定值D上叠加了一个小幅度低频正弦波信号$D_m\sin\omega_m t$，于是驱动开关器件开通或关断的PWM脉冲序列$\delta(t)$的宽度被低频正弦波信号所调制。

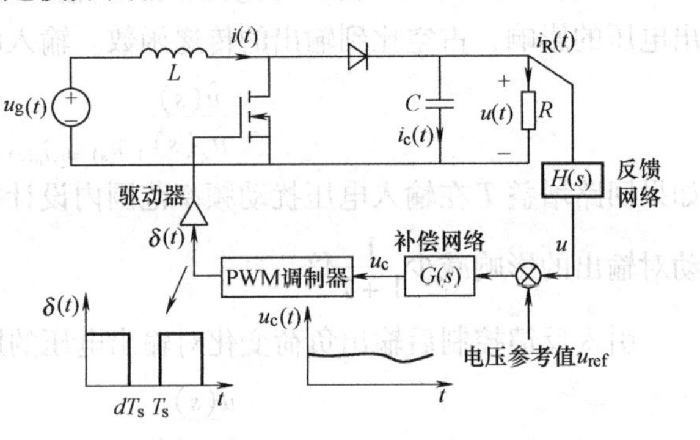

图5-8 DC/DC变换器反馈控制系统

在$d(t)=D$的稳态工作点，Boost DC/DC变换器的功率开关驱动脉冲与输出电压$u(t)$如图5-9a所示，输出电压$u(t)$为直流电压U_{dc}叠加开关纹波。若不考虑开关纹波，在输入驱动脉冲$d(t)=D$时，输出电压为$u(t)=U_{dc}$。如图5-9b所示，当占空比$d(t)$经低频调制后，输出电压$u(t)$也被低频调制了，若不考虑开关纹波，输入驱动脉冲$d(t)=D+D_m\sin\omega_m t$时，输出电压调制为$u(t)=U_{dc}+U_m\sin(\omega_m t+\theta)$。可以发现输出电压低频调制频率分量的幅度$U_m$与$D_m$成正比，频率与占空比扰动信号调制频率$\omega_m$相同，这表现出了线性电路的特征。

Boost DC/DC变换器的输出电压频谱如图5-10所示，除直流和低频调制频率电压分量外，还包含开关频率及其边频带、开关频率谐波及其边频带。当开关频率及其谐波分量幅度较小的情况，开关频率分量、开关频率谐波分量及其边频分量可以忽略，这时小信号扰动量之间的关系近似为线性关系，于是就可以用传递函数来描述DC/DC变换器的特性。DC/DC

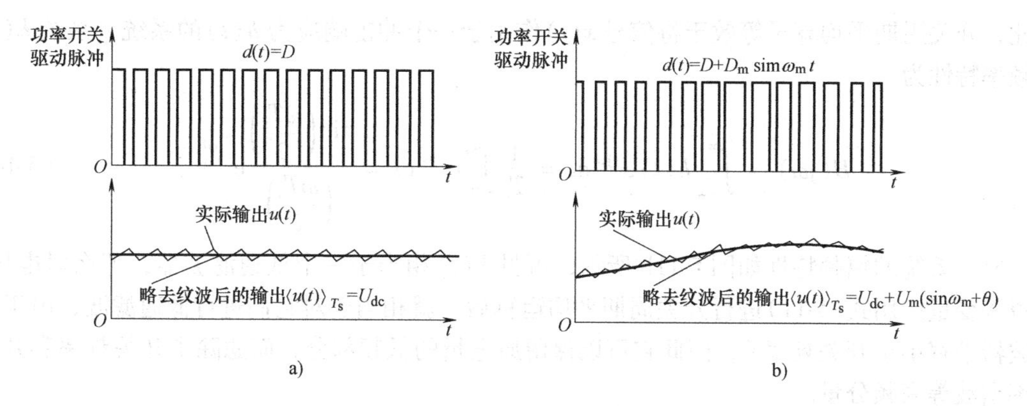

图 5-9 占空比宽度低频调制作用

a）占空比调制前 b）占空比调制后

变换器的动态建模中通过忽略次要因素，保留系统的主要行为来实现模型的简化。忽略开关频率谐波与其边带等就是一种模型的简化方法。在本章中电力电子系统的动态建模都是基于忽略开关频率分量和开关频率谐波分量及其边频分量的简化方法。

当引入扰动量的幅值远小于稳态工作点幅值，如 $|D_m| \ll D$，且扰动量的频率远低于开关频率，如 $\omega_m \ll \omega_s$，则保证了输出交流分量中的扰动频率分量，如 $D_m\sin\omega_m t$ 为主导分量。在这样一种情况下，忽略开关频率谐波与其边带，建立占空比、输入电压等的低频扰动对变换器中的电压、电流影响的小信号线性化模型的简化方法是合理的。概括来讲，低频小扰动是本章变换器线性化动态模型建立的基本前提，这也直接决定了这种线性化动态模型的应用场合为稳态工作点附近的小扰动稳定性分析和控制器设计。这里所谓的“低频”扰动，是相对于电力电子系统的开关频率来讲的，一般认为在开关频率的1/2以下，就认为是低频了。

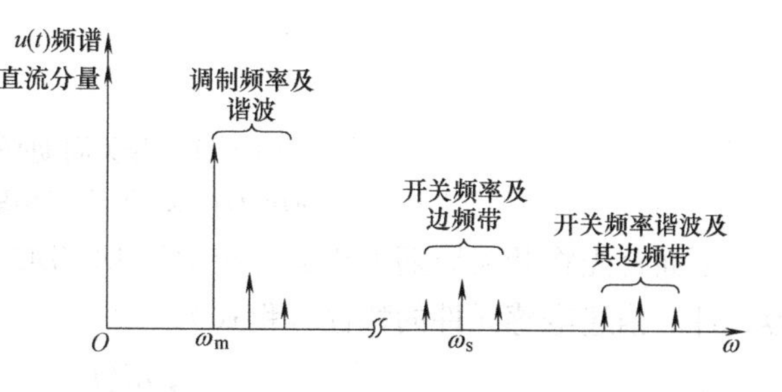

图 5-10 输出电压频谱

下面介绍 DC/DC 变换器线性化动态建模的具体方法。根据上面的分析，DC/DC 变换器小信号交流模型是基于忽略了开关频率纹波的思想，为此首先引入反映消除开关频率纹波作用的数学工具：开关周期平均算子，其定义为

$$\langle x(t)\rangle_{T_s} = \frac{1}{T_s}\int_{t-T_s}^{t} x(\tau)\mathrm{d}\tau \tag{5-11}$$

式中，$x(t)$是 DC/DC 变换器中电压、电流等某一变量；T_s 为 DC/DC 功率变换器的开关周期，即 $T_s=1/f_s$。为了描述开关周期平均算子的物理意义，定义函数 $h(t)$。如图 5-11a 所示，它是一个脉宽为 T_s，幅值为 $1/T_s$ 的脉冲函数，即

$$h(t)=\begin{cases}1/T_s & 0\leqslant t\leqslant T_s\\ 0 & \text{其他}\end{cases} \tag{5-12}$$

将式(5-11)改写为

$$\langle x(t)\rangle_{T_s} = \frac{1}{T_s}\int_{t-T_s}^{t} x(\tau)\mathrm{d}\tau = \int_{-\infty}^{\infty} h(t-\tau)x(\tau)\mathrm{d}\tau \tag{5-13}$$

因此，开关周期平均算子等效于将信号 $x(t)$ 作用于一个冲击响应为 $h(t)$ 的系统。系统 $h(t)$ 的频率特性为

$$H(\mathrm{j}\omega) = \int_{-\infty}^{\infty} h(t)\mathrm{e}^{-\mathrm{j}\omega t}\mathrm{d}t = \frac{1}{T_s}\int_0^{T_s}\mathrm{e}^{-\mathrm{j}\omega t}\mathrm{d}t = \frac{\sin\left(\frac{\omega T_s}{2}\right)}{\left(\frac{\omega T_s}{2}\right)}\mathrm{e}^{-\mathrm{j}\frac{\omega T_s}{2}} \tag{5-14}$$

$h(t)$ 系统的幅频特性如图 5-11b 所示，可见 $h(t)$ 相当于一个低通滤波器，那么对电压、电流等变量应用式(5-11)进行开关周期平均运算后，就相当于对它们进行低通滤波，由于该滤波器带宽小于开关频率 f_s，因此它可以保留原电量的低频部分，而滤除了开关频率和开关频率谐波等高频分量。

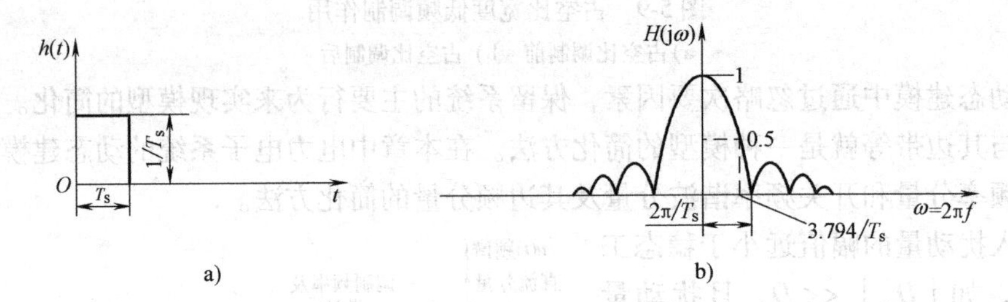

图 5-11　开关周期平均算子意义

a) $h(t)$ 函数　b) $h(t)$ 函数的幅频特性图

下面首先将开关周期平均运算应用于 DC/DC 变换电路中的线性元件，如电感元件和电容元件。描述电感元件的特性方程式为

$$L\frac{\mathrm{d}i(t)}{\mathrm{d}t} = u_L(t) \tag{5-15}$$

上式两边同除以 L 并在一个开关周期中积分，得到

$$\int_{t-T_s}^{t}\mathrm{d}i(\tau) = \frac{1}{L}\int_{t-T_s}^{t}u_L(\tau)\mathrm{d}\tau \tag{5-16}$$

上式左边表示在一个开关周期中电感电流的变化，右边与电感电压的开关周期平均值成正比，上式右边应用开关周期平均算子符号，得到

$$i(t) - i(t-T_s) = \frac{1}{L}T_s\langle u_L(t)\rangle_{T_s} \tag{5-17}$$

上式表明一个开关周期中电感电流的变化量与一个开关周期电感电压平均值成正比，整理得到

$$L\frac{i(t)-i(t-T_s)}{T_s} = \langle u_L(t)\rangle_{T_s} \tag{5-18}$$

另外，可以推得如下欧拉公式

$$\begin{aligned}\frac{\mathrm{d}\langle i(t)\rangle_{T_s}}{\mathrm{d}t} &= \frac{\mathrm{d}}{\mathrm{d}t}\left(\frac{1}{T_s}\int_{t-T_s}^{t}i(t)\mathrm{d}t\right) = \frac{1}{T_s}\frac{\mathrm{d}}{\mathrm{d}t}\left(\int_{t-T_s}^{0}i(t)\mathrm{d}t + \int_0^t i(t)\mathrm{d}t\right)\\ &= \frac{i(t) - i(t-T_s)}{T_s}\end{aligned} \tag{5-19}$$

将式(5-19)代入式(5-18)，得到

$$L\frac{\mathrm{d}\langle i(t)\rangle_{T_s}}{\mathrm{d}t}=\langle u_L(t)\rangle_{T_s} \tag{5-20}$$

式(5-19)表明：电感电流和电感两端的电压经过开关周期平均算子作用后仍然满足法拉第电磁感应定律，即电感元件特性方程中的电压、电流分别用它们各自的开关周期平均值代替后，方程仍然成立。

当电路达到稳态时，根据电感电压的伏秒平衡原理，电感电压的平均值等于零，于是$\langle u_L(t)\rangle_{T_s}=0$。由式(5-20)得到$L\frac{\mathrm{d}\langle i(t)\rangle_{T_s}}{\mathrm{d}t}=0$，表明电感电流的开关周期平均值$\langle i(t)\rangle_{T_s}$等于常数，但并不表明电感电流的瞬时值在一个开关周期中保持恒定。实际上在 DC/DC 变换器中，在一个开关周期中电感电流的瞬时值波形一般近似为三角波。

类似地也可推得经开关周期平均算子作用后的描述电容的方程为

$$C\frac{\mathrm{d}\langle u_C(t)\rangle_{T_s}}{\mathrm{d}t}=\langle i_C(t)\rangle_{T_s} \tag{5-21}$$

式(5-21)表明电容元件特性方程中的电压、电流分别用他们各自的开关周期平均值代替后，方程仍然成立。

当电路达到稳态时，根据电容电荷平衡原理，电容电流的平均值等于零，于是$\langle i_C(t)\rangle_{T_s}=0$。由式(5-21)得到$C\frac{\mathrm{d}\langle u_C(t)\rangle_{T_s}}{\mathrm{d}t}=0$，表明电容电压的开关周期平均值$\langle u_C(t)\rangle_{T_s}$等于常数，但这也不表明电容电压的瞬时值在一个开关周期中保持恒定。实际上在 DC/DC 变换器中，一个开关周期中电容电压的瞬时值波形一般也近似为三角波。

根据欧姆定律可以得到经开关周期平均算子作用后描述电阻的方程为

$$\langle u_R(t)\rangle_{T_s}=\langle i_R(t)\rangle_{T_s}R \tag{5-22}$$

经开关周期平均算子作用后电路依旧满足基尔霍夫电压定律和电流定律，因此通过以上的推导可以得出结论：线性电路作用开关周期平均算子后电路拓扑和元件值保持不变。

任意一个 DC/DC 变换器均可分割成两个子电路，一个子电路为定常线性网络，另一个子电路为开关网络，如图 5-12 所示。由以上结论得到，定常线性子电路无需进行处理，关键是如何通过电路变换将非线性的开关网络子电路变换成线性定常电路。

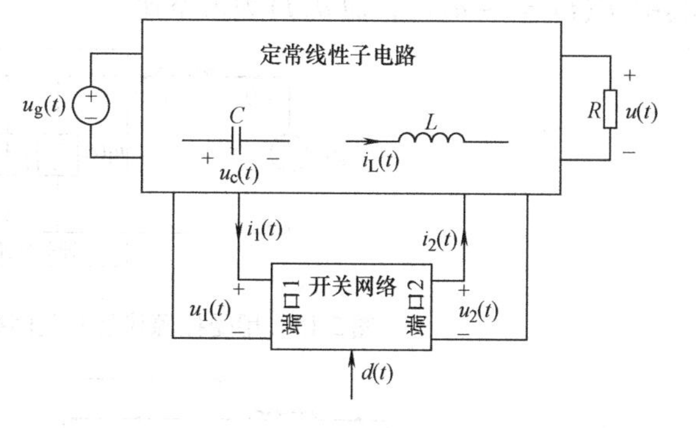

图 5-12　DC/DC 变换器分割成线性定常网络和开关网络

下面以 CCM 模式 Boost 变换器为例加以介绍。图 5-13 所示为 Boost 变换器电路和它的开关网络子电路。开关网络子电路是两端口网络，端口变量为$u_1(t)$、$i_1(t)$、$u_2(t)$和$i_2(t)$。

在 Boost 变换器中开关网络的端口变量$i_1(t)$和$u_2(t)$刚好分别为电感电流和电容电压，这里将它们定义为开关网络的输入变量，而定义$u_1(t)$和$i_2(t)$为开关网络的输出变量。开关网络的输出变量$u_1(t)$和$i_2(t)$的波形如图 5-14 所示。假定功率器件为理想开关，在

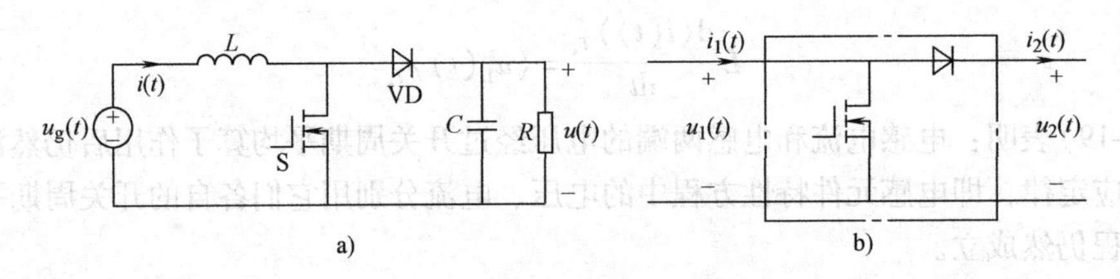

图 5-13　Boost 变换器与开关网络

a) Boost 变换器　b) 开关网络

$[0, dT_s]$阶段，开关 S 导通，二极管 VD 关断，因此 $u_1(t)=0$，$i_2(t)=0$；在$[dT_s, T_s]$阶段，开关 S 关断，二极管 VD 导通，因此 $u_1(t)=u_2(t)$，$i_2(t)=i_1(t)$。

为了简化，用受控源两端口网络等效图 5-13b 所示开关网络，即开关网络的输入端口用受控电压源 $u_1(t)$ 表示，开关网络的输出端口用受控电流源 $i_2(t)$ 表示，如图 5-15 所示。为保证受控源两端口网络与开关网络完全等效，受控源两端口网络的两个端口的波形必须与原开关网络的两个端口波形相同，受控电压源 $u_1(t)$ 和受控电流源 $i_2(t)$ 必须与图 5-14 中波形一致。

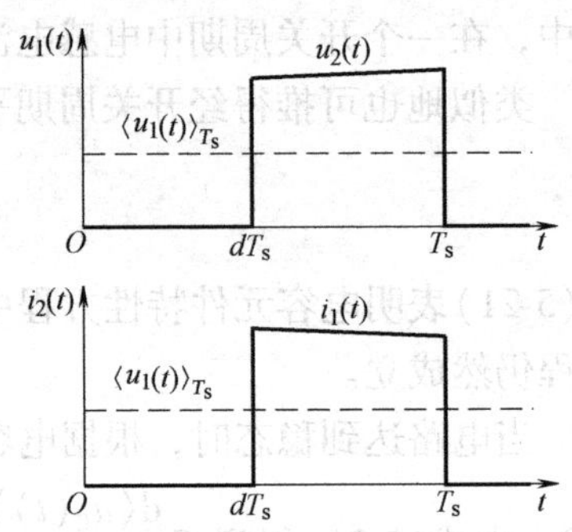

图 5-14　开关网络两个端口的波形

现在对图 5-15 中所有电压、电流作一个开关周期平均，得到图 5-16。重点考察受控源两端口网络，结合图 5-14，可求得受控电压源 $u_1(t)$ 的开关周期平均值为

$$
\begin{aligned}
\langle u_1(t)\rangle_{T_s} &\approx \frac{1}{T_s}\int_0^{T_s} u_1(t)d(t) = \frac{1}{T_s}\left[\int_0^{dT_s} u_1(t)d(t) + \int_{dT_s}^{T_s} u_1(t)d(t)\right] \\
&= \frac{1}{T_s}\left[0 + (T_s - d(t)T_s)\langle u_2(t)\rangle_{T_s}\right] \\
&= [1-d(t)]\langle u_2(t)\rangle_{T_s} = d'(t)\langle u_2(t)\rangle_{T_s}
\end{aligned}
\tag{5-23}
$$

其中 $d'(t)=1-d(t)$，而 $d(t)$ 为占空比。

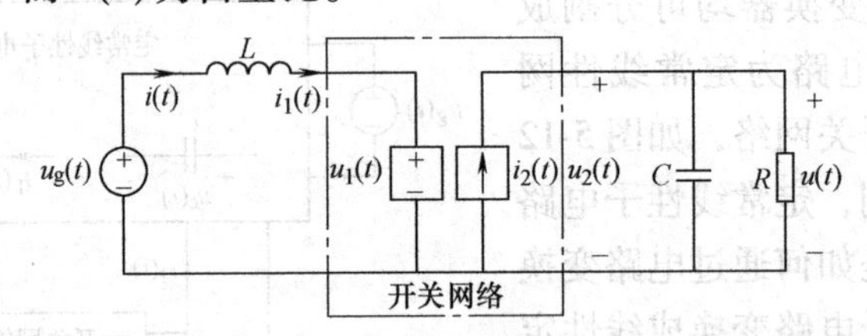

图 5-15　用受控源代替开关网络后的 Boost 变换器电路

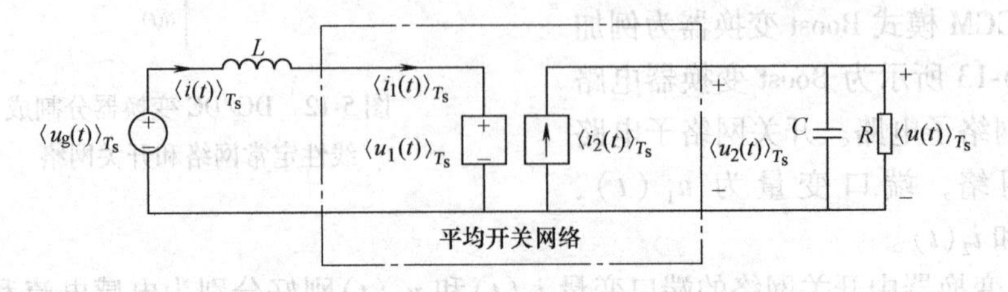

图 5-16　由图 5-15 求开关周期平均

同样，由图 5-14 可求得受控电流源 $i_2(t)$ 的开关周期平均值为

$$\begin{aligned}\langle i_2(t)\rangle_{T_s} &\approx \frac{1}{T_s}\int_0^{T_s} i_2(t)d(t) = \frac{1}{T_s}\Big[\int_0^{dT_s} i_2(t)\mathrm{d}(t) + \int_{dT_s}^{T_s} i_2(t)\mathrm{d}(t)\Big] \\ &= \frac{1}{T_s}[0 + (T_s - dT_s)\langle i_1(t)\rangle_{T_s}] \\ &= [1 - d(t)]\langle i_1(t)\rangle_{T_s} = d'(t)\langle i_1(t)\rangle_{T_s}\end{aligned} \tag{5-24}$$

将式(5-23)和式(5-24)代入图 5-16 得到经开关周期平均变换后的 Boost 变换器的等效电路，如图 5-17 所示。图中的等效电路为时不变电路，该电路中电量的波形是不包含开关纹波的连续波形。

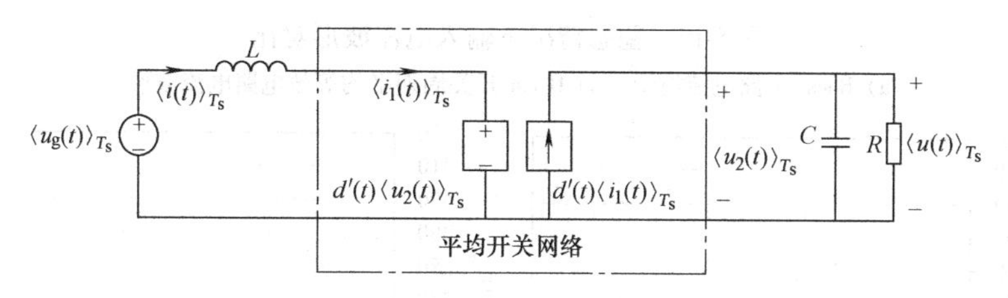

图 5-17　Boost 变换器的开关周期平均模型等效电路

下面以一个 Boost 变换电路为例，进行器件模型与开关周期平均模型的仿真对比。在 PSCAD 仿真工具中，采用 EMTDC 模型库里的 IGBT 与二极管等器件搭建 Boost 器件变换电路仿真模型，如图 5-18a 所示。依据推导得到 Boost 变换器开关周期平均等效电路，采用受控电压源和电流源等搭建 Boost 开关周期平均模型，如图 5-18b 所示。两个模型中的电路参数保持一致，输入电压 $u_g=200\mathrm{V}$，开关频率 $f_s=100\mathrm{kHz}$，输入滤波电感 $L=0.75\mathrm{mH}$，输出滤波电容 $C=1.6\mu\mathrm{F}$，输出负载电阻 $R=160\Omega$。

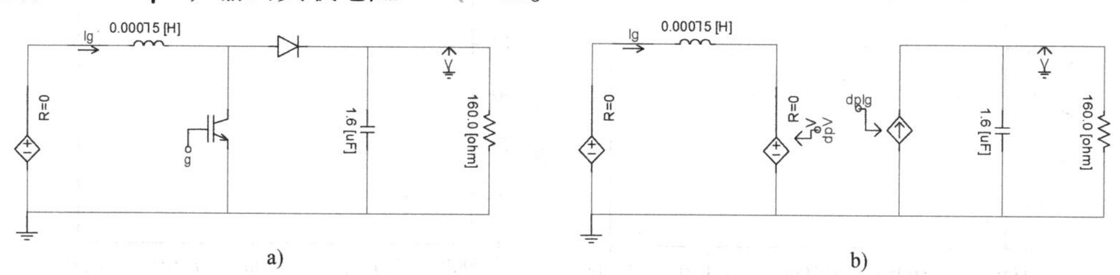

图 5-18　Boost 变换器开关器件仿真模型和开关周期平均仿真模型对比
a）Boost 器件仿真模型　b）Boost 开关周期平均仿真模型

首先考察 $D=0.5$ 的稳态工作点情况，则输入电流稳态值 $I=5\mathrm{A}$，输出电压稳态值 $U=400\mathrm{V}$，输出功率 1kW。如图 5-19 所示为输入电流的对比波形，图 5-19a 为 Boost 器件模型输入电流波形，电路进入稳态后输入电流平均值为 5A，但叠加电流开关纹波；图 5-19b 为 Boost 开关周期平均模型输入电流波形，输入电流几乎没有开关纹波。如图5-20所示为输出电压的对比波形，图 5-20a 为 Boost 器件模型输出电压波形，电路进入稳态后输出电压的平均值为 400V，但叠加开关纹波；图 5-20b 为 Boost 开关周期平均模型输出电压波形，输出电压为 400V，输出电压中没有开关纹波。

接下来考察动态情况，对比占空比或输入电压引入扰动。占空比 D 由 0.5 突升到 0.8，则输入电流经暂态过程由 5A 突增到 31.25A，输出电压经暂态过程由 400V 突增到 1000V。如图 5-21 所示为输入电流的对比波形，图 5-21a 为 Boost 器件模型输入电流波形，0.1s 时占空比发生突变，输入电流由 5A 经过渡过程后稳定到 31.25A；图5-21b为 Boost 开关周期平均

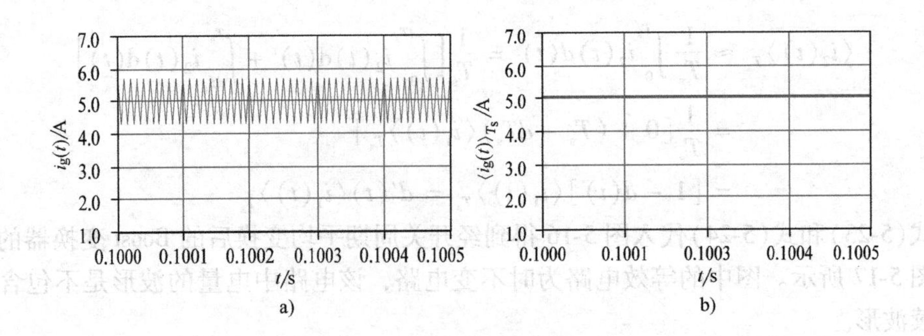

图 5-19 稳态情况下输入电流波形对比

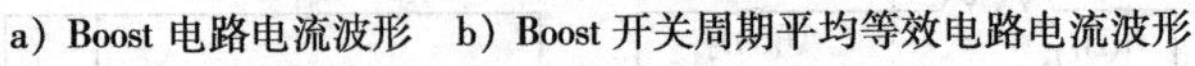

a）Boost 电路电流波形 b）Boost 开关周期平均等效电路电流波形

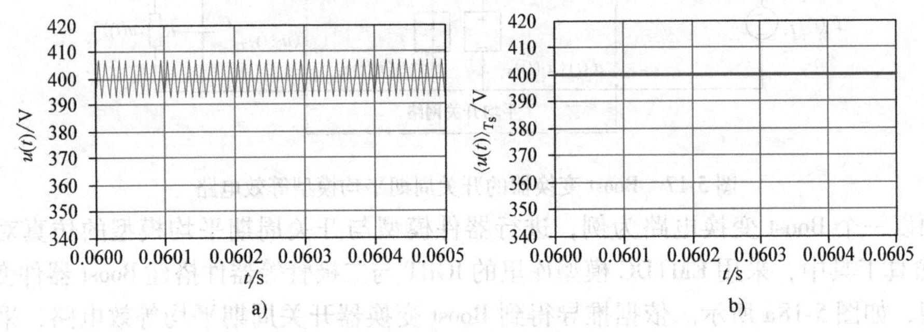

图 5-20 稳态情况下输出电压波形对比

a）Boost 电路电压波形 b）Boost 开关周期平均等效电路电压波形

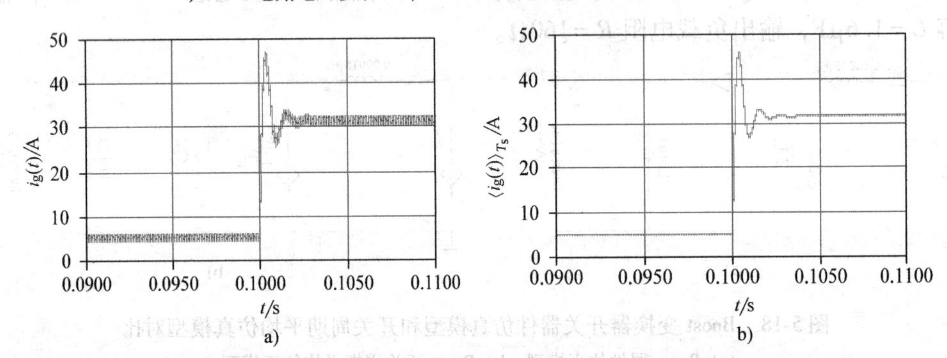

图 5-21 占空比突升情况下输入电流波形对比

a）Boost 电路电流波形 b）Boost 开关周期平均等效电路电流波形

模型输入电流波形，突变暂态过程与 Boost 器件模型仿真波形一致，仅略去了开关纹波。如图 5-22 所示为输出电压的对比波形，图 5-22a 为 Boost 器件模型电压波形，0.1s 时占空比发生突变，输出电压由 400V 经过渡过程后稳定到 1000V，图 5-22b 为 Boost 开关周期平均模型输出电压波形，输出电压暂态过程与 Boost 器件模型仿真波形一致，仅滤除了开关纹波。

占空比 D 由 0.5 突降到 0.2，则输入电流经暂态过程由 5A 突降到 1.95A，输出电压经暂态过程由 400V 突降到 250V。图 5-23 所示为输入电流的对比波形，图 5-23a 为 Boost 器件模型输入电流波形，0.1s 时占空比发生突变，输入电流由 5A 经过 5 个振荡周期后稳定到 1.95A，由于 Boost 器件模型中的续流二极管反向截止，因此暂态振荡过程电流总大于 0。图 5-23b 为 Boost 开关周期平均模型输入电流波形，输入电流也由 5A 突降到 1.95A，开关纹波已消失，但暂态过程经历了8个振荡周期，与Boost器件模型仿真波形相比暂态过程出现了电流小于0的阶段，且振荡加剧。图5-24所示为输出电压的对比波形，图5-24a为Boost器件模型输出电压波形，0.1s时占空比发生突变，输出电压由400V经过9个周期的振荡稳定到250V，图5-24b为Boost开关周期平均模型输出电压波形，除略去了开关纹波外，输出电压暂态过程与Boost电路相比振荡也加剧了。开关周期平均模型与器件模型相比，暂态过程出现差异的主要原因在于器件模型中由于二极管的反向截止作用使输出电流 $i(t)$ 不可能小于0，但开关周期平均模型中使用受控电压源、电流源来表示开关网络输入输出端口的关系，没有对其做出限制。因此，在这种情况，开关周期平均模型会带来一定的误差。

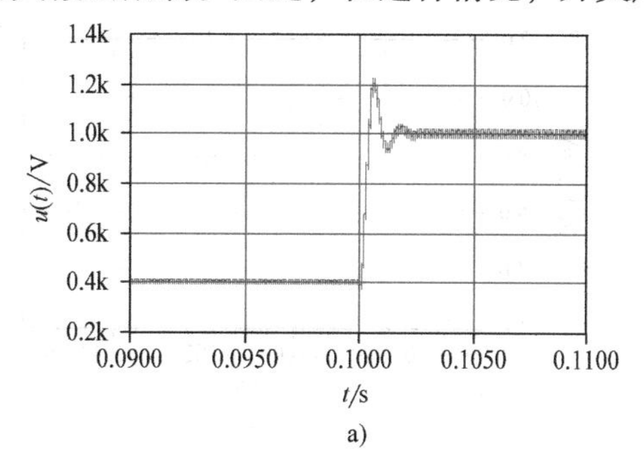

a)

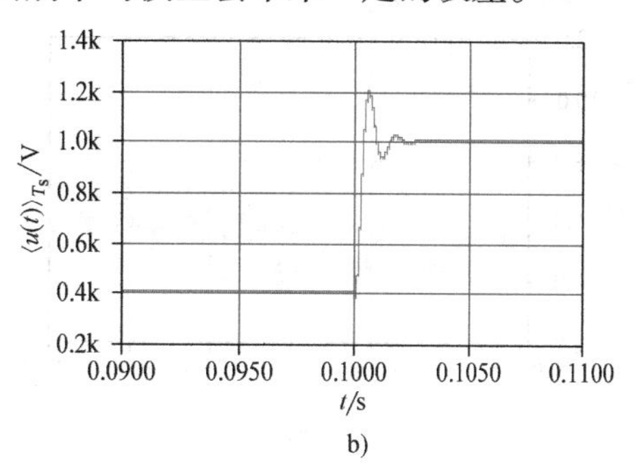

b)

图5-22　占空比突升情况下输出电压波形对比

a）Boost电路电压波形　b）Boost开关周期平均等效电路电压波形

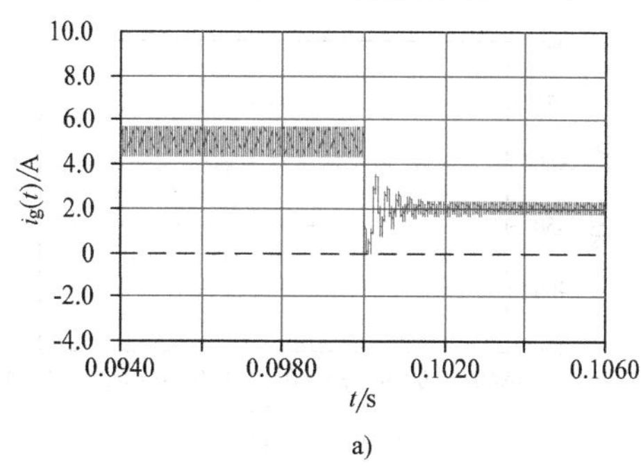

a)

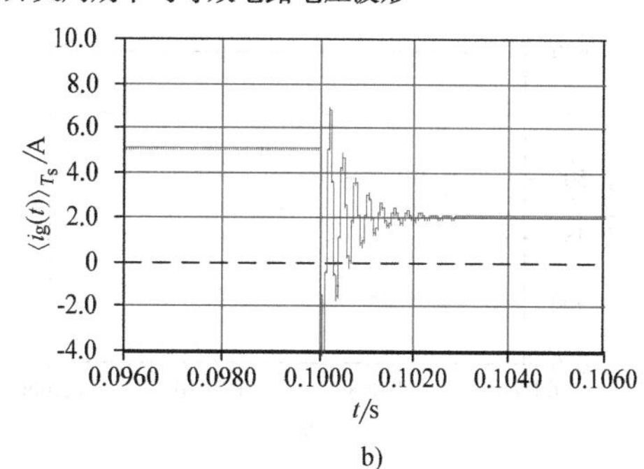

b)

图5-23　占空比突降情况下输出电压波形对比

a）Boost电路电流波形　b）Boost开关周期平均等效电路电流波形

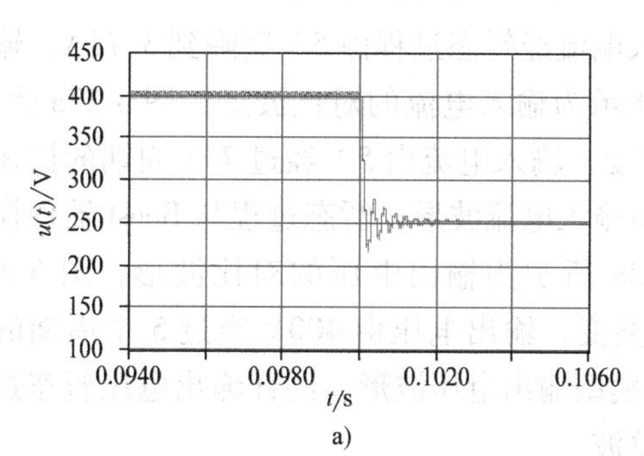

a)

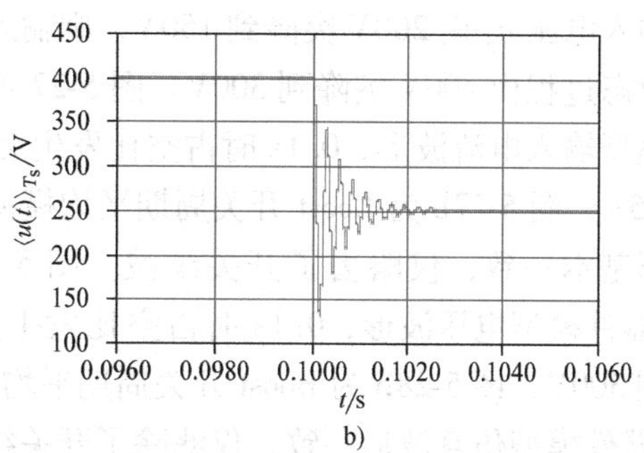

b)

图5-24　占空比突降情况下输出电压波形对比

a）Boost电路电压波形　b）Boost开关周期平均等效电路电压波形

输入电压 u_g 由200V突增到250V，则输入电流经暂态过程由5A突增到6.25A，输出电压经暂态过程由400V突增到500V。图5-25所示为输入电流的对比波形，图5-25a为Boost器件模型输入电流波形，0.1s时占空比发生突变，输入电流由5A经过6个周期后稳定到6.25A，图5-25b为Boost开关周期平均模型输入电流波形，暂态过程与Boost器件模型仿真波形一致，仅略去了开关纹波。图5-26所示为输出电压的对比波形，图5-26a为Boost器件模型电压波形，0.1s时占空比发生突变，输出电压由400V经过7个周期后稳定到500V，图5-26b为Boost开关周期平均模型输出电压波形，同样输出电压暂态过程与Boost器件模型仿真波形一致，仅滤除了开关纹波。

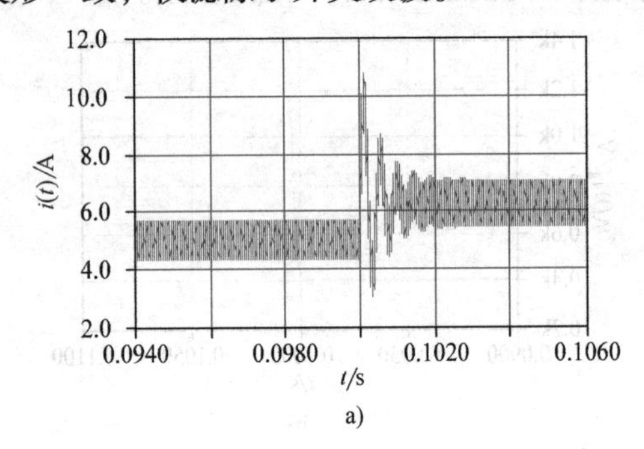

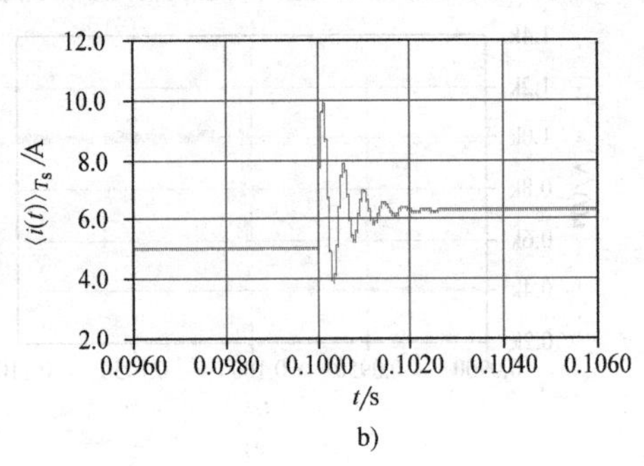

图5-25 输入电压突升情况下输出电压波形对比

a）Boost电路电流波形 b）Boost开关周期平均等效电路电流波形

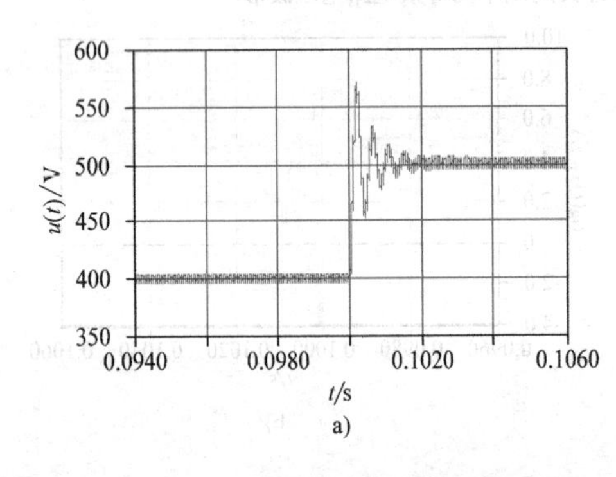

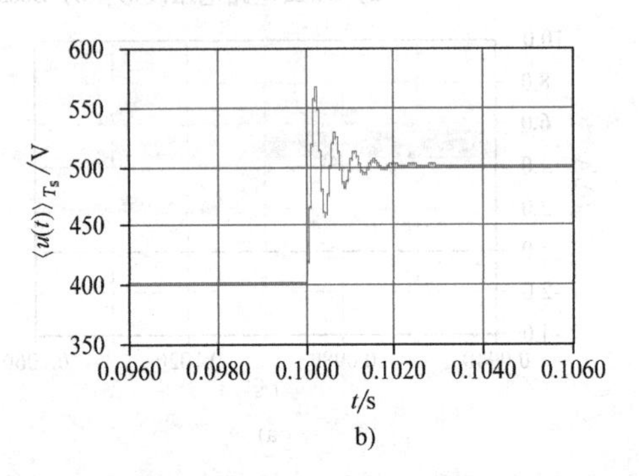

图5-26 输入电压突升情况下输出电压波形对比

a）Boost电路电压波形 b）Boost开关周期平均等效电路电压波形

输入电压 u_g 由200V突降到150V，则输入电流经暂态过程由5A突降到3.75A，输出电压经暂态过程由400V突降到300V。图5-27所示为输入电流的对比波形，图5-27a为Boost器件模型输入电流波形，0.1s时占空比发生突变，输入电流由5A经过7个周期的振荡稳定到6.25A，图5-27b为Boost开关周期平均模型输入电流波形，暂态过程与Boost器件模型仿真波形基本一致，仅略去了开关纹波。图5-28所示为输出电压的对比波形，图5-28a为Boost器件模型电压波形，0.1s时占空比发生突变，输出电压由400V经过5个周期的振荡稳定到300V，图5-28b为Boost开关周期平均模型输出电压波形，同样输出电压暂态过程与Boost器件模型仿真波形一致，仅滤除了开关纹波。

从以上器件模型与开关周期平均模型的仿真对比可以看出，DC/DC变换器的开关周期等效电路仅忽略了开关纹波，较完整地保留了原始电路中电量之间的静态和动态关系，能够

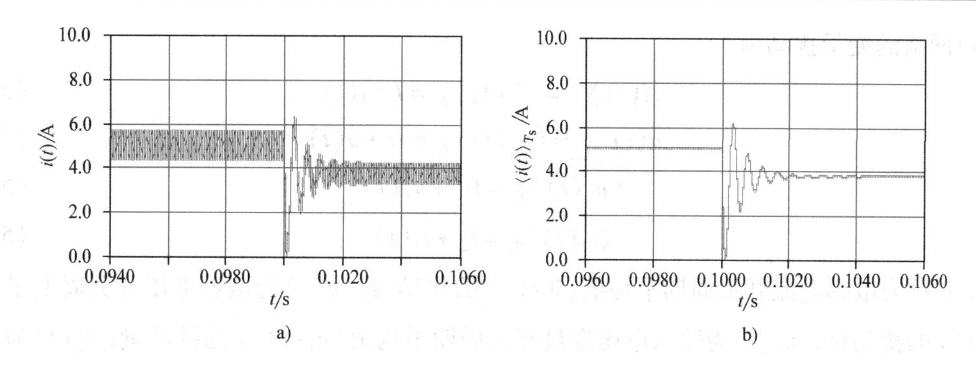

图 5-27　输入电压突降情况下输出电压波形对比

a）Boost 电路电流波形　b）Boost 开关周期平均等效电路电流波形

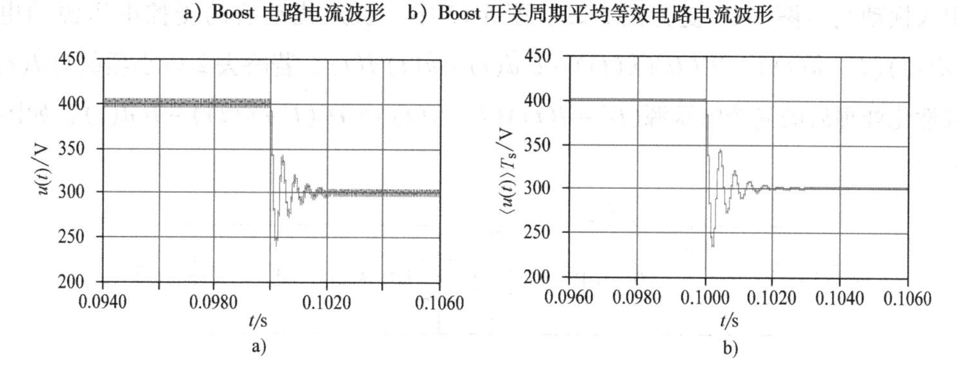

图 5-28　输入电压突降情况下输出电压波形对比

a）Boost 电路电压波形　b）Boost 开关周期平均等效电路电压波形

较好地反映原始电路在大信号扰动下的电路特性。因此开关周期平均模型通常也被称作为电路的大信号模型。大信号模型可用于开关频率以下频段的电路分析以及大扰动下的暂态稳定性分析与仿真。

但是由于开关周期平均电路中存在控制量与状态变量的乘积项，如图 5-17 中受控源 $\langle u_1(t)\rangle_{T_s}=d'(t)\langle u_2(t)\rangle_{T_s}$ 和 $\langle i_2(t)\rangle_{T_s}=d'(t)\langle i_1(t)\rangle_{T_s}$ 为控制变量 $d'(t)$ 与状态变量 $\langle i_1(t)\rangle_{T_s}$ 或 $\langle u_2(t)\rangle_{T_s}$ 的乘积项，因此开关周期平均电路为非线性电路。对于经典控制理论设计方法，如根轨迹法、频率特性法，要知道被控系统的传递函数。为求得 DC/DC 变换器的传递函数，还需要对该电路进行线性化处理。

假定 Boost 变换器运行在某一稳态工作点附近，稳态时，占空比 $d(t)=D$，输入 $\langle u_g(t)\rangle_{T_s}=U_g$。电感电流、电容电压和输入电流 $\langle i(t)\rangle_{T_s}$、$\langle u(t)\rangle_{T_s}$、$\langle i_g(t)\rangle_{T_s}$ 稳态值分别为 I、U 和 I_g。

下面用扰动法求解小信号线性化动态模型。首先对输入电压和占空比在稳态工作点附近作小扰动，即

$$\langle u_g(t)\rangle_{T_s}=U_g+\hat{u}_g(t) \tag{5-25}$$

$$d(t)=D+\hat{d}(t) \tag{5-26}$$

式中，$\hat{u}_g(t)$ 为输入电压开关周期平均值 $\langle u_g(t)\rangle_{T_s}$ 的扰动量；$\hat{d}(t)$ 为占空比 $d(t)$ 的扰动量。于是 $d'(t)=1-d(t)=1-[D+\hat{d}(t)]=D'-\hat{d}(t)$，这里 $D'=1-D$。

输入电压和占空比作扰动将引起电路中状态变量和其他非状态变量的扰动，其中受控源

两端口网络的变量扰动为

$$\langle i(t)\rangle_{T_s}=\langle i_1(t)\rangle_{T_s}=I+\hat{i}(t) \tag{5-27}$$

$$\langle u(t)\rangle_{T_s}=\langle u_2(t)\rangle_{T_s}=U+\hat{u}(t) \tag{5-28}$$

$$\langle u_1(t)\rangle_{T_s}=U_1+\hat{u}_1(t) \tag{5-29}$$

$$\langle i_2(t)\rangle_{T_s}=I_2+\hat{i}_2(t) \tag{5-30}$$

式中，$\hat{i}(t)$为电感电流开关周期平均值$\langle i(t)\rangle_{T_s}$的扰动量；$\hat{u}(t)$为电容电压开关周期平均值$\langle u(t)\rangle_{T_s}$的扰动量；$\hat{u}_1(t)$为输入电压变量开关周期平均值$\langle u_1(t)\rangle_{T_s}$的扰动量；$\hat{i}_2(t)$为输出电流变量开关周期平均值$\langle i_2(t)\rangle_{T_s}$的扰动量。

引入扰动后，图5-17变为图5-29。图5-17中，引入扰动后的受控电压源的电压为$(D'-\hat{d}(t))(U+\hat{u}(t))=D'(U+\hat{u}(t))-U\hat{d}(t)-\hat{u}(t)\hat{d}(t)$，若略去2阶小项$\hat{u}(t)\hat{d}(t)$，得到经线性化处理后的受控电压源$(D'-\hat{d}(t))(U+\hat{u}(t))\approx D'(U+\hat{u}(t))-U\hat{d}(t)$，如图5-30a所示。

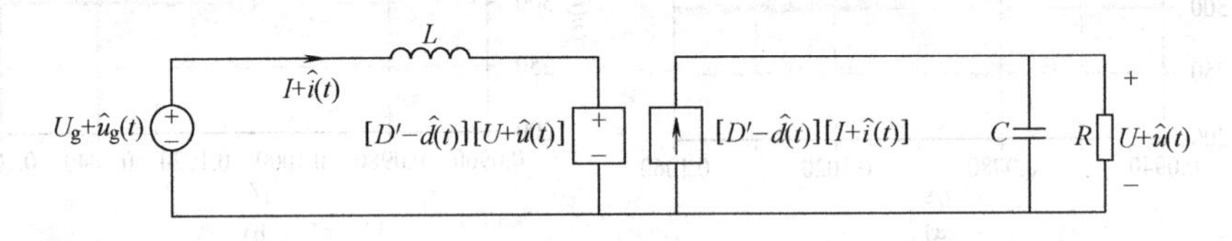

图5-29　作小信号扰动后的Boost开关周期平均模型

同样，受控电流源的电流为$(D'-\hat{d}(t))(I+\hat{i}(t))=D'(I+\hat{i}(t))-I\hat{d}(t)-\hat{i}(t)\hat{d}(t)$，若略去2阶小项，可得到经线性化处理后的受控电流源$(D'-\hat{d}(t))(I+\hat{i}(t))\approx D'(I+\hat{i}(t))-I\hat{d}(t)$，如图5-30b所示。

用线性化受控电压源如图5-30a和线性化受控电流源如图5-30b分别替代图5-29中的受控电压源和受控电流源，得到Boost变换器线性处理后的等效电路如图5-31a所示，再用理想直流变压器代替线性受控源二端口网络，得到图5-31b。考虑到稳态工作点的关系式$U_g=D'U$和$D'I=U/R$，可将图5-31a中的直流量去掉，得到Boost变换器的小信号交流等效电路，如图5-31c所示。

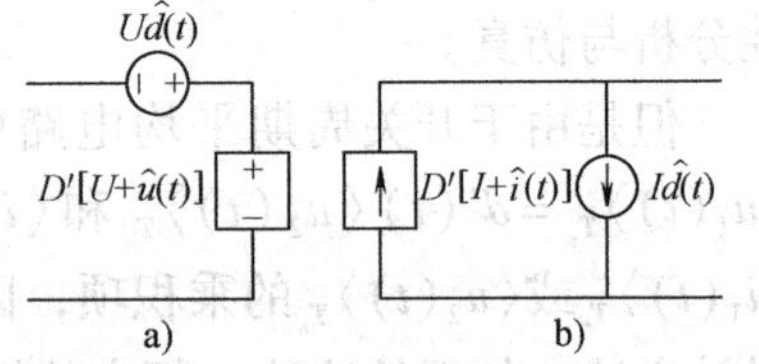

图5-30　线性化处理后的受控源
a）受控电压源　b）受控电流源

将开关网络等效为受控电压源和电流源，通过将变换器的各波形用一个开关周期的平均值代替，消去了开关频率分量及其谐波分量的影响。最后通过引入小信号扰动和线性化处理，得到小信号等效电路，显然获得小信号等效电路是一个定常的线性电路。

从上面平均开关网络模型法的小信号等效电路推导过程可以看出，通过对电路求开关周期平均、引入扰动和线性化处理后，开关网络被等效成由理想变压器、线性电压源和线性电流源组成的线性两端口网络，如图5-32所示。

应用平均开关网络模型法可以推导出各种DC/DC变换器开关网络的线性两端口网络，如图5-33所示。只要用线性两端口网络替换DC/DC变换器电路中对应的开关网络，就可得到DC/DC变换器的线性化等效电路。

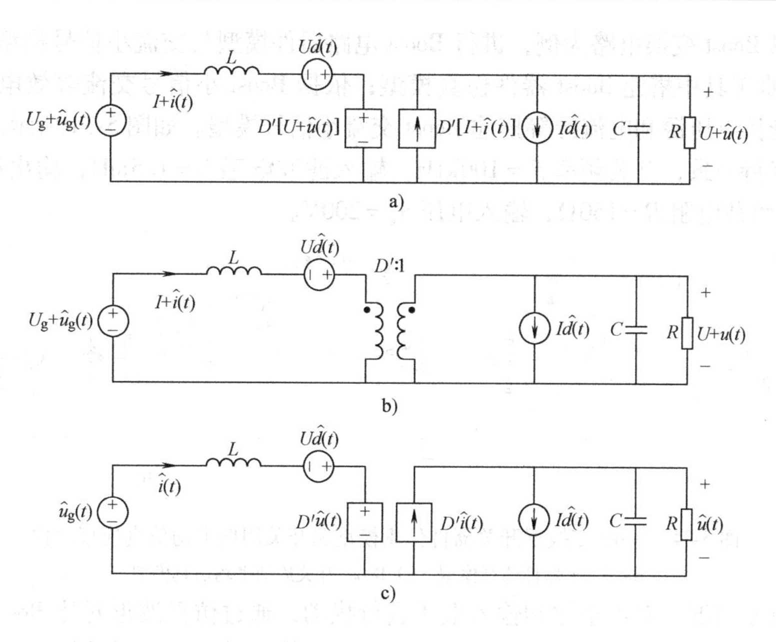

图 5-31　用开关平均模型导出的 Boost 变换器小信号等效电路

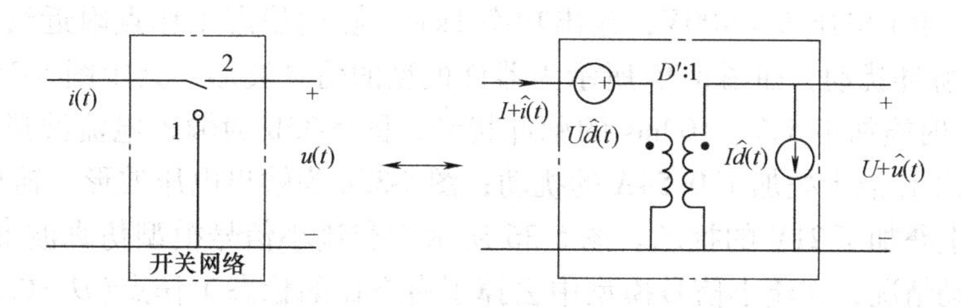

图 5-32　开关网络等效成理想变压器与电源组成的线性两端口网络

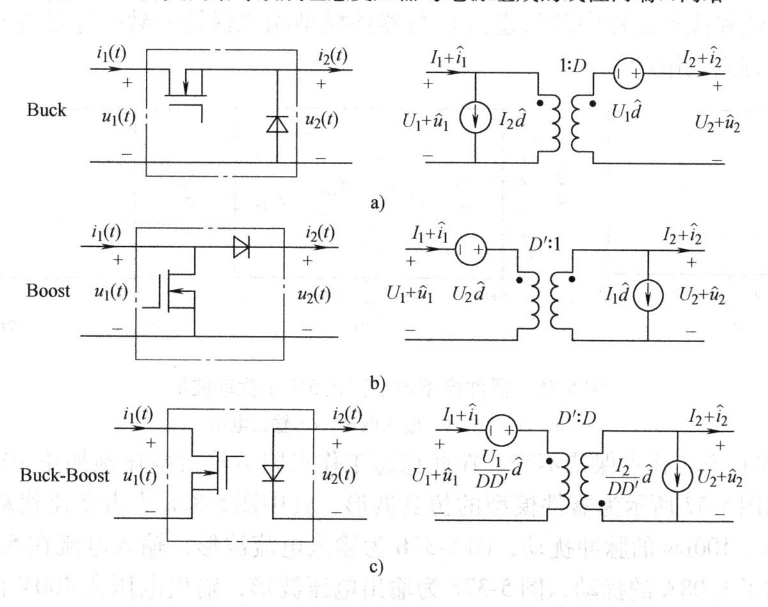

图 5-33　变换器开关网络子电路的线性两端口网络

a）buck 变换器　b）boost 变换器　c）buck/boost 变换器

下面仍以 Boost 变换电路为例，进行 Boost 电路器件模型与交流小信号模型的仿真对比。在 PSCAD 仿真工具中搭建 Boost 器件仿真模型；依据 Boost 小信号交流等效电路如图 5-31c 所示，采用受控电压源和电流源等搭建 Boost 交流小信号模型。如图 5-34 所示。两个模型中的电路参数保持一致，开关频率 $f_s=100\text{kHz}$，输入滤波电感 $L=1.5\text{mH}$，输出滤波电容 $C=3.2\mu\text{F}$，输出负载电阻 $R=160\Omega$，输入电压 $u_g=200\text{V}$。

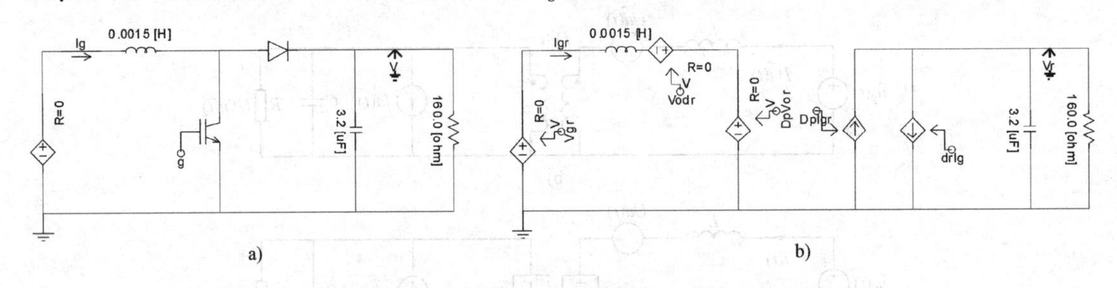

图 5-34 Boost 变换器开关器件仿真模型和开关周期平均仿真模型对比

a）Boost 器件仿真模型 b）Boost 开关周期平均仿真模型

考察小扰动情况，对占空比和输入电压进行扰动，通过仿真波形对比 Boost 电路器件模型和交流小信号模型。Boost 电路稳态工作点时，占空比 $D=0.5$，输入电压 $U_g=200\text{V}$，输入电流 $I=5\text{A}$，输出电压 $U=400\text{V}$，输出功率 1kW。在此稳态工作点附近给占空比施加正 5%、100ms 的脉冲扰动，如图 5-35 所示为器件模型的仿真波形，其中图 5-35a 为占空比扰动情况，0.05s 时施加正 5%、100ms 的脉冲扰动；图 5-35b 为输入电流波形，输入电流在 5A 的直流稳态工作点上叠加了 0.54A 的扰动；图 5-35c 为输出电压波形，输出电压在 400V 的稳态工作点上叠加了 21V 的扰动。图 5-36 所示为交流小信号模型仿真波形，图 5-36a 所示为占空比扰动情况，交流小信号模型中去掉了占空比的稳态工作点($D=0.5$)，仅保留幅值为 0.025、持续时间 100ms 的脉冲扰动量；图 5-36b、c 为输入电流和输出电压产生的扰动情况，扰动幅值和扰动过程中的暂态过程与器件模型相比保持一致，除了忽略开关纹波之外，还去掉了直流工作点。

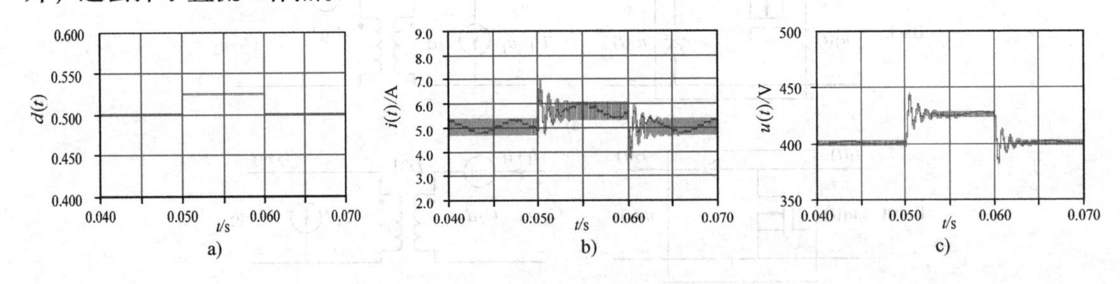

图 5-35 器件模型占空比正 5% 小扰动波形

a）占空比 b）输入电流 c）输出电压

Boost 电路稳态工作点保持不变，在此稳态工作点附近给占空比施加正 10%、100ms 的脉冲扰动，如图 5-37 所示为器件模型的仿真波形，其中图 5-37a 为占空比扰动情况，0.05s 时施加正 10%、100ms 的脉冲扰动；图 5-37b 为输入电流波形，输入电流在 5A 的直流稳态工作点上叠加了 1.08A 的扰动；图 5-37c 为输出电压波形，输出电压在 400V 的稳态工作点上叠加了 42V 的扰动。图 5-38 所示为交流小信号模型仿真波形，图 5-38a 所示为占空比扰动情况，交流小信号模型中去掉了占空比的稳态工作点($D=0.5$)，仅保留幅值为 0.05、持续时间 100ms 的脉冲扰动量，图 5-38b、c 为输入电流和输出电压产生的扰动情况，扰动幅值和扰动过程中的暂态过程与器件模型相比保持一致，除了忽略开关纹波之外，还去掉了直流工作点。

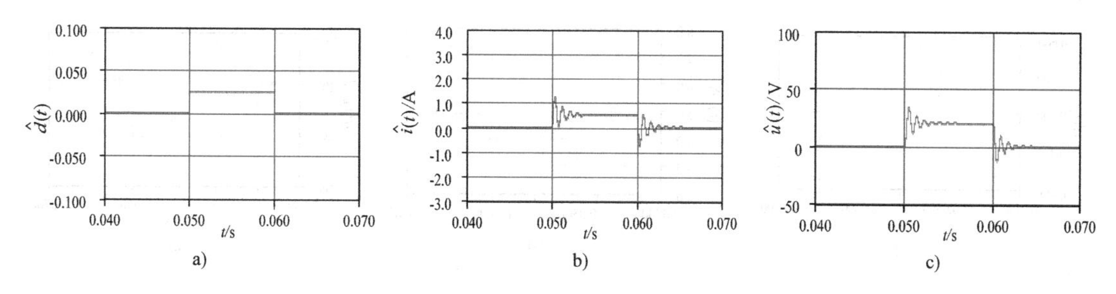

图 5-36　小信号模型占空比正 5% 小扰动波形

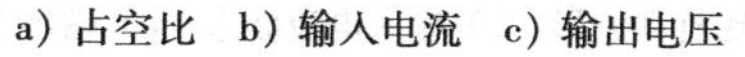
a）占空比　b）输入电流　c）输出电压

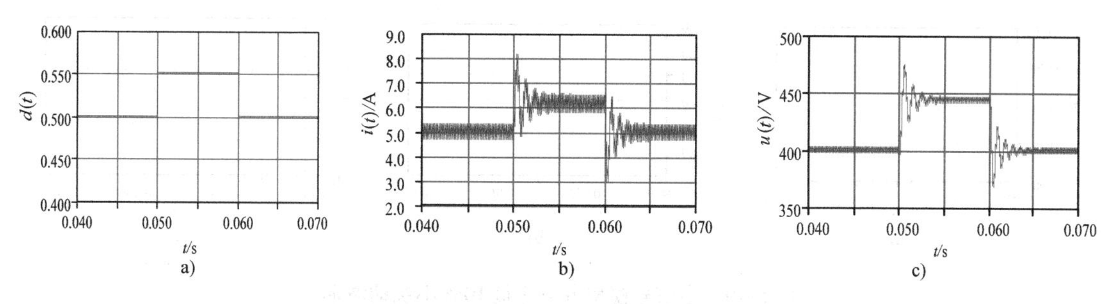

图 5-37　器件模型占空比正 10% 小扰动波形

a）占空比扰动波形　b）输入电流波形　c）输出电压波形

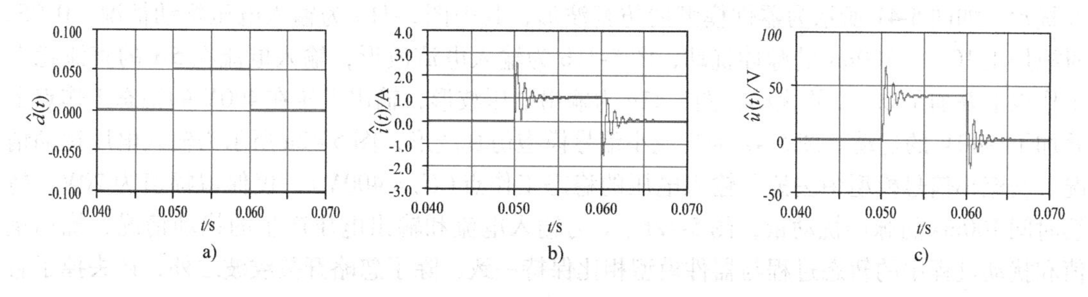

图 5-38　小信号模型占空比正 10% 小扰动波形

a）占空比扰动波形　b）输入电流波形　c）输出电压波形

对比图 5-36 与图 5-38 中两组交流小信号模型的仿真波形可以发现，占空比扰动幅值从 5% 变为 10%，输入电流扰动由 0.54A 变为 1.08A，输出电压产生的扰动由 21V 变为 42V，占空比扰动幅值加倍，输入电流和输出电压的扰动也相应加倍。

Boost 电路稳态工作点保持不变，在此稳态工作点给占空比施加负 10%、100ms 的脉冲扰动。图 5-39 所示为器件模型的仿真波形，其中图 5-39a 为占空比扰动情况，0.05s 时施加负 10%、100ms 的脉冲扰动，图 5-39b 为输入电流波形，输入电流在 5A 的直流稳态工作点上叠加了 −1.08A 的扰动；图 5-39c 为输出电压波形，输出电压在 400V 的稳态工作点上叠加了 −42V 的扰动。图 5-40 为交流小信号模型仿真波形，图 5-40a 所示为占空比扰动情况，交流小信号模型中去掉了占空比的稳态工作点（$D = 0.5$），仅保留幅值为 −0.05、持续时间

100ms 的脉冲扰动量，图 5-40b、c 为输入电流和输出电压产生的扰动情况，扰动幅值和扰动过程中的暂态过程与器件模型相比保持一致，除了忽略开关纹波之外，还去掉了直流工作点。

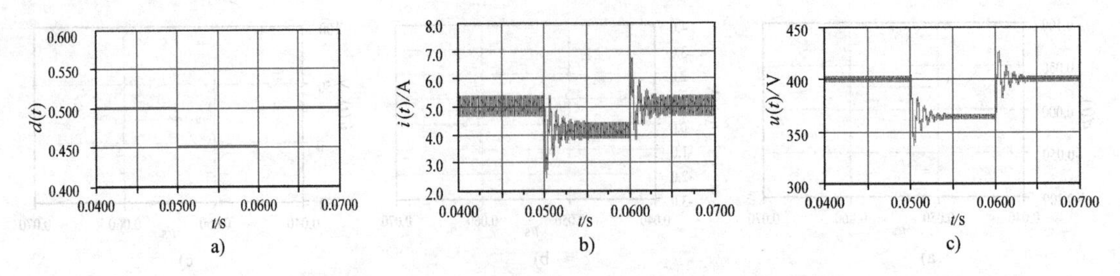

图 5-39 器件模型占空比负 10% 小扰动波形

a）占空比扰动波形 b）输入电流波形 c）输出电压波形

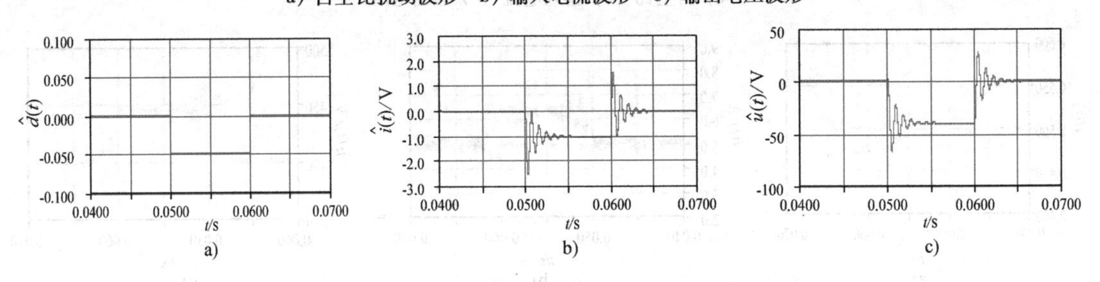

图 5-40 小信号模型占空比负 10% 小扰动波形

a）占空比扰动波形 b）输入电流波形 c）输出电压波形

在输入电压 $U_g=200\text{V}$ 和 $D=0.5$ 的稳态工作点，给输入电压施加正 10%、100ms 的脉冲扰动。如图 5-41 所示为器件模型的仿真波形，其中图 5-41a 为输入电压扰动情况，0.05s 时施加正 10%、100ms 的脉冲扰动，图 5-41b 为输入电流波形，输入电流在 5A 的直流稳态工作点上叠加了 0.5A 的扰动，图 5-41c 为输出电压波形，输出电压在 400V 的稳态工作点上叠加了 −40V 的扰动。图 5-42 为交流小信号模型仿真波形，图 5-42a 所示为输入电压扰动情况，交流小信号模型中去掉了输入电压的稳态工作点（$U_g=400\text{V}$），仅保留幅值为 20V、持续时间 100ms 的脉冲扰动量，图 5-42b、c 为输入电流和输出电压产生的扰动情况，扰动幅值和扰动过程中的暂态过程与器件模型相比保持一致，除了忽略开关纹波之外，还去掉了直流工作点。

在输入电压 $U_g=200\text{V}$ 和 $D=0.5$ 的稳态工作点，给输入电压施加 −10%、100ms 的脉冲

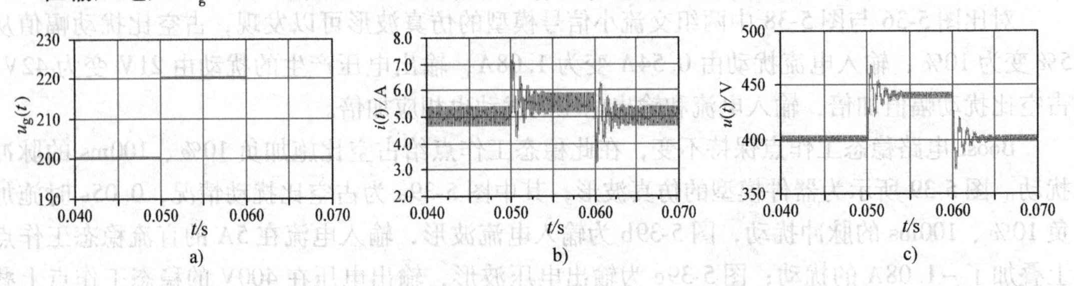

图 5-41 器件模型输入电压正 10% 小扰动波形

a）占空比扰动波形 b）输入电流波形 c）输出电压波形

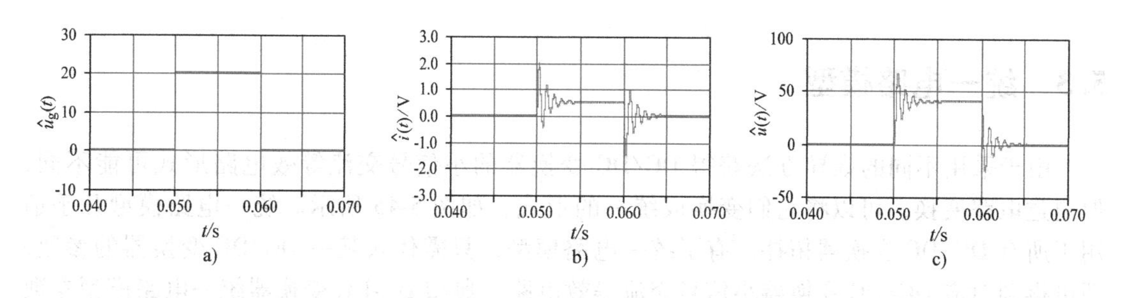

图 5-42　小信号模型输入电压正 10% 小扰动波形

a）占空比扰动波形　b）输入电流波形　c）输出电压波形

扰动，图 5-43 所示为器件模型的仿真波形，其中图 5-43a 为输入电压扰动情况，0.05s 时施加负 10%、100ms 的脉冲扰动，图 5-43b 为输入电流波形，输入电流在 5A 的直流稳态工作点上叠加了 -0.5A 的扰动，图 5-43c 为输出电压波形，输出电压在 400V 的稳态工作点上叠加了 -40V 的扰动。图 5-44 为交流小信号模型仿真波形，图 5-44a 为输入电压扰动情况，交流小信号模型中去掉了输入电压的稳态工作点（U_g = 200V），仅保留幅值为 -20V、持续时间 100ms 的脉冲扰动量，图 5-44b、c 为输入电流和输出电压产生的扰动情况，扰动幅值和扰动过程中的暂态过程与器件模型相比保持一致，除了忽略开关纹波之外，还去掉了直流工作点。

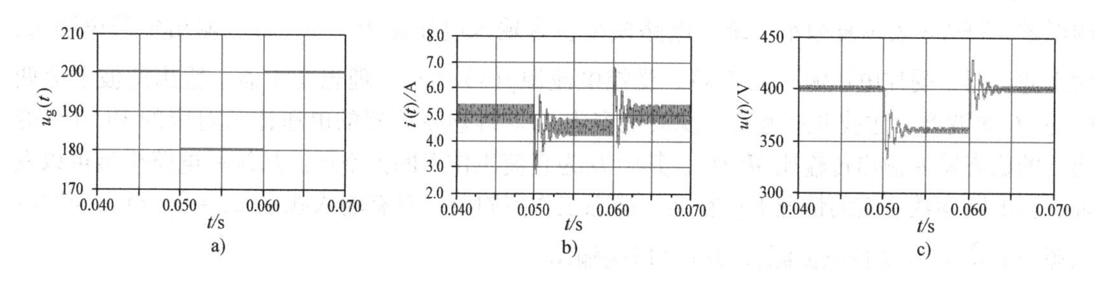

图 5-43　器件模型输入电压负 10% 小扰动波形

a）占空比扰动波形　b）输入电流波形　c）输出电压波形

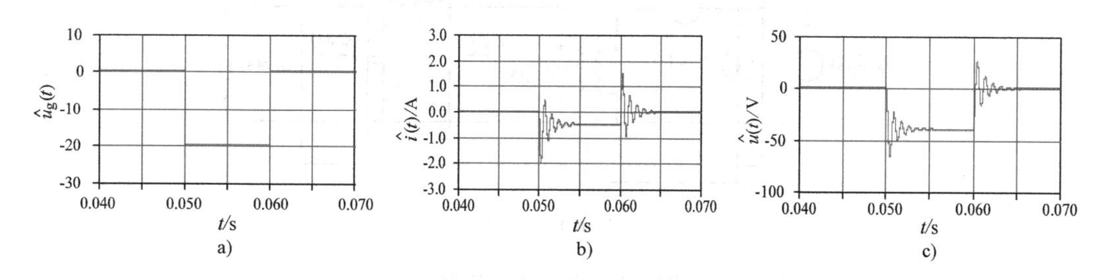

图 5-44　小信号模型输入电压负 10% 小扰动波形

a）占空比扰动波形　b）输入电流波形　c）输出电压波形

从以上器件模型与小信号交流模型的仿真对比可以看出，DC/DC 变换器的小信号模型虽然忽略了开关纹波，略去了直流工作点，但是仍能够较完整地保留原始电路中电量小信号扰动下的电路特性。经过线性化处理后，小信号等效电路中电量小扰动之间呈现线性关系。基于变换器的小信号交流模型可以推导被控系统的传递函数，利用经典控制理论的根轨迹法或频率特性法进行控制系统的设计。

5.3　统一电路模型

由于采用不同的推导方法获得 DC/DC 变换器的小信号交流等效电路形式可能不同，但通过电路变换，可以将它们变换成统一的形式，如图 5-45 所示。统一电路模型几乎适用于所有 DC/DC 变换器拓扑。有了统一电路模型，只需代入某一 DC/DC 变换器的参数，即可得到对应 DC/DC 变换器小信号交流等效电路。典型 DC-DC 变换器统一电路模型参数见表 5-1。

表 5-1　典型 DC-DC 变换器统一电路模型参数

变换器种类	$M(D)$	$e(s)$	$j(s)$	L_e	C_e
Buck	D	$\frac{U}{D^2}$	$\frac{U}{R}$	L	C
Boost	$\frac{1}{D'}$	$U\left(1-\frac{sL}{D'^2R}\right)$	$\frac{U}{D'^2R}$	$\frac{L}{D'^2}$	C
Buck-boost	$-\frac{D}{D'}$	$-\frac{U}{D^2}\left(1-\frac{sDL}{D'^2R}\right)$	$-\frac{U}{D'^2R}$	$\frac{L}{D'^2}$	C

如图 5-45 所示，由于统一电路模型为线性电路，因此电路元器件采用了拉普拉斯变换的形式，符号 s 表示复频率。统一电路模型包含输入电压源 $U_g+\hat{u}_g(s)$、输出负载电阻 R、输出滤波器、受控电压源 $e(s)\hat{d}(s)$、受控电流源 $j(s)\hat{d}(s)$、理想变压器。输出滤波器为两阶的 LC 滤波器，滤波电感为 L_e，滤波电容为 C_e。理想变压器的电压比为对应的 DC/DC 变换器的稳态输入输出传输比 $M(D)$，其中 D 为直流工作点的占空比。从统一电路模型可以发现，在电路参数一定的情况下，在某一静态工作点附近，只有输入扰动 $U_g+\hat{u}_g(s)$、受控电压源 $e(s)\hat{d}(s)$ 和受控电流源 $j(s)\hat{d}(s)$ 影响输出。

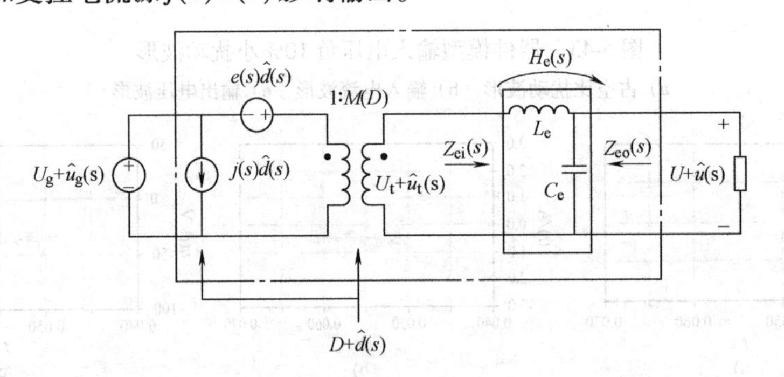

图 5-45　统一电路模型

一般来说，输入扰动 $U_g+\hat{u}_g(s)$ 对输出的影响是我们不希望的。通常用输入至输出的传递函数反映当占空比一定时，即占空比扰动 $\hat{d}(s)=0$ 时，输入扰动 $\hat{u}_g(s)$ 对输出 $\hat{u}(s)$ 的作用，数学表示为

$$G_{vg}(s)\big|_{\hat{d}(s)=0}=\frac{\hat{u}(s)}{\hat{u}_g(s)} \tag{5-31}$$

在图 5-45 所示的统一电路模型中，若令占空比扰动 $\hat{d}(s)=0$，于是受控电流源 $j(s)\hat{d}(s)$

从电路中移走并用开路代替，受控电压源 $e(s)\hat{d}(s)$ 从电路中移走并用短路代替，这样可以求出输出为

$$\hat{u}(s)=M(D)\hat{u}_{g}H_{e}(s) \tag{5-32}$$

式中，$H_{e}(s)=\dfrac{\hat{u}(s)}{\hat{u}_{t}(s)}=\dfrac{R//(1/sC_{e})}{sL_{e}+R//(1/sC_{e})}$。于是求得输入至输出的传递函数为

$$G_{vg}(s)\big|_{d(s)=0}=\frac{\hat{u}(s)}{\hat{u}_{g}(s)}=M(D)H_{e}(s) \tag{5-33}$$

通过分析输入至输出的传递函数 $G_{vg}(s)\big|_{d(s)=0}$ 的特性，可以了解 DC/DC 变换器输出对电源输入波动的敏感性，也为抑制电源扰动、提高电源调整率的设计提供了数学方法。

除电源扰动外，能实现输出控制的就是受控电压源 $e(s)\hat{d}(s)$ 和受控电流源 $j(s)\hat{d}(s)$。实际上对受控电压源和受控电流源的控制都是通过占空比扰动 $\hat{d}(s)$ 实现的，因此占空比 $\hat{d}(s)$ 是实现 DC/DC 变换器输出控制的唯一手段。为了实现 DC/DC 变换器系统的良好静态、动态性能，需要设计合适的控制补偿器，因此需要知道占空比控制至 DC/DC 变换器输出的传递函数。

$$G_{vd}(s)\big|_{u_{g}(s)=0}=\frac{\hat{u}(s)}{\hat{d}(s)} \tag{5-34}$$

上式反映当输入恒定，即输入没有扰动 $\hat{u}_{g}(s)=0$ 时，占空比扰动 $\hat{d}(s)$ 对输出 $\hat{u}(s)$ 的作用。由图 5-45 统一电路模型可知，代入输入扰动 $\hat{u}_{g}(s)=0$，于是输入电源可从电路中移走并用短路代替，这样受控电流源 $j(s)\hat{d}(s)$ 也被旁路，也从电路中移走，这样可以求出输出

$$\hat{u}(s)=M(D)e(s)\hat{d}(s)H_{e}(s) \tag{5-35}$$

于是得到控制至输出的传递函数为

$$G_{vd}(s)\big|_{\hat{u}_{g}(s)=0}=\frac{\hat{u}(s)}{\hat{d}(s)}=e(s)M(D)H_{e}(s) \tag{5-36}$$

通过控制至输出的传递函数 $G_{vd}(s)\big|_{u_{g}(s)=0}$，可以了解 DC/DC 变换器占空比控制 $\hat{d}(s)$ 对输出的动态特性，为 DC/DC 变换器系统控制器的设计提供了重要的数学基础。为方便使用，将常用 DC/DC 变换器的输入至输出的传递函数和控制至输出的传递函数汇总于表 5-2。

表 5-2　输入至输出的传递函数和控制至输出的传递函数

Converter	Buck	Boost	Buck-boost
$\dfrac{u_{o}(s)}{u_{g}(s)}\Big\|_{d(s)=0}$	$\dfrac{D}{LCs^{2}+Ls/R+1}$	$\dfrac{D'}{LCs^{2}+Ls/R+D'^{2}}$	$-\dfrac{DD'}{LCs^{2}+Ls/R+D'^{2}}$
$\dfrac{u_{o}(s)}{d(s)}\Big\|_{u_{g}(s)=0}$	$\dfrac{U_{g}}{LCs^{2}+Ls/R+1}$	$\dfrac{D'U\left(1-\dfrac{sL}{D'^{2}R}\right)}{LCs^{2}+Ls/R+D'^{2}}$	$\dfrac{U\left(\dfrac{D'}{D}-\dfrac{sL}{D'R}\right)}{LCs^{2}+Ls/R+D'^{2}}$

5.4　调制器的模型

如图 5-46 所示为一个采用输出电压单环控制的 Buck 变换器系统，它由 Buck 变换器主电路、输出电压参考信号与输出电压反馈信号相减单元、误差放大器（又称控制器、补偿网

络、补偿放大器)、PWM 调制器及功率器件驱动器构成。在 DC/DC 变换器系统，误差放大器输出的控制量不是直接去控制变换器主电路的功率器件，而是要将控制量变换成占空比大小与控制量成正比的脉冲序列，然后再去驱动功率器件的导通或关断。因此功率器件在一个开关周期中的导通时间与开关周期之比等于脉冲序列的占空比，它与误差放大器的输出控制量成正比。实现控制量到脉冲序列变换的单元就是 PWM 调制器。

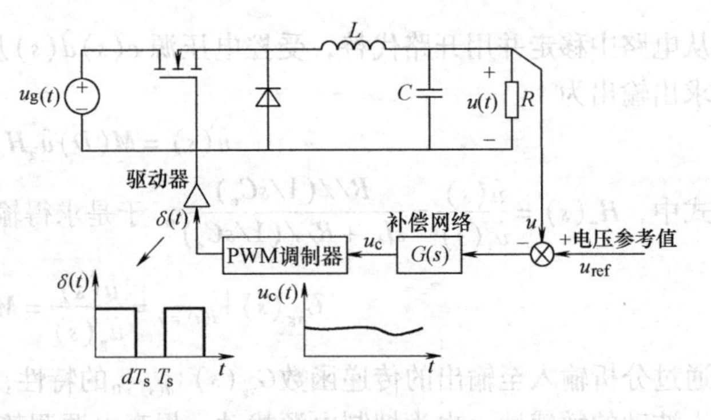

图 5-46　Buck 变换器系统

调制器将控制电压 $u_c(t)$ 转换成占空比为 $d(t)$ 的脉冲列 $\delta(t)$，如图 5-47 所示。调制器由锯齿波发生器和比较器组成。锯齿波发生器发出具有固定幅值、固定重复频率的锯齿波，它的峰值为 U_M。锯齿波输入比较器的负输入端，控制电压 $u_c(t)$ 输入比较器的正输入端。当控制电压 $u_c(t)$ 大于锯齿波信号期间，比较器输出为高电平；当控制电压 $u_c(t)$ 小于锯齿波信号期间，比较器输出为低电平。一般控制电压 $u_c(t)$ 在 0 到 U_M 之间。当控制电压 $u_c(t)$ 大于 U_M，则比较器的输出恒为高电平，功率开关处于恒导通状态；当控制电压 $u_c(t)$ 小于 0，则比较器的输出恒为低电平，功率开关恒处于关断状态。

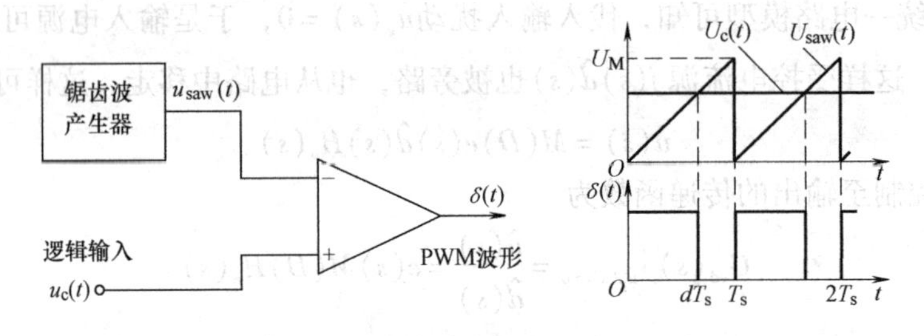

图 5-47　调制器原理

假设比较器输出的脉冲列 $\delta(t)$ 为逻辑信号，由图 5-47 可以推得比较器输出 $\delta(t)$ 的开关周期的平均值为

$$\langle \delta(t) \rangle_{T_s} = \frac{1}{T_s}\int_t^{t+T_s} \delta(\tau)\mathrm{d}\tau = \frac{1}{T_s}\left[\int_t^{t+dT_s} 1\mathrm{d}\tau + \int_{t+dT_s}^{t+T_s} 0\mathrm{d}\tau\right] = d \tag{5-37}$$

另外根据图 5-47 中锯齿波与控制电压 $u_c(t)$ 比较的原理，可以推出占空比为

$$d(t) = \frac{\langle u_c(t) \rangle_{T_s}}{U_M} \tag{5-38}$$

式中，$0 \leqslant u_c(t) \leqslant U_M$。因此，$d(t)$ 是 $u_c(t)$ 的线性函数。将式(5-37)代入式(5-38)，可以得到 PWM 调制器输出与输入之比为

$$\frac{\langle \delta(t) \rangle_{T_s}}{\langle u_c(t) \rangle_{T_s}} = \frac{1}{U_M} \tag{5-39}$$

引入扰动

$$\langle u_c(t) \rangle_{T_s} = U_c + \hat{u}_c(t) \tag{5-40}$$

$$\langle \delta(t) \rangle_{T_s} = d(t) = D + \hat{d}(t) \tag{5-41}$$

于是

$$\frac{D+\hat{d}(t)}{U_c+\hat{u}_c(t)}=\frac{1}{U_M} \tag{5-42}$$

可以分别写出调制器静态输入输出传输比和动态传递函数。调制器静态输入输出传输比为

$$\frac{D}{U_c}=\frac{1}{U_M} \tag{5-43}$$

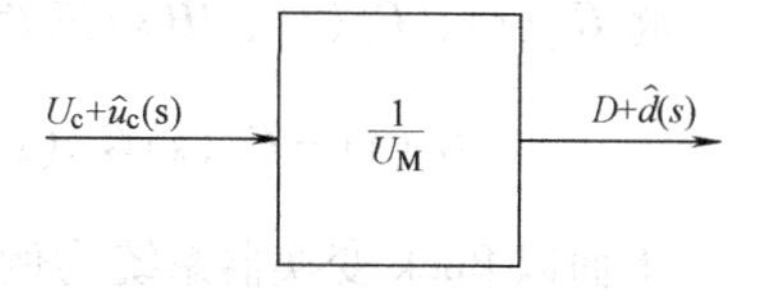

图 5-48　调制器模型

调制器动态输入输出传输比为

$$\frac{\hat{d}(t)}{\hat{u}_c(t)}=\frac{1}{U_M} \tag{5-44}$$

写成拉普拉斯变换的形式为

$$G_m(s)=\frac{\hat{d}(s)}{\hat{u}_c(s)}=\frac{1}{U_M} \tag{5-45}$$

根据上式画出调制器动态模型如图 5-48 所示。由于经开关周期平均处理后调制器的输出与输入是线性关系，因此它的小信号模型与静态关系是一致的。

5.5　闭环控制与稳定性

图 5-49 所示为 DC/DC 变换器系统控制框图，它构成一个负反馈控制系统，其中 $G_{vd}(s)$ 为 DC/DC 变换器的占空比$\hat{d}(s)$至输出$\hat{u}_o(s)$的传递函数，$G_m(s)$为 PWM 脉宽调制器的传递函数，$H(s)$表示反馈分压网路的传递函数，$G_c(s)$为补偿网络的传递函数。

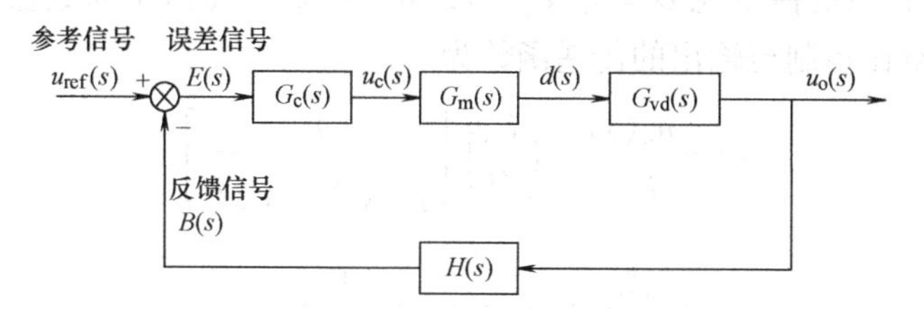

图 5-49　DC/DC 变换器闭环系统

对于 DC/DC 变换器系统，其回路增益函数为

$$G_c(s)G_m(s)G_{vd}(s)H(s)=G_c(s)G_o(s) \tag{5-46}$$

式中，$G_o(s)=G_m(s)G_{vd}(s)H(s)$为未加补偿网络 $G_c(s)$时回路增益函数，称为原始回路增益函数。$G_o(s)$是控制信号 $u_c(s)$至反馈信号 $B(s)$之间的传递函数。$G_c(s)$是误差 $E(s)$至控制量 $u_c(s)$的传递函数，为待设计的补偿网络的传递函数。为了设计补偿网络 $G_c(s)$，需要知道原始回路增益函数 $G_o(s)$。原始回路增益函数 $G_o(s)$由占空比$\hat{d}(s)$至输出$\hat{u}_o(s)$的传递函数 $G_{vd}(s)$、PWM 脉宽调制器的传递函数 $G_m(s)$、反馈分压网络的传递函数 $H(s)$三者构成。$G_{vd}(s)$可以利用前面介绍平均开关网络模型法求得。PWM 调制器的传递函数为

$$G_m(s)=\frac{\hat{d}(s)}{\hat{u}_c(s)}=\frac{1}{U_m} \tag{5-47}$$

式中，U_m 为锯齿波的峰值。如图 5-50 所示的典型反馈分压网络 $H(s)$传递函数为

$$H(s)=\frac{B(s)}{U_o(s)}=\frac{R_2}{R_1+R_2} \tag{5-48}$$

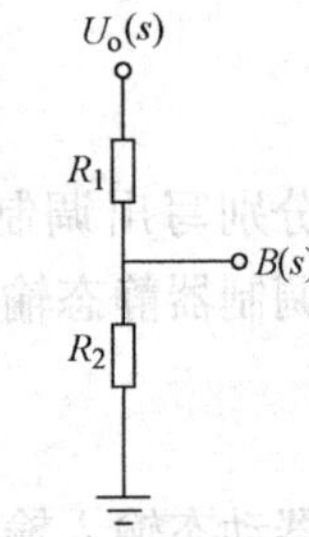

将 $G_{vd}(s)$、$G_m(s)$、$H(s)$ 三者的传递函数结合在一起，得到 $G_o(s)$ 为

$$G_o(s)=G_m(s)G_{vd}(s)H(s)=G_{vd}(s)\frac{1}{U_M}\frac{R_2}{R_1+R_2} \tag{5-49}$$

图 5-50 典型反馈分压网络

下面以 Buck 变换器系统为例，推导原始回路增益函数 $G_o(s)$。由表 5-2 可以得到 Buck 变换器占空比至输出的传递函数 $G_{vd}(s)$ 为

$$G_{vd}(s)=\frac{\hat{u}_o(s)}{\hat{d}(s)}=\left(\frac{U_o}{D}\right)\left[\frac{1}{1+s\dfrac{L}{R}+s^2LC}\right] \tag{5-50}$$

将式(5-50)代入式(5-49)，得到 Buck 变换器系统原始回路增益函数 $G_o(s)$ 为

$$G_o(s)=G_m(s)G_{vd}(s)H(s)=\frac{R_2}{R_1+R_2}\left(\frac{U_o}{DU_M}\right)\left[\frac{1}{1+s\dfrac{L}{R}+s^2LC}\right] \tag{5-51}$$

$G_o(s)$ 是一个二阶系统，有两个极点。幅频图在低频段为水平线，幅值为 $20\lg\left\{\dfrac{R_2}{R_1+R_2}\left(\dfrac{U_o}{DU_M}\right)\right\}$，高频段以 -40dB/dec 斜率下降，转折点由 LC 滤波器的谐振频率决定。

设 Buck 变换器系统的参数：输入电压 $U_g=48$V，输出电压 $U_o=12$V，输出负载 $R=0.6\Omega$，输出滤波电感 $L=60\mu$H，电容 $C=4000\mu$F，开关频率 $f_s=40$kHz，即开关周期 $T_s=25\mu$s。PWM 调制器锯齿波幅值 $U_M=2.5$V。反馈分压网络传递函数 $H(s)=0.5$。

可求出稳态工作点的占空比 $D=U_o/U_g=12/48=0.25$。将以上参数值代入式(5-50)，得到 Buck 变换器占空比控制至输出的传递函数为

$$\begin{aligned}G_{vd}(s)&=\frac{\hat{u}_o(s)}{\hat{d}(s)}=\left(\frac{U_o}{D}\right)\left[\frac{1}{1+s\dfrac{L}{R}+s^2LC}\right]\\&=\frac{12}{0.25}\times\frac{1}{1+1\times10^{-4}s+2.4\times10^{-7}s^2}\\&=\frac{48}{1+1\times10^{-4}s+2.4\times10^{-7}s^2}\end{aligned} \tag{5-52}$$

原始回路增益函数为

$$\begin{aligned}G_o(s)&=\frac{R_2}{R_1+R_2}\left(\frac{U_o}{DU_M}\right)\left[\frac{1}{1+s\dfrac{L}{R}+s^2LC}\right]\\&=0.5\times\frac{12}{0.25\times2.5}\times\frac{1}{1+1\times10^{-4}s+2.4\times10^{-7}s^2}\\&=\frac{9.6}{1+1\times10^{-4}s+2.4\times10^{-7}s^2}\end{aligned} \tag{5-53}$$

原始回路增益函数 $G_o(s)$ 伯德图如图 5-51 所示。幅频图低频段为幅值约为 20dB 水平线，高频段为斜率 -40dB/dec 穿越 0dB 线的折线。幅频图的转折频率为 $f_{P1,P2}\approx\dfrac{1}{2\pi\sqrt{LC}}\approx325$Hz。

增益交越频率 $\omega_g = 2\pi f_g$，$f_g \approx 1\text{kHz}$，相位裕量 $PM \approx 4°$。可见原始回路增益函数 $G_o(s)$ 频率特性的相位裕量太小。虽然系统是稳定的，但存在较大的输出超调量和较长的调节时间。通常选择相位裕量在45°左右，增益裕量大于6dB。因此需要加入补偿网路 $G_c(s)$，提高相位裕量和增益裕量。

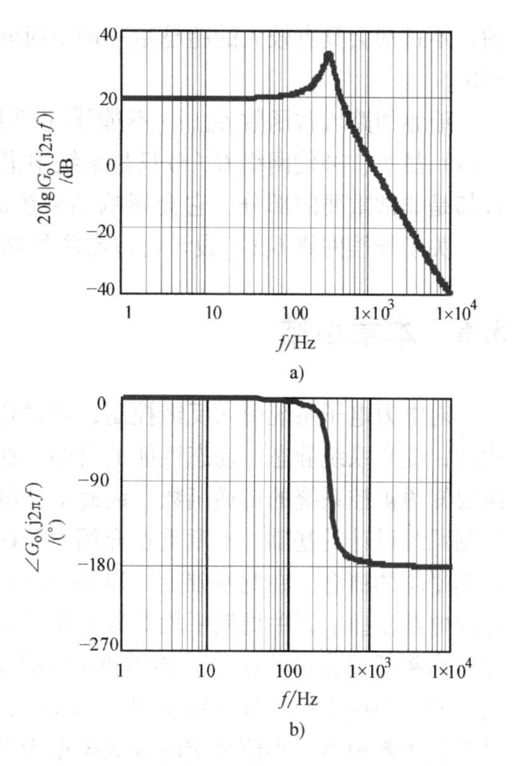

图 5-51　原始电路增益函数 $G_o(s)$ 伯德图

a) 幅频图　b) 相频图

根据最小相位系统理论，最小相位系统的幅频特性和相频特性之间存在一一对应关系，如幅频图中水平线对应相频图中相移为0°；幅频图中斜率为 −20dB/dec 折线对应相频图中相移为 −90°；幅频图中斜率为 −40dB/dec 折线对应相频图中相移为 −180°；幅频图中斜率为 +20dB/dec 折线对应相频图中相移为90°。即知道了幅频特性，也就知道了相频特性，反之亦然。若能使 DC/DC 变换器系统的回路增益函数 $G_c(s)G_o(s)$ 的幅频图以 −20dB/dec 斜率穿越 0dB(单位增益)线，幅频图的斜率为 −20dB/dec 折线对应相移为 −90°，即增益交越频率 ω_g 处(增益为 0dB)幅频图的斜率为 −20dB/dec，那么一般就可以获得较大相位裕量。

综合以上讨论可知，为使 DC/DC 变换器系统满足稳定性要求，可以通过外加补偿网络 $G_c(s)$，使 DC/DC 变换器系统的回路增益函数 $G(s)H(s) = G_c(s)G_o(s)$ 的幅频图在增益交越频率 ω_g 处(增益为零 dB)的斜率为 −20dB/dec，幅频图的斜率为 −20dB/dec 折线对应相移为 −90°，这样一般可以使得回路增益函数 $G(s)H(s)$ 的相频图在增益交越频率 ω_g 处的相移大于 −180°，也就是说系统能够获得一定相位裕量，如图 5-52 所示。当然，还需验证在相位交越频率 ω_c 处(相位在 −180°时)，回路增益函数 $G(s)H(s)$ 的幅频图必须小于 0dB，也即增益裕量必须大于 0。若相位裕量与增益裕量只是稍稍大于 0 时，虽然对系统而言也是稳定

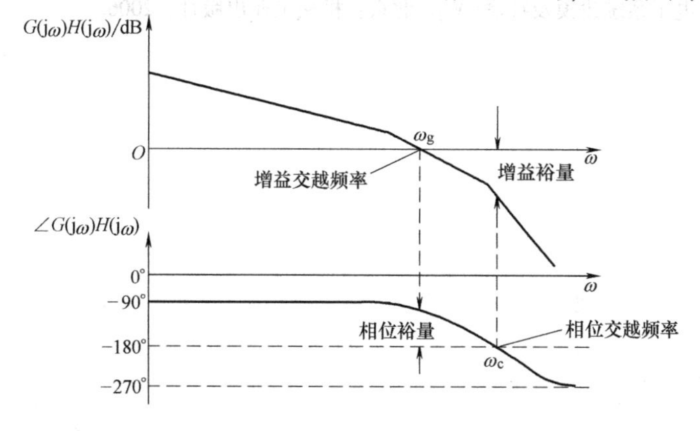

图 5-52　回路增益函数 $G(s)H(s) = G_c(s)G_o(s)$ 的幅频特性图

的，不过却会具有较大的超越量和调节时间。通常选择相位裕量在45°左右，增益裕量大于6dB。

原始回路增益函数 $G_o(s)$ 不能满足系统静态和动态特性的要求，需要加入补偿网络 $G_c(s)$。虽然，补偿网络 $G_c(s)$ 只是系统中很不起眼的一部分，但是对系统静态和动态特性而言却是非常重要的部分，它会影响到系统的输出精度、电压调整率、频带宽度以及暂态响应。关于补偿网络 $G_c(s)$ 设计可以参阅控制理论等书籍。

5.6　本章小结

对电力电子系统引入反馈控制，通过合理补偿网络设计，可以达到抑制输入扰动、负荷扰动，提高系统静态、动态性能的目的。在经典的自动控制理论中，为设计补偿网络，首先需要知道被控系统的传递函数，因此电力电子系统的动态建模是电力电子系统稳定性分析和控制系统设计的基础。本章重点介绍DC/DC变换器动态模型的求解方法。首先介绍了开关周期平均的概念，在此基础上，以Boost变换器为例，推导了Boost变换器的开关周期平均等效电路模型。开关周期平均等效电路模型保留了原变换电路的主要动态特征，而忽略了次要的高频开关分量的作用，能够准确地刻画Boost变换器在大信号变化时的主要特性。但是，开关周期平均等效电路模型是非线性，于是引入了基于稳态工作点附近的线性化的小信号交流等效模型。小信号交流等效模型为电力电子系统的控制设计提供了十分有效的工具。由于DC/DC变换器的小信号交流等效电路形式并非唯一，本章还介绍了统一电路模型，它几乎适用于所有DC/DC变换器拓扑。有了统一电路模型，只需代入某一DC/DC变换器的参数，即可得到对应DC/DC变换器小信号交流等效电路。最后，简要地讨论DC/DC变换器系统的稳定性及环路设计的基础概念。

参考文献

[1]　Robert W Erickson. Fundamentals of power electronics[M]. Kluwer Academic Publishers, 2001.
[2]　Marty Brown. 开关电源设计指南[M]. 徐德鸿，等译. 北京：机械工业出版社，2004.
[3]　张崇巍，张兴. PWM整流器及其控制[M]. 北京：机械工业出版社，2003.
[4]　张占松，蔡宣三. 开关电源的原理与设计[M]. 北京：电子工业出版社，1998.
[5]　徐德鸿. 电力电子系统建模及控制[M]. 北京：机械工业出版社，2006.

第6章 逆变器及调制技术

6.1 概述

逆变器把直流电变换成频率和电压可控的单相或三相交流电，在交流电动机调速、不间断电源等系统中得到广泛应用。在交流电动机调速系统中，一般通过改变电动机的供电频率来实现控制电机转速的目的，但变频的同时也必须协调地改变电动机的供电电压，即同时实现变压变频（Variable Voltage-Variable Frequency，VVVF）控制。否则，电动机将出现饱和或欠励磁，一般这对电动机都是不利的。通常采用电压型PWM变频器实现VVVF控制，先将电源提供的交流电通过整流器变成直流，再经过逆变器将直流逆变成频率可控的交流电。对异步电动机调速系统的主电路部分进行PWM控制，是进行能量控制并实现VVVF控制思想的重要手段，与数字控制技术结合还是交流电动机其他高性能调速控制方法的基础。此外，随着电压型逆变器在其他高性能电力电子装置（如不间断电源和有源滤波器）中应用越来越广泛，PWM控制技术作为这些系统的共用及核心技术，引起人们的高度重视，并得到越来越深入的研究。

所谓PWM技术就是利用半导体器件的导通和关断把电源电压变成一定形状的电压脉冲序列，以实现变频、变压并有效地控制和消除谐波的一门技术。目前已经提出并得到实际应用的PWM控制方案就不下十种，关于PWM控制技术的文章在很多著名的电力电子国际会议上，如IEEE PESC，IECON，欧洲EPE年会上已形成专题。尤其是采用微处理器实现PWM技术数字化以后，花样更是不断翻新，从最初追求电压波形的正弦，到电流波形的正弦，再到磁通的正弦；从效率最优，转矩脉动最少，再到消除噪音等，PWM控制技术的发展经历了一个不断创新和不断完善的过程。

在工业生产和节能领域，如轧钢、造纸、水泥制造、矿井提升、轮船推进器中广泛使用大、中容量电力电子和交流电动机调速设备。此时，交流调速系统的应用不但可达到节能的目的，还可实现整个系统的性能最佳，改善工艺条件，并大大提高生产效率和产品质量。随着以IGBT、IGCT为代表的新型复合器件耐压、电流和开关性能的迅速提高，高性能大容量电力电子变换器和交流电动机调速技术获得了飞速的发展，其市场前景十分鼓舞人心。大容量指功率等级在数百千瓦以上，而高电压指电压等级为3kV、6kV、10kV或更高。其中，高压大容量交流电动机变频调速技术在大容量电力电子应用技术中最具代表性。

实现高压大容量的途径主要有通过器件的串联上电压和通过器件的并联上电流。由于通过器件的直接串联构成两电平高压逆变器存在很高的du/dt和共模电压，对电动机绕组绝缘构成了威胁；同时，为了解决串联器件不容易同时导通和关断的问题，20世纪80年代以来，人们发展了多电平变换器。各种多电平变换电路拓扑相继被提出，其控制性能得到很大提高，成为高压大容量电力电子系统的发展方向，并在大容量功率变换领域得到广泛应用。

最早的多电平变换器是在1980年的IEEE IAS年会上，首次提出的中点箝位式（Neutral Point Clamped）三电平变换器，之后又推广至多电平结构。多电平变换器作为一种适用于高压、大功率变换的电力电子电路结构，它的出现为电力电子拓扑的发展开辟了一条新思路。经过多年的发展，至今已形成了几类多电平变换器结构：一类是箝位型变换器拓扑，包括二极管箝位型（Diode Clamped Topology），电容箝位型（Capacitor Clamped Topology）等，以及在此基础上发展出的通用型结构；第二类为级联型结构（Cascaded Topology）。

多电平脉宽调制（PWM）技术是多电平变换器研究的重要方面。传统的两电平逆变器PWM控制思想也可推广到多电平变换器的控制中。由于多电平变换器的PWM控制方法和其拓扑是紧密联系的，不同特点的拓扑对特定的性能指标有不同的要求。所以，多电平变换器PWM控制的目标更多、性能指标要求也高。但归纳起来，多电平变换器PWM技术主要对两方面的目标进行控制：第一为输出电压的控制，即变换器输出的脉冲序列在伏秒意义上与目标参考波形等效；第二为变换器本身运行状态的控制，包括储能电容的电压平衡控制、输出谐波控制、所有功率开关的输出功率平衡控制、器件开关损耗控制等。

多电平变换器的PWM控制方法主要有两类：载波调制方法（Carrier PWM）和空间矢量脉宽调制（SVPWM）方法。载波调制方法又有移相载波法和层叠载波法之分，空间矢量脉宽调制方法也有不同的实现方法。在这两类PWM控制方法下面，对于不同的拓扑结构和要求，又派生出许多具体的多电平PWM控制策略，在这一点上和两电平PWM控制策略有许多不同。另一方面，载波调制法和空间矢量脉宽调制法在一定条件下又具有内在联系的一致性。

一般认为，多电平变换器是由三电平中点箝位变换器（NPC）发展而来，因而，对于多电平PWM控制方法的研究大多也是从三电平拓扑开始，然后扩展到对多电平控制的研究。从实际的发展过程来看，典型的三电平变换器一般是指二极管箝位型三电平结构，其PWM控制方法比其他多电平的PWM控制相对要简单，因此本章重点介绍载波法和空间矢量法PWM技术，且从三电平的控制方法开始进行阐述，然后扩展到多电平变换器的分析。

6.2 电压型逆变器及其PWM技术

6.2.1 电压型PWM逆变器的主回路

目前，多采用电压型PWM变频器同时实现变压变频控制的目的。通常电压型PWM变频器先将电源提供的交流电通过整流器变成直流，再经过逆变器将直流变换成可控频率的交流电。按照不同的控制方式，又可分为图6-1所示的四种形式。

1）晶闸管整流器调压、逆变器调频的交-直-交变压变频装置（见图6-1a）。调压和调频在两个环节上分别完成，两者要在控制电路协调配合，器件结构简单，控制方便。其主要缺点是，在整流环节中采用了晶闸管整流器，当电压调得较低时，电网端功率因数较低。而逆变器也是由晶闸管组成，其工作模式为三相六拍，每周换相六次，因此输出的谐波较大。

2）不控整流、斩波器调压、六拍逆变器调频的交-直-交变压变频装置（见图6-1b）。有三个环节，整流器由二极管组成，只整流不调压；调压环节由斩波器单独进行，这样虽然比第一种结构多了一个环节，但调压时输入功率因数不变。由于逆变环节仍然保持了第一种结构，所以仍有较大的谐波。

3）不控整流、PWM逆变器调压调频的交-直-交变压变频装置（见图6-1c）。该结构可

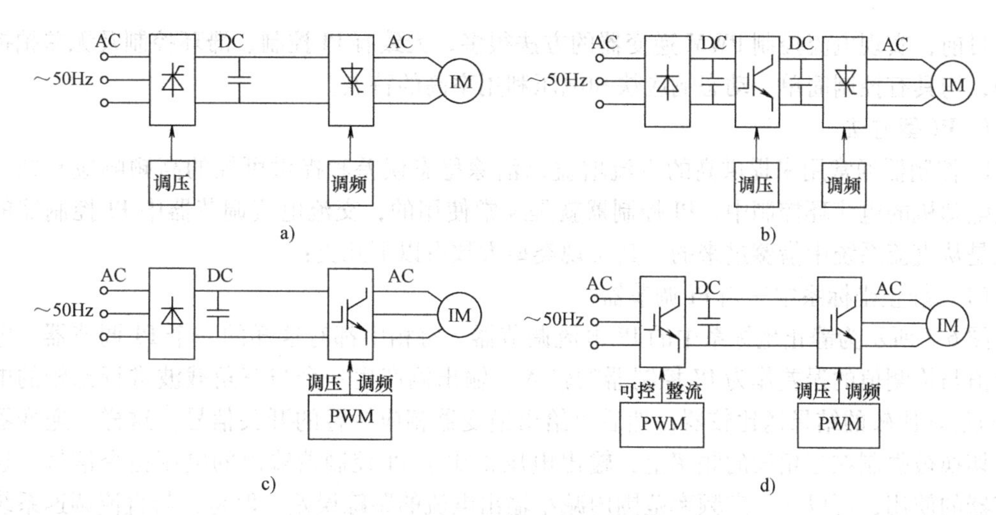

图 6-1　电压型 PWM 变频器的结构形式

a）可控整流器调压、六拍逆变器调频　b）不控整流、斩波器调压、六拍逆变器调频　c）不控整流、PWM 逆变器调压调频　d）PWM 可控整流、PWM 逆变器调压调频

以较好地解决输入功率因数低和输出谐波大的问题。PWM 逆变器采用了全控式电力电子开关器件，因此输出的谐波大小取决于 PWM 的开关频率以及 PWM 控制方式。关于 PWM 的控制方式在后面章节中会加以详细介绍。

4）PWM 可控整流、PWM 逆变器调压调频的交-直-交变压变频装置（见图 6-1d）。由于计算机技术的不断发展，全数字系统使 PWM 控制非常容易，例如 TI 公司的 TMS320F240 就有 12 路 PWM 接口，可以方便地设计实现双 PWM 变换器，不仅在逆变环节采用 PWM 控制，其整流部分也采用 PWM 可控整流。因此，整个系统对电网的谐波污染可以控制得非常低，同时具有较高的功率因数。不仅如此，通过 PWM 控制还可以使系统进行再生制动，即可使异步电动机在四象限运行。

6.2.2　电流正弦 PWM 技术

随着电压型逆变器在高性能电力电子装置，如交流传动、不间断电源设备和有源滤波器中应用越来越广泛，PWM 控制技术作为这些系统的共用及核心技术，引起人们的高度重视，并得到越来越深入的研究。

所谓 PWM 技术就是利用半导体器件的开通和关断，把直流电压变成一定形状的电压脉冲序列，以实现变频、变压并有效地控制和消除谐波的一门技术。目前已经提出并得到实际应用的 PWM 控制方案不下 10 种，一般可以将其分为三大类，正弦 PWM，优化 PWM 及随机 PWM，其中正弦 PWM 技术最为广泛采用。正弦 PWM 又包括电压正弦脉宽调制（SPWM）技术，电流正弦 PWM 控制技术及电压空间矢量 PWM（SVPWM）控制技术。经典的 SPWM 控制主要着眼于使变压变频器的输出电压尽量接近正弦波，并未顾及输出电流的波形。但是，在交流电动机中，实际需要保证的应该是正弦波电流，因为在交流电动机绕组中只有通入三相平衡的正弦电流才能使合成的电磁转矩为恒定值，不含脉动分量。因此，若能对电流实行闭环控制，以保证其正弦波形，显然将比电压开环控制能够获得更好的性能。

目前，实现电流控制PWM逆变器的方法很多，大致有PI控制、滞环控制及无差拍控制几种，均具有控制简单、动态响应快和电压利用率高的特点。

1. PI型方法

PI控制器通常用来提供高的直流增益以消除稳态误差和提供可控的高频响应衰减。在直流电动机的电流环控制中，PI控制器就是经常使用的，交流电流调节器中PI控制器的使用也是从直流系统中借鉴过来的。其实现类型大致有以下几类：

（1）静止坐标系中三相PI调节器

图6-2所示为静止坐标系中的PI电流调节器。每相中都有这样的一个PI调节器，电流给定值与检测值的误差作为PI控制器的输入，输出侧产生一个与三角载波进行比较的电压指令U_{in}^*。比较的结果送比较器，然后再给出逆变器相应桥臂的开关信号。这样，逆变器的桥臂切换被强制在三角波的频率上，输出电压正比于PI控制器输出的电压指令信号。这种调节器的使用，可以在一定频率范围内减小输出电流的跟踪误差。但是，与直流调速系统中相应的PI控制器相比，当考虑它的稳态效果时还是有很大不同的，在直流情况下，由于积分作用，使得稳态响应具有零电流误差的特征；而对于交流调节器，稳态时需要具有参考频率的正弦输出，显然PI控制器中的积分作用并不会使电流误差为零，这是这种调节器的一大弊病。这个问题的解决，依赖于同步旋转参考坐标系的应用。既然定子电流在不同参考坐标系中表现出不同的频率，当选择同步旋转坐标系中，定子电流在其中的稳态电流表现为直流，这样应用PI控制器就可以使稳态误差为零，从控制的要求来说无疑是相当有效的。

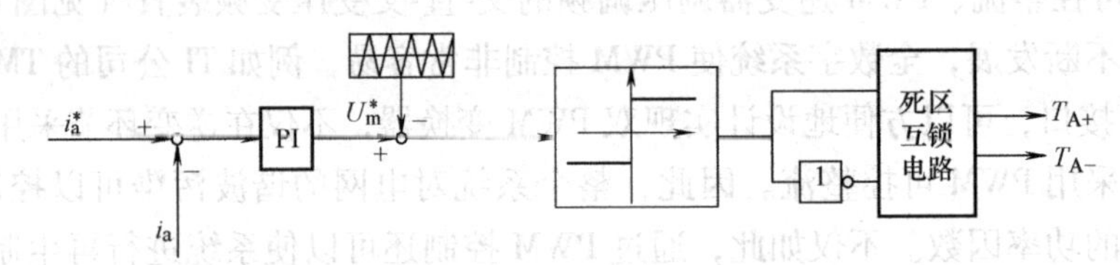

图6-2　静止坐标系中的PI电流调节器

这种三相电流调节器的另一个问题在于，用三个PI控制器的目的是试图调节三个独立的状态，可是实际上只有两个独立状态（三相电流之和为零）。这个问题的解决，一种方法是可以只用两个PI调节器，同时根据三相电流关系调节第三相，这在许多情况下是可行的。另一种方法可以通过合成零序电流并将其反馈至三个调节器，使相互解耦，达到独立调节的目的。当然，也可以在d-q同步旋转坐标系下考虑问题，同样只需两个PI调节器，并同时可以解决稳态误差问题，因而不失为较佳的解决方法。下面就将介绍这一方法。

（2）d-q同步坐标系下PI调节器

矢量控制系统中，尤其是对控制系统性能要求较高的场合，一般多采用这种PI调节方式，而不是三相PI调节方式，理由就是上文所分析的电流稳态误差问题。图6-3所示为其控制原理图，它是通过两个PI调节器分别对同步旋转坐标系中电流矢量的两个分量进行调节控制的。

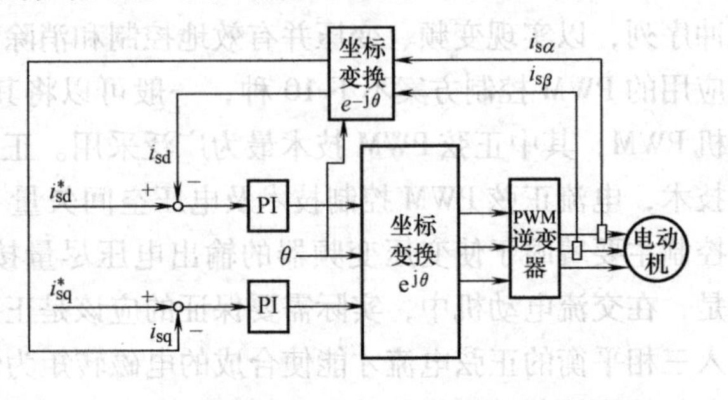

图6-3　同步旋转坐标下定子电流PI控制器

由图不难看出，这一方法的实现依赖于磁场定向控制技术，并且要求给出磁通矢量的空间位置 θ。需要指出的是，PWM 控制可以采取多种方式，如优化 PWM、正弦 PWM 技术等，可以达到提高电压利用率，优化开关模式等目的，而且这些 PWM 控制方法的数字化实现也不复杂。

2. 滞环定子电流控制法

滞环控制是古典控制理论中一类典型的非线性控制律，具有受控对象响应速度快、鲁棒性好等固有特点，图 6-4 所示为最简单的滞环定子电流控制原理示意图。

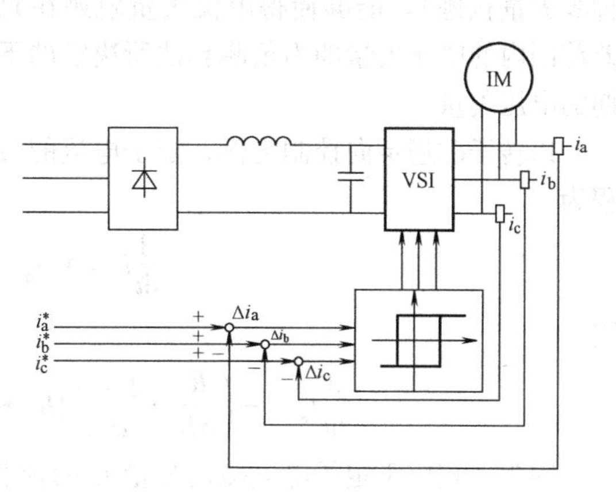

图 6-4　滞环电流控制器原理示意图

其中 i_a^*、i_b^*、i_c^* 分别为定子三相电流参考值，i_a、i_b、i_c 为定子三相电流检测值，对应相电流的差值 Δi_a、Δi_b、Δi_c 分别为对应各相滞环电流控制器的输入信号，各相滞环控制器的输出构成 VSI 对应相臂功率开关器件的通、断控制信号。虽然这个控制器非常简单，并且可以对定子电流的幅值进行良好的控制，使其误差得以限制在滞环宽度的两倍以内。但是这种控制器最大的缺点是开关频率不固定，它随着滞环宽度和电动机运行条件的变化而变化，导致逆变器开关动作的随机性过大，不利于逆变器的保护，使得系统可靠性降低。同时，当希望减小定子电流误差，即环宽减小时，逆变器的开关频率将增高，这无疑加大了损耗，降低了运行效率。针对以上缺点，对滞环控制器做了一些相应的改进措施：①通过变滞环宽度的方法，降低开关频率，但仍没有解决开关频率不固定的不足；②采用固定开关频率的控制器，通常也叫做 delta 调制器，它的最简单形式如图 6-5 所示。

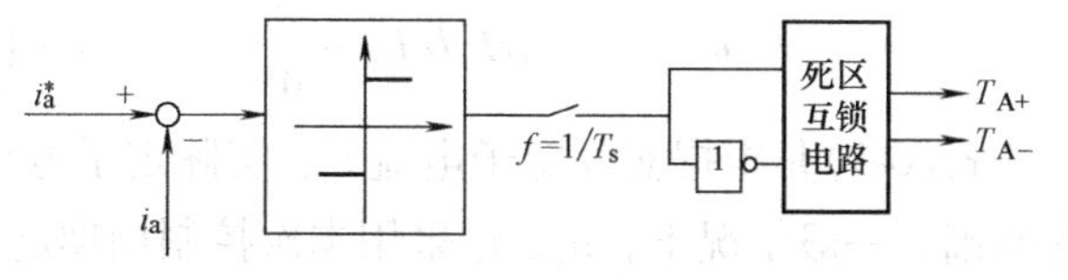

图 6-5　带 delta 调制器的一相滞环定子电流控制器

delta 调制器通过将比较器的输出锁定在 $f=1/T_s$ 的频率上，把连续的信号转换为脉宽调制的数字信号。具体实现上可以电流误差信号作为调制信号，采用定时采样开关的办法直接控制滞环的接入与切断。经过改进后的滞环比较器具有成本低廉、对电机参数变化的鲁棒性强、动态性能优良等特点；其主要局限在于电流谐波较大，除非是采用高开关频率来抑制电流纹波。但一般情况下，要获得好的电流波形，开关频率常需要高于 20kHz，而这通常对逆变器来讲是不希望发生的。总的来说，滞环控制器的优点还是很突出的，目前对如何进一步改进，设计性能更佳的滞环型控制器的研究仍然很活跃。

3. 预测控制法

所谓预测法，即根据定子电流误差和相应的性能指标（如 VSI 功率器件开关次数最少、减小定子电流纹波、电磁转矩脉动小等），在一个恒定控制周期 T_s 中通过选择合适的定子电压矢量，使定子电流尽快地跟踪参考信号。通常根据参考电流矢量和性能指标要求，可以定出一个如图 6-6 所示的矢量平面，图中闭曲线表示使得满足该性能指标的电流允许误差范围。

预测算法就是要在每个控制周期内对相应位置的电流矢量预测可能的电流轨迹。众所周知，VSI有六个非零电压矢量和两个零电压矢量，这样每一点的电流轨迹将会有七种（六种非零矢量轨迹和一种零矢量轨迹）。能够使得电流矢量轨迹在允许误差范围内的电压矢量即为预测算法所决定的下一周期的电压矢量。

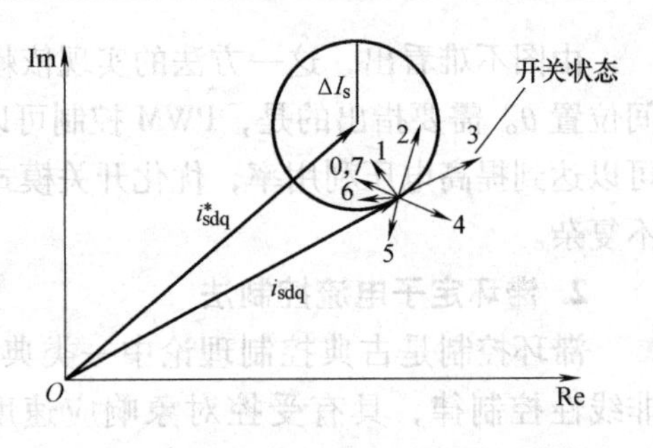

图 6-6 预测算法中的电流误差区域

以转子磁通定向控制为例，定子电流的微分方程为

$$\frac{d}{dt}i_s = A_{11}i_s + A_{12}\psi_r + B_1 u_s \tag{6-1}$$

则

$$\frac{d}{dt}i_s = -\left(\frac{R_s}{\sigma L_s} + \frac{1-\sigma}{\sigma\tau_r}\right)Ii_s + \frac{L_m}{\sigma L_s L_r}\left(\frac{1}{\tau_r} - \omega J\right)\psi_r + \frac{1}{\sigma L_s}Iu_s \tag{6-2}$$

因为，相应于定子电流磁通分量 i_{sd} 的控制，转子回路为一惯性环节，所以可近似认为在较短控制周期 T_s 的时间间隔内转子磁链 ψ_r 为恒值。基于此，记定子电流参考信号为 i_s^*，定子电压参考信号为 u_s^*，则相应的定子电流动态方程为

$$\frac{d}{dt}i_s^* = -\left(\frac{R_s}{\sigma L_s} + \frac{1-\sigma}{\sigma\tau_r}\right)Ii_s^* + \frac{L_m}{\sigma L_s\tau_r}\left(\frac{1}{\tau_r}I - \omega J\right)\psi_r + \frac{1}{\sigma L_s}Iu_s^* \tag{6-3}$$

式(6-3)减去式(6-2)可得定子电流误差方程为

$$\frac{d}{dt}(i_s^* - i_s) = -\left(\frac{R_s}{\sigma L_s} + \frac{1-\sigma}{\sigma\tau_r}\right)I(i_s^* - i_s) + \frac{L_m}{\sigma L_s}I(u_s^* - u_s) \tag{6-4}$$

从式(6-4)可得参考定子电压的表达式为

$$u_s^* = u_s + \sigma L_s I/L_m + \frac{d}{dt}(i_s^* - i_s) + \left(R_s + \frac{1-\sigma}{\tau_r}L_s\right)(i_s^* - i_s)/L_m \tag{6-5}$$

式(6-5)是根据实际定子电流 i_s、实际定子电压 u_s 和参考电流 i_s^* 求取参考定子电压 u_s^* 的基础。一般情况下，u_s、i_s 采用本次控制周期起始时刻的值。然而 u_s^* 并非电机端头所加的实际定子电压，预测的任务在于根据 u_s^* 选择 VSI 的开关模式，即选择合适的 u_i（$i=0, \cdots, 7$）的作用顺序，以满足性能指标的要求。比如要求电磁转矩脉动小。

我们知道，转子磁场定向控制中电磁转矩与 i_{sq} 成正比，因此，电磁转矩的脉动特性决定于 i_{sq} 的控制特性。为此，可以规定 i_{sq} 的上、下限为 b_2、b_1，控制 i_{sq} 使之保持在 b_2、b_1 决定的带域里，可以达到控制电磁转矩脉动幅度的目的。

若记式(6-2)为

$$\sigma L_s I\frac{d}{dt}i_s = u_s - e_s \tag{6-6}$$

则 i_{sq} 控制的约束可表达为

$$\begin{cases}\sigma L_s \dfrac{d}{dt}i_{sq} - (u_{sq} - e_{sq}) < 0 & (i_{sq} = b_2)\\[2ex] \sigma L_s \dfrac{d}{dt}i_{sq} - (u_{sq} - e_{sq}) > 0 & (i_{sq} = b_1)\end{cases} \tag{6-7}$$

式(6-7)即表达了定子电流预测控制中关于电磁转矩脉动的约束条件。图 6-7 即为电流预测 PWM 控制。

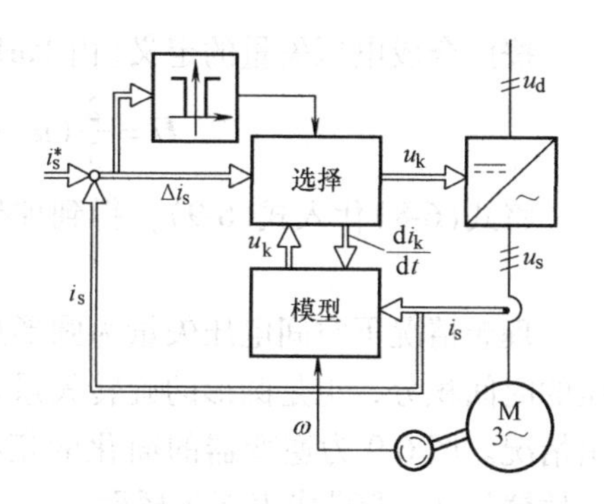

图 6-7　电流预测 PWM 控制

以上所举只是一个例子，预测法并不局限于同步坐标系，任何其他坐标系也同样适用，而且预测法还能做到减小开关损耗、降低开关频率、减少谐波损耗等优化目的。从控制意义上讲，预测法是一种实时的优化算法，从理论上将很有吸引力，但需要在每个采样周期内对每个开关状态计算将来可能的电流轨迹，计算量太大，实现起来难度颇大。近年来，许多学者也就如何减小计算量的问题做了许多研究，提出一些解决问题的方案，为预测法的实用化作出了贡献。

4. 无差拍控制法

为了解决在有限采样频率下实现电流的有效控制，A. Kawamura 等人提出了无差拍控制的思想[4]。在电流无差拍控制中用到了电机模型，根据选取模型的精度不同，派生出几种效果很好的 PWM 控制方法。这种控制思想和后面所述磁通闭环 PWM 是非常类似的。不过这里得到的电压矢量可以是任意的，因为电流和电压之间的关系受电机参数决定，要比磁通和电压之间的关系复杂。最后计算所得任意电压矢量可用合成的方法来求得。在全数字化交流电机控制系统中，这种方法用得越来越多。如图 6-8 所示。

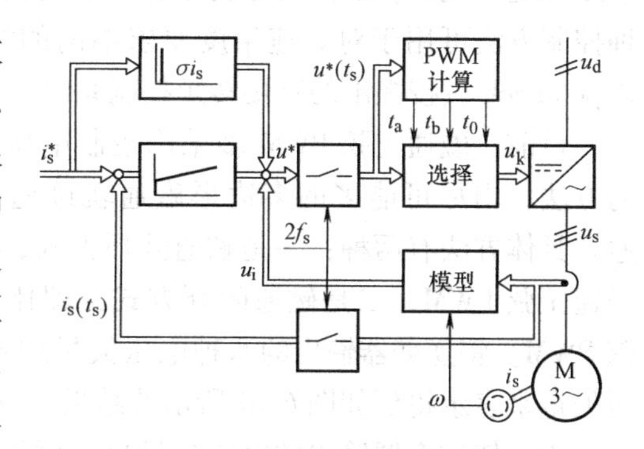

图 6-8　电流无差拍控制 PWM

6.2.3　空间矢量 PWM 技术

电流控制则直接控制输出电流，使之在正弦波附近变化，这就比只要求正弦电压前进了一步。然而交流电动机需要输入三相正弦电流的最终目的是在电动机空间形成圆形旋转磁场，从而产生恒定的电磁转矩。如果对准这一目标，把逆变器和交流电动机视为一体，按照跟踪圆形旋转磁场来控制逆变器的工作，用逆变器不同的开关模式所产生实际磁通去逼近基准圆磁通，并由它们比较的结果决定逆变器的开关状态，形成 PWM 波形，其效果应该更好。这种控制方法称为“磁链跟踪控制”。下面的讨论将表明，磁链的轨迹是交替使用不同的电压空间矢量得到的，所以又称“电压空间矢量 PWM（Space Vector PWM，SVPWM）控制”。

1. 磁通正弦 PWM 控制原理

电动机的理想供电电压为三相正弦波，表达如下：

$$\begin{cases} U_a = U_m\sin(\omega t) \\ U_b = U_m\sin(\omega t - 2\pi/3) \\ U_c = U_m\sin(\omega t + 2\pi/3) \end{cases} \tag{6-8}$$

按照合成电压矢量的定义（由 Park 变换）

$$\boldsymbol{U}=\frac{2}{3}(u_{\mathrm{a}}+\alpha u_{\mathrm{b}}+\alpha^{2}u_{\mathrm{c}})\qquad(\alpha=\mathrm{e}^{\mathrm{j}2\pi/3})\tag{6-9}$$

将式(6-8)代入式(6-9)，得到理想供电电压下的电动机空间电压合成矢量为

$$\boldsymbol{U}=2U_{\mathrm{m}}\mathrm{e}^{-\mathrm{j}\omega t}\tag{6-10}$$

理想情况下空间电压矢量为圆形旋转矢量，而磁通为电压的时间积分，也是圆形的旋转矢量。现在观察逆变器的输出情况。图 6-9 为逆变器的简化的拓扑图，并令“1”代表上半桥臂导通，“0”代表下半桥臂导通。对于 180°导通型逆变器来说，三相桥臂的开关只有八个导通状态，包括六个非零矢量和两个零矢量。在忽略定子电阻压降时，对应六个非零矢量磁通的运动轨迹为六边形。此时磁通的大小和旋转的角速度都是变化的，从而引起转矩脉动、电机损耗等现象。这种控制方法可用于对调速精度要求不高的场合，如 1985 年 Depenbrock 教授提出的直接转矩控制系统，一直采用此方法控制磁通。

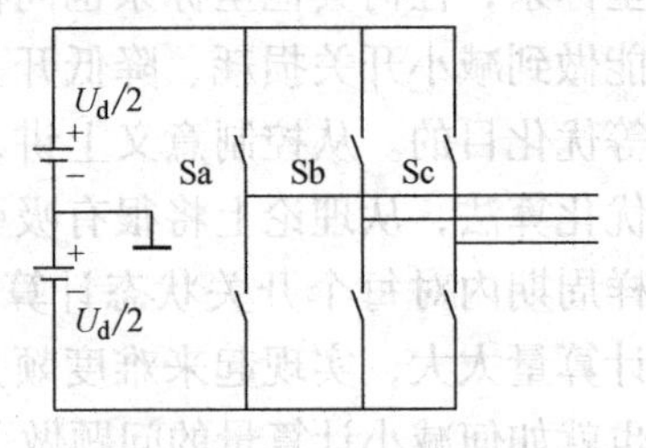

图 6-9　三相逆变桥

S(a, b, c) =1，上管导通；

S(a, b, c) =0，下管导通。

目前，磁通正弦 PWM 多采用控制电压矢量的导通时间的方法，用尽可能多的多边形磁通轨迹逼近理想的圆形磁通。具体方法有两种：一是磁通开环方式，即三矢量合成法磁通正弦 PWM；二是磁通闭环方式，即比较判断法磁通正弦 PWM。将逆变器输出的八种电压矢量用式(6-9)的空间电压矢量来表示得到如图 6-10 所示的结果。

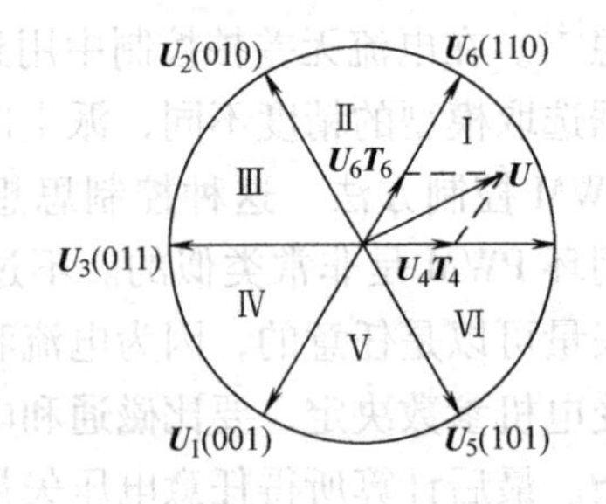

图 6-10　电压矢量图

为了使逆变器输出的电压矢量接近圆形，并最终获得圆形的旋转磁通，必须利用逆变器的输出电压的时间组合，形成多边形电压矢量轨迹，使之更加接近圆形。这就是正弦 PWM 原理基本的出发点。例如，当旋转磁通位于图 6-10 所示的 I 区时，用最近的电压矢量合成，并按照伏秒平衡的原则

$$T_6\boldsymbol{U}_6+T_4\boldsymbol{U}_4+T_0\boldsymbol{U}_0=T\boldsymbol{U}\tag{6-11}$$

式中，T_n 为对应电压矢量 $\boldsymbol{U}_n$ 的作用时间；T 为采样周期；$\boldsymbol{U}$ 为合成电压矢量。

2. 磁通轨迹控制

由上述原理得到，要有效地控制磁通轨迹，必须解决以下三个问题：

1）如何选择电压矢量；

2）如何确定每个电压矢量的作用时间；

3）如何确定每个电压矢量的作用次序。

对于第一个问题，通常将圆平面分成六个扇区，并选择相邻的两个电压矢量用于合成每个扇区内的任意电压矢量。对于第二个问题，即每个电压矢量的作用时间，由以下公式导出（以 I 扇区为例）为

$$T_6\left(\frac{1}{2}+\mathrm{j}\frac{\sqrt{3}}{2}\right)\left(\frac{2}{3}U_{\mathrm{d}}\right)+T_4\left(\frac{2}{3}U_{\mathrm{d}}\right)+T_0\times0=U\mathrm{e}^{-\mathrm{j}\theta}T\tag{6-12}$$

令式(6-12)等号两边实部、虚部相等，可得

$$T_6 = \frac{\sqrt{3}UT}{U_d}\sin\theta \tag{6-13}$$

$$T_4 = \frac{\sqrt{3}UT}{U_d}\sin\left(\frac{\pi}{3} - \theta\right) \tag{6-14}$$

$$T_0 = T\left[1 - \frac{\sqrt{3}U}{U_d}\cos\left(\frac{\pi}{6} - \theta\right)\right] \tag{6-15}$$

式中，$0 \leqslant \theta \leqslant \frac{\pi}{3}$；并设零矢量 $\boldsymbol{U}_0$ 与 $\boldsymbol{U}_7$ 的作用时间分别为 $T_{00} = (1-k)T_0$，$T_{07} = kT_0$。

各电压矢量的作用次序要遵守以下的原则：任意一次电压矢量的变化只能有一个桥臂的开关动作，表现在二进制矢量表示中只有一位变化。这是因为如果允许有两个或三个桥臂同时动作，则在线电压的半周期内会出现反极性的电压脉冲，产生反向转矩，引起转矩脉动和电磁噪声。下面以Ⅰ扇区为例介绍七段式 SVPWM 的产生方法，如图 6-11 所示。

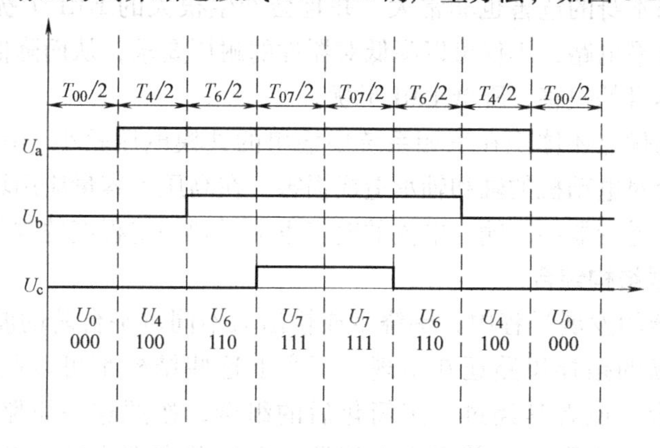

图 6-11　七段式 SVPWM 波形

6.3　多电平变换器的拓扑结构

6.3.1　多电平变换器的特点

1. 概述

在传统的电路中，其输入为单一的直流源，也即两条电源母线。通过对一个恒定幅值的直流电压进行脉宽调制的方式可以改变输出电压的大小和频率，但其输出为幅值相等的 PWM 波，该 PWM 波只有两种电平，通常称为两电平电路。与此相对应的，如果多个直流源和电力电子器件经过特定的拓扑变换，并且控制不同的直流源串联输出，则在变换电路的不同开关状态下，就可以在输出端得到不同幅值的多种电平的输出。事实上这是通过多个直流电源之间的不同组合得到的，采用这种原理的变换电路称为多电平电路，用这种方法实现的变换器就是多电平变换器。

多电平变换器作为一种适用于高压、大功率能量变换的电力电子电路结构，它的出现为电力电子拓扑的发展开辟了一条新思路。经过多年的发展，至今已形成了几类多电平变换器结构：一类是箝位型变换器拓扑，包括二极管箝位型，电容箝位型等，以及在此基础上发展出的通用型结构；第二类为级联型结构。在以下章节中将逐一介绍。

2. 多电平变换器的特点

多电平变换器与两电平变换器相比具有明显的特点：由于电平数增加，输出波形阶梯增多，就可更加接近目标调制波（一般为正弦波）；输出电平数的增多降低了输出电压的跳变；同时输出电压谐波含量减少；阶梯波调制时，器件在基频下开通关断，损耗小，效率高。在同样的开关频率下，多电平电路输出的谐波分量低于两电平电路的输出，反过来，达到类似的输出波形质量，多电平电路的开关频率可以降得较低，这在大功率应用当中尤为重要。

多电平电路的另一个优点在于输出电压的跳变，也就是 du/dt 较小。变换电路的输出电压需要不停地从一个电平跳到另一个电平，电平之间的跳变经历时间是非常短的，由于变换电路的负载通常是感性的（如电动机），瞬间过大的 du/dt 对负载电机的绝缘会带来很大的冲击，对于变换电路本身的危害也非常大，并且会产生很大的 EMI 干扰。在同样的输出电压等级下，采用多电平电路，不仅可以降低对器件的耐压要求，从而降低电压跳变，减小对电动机绝缘和电路本身的损害，降低 EMI 干扰。

此外，多电平的优点还体现在三相系统中输出的共模电压较小，在驱动电动机的情况下，共模电压过大会对电动机的轴和轴承造成损害，在高压大容量应用场合这一问题更加明显。同时，在多电平逆变器中，输入电流的畸变也会得到一定程度的改善。

3. 多电平变换器结构综合

在多电平变换器的发展过程中，围绕生成输出为不同电平台阶的波形，产生了多种电路拓扑结构，并且新的拓扑思路还在出现。事实上这些结构都可以归结为多个电力电子基本拓扑单元的组合，或者是经过一定简化后的组合，按照这一思路还可以派生出一些新结构。而基本单元，也即最小单元由电流源、电压源和电力电子开关所构成，图 6-12 为其简化模型。

一个具体的基本开关单元如图 6-13 所示，电容作为直流侧电压源，每个开关分别为可控开关、反并联二极管组合成的双向导通器件。通过在适当的时刻控制开关 S_1 或 S_2 互补动作，在输出端 U_o 得到 U_1 或 U_2 两个不同电平的电压值，同时通过反向的不可控二极管保证电流的连续性和双向性。

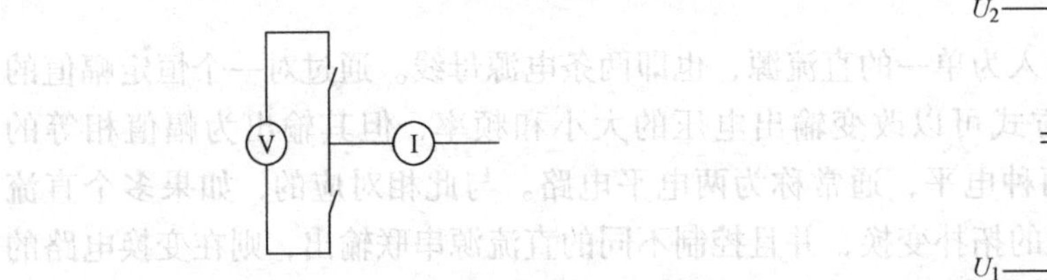

图 6-12 电力电子电路基本拓扑

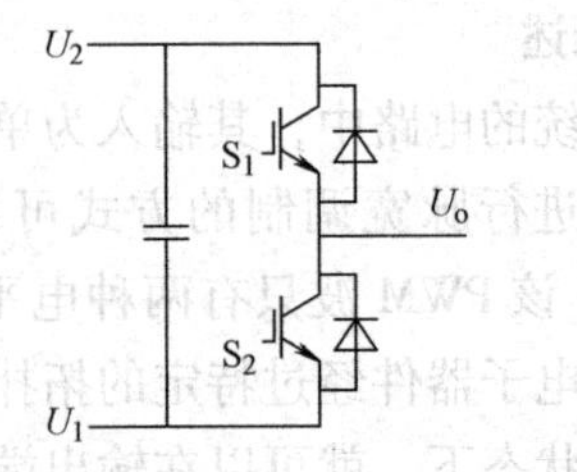

图 6-13 基本开关单元

为了得到更多的电平，就需要用基本开关单元进行更复杂的组合。由基本开关单元组合生成多电平电路有两种基本的方式：第一种是基本单元先串联再并联；第二种则是先并联再串联。图 6-14a、b 分别为先串联后并联及先并联后串联的电路结构的例子。从下述分析可以看到，二极管箝位型结构、电容箝位型结构和通用箝位型结构均为基本单元先串后并组合变化而成；级联型结构为基本单元先并后串组合而成。

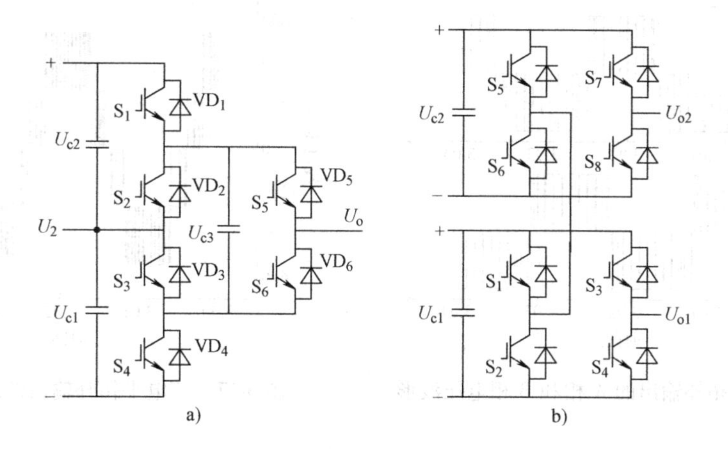

图6-14　多电平变换器拓扑

a）基于两电平桥臂和基本单元串-并思想的多电平变换器拓扑

b）基于两电平桥臂和基本单元并-串思想的多电平变换器拓扑

6.3.2　箝位型多电平变换器

1. 二极管箝位型三电平变换器

近年来，在中大容量范围内，二极管中点箝位型（Neutral Point Clamped，NPC）逆变器供电的交流电机调速系统得到了广泛的研究和应用。在图6-14a中，若从电路中去掉全控开关S_2、S_3，但保留二极管VD_2，VD_3，同时去掉电容电压U_{c3}，则变为二极管箝位型三电平变换电路拓扑；图6-15所示为三相三电平逆变器的主回路，显然，当S_{a1}和S_{a2}同为导通时，A相电平为$E/2$；当S_{a3}和S_{a4}同为导通时，A相电平为$-E/2$；当S_{a2}和S_{a3}同为导通时，A相电平为0。所以每相桥臂有三个电平状态，因此，这种逆变器结构就叫做三电平逆变器。虽然这种逆变器仍存在两个器件的阻态串联耐压问题（如S_{a1}和S_{a2}同为导通，S_{a3}和S_{a4}截止时耐压为E），但是由于控制上不存在两个器件瞬时同时导通或者关断的现象，对器件参数的要求不是非常严格，系统的安全系数提高了。

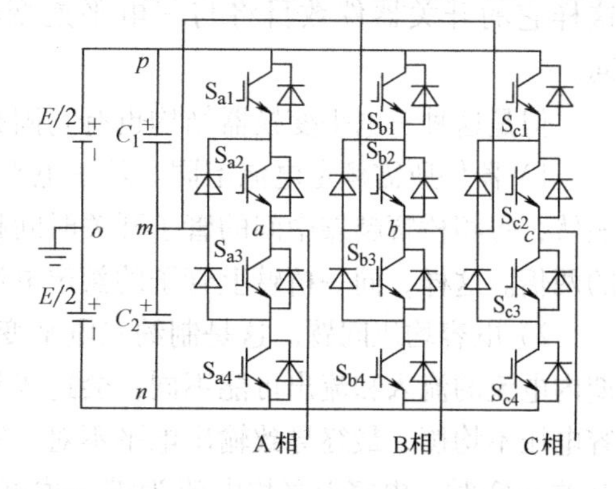

图6-15　NPC三电平逆变器电路结构图

图6-16、图6-17所示为加入PWM控制后的三电平拓扑的输出相电压、线电压波形，图6-18所示为三电平拓扑输出到电机的相电压波形，从中可以很明显地看到多电平的以下一些优点：

1）三电平逆变器在解决了上高压的同时，没有双电平逆变器中两个串联器件的瞬时同时导通和关断问题，对器件的一致性要求低，器件受到的电压应力小，系统可靠性高。

2）开关产生的du/dt比传统两电平逆变器小，对外围电路的干扰小；开关引起的电动机损耗小，对电动机的冲击小，在开关频率附近的谐波幅值也小得多。

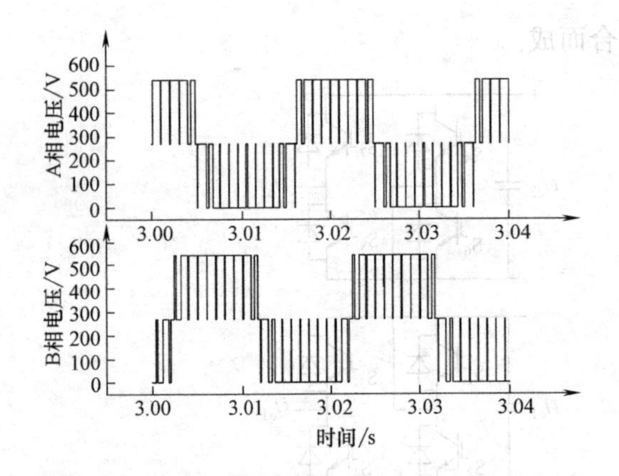

图 6-16　三电平拓扑输出的 A 相和 B 相电压波形

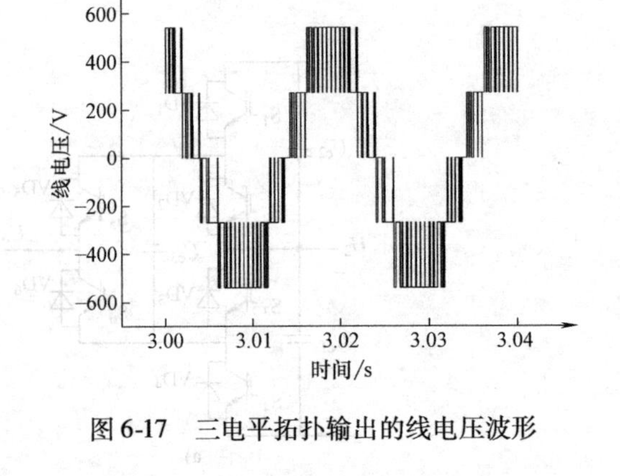

图 6-17　三电平拓扑输出的线电压波形

3）由于三电平逆变器输出为三电平阶梯波，形状更接近正弦。在同样的开关频率下，谐波比两电平要低得多，这正适应了高压大容量逆变器由于开关损耗及器件性能的问题开关频率不能太高的要求。

4）在同样的直流电压 E_d 下，比较双电平和三电平逆变器，由于双电平逆变器开关耐压为 E_d，其每个开关管必须由两个开关元件串联来充当（假设器件的额定值与三电平相同），这样它的开关器件数目将与三电平逆变器相同。

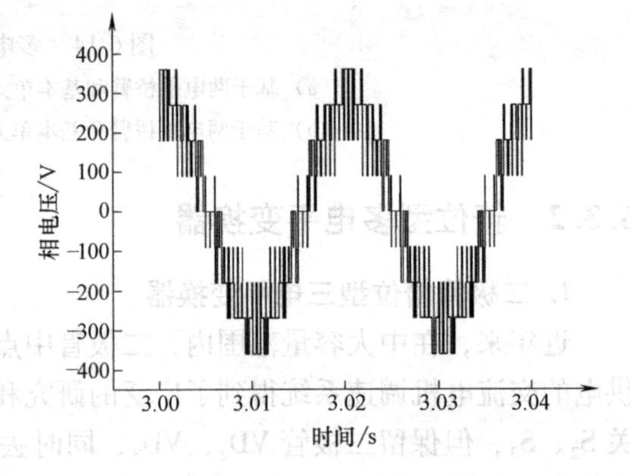

图 6-18　三电平拓扑输出到电机的相电压波形

但是这种三电平变换器结构也有它固有的不足：

1）器件所需额定电流不同。从三电平的分析中就不难看出，不同管子的开关时间不同。显然，每相桥臂越靠中间的管子开关时间越长，如图 6-15 中 S_{a2} 和 S_{a3} 的开关时间是 S_{a1} 和 S_{a4} 的两倍。这样，同一桥臂上管子的额定电流也会有所不同。

2）电容均压问题。这是制约三电平变换电路应用的最大障碍。直流侧电容由于一个周期内电流的流入和流出可能不同，会造成某些电容总在放电，而另一部分总在充电，使得电容电压不均衡，最终导致输出电平不对。实际上，有关研究表明，仅当输出相电压和线电流互差 π/2 时，电容上平均电流为零，才可以使得电压均衡。当进行有功传递时，如不附加均压装置或使用特别的控制策略，必将导致 M 电平退化为三电平或两电平。

3）二极管可能需要承受不同反压。对于三电平来说，箝位二极管承受反压相同。但对于更多电平电路来说，箝位二极管承受反压最高为 $(M-2)/(M-1)$，最低为 $1/(M-1)$，其中 M 为电平数。如果每个管子相同，若按最高额定值要求，必有一部分管子容量过大，造成浪费；若用多管串联等效，则势必造成二极管数量剧增，一相所需箝位二极管数目将达 $(M-1)(M-2)$ 个，大大增加了成本，系统的可靠性也被削弱。

总之，由于存在直流侧的高压，对器件仍有潜在的高压威胁，可靠性也受到一定的限制。本系统的研究重点之一就是如何提高系统的稳定性和鲁棒性。另外，直流侧电容电压的均衡问题是控制上比较棘手的地方，也是该研究内容的难点之一。不过随着各种中点电压控制策略研究，除了采用独立的中点电压校正模块之外，还可以以某种策略选择空间矢量，都可以有效地平衡中点电压。三电平拓扑已经应用于工业实际中。

2. 二极管箝位型多电平拓扑

图6-19所示为一个三相二极管箝位型五电平变换器主电路的基本结构。其中直流侧有四个相同的分压电容C_1、C_2、C_3、C_4，设直流侧电压为U_{dc}，并且将每个电容的电压控制在$U_{dc}/4$，即一个电平电压，则各电容可以看作值为$U_{dc}/4$的直流电压源。VD_{a1}、VD_{a2}、VD_{a3}和VD'_{a1}、VD'_{a2}、VD'_{a3}为a相桥臂箝位二极管，其作用是使每个全控开关器件的耐压保持在一个电平电压，其他两相作用类似。每个桥臂有八个开关器件串联，在某一时刻只有其中四个开关器件同时处于导通状态，另外四个为关断状态，通过不同的开关状态组合，得到输出为五种电平的输出电压。

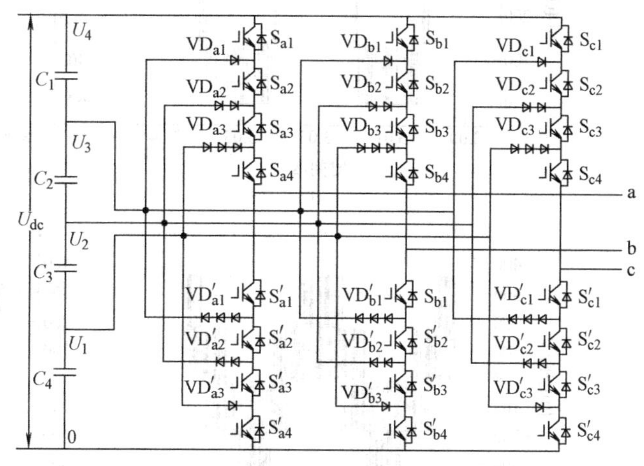

图6-19　三相二极管箝位型五电平变换器主电路

下面以a相为例具体解释如何输出阶梯型的多电平（设直流侧电位的最低点0点为输出参考点）：

1）开通所有上半桥开关S_{a1}、S_{a2}、S_{a3}、S_{a4}，输出电压为$U_{a0}=U_{dc}$。

2）开通开关S_{a2}、S_{a3}、S_{a4}、S'_{a1}，输出电压为$U_{a0}=3U_{dc}/4$。

3）开通开关S_{a3}、S_{a4}、S'_{a1}、S'_{a2}，输出电压为$U_{a0}=2U_{dc}/4$。

4）开通开关S_{a4}、S'_{a1}、S'_{a2}、S'_{a3}，输出电压为$U_{a0}=U_{dc}/4$。

5）开通开关S'_{a1}、S'_{a2}、S'_{a3}、S'_{a4}，输出电压为$U_{a0}=0$。

表6-1以a相输出电压U_{a0}为例，具体说明阶梯形的多电平输出电压（设直流侧电位的最低点0，为输出参考点）与各开关状态的关系真值表。其中“1”代表开关导通，“0”代表开关关断。

表6-1　二极管箝位型五电平电路a相开关状态与输出电压的关系

输出电压 U_{a0}	开关状态							
	S_{a1}	S_{a2}	S_{a3}	S_{a4}	S'_{a1}	S'_{a2}	S'_{a3}	S'_{a4}
$U_5=U_{dc}$	1	1	1	1	0	0	0	0
$U_4=3U_{dc}/4$	0	1	1	1	1	0	0	0
$U_3=2U_{dc}/4$	0	0	1	1	1	1	0	0
$U_2=U_{dc}/4$	0	0	0	1	1	1	1	0
$U_1=0$	0	0	0	0	1	1	1	1

下面给出二极管箝位五电平拓扑的相电压和线电压波形以及电机端相电压波形，如图6-

20 所示。可以看出，电平数越多，除了实现高压输出外，输出电压的波形更接近正弦波。

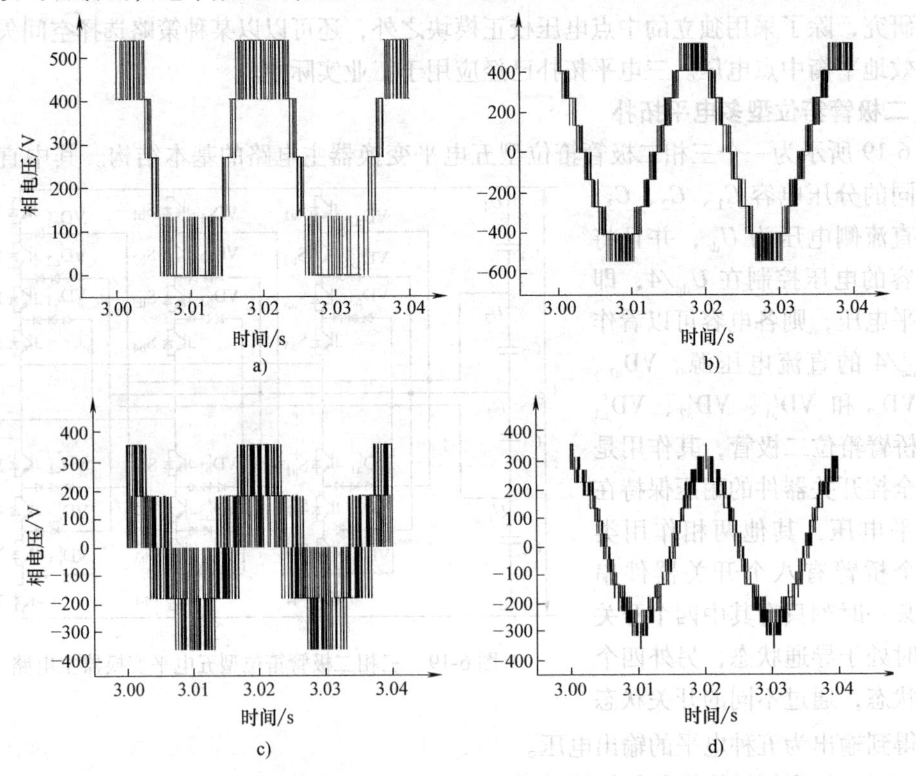

图 6-20　二极管箝位五电平拓扑的电压波形

a）输出相电压波形　b）输出线电压波形　c）两电平拓扑的电机端相电压波形

d）五电平拓扑的电机端相电压波形

基于以上分析的二极管箝位三电平拓扑和二极管箝位五电平拓扑工作原理，可推出七电平及更多电平的二极管箝位拓扑结构，在此不再详细描述。

3. 电容箝位型多电平变换器

电容箝位型多电平变换器也称为悬浮电容式多电平（Flying-Capacitor MultiLevel，FCML）变换器，是由法国学者 T. A. Meynard 和 H. Foch 于 1992 年首先提出的。电容箝位型多电平变换器采用悬浮电容代替二极管对功率开关进行直接箝位，不存在二极管箝位型变换器中主、从功率开关的阻断电压不均衡和箝位二极管反向电压难以快速恢复的问题。图 6-21 是三相电容箝位型五电平变换器主电路结构图，三相桥臂的电路结构相同。以 a 相桥臂为例，其上并联三组箝位电容 C_{a1}、C_{a2}、C_{a3}，这些电容可看做直流电压源，并且控制它们的电压分别为 $U_{ca1}=3U_{dc}/4$，$U_{ca2}=2U_{dc}/4$，$U_{ca3}=U_{dc}/4$，其作用就是

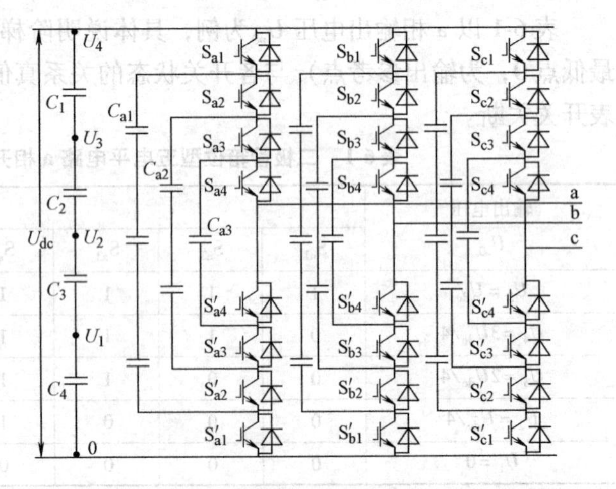

图 6-21　三相电容箝位型五电平变换器主电路

对开关器件承受的电压进行箝位，保证各开关管所受耐压为一个电平电压 $U_{dc}/4$。每个桥臂有八个开关器件串联，在某一时刻只有其中四个开关器件同时处于导通状态，另外四个为关断状态，通过不同的开关状态组合，得到输出为五种电平的输出电压。

以下为图 6-21 电路中 a 相输出电压 U_{a0} 与桥臂开关管导通状态关系：

1）当输出 $U_{a0}=U_{dc}$ 时，对应开关状态为 S_{a1}、S_{a2}、S_{a3}、S_{a4} 导通，其余关断。

2）当输出 $U_{a0}=3U_{dc}/4$ 时，对应开关状态有三种可能组合：

① 开通 S_{a1}、S_{a2}、S_{a3}、S'_{a4}，其余关断（$U_{a0}=U_{dc}-U_{dc}/4$）。

② 开通 S'_{a1}、S_{a2}、S_{a3}、S_{a4}，其余关断（$U_{a0}=3U_{dc}/4$）。

③ 开通 S_{a1}、S'_{a2}、S_{a3}、S_{a4}，其余关断（$U_{a0}=U_{dc}-3U_{dc}/4+U_{dc}/2$）。

3）当输出 $U_{a0}=U_{dc}/2$ 时，对应开关状态有六种可能组合：

① 开通 S_{a1}、S_{a2}、S'_{a3}、S'_{a4}，其余关断（$U_{a0}=U_{dc}-U_{dc}/2$）。

② 开通 S'_{a1}、S'_{a2}、S_{a3}、S_{a4}，其余关断（$U_{a0}=U_{dc}/2$）。

③ 开通 S_{a1}、S'_{a2}、S_{a3}、S'_{a4}，其余关断（$U_{a0}=U_{dc}-3U_{dc}/4+U_{dc}/2-U_{dc}/4$）。

④ 开通 S_{a1}、S'_{a2}、S'_{a3}、S_{a4}，其余关断（$U_{a0}=U_{dc}-3U_{dc}/4+U_{dc}/4$）。

⑤ 开通 S'_{a1}、S_{a2}、S'_{a3}、S_{a4}，其余关断（$U_{a0}=3U_{dc}/4-U_{dc}/2+U_{dc}/4$）。

⑥ 开通 S'_{a1}、S_{a2}、S_{a3}、S'_{a4}，其余关断（$U_{a0}=3U_{dc}/4-U_{dc}/4$）。

4）当输出 $U_{a0}=U_{dc}/4$ 时，对应开关状态有三种可能组合：

① 开通 S_{a1}、S'_{a2}、S'_{a3}、S'_{a4}，其余关断（$U_{a0}=U_{dc}-3U_{dc}/4$）。

② 开通 S'_{a1}、S'_{a2}、S'_{a3}、S_{a4}，其余关断（$U_{a0}=U_{dc}/4$）。

③ 开通 S'_{a1}、S'_{a2}、S_{a3}、S'_{a4}，其余关断（$U_{a0}=U_{dc}/2-U_{dc}/4$）。

5）当输出 $U_{a0}=0$ 时，对应开关状态为 S'_{a1}、S'_{a2}、S'_{a3}、S'_{a4} 导通，其余关断。

若扩展到通用的（$N+1$）电平的情况，则三相电容箝位型（$N+1$）电平逆变器的每相桥臂由 N 个换流单元和 N 个电压源叠串而成，其中换流单元是由两个状态互补的功率开关 S_{ai} 和 S'_{ai} 组成，且控制互相独立；电压源是由直流电源 E 和 $N-1$ 个额定电压分别为 $i\times E/N$（$i=1$，…，$N-1$）的悬浮电容 C_k 组成，电容量每级是不同的。

由上述分析可以看出，电容箝位型多电平电路具有以下特点：

1）需要对电容电压进行控制。电容箝位型逆变器具有大量的冗余相电压开关状态组合，为输出给定的电平电压，无论负载电流流向如何，都可以从中找到能同时平衡悬浮电容电压的合成方法。相对于二极管箝位型，电容箝位型电路的电压合成控制和电容电压的平衡控制都有更大的灵活性，这对于控制电容电压的平衡提供了一种可能。

2）需要较多箝位电容。如果电容的耐压与主开关相同，对于 N 级电平电路，除去直流侧的 $N-1$ 个电容外，每相还需要 $(N-1)\times(N-2)/2$ 个辅助电容。电容与其他器件相比，是一种寿命较短、可靠性较差的元件。

3）同一桥臂内特定开关对的状态互补。以 a 相为例互补开关对为（S_{a1}，S'_{a1}）、（S_{a2}，S'_{a2}）、（S_{a3}，S'_{a3}）、（S_{a4}，S'_{a4}），其余各相类似。

4. 通用箝位型多电平变换器

(1) 通用型多电平电路结构

如前所述，多电平变换器电路结构有许多种，彭方正教授在综合了多种箝位型多电平（如二极管箝位式、电容箝位式等）电路的特性后，在 2000 年的 IEEE IAS（Industry Application Society）年会上提出了一种比较有代表性的通用型多电平变换器拓扑结构，如图6-22所示。可以看做是图6-14a的自然延伸。它不需要借助附加的电路来抑制直流侧电容的电压偏移问题，从理论上实现了一个真正统一的多电平结构。

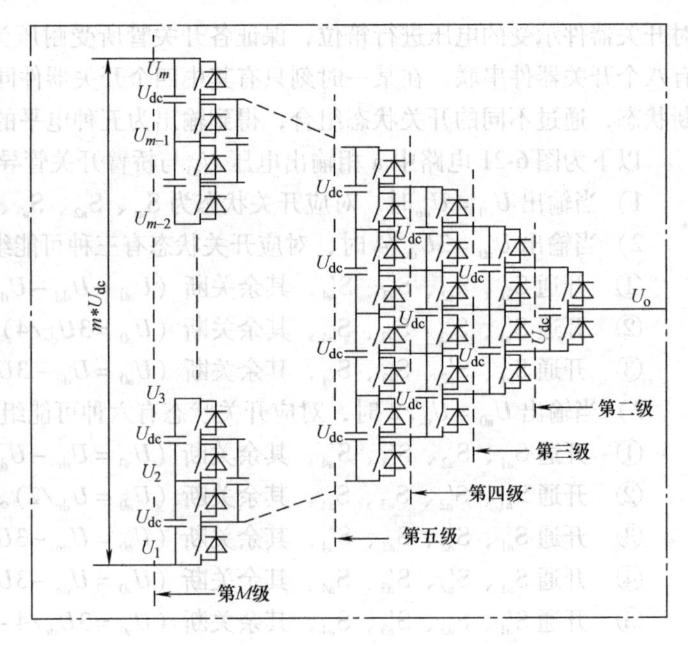

图6-22 通用箝位型多电平拓扑结构

该拓扑是基本单元的串并联搭积而成，其中每个单元的电压等级相同。单元可以是多种形式，例如普通两电平半桥、二极管箝位三电平半桥、电容箝位三电平半桥等。图6-22给出的是用基本两电平半桥单元组成的拓扑结构，第一级由一个单元组成，可以输出两个电平；第二级由两个单元组成，和第一级一起可以输出三个电平；以此类推，可以构成一个M电平拓扑。由于可控开关器件多，该拓扑开关模式极其灵活（多种冗余矢量）。

该拓扑工作时，具有如下特点：

1）每一级都是独立工作的。

2）每一级中相邻的开关器件是互锁的。一级中如果有一个器件的开关状态被确定，则其余器件的开关状态就可以根据互锁原则唯一确定。

3）该结构可以实现电容电压的自平衡。通过特定的开关模式，无需特殊的均压电路或复杂的电容电压控制就可实现更多电平（$N>3$），相比各种普通箝位型多电平拓扑来说极具优势。

4）该拓扑具有高度的概括性。前面所述的二极管箝位、电容箝位、二极管电容混合箝位及其各种衍生的多电平结构，都可以看做该通用拓扑的一种特例。

5）需要很多的可控开关管、功率二极管和电容。这一特点降低了电路的实用性。

高压大容量多电平电路的一个技术难点就是中点电压的控制问题。对于三电平及以上电平数的拓扑，如果中点电压控制得不好，是不能有效地应用于大容量的电能变换场合的。这种新的拓扑结构具有电压自平衡的功能，无需特殊的均压电路或复杂的电容均压控制就可实现更多电平（$N>3$），对于各种逆变器控制策略和负载情况，都能有效地控制中点电压，相比各种普通箝位型多电平拓扑来说极具优势。

另一方面，其通用意义是指这种拓扑具有高度的概括性。前面所述的二极管箝位、电容箝位、二极管电容混合箝位及其各种衍生的多电平结构，都可以看做这种通用拓扑的一种特例。只要对这种结构稍作改动，还可以进一步派生出更多新型的多电平结构，一种方式是通过取消某些箝位器件，例如取消不同的箝位开关及电容，就可以得出不同的二极管箝位拓扑；另一种方式用其他形式的单元代替两电平单元，例如使用三电平单元，就可以用更少的级数实现更多的电平。这种拓扑可以很方便地应用于无磁路连接、高效紧凑、低电磁干扰的能量变换系统中，如 DC/DC 变换器、电压型逆变器等，因此具有很好的研究应用前景。

（2）通用型五电平电路结构

下面是通用箝位型五电平变换器拓扑结构原理和电路的分析，如图 6-23 所示为由基本两电平半桥单元构成的具有自平衡能力的通用箝位型五电平结构电路。

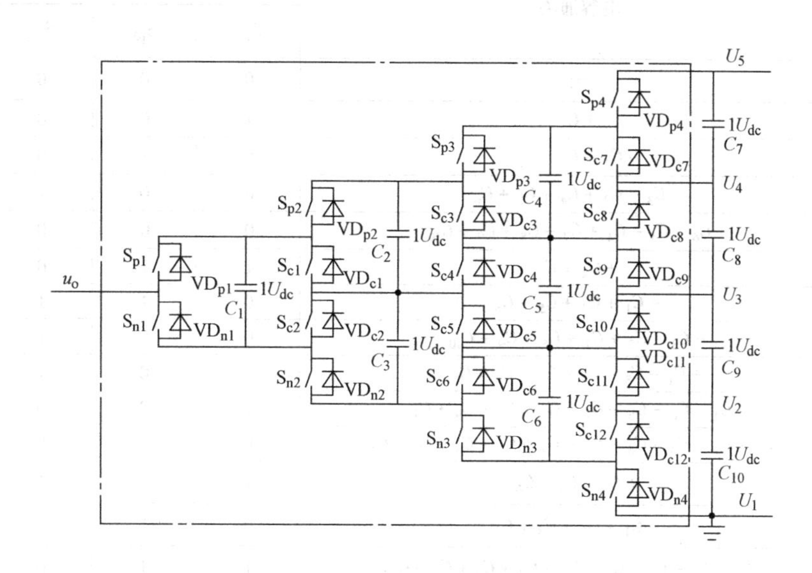

图 6-23　通用型五电平变换器拓扑结构

在图 6-23 中，开关管 S_{p1} ~ S_{p4} 和 S_{n1} ~ S_{n4}，二极管 VD_{p1} ~ VD_{p4} 和 VD_{n1} ~ VD_{n4} 是电路的主要器件，通过它们的开通和关断，可以得到希望的电压波形。其余的开关管和二极管的通断则起到了箝位和平衡电压的作用。每一级受到的电压应力是 $1U_{dc}$，各级的电压平衡通过箝位开关管和箝位二极管实现。

通过开关的通断来实现电压自平衡的工作原理如图 6-24 所示。

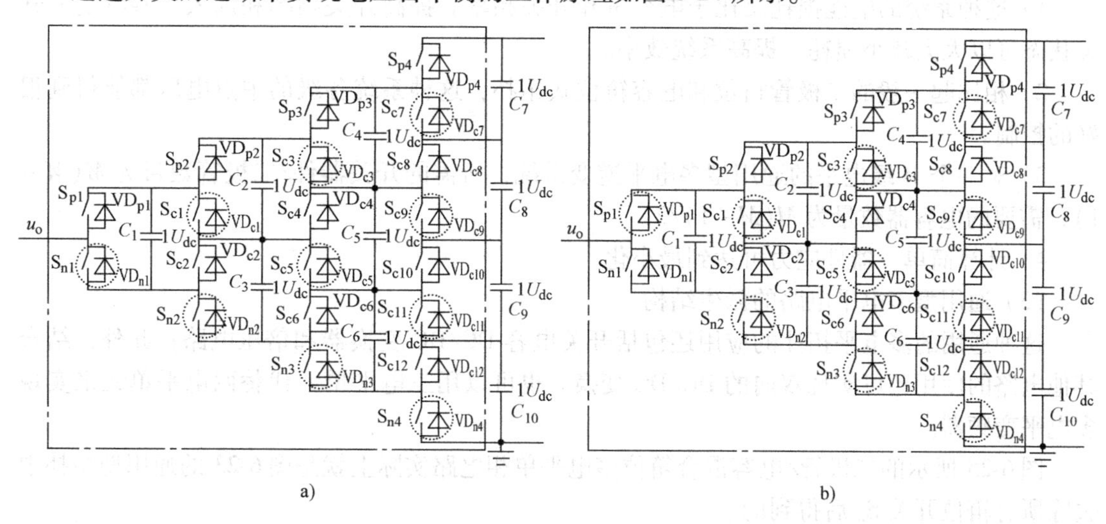

图 6-24　通过开关的通断来实现电压自平衡的工作原理

a）$U_o=0$ 时开关工作状态　b）$U_o=1U_{dc}$ 时的开关工作状态

表6-2 总结了当输出电压为0、$1U_{dc}$、$2U_{dc}$、$3U_{dc}$和$4U_{dc}$时的开关工作状态。表中只给出了 S_{p1} ~ S_{p4}的工作状态，因为它们的状态唯一地确定了其余开关的状态。

表6-2 输出电压分别为0，$1U_{dc}$、$2U_{dc}$、$3U_{dc}$和$4U_{dc}$时的开关工作状态

输出电压	电容通路	开关状态			
		S_{p1}	S_{p2}	S_{p3}	S_{p4}
$0U_{dc}$	无	0	0	0	0
$1U_{dc}$	$+C_1$	1	0	0	0
	$-C_1+C_2+C_3$	0	1	0	0
	$-C_3-C_2+C_4+C_5+C_6$	0	0	1	0
	$-C_6-C_5-C_4+C_7+C_8+C_9+C_{10}$	0	0	0	1
$2U_{dc}$	$+C_2+C_3$	1	1	0	0
	$-C_1+C_4+C_5+C_6$	0	1	1	0
	$-C_3-C_2+C_7+C_8+C_9+C_{10}$	0	0	1	1
	$+C_1-C_3-C_2+C_4+C_5+C_6$	1	0	1	0
	$+C_1-C_6-C_5-C_4+C_7+C_8+C_9+C_{10}$	1	0	0	1
	$-C_1+C_2+C_3-C_6-C_5-C_4+C_7+C_8+C_9+C_{10}$	0	1	0	1
$3U_{dc}$	$+C_4+C_5+C_6$	1	1	1	0
	$-C_1+C_7+C_8+C_9$	0	1	1	1
	$+C_2+C_3-C_6-C_5-C_4+C_7+C_8+C_9+C_{10}$	1	1	0	1
	$+C_1-C_3-C_2+C_7+C_8+C_9+C_{10}$	1	0	1	1
$4U_{dc}$	$+C_7+C_8+C_9+C_{10}$	1	1	1	1

注：1. 电容通路指的是，对于每种开关状态，连接到输出端的电容的连接方法，“+”表明电容的正极连接到输出端，“-”则表明电容的负极连接到输出端。

2. “1”代表开通，“0”代表关断。

这种通用型多电平拓扑的特点如下：

1）这种系统的电能损耗反比于电容量和开关频率。提高开关频率和加入一些特定的开关状态可以大大减小损耗，提高系统效率。

2）相比起一般的二极管箝位和电容箝位式拓扑，这种系统各级的中点电压都能得到很好的控制。

3）对一个M级电平的通用型多电平逆变系统，所需的开关器件/二极管数目为$M(M-1)$；需要的电容器数量为$M(M-1)/2$。

4）计算简单，器件应力可达到最小化。

（3）通用型多电平电路的派生结构

这种通用的多电平拓扑的应用还包括开关电容 DC/DC 变换器和倍压电路；此外，结合其他电路的使用还可实现双向的 DC/DC 变换。也可以用三电平单元代替两电平单元来实现多电平变频器。

图6-25 所示的二极管/电容混合箝位多电平单相电路实际上就是图6-23 的通用型拓扑中去除所有箝位开关 S_c 后得到的。

所有前面提到的各种箝位式拓扑结构都可以通过改动图6-23 得到。另外，还可以得到一种改进的背对背的二极管箝位式系统，如图6-26 所示。

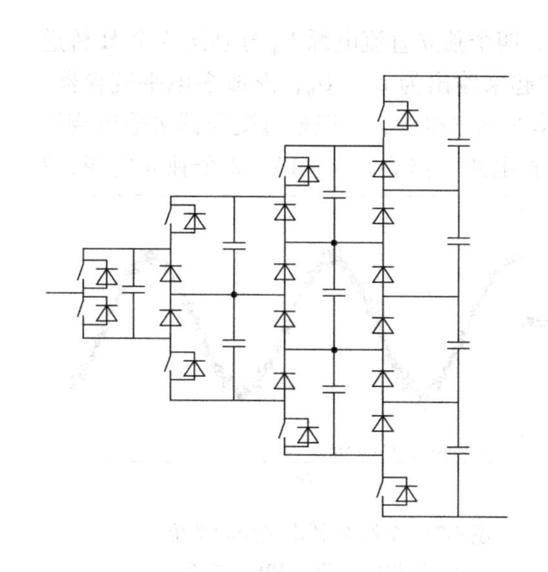

图6-25　去除箝位开关后得到的二极管-电容箝位式系统

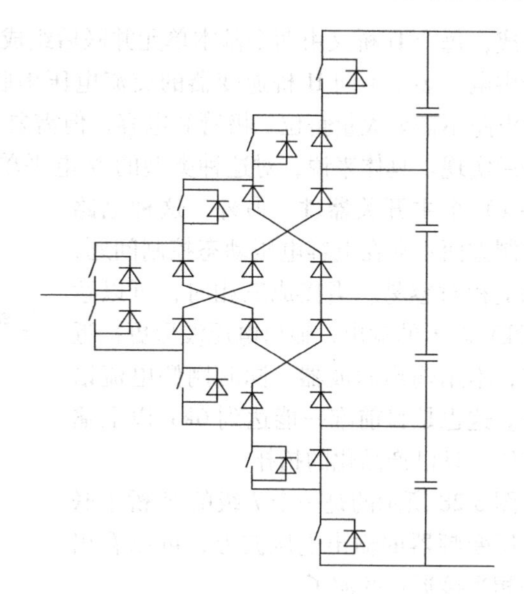

图6-26　改进的背对背的二极管箝位式系统

6.3.3　级联型多电平变换器

多电平变换器的主要目的之一是为了采用低耐压器件输出高压，上面提到的基于基本单元先串后并的几种多电平变换器的共同特点是只需一个独立直流电源，且电力电子器件相互串联。因此为了降低单管耐压又要避免动态均压以及输出多个电平台阶，需用多个直流电容分压，这样就出现了分压直流电容均压问题，这类拓扑结构的变换器系统中只能用控制算法来解决这个问题。而本节介绍的独立电源的结构提供了避免直流电容平衡问题的途径。实现办法是采用多个电气独立的直流电源，通过桥式逆变器串联，输出多个台阶的电平，即具有独立直流电源的级联型变换器（Cascaded Topology with Separated DC Source）。桥式逆变器在交流输出之前，各个单元桥相互独立，由输入变压器二次侧通过整流桥供电。变压器二次侧的移相接法实现了变压器一次电流多重化，极大地提高了输入电流的波形质量。各个单元的直流电容没有均压问题，相对于器件串联的形式，在控制上要简单许多，其代价是增加变压器二次绕组和整流环节的个数。在此基础上，发展了一些其他的拓扑结构，在控制简单和减少直流环节之间取得折中。

1. 级联型多电平变换器的典型结构

基于基本单元并-串联思想的电路拓扑，主要是具有独立直流电源的级联型多电平变换器，其代表是H桥串联型多电平逆变器，以及一些派生拓扑结构。图6-27给出了这种电路的H桥串联五电平变换器两相结构图。

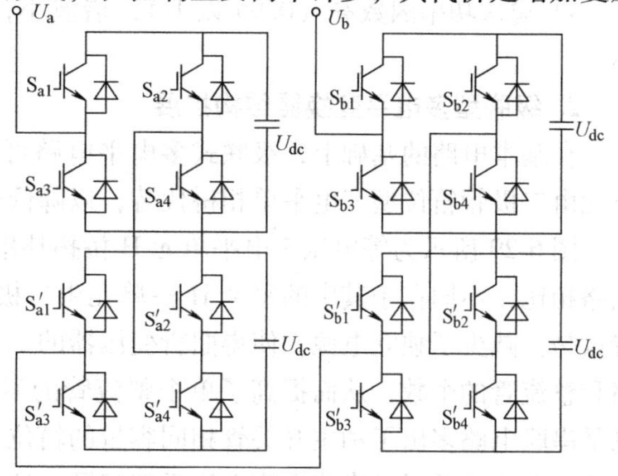

图6-27　H桥串联五电平变换器两相拓扑结构

由上图可见，它由四个单相H桥串

联形成，每个H桥又由两个基本单元并联后组成。四个独立直流电源U_{dc}分别给4个H桥逆变器供电，多个不同H桥逆变器的交流电压串联起来输出为U_a、U_b，形成多电平变换器。这种电路不需要大量箝位二极管和电容，但需要多个独立电源，一般通过变压器多输出绕组整流后实现。具体来说，对这种类型的N电平单相电路，需要（$N-1$）/2个独立电源，2（$N-1$）个主开关器件。另外，这种电路在控制方面不存在电容电压动态控制问题，实现上相对容易。当接成三相时，可以达到10kV以上的输出，输出电压波形更接近正弦，不用输出滤波器，同时网侧电流谐波小。这也是目前唯一能达到6kV以上输出电压，且已产品化的拓扑。

图6-28所示的是一个7级的H桥串联型高压变频器的输出电压波形，可以看出已经相当接近正弦波了。

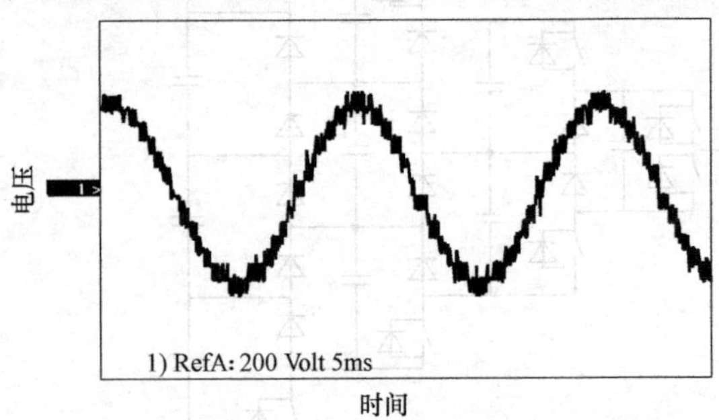

图6-28　7级H桥串联变频系统输出的相电压阶梯PWM波形

H桥级联型多电平变换器产品还具有如下一些独特的优点：

1）采用常规低压IGBT器件，类似常规低压变频器，技术成熟，可靠性高。各个功率单元和驱动电路结构完全相同，相对独立，可以互换，使得变频调速系统易于检修和维护，利于工程上实用。

2）这种H桥串联型拓扑输出的电压波形随着级数的增加更加接近于正弦波，du/dt小，可减少对电缆和电机的绝缘损坏，无需输出滤波器就可以使输出电缆长度很长，电机不需要降额使用；同时，电机的谐波损耗大大减小，消除了由此引起的机械振动，减小了轴承和叶片的机械应力。

3）当某个功率模块损坏时，变频调速系统的主控系统通过检测确认哪一级模块损坏，可以整级将有故障的三相模块全部旁路掉，相应的系统减小输出功率，降额使用（这个旁路过程本身可以持续下去，直到足以支撑电机运行的最小输出功率为止，不必更改主控系统的运行程序）；也可以采用特殊的控制手段，仅仅将故障模块旁路掉，仍然使输出电压对电机出线端三相对称。

4）输入功率因数高（0.95以上），谐波小，整机效率高（96%以上），对电网的污染小。

2. 级联型多电平变换器结构扩展

在基本电路的基础上，级联式多电平电路可以有更多种类的变化。如可以将每个H桥单元由二极管箝位型三电平单相桥代替，以降低变压器二次绕组的个数。

图6-29所示为等电压三电平单元H桥拓扑串联电路，可以看出，与上述传统H桥串联电路相比，不同在于其中的每个H桥单元由二极管箝位型三电平单相桥代替。这种电路的特点是：减少了独立电源，使得曲折变压器的二次抽头数减少，节省空间；也减少了整流电路和整流管的个数，从而提高了单个整流管的耐压要求；与两电平H桥串联电路比较，三电平串联电路多出了和主开关管相同容量的箝位二极管，增加了设备成本；在控制上又产生了三电平电路单元的直流电容电压平衡问题，这使得控制方案更加复杂。

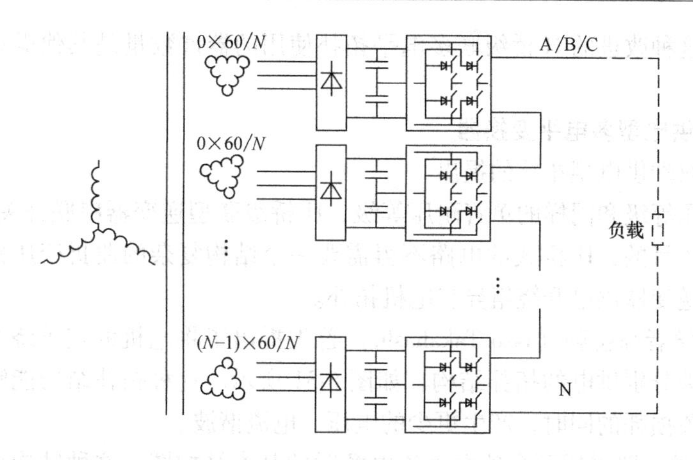

图 6-29　三电平单元桥式串联三相多电平变换器结构

6.3.4　其他多电平结构

1. 混合式多电平结构

H 桥串联结构还有很多变种，例如：同级三相所有单元使用一个电源（无隔离）的；每级使用不同电压等级（Hybrid Multilevel）的；输出带变压器耦合的；使用 DC/DC 提供隔离电源的等。

还有采用不同类型器件实现的混合式结构，如将较高电压等级单元的器件由 IGBT 换成 GTO 等器件，令其以较低的开关频率动作。这样综合利用两种类型功率器件的高电压阻断能力和快速开关能力，通过特殊设计的 PWM 控制方法实现较高性能的多电平输出。这种电路可以减少开关器件的个数，降低系统成本。

在 1998 年的 IEEE APEC（Applied Power Electronics Conference）会议上，M. D. Manjrekar 等人提出了混合 7 电平逆变器的拓扑结构。其与传统 H 桥级联多电平的拓扑结构相似，不同之处在于采用了不同电压等级的直流电源，以及两种类型的功率器件 GTO 和 IGBT，如图 6-30 所示。这种拓扑基本思路是通过“特殊”调制方法将两个等级不同的直流电压混合组成 7 电平输出，主要优点是综合利用了两种类型功率器件的高电压阻断能力和快速开关能力，使得与输出相同电平数的其他类型多电平逆变器相比，需要的功率器件最

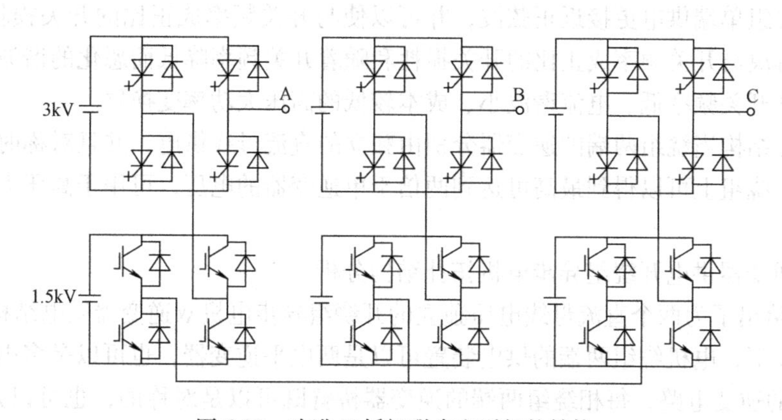

图 6-30　改进 H 桥级联多电平拓扑结构

少。分析表明，这种改进的H桥级联多电平拓扑使用的器件数量是其他类型多电平逆变器的2/3。

2. 绕组双端供电型多电平变换器

(1) 开绕组双端供电型拓扑的提出

对于同样电压等级和同样的单管耐压等级，H桥级联型逆变器串联开关管的个数相同，但为了达到级联的目的，H桥式的电路不得需要一个结构复杂的曲折变压器。针对这种情况，提出一种双逆变器供电开绕组异步电机拓扑。

1989年日本学者高桥勲（Isao Takahashi）首先提出了将电机的定子绕组打开，由两个逆变器从绕组两端分别供电的拓扑结构，如图6-31所示。这种拓扑结构能够提供较多的电平数，在降低开关损耗的同时，产生更少的电压、电流谐波。

图6-32是这种电路采用两个独立直流电源时的基本结构图。这种结构也是把异步电机定子三相绕组的中点打开，每相绕组两端分别接一个逆变器的桥臂。与普通H桥两级串联结构相比，节省了一半的开关管。这种串联结构只能用于两级串联，同时要求将电机的定子绕组的六个端子全部引出。

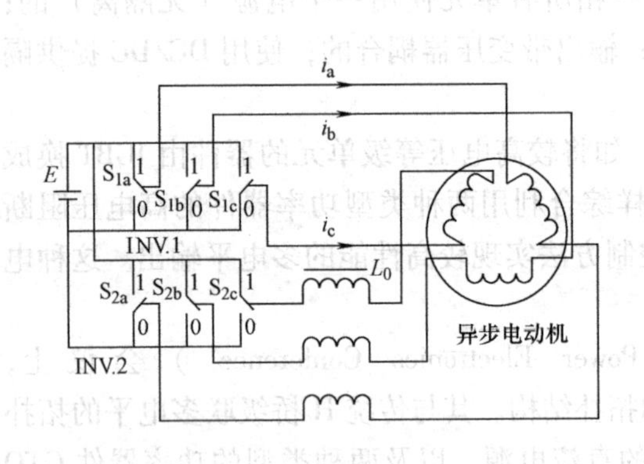

图6-31 直流母线电压不独立的开绕组电动机双逆变器结构

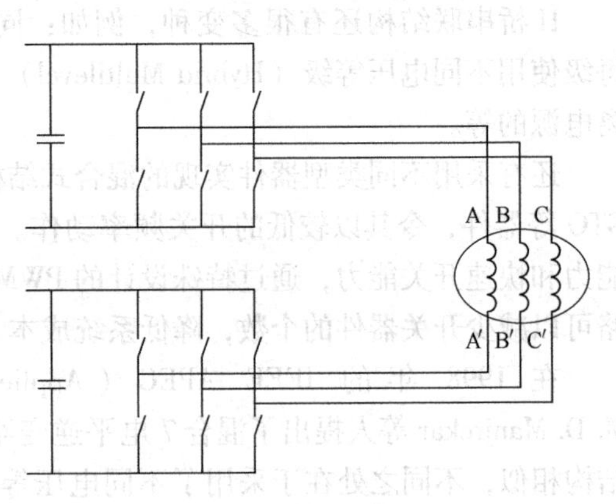

图6-32 异步电机开绕组双端供电示意图

通过向双端打开的绕组异步电机供电可以提供更多的相电压电平数，在相同开关频率下电压波形比绕组单端供电更接近正弦波，并可以使与开关频率成正比的开关损耗显著降低，可以较好地解决与开关频率成正比的开关损耗和随着开关频率降低而恶化的谐波污染之间的矛盾，是一种开关频率低、电流谐波小、成本较低的高压大功率变换器。

这种拓扑结构当绕组两端的逆变器分别由独立的直流母线供电，并且对称时，通过一定的控制策略，绕组上可以得到最高可达到两倍于单逆变器的电压，可用于高压大容量电气传动系统。

(2) 双逆变器供电开绕组异步电机拓扑结构分析

图6-33给出了为两个直流母线电压独立的开绕组异步电机双逆变器供电结构示意图。

通常情况下，电机绕组两端的供电装置可以是两电平逆变器，也可以是多电平逆变器或者H桥级联的逆变电路，每相绕组两端的逆变器桥臂既可以是对称的，也可以是不对称的，每相绕组两端的逆变器的直流母线电压可以相等，也可以不相等。此外，这种供电装置不仅

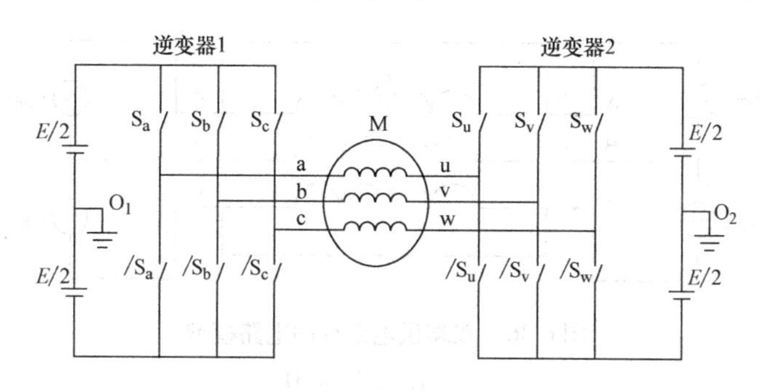

图6-33　开绕组异步电机两电平逆变桥供电示意图

可以是各种直-交逆变器，还可以是其他类型的三相供电装置，如各种交-交变换电路。

图6-34是开绕组异步电机绕组两端由三电平逆变桥供电的示意图。

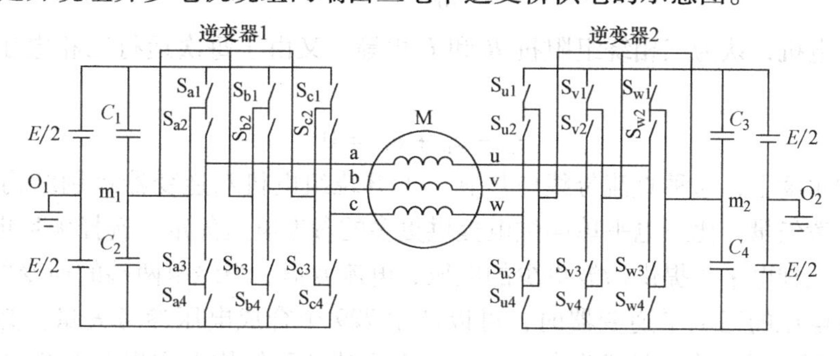

图6-34　开绕组异步电机三电平逆变桥供电示意图

开绕组电动机双逆变器供电的效果相当于两端的逆变器分别供电产生的电压合成的结果。当绕组两端的逆变器是使用独立的相等直流母线电压的两电平逆变器时，开绕组异步电动机双逆变器供电结构，可以分解为两个电气网络，0网络和1网络，如图6-35所示。在图6-35a中，在某个确定的开关状态下，两个逆变器的电压输出等效为理想电压源；图6-35b中，拓扑结构等效为0网络和1网络两个电路叠加。0网络和1网络相当于两个两电平逆变器分别为星形异步电动机供电的拓扑结构的等效电路。因为在传统两电平逆变器为星形异步电机供电的拓扑结构中，电流中的三次谐波，可以被电路自行消除，因此，在两个传统两电平拓扑结构等效叠加的开绕组异步电动机双逆变器供电结构中，电流中的三次谐波也可以被电路自行消除。

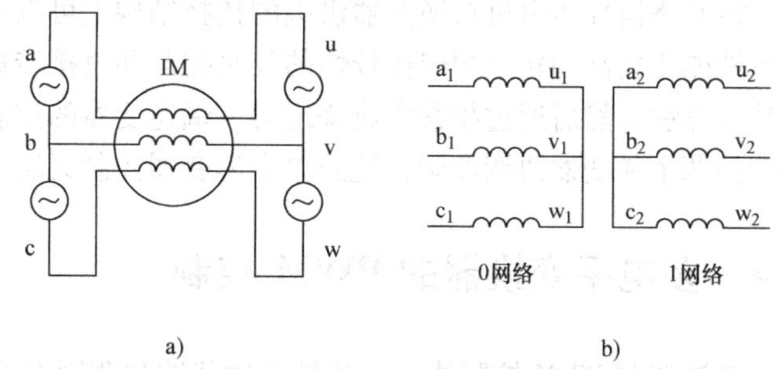

图6-35　双逆变器供电拓扑结构可以等效为两个电气网络
a) 用理想电压源表示的拓扑　b) 分解为两个电气网络

图6-36给出了这种双端供电电路的数学模型，由于两个供电装置和三相绕组是串联关系，因此供电装置不应表现为电流源特性，而应是电压源。

据此可以列写 $A_1A_2B_2B_1$ 和 $B_2B_1C_1C_2$ 回路的电压方程和节点电流方程为

$$u_a + u_{sab2} = u_b + u_{sab1} \tag{6-16}$$

$$u_b + u_{sbc2} = u_c + u_{sbc1} \tag{6-17}$$

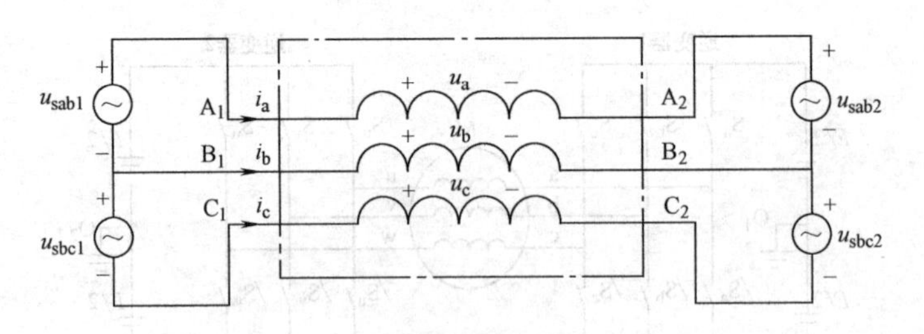

图 6-36　双端供电系统的电路模型

$$i_a + i_b + i_c = 0 \tag{6-18}$$

又有

$$u_x = i_x R + L\frac{\mathrm{d}i_x}{\mathrm{d}t},\quad x \in \{a,b,c\} \tag{6-19}$$

对于标准电机，认为三相绕组阻抗 R 和 L 相等，又由于每次运行三相电压的初始值都为 0，因此有

$$u_a + u_b + u_c = 0 \tag{6-20}$$

从控制的角度上，这种直流母线电压独立的开绕组电机双逆变器控制结构可以产生 64 个合成电压参考矢量，比三电平单端供电提供更多的参考电压矢量，选择矢量更为灵活，相电压可以产生九种电平，提供谐波更少的电压、电流波形。当绕组两端的逆变器使用独立的相等直流母线电压的三电平逆变器时，可以产生 729 个合成电压参考矢量，为相电压提供 17 种不同的电平，通过合理地选取矢量，可以在上述两种结构上实现 VVVF 空间矢量 PWM 控制、直接转矩控制或矢量控制。

在开绕组异步电机双逆变器供电的拓扑结构上可以实现简单的 VVVF 控制，也可以实现调速性能比较高和转矩响应比较快的矢量控制和直接转矩控制。可以对绕组一端的逆变器实现某一算法，然后通过相移生成绕组另一端逆变器的控制信号。也可以应用上述算法对绕组两端的两个逆变器协调控制，达到单个逆变器控制无法达到的效果。

6.4　多电平变换器的 PWM 控制

载波调制 PWM 控制技术，就是通过载波和调制波的比较，得到开关脉宽控制信号。其中，以正弦波为调制波的正弦脉宽调制（SPWM）技术被普遍采用，典型的实现方法有自然采样法、规则采样法、等面积采样法等。其中，规则采样法、等面积法比较适合于计算机离散化计算实现。另外，多电平变换器最早是由三电平中点箝位变换器（NPC）发展而来，因此，首先介绍三电平载波 PWM 控制方法。

6.4.1　多电平载波 PWM 技术

1. 三电平载波 PWM 控制技术

图 6-37 所示为三相二极管箝位型三电平逆变器带电动机负载时的示意图。通过对一个三电平桥臂的四个半导体功率开关的控制，可以输出三个不同电平的电压波形，同时还需要对直流侧串联电容的中点电压进行控制，以保持各功率器件承受电压应力的动态平衡。因此，在每一个控制周期内，实时确定输出开关状态和相应占空比，且能够控制中点电压平衡

是三电平 PWM 算法研究的关键问题。

典型的三电平载波 PWM 控制方法主要是三角载波层叠法（Sub-Harmonics PWM）。

三角载波层叠法是两电平载波 PWM 法的直接扩展，是由两组频率和幅值相同的三角载波上下层叠，且两组载波对称分布于同一个调制波的正负半波。假设三个电平从高到低依次为 p、o 和 n，当调制波的正半波大于上层载波时，输出电平为 p；而调制波的负半波幅值小于下层载波时输出电平为 n，其他情况输出 o 电平。以单相桥臂的输出为例，载波层叠法的原理如图 6-38 所示。

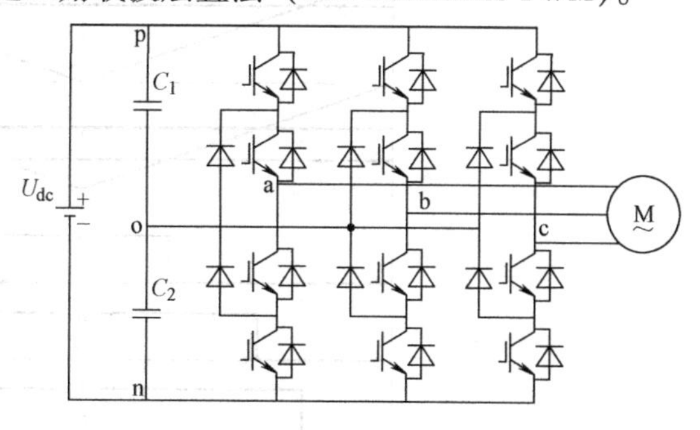

图 6-37 二极管箝位型三电平逆变器示意图

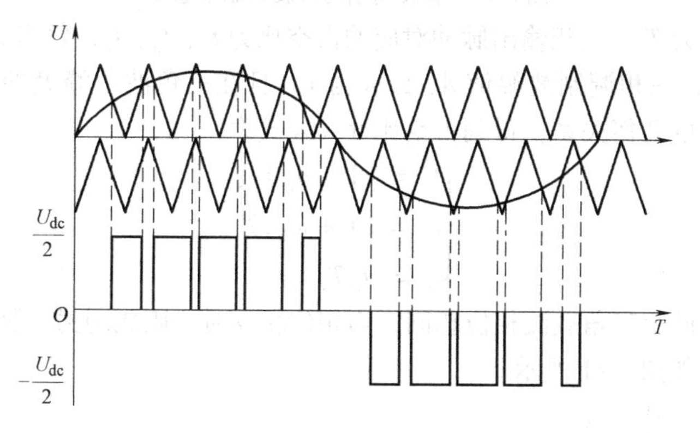

图 6-38 载波层叠 PWM 原理图

当输出为三相时，载波相同，仅调制波变为三相对称波形，其载波调制关系及相应输出脉冲如图 6-39 所示。

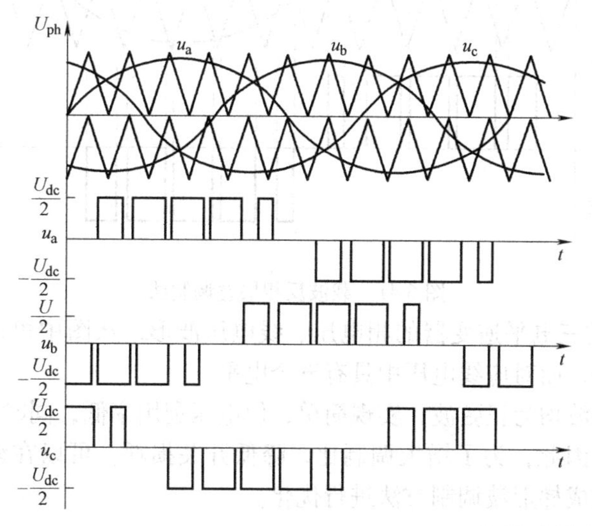

图 6-39 三相调制逆变器相电压波形示意图

在一个载波周期内，采用对称规则采样时三相输出的载波调制示意图如图 6-40 所示。

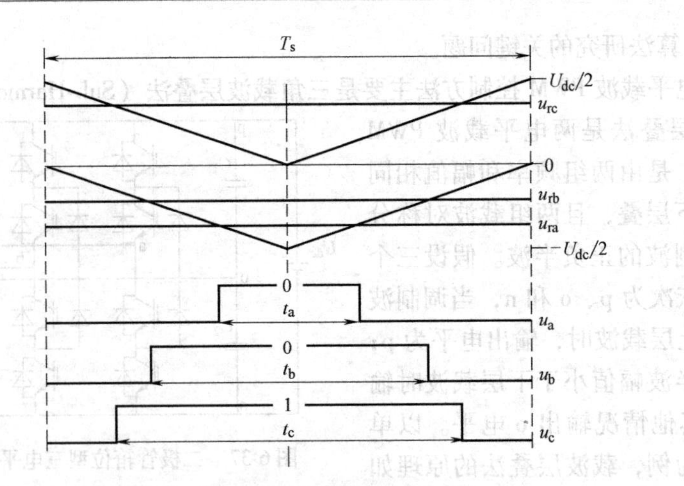

图 6-40　载波周期内载波调制示意图

假设载波周期为 T_s，三相输出脉冲对应的占空比为 t_a、t_b、t_c，每组载波幅值 $A_c=1$，载波频率为 $f_c=1/T_s$，三相调制波幅值 A_m 最大为 1，且在三角波负峰处的值分别为 u_{ra}、u_{rb}、u_{rc}，由相似三角形的几何关系，得到占空比计算公式为

$$\begin{cases} t_a = (1+u_{ra})T_s \\ t_b = (1+u_{rb})T_s \\ t_c = u_{rc}T_s \end{cases} \tag{6-21}$$

上述方法中，两组三角载波相位相同，当相位相反时，则成为另一种载波方法——载波反相层叠调制法，如图 6-41 所示。

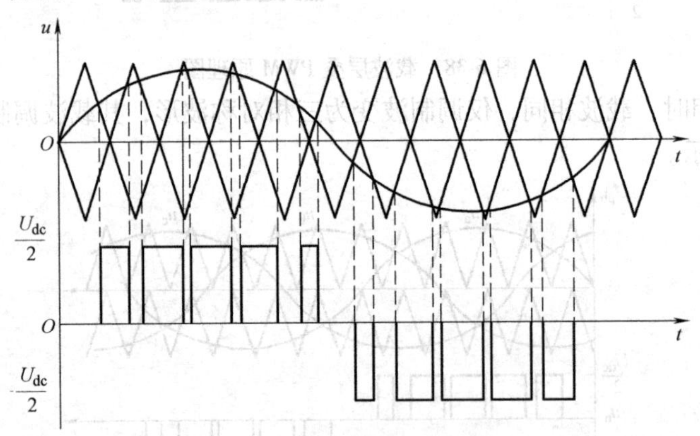

图 6-41　载波反相层叠调制法

图 6-42 为典型的三电平逆变器的相电压、线电压波形，从图中可以看出逆变器输出相电压中包含三个电平，而对应线电压中具有五个电平。

这两种方法调制波均为正弦波，实现简单，但电压利用率低，同时也没有很好地考虑中点电压的控制问题。因此，为了增大调制比，降低开关损耗，可以在调制波中叠加零序分量，或者将调制波改成梯形波调制方法进行优化。

2. 多电平载波 PWM 技术

由于多电平变换器具有多个载波，在调制生成多电平 PWM 波时有两类基本方法：第一类方法，首先多个幅值相同的三角载波叠加，然后与同一个调制波比较，得到多电平 PWM

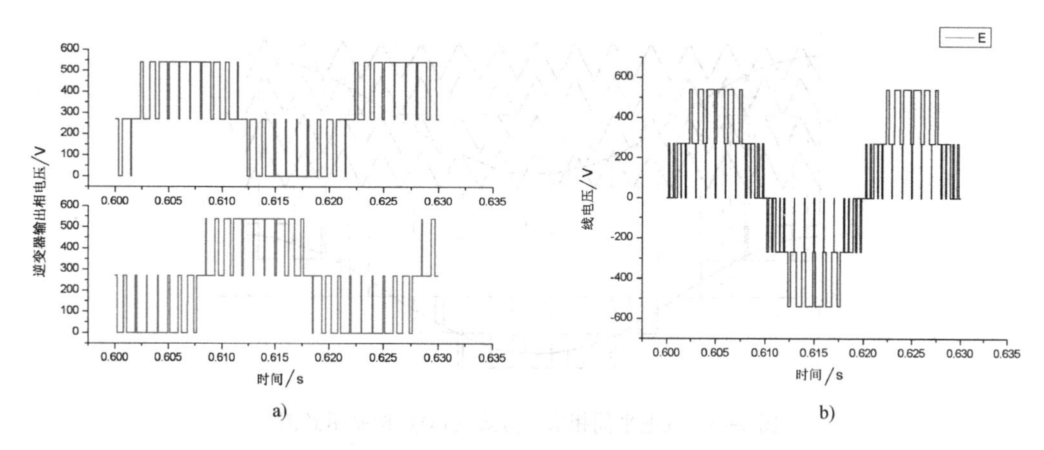

图6-42 典型三电平逆变器相电压和线电压波形
a）两相电压 b）对应的线电压

波，即载波叠加法，这类方法可直接用于二极管箝位型多电平结构的控制，对其他类型的多电平结构也可适用；第二类方法，用多个相位不同、幅值相同的三角载波与调制波比较，生成PWM波分别控制各组逆变桥，然后再叠加，形成多电平PWM波形，称为载波移相法，一般用在H桥串联型（级联型）结构、电容箝位型结构。

同时，多电平载波PWM方法还需要实现其他的控制目标和性能指标，如电容电压的平衡、优化输出谐波、提高电压利用率，开关管功率平衡等。解决途径主要有以下3方面。第一是在多个载波上想办法，即可以改变三角载波之间的相位关系，如各载波同相位、交替反相、正负反相、以及载波移相。第二是在调制波上加入相应的零序分量。第三是对于某些特殊的结构，如H桥级联型结构、电容箝位型结构、以及层叠式多单元结构等，当桥臂上输出相同的电压时，可以有多个不同的开关状态组合对应，这些不同的开关状态组合对上述一些性能指标的影响是不同的，选择适当的开关状态组合就可以实现上述目标。应用上述思路，对于不同的多电平拓扑，相应有不同的载波PWM控制策略。

（1）载波层叠法（Carrier Disposition PWM）

对于n电平变换器，采用$n-1$个等幅值、同频率的三角波为载波，上下连续层叠，与同一调制波进行比较，在采样时刻根据调制波与各个三角波的比较结果输出不同的电平，并决定对应开关管的开关状态。这类方法可直接用在二极管箝位型多电平结构的控制。根据三角载波之间相位关系的排列不同，可分为三种不同的多电平载波比较PWM方法，下面以五电平为例进行介绍：

1）同相层叠方式（Phase Disposition）。即所有的三角载波以相同的相位上下排列叠加，然后进行调制，如图6-43所示。

2）正负反相层叠式（Phase Opposition Disposition）。这种方法是使零值以上的三角载波相位和零值以下的三角载波相位相反，如图6-44所示。

3）交替反向层叠式（Alternative Phase Opposition Disposition）。这种方法是指所有相邻的三角载波的相位都相反，如图6-45所示。

载波比较法生成PWM脉冲后，就可以控制功率开关动作，进而输出三相PWM电压。以二极管箝位型五电平桥臂的PWM控制为例，图6-46中给出其开关动作与PWM控制脉冲的对应关系，图中四层PWM波形分别对应四组互补的开关S_1（$\overline{S_1}$）、S_2（$\overline{S_2}$）、S_3（$\overline{S_3}$）、

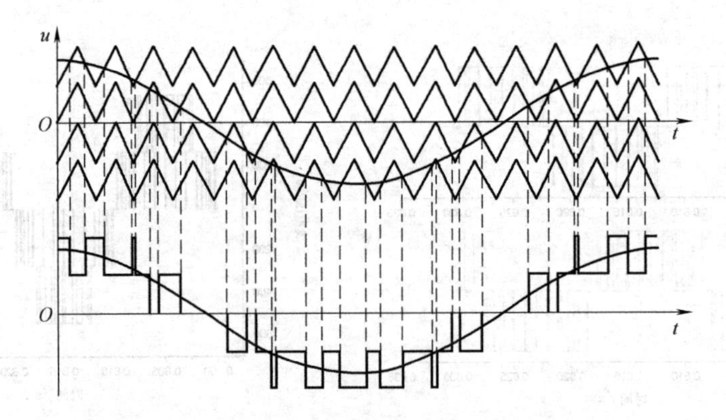

图 6-43　五电平同相层叠方式（PD）调制示意图

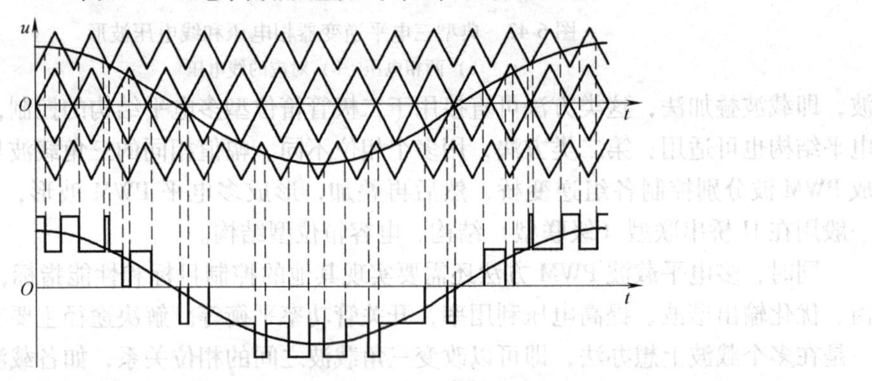

图 6-44　五电平正负反相层叠方式（POD）调制示意图

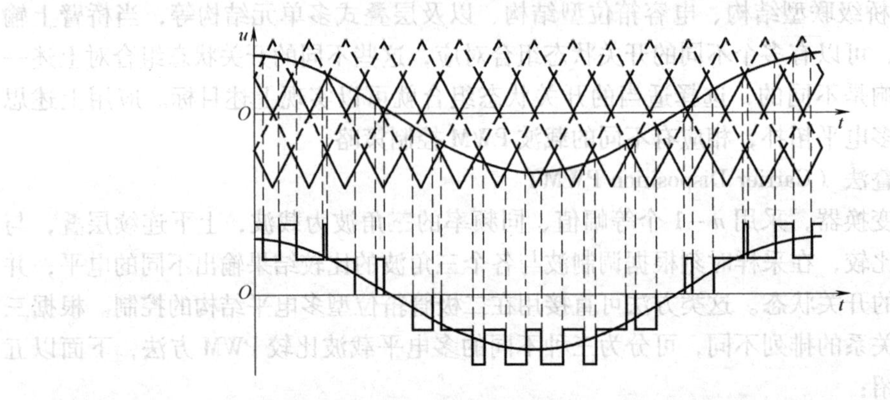

图 6-45　五电平交替反向层叠方式（APOD）调制示意图

S_4（$\overline{S_4}$），每一层中为高电平时上半桥的开关管导通，而低电平时则相应的互补管导通。

（2）载波移相法（PS PWM）

多电平载波移相法（Phase Shifted Carrier PWM）是指对于一个 n 电平变换器，$n-1$ 个不同相位的三角载波分别与调制波进行比较，生成相对独立的 $n-1$ 组 PWM 调制信号，去驱动 $n-1$ 个功率单元，每一个单元控制就退化成两电平单元的 PWM 控制，各单元的输出相加生成一个等效多电平 PWM 波形。

假设载波的周期为 T_s，且对应 360°相角，则各个载波依次移相 360°/（$n-1$），然后分别与调制波进行比较，即为载波移相的基本原理，和前面提到的交替反相层叠的方式非常类

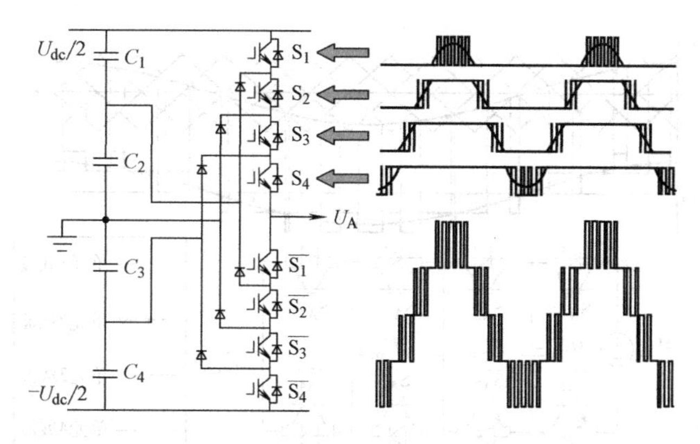

图6-46　桥臂的开关动作与PWM控制脉冲的对应关系

似。

载波移相的方法一般应用于H桥串联多电平结构、电容箝位型结构及层叠式多单元结构的控制应用中。图6-47为这两种结构的模块示意图。图中点画线标出部分为一组载波调制后的PWM控制单元。

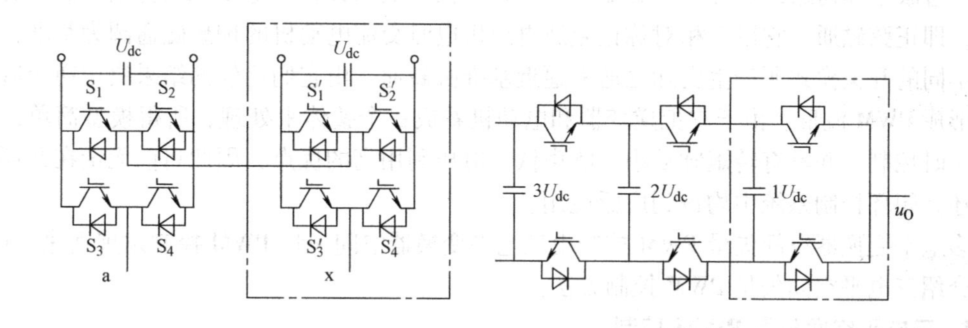

图6-47　两种多电平结构及单元模块

图6-48、图6-49分别为H桥级联和电容箝位型逆变器载波移相法及对应生成PWM波形的示意图，以及和多电平拓扑中功率单元驱动的对应关系。

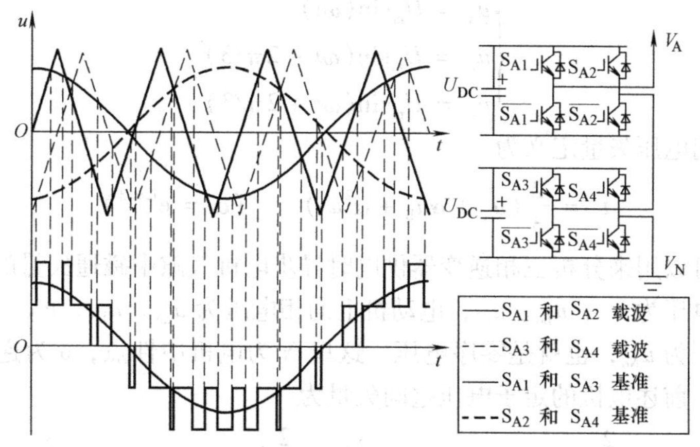

图6-48　PWM驱动波形与相应功率单元的对应关系

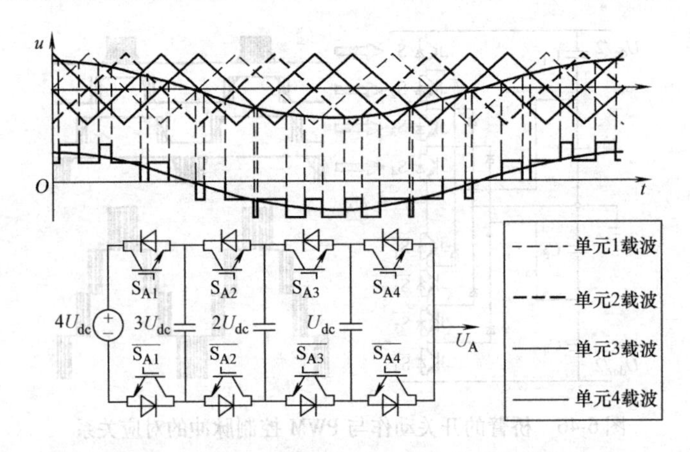

图 6-49　PWM 驱动波形与相应功率单元的对应关系

6.4.2　多电平空间矢量 PWM 技术

空间电压矢量（Space Vector）PWM 法和载波调制等方法不同，它是从电动机的角度出发的，着眼于如何通过逆变器开关输出状态合成任意电压矢量使电动机获得幅值恒定的圆形磁场，即正弦磁通。它以三相对称正弦波电压供电时交流电动机的理想磁通圆为基准，用逆变器不同的开关模式所产生实际磁通去逼近基准圆磁通，由它们比较的结果决定逆变器的开关，形成 PWM 波形。由于它把逆变器和电动机看成一个整体来处理，所得模型简单，便于微机实时控制，并具有转矩脉动小、噪声低、电压利用高的优点，因此目前无论在开环控制系统还是闭环控制系统中均得到广泛应用。

多电平变换器空间矢量 PWM 控制由三电平变换器空间矢量 PWM 控制发展而来，因此，首先介绍三电平空间矢量 PWM 控制方法。

1. 三电平空间矢量 PWM 控制

（1）三电平变换器的空间电压矢量模型

以交流电机为负载的三相对称系统，当在电机上加三相正弦电压时，电机气隙磁通在 α-β 静止坐标平面上的运动轨迹为圆形。设三相正弦电压瞬时值表达式为

$$\begin{cases} u_a = U_m\sin(\omega t) \\ u_b = U_m\sin(\omega t - 2\pi/3) \\ u_c = U_m\sin(\omega t + 2\pi/3) \end{cases} \tag{6-22}$$

则它们对应的空间电压矢量定义为

$$\boldsymbol{u} = \frac{2}{3}(u_a + \alpha u_b + \alpha^2 u_c) \qquad (\alpha = e^{j2\pi/3}) \tag{6-23}$$

这一思想也可以用来分析三相逆变器供电时异步电机气隙中磁通矢量的运行轨迹。设此时逆变器输出端电压为 u_{ao}、u_{bo}、u_{co}，电动机上的相电压为 u_{aN}、u_{bN}、u_{cN}，电动机中性点对逆变器参考点电压为 u_{No}，也就是零序电压。这里 N 为电机中性点，o 为逆变器直流侧零电位参考点，此时，前述电机的定子电压空间矢量为

$$\begin{aligned} \boldsymbol{u}_s &= \frac{2}{3}(u_{aN} + u_{bN}\alpha + u_{cN}\alpha^2) = \frac{2}{3}(u_{ao} + u_{bo}\alpha + u_{co}\alpha^2) \\ &= u_{s\alpha} + ju_{s\beta} \end{aligned} \tag{6-24}$$

且有

$$\begin{cases} u_{aN} = u_{ao} - u_{No} \\ u_{bN} = u_{bo} - u_{No} \\ u_{cN} = u_{co} - u_{No} \end{cases} \tag{6-25}$$

理想的三电平变换器电路的开关模型如图 6-50 所示，每相桥臂的电路结构可以简化为一个与直流侧相通的单刀三掷开关 S。

在正常情况下，以图中 o 点为变换器零电位参考点，则三电平电路的一个桥臂只有 $U_{dc}/2$、0 和 $-U_{dc}/2$ 三种可能输出电压值（或称为电平），即每相输出分别有正 p、零 o、负 n 三个开关状态。也有将 n 点设为变换器零电位参考点，此时每相桥臂的可能输出电平值表示为 0、$U_{dc}/2$ 和 U_{dc}，对应的每相输出表示为 0、1、2 三个开关状态。这两种表示法本质是相同的，在本书中采用前一种表示方法。

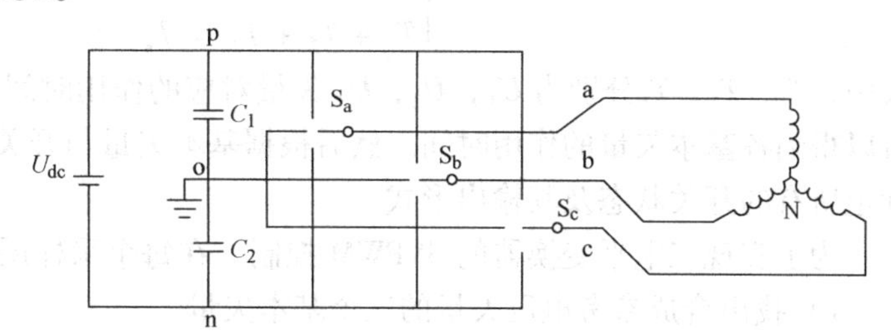

图 6-50　三电平电路的开关模型

定义开关变量 S_a、S_b、S_c 代表各相桥臂的输出状态，则各相电压表示为 $u_a=\frac{U_{dc}}{2}S_a$，$u_b=\frac{U_{dc}}{2}S_b$，$u_c=\frac{U_{dc}}{2}S_c$。其中

$$S_x=\begin{cases} 1,\text{第 } x \text{ 相输出电平 p} \\ 0,\text{第 } x \text{ 相输出电压 o,这里 } x \text{ 为 a、b 和 c} \\ -1,\text{第 } x \text{ 相输出电平 n} \end{cases}$$

因此，三相三电平变换器就可以输出 $3^3=27$ 种电压状态组合，对应 27 组不同的变换器开关状态。此时，仍定义电压空间矢量为

$$\begin{aligned} \boldsymbol{U}(k) &= \frac{1}{3}U_{dc}(S_a+\alpha S_b+\alpha^2 S_c) \\ &= \frac{U_{dc}}{6}\{(2S_a-S_b-S_c) \\ &\quad + j\sqrt{3}(S_b-S_c)\} \end{aligned} \tag{6-26}$$

则在 α-β 平面上，三电平变换器 27 组开关状态所对应的空间矢量如图 6-51 所示。

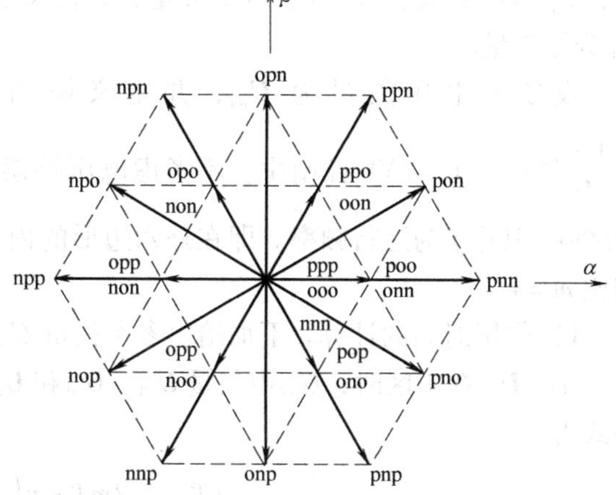

图 6-51　三电平逆变器空间电压矢量分布图

图中标出了不同开关状态组合和空间矢量的对应关系，如其中 pnn 表示 a、b、c 三相输出对应的开关状态为正、负、负。另外，同一电压矢量可以对应不同的开关状态，越往内层，对应的冗余开关状态越多。因此，α-β 平面上的 27 组开关状态实际上只对应着 19 个空间矢量，这些矢量被称为三电平变换器的基本空间矢量，简称基本矢量。

(2) 三电平空间矢量 PWM 合成

为了使三电平逆变器输出的电压矢量接近圆形，并最终获得圆形的旋转磁通，只有利用逆变器的输出电平和作用时间的有限组合，用多边形去接近圆形。

在采样周期内，对于一个给定的参考电压矢量 $\boldsymbol{U}_{ref}$，可以用三个基本电压矢量来合成，根据伏秒平衡原理，满足方程组：

$$\begin{cases} T_1\boldsymbol{U}_1 + T_2\boldsymbol{U}_2 + T_3\boldsymbol{U}_3 = T_s\boldsymbol{U}_{ref} \\ T_1 + T_2 + T_3 = T_s \end{cases} \tag{6-27}$$

式中，T_1、T_2、T_3分别为 $\boldsymbol{U}_1$，$\boldsymbol{U}_2$，$\boldsymbol{U}_3$ 矢量对应的作用时间；T_s 为采样周期。根据此方程组可以得到各基本矢量的作用时间。然后根据基本矢量与开关状态的对应关系，结合其他要求确定所有的开关状态及其输出形式。

为了实现三电平变换器的 SVPWM 控制，在每个采样周期内，分为以下四个步骤：

1）找出合成参考电压矢量的三个基本矢量。

2）确定三个基本矢量的作用时间，即每个矢量对应的占空比。

3）确定各个基本矢量对应的开关状态。

4）确定各开关状态的输出次序以及各相输出电平的作用时间，即确定输出的开关状态序列，和对应三相的占空比。

对于三电平逆变器，利用 19 个基本矢量，使其在一个采样周期 T_s 内的平均值和给定参考矢量等效。将三电平空间矢量图分为六个大扇区，每个扇区分为四个三角形小区，则共有 24 个小三角形。

在此基础上列写出一系列不等式，通过参考矢量的幅值和角度判断所处的扇区和小区。由于三电平矢量的对称性，因此以扇区 1 为例，确定合成参考矢量的三个基本矢量及作用时间，四个小区分为Ⅰ、Ⅱ、Ⅲ、Ⅳ，如图 6-52 所示。若参考电压矢量落在其他扇区，计算方法类似。其中，$\boldsymbol{U}_a$、$\boldsymbol{U}_c$ 是长矢量，$\boldsymbol{U}_b$ 是中矢量，$\boldsymbol{U}_{a0}$、$\boldsymbol{U}_{c0}$ 是短矢量，$\boldsymbol{U}_0$ 为零矢量。

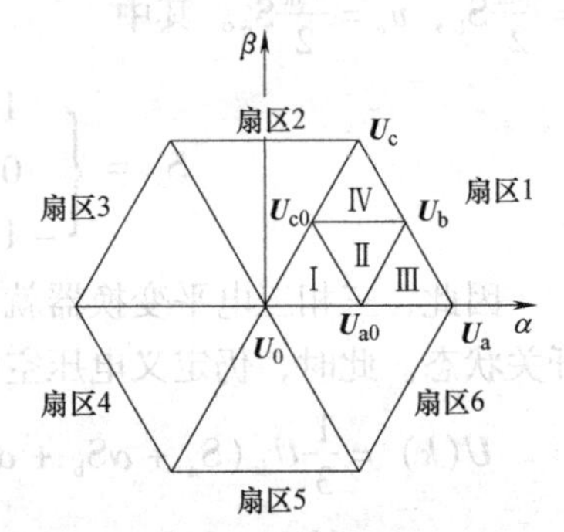

图 6-52 三电平逆变器空间矢量小区划分

设参考电压矢量为 $\boldsymbol{U}_{ref}$，并定义调制比为 $m = \dfrac{\sqrt{2}\,|\,\boldsymbol{U}_{ref}\,|}{\boldsymbol{U}_{dc}}$，在 VVVF 控制中，不考虑电压补偿情况下，$m=f/50$，其中 f 为运行频率。即在外六边形的内切圆上，调制比 $m=1$。

1）作用时间的计算。下面给出参考矢量 $\boldsymbol{U}_{ref}$ 在不同小区中的合成方法。

① $\boldsymbol{U}_{ref}$ 在Ⅰ区时，$\boldsymbol{U}_{ref}$ 由矢量 $\boldsymbol{U}_{a0}$、$\boldsymbol{U}_{c0}$ 和 $\boldsymbol{U}_0$ 合成，作用时间分别为 T_{a0}、T_{c0}、T_0，计算公式为

$$\begin{cases} T_{a0} = 2mT_s\sin\left(\dfrac{\pi}{3} - \theta\right) \\ T_{c0} = 2mT_s\sin\theta \\ T_0 = \left[1 - 2m\sin\left(\theta + \dfrac{\pi}{3}\right)\right]T_s \end{cases} \tag{6-28}$$

② U_{ref}在Ⅱ区时，U_{ref}由矢量U_{a0}、U_{c0}和U_b合成，作用时间分别为T_{a0}、T_{c0}、T_b计算公式为

$$\begin{cases} T_{a0} = (1 - 2m\sin\theta)T_s \\ T_{c0} = \left[1 - 2m\sin\left(\dfrac{\pi}{3} - \theta\right)\right]T_s \\ T_b = \left[2m\sin\left(\theta + \dfrac{\pi}{3}\right) - 1\right]T_s \end{cases} \tag{6-29}$$

③ U_{ref}在Ⅲ区时，U_{ref}由矢量U_{a0}、U_a和U_b合成，作用时间分别为T_{a0}、T_a、T_b，计算公式为

$$\begin{cases} T_{a0} = \left[2 - 2m\sin\left(\dfrac{\pi}{3} + \theta\right)\right]T_s \\ T_a = \left[2m\sin\left(\dfrac{\pi}{3} - \theta\right) - 1\right]T_s \\ T_b = 2mT_s\sin\theta \end{cases} \tag{6-30}$$

④ U_{ref}在Ⅳ区时，U_{ref}由矢量U_{c0}、U_c和U_b合成，作用时间分别为T_{c0}、T_c、T_b，计算公式为

$$\begin{cases} T_{c0} = \left[2 - 2m\sin\left(\dfrac{\pi}{3} + \theta\right)\right]T_s \\ T_a = (2m\sin\theta - 1)T_s \\ T_b = 2mT_s\sin\theta\left(\dfrac{\pi}{3} - \theta\right) \end{cases} \tag{6-31}$$

为确定离合成矢量最近的几个基本矢量，共需要分24种情况，然后对不同的小区用不同的表达式计算出参与合成的矢量和相应的作用时间。

2）中点电压控制。在空间电压矢量的合成方法中，不同的选择方案对中点电压会产生不同的影响。例如在Ⅰ区，应该用矢量U_{a0}、U_{c0}和U_0合成U_{ref}。由于对应U_{a0}、U_{c0}分别有两个矢量，选择不同的矢量就会产生多种PWM控制方案，对中点电压也会产生不同的影响。如图6-53所示，以六个小区的划分方法为例，在第一个扇区的小区0中有两种矢量合成方案（7段式），矢量合成方案见表6-3。

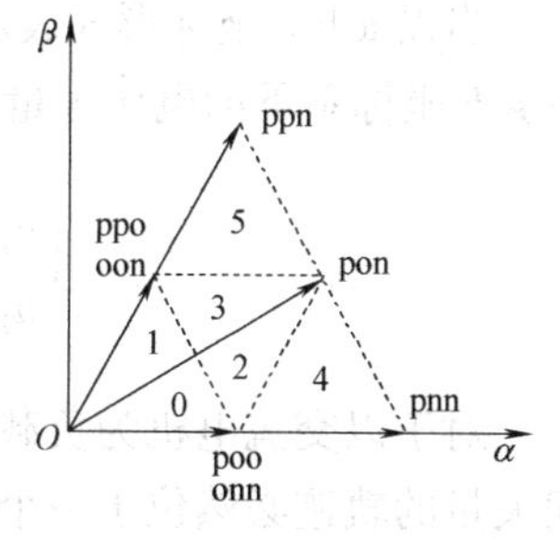

图6-53　扇区划分为六个小区

表6-3　矢量合成方案

方案一			方案二		
作用顺序	开关状态	作用时间	作用顺序	开关状态	作用时间
1	poo	$T_{a0}/4+\Delta t/2$	1	onn	$T_{a0}/4+\Delta t/2$
2	ooo	$T_0/2$	2	oon	$T_{c0}/2$
3	oon	$T_{c0}/2$	3	ooo	$T_0/2$
4	onn	$T_{a0}/2-\Delta t$	4	poo	$T_{a0}/2-\Delta t$
5	oon	$T_{c0}/2$	5	ooo	$T_0/2$
6	ooo	$T_0/2$	6	oon	$T_{c0}/2$
7	poo	$T_{a0}/4+\Delta t/2$	7	onn	$T_{a0}/4+\Delta t/2$

其中 Δt 用于调整中点电压，显然 $|\Delta t| < \dfrac{T_{a0}}{2}$，其符号由当前中点电压的符号及对应短矢量的中点电流来决定。

若直接采用类似两电平的方法实现三电平的 SVPWM 算法，需要涉及较多的三角函数运算或表格查询。此外，对于三电平变换器，出现了新的问题需要考虑，即直流侧电容电压的中点平衡问题，这在一定程度上也增加了 PWM 算法的设计难度。

（3）60°坐标系 SVPWM 算法

在 α-β 平面中，三电平基本空间矢量之间的角度均为 60°的倍数，因此，采用非正交的 60°坐标系，会有助于简化参考矢量的合成和作用时间的计算。

1）坐标变换。设采用的 60°坐标系为 g-h 坐标系，取 g 轴和直角坐标中 α 轴重合，逆时针转 60°为 h 轴，如图 6-54 所示。

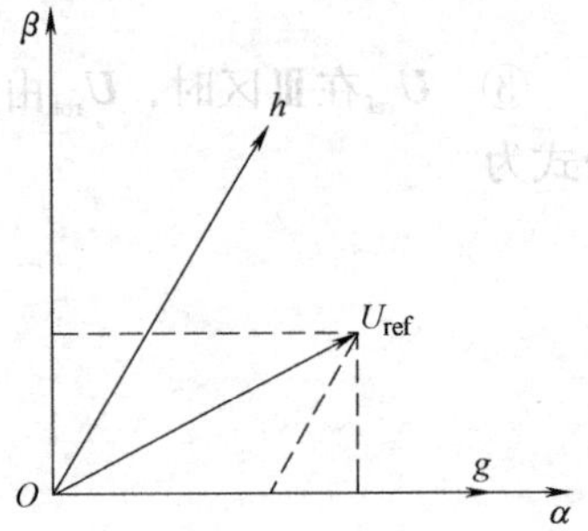

图 6-54　60°坐标系与 α-β 坐标系

设参考矢量 $\boldsymbol{U}_{ref}$ 在 α-β 坐标系下的坐标为（$u_{r\alpha}$，$u_{r\beta}$），变换到 g-h 坐标系下的坐标为（u_{rg}，u_{rh}），根据线性关系可得到两种坐标系的变换为式为

$$\begin{bmatrix} u_{rg} \\ u_{rh} \end{bmatrix} = [C]\begin{bmatrix} u_{r\alpha} \\ u_{r\beta} \end{bmatrix} = \begin{bmatrix} 1 & -\dfrac{1}{\sqrt{3}} \\ 0 & \dfrac{2}{\sqrt{3}} \end{bmatrix}\begin{bmatrix} u_{r\alpha} \\ u_{r\beta} \end{bmatrix} \tag{6-32a}$$

当以 a-b-c 坐标形式表示时，设三相电压为 $\boldsymbol{U}$（u_a，u_b，u_c），则由 Clark 变换可以得到在 g-h 坐标系下的电压矢量形式，其变换公式为

$$\begin{bmatrix} u_g \\ u_h \end{bmatrix} = [D]\begin{bmatrix} u_d \\ u_b \\ u_c \end{bmatrix} = \sqrt{\frac{2}{3}}\begin{bmatrix} 1 & -1 & 0 \\ 0 & 1 & -1 \end{bmatrix}\begin{bmatrix} u_a \\ u_b \\ u_c \end{bmatrix} \tag{6-32b}$$

对于以交流电机为负载的三相逆变器，由其相电压的对称性有 $U_a + U_b + U_c = 0$，可知空间矢量的轨迹必然位于一个平面之中，将三电平逆变器的基本矢量变换到 g-h 坐标系下，即得到变换到 60°坐标系下的三电平空间矢量图，如图 6-55 所示。

2）选择基本矢量。在 60°坐标系下，所有的基本矢量的坐标为整数，因此对于任意的空间参考矢量 $\boldsymbol{U}_{ref}$（u_{rg}，u_{rh}），距离其最近的四个电压矢量可以由空间参考矢量的坐标的向上和向下取整得到。对于如图 6-55 的参考矢量，对应的四个电压矢量设为

$$\boldsymbol{U}_{UL} = \begin{bmatrix} \overline{\boldsymbol{U}_{rg}} \\ \underline{\boldsymbol{U}_{rh}} \end{bmatrix} = \begin{bmatrix} 2 \\ 0 \end{bmatrix} \quad \boldsymbol{U}_{LU} = \begin{bmatrix} \underline{\boldsymbol{U}_{rg}} \\ \overline{\boldsymbol{U}_{rh}} \end{bmatrix} = \begin{bmatrix} 1 \\ 1 \end{bmatrix}$$

$$\boldsymbol{U}_{UU} = \begin{bmatrix} \overline{\boldsymbol{U}_{rg}} \\ \overline{\boldsymbol{U}_{rh}} \end{bmatrix} = \begin{bmatrix} 2 \\ 1 \end{bmatrix} \quad \boldsymbol{U}_{LL} = \begin{bmatrix} \underline{\boldsymbol{U}_{rg}} \\ \underline{\boldsymbol{U}_{rh}} \end{bmatrix} = \begin{bmatrix} 1 \\ 0 \end{bmatrix}$$

上式中，在坐标变量上画线表示向上或

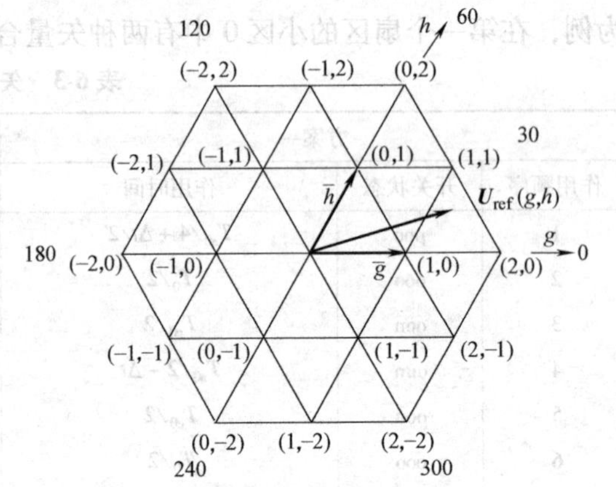

图 6-55　60°坐标系下三电平空间矢量图

向下取整，且矢量下标 U 代表其中的变量向上取整，L 代表向下取整。这 4 个矢量的终点构成一个等边平行四边形，此等边四边形被由 $\boldsymbol{U}_{UL}/\boldsymbol{U}_{LU}$终点构成的对角线分成两个等边三角形。同时 $\boldsymbol{U}_{UL}/\boldsymbol{U}_{LU}$总是两个最近的矢量。那么第三个矢量就是剩下的两个矢量中的一个，这个矢量必然与参考矢量落在由 $\boldsymbol{U}_{UL}/\boldsymbol{U}_{LU}$的终点所构成的对角线的同一侧，此对角线为

$$g + h = U_{ULg} + U_{ULh} \tag{6-33}$$

因此根据表达式 $U_{rg} + U_{rh} - (U_{ULg} + U_{ULh})$ 的符号，便可以判断第三个矢量，即当表达式的值大于零，$\boldsymbol{U}_{UU}$是第三个矢量，当表达式的值小于等于零，则 $\boldsymbol{U}_{LL}$是所要求得的第三个最近的矢量。以图 6-55 为例，求得的三个最近的矢量为$\begin{bmatrix}2\\0\end{bmatrix}$、$\begin{bmatrix}1\\1\end{bmatrix}$、$\begin{bmatrix}1\\0\end{bmatrix}$。

3）计算作用时间。三个最近的矢量被确定后，就可以通过下面的方程组求解得出各个矢量的占空比

$$\boldsymbol{U}_{ref} = d_1\boldsymbol{U}_1 + d_2\boldsymbol{U}_2 + d_3\boldsymbol{U}_3 \tag{6-34}$$

$$d_1 + d_2 + d_3 = 1 \tag{6-35}$$

式中，$\boldsymbol{U}_1 = \boldsymbol{U}_{UL}$，$\boldsymbol{U}_2 = \boldsymbol{U}_{LU}$，$\boldsymbol{U}_3 = \boldsymbol{U}_{LL}$或 $\boldsymbol{U}_3 = \boldsymbol{U}_{UU}$。所有开关状态的坐标为整数，方程组的解可以基于参考电压的小数部分而获得。

当 $U_3 = U_{LL}$时，将式（6-34）按 g-h 轴展开，并与式（6-35）联立得

$$U_{rg} = U_{ULg}d_1 + U_{LUg}d_2 + U_{LLg}d_3 \tag{6-36}$$

$$U_{rh} = U_{ULh}d_1 + U_{LUh}d_2 + U_{LLh}d_3 \tag{6-37}$$

$$U_{LLh} = U_{ULh}, U_{LLg} = U_{LUg} \tag{6-38}$$

$$U_{LUh} - U_{LLh} = 1, U_{ULg} - U_{LLg} = 1 \tag{6-39}$$

$$d_1 + d_2 + d_3 = 1 \tag{6-40}$$

求解式（6-36）~式（6-40）得

$$d_1 = d_{UL} = U_{rg} - U_{LLg} \tag{6-41}$$

$$d_2 = d_{LU} = U_{rh} - U_{LLh} \tag{6-42}$$

$$d_3 = d_{LL} = 1 - d_{UL} - d_{LU} \tag{6-43}$$

当 $U_3 = U_{UU}$时，类似可以得到

$$d_1 = d_{UL} = -(U_{rh} - U_{UUh}) \tag{6-44}$$

$$d_2 = d_{LU} = -(U_{rg} - U_{UUg}) \tag{6-45}$$

$$d_3 = d_{UU} = 1 - d_{UL} - d_{LU} \tag{6-46}$$

基于 60°的坐标系能够简化大量的计算，为空间矢量 PWM 控制提供一种十分有效的方法。

4）确定输出开关状态。这一步是利用已得到的和参考电压矢量最近的三个基本矢量，确定三相输出开关状态。对于二极管箝位型三电平逆变器（NPC），设三个最近矢量之一为 $U_1 = (u_{1g}, u_{1h})^{\mathrm{T}}$，$u_{1g}$，$u_{1h} \in \{-2, -1, 0, 1, 2\}$，该基本矢量对应三相开关状态为 $S_1 = (S_{1a}, S_{1b}, S_{1c})^{\mathrm{T}}$，$S_{1a}$，$S_{1b}$，$S_{1c} \in \{0, 1, 2\}$ 则有以下方程组

$$\begin{cases} S_{1a} = i \\ S_{1b} = i - u_{1g} \\ S_{1c} = i - u_{1g} - u_{1h} \end{cases}，且\begin{cases} 0 \leqslant i \leqslant 2 \\ 0 \leqslant i - u_{1g} \leqslant 2 \\ 0 \leqslant i - u_{1g} - u_{1h} \leqslant 2 \end{cases} \tag{6-47}$$

通过式（6-47）选择不同的 i 就可以得到基本矢量 U_1 对应的全部开关状态。得到的基本矢量为两维坐标，这样确定三相输出开关状态就有一个可选择的自由度。设 i 为对应参数，利用这一参数，根据前一节中所述基本矢量对中点电压的影响规律，对三相开关状态进行选择，就可实现三电平逆变器的中点电压平衡的控制。

2. 多电平空间矢量 PWM 技术

(1) 空间矢量模型及控制目标

多电平 SVPWM 技术是在三电平 SVPWM 思想的基础上的进一步扩展。也是基于三相系统的空间矢量模型，采用基本矢量的占空比调制来合成参考矢量，并以此为出发点进行 PWM 控制计算的。

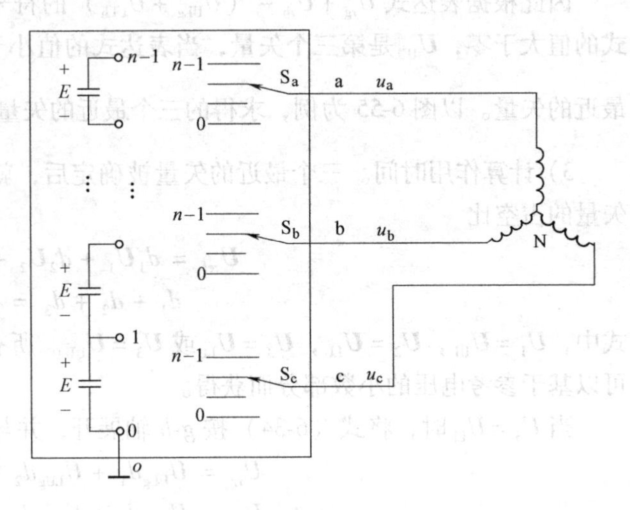

图 6-56　多电平变换器开关模型

三相多电平变换器的电路模型是一个三相电压源，这个电压源的每一相可以输出多级的直流电平，对于一个 n 电平变换器，假设每一级的电平值为 $E=\dfrac{U_{dc}}{n-1}$，则每相可以输出 0，E，$2E$，…，$(n-1)E$，共 n 种不同的电平值，典型的多电平变换器带三相对称负载的开关模型如图 6-56 所示。

在图中定义三相的开关函数为 S_a，S_b，S_c，且 $S_{a,b,c}=\{0,1,\cdots,n-1\}$，三相输出可分别表示为 $u_a=S_aE$、$u_b=S_bE$、$u_c=S_cE$。以变换器直流侧最低电位为参考零点 o，则每一相输出的电平序数可以表示为 0，1，…，$n-1$。设负载的中点为 N，则输出电压满足如下方程组

$$\begin{cases}u_{aN}=u_{ao}-u_{No}\\u_{bN}=u_{bo}-u_{No}\\u_{cN}=u_{co}-u_{No}\end{cases}\tag{6-48}$$

在三相平衡负载下，负载相电压之和为零，将式（6-52）各式相加得到：

$$u_{No}=\frac{1}{3}(u_{ao}+u_{bo}+u_{co})\tag{6-49}$$

这里 u_{aN}、u_{bN}、u_{cN} 为负载相电压；u_{ao}、u_{bo}、u_{co} 为变换器三相输出电压，有时也用 u_a、u_b、u_c 表示；u_{No} 为负载中点对变换器零参考点的电压，代表变换器输出的零序分量，有时也用 u_z 表示。

在 α-β 直角坐标系下，对三相多电平变换器的输出电压，仍定义空间矢量为

$$\boldsymbol{U}=\frac{2}{3}E(S_a+\alpha S_b+\alpha^2S_c)=\frac{E}{3}\{(2S_a-S_b-S_c)+j\sqrt{3}(S_b-S_c)\}\tag{6-50}$$

根据此定义，可以得到多电平变换器的输出电压空间状态矢量图，图 6-57 为四电平变换器空间矢量图。三相多电平变换器有 n^3 种输出开关状态，对应 $(1+6\sum\limits_{i=1}^{n-1}i)$ 个基本矢量。

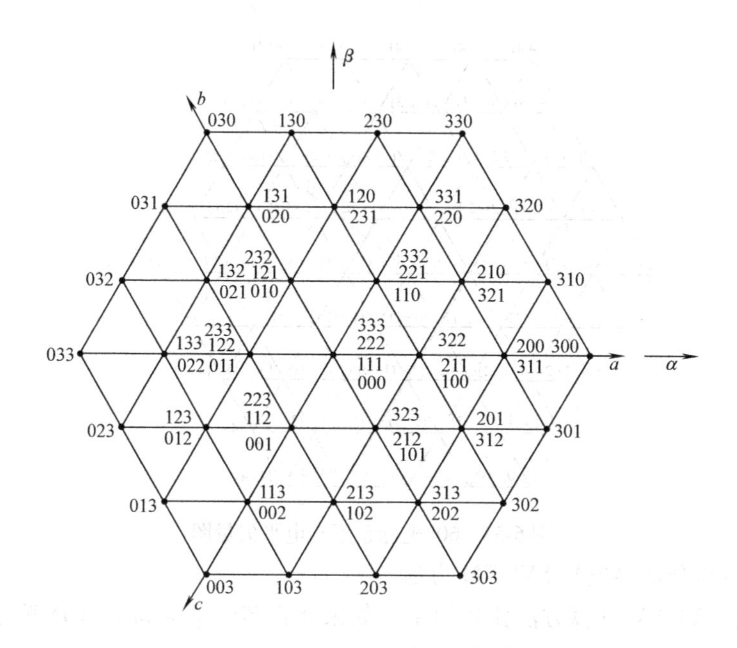

图 6-57 四电平逆变器空间矢量和开关状态图

随着电平数的增多，多电平基本矢量和相应的开关状态冗余进一步增多，同时多电平运行状态控制的复杂程度也大大增加，使得多电平 SVPWM 算法也越来越复杂。

多电平 SVPWM 控制的目标是：保证变换器输出的线电压（或负载上得到的相电压）与参考电压矢量一致；控制不同的变换器的运行状态，使之符合所要求的性能指标，对于不同的多电平结构，具体的要求也不同，但一般有储能电容的电压平衡控制、输出谐波控制、所有功率开关的输出功率平衡控制、器件开关损耗控制等。

多电平 SVPWM 算法实现的主要步骤和要求与三电平 SVPWM 的相同。以下就已有的几种多电平变换器的算法进行介绍。

（2）60°坐标系多电平 SVPWM 方法

60°坐标系 SVPWM 方法最早应用在三电平变换器中，在三电平 SVPWM 控制中比较详细地分析了这种算法的实现方案。这种方法在矢量选取和作用时间计算方面非常简单，避免了大量三角函数的运算，也可以应用到三电平以上的多电平 SVPWM 数字控制算法中。

60°坐标系 SVPWM 算法的具体实现步骤包括：①将 *abc* 坐标下的变换器输出基本矢量转换为 60°*g*-*h* 坐标的形式，变换后所有基本矢量的坐标归一化后为整数；②将参考电压矢量变换到 60°*g*-*h* 坐标，对于任意的参考矢量，分别对其坐标向上和向下取整，组合后可得到 4 个电压矢量的坐标，其中 3 个坐标就是参考矢量终点所在的小三角形的 3 个顶点。可通过参考矢量坐标值归纳出算术表达式，并对符号进行逻辑判断，判断得到 3 个矢量；③对一个线性方程组求解得出各个矢量的占空比；④考虑不同拓扑所要求的性能指标，即对变换器的运行控制要求，最终得到控制变换器开关状态的 PWM 波形。

以五电平变换器为例，图 6-58 为变换到 60°*g*-*h* 坐标系下五电平基本矢量及参考电压的空间矢量图。其 PWM 矢量的合成方法如前所述，和三电平逆变器类似，这里不再详述。

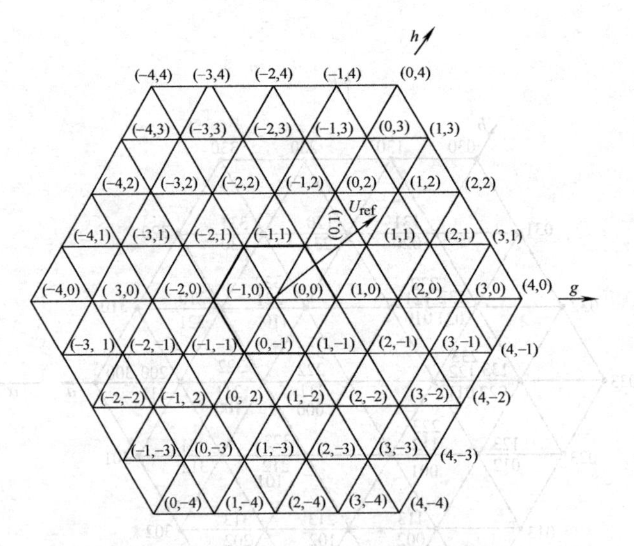

图 6-58 60°坐标系下五电平矢量图

（3）参考电压分解多电平 SVPWM 方法

普通两电平 SVPWM 计算方法比较简单，如果能将多电平空间矢量分解为几个两电平的空间矢量的组合，将使得 PWM 计算大为简化。图 6-59 是三电平空间矢量图，任何参考矢量必然落于某个小三角形中，而这个三角形的顶点就是合成这个参考矢量的基本电压矢量。三电平空间矢量也可以看作用图 6-60 所示的六个两电平空间矢量构成。用这个思路，以图 6-59 中落入阴影中的参考矢量为例，此参考矢量可以被分解为一个基矢量和一个两电平矢量，见图 6-61 所示。

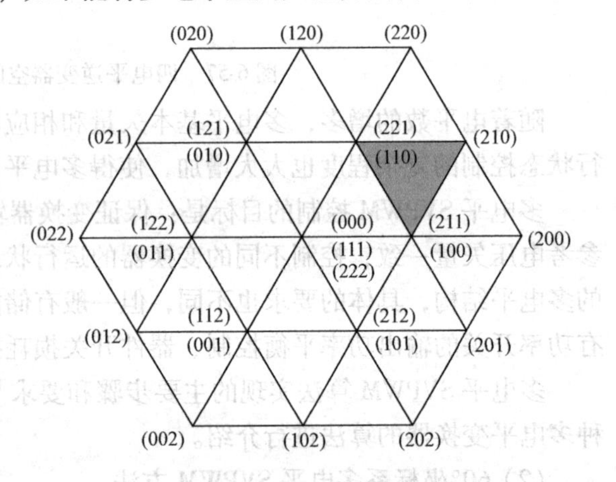

图 6-59 三电平空间矢量图

上述分解方法对于多电平变换器也是适用的。在多电平空间矢量图中，将参考电压矢量分解成为基矢量和二电平分矢量，然后用类似二电平空间矢量的方法确定构成小三角形三个顶点的基本矢量，以及计算对应的作用时间。通过归纳多电平空间矢量的分布规律可以快速地找出所有的冗余开关状态，进而优化输出开关状态组合。下面介绍基于参考电压

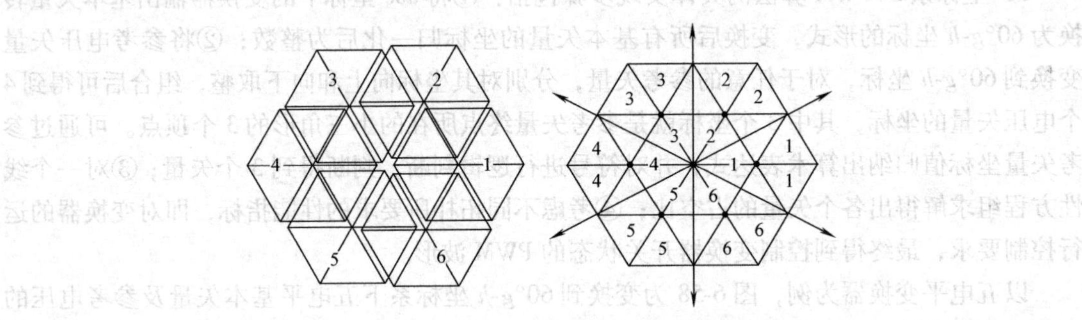

图 6-60 分解为六个两电平空间矢量

分解的多电平 SVPWM 算法。

1）三相参考电压分解。若以直流电压 U_{dc} 为基值，求出三相电压的标幺值，则多电平逆变器（以下均以逆变器为例说明）输出电压瞬时值可以表示为

$$\boldsymbol{U}_{s} = (u_{Sa}, u_{Sb}, u_{Sc})^{T}$$

其中 $u_{sa}, u_{sb}, u_{sc} \in \{0, 1, \cdots n-1\}$　(6-51)

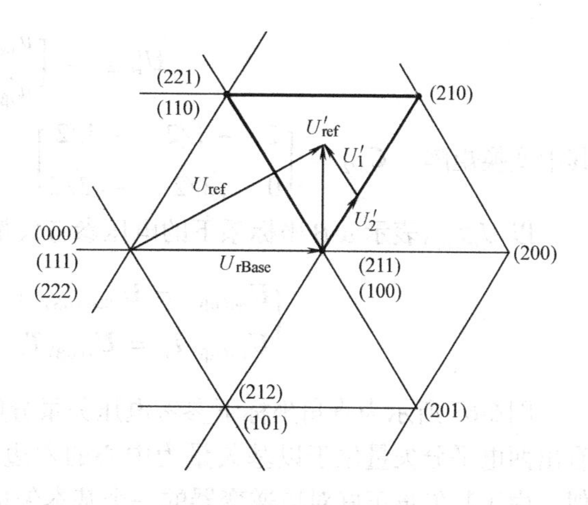

图 6-61　参考矢量的分解

若假设要求的三相对称输出电压为 $\boldsymbol{U}_{ref1} = (u_{ra1}, u_{rb1}, u_{rc1})^{T}$，在加入零序电压分量 $\boldsymbol{U}_{z}$ 后，三相参考电压表示为 $\boldsymbol{U}_{ref} = (u_{ra}, u_{rb}, u_{rc})^{T}$，其中 $0 \leqslant u_{ra}, u_{rb}, u_{rc} \leqslant n-1$，则有 $\boldsymbol{U}_{ref} = \boldsymbol{U}_{ref1} + \boldsymbol{U}_{z}$。

根据伏秒平衡的原则，多电平逆变器的三个基本矢量合成参考电压矢量的公式表示为

$$\boldsymbol{U}_{ref} T_{s} = \boldsymbol{U}_1 T_1 + \boldsymbol{U}_2 T_2 + \boldsymbol{U}_3 T_3$$

图 6-62 所示为 a 相参考电压示意图，每相参考电压可能位于从 0 到 $n-1$ 之间的两个相邻的整数之间。

对于第 k 个采样时刻，参考电压可以表示为 $u_{ra} = m_a + u'_{ra}$，其中，m_a 为参考电压的整数部分，且 $m_a \in \{0, 1, \cdots n-2\}$；$u'_{ra}$ 为参考电压分解后对应的二电平分量。则三相参考电压可以分解为基矢量和对应两电平分量的矢量和，表示为

$$\begin{cases} \boldsymbol{U}_{ref} = \boldsymbol{U}_{rBase} + \boldsymbol{U}'_{r} \\ \boldsymbol{U}_{rBase} = (\mathrm{int}(u_{ra}), \mathrm{int}(u_{rb}), \mathrm{int}(u_{rc}))^{T} \\ \boldsymbol{U}'_{r} = (u'_{ra}, u'_{rb}, u'_{rc})^{T} \end{cases} \tag{6-52}$$

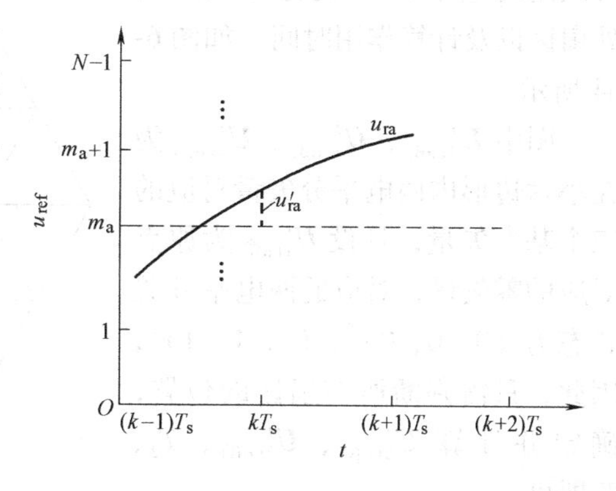

图 6-62　参考电压示意图

则两电平分量三相的值可以由下式得到

$$\begin{cases} u'_{ra} = u_{ra} - \mathrm{int}(u_{ra}) \\ u'_{rb} = u_{rb} - \mathrm{int}(u_{rb}) \\ u'_{rc} = u_{rc} - \mathrm{int}(u_{rc}) \end{cases} \tag{6-53}$$

参考电压的整数分量在每个采样周期内是保持不变的，而两电平分量通过坐标变换后可以看成是一个二电平逆变器的参考电压矢量，并且可以采用二电平 SVPWM 方法合成。

对三相参考电压的整数分量和两电平分量进行 Clark 变换，表示为 α-β 坐标系中的空间矢量形式，得到基矢量和两电平分矢量为

参考电压基矢量　$\boldsymbol{U}_{rBase(\alpha\beta)} = \begin{pmatrix} u_{rBase\alpha} \\ u_{rBase\beta} \end{pmatrix} = \boldsymbol{C}_{3/2} \boldsymbol{U}_{rBase}$

参考电压对应的两电平分矢量

$$U'_{r(\alpha\beta)} = \begin{bmatrix} u'_{r\alpha} \\ u'_{r\beta} \end{bmatrix} = C_{3/2}U'_r$$

其中变换矩阵　$C_{3/2} = \begin{bmatrix} 1 & -1/2 & -1/2 \\ 0 & \sqrt{3}/2 & -\sqrt{3}/2 \end{bmatrix}$。

以 $U_{ref(\alpha\beta)}$ 表示 α-β 坐标系下的电压参考矢量，则满足式（6-54）

$$\begin{cases} U_{ref(\alpha\beta)} = U_{rBase(\alpha\beta)} + U'_{r(\alpha\beta)} \\ U_{ref(\alpha\beta)}T_s = U_{1(\alpha\beta)}T_1 + U_{2(\alpha\beta)}T_2 + U_{3(\alpha\beta)}T_3 \end{cases} \tag{6-54}$$

图6-63所示为直角坐标下参考电压矢量分解图，参考矢量被分解为两个矢量的和，可以看出两电平分矢量位于以基矢量为中心的六边形中，此六边形和传统两电平空间矢量图相似。由于基矢量正好对应逆变器的一个基本矢量，这样就直接得到了参考矢量对应的小三角形的一个顶点。对于两电平矢量由于其位于一个小六边形区域内，将其看做两电平的参考矢量，可以采用两电平的算法确定扇区和作用时间。

2）两电平分矢量的合成。对于位于图6-63小六边形内的两电平分矢量 $U'_{r(\alpha\beta)} = (u'_{r\alpha},\ u'_{r\beta})^T$，可以用两电平SVM的方法判断所处扇区以及计算作用时间，如图6-64所示。

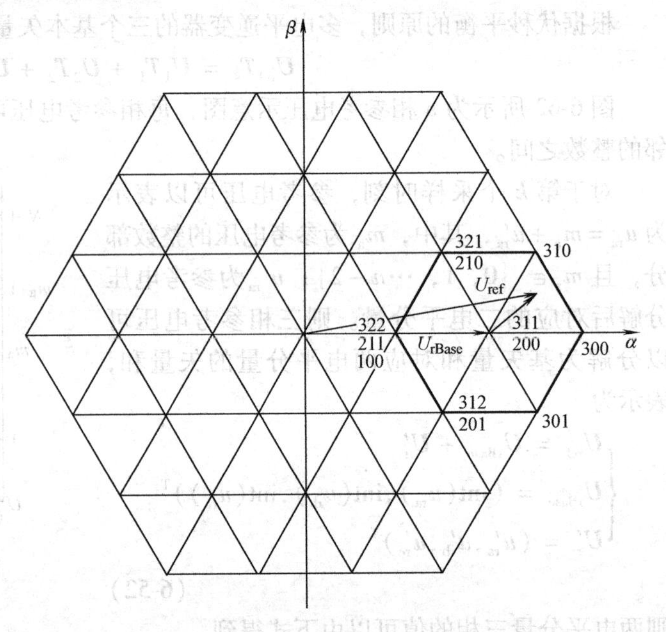

图6-63　参考电压矢量分解示意图

图中 $U'_{1(\alpha\beta)}$、$U'_{2(\alpha\beta)}$、$U'_{3(\alpha\beta)}$ 为在小六边形内两电平分矢量对应的三个基本矢量，且设 $U'_{1(\alpha\beta)}$ 为原点对应的零矢量，对应的两电平开关状态为 $(0,0,0)^T$，$(1,1,1)^T$，因此，只需判断所在扇区的位置，确定并计算 $U'_{2(\alpha\beta)}$、$U'_{3(\alpha\beta)}$、T_2、T_3 即可。

通过 $u'_{r\alpha}$，$u'_{r\beta}$ 的正负号，结合 $\sqrt{3}\,|u'_{r\alpha}|$ 与 $|u'_{r\beta}|$ 之间的大小关系可以判断两电平分矢量的扇区，其判断条件与扇区关系对应关系见表6-4。

表6-4　两电平分矢量扇区位置判断条件

判断条件	$u'_{r\beta}>0$			$u'_{r\beta}\leqslant 0$		
	$\|u'_{r\beta}\| > \sqrt{3}\,\|u'_{r\alpha}\|$	$\|u'_{r\beta}\| \leqslant \sqrt{3}\,\|u'_{r\alpha}\|$		$\|u'_{r\beta}\| > \sqrt{3}\,\|u'_{r\alpha}\|$	$\|u'_{r\beta}\| \leqslant \sqrt{3}\,\|u'_{r\alpha}\|$	
		$u'_{r\alpha}>0$	$u'_{r\alpha}\leqslant 0$		$u'_{r\alpha}>0$	$u'_{r\alpha}\leqslant 0$
扇区序数 k	1	0	2	4	5	3

作用时间的计算可通过式（6-59）得到，其中 T_s 为采样周期。

$$\begin{cases} T_2 = \dfrac{2T_s}{\sqrt{3}}\left[u'_{r\alpha}\sin\dfrac{(k+1)\pi}{3} - u'_{r\beta}\cos\dfrac{(k+1)\pi}{3}\right] \\ T_3 = \dfrac{2T_s}{\sqrt{3}}\left[-u'_{r\alpha}\sin\dfrac{k\pi}{3} + u'_{r\beta}\cos\dfrac{k\pi}{3}\right] \\ T_1 = T_s - T_2 - T_3 \end{cases} \tag{6-55}$$

3）多电平参考矢量的合成。根据多电平参考矢量分解的定义，以及两电平分矢量合成的伏秒平衡原则，可以得到

$$\begin{cases} \boldsymbol{U'}_{r(\alpha\beta)} = \boldsymbol{U}_{ref(\alpha\beta)} - \boldsymbol{U}_{rBase(\alpha\beta)} \\ \boldsymbol{U'}_{r(\alpha\beta)}T_s = \boldsymbol{U'}_{1(\alpha\beta)}T_1 + \boldsymbol{U'}_{2(\alpha\beta)}T_2 + \boldsymbol{U'}_{3(\alpha\beta)}T_3 \end{cases} \tag{6-56}$$

进一步可得

$$\boldsymbol{U}_{r(\alpha\beta)}T_s = (\boldsymbol{U}_{rBase(\alpha\beta)} + \boldsymbol{U'}_{1(\alpha\beta)})\ T_1 + (\boldsymbol{U}_{rBase(\alpha\beta)} + \boldsymbol{U'}_{2(\alpha\beta)})\ T_2 + (\boldsymbol{U}_{rBase(\alpha\beta)} + \boldsymbol{U'}_{3(\alpha\beta)})\ T_3$$

对比式（6-58），可以得到多电平参考矢量 $\boldsymbol{U}_{ref}$ 对应的基本矢量

$$\begin{cases} \boldsymbol{U}_{1(\alpha\beta)} = \boldsymbol{U}_{rBase(\alpha\beta)} + \boldsymbol{U'}_{1(\alpha\beta)} \\ \boldsymbol{U}_{2(\alpha\beta)} = \boldsymbol{U}_{rBase(\alpha\beta)} + \boldsymbol{U'}_{2(\alpha\beta)} \\ \boldsymbol{U}_{3(\alpha\beta)} = \boldsymbol{U}_{rBase(\alpha\beta)} + \boldsymbol{U'}_{3(\alpha\beta)} \end{cases} \tag{6-57}$$

而对应作用时间分别为已经算得的 T_1、T_2、T_3，这样就完成了多电平 SVM 方法中基本开关矢量的选择和它们的作用时间的计算，此方法原理上适用于不同电平数的拓扑。

4）输出开关状态的选择。若从开关频率和输出 du/dt 方面考虑，可令每个采样周期内每相桥臂开关动作不超过一次，且某一瞬时只有一相动作，以及三相输出开关顺序采用图 6-65所示的四段式的原则。

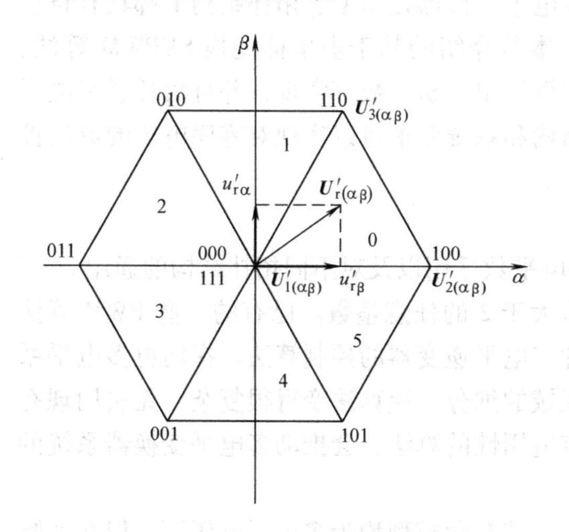

图 6-64 等效两电平分矢量示意图

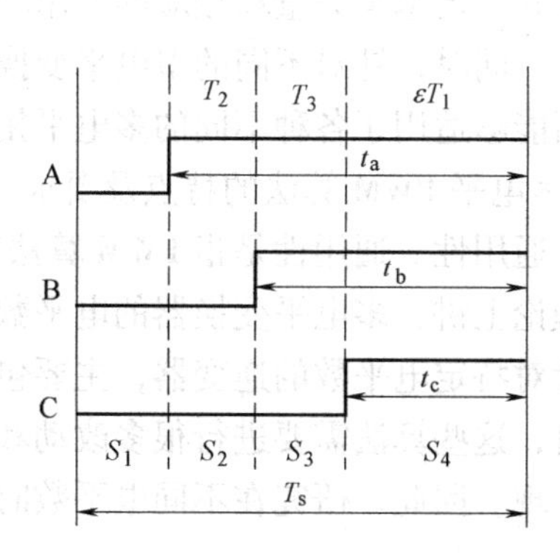

图 6-65 采样周期内四段式开关顺序

设图中 S_1、S_2、S_3、S_4 为四组开关状态，S_1（s_{1a}，s_{1b}，s_{1c}）为第一组各相开关状态，其余类同，则各组开关状态之间切换关系为

$$\begin{cases} S_2\ (s_{2a},\ s_{2b},\ s_{2c}) = (s_{1a}+1,\ s_{1b},\ s_{1c}) \\ S_3\ (s_{3a},\ s_{3b},\ s_{3c}) = (s_{2a},\ s_{2b}+1,\ s_{2c}) \\ S_4\ (s_{4a},\ s_{4b},\ s_{4c}) = (s_{3a},\ s_{3b},\ s_{3c}+1) \end{cases} \tag{6-58}$$

式（6-58）表明，S_1、S_4 为对应同一个矢量的冗余开关状态，若定义参数 ε 为它们的作用时间的比例系数，则 S_1、S_2、S_3、S_4 四组开关状态的作用时间可分别用（$1-\varepsilon$）T_1、T_2、T_3、εT_1 表示。

从上述分析可知，只要选定了 S_1，其他开关状态也随之确定。根据前面的分析及式（6-52）中 $\boldsymbol{U}_{\text{rBase}} = (\text{int}\ (u_{\text{ra}}),\ \text{int}\ (u_{\text{rb}}),\ \text{int}\ (u_{\text{rc}}))^{\text{T}}$，$S_1$ 开关状态可由下式得到：

$$S_1\ (s_{1a},\ s_{1b},\ s_{1c}) = (\text{int}\ (u_{\text{ra}}),\ \text{int}\ (u_{\text{rb}}),\ \text{int}\ (u_{\text{rc}})) \tag{6-59}$$

以上结果是基于三相参考电压已加入特定的零序分量的前提的，未考虑零序分量如何选择，下面给出零序分量的选择原则及对逆变器运行的影响的关系。

基于参考电压分解 SVPWM 算法，对于多电平变换器中参考矢量的分解经常是不唯一的，即可能有多个不同基矢量的分解方案。这样不同的分解方案就对应了不同的逆变器输出开关状态，而三相对称负载电压仍能保持一致，不同的只是所谓逆变器输出的零序分量。

由于零序分量的不同选择，会影响多电平逆变器的运行性能，如二极管钳位型逆变器中的电容电压平衡的控制，或开关器件输出功率平衡的控制等。这样就可以根据不同的逆变器拓扑结构和应用要求，来选择零序分量 u_z。

（4）多电平通用 SVPWM 控制方法

多电平 SVPWM 算法一般针对某一拓扑的多电平变换器适用，但对于不同的拓扑结构电路和不同的性能要求可能就不适用了。不同的多电平变换器在模型、拓扑结构上都具有自己的特点，这对 SVPWM 算法提出了特殊的要求。本节介绍的基于虚坐标变换 SVPWM 算法，可以很容易确定基本矢量和相应的作用时间，运算简单，易于数字实现，并且对任意多电平数均通用。同时，针对不同的多电平变换电路结构和系统要求可以实现对零序电压的灵活控制，从而能够适用于各种不同的多电平拓扑形式。

1）多电平 PWM 算法的特点及要求。

① 通用性。通用性是指 PWM 算法对不同电平数适用以及对不同拓扑结构的通用。

从理论上讲，多电平变换器的电平数可以是大于 2 的任意整数。已有的一些 PWM 算法一般是针对特定电平数的逆变器，主要包括各种三电平逆变器的控制算法。在向更多电平系统推广时，这些算法需要进行很多改动和平面区域的细分，使算法变得很复杂，无法用现有的手段实现。因此，研究在不同电平数时都具有适用性的算法，会推动多电平变换器系统的应用。

多电平变换电路有多种不同的拓扑实现方案，其数学模型均为多电平电压源，但在实际的应用系统中又有很大的不同。不同电路有不同的性能指标要求，即对变换器的运行状态控制，这需要通过有效的 PWM 算法进行控制，例如，二极管钳位电路需要 PWM 算法对各直流中点电压进行控制，而电容钳位电路则需要对悬浮电容的电压进行平衡控制。针对不同的控制目标都需要设计相应的控制方法，而这些控制方法需要和 PWM 算法相结合。如果根据 PWM 算法能够很容易地设计出针对不同拓扑电路的控制方法，就说明这种 PWM 算法对不同拓扑结构有比较好的通用性。

② 对冗余开关状态的计算。多电平变换电路具有很多冗余开关状态，在空间矢量平面上，不同的基本矢量对应的开关状态的冗余数量不同，对变换器运行状态的影响也不同，如图 6-66 所示为五电平空间矢量图。

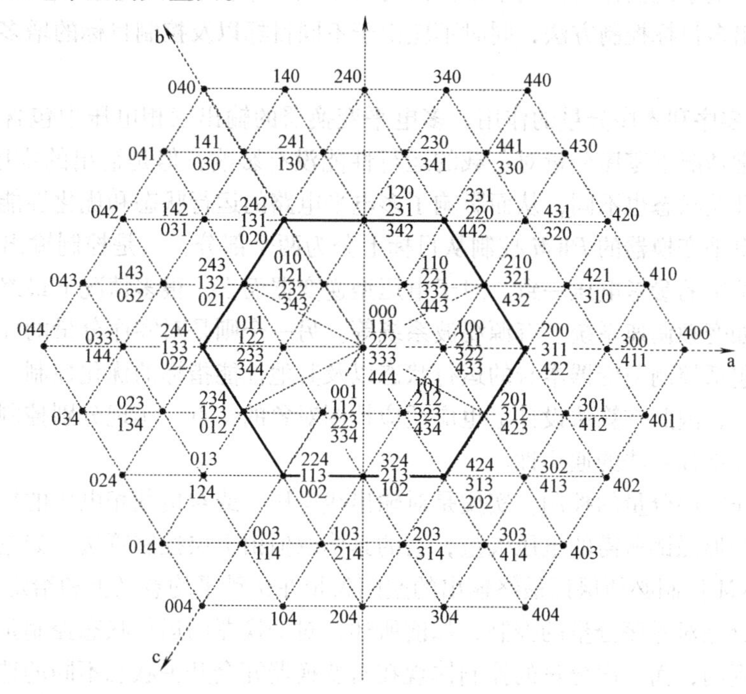

图 6-66　五电平变换器空间矢量模型

在多数情况下，现有的 PWM 算法能够计算出的冗余开关状态只是全部开关状态的一个子集，因而不能全面估计出全部状态对变换器性能的影响。例如，使用前面合成矢量的 PWM 方法，当目标矢量位于五电平空间矢量模型中的某个三角形区域时，如图 6-67 所示，有些算法可以通过计算得出 100-110-210-211 和 110-210-211-221 两种输出开关序列；有的通过三相同时变化的方法，还能得出 211-221-321-322、221-321-322-332、322-332-432-433 和 332-432-433-443 四种；而此时事实上可以有如下八种开关序列：

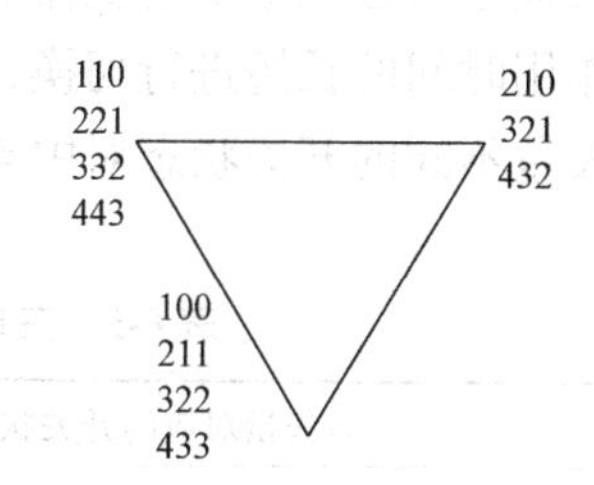

图 6-67　空间矢量小三角形域及可能输出的开关序列

100-110-210-211，110-210-211-221，210-211-221-321，211-221-321-322，221-321-322-332，321-322-332-432，322-332-432-433，332-432-433-443。

能计算出的可行开关序列越多，可以进行控制选择的范围就越大，对于系统的控制性能优化就越有利，因此，能计算出多少冗余开关状态是算法的一个重要评价指标。

③ 复杂性。算法的复杂性也包括两个方面，一个是电平数增加引起的复杂性，另一个是多目标控制带来的复杂性。随着变换器电平数的上升，空间矢量的平面模型变得更加复杂，冗余开关状态也增多，这都会导致算法的复杂性上升，对任何算法都是一样。但是，不同的算法复杂性上升的速度有所不同，有的是以二次方速率上升，有的是以三次方速率甚至

更高速率上升，对于同样具有电平数通用性的算法，复杂性上升较小的算法具有更好的应用价值。多电平逆变器除了需要控制输出电压之外，还可能需要对逆变器的运行状态进行控制以及要求某些系统性能的优化控制，如对开关动作的优化控制，对多个功率单元的功率平衡控制等，因此多电平逆变器的控制常常会同时有不只一个控制目标。因此 PWM 算法需要能够方便地设计出多目标控制方法，同时不应由于不同目标以及控制目标的增多而过分增大算法的复杂性。

2）输出非零序和零序分量的作用。多电平变换器的输出三相电压中包含非零序分量和零序分量，通常情况下零序分量对负载的运行性能没有影响，但是输出的零序分量不同时，逆变器输出的开关状态也不同，从而影响了多电平电路的运行状态和优化性能。针对这一特点，可以将多电平变换器的 *PWM* 控制从目标上分为两个部分，一是控制输出电压的非零序分量，使之和给定的参考电压一致。对于电压型逆变器而言，很多情况下最终控制的是输出三相电流，例如变频调速系统、有源滤波系统等。另一个则是对零序分量的控制，实现其他目标的控制，包括控制逆变器本身的运行状态以及其他性能指标的优化控制。这两部分的控制目标相对独立，因此在算法设计上也应适应控制对象的特点，实现分别控制，这样可以提高控制性能，并增强算法的通用性。

第一部分非零序分量的控制，实质是对输出线电压，或对负载相电压的控制，也就是一般意义的产生圆形磁链所需的电压矢量，它的具体取值由上层控制算法，如电机矢量控制算法确定，而 PWM 控制必须保证最终输出的空间矢量在伏秒平均意义上和给定值相等。

而第二部分是对零序分量的控制，如前所述，对变换器的运行状态控制是通过对零序分量的控制来实现的，而零序分量的控制体现在对变换器冗余开关状态不同的选择。以最简单的二极管钳位三电平逆变器的中点电压平衡的控制为例，通常对短矢量对应的冗余开关状态及作用时间的长短进行切换，以此来控制中点电压的平衡。在确定开关序列的过程中，同一短矢量不同的开关状态对中点电压有不同的影响，同时也对应了不同的输出零序分量，见表 6-5。

表 6-5　三电平 NPC 逆变器部分冗余开关状态及对应零序分量

短矢量对应的开关状态		输出的零序分量值（$U_{dc}/2$）
短矢量 1	poo	4/3
	onn	1/3
短矢量 2	ppo	5/3
	oon	2/3
短矢量 3	opo	4/3
	non	1/3
短矢量 4	opp	5/3
	noo	2/3
短矢量 5	oop	4/3
	nno	1/3
短矢量 6	pop	5/3
	ono	2/3

变换器运行状态的控制目标可能有多种不同的情况，但其共同点在于均可通过改变输出零序分量来实现。在很多情况下，实现这些控制目标并不关心零序分量的最终取值大小，只是以冗余开关状态为基本控制手段，借助零序电压概念而已。因此，采用零序分量控制这一概念，仅用来描述这一控制的基本特点，也就是在实现控制目标的时候，只改变了输出电压的零序分量。

输出电压的控制是对 PWM 算法的基本要求，也是多电平变换器和两电平变换器的相同之处；相比之下，零序电压的控制具体情况多种多样，方法也不统一，并且在两电平 PWM 控制中并无广泛使用，因此是一个相对较新的概念。

3）ja-jb-jc 虚坐标变换及原理。对于以三相交流电机为负载的多电平逆变器控制系统，以逆变器负母线为零电位参考点时，逆变器输出的三相电压包含有零序分量，但在输出线电压和负载相电压中只包含非零序分量。通常的空间矢量定义采用 α-β 二维直角坐标系时，从逆变器输出三相电压变换到 α-β 坐标后消除了零序分量，即零序分量不出现在 α-β 坐标值当中。由于多电平逆变器的零序分量控制不是以它的具体数值作为控制目标，因此，不含零序分量的二维坐标系适合于多电平空间矢量 PWM 算法。尽管 α-β 坐标系符合这个标准，但在矢量合成和作用时间的计算上比较繁琐，特别是对于多电平变换器会变得十分复杂且难以实现。

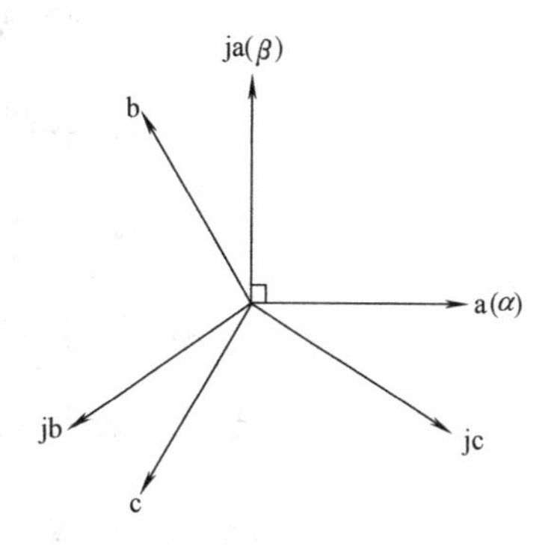

图 6-68　平面上的三种坐标系

为此，本算法仍采用二维坐标系，如图 6-68 中所示的 ja-jb-jc 坐标系，其中的 ja 轴即为 α-β 坐标下的 β 轴，即 a 相逆时针旋转 90°后对应的虚轴；而 jb、jc 轴也就可以看作 b 相和 c 相逆时针旋转 90°后对应的虚轴。因此把这种三轴坐标系称为虚坐标系。

设 x_{ja}、x_{jb}、x_{jc} 和 x_a、x_b、x_c 分别为虚坐标和 a-b-c 坐标下的值，则 a-b-c 坐标系到 ja-jb-jc 虚坐标系的转换关系为

$$\begin{bmatrix} x_{ja} \\ x_{jb} \\ x_{jc} \end{bmatrix} = \begin{bmatrix} 0 & 1 & -1 \\ -1 & 0 & 1 \\ 1 & -1 & 0 \end{bmatrix} \begin{bmatrix} x_a \\ x_b \\ x_c \end{bmatrix} \tag{6-60}$$

而从 α-β 坐标系到 a-b-c 坐标系的反 Clark 变换为

$$\begin{bmatrix} x_a \\ x_b \\ x_c \end{bmatrix} = \sqrt{\frac{2}{3}} \begin{bmatrix} 1 & 0 \\ -\frac{1}{2} & \frac{\sqrt{3}}{2} \\ -\frac{1}{2} & -\frac{\sqrt{3}}{2} \end{bmatrix} \begin{bmatrix} x_\alpha \\ x_\beta \end{bmatrix} \tag{6-61}$$

其中 x_α，x_β 为 α-β 坐标下的值，则由式（6-60）和式（6-61）可以得到从 α-β 坐标系到 ja-jb-jc 坐标系的变换为

$$\begin{bmatrix} x_{ja} \\ x_{jb} \\ x_{jc} \end{bmatrix} = \begin{bmatrix} 0 & \sqrt{2} \\ -\sqrt{\dfrac{3}{2}} & -\dfrac{1}{\sqrt{2}} \\ \sqrt{\dfrac{3}{2}} & -\dfrac{1}{\sqrt{2}} \end{bmatrix} \begin{bmatrix} x_{\alpha} \\ x_{\beta} \end{bmatrix} \tag{6-62}$$

对于参考电压矢量的变换，若是开环 VVVF 控制，可以直接由角度和幅值得到，若采用闭环控制，可以由式（6-62）变换得到；变换器输出的开关状态，可以由式（6-60）变换得到，坐标变换后的五电平空间矢量图如图 6-69 所示，这样就将多电平变换器的 PWM 控制变换到了 ja-jb-jc 虚坐标系下。

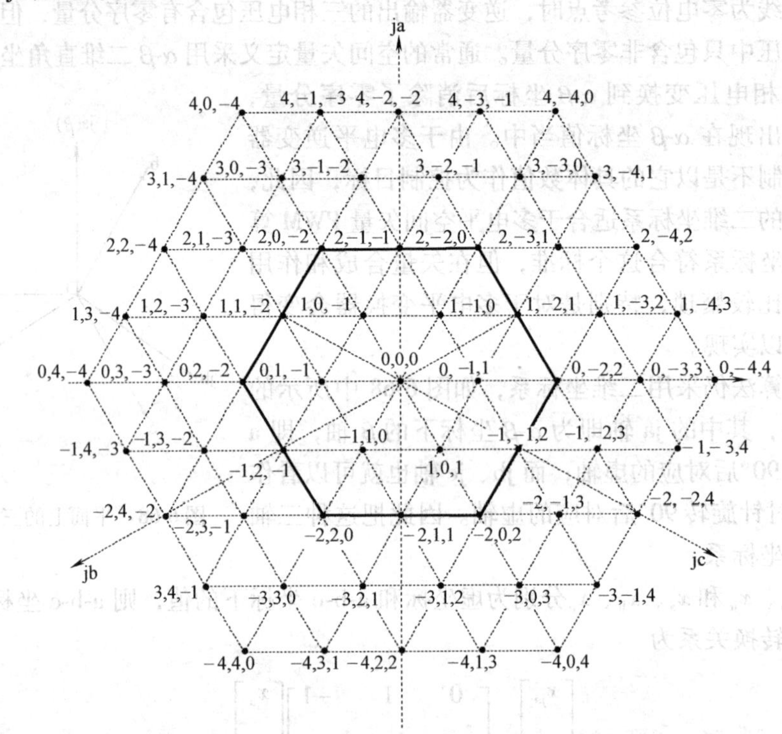

图 6-69　虚轴坐标系下的五电平空间矢量图

采用 ja、jb、jc 三个坐标轴表示一个二维矢量，一方面体现了三相对称的特点，便于数学分析；另一方面，变换后的三个坐标值分别是输出的三个线电压，物理意义明确。

经过虚坐标变换后，在下文的分析中将会看到无论是判断参考矢量的合成矢量，还是矢量对应的作用时间的计算都大大简化了，而且对多电平变换器是通用的，同时也达到了将非零序和零序分量分别控制的目的。

4）非零序分量的控制。非零序分量的控制，是在 ja-jb-jc 坐标系下，根据参考矢量 $\boldsymbol{U}_{\mathrm{ref}}$ 确定合成矢量的坐标和对应作用时间。在多电平变换器中，为了防止输出电压有过高的跳变，一般选择与参考矢量最近的三个基本矢量来合成，即其终点所在小三角形的三个顶点。

在一个采样周期内，根据空间矢量合成的伏秒平衡原理，第一步由参考矢量终点坐标值确定所在的三个顶点的坐标值，第二步计算三个顶点对应的作用时间，即占空比。

①　确定小三角形的三个顶点。对于 n 电平变换器，设某一参考矢量 $\boldsymbol{U}_{\mathrm{ref}}$ 所在的小三角

形的三个顶点为P_1、P_2、P_3，则空间矢量图中的小三角形可能有两种情况，正三角形和倒三角形，如图6-70所示。

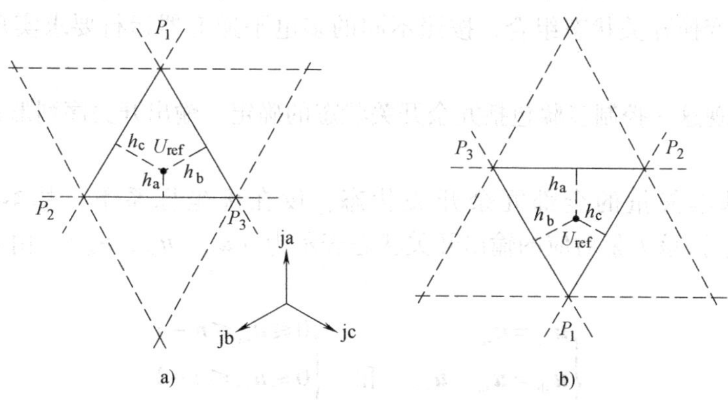

图6-70　参考矢量对应的两类小三角形

a）正三角形　b）倒三角形

然后可以确定不同情况时三个顶点的坐标。首先，对参考矢量坐标（$\boldsymbol{u}_{rja}$，$\boldsymbol{u}_{rjb}$，$\boldsymbol{u}_{rjc}$）取整，可以得到式（6-63），其中int（）表示向下取整

$$\begin{cases}\underline{\boldsymbol{u}_{rja}}=\text{int}\ (\boldsymbol{u}_{rja})\\ \underline{\boldsymbol{u}_{rjb}}=\text{int}\ (\boldsymbol{u}_{rjb})\\ \underline{\boldsymbol{u}_{rjc}}=-\boldsymbol{u}_{rja}-\boldsymbol{u}_{rjb}\end{cases},\ \begin{cases}\tilde{\boldsymbol{u}}_{rja}=\boldsymbol{u}_{rja}-\underline{\boldsymbol{u}_{rja}}\\ \tilde{\boldsymbol{u}}_{rjb}=\boldsymbol{u}_{rjb}-\underline{\boldsymbol{u}_{rjb}}\\ \tilde{\boldsymbol{u}}_{rjc}=\boldsymbol{u}_{rjc}-\underline{\boldsymbol{u}_{rjc}}\end{cases} \tag{6-63}$$

由于在ja-jb-jc坐标系下三个分量线性相关，即有$x_{ja}+x_{jb}+x_{jc}=0$。则对($\underline{\boldsymbol{u}_{rja}}$，$\underline{\boldsymbol{u}_{rjb}}$，$*$)和（$u_{rja}+1$，$u_{rjb}+1$，$*$）的ja和jb坐标分量进行组合可以得到四个矢量顶点的坐标为

$$(\underline{\boldsymbol{u}_{rja}}+1,\ \underline{\boldsymbol{u}_{rjb}}-(\underline{\boldsymbol{u}_{rja}}+\underline{\boldsymbol{u}_{rjb}}+1)),\ (\underline{\boldsymbol{u}_{rja}},\ \underline{\boldsymbol{u}_{rjb}}+1,\ -(\underline{\boldsymbol{u}_{rja}}+\underline{\boldsymbol{u}_{rjb}}+1)),$$
$$(\underline{\boldsymbol{u}_{rja}},\ \underline{\boldsymbol{u}_{rjb}},\ -(\underline{\boldsymbol{u}_{rja}}+\underline{\boldsymbol{u}_{rjb}})),\ (\underline{\boldsymbol{u}_{rja}}+1,\ \underline{\boldsymbol{u}_{rjb}}+1,\ -(\underline{\boldsymbol{u}_{rja}}+\underline{\boldsymbol{u}_{rjb}}+2))$$

这四个点中只有三个为所求的矢量，且构成一个平行四边形，且（$\underline{\boldsymbol{u}_{rja}}$，$\underline{\boldsymbol{u}_{rjb}}$，$-(\underline{\boldsymbol{u}_{rja}}+\underline{\boldsymbol{u}_{rjb}})$），（$\underline{\boldsymbol{u}_{rja}}+1$，$\underline{\boldsymbol{u}_{rjb}}+1$，$-(\underline{\boldsymbol{u}_{rja}}+\underline{\boldsymbol{u}_{rjb}}+2)$）两点中必有一点不属于这三个顶点之中，而且该无关的顶点与参考矢量终点的jc分量的差大于1，以此判断得到合成参考矢量三个顶点的坐标值P_1（$\boldsymbol{u}_{1ja}$，$\boldsymbol{u}_{1jb}$，$\boldsymbol{u}_{1jc}$）、P_2（$\boldsymbol{u}_{2ja}$，$\boldsymbol{u}_{2jb}$，$\boldsymbol{u}_{2jc}$）、P_3（$\boldsymbol{u}_{3ja}$，$\boldsymbol{u}_{3jb}$，$\boldsymbol{u}_{3jc}$）。

② 计算占空比。将作用时间用采样周期T_s进行标幺化，根据图6-70中的几何关系，计算三个矢量的作用时间t_{j1}、t_{j2}、t_{j3}，可以得到

$$t_{j1}=h_a,\ t_{j2}=h_b,\ t_{j3}=h_c \tag{6-64}$$

式中，h_a，h_b，h_c是参考矢量终点到周围三条边的距离。对于图6-70a所示的三角形，有

$$h_a=\tilde{u}_{rja},\ h_b=\tilde{u}_{rjb},\ h_c=1+\tilde{u}_{rjc} \tag{6-65}$$

对于图6-70b所示的三角形，则有

$$h_a=1-\tilde{u}_{rja},\ h_b=1-\tilde{u}_{rjb},\ h_c=-1-\tilde{u}_{rjc} \tag{6-66}$$

这样，在ja-jb-jc坐标系下，只需将参考矢量终点的坐标值分为整数和小数两个部分，对整数部分进行简单的运算即可得到最近的三个基本矢量的坐标；而对小数部分几乎不需要运算即可直接得到三个输出点的作用时间。

5）零序分量的控制。确定三个基本矢量后，每个矢量通常对应几个不同的开关状态。定义一个采样周期内顺序输出的开关状态为输出开关序列，则三个矢量的全部冗余开关状态

可以组成若干组输出开关序列，每一组序列对应不同的零序分量输出，通过选择不同的开关序列，就可实现不同的零序目标。因此，多电平逆变器零序分量控制实际是在只影响输出零序分量的条件下变换开关状态组合，按照不同的多电平逆变器运行要求实现不同的控制目标。

具体讲，实现这一控制步骤包括冗余开关状态的确定、输出开关序列形式的确定以及计算每相的占空比。

① 确定基本矢量的全部冗余开关状态。设在虚坐标系下，基本矢量的坐标为 $\boldsymbol{U}_{s}(\boldsymbol{u}_{sja}, \boldsymbol{u}_{sjb}, \boldsymbol{u}_{sjc})$,该矢量对应的输出开关状态表示为（$\boldsymbol{u}_{sa}$，$\boldsymbol{u}_{sb}$，$\boldsymbol{u}_{sc}$），由式（6-60）可以得到式（6-67）

$$\begin{cases}\boldsymbol{u}_{sa}=\boldsymbol{u}_{sa}\\ \boldsymbol{u}_{sb}=\boldsymbol{u}_{sa}-\boldsymbol{u}_{sjc}\\ \boldsymbol{u}_{sc}=\boldsymbol{u}_{sa}+\boldsymbol{u}_{sjb}\end{cases} \quad \text{和} \quad \begin{cases}0\leqslant \boldsymbol{u}_{sa}\leqslant n-1\\ 0\leqslant \boldsymbol{u}_{sb}\leqslant n-1\\ 0\leqslant \boldsymbol{u}_{sc}\leqslant n-1\end{cases} \tag{6-67}$$

这里 $\boldsymbol{u}_{sa}$、$\boldsymbol{u}_{sb}$、$\boldsymbol{u}_{sc}$为整数，n 为最大输出电平数，由式（6-67）可得到虚坐标系下任一个基本矢量对应的全部冗余开关状态。

② 零序分量的参数表达。考虑到开关频率和器件切换时输出单位电平跳变，每一个采样周期内输出的开关序列通常包含四组开关状态。这四组开关状态就是由上面三个基本矢量得到的，而且有两组开关状态与一个矢量对应，称为复用矢量。这两组开关状态的作用时间之和等于复用矢量的作用时间。

假设虚坐标下，已确定的三个基本矢量为 $\boldsymbol{U}_1$，$\boldsymbol{U}_2$，$\boldsymbol{U}_3$，求得的作用时间为 t_{j1}，t_{j2}，t_{j3}，对应的 4 组开关状态及其作用时间分别为 $S_x(s_{xa}, s_{xb}, s_{xc})$ 和 T_x，且 $x=1, 2, 3, 4$，其中 s_{xa}，s_{xb}，s_{xc}分别为逆变器 a，b，c 三相对应的开关状态。若设 $\boldsymbol{U}_1$ 为复用矢量，对应开关状态 S_1，S_4，$\boldsymbol{U}_2$，$\boldsymbol{U}_3$ 对应 S_2，S_3，则作用时间为公式（6-68）所示。

$$t_1=(1-k)t_{j2},\ t_2=t_{j2},\ t_3=t_{j3},\ t_4=kt_{j1} \tag{6-68}$$

这里，定义参数 k 为 S_4 与 $\boldsymbol{U}_1$ 的作用时间之比，可以看出，k 在 0 到 1 之间取值，而且 S_1、S_4 满足式（6-69）

$$\begin{cases}s_{4a}=s_{1a}+1\\ s_{4b}=s_{1b}+1\\ s_{4c}=s_{1c}+1\end{cases} \tag{6-69}$$

由于三个基本矢量可以对应若干个不同的输出开关序列，因此定义参数 L 为各个开关序列编号。L 的值最小为 0，最大和三角形的具体位置有关，以图 6-67 所示小三角形为例，L 最大为 7，所对应的输出开关序列共有八组。

对于和每个 L 值对应的开关序列，k 都可以在 0 到 1 之间连续取值，这时对应了不同的输出零序分量，表 6-6 为图 6-67 中小三角形对应的输出开关序列、复用矢量及对应的开关状态，三个顶点虚坐标分别为（1，−2，1）、（1，−1，0）、（0，−1，1）。

表 6-6 采样周期内三矢量对应的全部开关序列和 L 值

L	开关序列 S_1-S_2-S_3-S_4	复用矢量
0	100-110-210-211	0，−1，1
1	110-210-211-221	1，−1，0

（续）

L	开关序列 S_1-S_2-S_3-S_4	复用矢量
2	210-211-221-321	1，-2，1
3	211-221-321-322	0，-1，1
4	221-321-322-332	1，-1，0
5	321-322-332-432	1，-2，1
6	322-332-432-433	0，-1，1
7	332-432-433-443	1，-1，0

③ 输出PWM脉冲表达式。和两电平的输出脉冲类似，四组开关状态可以组成所谓的七段式PWM信号，采用L和k作为参数，和非零序分量控制计算得到的结果结合，就可以得到最终输出脉冲的表达式。图6-71给出了以表6-6中$L=1$时的开关序列100-110-210-211为例，在采样周期内ABC三相开关序列输出波形及三相占空比t_a，t_b，t_c的示意图。

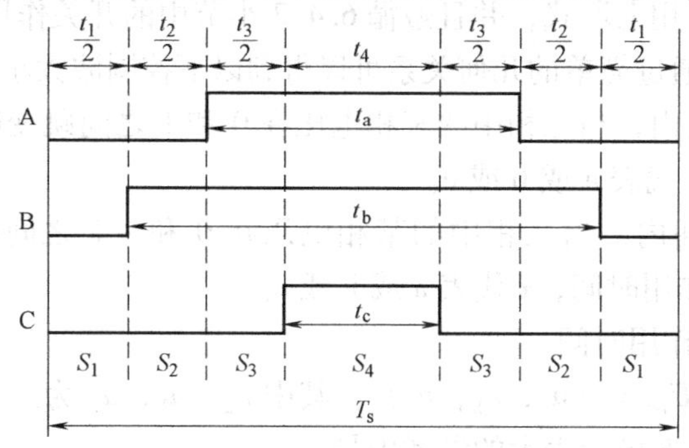

图6-71 采样周期内三相开关序列输出波形和对应的占空比

从图中可知，各相输出PWM波的占空比为

$$t_a=t_3+t_4,\ t_b=t_2+t_3+t_4,\ t_c=t_4 \tag{6-70}$$

这样借助参数L、k，经过简单的算术和逻辑运算，可以方便的得到不同零序分量和三相输出开关序列之间的关系。

④ 变换器运行状态控制。零序分量控制的被控对象往往不是单一的状态量，而是互相有一定独立性的多个状态量。例如二极管中点钳位逆变器的多个中点的电压，或悬浮电容逆变器多个电容上的电压，因此，零序分量控制事实上是一种多目标控制。参数L和k可作为选择不同零序分量的控制变量，因此，按照多个目标变量最优的原则选择L和k的值，可最终确定变换器的输出开关状态。在实际应用中，将多个受控变量组成多目标矢量，再利用该矢量进行优化控制。

6.4.3 多电平载波与空间矢量的统一

前面分别对多电平载波PWM方法和空间矢量PWM方法分别进行了介绍。可以看出，这两类方法的思路和出发点不同，但最终都能实现很好的控制效果。载波调制的思路是将每一相单独的载波和调制波比较，其优点是算法简单，并且载波与开关器件有确定的对应关系。而空间矢量方法的思路则是将三相结合在一起，通过较为抽象的空间矢量数学模型进行考虑。优点是直流电压利用率高，更加适合于矢量控制等高性能电机控制策略并且有着较好的电流谐波性能。

由于这两种方法都是基于一个采样周期内的电压积分等效的思路，其控制本质是相同的。经过分析可以看到，二者可以得到严格的统一，而统一的桥梁正是零序电压。空间矢量方法的 PWM 波形也可以通过载波调制的方法得到，其对应的调制波有特定的数学形式，其调制波的形式主要取决于空间矢量 PWM 的零序电压分量。

1. 三电平 SVPWM 的载波调制形式

（1）基本假设和关系

以下推导和描述基于这样的假设：

1）载波比较采用 PD 方式；

2）控制波与载波比较时采用规则采样法；

3）电压和时间均采用标么值，电压基准值是三电平直流电压的一半，时间基准值是采样周期；

4）空间矢量控制采用七段式，并且遵循 6.4.2 小节中的开关作用次序的要求。

在这些前提之下，通过简单的几何关系可以得到以下控制波大小与作用时间的关系：

1）在某个采样周期内，当三相中的某相电压在 0 和 1 之间跳变时：$U_x = T_{\mathrm{on1}}$，T_{on1}是指电压为 1 的作用时间，x 代表 a 或 b 或 c。

2）在某个采样周期内，当三相中的某相电压在 0 和 -1 之间跳变时：$U_x = -T_{\mathrm{on-1}}$，$T_{\mathrm{on-1}}$是指电压为 -1 的作用时间，x 代表 a 或 b 或 c。

（2）求基本矢量的作用时间

假设空间参考矢量 $\boldsymbol{U}_{\mathrm{ref}} = (u_{\mathrm{a}}, u_{\mathrm{b}}, u_{\mathrm{c}})^{\mathrm{T}}$，其中 u_{a}，u_{b}，u_{c} 为三相对称系统瞬时值。变换到 60°坐标系，得到 g-h 坐标表示的参考矢量

$$\boldsymbol{U}_{\mathrm{ref}} = \begin{pmatrix} u_{\mathrm{rg}} \\ u_{\mathrm{rh}} \end{pmatrix} = \begin{pmatrix} u_{\mathrm{ra}} - u_{\mathrm{rb}} \\ u_{\mathrm{rb}} - u_{\mathrm{rc}} \end{pmatrix} \tag{6-71}$$

再根据上一节中的方法，便可以得出基于三电平的 SVPWM 和载波 PWM 之间的关系。例如，假设参考矢量位于图 6-72 中的 1 小三角形区，并选三组开关状态为（100）、（110）、（000/111）。并令作用时间（标幺值）分别为 d_1、d_2、$(1-k)\ d_3/kd_3$，得

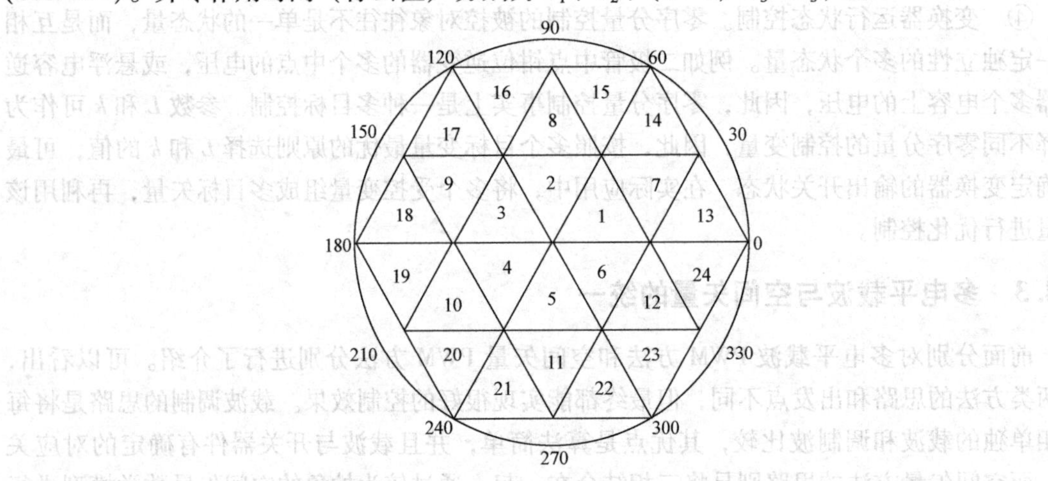

图 6-72　三电平矢量区域划分图

$$d_1 = u_{ra} - u_{rb} \qquad [——]\ 100 \tag{6-72}$$

$$d_2 = u_{rb} - u_{rc} \qquad [——]\ 100 \tag{6-73}$$

$$d_3 = 1 - u_{ra} + u_{rc} \qquad [——]\ 000/111\ (1-k/k) \tag{6-74}$$

根据前面推导的控制波与作用时间的关系式，得载波参考波为

$$U_a^* = T_{ona} = d_1 + d_2 + k \times d_3 = U_a + k - k \times U_a - (1-k) \times U_c \tag{6-75}$$

$$U_b^* = T_{onb} = d_2 + k \times d_3 = U_b + k - k \times U_a - (1-k) \times U_c \tag{6-76}$$

$$U_c^* = T_{onc} = k \times d_3 = U_c + k - k \times U_a - (1-k) \times U_c \tag{6-77}$$

$$U_{cm} = T_{cm} = k - k \times U_a - (1-k) \times U_c \tag{6-78}$$

对于其他区域的等效关系和零序电压的推导，与第 1 区的情况完全相同。

(3) 扇区选取

扇区选取的对应关系见表 6-7。其中扇区的范围为 1 ~ 24，开关状态为 $S(s_a,\ s_b,\ s_c)$，$s_a = \mathrm{int}(g+2)$，$s_b = \mathrm{int}(h+2)$，$s_c = \mathrm{int}(g+h+2)$；*No.* 为地址标号，范围为 0 ~ 63，$No. = 16s_a + 4s_b + s_c$。

表 6-7　扇区选取对应表

No.	扇区	*No.*	扇区	*No.*	扇区	*No.*	扇区
4	19	20	10	32	21	47	14
8	18	21	4	33	11	49	22
9	9	25	3	37	5	50	23
13	17	26	2	38	6	54	12

当扇区为 7 ~ 12 时：

1）若 $sign\ (U_a)\ sign\ (U_b)\ sign\ (U_c)\ \geqslant 0$，则 $U_{cm} = -(1-k) - kU_{mid} - (1-k)U_{min}$

2）若 $sign\ (U_a)\ sign\ (U_b)\ sign\ (U_c)\ < 0$，则 $U_{cm} = k - kU_{max} - (1-k)U_{mid}$

可见，这种统一的 PWM 控制算法计算非常简便。图 6-73 给出 $k = 0.5$ 时的一些仿真波形，从仿真波形中可以看出三电平和两电平的不同。

2. 多电平空间矢量 PWM 的载波调制形式

空间矢量 PWM 的载波调制形式，主要取决于其对应的零序电压分量。因此可以由零序电压的表达式来得到调制波的形式。根据参数 L、k 的选择不同，可以得到零序分量 u_z 的一般表达式，也就可以得到对任意电平数都有效的空间矢量 PWM 的一般性载波调制形式。

得到了零序分量的表达式之后，就可以将其与根据目标点虚坐标值计算出来的非零序分量相加，得到空间矢量 PWM 在 L 和 k 确定的情况下输出电压在开关周期内的时间平均值。事实上，这也就是如图所示的 PD 载波调制 PWM 方式所对应的调制波幅值，通过式（6-79）可以得出三相对应的调制波。

$$\begin{cases} u_{am} = u_z - (u_{jb} - u_{jc})/3 \\ u_{bm} = u_z - (u_{jc} - u_{ja})/3 \\ u_{cm} = u_z - (u_{ja} - u_{jb})/3 \end{cases} \tag{6-79}$$

当给定电压矢量的幅值 $|\boldsymbol{U}^*| < 1$ 时，$\boldsymbol{U}^*$ 位于空间矢量图的最内圈，L 和 k 的可能取值最多。根据前式可以得到零序电压和调制波波形以及随 L 和 k 的变化。

在 $|\boldsymbol{U}^*| = 0.7$ 的情况下，矢量全部位于最内圈的六个三角形内，逆变器输出的线电压

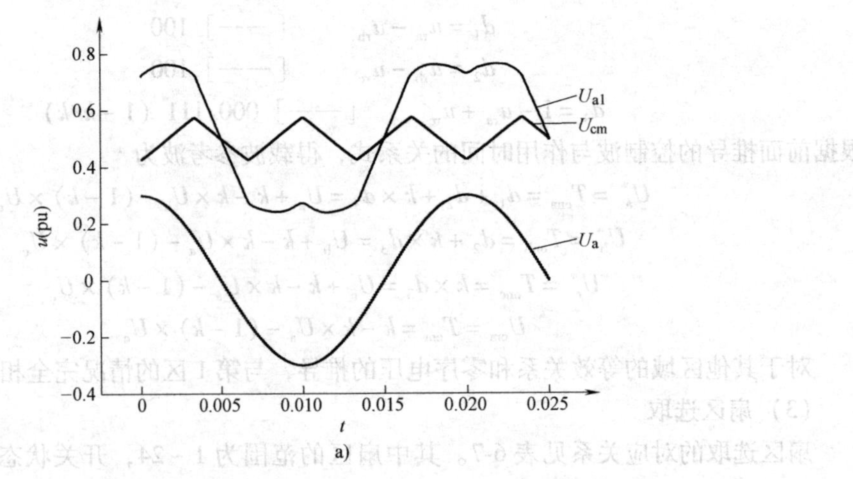

a)

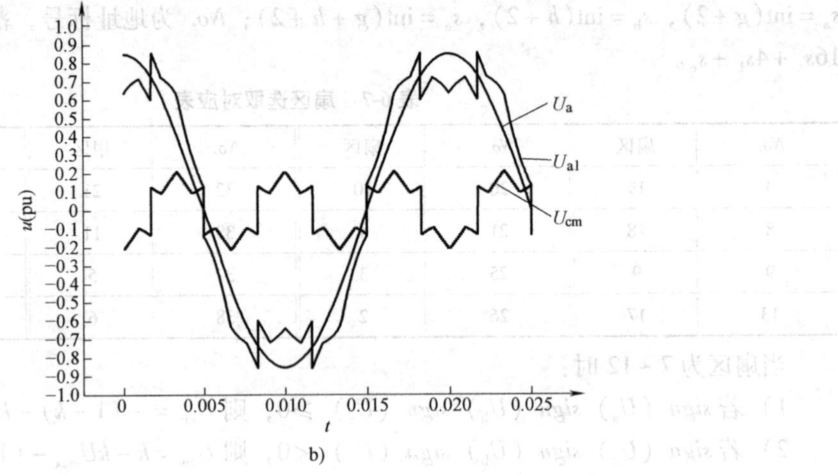

b)

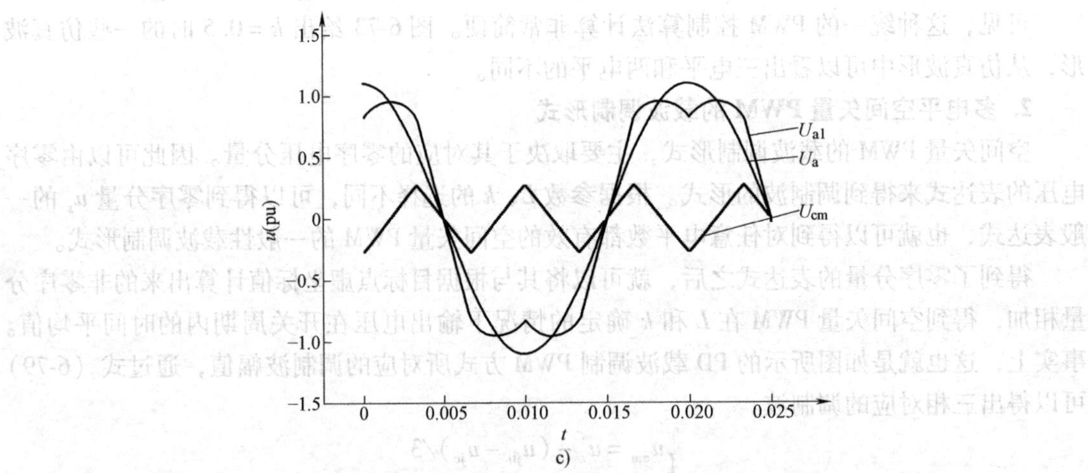

c)

图 6-73　三电平 SVPWM 的一种调制波形式

a）调制比 $m=0.3$　b）调制比 $m=0.85$　c）调制比 $m=1.1$

与两电平逆变器相同。但是零序分量有很大的取值范围，此时的 L 取值范围为［0，9］共 10 个值。当 $L=0$ 时，零序分量和等效调制波的形状以及随 k 的变化和两电平十分类似，当 $k=0.5$ 时零序分量是三角波，$k=0$ 和 $k=1$ 时的波形对称的上下分布，等效的调制波分别在上端和下端有平顶，表明此段开关不动作，而 k 为其他值时则不存在这样的时段。但是，当变化时情况发生了变化，当 $L=2$ 时零序分量是三角波，此时等效调制波的直线段出现在中间部分而不是上下两端，同样保证了开关的不动作时段。

通过图6-74可以看到随 L 变化的情况，L 值相差3，所对应的波形的形状是一样的，只有电压值的升高；此外，$L=0$、$k=1$ 实际上就是 $L=1$，$k=0$ 的情况，这一点通过分析也可以得出，从波形上得到了验证。

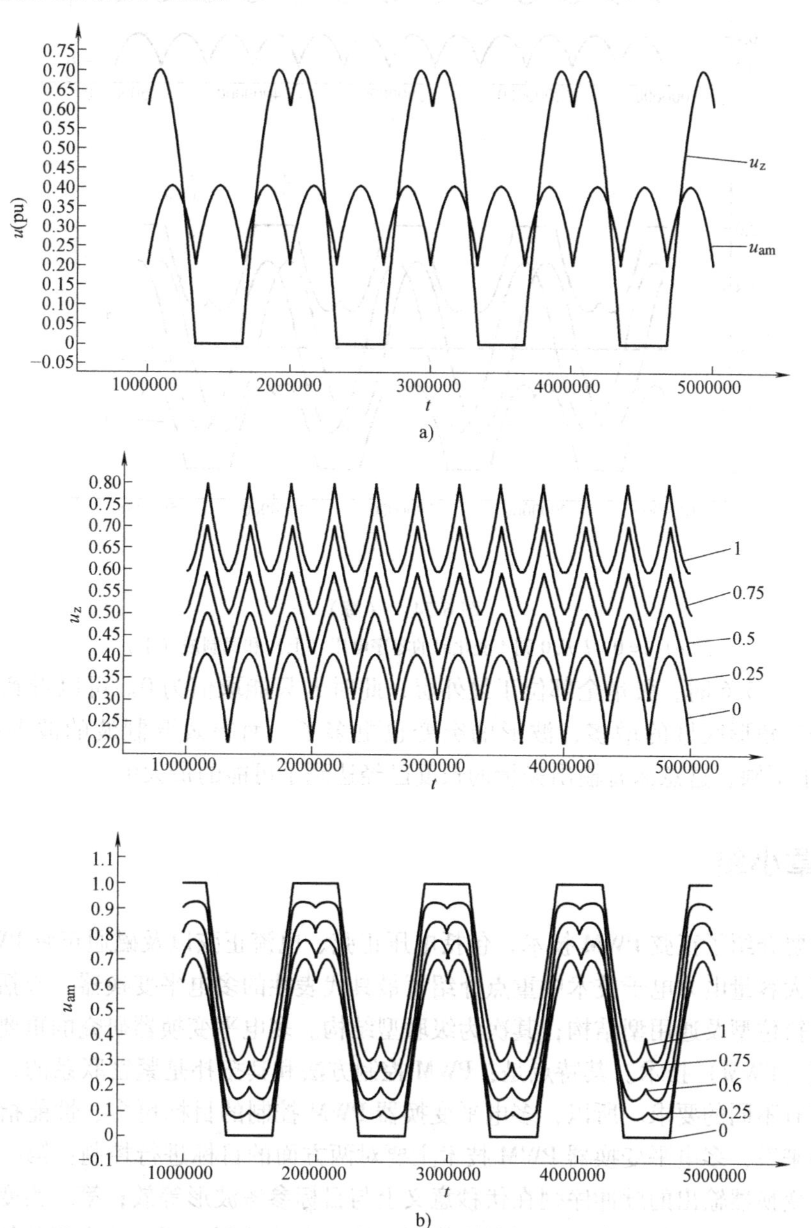

图6-74　$|U^*|=0.7$ 时的零序电压和等效调制波

a）$L=0$，$k=0$ 情况下的零序电压和调制波　b）$L=0$，k 从0到1变化时候的零序电压（上）和调制波（下）

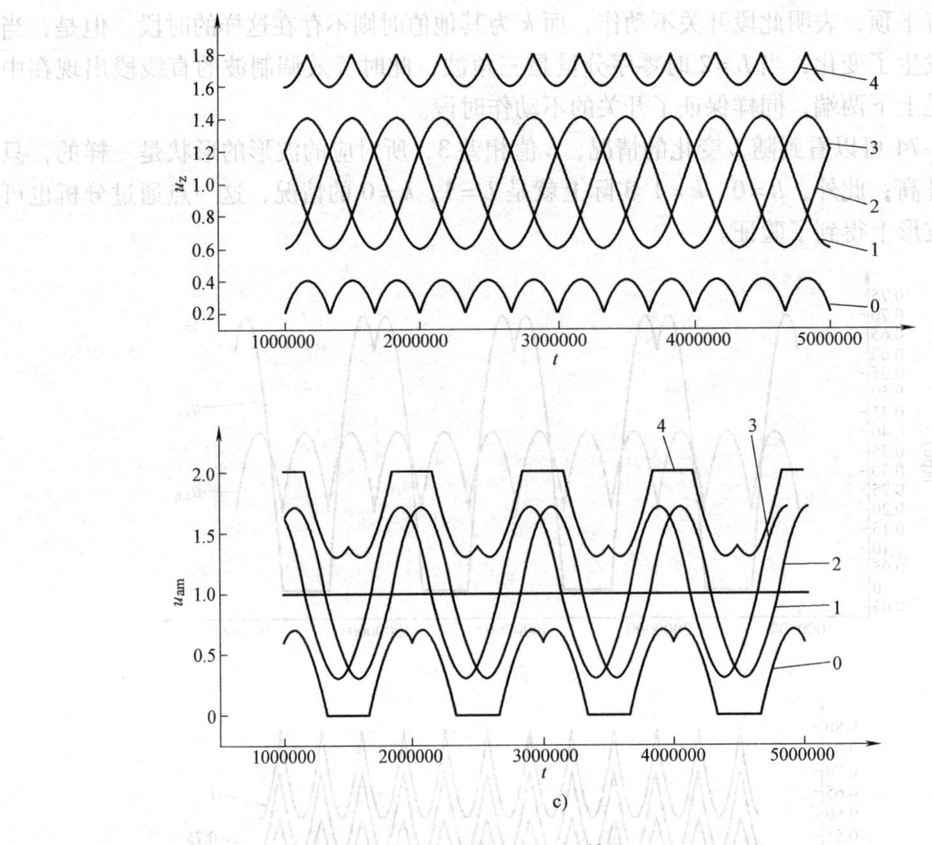

c)

图 6-74 （续）

c）$k=0$，L 从 0 到 4 变化时的零序电压（上）和调制波（下）

当 $|\boldsymbol{U}^*|=3.6$ 时，矢量全部位于最外层，此时 L 只能取值为 0。可以看到，随着“背向”原点的三角形区域的增多，波形的突变也更多了。而等效调制波的波形已经达到了 [0，4] 的上下限，这意味着输出矢量的长度已经达到了可能的最大值。

6.5 本章小结

本章主要介绍了正弦 PWM 技术，包括电压正弦、电流正弦以及磁通正弦 PWM。

在高压大容量电力电子技术中重点介绍了最具代表性的多电平变换器，包括：二极管箝位型和电容箝位型及通用型结构；其次为级联型结构。多电平变换器研究的重要方面是多电平脉宽调制（PWM）技术。其特点是：PWM 控制方法和其拓扑是紧密联系的，不同的拓扑对性能指标有不同的要求。所以，多电平变换器 PWM 控制的目标更多、性能指标要求也更高。但总的来看，多电平变换器 PWM 技术主要对两方面的目标进行控制：第一为输出电压的控制，即变换器输出的脉冲序列在伏秒意义上与目标参考波形等效；第二为变换器本身运行状态的控制，包括储能电容的电压平衡控制、输出谐波控制、所有功率开关的输出功率平衡控制、器件开关损耗控制等。

多电平变换器的 PWM 控制方法主要有两类：载波调制方法和空间电压矢量调制方法。在这两类 PWM 控制方法下面，对于不同的拓扑结构和要求，又派生出许多具体的多电平

PWM 控制策略。另一方面，载波调制法和空间矢量调制法在一定条件下又具有内在联系的一致性。因此本章重点介绍了载波法和空间矢量法 PWM 技术，且从三电平的控制方法开始进行阐述，然后扩展到多电平变换器的分析，给出一些实际系统中常用的方法。

参考文献

[1] Schonung A, Stennler H. Static Frequnecy Changer with Subharmonics Control in Conjunction with Reversible Variable Speed AC Drives [M]. BBC Rev. Aug/Sept, 1964.

[2] Kheraluwala M, DMD. Delta Modulation Strategies for Resonant Link Inverters [C]. IEEE PESC’87 Conf. Rec., 1987.

[3] Hotz J, Stadtfeld S. A Predictive Controller for the Stator Current Vector of AC Machines Fed From a Switched Voltage Source [C]. IPEC Conf. Rec., 1983.

[4] Gokkhale K P Kawamura A, Hoft R G. Deadbeat Microprocessor Control of PWM Inverter for Sinusoidal Output Waveform Synthesis [J]. IEEE Trans., 1987, IA-23 (5)

[5] Murai Y, et al. New PWM Method for Fully Digitized Inverters [J]. IEEE Trans. on IA, 1987, IA-23 (5)

[6] Brendan McGrath, A Generalized Approach to the Modulation of Multilevel Converters [C]. Tutorial of Multilevel Converters, Power Electronics Specialists Conference, PESC 2004.

[7] 谭卓辉，基于虚拟矢量的三电平逆变器异步机直接转矩控制研究 [D]. 北京：清华大学，2002.

[8] 韦立祥，双 PWM 三电平异步电机磁链定向调速系统研究 [D]. 北京：清华大学，2000.

[9] 曲树笋. 高压大容量多电平逆变器 DSP 控制 [D]. 北京：清华大学，2002.

[10] Nikola Celanovic, Dushan Boroyevich. A Fast Space-Vector Modulation Algorithm for Multilevel Three-Phase Converters [J]. IEEE Transaction on Industry Applications. 2001, 37, NO (2): 637-641.

[11] Prats M M, Carrasco J M, Franquelo L G. Effective algorithm for multilevel converters with very low computational cost [J]. Electronics Letters 2002, 38 [22]: 1398-1400.

[12] 侯轩. 多电平变换器通用空间矢量 PWM 算法及应用研究 [D]. 北京：清华大学，2004.

[13] 宋强，大容量多电平逆变器的控制方法及其系统设计 [D]. 北京：清华大学，2002.

[14] Jae Hyeong Seo, Chang Ho Choi, Dong Seok Hyum. A New Simplified Space-Vector PWM Method for Three-Level Inverters [J]. IEEE Transaction on Power Electronics, 2001, 16 (4): 545-550.

第7章　SPWM变换器系统控制技术

7.1　概述

电力电子（开关）电路通过对电路中的开关器件进行实时、适当的通、断状态控制实现高效、快速的电力变换，开关器件的开关模式控制有相控、方波控制和脉宽调制（PWM）控制等不同模式。在以脉宽调制（PWM）控制的变换器中，对于交流供电或者交流受电存在的场合，电力电子电路采用正弦脉宽调制（SPWM）模式进行电能变换的变换器称为SPWM变换器。

SPWM变换器得到越来越广泛的应用，究其原因，一方面当半导体功率开关选用高频全控型器件，采用高频PWM开关模式，可在重量、体积、噪声、电气特性等诸多方面带来好处，因此PWM变换器就目前器件制造水平而言，在中、小功率用电场合占据主导地位；随着高频开关器件电压、电流等级的提高，PWM变换器也将向大功率应用场合扩展。

另一方面，SPWM变换器能灵活实现DC/AC、AC/DC等多种电力变换模式。不仅在用电系统能提供各种直流和交流电源，牵引、驱动、推进等电动机用电源，同时在电力系统发电、输电、配电系统中也获得广泛需求。SPWM变换器由于可输出所要求的幅值、频率、相位和波形均可控的电压或电流，补偿控制电力系统或负载的基波电压（幅值、相位）、基波电流，谐波电压、谐波电流，有功或/和无功功率，用于新能源（风力、太阳能、潮汐能等）发电、电力系统中的远距离直流输电、谐波电压/谐波电流补偿器、无功功率补偿器、有功功率补偿器、节点电压控制器等。利用SPWM变换器可使发电、输电、配电及用电高效、优质。SPWM变换器在控制特性、重量、体积、效率、可靠性和维护管理等各方面均有优势，且含巨大潜力，因而备受青睐并得到迅速发展。

SPWM变换器有单相半桥电路、单相全桥电路、三相桥式电路等常见的基本电路形式，如图7-1a、图7-2a、图7-3a所示。不同的电路拓扑结构能实现不同的电力电子变换，而同一拓扑结构也能实现不同的电能变换。例如，图7-1a所示的单相半桥电路，在E、F两端加上直流电源，可形成单相半桥逆变器进行DC/AC功率变换，如图7-1b所示；若在A、N两端加上交流电，还可作为单相半桥PWM整流器进行AC/DC电能变换，如图7-1c所示。

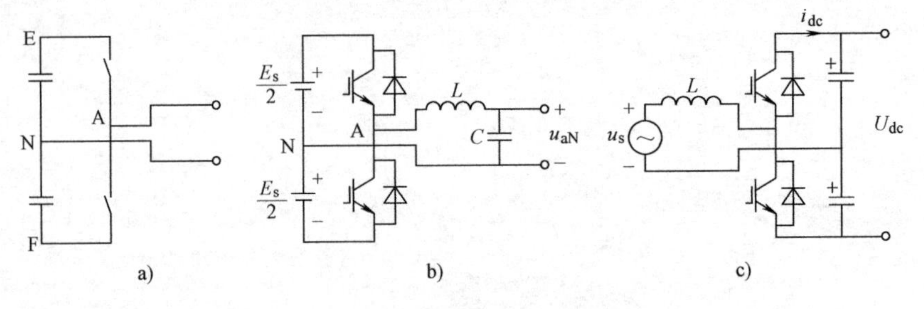

图7-1　单相半桥电路及应用

a）单相半桥电路　b）单相半桥逆变器　c）单相半桥PWM整流器

图7-2a所示的单相全桥电路在E、F两端加上直流电源，可形成单相全桥逆变器为交流负载提供交流电，如图7-2b所示；若在A、B两端加上交流电还可作为单相全桥PWM整流器提供直流电，如图7-2c所示。

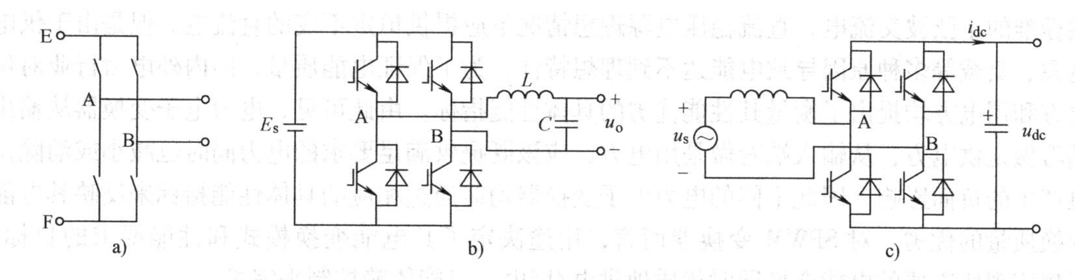

图7-2　单相全桥电路及应用

a）单相全桥电路　b）单相全桥逆变器　c）单相全桥PWM整流器

同样，图7-3a的三相桥式电路可形成图7-3b所示的三相逆变器、图7-3c所示的三相PWM整流器，图7-3c所示的三相桥式电路如果接入交流电网还可以作有源电力滤波器（APF）、无功功率发生器等。

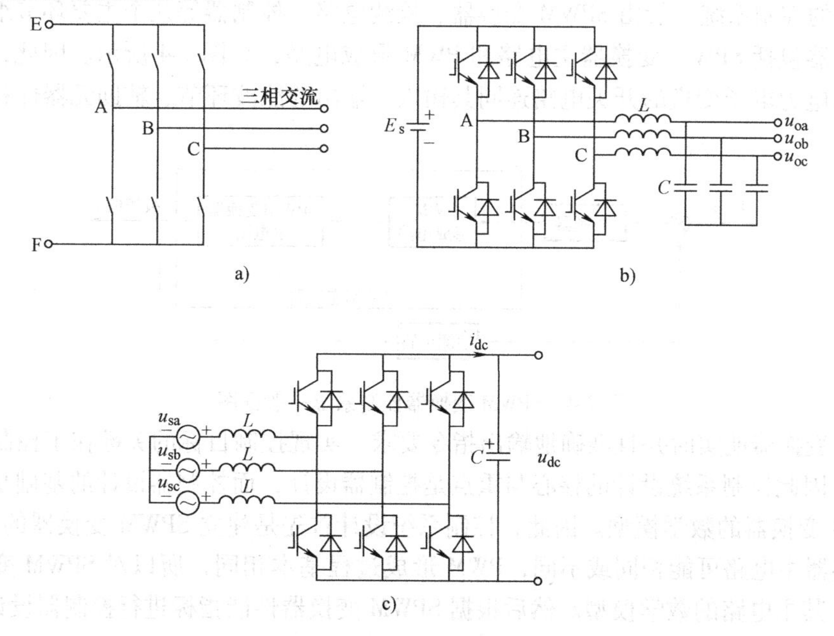

图7-3　三相桥式电路及应用

a）三相桥式电路　b）三相PWM逆变器　c）三相PWM整流器

电力电子电路作为基本功率变换单元，无论不同的还是相同的拓扑结构都是通过控制实现不同的电能变换。从应用层面看，既可以形成电力电子变换电源给专用负载或通用负载供电，又可以形成电力电子补偿控制器改善电能质量、提高电力设备运行效率和可靠性。在器件级、电路级、装置与系统级等功能逐步完善的三种等级中，从对电流具有通断控制能力的开关器件到对电压/电流、基波/谐波、有功/无功、功率因数具有调控能力的电力电子电路，再到满足不同电能需求的各种电力电子变换器，三者中前级是后级的基础，而后级作为前级的组合和延伸，是通过不同的控制形成的。由此可见，电力电子电路的控制包含两个方面：一是开关器件的开关模式控制，另一方面是电能变换模式的控制。

SPWM 变换器的电能变换模式控制取决于应用目的，不同应用目的需采用不同的电力变换（电力电子变换器）；同时，各种用电场合对电能质量的需求不同，决定了不同的电力变换（电力电子变换器）应满足不同的性能要求。例如，恒压恒频交流电源理想情况下应提供标准的正弦波交流电，直流稳压电源理想情况下应提供恒定不变的直流电。但是由于供电电源、负载等多种原因导致电能达不到理想特性，为了保证电能质量，国内外电力行业对供电方和用电方均提出了衡量其性能优劣的具体性能指标。由此可见，电力电子变换器从输出端看做是供电方，从输入端看做是用电方，应该既提供满足要求的电力同时也减小或消除用电产生的负面影响，因此不同的电力电子变换器均需通过相应的具体性能指标来反映其电能变换质量的优劣。对 SPWM 变换器而言，用途决定了其电能变换模式和性能要求的目标，要想实现所需要的电能变换同时优质地供电/用电，只能依赖控制来完成。

可见，SPWM 变换器须运用控制产生合适的 PWM 信号用以驱动电力电子电路的开关器件，实时、适当地调整开关器件的通断状态，输出所希望的电量（电压/电流、基波/谐波、有功/无功等），使电路运行波形、电气特性满足应用需求，而且 SPWM 变换器对控制的实时性要求很高。常用的控制方式是通过负反馈控制实现输出电量跟踪指令的控制目标，SPWM 变换器的控制系统一般由 SPWM 变换器、检测电路、控制器等几个主要环节组成，其中 SPWM 变换器包括 SPWM 变换器主电路和 PWM 形成电路，如图 7-4 所示。因此，SPWM 变换器由进行电力电子变换的开关电路连同其输入、输出的滤波环节、辅助元器件和控制电路等构成。

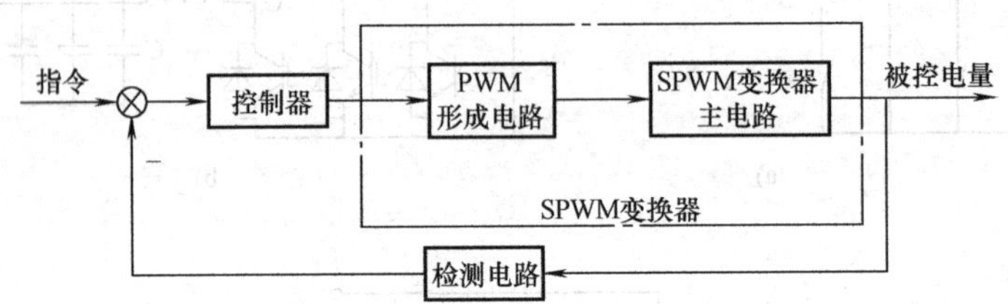

图 7-4　SPWM 变换器控制系统一般框图

SPWM 变换器能实时并且准确地输出指令要求、实现控制目标的关键在于控制器的控制响应性能，因此控制系统设计的核心与重点是控制器设计，而控制器设计的基础是已知被控对象 SPWM 变换器的数学模型。因此，控制系统设计首先是建立 SPWM 变换器的数学模型，SPWM 变换器主电路可能相同或不同，PWM 形成过程基本相同，所以对 SPWM 变换器而言应要先建立其主电路的数学模型。然后根据 SPWM 变换器性能指标进行控制器设计。

7.2　SPWM 变换器系统的一般性能要求及指标

不同应用场合需要不同的 SPWM 变换器，直流-交流电能变换需要 PWM 逆变器，交流-直流功率变换需要 PWM 整流器，消除负载谐波对电网的污染可以采用有源电力滤波器，补偿电网无功功率可以采用无功功率发生器。各种 SPWM 变换器由于电能变换的类型不同、应用范围不同，所以相应的电能控制目标和性能要求不完全一致。但是 SPWM 变换器中电力电子电路一侧是直流、另一侧是交流，所进行的电力变换类型要么是 DC/AC 变换，要么是 AC/DC 变换，无论交流电源还是直流电源，理想的电源特性是不同 SPWM 变换器相同的追求目标，因而由此可知 SPWM 变换器的一般性能要求及指标。

7.2.1　SPWM 变换器的一般性能要求

SPWM 变换器运行时，应该使交流侧交流电源的电压或电流为理想正弦波形，从电网吸收的无功功率等于零，使电网功率因数为 1。因为谐波电流和无功电流会对电网造成严重危害，还使交流电源功率因数下降，导致发电、配电及变电设备的利用率降低、功耗加大、效率降低，谐波和无功是导致电网电能质量下降、电网利用率和效率降低的主要原因。

逆变器作为交流电源，应该提供理想的基波正弦交流电，以电压源型逆变器来看，实际交流输出电压除含有较大的基波成分外，还含有谐波成分，导致输出波形畸变，因而希望其输出波形畸变尽量小，提高供电质量。

整流器作为交流电网的用电设备，理想状况是不产生谐波电流和无功电流注入到交流电网，从交流电源取电时应保证交流电源输出的电流为正弦波，而且交流电源只输出有功电流；实际整流器输入侧交流电流含有谐波和无功成分，因此为了减小对交流电网及交流电源的不利影响，希望整流器交流侧输入电流中的谐波电流尽量小、交流电源供电的功率因数尽量高。

非线性负载是谐波源，运行时产生大量谐波电流。并联型有源电力滤波器是一种补偿装置，目的是在谐波源处补偿已产生的谐波电流，使谐波电流不流入交流电网，因此并联型有源电力滤波器理想情况下应完全补偿非线性负载产生的谐波电流，使交流电网电流为正弦波；实际运行达不到理想状况，也希望有源电力滤波器尽量补偿到位，使交流电网电流接近正弦，减小给电力系统造成的谐波危害。

同样，无功功率发生器作为一种补偿变换器，目的是补偿负载已产生的无功功率，以便于电网高效运行，其理想状况是使交流电网功率因数为任意指令值，例如完全补偿负载无功功率使电网功率因数达到 1。

SPWM 变换器运行过程中，应该保证直流侧为平直、稳定的理想直流电。整流器作为直流电源应提供平直的稳定直流电，对电压源型整流器而言，实际输出直流电压中含有交流分量即谐波电压，称为纹波，为了提高直流供电品质希望整流器尽量减小直流纹波。逆变器作为直流用电设备，也要求其直流侧不产生交流谐波成分，使外部直流电源保持为平直直流电，以免对外部直流电源网络造成谐波干扰。对有源电力滤波器、无功功率发生器而言，虽然也有此要求，但其直流侧不与外部相连，因而要求不高。

SPWM 变换器在进行电能变换实现上述电能变换要求时，无论稳态运行还是受到扰动出现动态运行过程，都应该快速、准确地跟踪指令，因此对 SPWM 变换器同时还有动、静态跟踪响应性能要求。

SPWM 变换器上述性能的要求都是通过控制实现的。SPWM 变换器作为电力变换装置，除供电品质和用电品质外，还包括电能变换效率、功率密度、电磁干扰（EMI）及电磁兼容性（EMC）、可靠性等性能要求。

7.2.2　SPWM 变换器的一般性能指标

为了评价 SPWM 变换器交流侧的供电或用电质量，用波形正弦度性能反映电压、电流波形质量，用功率因数反映谐波和无功电流减小的程度。波形正弦度性能的几个指标和功率因数指标如下。

(1) 总谐波畸变率 *THD* (Total Harmonic Distortion)

总谐波畸变率定义为所含的全部谐波分量总有效值与基波分量有效值之比。对电压波形而言，电压总谐波畸变率 *THD* 为

$$THD = \frac{U_h}{U_1} = \frac{1}{U_1}\sqrt{\sum_{n=2}^{\infty} U_n^2} = \frac{\sqrt{U^2 - U_1^2}}{U_1} \tag{7-1}$$

对电流波形而言，电流总谐波畸变率 *THD* 为

$$THD = \frac{I_h}{I_1} = \frac{1}{I_1}\sqrt{\sum_{n=2}^{\infty} I_n^2} = \frac{\sqrt{I^2 - I_1^2}}{I_1} = \sqrt{\left(\frac{I}{I_1}\right)^2 - 1} \tag{7-2}$$

总谐波畸变率反映实际波形同其基波分量差异的程度，理想正弦波时 *THD* 为零。

(2) 单次谐波畸变率 *HD* (Harmonic Distortion)

第 n 次谐波畸变率 HD_n 定义为第 n 次谐波分量有效值 X_n 同基波分量有效值 X_1 之比，即

$$HD_n = X_n / X_1 \quad (X = U,\ \text{or} I) \tag{7-3}$$

(3) 最低次谐波 *LOH* (Lowest-Order Harmonic)

最低次谐波定义为与基波频率最接近的谐波。

逆变器应减小本身输出的谐波畸变率，有源电力滤波器应减小交流电网电流的谐波畸变率。

(4) 功率因数 *PF* (Power Factor)

功率因数定义为交流电源的有功功率 P_{ac} 与其视在功率 S 之比，即

$$PF = P_{ac}/S = \frac{P_{ac}}{U_s I_s} \tag{7-4}$$

如果交流电压为正弦基波，由于交流电流中的谐波电流在一个周期中的平均功率为零，只有电流中的基波电流 I_{s1} 形成有功功率。假定交流电压与交流电流基波分量之间的相位角为 ϕ_1，称为基波位移角；$\cos\phi_1$ 称为基波位移因数 *DPF* (Displacement Factor)，即基波功率因数，那么有功功率为

$$P_{ac} = U_s I_{s1} \cos\phi_1 \tag{7-5}$$

因此功率因数 *PF* 可表示为

$$PF = \frac{P_{ac}}{U_s I_s} = \frac{U_s I_{s1} \cos\phi_1}{U_s I_s} = \frac{I_{s1}}{I_s}\cos\phi_1 = \nu\cos\phi_1 \tag{7-6}$$

式中，基波电流有效值与总电流有效值之比 $\nu = I_{s1}/I_s$ 定义为基波电流数值因数，简称基波因数，可表示为

$$\nu = \frac{I_{s1}}{I_s} = \frac{I_{s1}}{\sqrt{I_{s1}^2 + \sum_{n=2}^{\infty} I_{sn}^2}} = \frac{1}{\sqrt{1 + \sum_{n=2}^{\infty} I_{sn}^2 / I_{s1}^2}} = \frac{1}{\sqrt{1 + THD^2}} \tag{7-7}$$

功率因数 *PF* 与电流中的谐波含量及基波位移角有关。当交流电流中的谐波含量大（即基波电流数值因数 ν 小）时，或基波位移角 ϕ_1 大（即基波位移因数 $DPF = \cos\phi_1$ 小）时，功率因数 *PF* 小。对于一定的负载有功功率，交流电源电流有效值 $I_s = P_{ac}/(U_s PF)$，例如若整流器功率因数小，则交流电源需输出更大的电流有效值 I_s 才能满足负载功率要求。而对于一定的电源电流有效值 I_s，功率因数 *PF* 越小，则交流电源提供的有功功率越小，电源利用率越低。相对于相控整流，PWM 整流器在输入谐波电流和功率因数方面具有明显优势。

有源电力滤波器、无功功率发生器通过电网功率因数 PF 来评价其对电网的补偿效果。

SPWM 变换器直流侧的供电或用电品质用下列纹波系数、脉动系数衡量。

（1）纹波系数 RF（Ripple Factor）

纹波系数定义为直流量中含有的全部交流谐波分量有效值 X_h 与直流量平均值 X_d 之比，即

$$RF = X_h / X_d \tag{7-8}$$

直流量中的交流谐波有效值 X_h 与直流量有效值 X_{rms} 及直流量平均值 X_d 的关系为

$$X_h = \sqrt{X_{rms}^2 - X_d^2} \tag{7-9}$$

因此

$$RF = \sqrt{\left(\frac{X_{rms}}{X_d}\right)^2 - 1} \tag{7-10}$$

（2）脉动系数 S_n

脉动系数定义为直流量中最低次谐波幅值 X_{nm} 与直流量平均值 X_d 之比，即

$$S_n = X_{nm} / X_d \tag{7-11}$$

SPWM 变换器中的电力电子开关电路输出 PWM 信号，开关电路的输出都需经过滤波器滤除 PWM 信号中的高次谐波后再作为变换器的输出向外供电。以 LC 二阶滤波器来看，若开关电路输出的 n 次谐波（$n\omega$）有效值为 U_n，经 LC 滤波器衰减后 n 次谐波有效值为 U_{on}，由于

$$\dot{U}_{on} = \frac{\dot{U}_n}{jn\omega L + \frac{1}{jn\omega C}} \frac{1}{jn\omega C} = \frac{\dot{U}_n}{1 - n^2\omega^2 LC} \tag{7-12}$$

适当选择 L、C 数值使截止频率 $\omega_b = 1/\sqrt{LC} << n\omega$，则有

$$U_{on} \approx \frac{U_n}{n^2\omega^2 LC} = \frac{U_n}{n^2\left(\frac{\omega}{\omega_b}\right)^2} = \left(\frac{\omega_b}{n\omega}\right)^2 U_n \tag{7-13}$$

可见开关电路输出的 n 次谐波经 LC 二阶滤波器后近似衰减 $n^2(\omega/\omega_b)^2$ 倍，衰减与 n^2 成比例。那么，开关电路输出的 PWM 信号通过滤波器时，高次谐波将衰减得更厉害，为了表征 PWM 信号经过滤波器后尚存在的畸变程度，引入畸变系数 DF（Distortion Factor），对二阶滤波器定义 DF 为

$$DF_2 = \frac{1}{U_1}\sqrt{\sum_{n=2}^{\infty}\left[\frac{U_n}{n^2}\right]^2} \tag{7-14}$$

类似地，开关电路输出的 n 次谐波经一阶滤波器后近似衰减 $n(\omega/\omega_b)$ 倍，衰减与 n 成比例。对一阶滤波器定义 DF 为

$$DF_1 = \frac{1}{U_1}\sqrt{\sum_{n=2}^{\infty}\left[\frac{U_n}{n}\right]^2} \tag{7-15}$$

PWM 信号通过一阶或二阶滤波器，谐波阶次越高，经同一滤波器后衰减得越多，输出波形谐波畸变越小，畸变系数 DF 将越小；要想输出谐波畸变程度同样小，谐波阶次低的 PWM 需要更大的滤波电感或电容。

7.3 SPWM 变换器的建模

对 SPWM 变换器进行控制研究，首先要建立其数学模型。因为变换器的数学模型是其控制的基础，在数学模型上通过性能分析才能进行变换器控制的设计与验证，乃至于保证控制实施的效果。SPWM 变换器数学模型的建立相对较为复杂，因为电力电子电路含有开关这种非线性时变元件，使得电力电子电路难以直接用线性时不变方程来描述，而非线性理论目前在数学处理上仍很复杂，解决实际系统控制问题尚不成熟。因此针对所研究问题的不同，有必要在一定运行条件下合理简化电路模型，用可充分表示 SPWM 变换器特性的线性化模型来替代实际模型，使变换器的控制变得简单而有效。

7.3.1 SPWM 逆变器（独立运行）的数学模型

1. 单相 SPWM 逆变器的数学模型

单相逆变器主电路示于图 7-5 中，其中图 7-5a 是半桥逆变电路，图 7-5b 为全桥逆变电路。假设功率开关管是理想器件，图中滤波电感 L 与滤波电容 C 构成低通滤波器，r 为考虑滤波电感 L 的等效串联电阻、死区效应、开关管导通压降、电路电阻等逆变器中各种阻尼因素的综合等效电阻。U_d 为直流母线电压，u_1 为逆变桥输出电压，u_0 为逆变器输出电压，i_1 为流过滤波电感的电流。

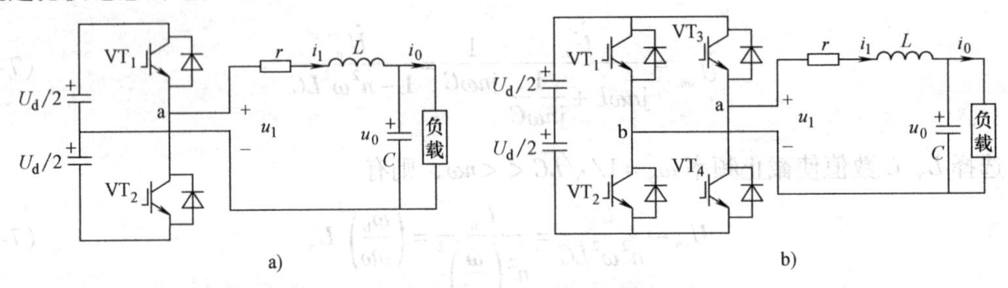

图 7-5 单相逆变器主电路

a）半桥逆变电路 b）全桥逆变电路

对于负载模型的考虑，由于实际负载类型存在多样性，为了准确反映负载实际情况，不对逆变器负载做任何假定，把负载电流 i_0 处理为逆变器的一个外部扰动输入量。这样处理的好处是既符合逆变器负载多种多样的实际情况，又可以建立一个形式简单且不依赖具体负载类型的逆变器数学模型。

根据控制方案的特点可以选择不同的状态变量来推导状态空间模型，对于单相逆变器这样一个双输入、单输出的二阶系统，这里选择电容电压 u_0 和电感电流 i_1 作为状态变量，可得状态空间表达式为

$$\begin{bmatrix}\dot{u}_0\\ \dot{i}_1\end{bmatrix}=\begin{bmatrix}0 & \frac{1}{C}\\ -\frac{1}{L} & -\frac{r}{L}\end{bmatrix}\begin{bmatrix}u_0\\ i_1\end{bmatrix}+\begin{bmatrix}0\\ \frac{1}{L}\end{bmatrix}u_1^*+\begin{bmatrix}-\frac{1}{C}\\ 0\end{bmatrix}i_0 \tag{7-16}$$

$$\boldsymbol{y}=[1\quad 0]\begin{bmatrix}u_0\\ i_1\end{bmatrix} \tag{7-17}$$

记做
$$\dot{\boldsymbol{x}} = \boldsymbol{A}x + \boldsymbol{B}u_1^* + \boldsymbol{W}i_0 \tag{7-18}$$
$$\boldsymbol{y} = \boldsymbol{C}x \tag{7-19}$$

其中 $\boldsymbol{x} = [u_0 \quad i_1]^{\mathrm{T}}$

$$\boldsymbol{A} = \begin{bmatrix} 0 & \frac{1}{\boldsymbol{C}} \\ -\frac{1}{L} & -\frac{r}{L} \end{bmatrix}, \quad \boldsymbol{B} = \begin{bmatrix} 0 \\ \frac{1}{L} \end{bmatrix}, \quad \boldsymbol{W} = \begin{bmatrix} -\frac{1}{\boldsymbol{C}} \\ 0 \end{bmatrix}, \quad \boldsymbol{C} = [1 \quad 0]$$

用 S_a^*、S_b^* 分别表示相应桥臂的开关函数。$S_i^* = 1$ 代表相应桥臂上管导通，下管关断；$S_i^* = 0$ 代表相应桥臂下管导通，上管关断。对于半桥电路，逆变桥输出是以$\frac{U_d}{2}$或$-\frac{U_d}{2}$为幅值的脉冲电压，故

$$u_{1h}^* = S_a^* U_d - \frac{U_d}{2} = \frac{U_d}{2}(2S_a^* - 1) \tag{7-20}$$

全桥电路工作于双极性 SPWM 方式，逆变桥输出 u_1 取值只能为 U_d 或 $-U_d$，且 $S_a^* + S_b^* = 1$

$$u_1^* = U_d(S_a^* - S_b^*) = U_d(2S_a^* - 1) \tag{7-21}$$

由于逆变器主电路中各功率开关管都工作于“开”和“关”两种状态，逆变器本质上是一个非线性系统，而开关管在一个开关周期中的开通或关断期间是连续的，且电路中其他部分又始终工作在连续状态，因此逆变器是由分段线性和线性两部分电路构成的。这种问题可以用经典理论的分段线性化解决，但往往会过于繁杂或不现实，在工程中常常采用状态空间平均法。状态空间平均法相对来说简单，易于理解，而且在解决实际开关变换器模型的问题时较快捷，因此得到广泛应用。状态空间平均法是基于逆变器输出频率与系统截止频率远小于开关频率的情况下，在一个开关周期内可以用断续变量的平均值代替其瞬时值，从而得到线性化的状态空间平均模型。在此基础上，可以方便地采用经典理论和方法进行讨论。SPWM 逆变器的截止频率主要由输出 *LC* 滤波器的截止频率决定，*LC* 滤波器的截止频率相对于开关频率足够低，这一点在 SPWM 逆变器中是满足的，因为 *LC* 滤波器的作用就是滤除开关频率及其以上频率的谐波。因此状态空间平均模型可以作为 SPWM 逆变器的低频等效模型。对于绝大多数逆变器输出波形控制方案，这种状态空间平均模型已经可以作为控制对象的一个足够好的描述。其缺点仅仅是不能反映开关暂态的细节，因此不能用来作精确的波形质量分析。

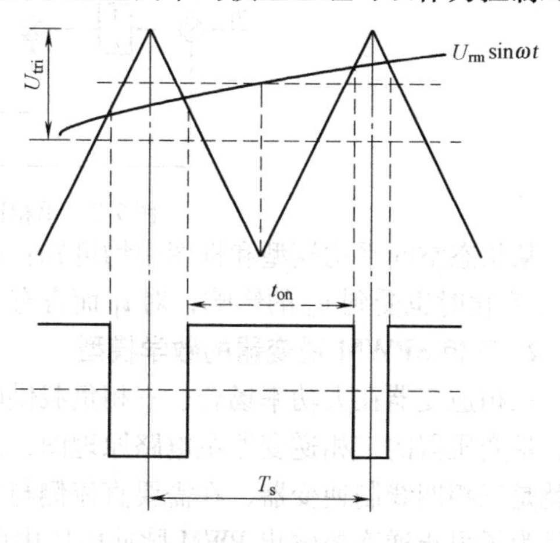

图 7-6　PWM 过程示意图

SPWM 逆变器处于不同开关状态下其状态方程各矩阵是相同的，为常系数矩阵，所以只需对不连续的非线性输入量 u_1^* 做平均，即可获得逆变器的状态空间平均模型。

当 SPWM 的调制比 $m\left(m = \frac{U_{rm}}{U_{tri}}\right)$ 不超过 1 时，输出脉宽与正弦调制参考波大小成正比，如图 7-6 所示，由此可以得到开关函数的平均值为

$$S_a = (1 \times t_{on} + 0 \times t_{off}) / T_s$$

$$=1\times\frac{U_{\rm rm}\sin\omega t+U_{\rm tri}}{2U_{\rm tri}}+0\times\left(1-\frac{U_{\rm rm}\sin\omega t+U_{\rm tri}}{2U_{\rm tri}}\right)$$

$$=\frac{1}{2}\left(m\sin\omega t+1\right)\tag{7-22}$$

则单相逆变桥输出电压可近似表示为

$$u_1=E m\sin\omega t\tag{7-23}$$

式中，$E=\begin{cases}\dfrac{u_{\rm d}}{2} & （半桥时）\\ u_{\rm d} & （全桥时）\end{cases}$

将式（7-23）代入式（7-16）可得

$$\begin{bmatrix}\dot{u}_0\\ \dot{i}_1\end{bmatrix}=\begin{bmatrix}0 & \dfrac{1}{C}\\ -\dfrac{1}{L} & -\dfrac{r}{L}\end{bmatrix}\begin{bmatrix}u_0\\ i_1\end{bmatrix}+\begin{bmatrix}0\\ \dfrac{1}{L}\end{bmatrix}u_1+\begin{bmatrix}-\dfrac{1}{C}\\ 0\end{bmatrix}i_0\tag{7-24}$$

式中，$u_1=Em\sin\omega t$。

则式（7-24）与式（7-17）构成了单相SPWM逆变器的状态空间平均模型。单相SPWM逆变器无论采用半桥还是全桥结构，都可以用这一平均模型来统一表示。由此可以看到，假设功率开关管是理想的，逆变器的基波频率、LC滤波器的截止频率与开关频率相比足够低时，则逆变桥可以简化成一个增益放大器，从而得到逆变器的线性化模型。

由上可见，将负载电流i_0视为扰动输入，无论逆变器所接负载是线性或非线性的，负载特性只体现在扰动量的任意性上，而单相逆变器模型可以为一个简单的双输入、单输出二阶线性模型。

由状态空间平均模型可以推导出双输入同时作用时系统的s域输出响应关系式及框图（见图7-7）为

$$U_0(s)=\frac{U_1(s)}{LCs^2+rCs+1}+\frac{-(Ls+r)}{LCs^2+rCs+1}I_0(s)=G_1(s)U_1(s)+G_{\rm d}(s)I_0(s)\tag{7-25}$$

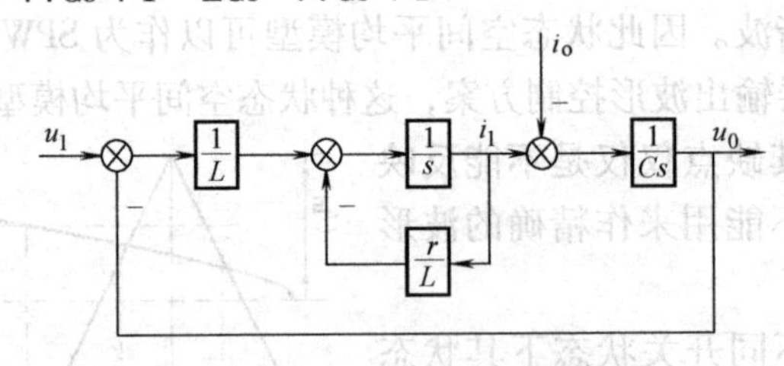

图7-7　单相逆变器主电路框图

从状态空间平均模型和框图中均可知：u_0随i_1变化时受到一个扰动量i_0的影响，而i_1随u_1变化时也受到u_0的影响，对i_1而言有一个扰动量就是u_0。

2. 三相SPWM逆变器的数学模型

三相逆变器在大功率场合、三相负载供电场合中应用。图7-8a、b所示分别为不带变压器、带变压器的三相逆变器主电路原理图，图中虚线不存在则为三相三线制逆变器，虚线存在就是三相四线制逆变器，在需要直流侧与交流侧电气隔离的场合采用带变压器的逆变器，而且为了阻止逆变桥输出PWM脉冲电压中所含的3倍频谐波这样的零序分量传输到逆变器输出端，三相逆变器中变压器常常被连接成△-Y或△-Y_0（Y_0代表有中线的Y连接）方式。

输出滤波电容 C 接成△形或 Y 形均可等效成图中的 Y 形，假定三相电路平衡，则图中三相滤波电感均为 L，三相等效阻尼电阻均为 r，三相滤波电容均为 C。

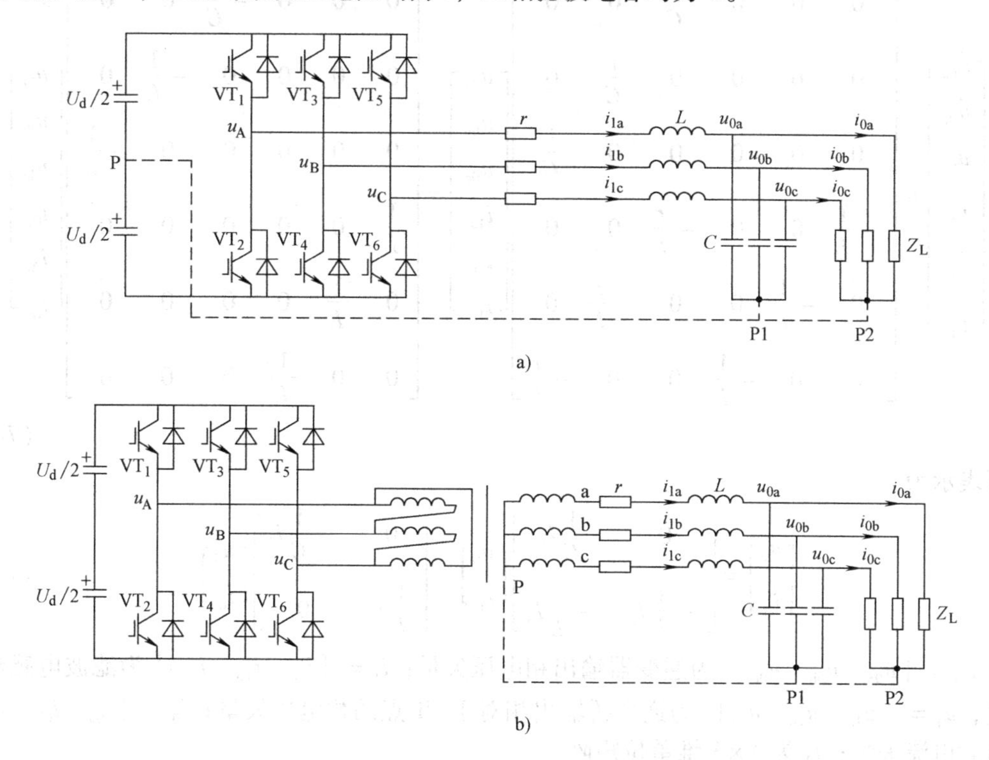

图 7-8　三相逆变器主电路图

a）不带变压器的三相逆变器　b）带变压器的三相逆变器

（1）基于三相静止 a-b-c 坐标系模型

图 7-8a 中 u_A、u_B、u_C 表示逆变桥输出相对于直流中点 P 的三相相电压；u_{0a}、u_{0b}、u_{0c} 代表三个滤波电容上的电压，也就是逆变器输出的三相相电压；i_{1a}、i_{1b}、i_{1c} 为三个滤波电感中的电流；i_{0a}、i_{0b}、i_{0c} 为负载汲取的三相线电流。用 u_{P1P} 表示中点 P_1 与 P 之间的压降。根据基尔霍夫电流定律与电压定律，可以列写出以下六个方程：

$$\begin{cases} C\dfrac{\mathrm{d}u_{0a}}{\mathrm{d}t}=i_{1a}-i_{0a} \\ C\dfrac{\mathrm{d}u_{0b}}{\mathrm{d}t}=i_{1b}-i_{0b} \\ C\dfrac{\mathrm{d}u_{0c}}{\mathrm{d}t}=i_{1c}-i_{0c} \\ u_A-u_{P1P}=L\dfrac{\mathrm{d}i_{1a}}{\mathrm{d}t}+ri_{1a}+u_{0a} \\ u_B-u_{P1P}=L\dfrac{\mathrm{d}i_{1b}}{\mathrm{d}t}+ri_{1b}+u_{0b} \\ u_C-u_{P1P}=L\dfrac{\mathrm{d}i_{1c}}{\mathrm{d}t}+ri_{1c}+u_{0c} \end{cases} \tag{7-26}$$

如果令 $u_{1a}=u_A-u_{P1P}$，$u_{1b}=u_B-u_{P1P}$，$u_{1c}=u_C-u_{P1P}$，式（7-26）写成矩阵形式为

$$\begin{bmatrix}\dot{u}_{0a}\\\dot{u}_{0b}\\\dot{u}_{0c}\\\dot{i}_{1a}\\\dot{i}_{1b}\\\dot{i}_{1c}\end{bmatrix}=\begin{bmatrix}0&0&0&\frac{1}{C}&0&0\\0&0&0&0&\frac{1}{C}&0\\0&0&0&0&0&\frac{1}{C}\\-\frac{1}{L}&0&0&-\frac{r}{L}&0&0\\0&-\frac{1}{L}&0&0&-\frac{r}{L}&0\\0&0&-\frac{1}{L}&0&0&-\frac{r}{L}\end{bmatrix}\begin{bmatrix}u_{0a}\\u_{0b}\\u_{0c}\\i_{1a}\\i_{1b}\\i_{1c}\end{bmatrix}+\begin{bmatrix}0&0&0&-\frac{1}{C}&0&0\\0&0&0&0&-\frac{1}{C}&0\\0&0&0&0&0&-\frac{1}{C}\\\frac{1}{L}&0&0&0&0&0\\0&\frac{1}{L}&0&0&0&0\\0&0&\frac{1}{L}&0&0&0\end{bmatrix}\begin{bmatrix}u_{1a}\\u_{1b}\\u_{1c}\\i_{0a}\\i_{0b}\\i_{0c}\end{bmatrix}\tag{7-27}$$

也可表示为

$$\begin{bmatrix}\dot{u}_0\\\dot{i}_1\end{bmatrix}=\begin{bmatrix}0&\frac{1}{C}I_3\\-\frac{1}{L}I_3&-\frac{r}{L}I_3\end{bmatrix}\begin{bmatrix}u_0\\i_1\end{bmatrix}+\begin{bmatrix}0&-\frac{1}{C}I_3\\\frac{1}{L}I_3&0\end{bmatrix}\begin{bmatrix}u_1\\i_0\end{bmatrix}\tag{7-28}$$

式中 $u_0=[u_{0a}\quad u_{0b}\quad u_{0c}]^T$ 为逆变器输出相电压矢量；$i_1=[i_{1a}\quad i_{1b}\quad i_{1c}]^T$ 为滤波电感电流矢量；$u_1=[u_{1a}\quad u_{1b}\quad u_{1c}]^T$ 为逆变桥输出相对于 $P1$ 点的相电压矢量；$i_0=[i_{0a}\quad i_{0b}\quad i_{0c}]^T$ 为负载电流矢量；I_3 为 3×3 维单位矩阵。

当有中线存在时，$u_{P1P}=0$，三相逆变电路中各相电压、各相电流相互独立，系统有六个独立变量存在，若取逆变器输出相电压 u_{0a}、u_{0b}、u_{0c}、和电感电流 i_{1a}、i_{1b}、i_{1c} 作为状态变量，则式（7-28）与以下式（7-29）构成图 7-8a 中有中性线时的状态空间方程。

$$\boldsymbol{y}=[u_{0a}\quad u_{0b}\quad u_{0c}]^T\tag{7-29}$$

当中线不存在时，电感电流、负载电流等均有

$$i_a+i_b+i_c=0$$

电路中无零序电流，则滤波电容电压不可能含零序分量，故

$$u_{0a}+u_{0b}+u_{0c}=0$$

逆变桥输出相对于 P 点的三相 PWM 脉冲电压由于电路非理想因素等原因而含有零序成分，此零序分量全部降落在 u_{P1P} 上，因此，逆变桥输出相对于 P1 点的三相电压也有 $u_{1a}+u_{1b}+u_{1c}=0$。这样一来，在式（7-27）中只有 4 个方程相互独立。如任意取两相电压和电流 u_{0a}、u_{0b}、i_{1a}、i_{1b} 作为状态变量，则图 7-8a 中无中线时的状态空间模型为

$$\begin{bmatrix}\dot{u}_{0a}\\\dot{u}_{0b}\\\dot{i}_{1a}\\\dot{i}_{1b}\end{bmatrix}=\begin{bmatrix}0&0&\frac{1}{C}&0\\0&0&0&\frac{1}{C}\\-\frac{1}{L}&0&-\frac{r}{L}&0\\0&-\frac{1}{L}&0&-\frac{r}{L}\end{bmatrix}\begin{bmatrix}u_{0a}\\u_{0b}\\i_{1a}\\i_{1b}\end{bmatrix}+\begin{bmatrix}0&0&-\frac{1}{C}&0\\0&0&0&-\frac{1}{C}\\\frac{1}{L}&0&0&0\\0&\frac{1}{L}&0&0\end{bmatrix}\begin{bmatrix}u_{1a}\\u_{1b}\\i_{0a}\\i_{0b}\end{bmatrix}\tag{7-30}$$

$$\boldsymbol{y}=\begin{bmatrix}u_{0a} & u_{0b}\end{bmatrix}^{T} \tag{7-31}$$

对于图7-8b所示带变压器的三相逆变器，u_{AB}、u_{BC}、u_{CA}为逆变桥输出线电压，假设变压器二次绕组相电压为u_a、u_b、u_c，变压器变比为1∶N，如果令

$$\begin{cases}u_{1a}=u_a-u_{P1P}=Nu_{AB}-u_{P1P}\\ u_{1b}=u_b-u_{P1P}=Nu_{BC}-u_{P1P}\\ u_{1c}=u_c-u_{P1P}=Nu_{CA}-u_{P1P}\end{cases} \tag{7-32}$$

有中线时$u_{P1P}=0$。无中性线时，变压器二次相电压不可能含零序成分，故仍有$u_{P1P}=0$。但两种情况的独立变量个数不同。图7-8b中有中性线时的状态空间模型可用式（7-28）、式（7-29）表示，无中性线时的状态空间模型可用式（7-30）、式（7-31）表示。即三相四线制模型为式（7-28）、式（7-29），三相三线制模型为式（7-30）、式（7-31）。

三相SPWM逆变器在静止abc坐标系中的模型表明三相状态变量之间无耦合关系，而且各相状态变量内部的关系与单相SPWM逆变器的状态方程是一致的，因此三相四线制、三相三线制逆变器可以分别等效变为三个或两个相互独立的单相SPWM逆变器。

（2）负载效应

单相逆变器的负载按线性特性分为线性负载和非线性负载两类。三相逆变器供电时负载可能是不平衡三相，也可能是单相的，因此，根据平衡程度以及线性程度的不同，三相逆变器负载分为四类：平衡线性负载；不平衡线性负载；平衡非线性负载，如三相整流负载；不平衡非线性负载，如单相整流负载。

带平衡的三相（线性或非线性）负载运行时，三相逆变电路可简化成等效的单相逆变电路，前述的单相逆变器分析方法均适用。不平衡负载引起三相逆变器各电量三相不对称。

任意一组三相不对称电量均可用对称分量法分解成正序、负序、零序三组对称分量，即

$$\begin{bmatrix}\dot{X}_a\\ \dot{X}_b\\ \dot{X}_c\end{bmatrix}=\begin{bmatrix}\dot{X}_{a+}\\ \dot{X}_{b+}\\ \dot{X}_{c+}\end{bmatrix}+\begin{bmatrix}\dot{X}_{a-}\\ \dot{X}_{b-}\\ \dot{X}_{c-}\end{bmatrix}+\begin{bmatrix}\dot{X}_{a0}\\ \dot{X}_{b0}\\ \dot{X}_{c0}\end{bmatrix} \tag{7-33}$$

其中下标a、b、c分别代表三相电量，下标+、-、0分别代表正、负、零序分量。

$$\begin{bmatrix}\dot{X}_{a+}\\ \dot{X}_{b+}\\ \dot{X}_{c+}\end{bmatrix}=\frac{1}{3}\begin{bmatrix}1 & \alpha & \alpha^2\\ \alpha^2 & 1 & \alpha\\ \alpha & \alpha^2 & 1\end{bmatrix}\begin{bmatrix}\dot{X}_a\\ \dot{X}_b\\ \dot{X}_c\end{bmatrix} \tag{7-34}$$

$$\begin{bmatrix}\dot{X}_{a-}\\ \dot{X}_{b-}\\ \dot{X}_{c-}\end{bmatrix}=\frac{1}{3}\begin{bmatrix}1 & \alpha^2 & \alpha\\ \alpha & 1 & \alpha^2\\ \alpha^2 & \alpha & 1\end{bmatrix}\begin{bmatrix}\dot{X}_a\\ \dot{X}_b\\ \dot{X}_c\end{bmatrix} \tag{7-35}$$

$$\dot{X}_{a0}=\dot{X}_{b0}=\dot{X}_{c0}=\frac{1}{3}\left(\dot{X}_a+\dot{X}_b+\dot{X}_c\right) \tag{7-36}$$

式中，$\alpha=e^{j2\pi/3}$

三相逆变器不平衡运行时的特性分析、控制设计将十分复杂，利用对称分量法得到三组对称分量，然后在三组对称分量分别作用的情况下，采用正序、负序和零序各自的单相等效

电路就能方便地求得三种状况下的特性，再利用叠加原理获得总的不平衡运行特性。

不平衡线性负载时负载电流是基波正、负、零序扰动电流。不平衡非线性负载给逆变器引入了基波及谐波的正、负、零序扰动电流，因此不平衡非线性负载是三相逆变器最恶劣的运行情况。

（3）基于两相静止α-β坐标系模型

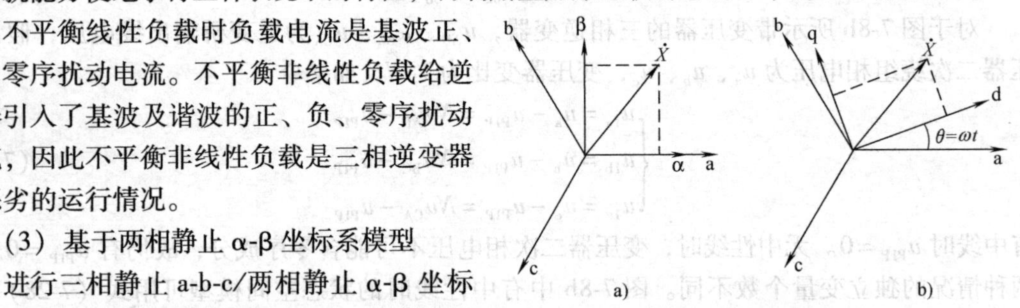

图 7-9　坐标系变换图

a）a-b-c 坐标系与 α-β 坐标系关系

b）a-b-c 坐标系与 d-q 坐标系关系

进行三相静止 a-b-c/两相静止 α-β 坐标变换、三相静止 a-b-c/同步旋转 d-q-0 坐标变换是基于空间矢量的概念。将三相电量 X_a、X_b、X_c 分别定义在互差 120°的 a、b、c 三相轴线上，如图 7-9a 所示，三相电量 X_a、X_b、X_c 看成是三个矢量的模，三个矢量的方向在各相轴线上，若取 a 轴为参考轴，则这三个矢量的合成矢量定义为

$$\dot{X}=\frac{2}{3}\left(\dot{X}_a+\dot{X}_b+\dot{X}_c\right)=\frac{2}{3}\left(X_a+X_b e^{j2\pi/3}+X_c^{j4\pi/3}\right) \tag{7-37}$$

这样定义可使合成矢量 $\dot{X}$ 在 a、b、c 三相轴线上的投影刚好分别是 X_a、X_b、X_c。如果两相静止坐标系的 α 轴与 a 轴重合，β 轴超前并垂直于 α 轴，α 轴 β 轴分矢量为 $\dot{X}_\alpha$、$\dot{X}_\beta$，令两坐标系的合成矢量完全相同，则三相三线制 SPWM 逆变器在两组坐标系分量间的关系为

$$\begin{bmatrix}x_\alpha\\x_\beta\end{bmatrix}=\frac{2}{3}\begin{bmatrix}1&-\frac{1}{2}&-\frac{1}{2}\\0&\frac{\sqrt{3}}{2}&-\frac{\sqrt{3}}{2}\end{bmatrix}\begin{bmatrix}x_a\\x_b\\x_c\end{bmatrix}=\boldsymbol{T}_{3s/2s}\begin{bmatrix}x_a\\x_b\\x_c\end{bmatrix} \tag{7-38}$$

$$\begin{bmatrix}x_a\\x_b\\x_c\end{bmatrix}=\begin{bmatrix}1&0\\-\frac{1}{2}&\frac{\sqrt{3}}{2}\\-\frac{1}{2}&-\frac{\sqrt{3}}{2}\end{bmatrix}\begin{bmatrix}x_\alpha\\x_\beta\end{bmatrix}=\boldsymbol{T}_{2s/3s}\begin{bmatrix}x_\alpha\\x_\beta\end{bmatrix} \tag{7-39}$$

三相三线制 SPWM 逆变器在 α-β 坐标系下的状态方程为

$$\begin{bmatrix}\dot{u}_{0\alpha}\\\dot{u}_{0\beta}\\\dot{i}_{1\alpha}\\\dot{i}_{1\beta}\end{bmatrix}=\begin{bmatrix}0&0&\frac{1}{C}&0\\0&0&0&\frac{1}{C}\\-\frac{1}{L}&0&-\frac{r}{L}&0\\0&-\frac{1}{L}&0&-\frac{r}{L}\end{bmatrix}\begin{bmatrix}u_{0\alpha}\\u_{0\beta}\\i_{1\alpha}\\i_{1\beta}\end{bmatrix}+\begin{bmatrix}0&0&-\frac{1}{C}&0\\0&0&0&-\frac{1}{C}\\\frac{1}{L}&0&0&0\\0&\frac{1}{L}&0&0\end{bmatrix}\begin{bmatrix}u_{1\alpha}\\u_{1\beta}\\i_{0\alpha}\\i_{0\beta}\end{bmatrix} \tag{7-40}$$

同样，α-β 坐标系中的两相状态变量也没有耦合关系，α 轴或 β 轴状态变量内部的关系与单相 SPWM 逆变器的状态方程一致，可见三相三线制 SPWM 逆变器在 α-β 坐标系可以等效为两个相互独立的单相 SPWM 逆变器。

（4）基于同步旋转 d-q-0 坐标系模型

三相电量 X_a、X_b、X_c 定义同上，如果取相互垂直的d-q轴以角速度 ω 旋转（见图7-9b）令d-q系统中d轴、q轴分矢量 $\dot{X}_d$、$\dot{X}_q$ 的合成矢量与a-b-c轴系中完全相同，再定义一个零轴分量为

$$X_0 = k\ (X_a + X_b + X_c) \qquad (\text{常数}\ k \neq 0,\ \text{一般取}\ k = \frac{1}{\sqrt{2}}) \tag{7-41}$$

这样可求得此时两组坐标系分量间转换矩阵如下：

$$\begin{bmatrix} X_d \\ X_q \\ X_0 \end{bmatrix} = \begin{bmatrix} \cos\omega t & \cos\left(\omega t - \frac{2\pi}{3}\right) & \cos\left(\omega t + \frac{2\pi}{3}\right) \\ -\sin\omega t & -\sin\left(\omega t - \frac{2\pi}{3}\right) & -\sin\left(\omega t + \frac{2\pi}{3}\right) \\ \frac{1}{\sqrt{2}} & \frac{1}{\sqrt{2}} & \frac{1}{\sqrt{2}} \end{bmatrix} \begin{bmatrix} X_a \\ X_b \\ X_c \end{bmatrix} = T_{abc-dq0} \begin{bmatrix} X_a \\ X_b \\ X_c \end{bmatrix} \tag{7-42}$$

$$\begin{bmatrix} X_a \\ X_b \\ X_c \end{bmatrix} = \frac{2}{3} \begin{bmatrix} \cos\omega t & -\sin\omega t & \frac{1}{\sqrt{2}} \\ \cos\left(\omega t - \frac{2\pi}{3}\right) & -\sin\left(\omega t - \frac{2\pi}{3}\right) & \frac{1}{\sqrt{2}} \\ \cos\left(\omega t + \frac{2\pi}{3}\right) & -\sin\left(\omega t + \frac{2\pi}{3}\right) & \frac{1}{\sqrt{2}} \end{bmatrix} \begin{bmatrix} X_d \\ X_q \\ X_0 \end{bmatrix} = T_{dq0-abc} \begin{bmatrix} X_d \\ X_q \\ X_0 \end{bmatrix} \tag{7-43}$$

这种定义的特性：对于任意三相电量，不管其参考点如何选择，它们的合成矢量是相同的；对于几组三相正弦电量，它们时间上的相位关系可由合成矢量空间上的位置关系来表征。

任意三相电量 X_a、X_b、X_c 及其正、负、零序分量在d-q-0轴系的等效变换如下：

$$\begin{bmatrix} X_{di} \\ X_{qi} \\ X_{0i} \end{bmatrix} = T_{abc-dq0} \begin{bmatrix} X_{ai} \\ X_{bi} \\ X_{ci} \end{bmatrix} \qquad (i = +,\ -,\ 0)$$

$$\begin{bmatrix} X_d \\ X_q \\ X_0 \end{bmatrix} = T_{abc-dq0} \begin{bmatrix} X_a \\ X_b \\ X_c \end{bmatrix} = \begin{bmatrix} X_{d+} \\ X_{q+} \\ 0 \end{bmatrix} + \begin{bmatrix} X_{d-} \\ X_{q-} \\ 0 \end{bmatrix} + \begin{bmatrix} 0 \\ 0 \\ X_{00} \end{bmatrix} \tag{7-44}$$

实际运行时三相电量 X_a、X_b、X_c 不仅含基波分量还含有许多谐波成分，这种情况下a-b-c轴系—d-q-0轴系变换的一般规律是a-b-c系中 n 次正序谐波对应d-q轴 $(n-1)$ 次谐波，a-b-c系中 n 次负序谐波对应d-q轴 $(n+1)$ 次谐波，a-b-c系中 n 次零序谐波对应d-q-0系零轴 n 次谐波，关系表达如下：

$$\begin{bmatrix} X_{a+/n} \\ X_{b+/n} \\ X_{c+/n} \end{bmatrix} \rightleftarrows \begin{bmatrix} X_{d/n-1} \\ X_{q/n-1} \\ 0 \end{bmatrix} \tag{7-45}$$

$$\begin{bmatrix} X_{a-/n} \\ X_{b-/n} \\ X_{c-/n} \end{bmatrix} \rightleftarrows \begin{bmatrix} X_{d/n+1} \\ X_{q/n+1} \\ 0 \end{bmatrix} \tag{7-46}$$

$$\begin{bmatrix} X_{a0/n} \\ X_{b0/n} \\ X_{c0/n} \end{bmatrix} \underset{\longleftarrow}{\longrightarrow} \begin{bmatrix} 0 \\ 0 \\ X_{0/n} \end{bmatrix} \tag{7-47}$$

有了坐标系变换矩阵，利用 $T_{dq0-abc}$ 可将式（7-28）转化为 d-q-0 坐标系变量表达式，即

$$\begin{bmatrix} \dot{u}_{0d} \\ \dot{u}_{0q} \\ \dot{u}_{00} \\ \dot{i}_{1d} \\ \dot{i}_{1q} \\ \dot{i}_{10} \end{bmatrix} = \begin{bmatrix} 0 & \omega & 0 & & \frac{1}{C}I_3 & \\ -\omega & 0 & 0 & & & \\ 0 & 0 & 0 & -\frac{r}{L} & \omega & 0 \\ & -\frac{1}{L}I_3 & & -\omega & -\frac{r}{L} & 0 \\ & & & 0 & 0 & -\frac{r}{L} \end{bmatrix} \begin{bmatrix} u_{0d} \\ u_{0q} \\ u_{00} \\ i_{1d} \\ i_{1q} \\ i_{10} \end{bmatrix} + \begin{bmatrix} 0_3 & -\frac{1}{C}I_3 \\ \frac{1}{L}I_3 & 0 \end{bmatrix} \begin{bmatrix} u_{1d} \\ u_{1q} \\ u_{10} \\ i_{0d} \\ i_{0q} \\ i_{00} \end{bmatrix} \tag{7-48}$$

式中，0_3 为 3×3 维零矩阵。

当三相逆变器无中线时，式（7-48）变为

$$\begin{bmatrix} \dot{u}_{0d} \\ \dot{u}_{0q} \\ \dot{i}_{1d} \\ \dot{i}_{1q} \end{bmatrix} = \begin{bmatrix} 0 & \omega & \frac{1}{C}I_2 & \\ -\omega & 0 & & \\ & & -\frac{r}{L} & \omega \\ -\frac{1}{L}I_2 & & -\omega & -\frac{r}{L} \end{bmatrix} \begin{bmatrix} u_{0d} \\ u_{0q} \\ i_{1d} \\ i_{1q} \end{bmatrix} + \begin{bmatrix} 0_2 & -\frac{1}{C}I_2 \\ \frac{1}{L}I_2 & 0_2 \end{bmatrix} \begin{bmatrix} u_{1d} \\ u_{1q} \\ i_{0d} \\ i_{0q} \end{bmatrix} \tag{7-49}$$

式（7-48）、式（7-49）分别为三相四线制、三相三线制逆变器在 d-q-0 坐标系中的状态空间模型。由于零轴各电量关系与单相逆变器的完全相同，在此由图 7-10 给出三相三线制逆变器主电路在 d-q 坐标系中的框图。三相逆变器在同步旋转坐标系中的模型显示 d 轴、q 轴变量（无论电压或电流）之间存在耦合；同时，静止 a-b-c 坐标系中的正序基波交流量在 d-q-0 坐标系中转变为直流量。

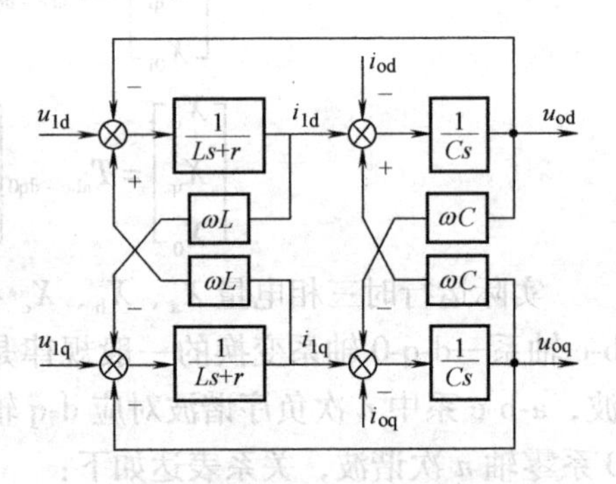

图 7-10 d-q 坐标系中三相三线制逆变器主电路框图

不同坐标系三相逆变器模型比较可见，静止 a-b-c 和 α-β 坐标系中的模型各轴变量相互之间无耦合，可以等效为三个或两个独立的单相逆变器，因此基于单相逆变器讨论的控制器可直接运用于三相逆变器的控制。然而，同步旋转 d-q-0 坐标系模型中的 d 轴、q 轴变量之间存在耦合，控制器设计需考虑这种耦合关系的影响；分别在 d、q 轴上的两个控制器可以对三相三线制逆变器实现控制，而三相四线制逆变器需要三个控制器分别在 d、q、零轴上才能完全控制。对于平衡的三相逆变器，由于被控的交流量在 d-q-0 坐标系中变为直流量，因此理论上可以实现无静差的控制。

7.3.2 SPWM 整流器（接入电网）的数学模型

1. 单相半桥 SPWM 整流器的数学模型

电压型 PWM 整流器是高频 PWM 整流器的主流，这里以电压型 PWM 整流器为例讨论其数学模型。单相半桥 SPWM 整流器的主电路如图 7-11a 所示，设半导体开关为理想器件，L 表示交流输入电感，r 代表电感 L 的等效串联电阻、电路电阻、开关管的导通损耗和开关损耗等各种损耗的综合等效电阻，C_1、C_2 表示输出直流滤波电容，$C_1=C_2=2C$，u_s 为交流电网电压，i_s 为整流器的交流侧输入电流，u_{dc}、i_{dc}分别为整流器的直流侧输出电压和电流，i_o 代表负载电流。由电路拓扑结构列写电压、电流方程如下：

$$
\begin{cases}
u_s = L\dfrac{di_s}{dt} + i_s r + u_{ao} = L\dfrac{di_s}{dt} + i_s r + (2S_a^* - 1)\dfrac{u_{dc}}{2} \\
2C\dfrac{du_{dc}/2}{dt} = i_{dc} - i_o = S_a^* i_s - i_o
\end{cases}
\tag{7-50}
$$

式中，S_a^* 表示桥臂的开关函数，$S_a^*=1$ 代表桥臂上管导通，下管关断；$S_a^*=0$ 代表桥臂下管导通，上管关断。

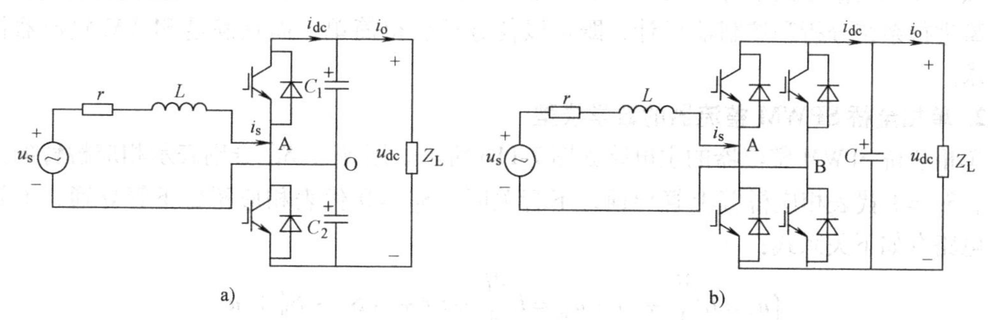

图 7-11　单相 SPWM 整流器主电路

a）单相半桥 PWM 整流器　b）单相全桥 PWM 整流器

由式（7-50）可得下面式（7-51）描述的单相半桥 SPWM 整流器的状态空间模型和图 7-12 所示的模型框图：

$$
\begin{bmatrix} \dot{i}_s \\ \dot{u}_{dc} \end{bmatrix} = \begin{bmatrix} -\dfrac{r}{L} & -\dfrac{2S_a^*-1}{2L} \\ \dfrac{S_a^*}{C} & 0 \end{bmatrix} \begin{bmatrix} i_s \\ u_{dc} \end{bmatrix} + \begin{bmatrix} \dfrac{1}{L} & 0 \\ 0 & -\dfrac{1}{C} \end{bmatrix} \begin{bmatrix} u_s \\ i_o \end{bmatrix}
\tag{7-51}
$$

$$
\boldsymbol{y} = [0 \quad 1] \begin{bmatrix} i_s \\ u_{dc} \end{bmatrix}
$$

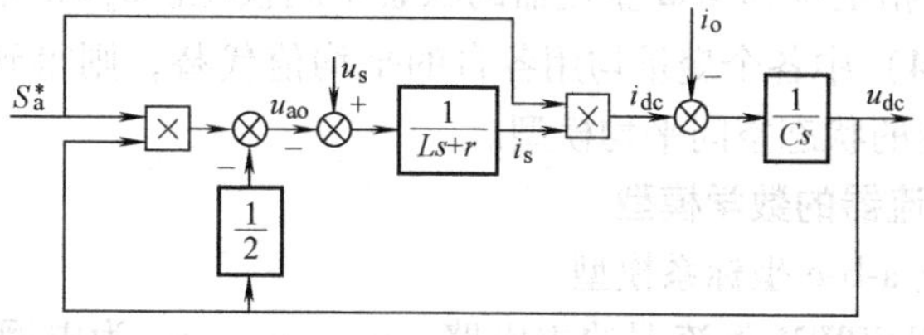

图 7-12　单相半桥 SPWM 整流器主电路框图

上述非线性模型是反映 SPWM 整流器状态变量每一时刻瞬时值的精确模型，由于开关函数不连续变化，按照精确模型对 SPWM 整流器这样一个非线性的断续系统进行系统分析将非常困难。从数学上讲，当开关频率（载波频率）相对于低频调制信号频率足够高时，变量在一个开关周期内的瞬时值可以由其平均值代替。如果将开关函数 S_a^* 用其在一个开关周期的平均值 S_a 代替，各个变量也由各自在一个开关周期内的平均值代替，并仍沿用原变量符号，就得到式（7-52）描述的单相半桥 SPWM 整流器的状态空间平均模型。

$$\begin{bmatrix}\dot{i}_s\\ \dot{u}_{dc}\end{bmatrix}=\begin{bmatrix}-\dfrac{r}{L} & -\dfrac{2S_a-1}{2L}\\ \dfrac{S_a}{C} & 0\end{bmatrix}\begin{bmatrix}i_s\\ u_{dc}\end{bmatrix}+\begin{bmatrix}\dfrac{1}{L} & 0\\ 0 & -\dfrac{1}{C}\end{bmatrix}\begin{bmatrix}u_s\\ i_o\end{bmatrix} \tag{7-52}$$

$$\boldsymbol{y}=\begin{bmatrix}0 & 1\end{bmatrix}\begin{bmatrix}i_s\\ u_{dc}\end{bmatrix}$$

状态空间平均模型和精确模型在形式上很相近，但表征的意义不同。状态空间平均模型是反映系统中、低频段特性的低频等效模型，而且转变为连续模型。在开关频率远高于交流电网频率和系统截止频率时，低频等效模型基本上代表了系统的特性，因此采用状态空间平均模型进行系统分析和控制器设计，既可以使分析变得简单，而且满足 SPWM 整流器控制的要求。

2. 单相全桥 SPWM 整流器的数学模型

单相全桥 SPWM 整流器的主电路如图 7-11b 所示。用 S_a^*、S_b^* 分别表示相应桥臂的开关函数，$S_i^*=1$ 代表相应桥臂上管导通，下管关断；$S_i^*=0$ 代表相应桥臂下管导通，上管关断。电路有如下关系式：

$$\begin{cases}u_s=L\dfrac{di_s}{dt}+i_sr+u_{ab}=L\dfrac{di_s}{dt}+i_sr+(S_a^*-S_b^*)u_{dc}\\ C\dfrac{du_{dc}}{dt}=i_{dc}-i_o=(S_a^*-S_b^*)i_s-i_o\end{cases} \tag{7-53}$$

整流器工作于双极性 SPWM 方式时，有 $S_a^*+S_b^*=1$，式（7-53）则变为

$$\begin{bmatrix}\dot{i}_s\\ \dot{u}_{dc}\end{bmatrix}=\begin{bmatrix}-\dfrac{r}{L} & -\dfrac{2S_a^*-1}{L}\\ \dfrac{2S_a^*-1}{C} & 0\end{bmatrix}\begin{bmatrix}i_s\\ u_{dc}\end{bmatrix}+\begin{bmatrix}\dfrac{1}{L} & 0\\ 0 & -\dfrac{1}{C}\end{bmatrix}\begin{bmatrix}u_s\\ i_o\end{bmatrix}$$

$$\boldsymbol{y}=\begin{bmatrix}0 & 1\end{bmatrix}\begin{bmatrix}i_s\\ u_{dc}\end{bmatrix} \tag{7-54}$$

式（7-54）表示单相全桥 SPWM 整流器的状态空间模型。S_a 和 S_b 分别为开关函数 S_a^*、S_b^* 的平均值，式（7-54）中各个变量均用各自的平均值代替，则得到与式（7-54）类似的单相全桥 SPWM 整流器的状态空间平均模型。

3. 三相 SPWM 整流器的数学模型

（1）基于三相静止 a-b-c 坐标系模型

图 7-13 所示为三相 SPWM 整流器的主电路，u_{sA}、u_{sB}、u_{sC} 为电网三相相电压，i_{sa}、i_{sb}、i_{sc} 为整流器交流侧三相输入电流，S_a^*、S_b^*、S_c^* 分别为三相桥臂的开关函数，开关函数定义

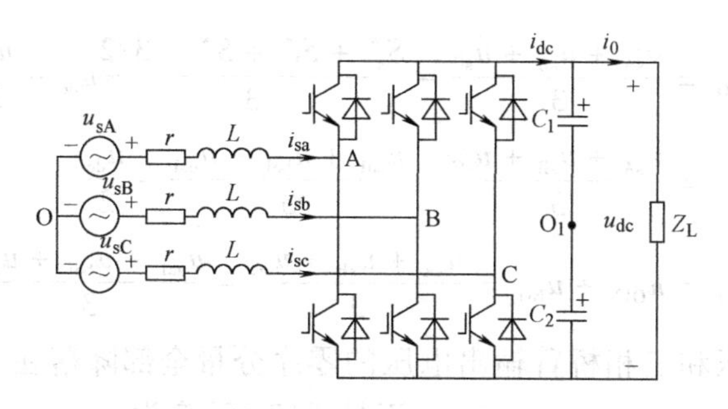

图 7-13　三相 SPWM 整流器的主电路

同前，其他各参数定义与前面类似。O 为三相电网中点，O_1 为直流侧电压中点。以 O 为参考点，列写电压、电流方程如下：

$$\begin{cases} u_{sA}=L\dfrac{di_{sa}}{dt}+i_{sa}r+S_a^* u_{dc}+u_{NO} \\ u_{sB}=L\dfrac{di_{sb}}{dt}+i_{sb}r+S_b^* u_{dc}+u_{NO} \\ u_{sC}=L\dfrac{di_{sc}}{dt}+i_{sc}r+S_c^* u_{dc}+u_{NO} \\ C\dfrac{du_{dc}}{dt}=S_a^* i_{sa}+S_b^* i_{sb}+S_c^* i_{sc}-i_o \end{cases} \tag{7-55}$$

如果三相系统有中性线，O_1 点与 O 点等电位，有 $u_{NO}=-u_{dc}/2$，则式（7-55）变成

$$\begin{cases} L\dfrac{di_{sa}}{dt}=-i_{sa}r+u_{sA}-(2S_a^*-1)\dfrac{u_{dc}}{2} \\ L\dfrac{di_{sb}}{dt}=-i_{sb}r+u_{sB}-(2S_b^*-1)\dfrac{u_{dc}}{2} \\ L\dfrac{di_{sc}}{dt}=-i_{sc}r+u_{sC}-(2S_c^*-1)\dfrac{u_{dc}}{2} \\ C\dfrac{du_{dc}}{dt}=S_a^* i_{sa}+S_b^* i_{sb}+S_b^* i_{sc}-i_o \end{cases} \tag{7-56}$$

在三相系统无中性线时，由于 $i_{sa}+i_{sb}+i_{sc}=0$，由式（7-55）可得

$$u_{NO}=\frac{u_{sA}+u_{sB}+u_{sC}}{3}-\frac{S_a^*+S_b^*+S_c^*}{3}u_{dc}$$

$$\begin{cases} L\dfrac{di_{sa}}{dt}=-i_{sa}r+u_{sA}-\dfrac{u_{sA}+u_{sB}+u_{sC}}{3}-\left(S_a^*-\dfrac{S_a^*+S_b^*+S_c^*}{3}\right)u_{dc} \\ L\dfrac{di_{sb}}{dt}=-i_{sb}r+u_{sB}-\dfrac{u_{sA}+u_{sB}+u_{sC}}{3}-\left(S_b^*-\dfrac{S_a^*+S_b^*+S_c^*}{3}\right)u_{dc} \\ L\dfrac{di_{sc}}{dt}=-i_{sc}r+u_{sC}-\dfrac{u_{sA}+u_{sB}+u_{sC}}{3}-\left(S_c^*-\dfrac{S_a^*+S_b^*+S_c^*}{3}\right)u_{dc} \\ C\dfrac{du_{dc}}{dt}=S_a^* i_{sa}+S_b^* i_{sb}+S_c^* i_{sc}-i_o \end{cases}$$

三相桥臂输出相对于 O_1 点电压分别为 u_{ao1}、u_{bo1}、u_{co1}，其中每相桥臂电压 $u_{io1}=S_i^* u_{dc}-u_{dc}/2$ $(i=a,\ b,\ c)$，那么

$$u_{NO} = \frac{u_{sA} + u_{sB} + u_{sC}}{3} - \frac{S_a^* + S_b^* + S_c^* - 3/2}{3} u_{dc} - \frac{u_{dc}}{2}$$

$$= \frac{u_{sA} + u_{sB} + u_{sC}}{3} - \frac{u_{ao1} + u_{bo1} + u_{co1}}{3} - \frac{u_{dc}}{2}$$

$$u_{O1O} = u_{O1N} + u_{NO} = \frac{u_{sA} + u_{sB} + u_{sC}}{3} - \frac{u_{ao1} + u_{bo1} + u_{co1}}{3}$$

可见三相电网电压和三相桥臂输出电压的零序分量全部降落在 u_{O1O} 上。如果令 $u_{sa} = u_{sA} - u_{O1O}$，$u_{sb} = u_{sB} - u_{O1O}$，$u_{sc} = u_{sC} - u_{O1O}$，于是式(7-55)变为

$$\begin{cases} L\dfrac{di_{sa}}{dt} = -i_{sa}r + u_{sa} - (2S_a^* - 1)\dfrac{u_{dc}}{2} \\ L\dfrac{di_{sb}}{dt} = -i_{sb}r + u_{sb} - (2S_b^* - 1)\dfrac{u_{dc}}{2} \\ L\dfrac{di_{sc}}{dt} = -i_{sc}r + u_{sc} - (2S_c^* - 1)\dfrac{u_{dc}}{2} \\ C\dfrac{du_{dc}}{dt} = S_a^* i_{sa} + S_b^* i_{sb} + S_c^* i_{sc} - i_o \end{cases} \tag{7-57}$$

可见式(7-57)和式(7-56)在形式上非常相似，考虑到式(7-57)中只有两相电流是独立的，两式分别写成以下矩阵方程为

$$\begin{bmatrix} \dot{i}_{sa} \\ \dot{i}_{sb} \\ \dot{i}_{sc} \\ \dot{u}_{dc} \end{bmatrix} = \begin{bmatrix} -\dfrac{r}{L} & 0 & 0 & -\dfrac{2S_a^* - 1}{2L} \\ 0 & -\dfrac{r}{L} & 0 & -\dfrac{2S_b^* - 1}{2L} \\ 0 & 0 & -\dfrac{r}{L} & -\dfrac{2S_c^* - 1}{2L} \\ \dfrac{S_a^*}{C} & \dfrac{S_b^*}{C} & \dfrac{S_c^*}{C} & 0 \end{bmatrix} \begin{bmatrix} i_{sa} \\ i_{sb} \\ i_{sc} \\ u_{dc} \end{bmatrix} + \begin{bmatrix} \dfrac{1}{L} & 0 & 0 & 0 \\ 0 & \dfrac{1}{L} & 0 & 0 \\ 0 & 0 & \dfrac{1}{L} & 0 \\ 0 & 0 & 0 & -\dfrac{1}{C} \end{bmatrix} \begin{bmatrix} u_{sA} \\ u_{sB} \\ u_{sC} \\ i_o \end{bmatrix}$$

$$\boldsymbol{y} = [i_{sa} \quad i_{sb} \quad i_{sc} \quad u_{dc}]^{T} \tag{7-58}$$

$$\begin{bmatrix} \dot{i}_{sa} \\ \dot{i}_{sb} \\ \dot{u}_{dc} \end{bmatrix} = \begin{bmatrix} -\dfrac{r}{L} & 0 & -\dfrac{2S_a^* - 1}{2L} \\ 0 & -\dfrac{r}{L} & -\dfrac{2S_b^* - 1}{2L} \\ \dfrac{S_a^* - S_c^*}{C} & \dfrac{S_b^* - S_c^*}{C} & 0 \end{bmatrix} \begin{bmatrix} i_{sa} \\ i_{sb} \\ u_{dc} \end{bmatrix} + \begin{bmatrix} \dfrac{1}{L} & 0 & 0 \\ 0 & \dfrac{1}{L} & 0 \\ 0 & 0 & -\dfrac{1}{C} \end{bmatrix} \begin{bmatrix} u_{sa} \\ u_{sb} \\ i_o \end{bmatrix} \tag{7-59}$$

$$\boldsymbol{y} = [i_{sa} \quad i_{sb} \quad u_{dc}]^{T}$$

电网电压为任意三相时，式(7-58)是三相有中性线的 SPWM 整流器模型；式(7-59)表示三相无中性线的 SPWM 整流器模型。在静止 a-b-c 坐标系中三相电流不存在相间耦合，每相在电流控制上相互独立。

一方面为了分析问题的方便，另一方面不同的控制策略依赖于不同形式的对象模型，下面推导三相 SPWM 整流器基于两相静止 α-β 坐标系和同步旋转 d-q-0 坐标系的数学模型。

（2）基于两相静止 α-β 坐标系模型

对于三相无中性线系统，交流侧输入电流 i_{sa}、i_{sb}、i_{sc}不存在零序分量，将其转化到静止 α-β 坐标系中也不存在零轴分量；即使三相电网电压和三相桥臂输出电压含有零序分量，它们在静止 α-β 坐标系中转化为零轴分量，电网电压的零轴分量、桥臂输出电压的零轴分量与 u_{N0}达到平衡，对交流输入电流 $i_{s\alpha}$、$i_{s\beta}$（即 i_{sa}、i_{sb}、i_{sc}）不产生任何影响。这样看来，由于 i_{sa}、i_{sb}、i_{sc}中只有两个是独立变量，如果将 SPWM 整流器三相模型转化到两相静止 α-β 坐标系中，可以简化模型表达式。空间矢量和坐标轴的定义与前述相同，利用式（7-39），式（7-55）可转化得到 SPWM 整流器在两相静止 α-β 坐标系中的模型为

$$\begin{bmatrix}\dot{i}_{s\alpha}\\ \dot{i}_{s\beta}\\ \dot{u}_{dc}\end{bmatrix}=\begin{bmatrix}-\dfrac{r}{L} & 0 & -\dfrac{S_{\alpha}^{*}}{L}\\ 0 & -\dfrac{r}{L} & -\dfrac{S_{\beta}^{*}}{L}\\ \dfrac{3S_{\alpha}^{*}}{2C} & \dfrac{3S_{\beta}^{*}}{2C} & 0\end{bmatrix}\begin{bmatrix}i_{s\alpha}\\ i_{s\beta}\\ u_{dc}\end{bmatrix}+\begin{bmatrix}\dfrac{1}{L} & 0 & 0\\ 0 & \dfrac{1}{L} & 0\\ 0 & 0 & -\dfrac{1}{C}\end{bmatrix}\begin{bmatrix}u_{s\alpha}\\ u_{s\beta}\\ i_{o}\end{bmatrix} \tag{7-60}$$

在两相静止 α-β 坐标系中，SPWM 整流器的模型表明两相电流同样没有耦合关系。

（3）基于同步旋转 d-q-0 坐标系模型

同样，三相无中性线的 SPWM 整流器在同步旋转 d-q-0 坐标系中的零轴电流等于零，零轴电压对 d、q 轴电流无影响，按照前面定义的空间矢量和坐标轴，利用 $T_{dq0-abc}$将式（7-55）转化得到同步旋转 d-q 坐标系中的模型为

$$\begin{bmatrix}\dot{i}_{sd}\\ \dot{i}_{sq}\\ \dot{u}_{dc}\end{bmatrix}=\begin{bmatrix}-\dfrac{r}{L} & \omega & -\dfrac{S_{d}^{*}}{L}\\ -\omega & -\dfrac{r}{L} & -\dfrac{S_{q}^{*}}{L}\\ \dfrac{3S_{d}^{*}}{2C} & \dfrac{3S_{q}^{*}}{2C} & 0\end{bmatrix}\begin{bmatrix}i_{sd}\\ i_{sq}\\ u_{dc}\end{bmatrix}+\begin{bmatrix}\dfrac{1}{L} & 0 & 0\\ 0 & \dfrac{1}{L} & 0\\ 0 & 0 & -\dfrac{1}{C}\end{bmatrix}\begin{bmatrix}u_{sd}\\ u_{sq}\\ i_{o}\end{bmatrix} \tag{7-61}$$

图 7-14 显示三相无中性线的 SPWM 整流器在同步旋转 d-q 坐标系中的框图。式（7-61）可见同步旋转 d-q 坐标系模型中两相电流相互耦合，在此坐标系中设计控制器时需考虑电流之间的耦合关系。d-q 坐标系模型的好处是原来 a-b-c 坐标系的正序基波正弦量变成了直流量，便于控制。

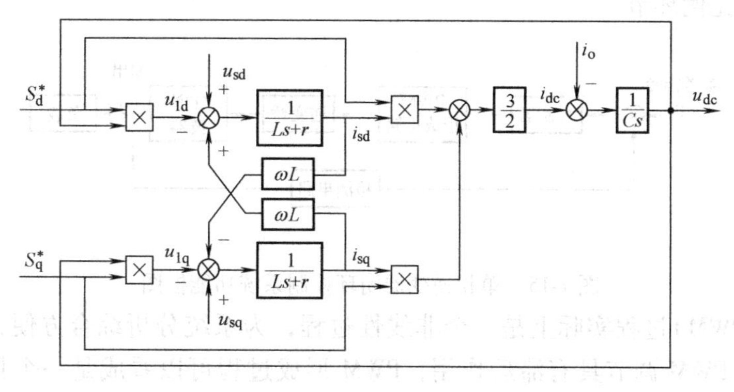

图 7-14　d-q 坐标系中三相 SPWM 整流器主电路框图

三相 SPWM 整流器在各坐标系中的模型均是非线性且断续的，采用这样的模型难以进行系统分析。如果开关频率远高于电网频率和系统截止频率，利用状态空间平均法，将各坐标系中的开关函数用其平均值代替，即用 S_a、S_b、S_c 代替 S_a^*、S_b^*、S_c^*，用 S_α、S_β 代替 S_α^*、S_β^*，用 S_d、S_q 代替 S_d^*、S_q^*，那么式(7-58)~式(7-61)就变成 SPWM 整流器在相应坐标系中的状态空间平均模型。

SPWM 整流器状态空间平均模型消除了开关函数不连续变化的影响，变成反映系统中、低频段特性的连续模型。状态空间平均模型比原模型简化了许多，从仿真分析角度看，前者可使 SPWM 整流器运行过程的仿真快速有效，方便分析。虽然如此，但状态空间平均模型仍然是非线性的，直接用于系统的理论分析和控制器设计依然困难。如果在一定电路参数和运行条件下，恰当运用合理的假定，可以使系统分析变得简单。

7.4 独立运行逆变器的控制技术

逆变器的应用非常广泛，恒频恒压交流负载、变频变压变速传动系统、通信系统的直流开关电源、新能源系统(如风力发电、太阳能电池、燃料电池、超导磁体储能)、直流输电系统等许多场合都会用到逆变器。其最主要的应用是提供输出电压的幅值和频率可控的正弦交流电，因此，输出电压的供电特性是逆变器最基本的控制目标。

7.4.1 逆变器输出电压控制技术

在建立了逆变器数学模型的基础上，可以利用控制理论对逆变器进行系统分析和控制器设计。根据式(7-23)可知，逆变桥输出电压 u_1 与 SPWM 的调制比 m 成正比，调节脉宽(即 m)就可改变 u_1，因而可控制 u_1 经输出 LC 滤波器滤除高次谐波以后的逆变器输出电压 u_o。SPWM 逆变器一般采用反馈控制技术进行输出电压的调控。单相逆变器闭环反馈控制系统主要由桥式逆变电路、输出滤波器、检测电路、控制调节器、PWM 形成电路等部分组成，如图 7-15 所示。由桥式逆变电路和输出滤波器组成的逆变器主电路特性可由其数学模型描述；反馈通道常常是将输出的高电压、大电流等检测、衰减成弱电信号送至比较环节，为避免强弱电信号之间的干扰有时增加带小时间常数的滤波环节，因此检测电路一般为衰减比例环节或者带小时间常数的惯性环节，如果滤波时间常数相对于逆变器工作周期非常小，检测电路可近似看成衰减比例环节。

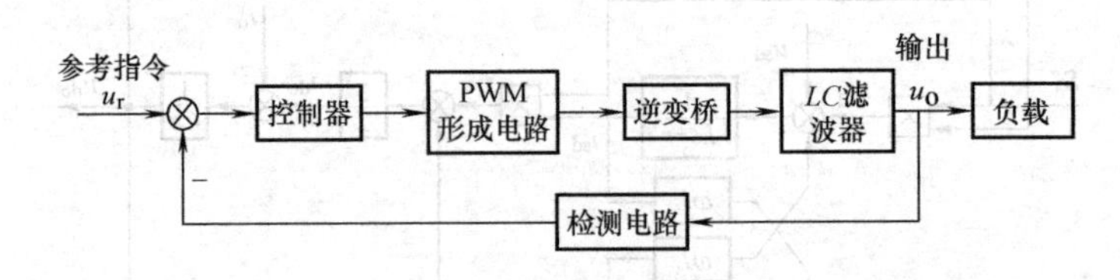

图 7-15 单相逆变器闭环控制系统功能框图

脉宽调制(PWM)过程实际上是一个非线性过程，为系统分析综合方便，常常将其作线性化处理。由于 PWM 调节具有滞后作用，PWM 形成过程可以看成是一个具有延时的放大环节。但是，滞后延迟时间是随机的，它的大小随调制波信号发生变化的时刻而改变，与

PWM 载波频率、主电路工作状况等也有关，难以用一个数学表达式描述；可以肯定的是，载波频率越高，控制延时越小，对控制系统稳定性影响越小；当载波频率相比系统响应频率足够高时，PWM 过程的延迟对逆变器控制系统的影响非常小，所以常常将 PWM 形成电路近似线性化处理为一个比例放大环节（$G(s) = k_{PWM}$）或者为一个小时间常数（等于载波周期 T_c 的一半）的惯性环节（$G(s) = k_{PWM}/(0.5T_c s + 1)$）。

逆变器闭环控制系统除控制器外各个环节的特性确定后，可得到图 7-16 所示的基于逆变器线性化模型的单相系统框图。针对这一线性的逆变器控制系统，后面的控制器设计一节将介绍依据线性控制理论可以较为方便地设计控制器 $G(s)$，从而实现对逆变器输出电压的调控。

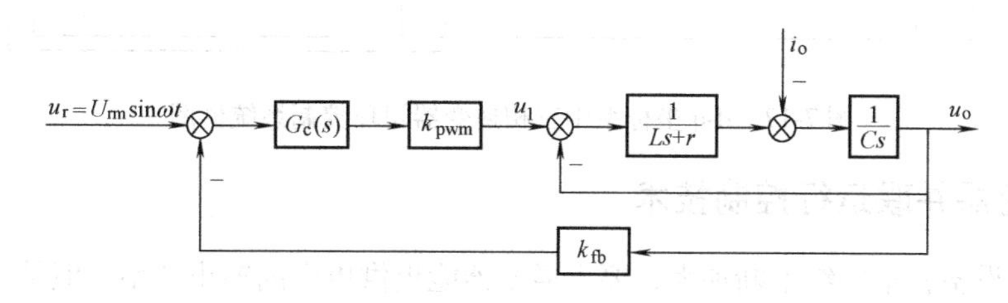

图 7-16　单相逆变器闭环控制系统框图

三相逆变器可以在静止 a-b-c 坐标系、α-β 坐标系或同步旋转 d-q-0 坐标系中进行控制，如果在其中一种坐标系中控制，需要采用相应坐标系的三相逆变器模型。三相四线制逆变器在a-b-c坐标系中的模型相当于三个单相半桥逆变器，因此用三个图7-16所示的框图分别代表 a、b、c 三相，并且参考指令变成对称三相正弦信号 $u_{ar} = U_{rm}\sin\omega t$、$u_{br} = U_{rm}\sin(\omega t - 2\pi/3)$、$u_{cr} = U_{rm}\sin(\omega t + 2\pi/3)$，就可以构成三相四线制逆变器的闭环控制系统；与单相逆变器相比，三相四线制逆变器控制系统结构相对复杂，需要三个控制器分别设置在 a、b、c 三相上才能实现对输出三相电压的调控。在a-b-c 坐标系中三相逆变器的控制器设计可基于单相逆变器展开，由单相逆变器设计出的控制器可直接用于三相逆变器。

三相三线制逆变器由于只有两相电流是独立的，前面的模型分析表明可以等效为两个单相逆变器。如果在 α-β 坐标系中进行控制，只需两个图 7-16 所示的框图分别代表 α、β 两相、同时给出 α、β 坐标轴对应的参考指令，可构成三相三线制逆变器在 α-β 坐标系中的闭环控制系统；采用两个控制器分别设置在 α、β 两相上即可实现三相输出电压的控制。在 α-β 坐标系中，对三相三线制逆变器控制器的讨论同样可以基于单相逆变器进行，所得出的具体控制算法结合坐标变换直接用于三相逆变器。

三相三线制逆变器在同步旋转 d-q 坐标系中实施控制，也只需要两个控制器分别作为 d、q 轴电压调节器来调控三相输出电压；与 a-b-c 坐标系或 α-β 坐标系中对交流信号的跟踪有所不同，d-q 坐标系中控制系统变为对恒定直流信号的跟踪，对于平衡三相逆变器可做到理论无静差的指令跟踪，提高逆变器的静态响应特性。在 d-q 坐标系中三相逆变器的控制器也可基于单相逆变器进行设计，只是要注意，三相逆变器的 d、q 轴状态变量之间存在耦合，要想使所设计的控制器调节效果不受影响，d、q 两相变量之间的相互耦合作用需消除，这可采用控制理论中的解耦方式来解决，图 7-17 所示为在 d-q 坐标系中带解耦的三相逆变器双闭环控制系统框图。

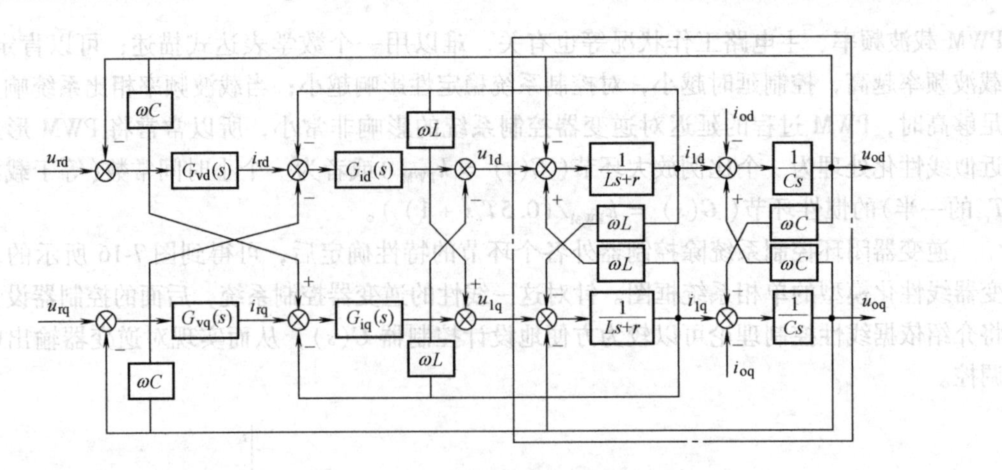

图 7-17　d-q 坐标系中三相逆变器闭环控制系统框图

7.4.2　逆变器并联运行控制技术

随着用电设备容量等级不断加大，要求逆变器能提供更大的输出功率。但是由于半导体器件制造水平的约束，开关器件的电压、电流耐量虽然在逐步提高但仍是非常有限的，这使得单个逆变器输出功率等级受限。要想满足负载容量要求，解决的措施有开关器件串/并联应用、电路串/并联组合、多相多重结构以及多电平结构等多种方案，将多台逆变器的输出并联起来共同向负载供电是一种较好的解决途径。另外，在重要用电场合对电源的供电质量、供电可靠性和不间断供电的要求越来越高，多台逆变器并联运行也是满足这一应用需求的有效方法。多台逆变器并联运行有诸多好处：①能提供较大容量电源，而且电源系统扩容灵活；②多台逆变器并联组成冗余系统，可大大提高供电的可靠性和不间断性，如果有某台逆变器出现故障，可以单台脱离并联网络进行故障检修，待恢复正常后又可接入并联网络参与供电，不会因为单台逆变器故障导致负载断电；③并联冗余结构使系统具有较高的可维护性，日常维护既方便也能保证不间断供电；④每台逆变器的电应力、热应力可减小，单台可靠性提高；⑤并联系统易于实现模块化结构设计，且设计制造成本降低，同时便于进一步扩容。

逆变器并联运行就是多台逆变器按一定比例分担负载电流（负载功率），如果逆变器容量等级相同，那么多台均匀分担负载电流（负载功率）。不像直流电源并联运行只受幅值大小不同的影响、并联控制简单。逆变器并联系统工作既受幅值差异的影响也与相位、频率偏差有关，并联运行特性及控制较为复杂。下面以两台逆变器为例，首先分析逆变器并联系统的运行特性。如图 7-18 所示，假设逆变器 1 和逆变器 2 两者电路、容量是相同的，Z_1 和 Z_2 分别是两台逆变器的输出滤波电感及等效阻尼电阻的总阻抗，C_1 和 C_2 分别是两台逆变器的输出滤波电容，而且 $Z_1=Z_2=Z$、$C_1=C_2=C$，Z_L 为负载阻抗；u_1、u_2 分别是两台逆变器的逆变桥输出电压，i_1、i_2 分别是两台逆变器桥臂的输出电流，i_{1o}、i_{2o}分别是两台逆变器的输出电流，i_o 是负载电流；当两台逆变器输出存在电压差时，此电压差降落在 Z_1、Z_2 上，形成只在各逆变器之间的回路中流通、不经过负载的电流，称为环流，设环流 i_H 与 i_1 方向相同、与 i_2 方向相反。根据电路图有 $i_{1o}+i_{2o}=i_o, i_{1o}-i_{2o}=2i_H$，因此 $i_{1o}=\frac{i_o}{2}+i_H, i_{2o}=\frac{i_o}{2}-i_H$。假定两台逆变器输出频率相同，且 $u_1=\sqrt{2}U_1\sin\omega t, u_2=\sqrt{2}U_2\sin(\omega t+\alpha)$，则稳态运行

时电压矢量为 $\dot{u}_1 = U_1, \dot{u}_2 = U_2(\cos\alpha + \mathrm{j}\sin\alpha)$，两台逆变器输出电压矢量之差和环流可得

$$\Delta\dot{U} = (U_1 - U_2\cos\alpha) - \mathrm{j}U_2\sin\alpha \tag{7-62}$$

$$\dot{I}_{\mathrm{H}} = \frac{\Delta\dot{U}}{2Z} = \frac{U_1 - U_2\cos\alpha}{2Z} - \mathrm{j}\frac{U_2\sin\alpha}{2Z} \tag{7-63}$$

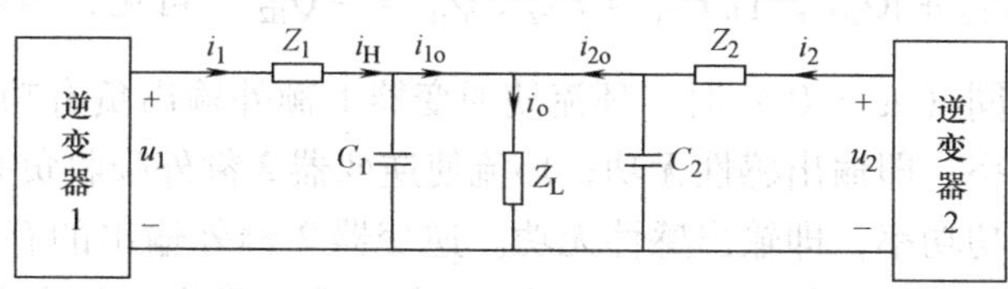

图 7-18　两台逆变器并联运行系统

1）如果 $U_1 = U_2$，$\alpha = 0$，则 $\Delta\dot{U} = 0, \dot{I}_{\mathrm{H}} = 0$。即两台逆变器的输出电压幅值相等、相位相同时，两台逆变器之间没有环流，均分负载，$i_{1o} = i_{2o} = i_o/2$。

2）当 Z_1、Z_2 为电感时，设 $Z_1 = Z_2 = \mathrm{j}\omega L$，环流变成

$$\dot{I}_{\mathrm{H}} = -\frac{U_2\sin\alpha}{2\omega L} - \mathrm{j}\frac{U_1 - U_2\cos\alpha}{2\omega L}$$

根据复数功率 $\dot{S}$ 是电压矢量 $\dot{U}$ 与电流矢量的共轭矢量 $\dot{I}^*$ 的乘积的定义，环流流过两台逆变器所产生的复数功率分别为

$$\dot{S}_{\mathrm{H1}} = \dot{U}_1\dot{I}_{\mathrm{H}}^* = -\frac{U_1U_2\sin\alpha}{2\omega L} + \mathrm{j}\frac{U_1(U_1 - U_2\cos\alpha)}{2\omega L} \tag{7-64}$$

$$\dot{S}_{\mathrm{H2}} = \dot{U}_2\dot{I}_{\mathrm{H}}^* = -\frac{U_1U_2\sin\alpha}{2\omega L} + \mathrm{j}\frac{U_1U_2\cos\alpha - U_2^2}{2\omega L} \tag{7-65}$$

如果 $\alpha = 0$，环流 $\dot{I}_{\mathrm{H}} = -\mathrm{j}\dfrac{U_1 - U_2\cos\alpha}{2\omega L}$，不含有功分量，由式（7-64）、式（7-65）可得 $\dot{S}_{\mathrm{H1}} = \mathrm{j}\dfrac{U_1(U_1 - U_2)}{2\omega L} = \mathrm{j}Q_{\mathrm{H1}}, \dot{S}_{\mathrm{H2}} = \mathrm{j}\dfrac{(U_1 - U_2)U_2}{2\omega L} = \mathrm{j}Q_{\mathrm{H2}}$。根据两台逆变器各自电压、电流定义方向，当两台逆变器的输出电压相位相同、幅值不等（$U_1 > U_2$）时，环流使逆变器 1 额外输出正无功功率，即输出感性无功；环流使逆变器 2 额外吸收正无功功率，即吸收感性无功。逆变器 1 额外输出的感性无功一方面被 Z_1、Z_2（即滤波电感）吸收，另一方面被逆变器 2 吸收，并且环流不产生有功损耗。图 7-19a 所示为此时电压、环流的矢量关系。由此可见，逆变器输出电压的幅值差只产生无功环流，电压幅值大的逆变器输出更多无功，电压幅值小的逆变器吸收无功。

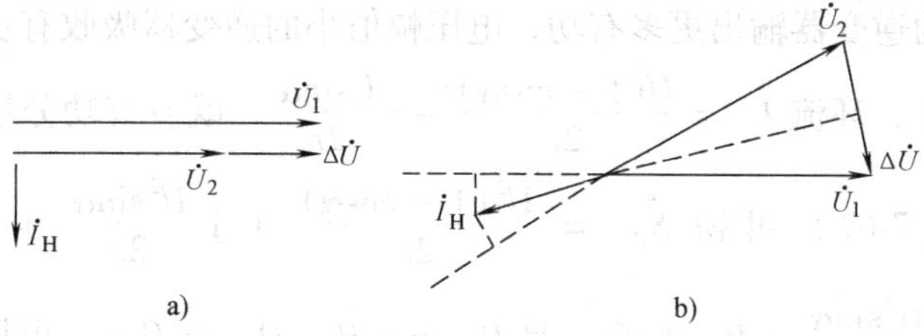

图 7-19　两台逆变器电压和环流的矢量关系

a）$\alpha = 0$ 时　b）$U_1 = U_2$ 时

如果 $U_1=U_2=U$，环流 $\dot{I}_H=-\dfrac{U\sin\alpha}{2\omega L}-j\dfrac{U(1-\cos\alpha)}{2\omega L}$，既有有功分量也含无功分量，由式（7-64）和式（7-65）可得 $\dot{S}_{H1}=-\dfrac{U^2\sin\alpha}{2\omega L}+j\dfrac{U^2(1-\cos\alpha)}{2\omega L}=P_{H1}+jQ_{H1}$，$\dot{S}_{H2}=-\dfrac{U^2\sin\alpha}{2\omega L}-j\dfrac{U^2(1-\cos\alpha)}{2\omega L}=P_{H2}+jQ_{H2}$，且 $P_{H1}=P_{H2}$，$Q_{H1}=-Q_{H2}$。可见，当两台逆变器的输出电压幅值相等、相位不同（$\alpha>0$）时，环流使逆变器1额外输出负有功功率，即吸收有功，且额外输出正无功功率，即输出感性无功；环流使逆变器2额外吸收负有功功率，即输出有功，且额外吸收负无功功率，即输出感性无功。逆变器2额外输出的有功被逆变器1吸收，两台逆变器输出的感性无功全部被 Z_1、Z_2（即滤波电感）吸收；环流产生额外的有功损耗和无功转移。图7-19b所示为此时电压、环流的矢量关系。需要注意的是，逆变器并联运行时通过控制使得电压相位差 α 非常小，因而有 $\cos\alpha\approx1$，此时环流 $\dot{I}_H=-\dfrac{U\sin\alpha}{2\omega L}$，近似只有有功分量，$\dot{S}_{H1}\approx-\dfrac{U^2\sin\alpha}{2\omega L}=P_{H1}$，$\dot{S}_{H2}\approx-\dfrac{U^2\sin\alpha}{2\omega L}=P_{H2}$。由此近似认为，逆变器输出电压的相位差产生有功环流，电压相位超前的逆变器输出更多有功，电压相位滞后的逆变器吸收有功。

3）当 Z_1、Z_2 为电阻时，设 $Z_1=Z_2=r$，环流变成

$$\dot{I}_H=\frac{U_1-U_2\cos\alpha}{2r}-j\frac{U_2\sin\alpha}{2r}$$

环流流过两台逆变器所产生的复数功率分别为

$$\dot{S}_{H1}=\dot{U}_1\dot{I}_H^*=\frac{U_1(U_1-U_2\cos\alpha)}{2r}+j\frac{U_1U_2\sin\alpha}{2r}\tag{7-66}$$

$$\dot{S}_{H2}=\dot{U}_2\dot{I}_H^*=\frac{U_1U_2\cos\alpha-U_2^2}{2r}+j\frac{U_1U_2\sin\alpha}{2r}\tag{7-67}$$

如果 $\alpha=0$，环流 $\dot{I}_H=\dfrac{U_1-U_2\cos\alpha}{2r}$，不含无功分量，由式（7-66）、式（7-67）可得 $\dot{S}_{H1}=\dfrac{U_1(U_1-U_2)}{2r}=P_{H1}$，$\dot{S}_{H2}=\dfrac{(U_1-U_2)U_2}{2r}=P_{H2}$。当两台逆变器的输出电压相位相同、幅值不等（$U_1>U_2$）时，环流使逆变器1额外输出正有功功率；环流使逆变器2额外吸收正有功功率。逆变器1额外输出的有功一方面被 Z_1、Z_2（即等效电阻）消耗，另一方面被逆变器2吸收，并且环流不产生无功转移。由此可见，逆变器输出电压的幅值差只产生有功环流，电压幅值大的逆变器输出更多有功，电压幅值小的逆变器吸收有功。

如果 $U_1=U_2=U$，环流 $\dot{I}_H=\dfrac{U(1-\cos\alpha)}{2r}-j\dfrac{U\sin\alpha}{2r}$，既有有功分量也含无功分量，由式（7-66）和式（7-67）可得 $\dot{S}_{H1}=\dfrac{U^2(1-\cos\alpha)}{2r}+j\dfrac{U^2\sin\alpha}{2r}=P_{H1}+jQ_{H1}$，$\dot{S}_{H2}=-\dfrac{U^2(1-\cos\alpha)}{2r}+j\dfrac{U^2\sin\alpha}{2r}=P_{H2}+jQ_{H2}$，且 $P_{H1}=-P_{H2}$，$Q_{H1}=Q_{H2}$。可见，当两台逆变器的输出电压幅值相等、相位不同（$\alpha>0$）时，环流使逆变器1额外输出正有功功率，且额外

输出正无功功率，即输出感性无功；环流使逆变器2额外吸收负有功功率，即输出有功，且额外吸收正无功功率，即吸收感性无功。两台逆变器输出的有功全部被Z_1、Z_2（即等效电阻）消耗；逆变器1额外输出的感性无功被逆变器2吸收；环流产生额外的有功损耗和无功。需要注意的是，逆变器并联运行时通过控制使得电压相位差α非常小，因而有$\cos\alpha \approx 1$，此时环流$\dot{I}_H = -j\dfrac{U\sin\alpha}{2r}$，近似只有无功分量，$\dot{S}_{H1} \approx j\dfrac{U^2\sin\alpha}{2r} = Q_{H1}$，$\dot{S}_{H2} \approx j\dfrac{U^2\sin\alpha}{2r} = Q_{H2}$。由此近似认为，逆变器输出电压的相位差产生无功环流，电压相位滞后的逆变器输出更多无功，电压相位超前的逆变器吸收无功。

对于逆变器，Z_1、Z_2既有输出滤波电感L也有等效阻尼电阻r，$Z = r + j\omega L$，但是滤波电感的感抗远大于等效阻尼电阻，$X_L = \omega L >> r$，则有$Z \approx j\omega L$，因此逆变器的输出端直接并联起来向负载供电时的并联运行特性与上述第2）种情况近似。归结起来，逆变器输出电压存在差异将导致环流。在输出频率相同的情况下，如果逆变器输出电压存在幅值差，只产生无功环流，而且电压幅值大的逆变器输出更多无功，电压幅值小的逆变器吸收无功；如果逆变器输出电压存在相位差，将产生有功环流，而且电压相位超前的逆变器输出更多有功，电压相位滞后的逆变器吸收有功。若电压相位差为1°，$\alpha = 1° = \dfrac{\pi}{180}$，假设逆变器输出滤波电抗约为额定负载阻抗的3%，即$\omega L = 3\% Z_{o额}$，此时环流为

$$\dot{I}_H = -\frac{U\sin\alpha}{2\omega L} = \frac{I_{额}}{6\%}\sin\alpha \approx \frac{I_{额}}{6\%}\alpha = 29.1\% I_{额}$$

说明两台逆变器的输出电压若有1°的相位差将引起接近30%额定电流的环流，可能导致逆变器较大过载。这也能够说明上述分析中提到的一个条件是成立的，即逆变器并联系统正常工作时输出电压的相位差应该很小。

为了均分负载，逆变器并联系统应该保证每台输出电压同频率、同相位、等幅值。同频同相理论上可通过锁相技术实现，但是，即使两台逆变器电路组成和参数相同，实际运行时两台也必然存在相位差，这是因为电路的非理想性、参数的分散性、工作干扰等因素所致，同样也不可能做到两台输出电压的幅值完全一致。当两台逆变器之间存在电压（幅值、相位或频率）差异时，必须引入均流控制才能实现可靠并联工作。否则并联系统将出现一台逆变器输出更多的负载电流（功率）以至于过载，另一台逆变器轻载或空载运行，情况严重时成为其他逆变器的负载的工作状况，甚至有可能出现短路故障，对供电可靠性不但无益处反而造成不利影响。因此均流控制技术是逆变器并联系统可靠运行的关键。均流控制原理是依据逆变器并联运行特性进行调节的，目的是抑制环流、使各逆变器均分负载电流（功率）。

针对两台逆变器输出电压的幅值差，在每台逆变器输出电压闭环控制系统中增加图7-20a所示的电压幅值补偿环节，一台逆变器中实际检测本机输出的环流无功功率Q_H，将检测到的环流无功功率Q_H与环流无功指令Q_{Hr}（=0）比较得到环流无功偏差Q_{He}，然后经过环流无功调节器$G_{HQ}(s)$产生电压幅值补偿量U_c，此电压幅值补偿量U_c与电压幅值指令U_r叠加从而确定了新的电压幅值指令U_r'。如果逆变器本机输出的环流无功功率Q_H为正（或负），说明本机输出电压的幅值比另一台逆变器的偏高（或低），由电压幅值补偿环节算出一个负（或正）的电压幅值补偿量U_c加到电压幅值指令上，降低（或升高）电压幅值给定，逆变器输出电压闭环控制系统根据新的电压幅值给定使实际输出电压相应降低（或升

高)，这样就使两台逆变器输出电压的幅值差减小，从而进一步减小环流无功功率。

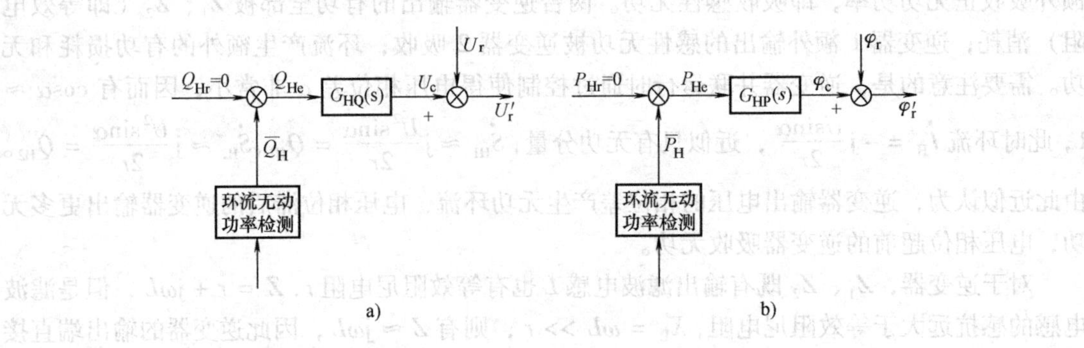

图7-20　电压补偿环节框图
a）幅值补偿　b）相位补偿

同时，对于两台逆变器输出电压的相位差，在每台逆变器输出电压闭环控制系统中加入图7-20b所示的电压相位补偿环节，一台逆变器中实际检测本机输出的环流有功功率 P_H，将检测到的环流有功功率 P_H 与环流有功指令 P_{Hr}（$=0$）比较得到环流有功偏差 P_{He}，然后经过环流有功调节器 $G_{HP}(s)$ 产生电压相位补偿量 φ_c，此电压相位补偿量 φ_c 与电压相位指令 φ_r 叠加产生新的电压相位指令 φ'_r。如果逆变器本机输出的环流有功功率 P_H 为正（或负)，说明本机输出电压的相位比另一台逆变器的超前（或滞后)，由电压相位补偿环节算出一个滞后（或超前）的电压相位补偿量 φ_c 加到电压相位指令上，使电压相位给定推迟(或提前)，逆变器输出电压闭环控制系统根据新的电压相位给定使实际输出电压相位相应推迟（或提前)，这样就使两台逆变器输出电压的相位差减小从而进一步减小环流有功功率。当两台逆变器各自的电压幅值补偿环节和相位补偿环节对电压幅值和相位同时进行补偿调节，并且补偿恰当时，可使两台逆变器基本达到均分负载的运行状态。

进行逆变器并联系统的均流控制，需要检测环流的无功功率 Q_H、有功功率 P_H。假定两台逆变器各自输出的有功、无功功率分别是 P_1、Q_1 和 P_2、Q_2，分析已知 $P_H=(P_1-P_2)/2$，$Q_H=(Q_1-Q_2)/2$，如果每台逆变器检测本机输出的有功、无功功率，并通过信号传输获知另一台的有功、无功功率检测量，就可得到环流的无功功率 Q_H 和有功功率 P_H。逆变器测量本机的有功、无功输出很容易，这里简单介绍一种有功和无功的检测方法。对于一台逆变器，假定其输出电压 $u_o=U_{om}\sin\omega t$，输出电流 $i_o=I_{om}\sin(\omega t-\varphi)$，在输出电压 u_o 的 $0\sim\pi$ 期间对输出电流积分可得

$$A=\int_0^{\pi}I_{om}\sin(\omega t-\varphi)\,\mathrm{d}\omega t=2I_{om}\cos\varphi \tag{7-68}$$

积分得到的 A 对应逆变器本机输出电流的有功分量，随之就可得到本机输出的有功功率。在输出电压的 $\pi/2\sim3\pi/2$ 期间对输出电流积分可得

$$B=\int_{\frac{\pi}{2}}^{\frac{3\pi}{2}}I_{om}\sin(\omega t-\varphi)\,\mathrm{d}\omega t=2I_{om}\sin\varphi \tag{7-69}$$

B 对应逆变器本机输出电流的无功分量，相应也可得到本机输出的无功功率。

上述情况是基于逆变器并联系统有信号连接线、可以交流信息的条件下进行均流控制

的，如果不存在信号连接线，并联均流控制可以借助功率下垂特性得以实现。这里介绍有功-相位下垂特性的均流控制原理。由于参数分散性、工作干扰等原因是不可避免的，所以两台同步锁相的逆变器总存在相位差，假定初始相位分别为 φ_{10}、φ_{20}，则两者的初始相位差 $\Delta\varphi_0=\varphi_{10}-\varphi_{20}$，两台逆变器输出的有功功率必然不等，分别为 P_1、P_2。设定有功－相位下垂调节规律为

$$\varphi_1=\varphi_{10}-mP_1 \tag{7-70}$$

$$\varphi_2=\varphi_{20}-mP_2 \tag{7-71}$$

式中，m 是下垂特性的斜率，如图 7-21 所示。有功-相位下垂调节特性，就是每台逆变器根据本机实际输出的有功功率使输出电压的相位推后一段时间（即增加一个滞后相位量），且输出的有功功率越大，则电压相位被推移得越多。如果逆变器 1 的初始相位超前于逆变器 2，$\varphi_{10}>\varphi_{20}$，则有 $P_1>P_2$，按照有功下垂调节以后两台逆变器新的相位差 $\Delta\varphi'=\varphi_1'-\varphi_2'=\varphi_{10}-\varphi_{20}-m(P_1-P_2)$，可见 $\Delta\varphi'<\Delta\varphi_0$，即两台逆变器的相位差缩小，相应地各自输出的有功功率偏差也减小，这样，两台逆变器就能基本达到均分负载有功功率。

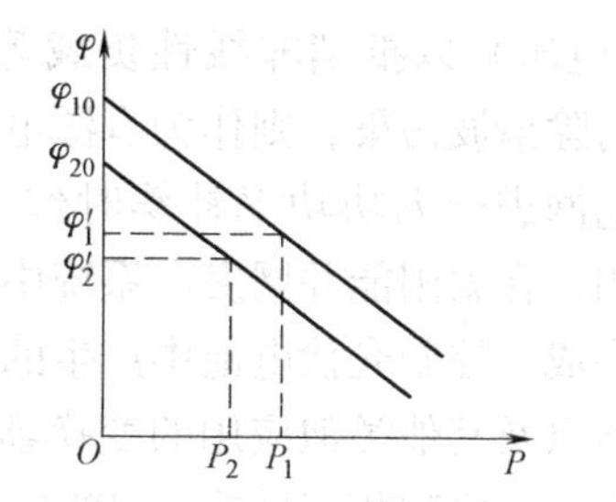

图 7-21　有功-相位下垂特性图

目前，逆变器并联运行主要有集中控制、主从控制、分散逻辑控制和无互联线控制等四种并联控制方式。

1）集中控制方式：并联系统存在一个集中控制单元，向每台逆变器发出交流同步基准指令，各逆变器采用的是同一个同步信号，输出电压的频率、相位差异不大，可认为环流由电压的幅值偏差造成，逆变器检测本机实际输出电流和负载平均电流，根据这两个电流的偏差进行电压幅值的补偿，以抑制环流。如果集中控制单元一旦故障则系统停止供电，可靠性难以提高，所以这种方式已经很少采用。

2）主从控制方式：在并联系统中设置专门的均流控制主逆变器（主模块），其他逆变器作为从模块处于电流跟随运行状态，系统可很好地均流，从模块之间可以实现冗余。与集中控制相比，主从控制没有集中控制单元，系统可靠性相对高一点。但是，由于主模块的存在会降低系统可靠性，随之又出现改进的主从控制方式，即当主模块出现故障时一个从模块升级成主模块继续维持运行，系统可靠性有所提高。

3）分散逻辑控制方式：将均流控制分散在各个逆变器中，通过逆变器相互之间的信号互连线（称为并联通信总线）交流信息，从而进行均流调控。所有逆变器是对等的，可以独立工作，各逆变器实现冗余运行。

4）无互连线控制方式：并联逆变器之间不存在信号互连线，各逆变器只检测本机输出的有功和无功功率，借助功率下垂特性，利用有功、无功功率分别补偿输出电压的相位和幅值以实现均流控制。并联逆变器由于消除了信号互连线因而并联场地距离不再受限制，同时也不会因互连线引入噪声和干扰，可适应分布式供电系统的需要。

随着电力市场的变革、电能质量要求的提高、新型发配电网络的发展，逆变器并联运行的应用前景极为可观。

7.5　接入电网的SPWM变换器控制技术

接入电网的SPWM变换器具有多种不同应用，应用目标的实现依赖于控制，通过对SPWM变换器的有功电流（功率）、无功电流（功率）或者谐波电流（电压）大小和流动方向的控制，可以形成多种不同用途的功率变换器。例如，SPWM变换器控制有功功率从交流电网侧流向直流侧，则作为整流器提供高性能AC/DC变换；SPWM变换器向电网注入谐波电流（电压）以抵消非线性负载等引起的谐波成分、消除谐波污染，则作为有源电力滤波器之用，给电网进行无功功率补偿时作无功功率发生器之用；在太阳能并网发电系统中，如图7-22所示，其中DC/AC并网变换部分由SPWM变换器完成，控制光伏电池中产生的有功功率流向交流电网；还有统一潮流控制器、电能质量控制器以及其他类似应用的变换器等，SPWM变换器可以按应用需求将电能（电量）在电网与变换器之间相互转换。SPWM变换器的用途不同其控制也将不同，下面分别介绍几种典型应用时SPWM变换器的控制。

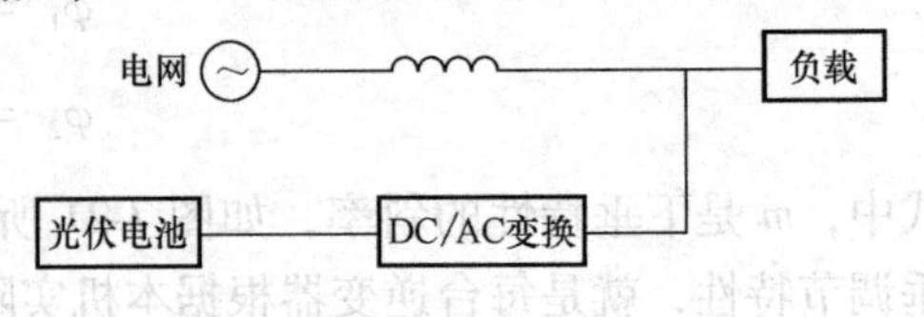

图7-22　光伏并网发电系统

7.5.1　接入电网的SPWM变换器直流侧电压控制技术

SPWM变换器作为整流器是将电网交流电变为稳定直流电供给负载，要输出稳定的直流电，应对整流器直流侧输出的电压施加一定的稳压控制措施。为了控制输出直流电压，首先需分析SPWM变换器的运行特性。单相和三相SPWM变换器特性类似，这里以图7-11所示的单相电路为例分析其运行特性。设交流电源电压$u_s = \sqrt{2}U_s\sin\omega t$；假定SPWM变换器是理想的，交流侧桥臂输入端电压不含谐波成分，为$u_1 = \sqrt{2}U_1\sin(\omega t - \alpha)$，$\alpha$是变换器交流端电压滞后电源电压的相位角；则交流侧输入电流为$i_s = \sqrt{2}I_s\sin(\omega t - \varphi)$，其中$\varphi$是输入电流滞后电源电压的相位角。根据变换器电路图有电压、电流矢量关系

$$\dot{U}_s = \dot{U}_1 + r\dot{I}_s + \mathrm{j}\omega L\dot{I}_s$$

图7-23显示出SPWM变换器稳态运行时电压、电流关系。电源电压矢量$\dot{U}_s$在x轴上，变换器输入电流矢量$\dot{I}_s$在x、y轴的分量为$I_{sx}(=I_s\cos\varphi)$和$I_{sy}(=I_s\sin\varphi)$，分别对应电源的有功电流和无功电流，变换器交流输入端电压矢量$\dot{U}_1$在x、y轴的分量分别可求得

$$U_{1x} = U_s - \omega LI_{sy} - rI_{sx}$$

$$U_{1y} = \omega LI_{sx} - rI_{sy}$$

由于电路电阻r（$\ll \omega L$）非常小，可以忽略，因此有

$$U_{1x} = U_s - \omega LI_{sy} \tag{7-72}$$

$$U_{1y} = \omega LI_{sx} \tag{7-73}$$

由式（7-72）和式（7-73）可得有功、无功电流为

$$I_{sx} = \frac{U_1\sin\alpha}{\omega L} \tag{7-74}$$

$$I_{sy} = \frac{U_s - U_1\cos\alpha}{\omega L} \tag{7-75}$$

输入电流矢量 $\dot{I}_s$ 的共轭矢量 $\dot{I}_s^* = I_{sx} + jI_{sy}$，则交流电源的复数功率为

$$\dot{S} = P + jQ = \dot{U}_s\dot{I}_s^* = U_sI_{sx} + jU_sI_{sy}$$

交流电源的有功功率 P 和无功功率 Q 可表示为

$$P = U_sI_s\cos\varphi = \frac{U_sU_1\sin\alpha}{\omega L} \tag{7-76}$$

$$Q = U_sI_s\sin\varphi = U_s\frac{U_s - U_1\cos\alpha}{\omega L} \tag{7-77}$$

式（7-74）和式（7-76）表明，输入有功电流 I_{sx} 和有功功率 P 均与 SPWM 变换器交流输入端电压 u_1 有关，如果 u_1 滞后于电源电压 u_s，滞后角 α 为正值，有功电流 I_{sx} 和有功功率 P 就为正值，根据电压、电流方向定义，可知此时交流电源向 SPWM 变换器输出有功电流、有功功率，SPWM 变换器将交流侧电能变为直流电能供给负载，SPWM 变换器处于整流工作状态；反之，如果 u_1 超前于 u_s，滞后角 α 为负值，有功电流 I_{sx} 和有功功率 P 就为负值，表明此时交流电源吸入有功电流、有功功率，SPWM 变换器将直流侧电能变成交流电能反送给交流电源，SPWM 变换器处于逆变工作状态。

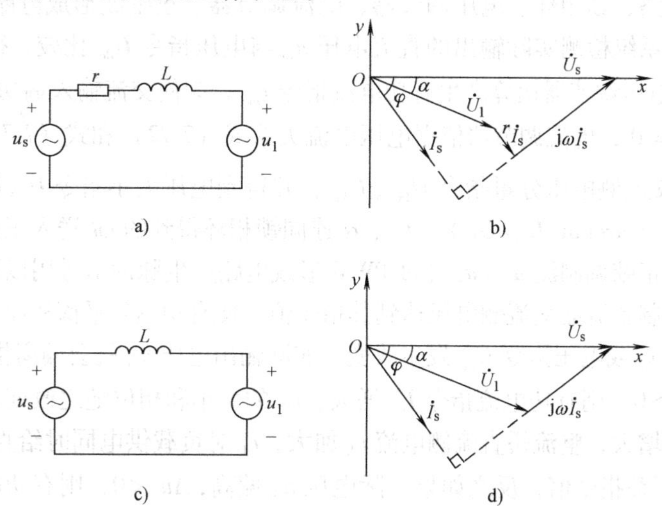

图 7-23　理想的 SPWM 变换器电压电流关系

a）$r \neq 0$ 等效电路　b）$r \neq 0$ 矢量图　c）$r = 0$ 等效电路　d）$r = 0$ 矢量图

由式（7-75）和式（7-77）可见，输入无功电流 I_{sy} 和无功功率 Q 也与 SPWM 变换器交流输入端电压 u_1 有关，如果 u_1 幅值较电源电压 u_s 幅值大，使得 $U_1\cos\alpha > U_s$，无功电流 I_{sy} 和无功功率 Q 就为负值，根据电压、电流方向定义，可知此时交流电源向 SPWM 变换器输出容性无功电流、无功功率，或者说交流电源从 SPWM 变换器吸入感性无功电流、无功功率；反之，如果 u_1 幅值较 u_s 幅值小，有 $U_1\cos\alpha < U_s$，则无功电流 I_{sy} 和无功功率 Q 为正值，表明此时交流电源向 SPWM 变换器输出感性无功电流、无功功率，或者说交流电源从 SPWM 变换器吸入容性无功电流、无功功率。

综上可知，交流电源 u_s 和 SPWM 变换器交流侧电压 u_1 两者之间有如下运行特性：有功

电流、有功功率从相位超前的交流电源流向相位滞后的交流电源；感性无功电流、无功功率从电压幅值大的交流电源流入电压幅值小的交流电源。SPWM 变换器交流侧电压 u_1 的大小和 u_1 相对于电源电压 u_s 的相位角 α 都是可以调节的，改变 u_1 的大小和相位角 α，就可以控制有功、无功电流 I_{sx}、I_{sy} 和有功、无功功率 P、Q 的大小以及方向（正负），使得电能可在 SPWM 变换器的交流侧和直流侧之间正向或反向流动，因此，图 7-11 所示的 SPWM 变换器是一个 AC↔DC 双向功率变换器。

SPWM 整流器直流侧输出电压 u_{dc} 的大小取决于有功功率 P 与直流负载消耗功率 P_o 之间的平衡关系，加大 P，u_{dc} 随之升高，反之减小 P 则 u_{dc} 降低，当负载一定时保持 P 恒定，u_{dc} 也恒定不变，因此调节 P 就可控制输出电压 u_{dc}。

为了稳定 SPWM 整流器直流侧电压 u_{dc}，应该令桥式开关电路 SPWM 控制的正弦调制波频率 f_r 等于交流电源 u_s 的频率 f_s，那么整流器交流侧电压 u_1 的基波就与交流电源同频率，只要对开关电路进行 SPWM 控制，通过调节 u_1 的基波电压大小和相位来调控有功功率 P，从而维持 u_{dc} 的恒定。尽管整流器交流侧电压 u_1 中也含有谐波电压，谐波电压的频率由 SPWM 控制的载波频率 f_c 决定，在高频整流器中 SPWM 控制的载波比 $f_c/f_r >> 1$，u_1 中的谐波电压频率很高，这些谐波电压产生的谐波电流经过交流侧滤波电感的滤波作用被衰减得很小，因而可忽略不计。

采用反馈控制原理的 SPWM 整流器直流侧电压控制系统的组成如图 7-24 所示，包括桥式整流电路、检测电路、锁相环、电压调节器、电流调节器、正弦波形成电路、PWM 形成电路等部分。电压控制系统检测实际输出的直流电压 u_{dc} 与电压指令 U_{dc}^* 比较，得到电压偏差 Δu，电压偏差 Δu 经过电压调节器运算产生有功电流指令 I_{sx}^*，为使交流输入端功率因数等于 1，令无功电流指令 $I_{sy}^* = 0$，电流调节器依据电压电流关系式（7-72）和式（7-73）由电流指令 I_{sx}^* 和 I_{sy}^* 算出整流器交流侧电压分量指令 U_{1x}、U_{1y}，并得到电压大小指令 $U_1(U_1 = \sqrt{U_{1x}^2 + U_{1y}^2})$ 和滞后相位指令 $\alpha = \arctan(U_{1y}/U_{1x})$，$U_1$、α 连同锁相环得到的 ωt 送入正弦波形成电路，正弦波形成电路输出正弦调制波 u_r，u_r 经过 PWM 形成电路产生脉冲信号用以驱动桥式整流电路各个开关器件，控制整流器交流侧电压达到其指令值，使有功达到平衡从而实现对直流电压的控制。当直流负载 i_o 或电压指令 U_{dc}^* 发生改变，实际输出电压 u_{dc} 就会偏离指令值，如果 u_{dc} 偏低，电压偏差 $\Delta u >0$，则有功电流指令 I_{sx}^* 增大，u_1 的大小和相位随之改变，使交流电源送入整流器的有功功率增大，整流桥直流侧电流 i_{dc} 加大，i_{dc} 对负载供电同时给直流滤波电容充电，这样 u_{dc} 被提高并跟踪指令值；反之如果实际电压 u_{dc} 偏高，$\Delta u <0$，则有功电流指令 I_{sx}^* 减小，u_1 的大小和相位随之改变，使交流电源送入整流器的有功功率减小，整流桥直流侧电流 i_{dc} 相应减小，直流滤波电容放电与 i_{dc} 共同给负载供电，这样 u_{dc} 被降低以跟踪指令值。通过图 7-24 所示闭环控制系统的调控可以稳定 SPWM 整流器直流输出电压。

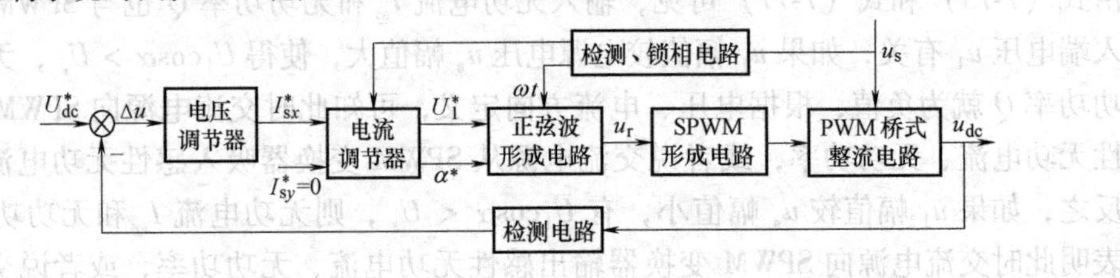

图 7-24 SPWM 整流器直流电压控制系统功能框图

值得注意的是，图 7-24 所示控制系统实际难以实现。这是因为整流器交流侧滤波电感在额定情况下的压降一般只占电源电压的3% ~10%，流经滤波电感的交流侧输入电流 i_s 仅由交流电源 u_s 和整流器交流侧电压 u_1 的矢量关系决定，交流电压 u_1 的大小和相位如果有偏差，哪怕只有很小偏差，在滤波电感上形成的电压偏差比重将很大，容易导致 i_s 过流；除非系统各个环节都非常精确，才有可能可靠运行，但是实际检测电路、锁相环对电源电压 u_s 的幅值检测和锁相均会有误差，经过图 7-24 中电流调节器运算得到的整流器交流侧电压指令 U_1^* 也会存在偏差，必然易出现 i_s 过电流现象；这仅是稳态运行时实际面临的问题，另外，图 7-24 中电流调节器是依据 SPWM 变换器稳态电压矢量关系进行电流调节的，电流调节由于仅考虑了整流器稳态特性其稳定性差、动态响应慢，过渡过程中电流 i_s 超调严重而使整流器难以承受。图 7-24 所示控制系统方案属于电流开环控制方式，不能形成实际可靠运行的控制系统，一般需要引入下面所说的电流反馈控制环，就可以构成实际可行的整流器控制系统。

7.5.2　接入电网的 SPWM 变换器电网侧基波电流控制技术

相比于相控和不控整流器，SPWM 整流器除了要提供稳定直流电，同时要抑制交流侧输入电流的谐波成分使输入电流正弦化，并使交流电源输出的功率因数接近 1，消除传统整流器固有的输入谐波、无功电流对电网造成危害的缺陷。SPWM 整流器对开关器件按照正弦脉宽调制（SPWM）方式进行通断控制，形成的交流输入端电压虽然含有谐波电压成分，但是高频 SPWM 控制输出的谐波电压频率理论上在开关频率附近及开关频率以上的频段，谐波电压频率很高，这样的谐波电压在交流侧产生的高频谐波电流经滤波电感的滤波作用可基本滤除，因此交流侧输入电流基本上只含基波电流，即 SPWM 整流器交流输入电流是正弦波形的。SPWM 整流器交流侧输入的电流即基波电流中，有功电流分量是用于向直流侧输送有功功率给负载供电的；对于无功电流分量而言，不需要，而且为了实现交流电源侧功率因数等于 1 的目标不希望其存在，因此令无功电流指令 $I_{sy}^* = 0$，由整流器实际需要的有功功率确定有功电流指令 I_{sx}^*，根据电流指令可以进行电流调节。如果像图 7-24 中的方案采用电流开环控制，存在稳定性差、动态响应慢、抗干扰能力差等缺点，而实际系统中外部扰动、内部参数变化、电路非理想特性等因素不可避免，因而电流开环控制不仅达不到预期的电流控制目标而且无法保证系统的可靠运行。为了能对电流实施快速、可靠调节，引入电流反馈控制。考虑 SPWM 整流器既要稳定直流电压又要控制交流输入电流，而电压外环电流内环的双闭环串级控制结构较为普遍，SPWM 整流器输入基波电流可以采用图 7-25 所示的 SPWM 整流器双闭环控制系统进行控制，其中电流环实时检测交流输入电流然后按电流偏差调节电流，利用电流调节器提高动、静态响应性能，电流闭环控制能抑制扰动使电流快速跟踪指令。

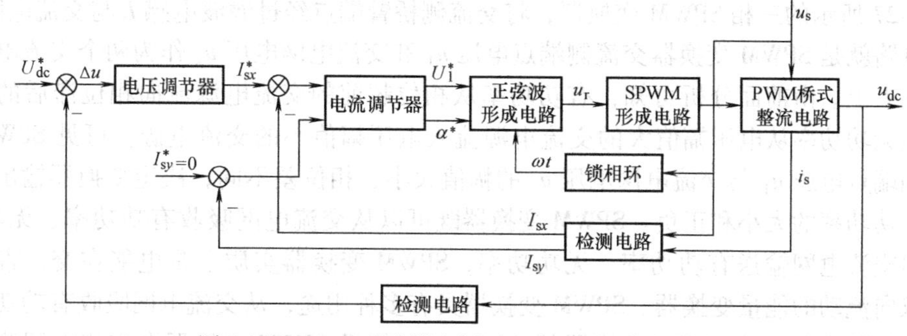

图 7-25　SPWM 整流器电压、电流双闭环控制系统

SPWM 整流器双闭环控制系统的结构已经确定，其中的 SPWM 桥式整流电路对象模型前面已建立，PWM 形成电路的模型与前面类似，由此可以得到控制系统框图并以此来设计电压调节器 $G_u(s)$ 和电流调节器 $G_i(s)$。三相 SPWM 整流器较为普遍，这里以三相 SPWM 整流器为例给出控制系统框图。图 7-26 所示是三相 SPWM 整流器在同步旋转 d－q 坐标系中的双闭环控制系统框图。由于 SPWM 整流器状态空间平均模型仍然是非线性的，给控制器设计造成困难，为了便于控制器设计，图 7-26 对 SPWM 整流器模型作了近似处理。比较图 7-26 和图 7-14 可见，SPWM 整流器模型的近似处理在于：其一是假设直流电压的变化不影响交流电流，交流电流变化过程中直流电压视为恒定，实际上直流电压变化不大，且电压环时间常数比电流环的大几倍，与交流电流变化相比，直流电压变化比较慢，可认为交流电流的动态变化过程中直流电压基本不变，因此这一假设是合理的；其二是假设开关状态的改变仅通过输入电流来影响直流电流，并不直接影响直流电流。基于以上两点假设将 SPWM 整流器简化成一个线性模型，这样可采用线性控制理论设计控制器。

在图 7-26 中引入了 d、q 轴电流 i_{sd}、i_{sq} 的解耦控制，使 d、q 轴电流 i_{sd}、i_{sq} 控制上变成独立的，既可提高控制效果，也便于电流调节器的设计；同时还引入电源电压 u_{sd}、u_{sq} 的前馈补偿，使系统的动态性能和抗扰能力进一步提高。

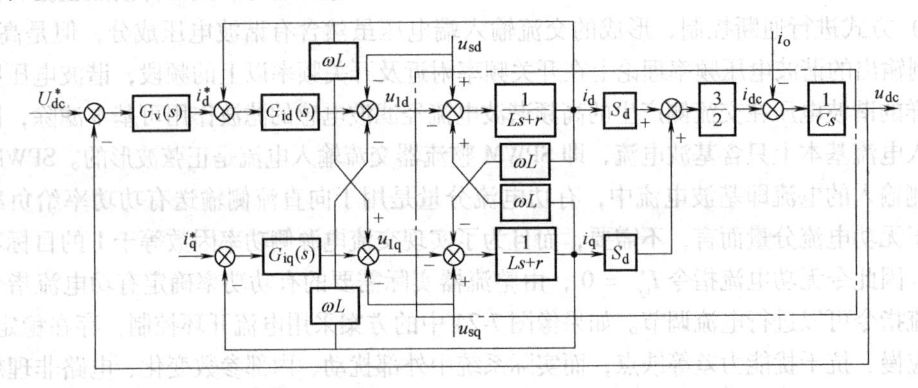

图 7-26 三相 SPWM 整流器双闭环控制系统框图

上述双闭环控制的主要特点是物理概念清晰，系统结构简单，控制性能优良，在电流环中如果对电流指令设置限幅值可使整流器处于恒流运行状态，从而起到保护开关电路的作用，这一点也是双闭环控制的优点。

7.5.3 接入电网的 SPWM 变换器电网侧功率控制技术

图 7-27 所示的三相 SPWM 变换器，将交流侧桥臂端点经过滤波电感 L 与交流电网连接，其等效电路就是 SPWM 变换器交流侧端点电压 u_1 和交流电网电压 u_s 作为两个交流电源加在滤波电感 L 上。由前面分析可知，有功功率从相位超前的交流电源流向相位滞后的交流电源；感性无功功率从电压幅值大的交流电源流入电压幅值小的交流电源。可见 SPWM 变换器交流侧端点电压 u_1 与交流电网电压 u_s 的幅值大小、相位差不同，决定变换器输出的有功功率、无功功率的大小和正负。SPWM 变换器既可以从交流电网吸收有功功率、无功功率，也可以向交流电网输送有功功率、无功功率，SPWM 变换器实质上是电能在交、直流间转换、可双向流动的能量变换器。SPWM 变换器具有多种用途，从交流电网吸收有功功率并转换到直流的整流器只是 SPWM 变换器的应用之一。如果 SPWM 变换器向交流电网输出无功

功率，即作为一个无功功率发生器之用，这样的 SPWM 变换器称为静止型无功功率发生器（Static Var Generator，SVG），也称作静止同步补偿器（Static Synchronous Compensator，STATCOM）。常用的三相静止型无功功率发生器如图 7-27 所示，控制 SPWM 变换器交流侧电压 u_1（$u_1=\sqrt{2}U_1\sin(\omega t-\alpha)$）使 u_1 与交流电网电压 u_s（$u_s=\sqrt{2}U_s\sin\omega t$）同频率（$f_1=f_s$），理想运行情况下，SPWM 变换器交流侧输出电流 i 的相量表达式为

$$\dot{I}=\frac{\dot{U}_1-\dot{U}_s}{\mathrm{j}\omega L}$$

使 u_1 与 u_s 同相位（u_1 滞后 u_s 的相位角 $\alpha=0$），则 SPWM 变换器交流侧输出的电流 i 与交流电网电压 u_s 相位相差 90°，SPWM 变换器只输出无功电流、无功功率，输出电流 i 的无功分量 i_q 的有效值、输送给电网的滞后无功功率 Q 分别为

$$I_q=\frac{U_1-U_s}{\omega L}\tag{7-78}$$

$$Q=U_s\frac{U_1-U_s}{\omega L}\tag{7-79}$$

当无功功率发生器交流侧电压 u_1 的幅值比交流电网电压 u_s 大时，$I_q>0$，$Q>0$，$\dot{I}_q$ 滞后 $\dot{U}_s$90°，无功功率发生器给电网输送滞后无功功率；当 u_1 的幅值比 u_s 小时，$I_q<0$，$Q<0$，$\dot{I}_q$ 超前 $\dot{U}_s$90°，无功功率发生器给电网输送超前无功功率。调节无功功率发生器交流侧电压 u_1 的幅值大小，就可控制输出无功功率的大小和（超前或滞后）性质。

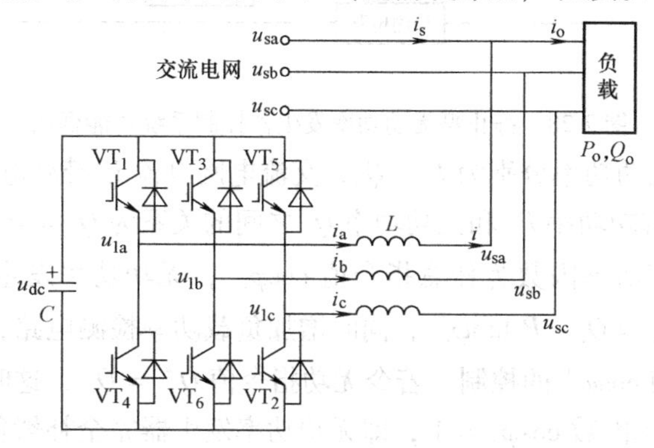

图 7-27　静止型无功功率发生器

另外，无功功率发生器要想稳定工作，直流侧必须有一个固定的直流电压。由于无功功率发生器在工作时存在开关损耗、电路损耗等有功损耗，如果直流侧只有滤波电容而没有直流电源，那么工作过程中电容电压 u_{dc} 将不断降低，无法保证无功功率发生器的正常运行。为了维持直流电压 u_{dc} 恒定，又不额外增加直流电压源，利用无功功率发生器能量可双向流动的特点，控制无功功率发生器交流侧电压 u_1 相对于交流电网电压 u_s 的相位滞后角 α 为一个很小的正角度，使无功功率发生器交流侧输出电流 i 除了含无功电流分量 i_q 外，还有少许负值的有功电流分量 i_p，这样无功功率发生器在向交流电网输出无功功率的同时，也从电网吸收少许有功功率，用于补充变换器的运行损耗，使直流电压 u_{dc} 保持恒定。因此无功功率发生器进行电力变换时包括 AC→DC 的整流过程和 DC→AC 的变换过程。

图 7-28 所示为静止型无功功率发生器的控制系统功能框图。其中直流电压的稳压调节原理为：当 u_{dc} 偏低，电压偏差 $\Delta u = U_{dc}^* - u_{dc} > 0$ 时，则电压调节器输出的滞后角指令值 α^* 加大，使电网提供的有功电流 i_p 数值增大，有功功率 P 随之增大，电容充电使直流电压 u_{dc} 升高到指令值 U_{dc}^*；当 u_{dc} 偏高，电压偏差 $\Delta u < 0$ 时，电压调节器输出的滞后角指令值 α^* 相应减小，使电网提供的有功电流 i_p 数值减小，有功功率 P 随之减小，电容放电使直流电压 u_{dc} 降低到指令值 U_{dc}^*；电压的闭环控制使直流电压 u_{dc} 自动保持为指令值 U_{dc}^*。无功功率的控制原理为：当实际输出的无功功率 Q 小于无功功率的指令值 Q^*，无功偏差 $\Delta Q = Q^* - Q > 0$，则无功调节器输出的交流电压大小指令值 U_1^* 升高，使无功功率发生器交流侧电压 u_1 的幅值加大，输出的无功功率 Q 随之增大，直至指令值 Q^*；当实际输出的无功功率 Q 大于无功功率的指令值 Q^*，无功偏差 $\Delta Q < 0$，无功调节器输出的交流电压大小指令值 U_1^* 相应降低，使无功功率发生器交流侧电压 u_1 的幅值减小，输出的无功功率 Q 随之减小，直至指令值 Q^*；无功功率的闭环控制使无功功率发生器实际输出的无功功率 Q 为无功指令值。

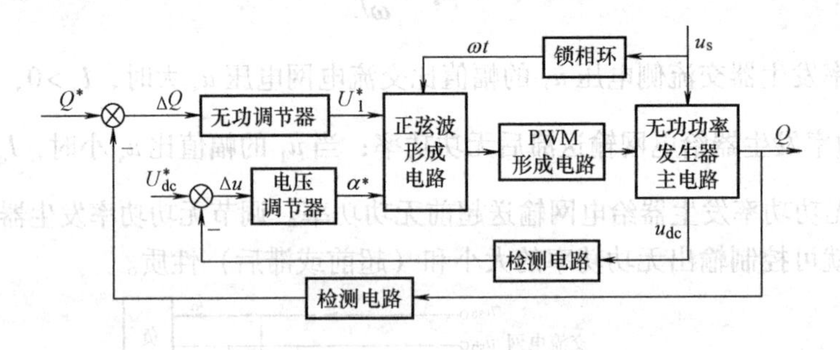

图 7-28 静止型无功功率发生器控制系统功能框图

假定负载有功、无功功率分别为 P_o、Q_o，交流电网电流 i_s 滞后电网电压 u_s 的相位角为 φ_s，交流电网提供的有功功率 P_s 和无功功率 Q_s 之间的关系为 $Q_s = P_s\tan\varphi_s$。如果要求交流电网在向负载供电时其功率因数为任意指令值 $\cos\varphi_s^*$，无功功率发生器控制系统只要令无功指令值 $Q^* = Q_o - Q_s = Q_o - P_o\tan\varphi_s^*$，同时增加负载功率检测电路，即可实现交流电网的功率因数为任意指令值 $\cos\varphi_s^*$ 的控制。若令无功指令值 $Q^* = Q_o$，这时交流电网提供的无功功率 $Q_s = 0$，电网功率因数 $\cos\varphi_s = 1$，即无功功率发生器完全补偿负载的无功功率，使交流电网功率因数等于 1。

静止型无功功率发生器通过对开关电路的 SPWM 控制，可输出数值大小和方向连续可控的无功功率，可使电网功率因数 $\cos\varphi_s$ 为任意指令值，同时仅用较小的 L、C 滤波器就可使交流侧输出电流接近正弦波。

对图 7-28 所示的静止型无功功率发生器控制系统进行设计，首先要确定无功功率发生器主电路的模型。比较静止型无功功率发生器和 SPWM 整流器的主电路可见，无功功率发生器主电路除了直流侧没有带负载外，电路结构与 SPWM 整流器的相同，因此，取负载电流 $i_o = 0$，考虑电流定义方向，将 SPWM 整流器的数学模型适当调整就可得到无功功率发生器主电路模型。与前述设计方法类似，可对无功功率发生器控制系统中的电压调节器和无功调节器进行设计。

7.5.4　接入电网的 SPWM 变换器电网侧谐波电流控制技术

交流电网给非线性负载供电时，负载电流 i_o 中既有正弦基波电流 i_{o1}，还含有谐波电流 i_{oh}，其中基波电流 i_{o1} 中又有基波有功电流 i_{o1p} 和基波无功电流 i_{o1q}，负载电流 $i_o = i_{o1} + i_{oh} = i_{o1p} + i_{o1q} + i_{oh}$。SPWM 变换器具有控制灵活的特点，利用 SPWM 控制既可以使开关电路交流侧输出正弦基波电流，也可输出谐波电流。如果将 SPWM 变换器与非线性负载并联接在电网上，如图 7-29 所示，通过控制使 SPWM 变换器交流侧向电网输出补偿电流 i_c，并且使补偿电流 i_c 与负载谐波电流 i_{oh} 大小相等，即 $i_c = i_{oh}$，那么电网电流 $i_s = i_o - i_c = i_{o1}$，即电网只提供负载基波电流 i_{o1}，SPWM 变换器起到补偿负载谐波电流的作用，这种 SPWM 变换器称为并联型有源电力滤波器（PAPF）。一般也希望负载的无功电流不流入电网，只要使并联型有源电力滤波器输出的补偿电流 $i_c = i_{oh} + i_{o1q}$ 即可，此时电网电流 $i_s = i_o - i_c = i_{o1p}$，电网中只流过基波有功电流 i_{o1p}。可见并联型有源电力滤波器不仅可完全补偿负载谐波电流，使电网电流波形正弦化，而且可补偿负载无功功率，使电网功率因数为 1。

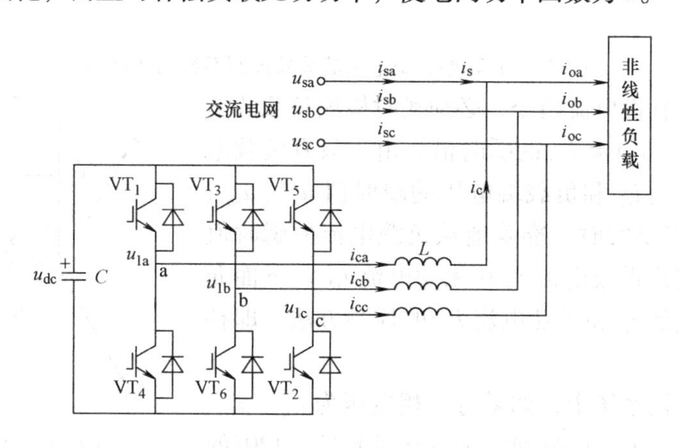

图 7-29　并联型有源电力滤波器

有源电力滤波器为了补偿负载谐波电流和无功电流，应该以实际的负载谐波电流 i_{oh} 和负载无功电流 i_{o1q} 之和作为输出补偿电流的指令 $i_{chq}^* = i_{oh} + i_{o1q}$，进行电流控制。同时，有源电力滤波器运行过程中存在损耗，直流侧滤波电容上的电压 u_{dc} 如果没有电能补充将在运行时不断下降，致使有源电力滤波器无法正常工作，因此，为了使有源电力滤波器能正常工作，应维持直流侧电压 u_{dc} 恒定，这可通过电压反馈控制实现。并联型有源电力滤波器在进行电能变换时，同样包括 AC→DC 变换和 DC→AC 变换两种变换过程。并联型有源电力滤波器控制系统功能框图如图 7-30 所示。其中直流电压稳压原理为：直流电压指令 U_{dc}^* 与实际的直流电压 u_{dc} 的偏差经过电压调节器运算产生一个有功电流补偿指令 i_{up}，将 i_{up} 与谐波无功补偿电流指令（$i_{chq}^* = i_{oh} + i_{o1q}$）合并作为最后的输出补偿电流指令 i_c^*，即在输出补偿电流指令 i_c^* 中加一点有功电流指令，使有源电力滤波器从交流电网吸收一点有功功率，补偿有源电力滤波器的运行损耗，维持 u_{dc} 恒定不变。谐波、无功电流补偿控制原理为：实时检测实际输出的补偿电流 i_c，并与补偿电流指令 i_c^* 实时比较，根据电流偏差 Δi 由电流调节器运算出合适的控制量，控制主电路开关器件的通、断状态，以改变开关电路交流侧电压，使输出电流跟踪指令。以图 7-29 中 a 相电流为例，当 a 相实际输出补偿电流 i_{ca} 小于指令 i_{ca}^*，控制

量使 VT_1 管导通，a 相桥臂输出端点 u_{1a} 变为正母线电位，又因为电压型变换器直流电压 u_{dc} 大于电网电压峰值，故使 i_{ca} 增大跟踪指令值 i_{ca}^*；反之当 i_{ca} 大于 i_{ca}^*，控制量使 VT_4 管导通，u_{1a} 变为负母线电位，从而使 i_{ca} 减小跟踪指令值 i_{ca}^*。通过电流反馈闭环控制可使有源电力滤波器输出电流跟踪输出补偿电流指令，完全补偿负载的谐波电流和无功电流。

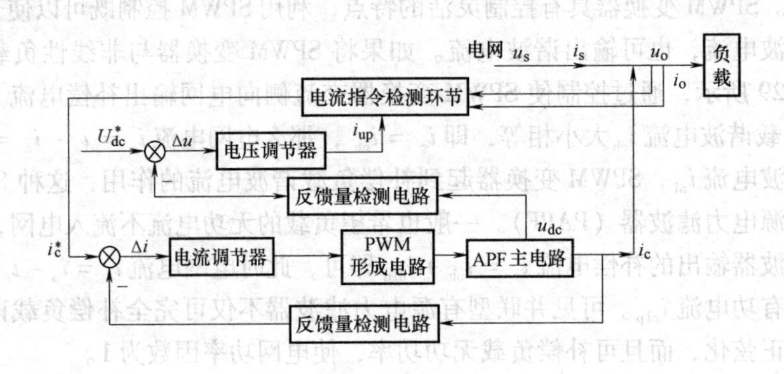

图 7-30　并联型有源电力滤波器控制系统功能框图

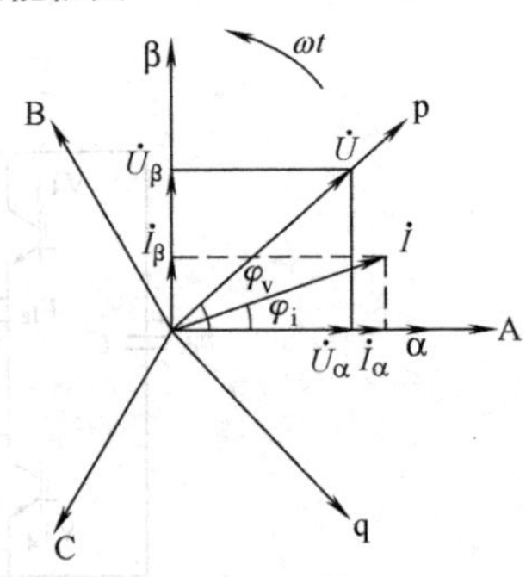

图 7-31　坐标变换关系

为了得到输出补偿电流指令，必须实时检测负载的谐波电流 i_{oh} 和基波无功电流 i_{o1q} 的瞬时值。由于只有负载电流的瞬时值 i_{oa}、i_{ob}、i_{oc} 和负载端电压的瞬时值 u_{sa}、u_{sb}、u_{sc} 可直接检测，需要实时、准确地从负载电流的瞬时值 i_{oa}、i_{ob}、i_{oc} 中分离出谐波电流 i_{oh} 和无功电流 i_{o1q}。下面介绍一种负载谐波电流 i_{oh} 和无功电流 i_{o1q} 的检测方法，即补偿指令的获取方法。

三相三线制交流系统中，如果将三相电压为 u_A、u_B、u_C 和三相电流为 i_A、i_B、i_C 分别定义在空间上互差 120°的三相 A-B-C 静止坐标系的各个轴上，如图 7-31 所示，根据瞬时有功功率的定义，三相瞬时有功功率为 $P_3 = u_A i_A + u_B i_B + u_C i_C$。将两相正交的 α-β 静止坐标系的 α 轴与三相 A-B-C 静止坐标系的 A 轴重合，如果选取 A-B-C 坐标系电量到 α-β 坐标系电量的转换关系为

$$\begin{bmatrix} u_\alpha \\ u_\beta \end{bmatrix} = \boldsymbol{C}_{3s/2s} \begin{bmatrix} u_A \\ u_B \\ u_C \end{bmatrix} = \sqrt{\frac{2}{3}} \begin{bmatrix} 1 & -1/2 & -1/2 \\ 0 & \sqrt{3}/2 & -\sqrt{3}/2 \end{bmatrix} \begin{bmatrix} u_A \\ u_B \\ u_C \end{bmatrix} \tag{7-80}$$

$$\begin{bmatrix} i_\alpha \\ i_\beta \end{bmatrix} = \boldsymbol{C}_{3s/2s} \begin{bmatrix} i_A \\ i_B \\ i_C \end{bmatrix} = \sqrt{\frac{2}{3}} \begin{bmatrix} 1 & -1/2 & -1/2 \\ 0 & \sqrt{3}/2 & -\sqrt{3}/2 \end{bmatrix} \begin{bmatrix} i_A \\ i_B \\ i_C \end{bmatrix} \tag{7-81}$$

那么相应的反变换为

$$\begin{bmatrix} u_A \\ u_B \\ u_C \end{bmatrix} = \boldsymbol{C}_{2s/3s} \begin{bmatrix} u_\alpha \\ u_\beta \end{bmatrix} = \sqrt{\frac{2}{3}} \begin{bmatrix} 1 & 0 \\ -1/2 & \sqrt{3}/2 \\ -1/2 & -\sqrt{3}/2 \end{bmatrix} \begin{bmatrix} u_\alpha \\ u_\beta \end{bmatrix} \tag{7-82}$$

$$\begin{bmatrix} i_A \\ i_B \\ i_C \end{bmatrix} = C_{2s/3s}\begin{bmatrix} i_\alpha \\ i_\beta \end{bmatrix} = \sqrt{\frac{2}{3}}\begin{bmatrix} 1 & 0 \\ -1/2 & \sqrt{3}/2 \\ -1/2 & -\sqrt{3}/2 \end{bmatrix}\begin{bmatrix} i_\alpha \\ i_\beta \end{bmatrix} \tag{7-83}$$

同样由定义知α-β坐标系中两相瞬时有功功率$P_{2s} = u_\alpha i_\alpha + u_\beta i_\beta$，可以证明$P_{2s}=P_3$，即按照转换矩阵$C_{3s/2s}$或$C_{2s/3s}$进行坐标变换时功率保持恒定。

α-β坐标系中α、β轴上的电压矢量分别为$\dot{u}_\alpha$和$\dot{u}_\beta$，电流矢量分别为$\dot{i}_\alpha$和$\dot{i}_\beta$，则电压合成矢量$\dot{U} = u_\alpha + ju_\beta$，电流合成矢量$\dot{I} = i_\alpha + ji_\beta$，合成的电压矢量$\dot{U}$和电流矢量$\dot{I}$均是以正弦量角频率$\omega$的速度在空间旋转的旋转矢量，电压合成矢量$\dot{U}$的相位为$\varphi_u = \omega t$，假定$\dot{U}$和$\dot{I}$的相位差为$\varphi$，则$\dot{I}$的相位$\varphi_i = \varphi_u - \varphi = \omega t - \varphi$，由此可知电流矢量$\dot{I}$在α、β轴上的投影分量$i_\alpha$和$i_\beta$与$\dot{I}$的关系为

$$i_\alpha = I\cos\varphi_i = I\cos(\omega t - \varphi)$$
$$i_\beta = I\sin\varphi_i = I\sin(\omega t - \varphi)$$

如果再定义一个两相正交的p－q旋转坐标系，令p轴与电压矢量$\dot{U}$重合，q轴滞后p轴90°，如图7-31所示，电流合成矢量$\dot{I}$在p、q轴上的投影分量i_p、i_q分别为

$$i_p = I\cos\varphi = I\cos(\omega t - \varphi_i) = i_\alpha\cos\omega t + i_\beta\sin\omega t$$
$$i_q = I\sin\varphi = I\sin(\omega t - \varphi_i) = i_\alpha\sin\omega t - i_\beta\cos\omega t$$

即

$$\begin{bmatrix} i_p \\ i_q \end{bmatrix} = \begin{bmatrix} \cos\omega t & \sin\omega t \\ \sin\omega t & -\cos\omega t \end{bmatrix}\begin{bmatrix} i_\alpha \\ i_\beta \end{bmatrix} = C_{2s/2r}\begin{bmatrix} i_\alpha \\ i_\beta \end{bmatrix} \tag{7-84}$$

式中，$C_{2s/2r}$表示α-β两相静止坐标系电量到p-q两相旋转坐标系电量的变换矩阵，利用式（7-84）可得其反变换为

$$\begin{bmatrix} i_\alpha \\ i_\beta \end{bmatrix} = \begin{bmatrix} \cos\omega t & \sin\omega t \\ \sin\omega t & -\cos\omega t \end{bmatrix}\begin{bmatrix} i_p \\ i_q \end{bmatrix} = C_{2r/2s}\begin{bmatrix} i_p \\ i_q \end{bmatrix} \tag{7-85}$$

可见$C_{2r/2s} = C_{2s/2r}$。

p-q旋转坐标系中，电流合成矢量$\dot{I}$在p轴上的分量i_p是有功电流，在q轴上的分量i_q是无功电流，有功功率$P_{2r} = Ui_p = UI\cos\varphi$，无功功率$Q_{2r} = Ui_q = UI\sin\varphi$。可以证明$P_{2r} = P_{2s} = P_3$，因此上述各坐标系之间的变换是恒功率变换方式。

采用上述坐标变换关系，A-B-C三相坐标系电量如果是基波正弦信号，则变换到α-β坐标系的电量也是基波正弦信号，变换到p-q坐标系的电量是直流量，即

$$\begin{cases} x_A = X_m\cos(\omega t - \varphi) \\ x_B = X_m\cos(\omega t - \varphi - 2\pi/3) \\ x_C = X_m\cos(\omega t - \varphi + 2\pi/3) \end{cases} \Leftrightarrow \begin{cases} x_\alpha = \dfrac{\sqrt{3}}{\sqrt{2}}X_m\cos(\omega t - \varphi) \\ x_\beta = \dfrac{\sqrt{3}}{\sqrt{2}}X_m\sin(\omega t - \varphi) \end{cases} \Leftrightarrow \begin{cases} x_p = \dfrac{\sqrt{3}}{\sqrt{2}}X_m\cos\varphi \\ x_q = \dfrac{\sqrt{3}}{\sqrt{2}}X_m\sin\varphi \end{cases}$$

如果A-B-C三相坐标系电量是高频n次谐波信号，则变换到α-β坐标系的电量也是高频n次谐波信号，变换到p-q坐标系的电量是高频（$n-1$）次谐波信号，即

$$\begin{cases} x_A = X_{nm}\cos n\omega t \\ x_B = X_{nm}\cos n(\omega t - 2\pi/3) \\ x_C = X_{nm}\cos n(\omega t + 2\pi/3) \end{cases} \Leftrightarrow \begin{cases} x_\alpha = \dfrac{\sqrt{3}}{\sqrt{2}}X_{nm}\cos n\omega t \\ x_\beta = \dfrac{\sqrt{3}}{\sqrt{2}}X_{nm}\sin n\omega t \end{cases} \Leftrightarrow \begin{cases} x_p = \dfrac{\sqrt{3}}{\sqrt{2}}X_{nm}\cos(n-1)\omega t \\ x_q = \dfrac{\sqrt{3}}{\sqrt{2}}X_{nm}\sin(n-1)\omega t \end{cases}$$

基于以上特点，可形成图7-32所示的谐波和无功电流检测方案。如果负载电流 i_{oa}、i_{ob}、i_{oc} 中含有基波电流 i_{o1} 和谐波电流 i_{oh}，将 i_{oa}、i_{ob}、i_{oc} 变换为p-q坐标系中的 i_p、i_q，在 i_p、i_q 中含有与负载基波电流 i_{o1} 对应的直流分量 I_p、I_q，同时也含有与负载 n 次谐波电流 i_{oh} 对应的 $(n-1)$ 次谐波分量 i_{ph}、i_{qh}。采用低通滤波器（LPF）将 i_p、i_q 中的 $(n-1)$ 次谐波分量滤除，使 i_p、i_q 中的直流分量 I_p、I_q 无衰减输出，低通滤波器输出的直流分量 I_p、I_q 再变换到A-B-C坐标系中就得到负载基波电流 i_{o1}，将实测的负载电流 i_o 减去计算出的基波电流 i_{o1} 后即得到负载谐波电流 i_{oh}。以此作为有源电力滤波器谐波补偿指令，可使有源电力滤波器补偿负载谐波电流。如果同时进行无功电流补偿，则在谐波电流检测电路中去掉 i_q 通道的低通滤波器LPF，令 $I_q=0$，这时只有有功电流 I_p 进行坐标反变换转到A-B-C坐标系中，反变换得到的是负载基波有功电流 i_{o1p}，将实测的负载电流 i_o 减去计算出的基波有功电流 i_{o1p} 后，即得到负载基波无功电流 i_{o1q} 和谐波电流 i_{oh} 之和。有源电力滤波器以此作为谐波无功补偿指令，就可同时补偿负载的谐波电流和无功电流。

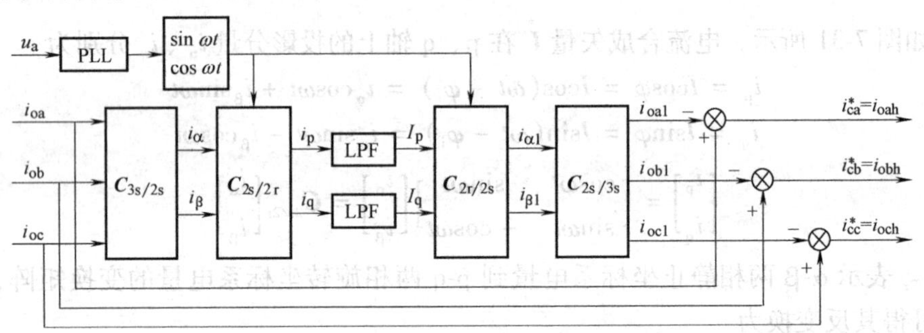

图7-32　谐波和无功电流检测方案

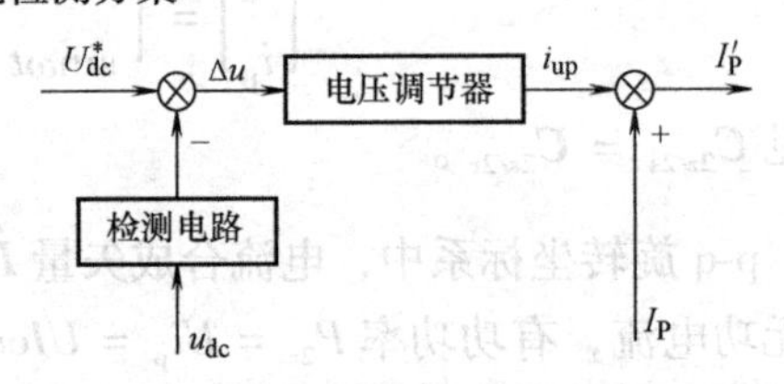

图7-33　电压反馈控制部分

如图7-33所示，将前面所说的电压反馈控制环中电压调节器的输出即有功电流补偿指令 i_{up} 与图7-32中的有功电流 I_p 相加作为总的有功电流 I'_p，再将 I'_p 送入坐标反变换中，那么实测的负载电流 i_o 减去计算出的基波有功电流而得到的电流 i_c^* 中，既有负载基波无功电流 i_{o1q} 和谐波电流 i_{oh}，同时还含有一个与 i_{up} 对应的负有功分量 i_{upc}，即 $i_c^* = i_{oh} + i_{o1q} + i_{upc}$，以 i_c^* 作为有源电力滤波器输出补偿电流指令，可使有源电力滤波器在稳定直流电压保证正常运行情况下，补偿负载谐波电流和无功电流。

设计如图7-30所示的并联型有源电力滤波器控制系统的首要任务是建立并联型有源电力滤波器主电路的数学模型。与SPWM整流器的主电路比较可见，并联型有源电力滤波器主电路除了直流侧没有带负载外，电路结构与SPWM整流器的相同，所以其模型类似于SP-WM整流器模型，取负载电流 $i_o=0$，考虑电流定义方向，将SPWM整流器的数学模型适当调整，就可得到并联型有源电力滤波器主电路模型。控制系统能实现控制目标的关键在于控制器的控制响应性能，因此控制器设计是控制系统设计的核心与重点，在采用前述设计方法对有源电力滤波器控制系统中的电压调节器和电流调节器进行设计时，应充分考虑有源电力滤波器对随机变化的负载谐波电流和无功电流的跟踪能力。另外，谐波电流检测方法的实时性和准确性直接影响控制指令的精确程度，随之影响输出补偿的效果。

SPWM 变换器作为各种电力电子补偿控制器被广泛需求，SPWM 变换器的控制技术急需深入研究，电力电子补偿控制器将是今后 10～20 年电力电子技术最大的应用领域和最高技术水平的应用领域。

7.6　控制器的设计

为使电力电子变换器有效和安全地工作，必须对其施加适当的实时控制信号，因此电力电子变换器主电路精确、实时的电力变换依赖于控制器的信号处理。在过去的几十年中，控制科学与控制技术得到了迅速发展，在控制方式上由开环控制、反馈控制到复合控制；在系统性能上从线性系统到非线性系统、定常系统到时变系统；在电路实现方式上从带分立元件的模拟控制到基于微处理器（Microprocessor）、微控制器（Microcontroller）和数字信号处理器（DSP）的数字控制；在控制方法上从以传递函数为基础的经典控制理论到以状态为基础的现代控制理论，并向着以控制论、信息论、仿生学为基础的智能控制理论深入。控制理论在电力电子中的应用以线性反馈控制为最基本的形式，也是应用最广泛的形式。这里以逆变器为例介绍基于线性反馈控制理论的控制器设计，其他变换器的控制器设计以此类推。

控制器根据所用硬件电路的不同分为两类：模拟控制器、数字控制器。因而控制的实现方式有模拟控制、数字控制、数模混合控制。在模拟、数字两类控制策略中，模拟控制策略有滞后校正、超前校正、滞后超前矫正、状态反馈控制等；数字控制策略除了包含上述控制策略外，还有专有数字控制策略（如重复控制、无差拍控制、智能控制等）。

在控制器参数设计方法中，模拟控制器参数设计依据连续控制理论，有基于频率域设计、根轨迹设计、状态空间设计等方法。数字控制器参数设计依据离散控制理论，有两种模式：其一是模拟化方法，如果采样周期足够小，把基于连续系统设计的模拟控制器离散化来得到数字控制器，这称为模拟化方法，其中模拟控制器有多种离散化方法，如后向差分法、双线性变换法、频率予曲折双线性变换法、脉冲响应不变法、阶跃响应不变法和零极点匹配法，这种数字控制器设计方法只是一种近似处理，而且也不能实现只有数字控制特有的控制策略；其二是直接数字法，就是对加采样保持器的被控对象离散化模型进行数字控制器设计，直接数字法在保持系统稳定的同时可得到更宽的控制带宽，这个优点在多环系统或采样周期较大时变得更为显著，所以数字控制器最好采取直接数字化方法设计。采用直接数字法设计控制器时，首先必须将逆变器对象的连续域模型

$$\begin{cases}\dot{x}(t)=\boldsymbol{A}\boldsymbol{x}(t)+\boldsymbol{B}u_1(t)+\boldsymbol{W}i_o(t)\\ \boldsymbol{y}(t)=\boldsymbol{C}\boldsymbol{x}(t)\end{cases}\quad \text{其中}\ \boldsymbol{x}(t)=\begin{pmatrix}u_o(t)\\ i_1(t)\end{pmatrix},\boldsymbol{y}(t)=u_o(t)$$

转变成离散域模型

$$\begin{cases}x(k+1)=\boldsymbol{\Phi}\boldsymbol{x}(k)+H_1u_1(k)+H_2i_o(k)\\ \boldsymbol{y}(k)=\boldsymbol{C}\boldsymbol{x}(k)\end{cases}\quad \text{其中}\ \boldsymbol{x}(k)=\begin{pmatrix}u_o(k)\\ i_1(k)\end{pmatrix},\boldsymbol{y}(k)=u_o(k)$$

(7-86)

然后在离散域中对此对象离散模型直接设计数字控制器。另外，对于离散控制系统，采样频率是系统关键参数之一，选择合适的采样频率非常重要。由于控制系统跟随输入的能力极大地依赖于采样频率，采样频率越高，离散系统的性能越接近连续系统，但成本也就越高，因此采样频率的选择必须在系统性能要求与成本之间折衷考虑。已有的研究表明，采样频率需不小于输入信号中最高频率分量的8～10倍。若是欠阻尼系统，则在输出的一个衰减振荡周期中采样8～10次；若是过阻尼系统，则在暂态响应的上升时间范围内采样8～10次。也就是说，采样频率可以选为闭环频率响应特性中带宽的8～10倍。

下面介绍控制器及其参数设计方法，主要包括依据经典控制理论的校正方法、依据状态空间理论的设计法、基于内模原理的重复控制器设计、无差拍控制设计法。

7.6.1　基于经典控制理论的设计

在控制系统设计中，工程技术界多采用频率响应法。频率响应法对系统进行校正的理论依据是闭环系统的时间响应与开环系统的频率特性密切相关，一般情况下，频域法设计控制器的目标是使开环系统达到预期的频率特性：低频段增益充分大，以保证稳态误差要求；中频段对数幅频特性斜率一般为 -20dB/dec，并占据充分宽的频带，以保证具备适当的相角裕度；高频段增益尽快减小，以削弱噪声影响，若系统原有部分高频段已符合要求，则校正时可保持高频段形状不变，以简化控制器的形式。

按照校正装置（控制器）在系统中的连接方式，控制系统校正可分为串联校正、反馈校正、前馈校正和复合校正四种。一般来说，串联校正设计简单，也比较容易对信号进行各种必要形式的变换，应用比较广泛。在电力电子装置中，常用串联校正组成控制系统，如图7-34所示。

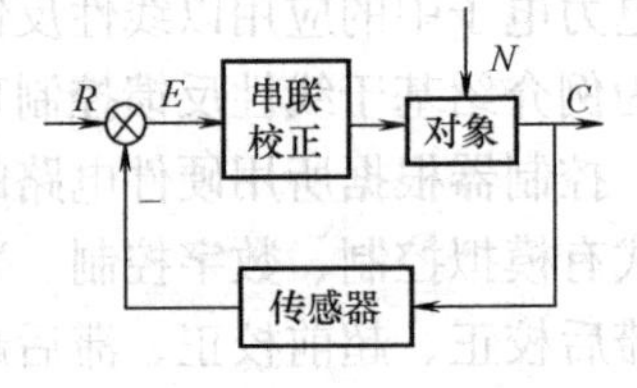

图7-34　串联校正系统框图

1. 串联校正

以单相逆变器为例，讨论其串联控制器的设计。为简化分析，假定逆变器开关管是理想器件。在满足线性化处理的条件下，可将逆变器功率变换部分近似成 LC 二阶滤波电路，逆变器等效单位反馈的控制系统框图如图7-35所示，其中 r 是变换电路开关管开关损耗、死区效应及电路电阻等各种阻尼作用的综合等效电阻。将负载看作扰动，对象输出对输入的传递函数为

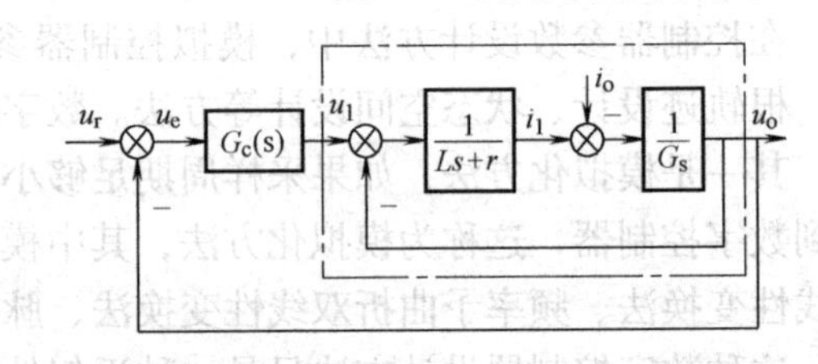

图7-35　单相逆变器等效控制系统框图

$$G_p(s)=\frac{1}{LCs^2+rCs+1}$$

逆变器参数如下：额定功率 $P_o=11\text{kW}$，额定输出电压 $U_{or}=220\text{V}$（rms），滤波电感 $L=0.5\text{mH}$，滤波电容 $C=200\mu\text{F}$，等效阻尼电阻 $r=0.179\Omega$，开关频率 $f=10\text{kHz}$。如果控制器选择PI控制规律 $G_c(s)=k_p+k_p/Ts$，要想达到稳态指标如对于50Hz正弦指令误差不超过2%，应使开环增益在50Hz处有49（或33.8dB），由于PI控制是一种滞后校正，为使其滞后角不对中频产生影响，从图7-36中可知逆变器对象增益穿越频率 ω_{gc} 约4400rad/s，取 $1/T=0.05\omega_{gc}$，确定 $T=0.0045$，然后由基波频率 f_1 的开环增益 $20\lg|G_cG_p(j\omega_1)|=33.8\text{dB}$ 确

定 $k_p = 40$，PI 控制器为 $G_c(s) = 40 + 40/(0.005s)$。图 7-36 显示校正前、后的开环频率特性，可见 PI 控制提高了逆变器稳态精度，但对其稳定裕量及振荡剧烈的动态响应没有改善作用。

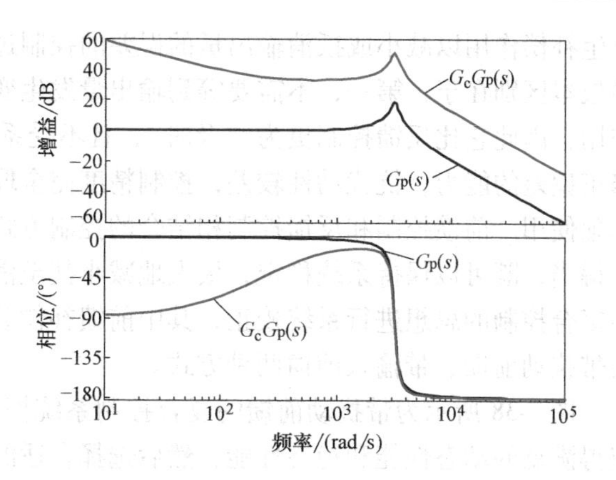

图 7-36　PI 控制逆变器校正前后开环频率特性

倘若控制器为 PD 控制 $G_c(s) = k_p + k_d s$，PD 控制作为一种超前校正，可以在中频段引入超前相角以提高系统的相角稳定裕量、增大阻尼、减小振荡，从而改善逆变器的动态响应特性；但选择较大 k_p 以满足稳态指标时将造成已校正系统带宽过大，加大了高频噪声的干扰，而限制带宽来保证高频抗干扰能力时无法同时保证稳态精度。

由上述可见，要想同时改善逆变器的动、静态特性，可以采用 PID 控制 $G_c(s) = k_p + \frac{k_p}{Ts} + k_p\tau s$，它将滞后校正和超前校正结合起来，因而能较全面地改善系统性能。假定 PID 控制器两个转折频率分别为 $1/T_1$、$1/T_2$，由第二个转折频率 $1/T_2$ 在中频段提供超前相角来增大系统相位裕度，同时保证高频抗干扰能力，上述逆变器截止频率约 3162rad/s，因此 $1/T_2$ 取值不大；如果不考虑转折频率 $1/T_2$ 对低频段的影响，令第一个转折频率 $1/T_1$ 等于 10 倍基波角频率 ω_1，低频段 ω_1 处相对于中频可有 20dB 增益，取 $k_p = 5$ 就可满足 2% 的稳态指标，考虑 $1/T_2$ 的影响将使 ω_1 处相对于中频的增益不到 20dB，因此 $1/T_1$ 应大于 10 倍的 ω_1，不妨取 $1/T_1 = 1/T_2 = 14\omega_1$，同时取 $k_p = 7$，可计算得到积分时间常数 $T = 0.000454$、微分时间常数 $\tau = 0.000114$，则 PID 控制器传递函数 $G_c(s) = 7\left(1 + \frac{1}{0.000454s} + 0.000114s\right)$。逆变器 PID 控制系统校正前、后的开环频率特性如图 7-37 所示，校正后的频率特性曲线表明基波频率增益约 33.9dB，相位裕度 46°，同时也具有较快的响应速度，反映了 PID 控制能较好地改善逆变器的动、静态响应性能，优于 PI、PD 控制。

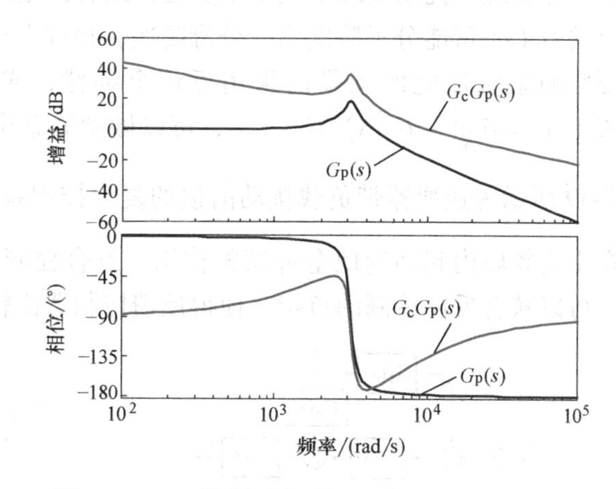

图 7-37　PID 控制逆变器校正前后开环频率特性

2. 复合校正

串联校正对系统响应特性有一定改善作用，但在有的控制系统中，通过对串联控制器参数进行选择也难以同时兼顾系统动、静态响应，而且系统中的扰动是不可避免的，这种情况下全面改善控制系统性能仅仅靠串联校正是不够的。

反馈控制是闭环控制。前馈控制（又称顺馈控制）是利用参考量或可测量的扰动量，产生补偿作用以减小或抵消输出量的误差的控制过程，前馈控制是开环控制。它与反馈控制的根本区别在于：第一，不需要等到输出量发生变化并形成偏差以后才产生纠正偏差的控制作用，因此它比反馈控制更为“及时”，且不受系统延迟的影响；第二，前馈控制没有自动修正偏差的能力，抗扰动性较差，控制精度完全取决于前馈校正装置，因此前馈控制通常不单独使用。前馈控制和反馈控制相结合的控制方式称为复合控制。只要复合控制系统参数选择得当，既可以保持系统稳定，极大地减小甚至消除稳态误差，又可以抑制可测量扰动。采用复合控制的思想进行系统校正，其中前馈补偿装置按不变性原理进行设计。复合校正可分为带扰动前馈、带输入前馈两种方式。

图7-38所示为带扰动前馈的复合控制系统框图，复合校正的目的是设计 $G_c(s)$ 使系统获得满意的动态性能和稳态性能，然后选择合适的前馈补偿装置 $G_1(s)$，使扰动量 $N(s)$ 经过 $G_1(s)G_c(s)$ 对系统输出 $C(s)$ 产生补偿作用，以抵消扰动量 $N(s)$ 通过其固有通道 $G_n(s)$ 对输出 $C(s)$ 的不利影响。分析表明若选择 $G_1(s)=-G_n(s)/G_c(s)$，就可以使 $C(s)/N(s)=0$，即系统对扰动实现了完全不变性，或者说是对扰动的误差全补偿。然而，从上述关系求出的 $G_1(s)$ 可能分子阶次高于分母阶次，物理上往往无法准确实现。因此，工程实践中在主要影响系统性能的频段内采用近似全补偿，或采用稳态全补偿。如果选择 $G_1(0)=\lim\limits_{s\to 0}G_1(s)=\lim\limits_{s\to 0}[-G_n(s)/G_c(s)]$，可以做到静态全补偿，即系统对扰动实现静态不变性。图7-39所示为逆变器带负载扰动前馈的复合控制系统框图，选择 $G_1(s)=\dfrac{Ls+r}{k_a(Ls/100r+1)}$ 可在主要频段内起到近似全补偿的作用。复合控制中的前馈补偿不改变反馈控制系统的特性，可以减轻反馈控制的负担，使得反馈控制器比较容易设计，控制效果也会更好。

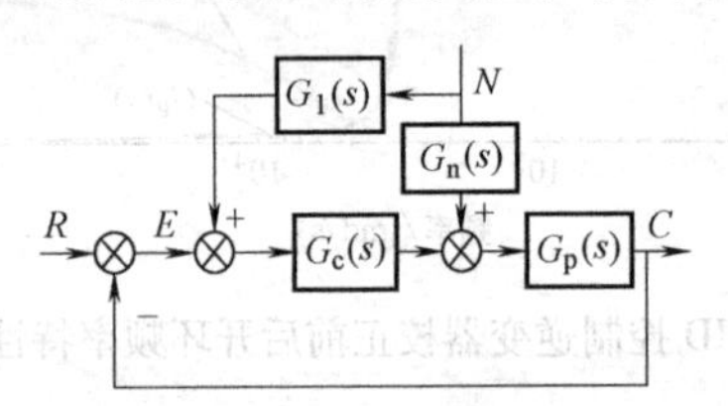

图7-38　带扰动前馈的复合控制系统框图

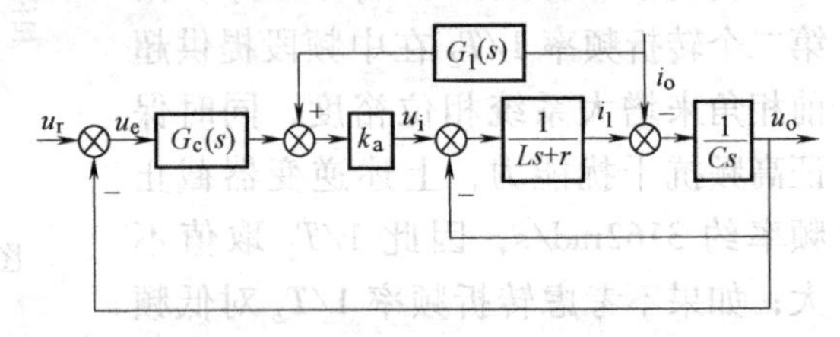

图7-39　逆变器带负载前馈的复合控制系统框图

7.6.2　基于状态空间理论的设计

20世纪60年代以来采用状态空间这一数学方法描述、分析和设计系统成为现代控制理论的重要标志。无论在经典控制理论还是在现代控制理论中，反馈都是系统设计的主要方式。在状态空间描述系统，有状态反馈和输出反馈两种常用的反馈形式。

1. 状态反馈控制

状态反馈由于可自由支配动态响应特性而被用于系统控制，引入状态反馈的闭环系统结构如图7-40所示，其动态方程为 $\begin{cases}\dot{x}=(\boldsymbol{A}-\boldsymbol{BK})x+\boldsymbol{B}r\\ y=\boldsymbol{C}x\end{cases}$。状态反馈控制器的设计就是确定状态反馈增益矩阵 $\boldsymbol{K}$，由于系统性能和其极点在复平面的位置密切相关，根据指标要求给出期望闭环极点，采用极点配置方

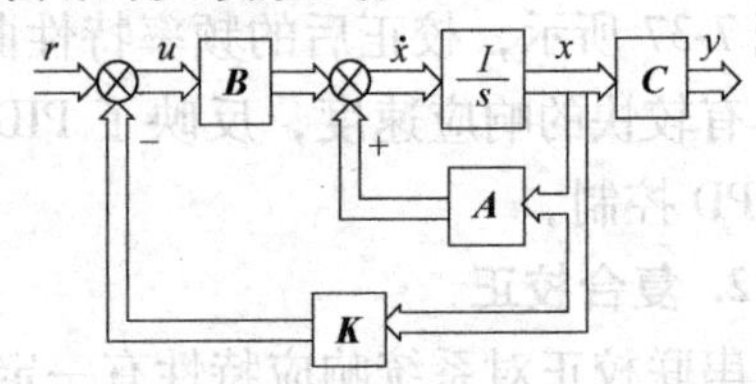

图7-40　状态反馈闭环系统框图

法推算状态反馈增益矩阵。但系统状态常常不能全部测量到，考虑系统中多个状态变量检测的可能性以及成本因素，可以通过状态观测器给出状态估值。图7-41所示为带观测器的状态反馈系统框图，其中状态观测器是一种输出反馈形式，其动态方程为 $\dot{\hat{x}} = (A - HC)\hat{x} + Bu + Hy$，观测器反馈矩阵 H 同样可用极点配置方法设计。

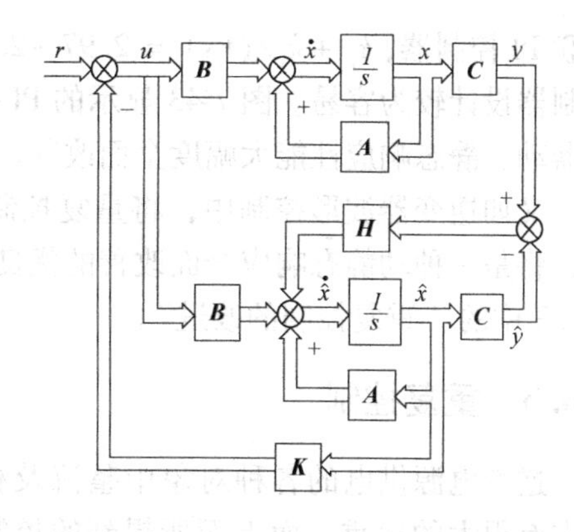

图7-41 带观测器的状态反馈系统框图

采用状态反馈控制可以任意配置闭环系统极点，从而改善系统的动态特性和稳定性，这是其最大优点。状态反馈控制虽然可以极大地改善系统的动态响应特性，但并不能保证系统的稳态精度满足要求。状态反馈控制如果对负载扰动不采取有针对性的措施，则会导致稳态偏差和动态特性的改变。为此，在利用状态反馈获得理想动态特性的同时，需采取措施对稳态进行校正。

2. 状态反馈控制的改进方案

串联滞后校正可以增大低频段的开环增益来提高稳态精度，状态反馈可以配置极点来改善动态响应，因此将输出量的误差串联滞后校正作为外环、状态反馈作为内环形成“串联校正+状态反馈”混合控制方案，如图7-42所示，这样可兼顾系统全面性能要求。

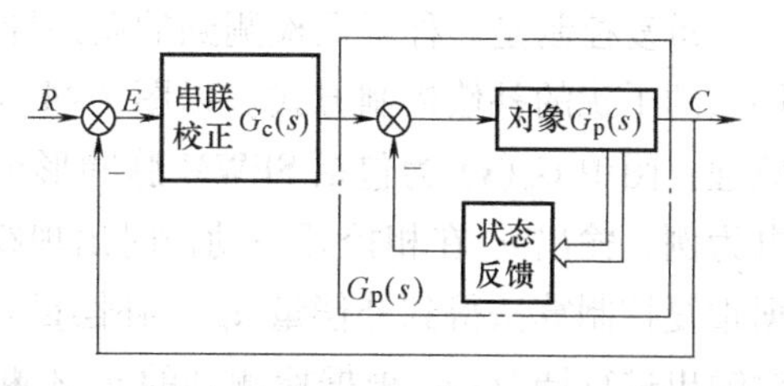

图7-42 串联校正+状态反馈混合控制

以单相逆变器为例，其空载传递函数为

$$G_p = \frac{1}{LCs^2 + rCs + 1}$$

逆变器空载运行时阻尼非常小，是一个振荡剧烈的二阶系统。如果以响应特性最恶劣的空载情况作为设计对象，一旦空载响应得到良好改善，那么带载运行的响应性能将能满足要求。因此，将逆变器空载工况看做被控对象。

为使稳态误差尽量小，以输出电压偏差的PI控制为外环、状态反馈为内环构成控制系统。逆变器的参数如下：额定输出电压 $U_{or}=220\text{V}$，额定功率 $P_o=11\text{kW}$，功率因数为0.8，滤波电感 $L=0.43\text{mH}$，滤波电容 $C=140\mu\text{F}$，等效阻尼电阻 $r=0.1\Omega$，开关频率 $f=10\text{kHz}$。首先设计状态反馈控制器，以电容电压、电容电流作为状态变量 $\boldsymbol{x}=[u_o \quad i_c]^T$，得到状态反馈增益向量 $\boldsymbol{K}=[3.34 \quad 0.505]$，然后将内环作为外环被控对象 $G_p'(s)$ 设计

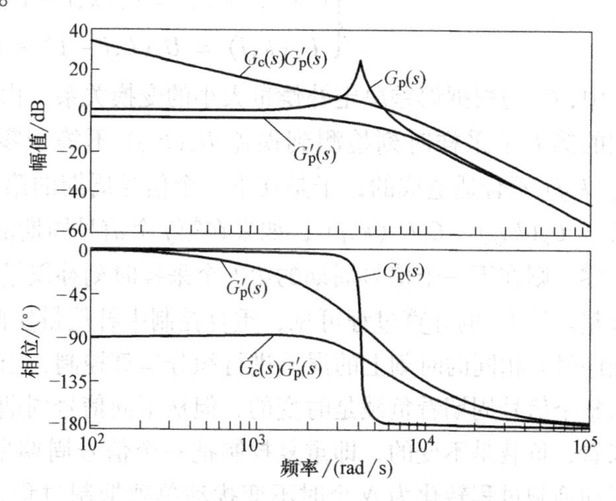

图7-43 PI+状态反馈混合控制逆变器频率特性

串联 PI 控制器，$k_p + k_p/(t_i s) = 2.97 + 2.97 \times 2500/s$，因内环动态特性已校正好，故外环 PI 控制器设计较为容易。图 7-43 显示的 PI + 状态反馈混合控制逆变器开环频率特性表明，逆变器动、静态响应性能大幅度全面改善。

又如逆变器波形控制中，将重复控制和状态反馈控制相结合，取长补短，发挥各自优势，将是一种动静态响应全面改善的优良的波形控制方案。这种混合控制方案的具体设计见 7.6.3 中的“重复控制的改进”。

7.6.3 重复控制

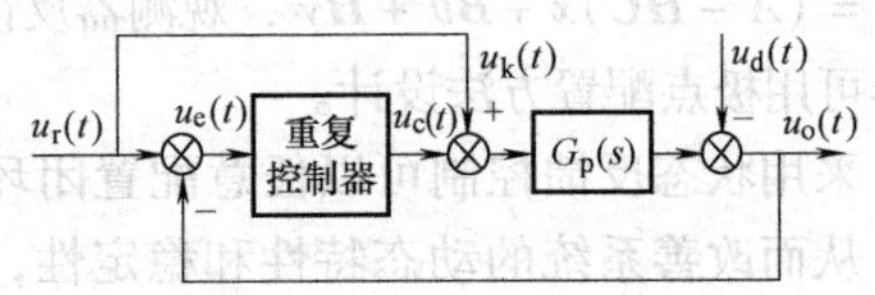

图 7-44 逆变电源重复控制原理示意图

逆变电源供电的各种对象中整流及相控负载占有很大的比重，而上面所提到的控制策略对这种非线性负载引起的输出电压波形畸变的抑制效果不是很好。当逆变器给整流或相控负载供电时，负载扰动是周期性出现的，输出电压波形偏差也是周期性产生的。针对整流及相控负载引起的畸变在各周期中重复出现的特点，人们提出了一种新的控制策略——重复控制（Repetitive Control）。

重复控制是一种根据检测到的误差计算一个具有记忆性的补偿量、专门抑制周期性重复特点的干扰的补偿控制方式。以图 7-44 所示逆变电源重复控制原理示意图说明重复控制的原理：图中 $G_p(s)$ 为包括 SPWM 脉冲形成环节的对象传递函数，以逆变电源给相控负载供电为例，输出 u_o 在相控开关动作时出现跌落，控制系统检测出误差 u_e，然后重复控制器根据重复控制算法得到补偿量 u_c，补偿量 u_c 与参考信号 u_r 的和作为新的控制量 $u_k = u_r + u_c$，对输出进行调节；u_c 根据检测到的 u_e 不断更新，直到 $u_e = 0$ 时为止，这时 u_c 刚好补偿了扰动 u_d 的作用，以后多周期中 u_c 便不再调整，重复使用，而系统处于稳态运行，就像没有扰动作用一样。由于在重复控制实用过程中只能采用数字方式实现，因而重复控制算法为离散方程。设参考信号周期为 T，采样周期为 T_s，则 $N = T/T_s$ 为一个信号周期中的采样次数。一个信号周期中不同采样周期用 k 表示（$k \leqslant N$），不同信号周期用 j 表示，那么重复控制算法可表示为

$$\begin{cases} U_e(k,j-1) = U_r(k,j-1) - U_o(k,j-1) \\ U_c(k,j) = U_c(k,j-1) + G_c U_e(k,j-1) \end{cases} \tag{7-87}$$

式中，G_c 为根据误差决定补偿量大小的变换关系。由式（7-87）可见，如果在第 j 个信号周期的第 k 个采样时刻检测到误差 $U_e(k,j)$ 不等于零，则说明是由在此之前算出的补偿量 $U_c(k,j)$ 不合适造成的，于是在下一个信号周期的第 k 个采样时刻将补偿量调整为 $U_c(k,j+1) = U_c(k,j) + G_c U_e(k,j)$；如果在第 j 个信号周期的第 k 个采样时刻检测到误差 $U_e(k,j)$ 等于零，则在下一个信号周期的第 k 个采样时刻补偿量将保持为 $U_c(k,j+1) = U_c(k,j)$，不再调整。从 U_c 的计算过程可见，重复控制中补偿量实际上可以看做对不同信号周期中采样周期序号 k 相同的时刻上的误差进行积分运算控制，当负载变化周期与信号周期相同时，虽然从整个信号周期看负载是时变的，但从不同信号周期中采样周期序号 k 相同的各个时刻分别来看，负载是不变的，即重复控制把一个信号周期划分为 N 个独立控制区间，使一个时变扰动抑制过程转化为 N 个时不变扰动单独抑制过程，以达到稳态无静差控制。正弦指令跟踪也具有类似调节过程。对式（7-87）做 z 变换可得重复控制算法 z 域表达式为

$$\begin{cases} U_e(z) = U_r(z) - U_o(z) \\ U_c(z) = \dfrac{z^{-N}}{1-z^{-N}} G_c(z) U_e(z) \end{cases} \tag{7-88}$$

1. 基于内模原理的重复控制算法

重复控制器的设计就是对重复控制算法的设计，包括积分运算和补偿器。

逆变器波形控制系统是一个指令呈正弦变化、负载扰动按正弦或按非正弦规律变化的伺服系统，从稳态运行来看，线性负载下扰动和指令同频率，非线性负载下扰动含有基波以及基波频率整数倍的多重谐波，如果要求输出波形实现无静差，可以运用控制理论中的内模原理（Internal-Model Principle）进行重复控制算法的设计。内模原理是把作用于系统的外部信号（含指令信号和扰动信号）的动力学模型植入控制器以构成高精度反馈控制系统的一种设计原理。控制器包含的外部信号的数学模型称为“内模”。

式（7-88）中 $1/(1-z^{-N})$ 实际上是一个周期延迟正反馈环节，如图7-45a所示，它起到与积分环节相似的作用：对以基波周期重复出现的误差 u_e 进行以周期为步长的累加，并在输入信号 u_e 消失后持续不断地重复输出与上周期波形相同的信号，把它称为重复信号发生器。$1/(1-z^{-N})$ 形成了包含正弦指令和（线性或非线性）负载扰动的综合内模，因而重复控制可使逆变器输出波形实现理论上的无静差。但考虑稳定性和鲁棒性因素，实际采用如图7-45b的改进型重复信号发生器 $1/[1-Q(z)z^{-N}]$，其中 $Q(z)$ 可选为一个低通滤波器或一个略小于1的常数，以减弱积分作用。将误差的纯积分改为这种“准积分”的作用在于以牺牲无静差为代价提高系统的稳定性。

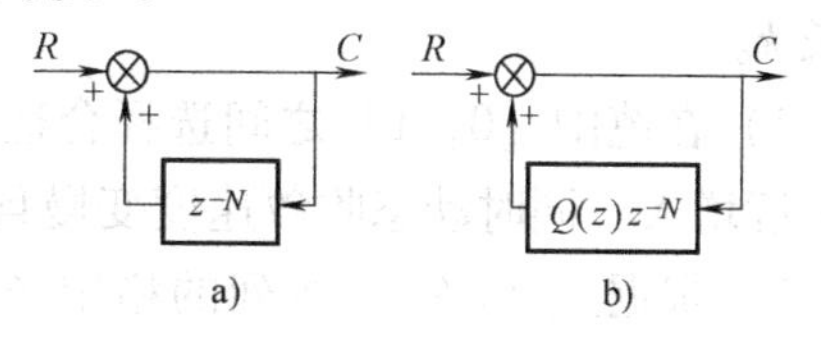

图7-45　重复信号发生器

a）基本型　b）改进型

根据内模积分的误差信息，补偿器的任务就是对误差（包含多种谐波分量）提供合适的相位补偿和幅值补偿，以在下一周期的适当时刻输出控制量 u_c 抵消掉误差 u_e。但是相位补偿难以对误差中丰富的频率成分一一准确补偿，而且实际系统模型也不可能精确，为此提出一种利用超前环节进行相位补偿、结合低通滤波器改善鲁棒性的补偿器，即

$$G_c(z) = k_r z^k S(z) \tag{7-89}$$

式中，比例项 k_r 为重复控制增益；z^k 是做相位补偿的超前环节；低通滤波器 $S(z)$ 一方面抵消逆变器对象较高的谐振峰值，使之不破坏稳定性，另一方面增强前向通道的高频衰减特性，提高稳定性和抗高频干扰能力。超前环节 z^k 应补偿滤波器 $S(z)$ 和对象 $G_p(z)$ 总的中低频段相位滞后。控制量的“超前实施”z^k 依赖于周期延迟环节 z^{-N} 变得可实现，即控制量在下一信号周期提前 k 拍实施。图7-46所示为基于内模原理的重复控制框图，由此可见，$G_c(z)$ 通过在中低频段实现对消、在高频段借助衰减特性杜绝因高频对消欠佳导致的振荡，从而在提高系统稳定性和鲁棒性的基础上改善波形校正效果。

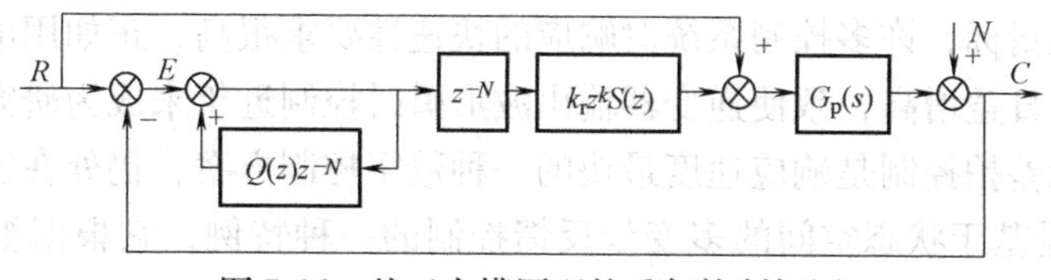

图7-46　基于内模原理的重复控制框图

改进型重复信号发生器中的 $Q(z)$ 可取为常数如 0.95，也可取为零相移陷波滤波器，即

$$F(z) = \frac{a_m z^m + a_{m-1} z^{m-1} + \cdots + a_0 + \cdots + a_{m-1} z^{-(m-1)} + a_m z^{-m}}{2a_m + 2a_{m-1} + \cdots + a_0} \tag{7-90}$$

针对 $Q(z)$ 两种情况给出重复控制器的一般设计步骤如下：

1）测得逆变器对象空载时的频率特性。

2）根据对象的幅频特性选取一个二阶滤波器或零相移陷波滤波器作为 $S(z)$，按照使校正后的对象中低频增益接近 1（即中低频幅值补偿）、高频增益尽快降至 -26dB（即 0.05）以下的目标确定 $S(z)$。

3）将滤波器 $S(z)$ 和对象 $G_p(z)$ 的相频特性叠加，按照使系统在中低频段前向通道的总相移 $\angle e^{j\omega kT} S(e^{j\omega T}) G_p(e^{j\omega T})$ 尽量小（即中低频相位补偿）的目标，并结合采样频率选择超前步长 k。

4）在范围［0，1］之间选择合适的重复控制增益 k_r。k_r 的影响是：其值减小则增益稳定裕度增大，同时动态收敛速度变慢且稳态误差有所上升，反之则反。

5）根据式（7-91）所列的稳定条件，采用 MATLAB 等软件绘制 $H(e^{j\omega T})$ 奈奎斯特图，校验系统的稳定性。如果 $H(e^{j\omega T})$ 轨迹有超出单位圆的情况，则应回到第 1 步重新设计。

$$|H(e^{j\omega T})| = |Q(e^{j\omega T}) - k_r e^{j\omega kT} S(e^{j\omega T}) G_p(e^{j\omega T})| < 1, \quad \omega \in [0, \pi/T] \tag{7-91}$$

重复控制由于利用扰动的重复性来逐周期地修正输出波形，使系统既无需进行多个变量的采样，也不用很高的控制速度和很复杂的算法，就可达到很高的稳态指标。其优势在于软硬件成本低廉，易于实施。重复控制的不足表现在动态响应超过一个基波周期。

2. 重复控制的改进

在高性能逆变器场合，直接重复控制存在动态响应慢的问题，单一的瞬时反馈控制方案又存在实现快速性同时难以保证稳态精度的困难，因此将重复控制与某种快速瞬时控制方案相结合组成混合控制方案，这样一方面可以兼顾稳态和动态性能，另一方面瞬时控制方案对逆变器起到了内环改造作用，使重复控制器易于设计。如重复控制 + 状态反馈、重复控制 + PD 控制等混合控制方案，将重复控制置于外环，专门用于保证稳态指标，减小非线性负载等因素造成的谐波失真；状态反馈或 PD 控制作为内环用于增大逆变器阻尼、提高稳定裕度、加快响应速度，改善逆变器动态响应；内外环两种控制方法各司其职，优势互补，既可以使控制器设计大为简化，又能使系统性能得到全面提升。其中状态反馈控制器、PD 控制器首先根据动态性能指标确定参数，可以采用前述设计方法；然后重复控制器可在相对宽松的条件下设计。可见恰当的混合控制更容易构成一种动、静态性能优良的控制方案。

7.6.4　无差拍控制

为了达到性能指标，许多控制系统对响应的快速性要求很高，正如用电场合对逆变器输出波形质量的要求日益增高，致使逆变器输出波形瞬时控制近年来成为研究焦点，在种类繁多的波形控制中无差拍控制是响应速度最快的一种数字控制方案，仍处在发展之中。无差拍（Deadbeat）控制是基于状态空间的多变量反馈控制的一种特例，它根据被控对象离散数学模型精确计算控制量并施加于对象来使得输出量的偏差在一个采样周期时间内得到修正。一

个数字系统若用以下动态方程描述：

$$x(k+1) = \boldsymbol{A}x(k) + \boldsymbol{B}u(k)$$

$$y(k) = \boldsymbol{C}x(k)$$

将下一拍的输出量 $y(k+1)$ 用下一拍的指令 $r(k+1)$ 代替，即有

$$r(k+1) = \boldsymbol{C}x(k+1) = \boldsymbol{CA}x(k) + \boldsymbol{CB}u(k) \tag{7-92}$$

假设按照使式(7-92)成立的要求选择控制量 $u(k)$，则系统的输出量在每一个采样时刻都与其指令完全一致，也就是实现无差拍效果。由式(7-92)导出的控制量 $u(k)$ 算式就是无差拍算法。由此可见，无差拍控制是数字控制特有的一种控制规律。

对逆变器而言，负载电流是瞬时变化的扰动，且逆变器所接负载是多种多样的，对此作过多假定都会影响模型的准确程度，而无差拍控制算法要求精确的模型，为此将负载电流看做扰动输入，逆变器离散数学模型可表示为

$$\begin{bmatrix} u_o(k+1) \\ i_1(k+1) \end{bmatrix} = \begin{bmatrix} a_{11} & a_{12} \\ a_{21} & a_{22} \end{bmatrix} \begin{bmatrix} u_o(k) \\ i_1(k) \end{bmatrix} + \begin{bmatrix} b_{11} & b_{12} \\ b_{21} & b_{22} \end{bmatrix} \begin{bmatrix} u_1(k) \\ i_o(k) \end{bmatrix}$$

$$\boldsymbol{y(k)} = [1 \quad 0] \begin{bmatrix} u_o(k) \\ i_1(k) \end{bmatrix}$$

其中 $u_o(k)$ 、$i_1(k)$ 分别为输出电压和滤波电感电流，$u_1(k)$ 为逆变桥电压，$i_o(k)$ 为负载电流。输出 $u_o(k+1)$ 用参考指令 $r(k+1)$ 代替，则得到逆变器的无差拍控制算法为

$$u_1(k) = \frac{r(k+1) - a_{11}u_o(k) - a_{12}i_1(k) - b_{12}i_o(k)}{b_{11}} \tag{7-93}$$

将负载电流检测值代入控制量 $u_1(k)$ 算式(7-93)可以自动补偿负载扰动的影响，实现基于任意负载的无差拍算法。

实际应用时，考虑到数字化控制中采样和计算延时导致 PWM 脉宽最大值受限制的问题、系统中多个状态变量检测的可能性以及成本问题，数字系统中最切实有效的办法是增加状态观测器。利用其对状态变量下一拍的值的预测功能将控制算法提前一拍执行，如图 7-47 所示，即在当前拍(第 k 拍)时采样相关变量，用状态观测器估算出状态变量的下一拍(第 $k+1$ 拍)值，利用式(7-93)算出下一拍控制量 $u_1(k+1)$，待下一拍到来时发出控制量 $u_1(k+1)$。状态观测器的作用之一是通过可测量状态变量估计不可测量或不便测量的状态变量，

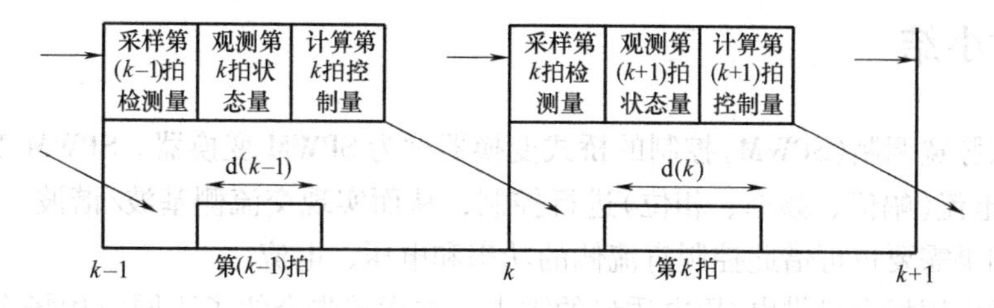

图 7-47　一拍超前控制时序图

且简化系统硬件电路结构；作用之二是为消除采样和计算延时的影响提前预估状态变量，实现一拍超前控制。离散域状态观测器动态方程为

$$\hat{x}(k+1) = (\boldsymbol{A} - \boldsymbol{HC})\hat{x}(k) + \boldsymbol{B}u(k) + \boldsymbol{H}y(k) \tag{7-94}$$

逆变器的观测器反馈矩阵可表示为 $\boldsymbol{H} = (h_1 \quad h_2)^{\mathrm{T}}$，其中反馈矩阵增益 h_1、h_2 利用状态空间控制理论的极点配置方法来设计，要注意的是观测器响应速度应快于闭环系统；观测器反馈矩阵 $\boldsymbol{H}$ 确定后，逆变器两个状态变量的预估值 $\hat{u}_o(k+1)$ 和 $\hat{i}_1(k+1)$ 由下式得到，即

$$\begin{bmatrix} \hat{u}_o(k+1) \\ \hat{i}_1(k+1) \end{bmatrix} = \begin{bmatrix} a_{11} - h_1 & a_{12} \\ a_{21} - h_2 & a_{22} \end{bmatrix} \begin{bmatrix} \hat{u}_o(k) \\ \hat{i}_1(k) \end{bmatrix} + \begin{bmatrix} b_{11} & b_{12} \\ b_{21} & b_{22} \end{bmatrix} \begin{bmatrix} u_1(k) \\ i_o(k) \end{bmatrix} + \begin{bmatrix} h_1 \\ h_2 \end{bmatrix} u_o(k) \tag{7-95}$$

这样一来，为使控制作用超前一拍，还需要设置扰动观测器提前一拍预测出负载扰动。图7-48为一个逆变器的负载扰动观测器型无差拍控制系统示意图。扰动观测器预测的精度和速度是影响控制效果的关键。有文献假设负载电流一阶导数不变来建立逆变器扰动模型，并仿照状态观测器构造扰动观测器。这种做法的问题在于对负载扰动的假定不能普遍适用于多种多样的逆变器负载。针对逆变器稳态运行时负载扰动的周期性特点，有文献提出重复预测型扰动观测器，这种重复预测型扰动观测器改善了无差拍控制方案对逆变器稳态运行的控制效果，非线性负载时效果尤其明显。采用扰动观测器实时预测负载电流，可增强负载适应性，是无差拍控制的一大改进。

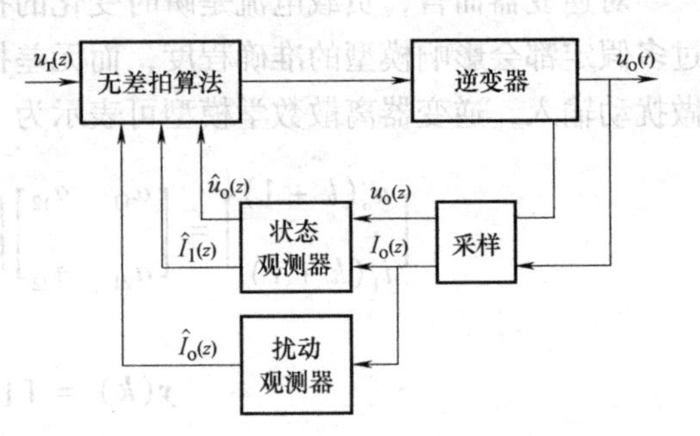

图7-48 负载扰动观测器型无差拍控制系统示意图

无差拍控制突出的优点是响应速度快，其缺点也十分明显：无差拍控制效果取决于模型估计的准确程度，实际上无法对电路模型做出非常精确的估计，而且系统模型随负载不同而变化，系统鲁棒性不强；其次，无差拍控制极快的动态响应既是其优势，又导致了其不足，为了在一个采样周期内消除误差控制器瞬态调节量较大，一旦系统模型不准，很容易使系统输出振荡，不利于安全稳定运行。

从上述分析可见，每一种控制方案有其特长，也存在某些不足，因此一种发展趋势是各种控制方案互相渗透，取长补短，优势互补结合成复合的控制方案，从而构造控制性能优良的控制器。

7.7 本章小结

采用正弦脉宽调制(SPWM)控制的桥式变换器称为SPWM变换器。SPWM变换器可对交流侧的电压/电流(幅值、频率、相位)进行控制，从而实现交流侧基波/谐波、有功/无功的灵活控制，如果需要也可借此控制直流侧的功率和电压、电流。

为了满足应用场合对供电/用电质量的需求，本章首先介绍了不同应用场合对SPWM变换器主要的性能要求与指标。

由于 SPWM 变换器本质上是一个非线性、时变的系统，本章随后介绍了建立 SPWM 变换器等效线性模型的几种方法，从而为利用线性控制理论方法构建变换器控制系统结构及设计控制器打下基础。

本质上 SPWM 变换器是四象限变换器，许多应用场合和运行工况中它并不是进行单一的 DC/AC 变换或 AC/DC 变换，因此本章中对 SPWM 变换器不同应用场合的分类首先是按照交流侧是否接电网分为独立运行 SPWM 变换器和并网运行 SPWM 变换器两类，然后再根据控制要求的不同分别介绍不同类型 SPWM 变换器的控制系统构建方法。

本章最后介绍了如何依据经典控制理论、状态空间理论的方法对控制器及其参数进行设计。还介绍了重复控制、无差拍控制等数字控制新方法，它们对提高 SPWM 变换器的性能有时能起到特殊的效果。

参考文献

[1] 陈坚. 电力电子学——电力电子变换和控制技术[M]. 3 版. 北京：高等教育出版社. 2004.

[2] Shieh J J, Pan C T, Cuey Z J. Modelling and Design of A Reversible Three-Phase Switching Mode Rectifier [J]. IEE Proc. Electr. Power Appl., 1997, 144(6): 389-396.

[3] Kazmierkowski M P, Malesani L. Current Control Techniques for Three-Phase Voltage-Source PWM Converters: A Survey[J]. IEEE Trans. on Industrial Electronics, 1998, 45(5) : 691-703.

[4] Rim C T , Hu D Y, Cho G H. A Complete DC and AC Analysis of Three-Phase Controlled-Current PWM Rectifier Using Circuit D-Q Transformation[J]. IEEE Trans. on Power Electronics, 1991, 9(4): 390-397.

[5] Zargari N R, Joos G . Performance Invextigation of A Current-Controlled Voltage-Regulated PWM Rectifier in Rotating and Stationary Frames[C]. IEEE PESC' 93, 1993: 1193-1198.

[6] Verdelho P, Marques G D. DC Voltage Control and Stability Analysis of PWM-Voltage-Type Reversible Rectifiers[J]. IEEE Trans. on Industrial Electronics, 1998, 45(2): 263-273.

[7] Huang S , Wu J . A Control Algorithm for Three-Phase Three-Wired Active Power Filters under Nonideal Mains Voltages[J]. IEEE Trans. on Power Electronics, 1999, 14(4): 753-760.

[8] Bhavaraju V B, Enjeti P N. Analysis and Design of An Active Power Filter for Balancing Unbalanced Loads [J]. IEEE Trans. on Power Electronics, 1993, 8(4): 640-647.

[9] Dixon J W , Garcia J J , Moran Luis . Control System for Three-Phase Active Power Filter Which Simultaneously Compensates Power Factor and Unbalanced Loads[J]. IEEE Trans. on Indus. Electron., 1995, 42 (6): 636-641.

[10] Goodwin Graham C, Graebe Stefan F, Salgado Mario E. Control System Design[D]. Prentice Hall, Tsinghua University Press, 2002.

[11] Katsuhiko Ogata. Discrete-Time Control Systems[C]. Prentice-Hall, Inc., Englewood Cliffs, New Jersey, 1987.

[12] Shinji Hara, Yutaka Yamamoto, Tohru Omata, Michio Nakano. Repetitive Control System: A New Type Servo System for Periodic Exogenous Signals[J]. IEEE Transactions on Automatic Control, 1988, 33(7): 659-667.

[13] Tomizuka M, Kempf C. Design of Discrete Time Repetitive Controllers with Applications to Mechanical Systems[C]. Proceedings of IFAC 11th Triennial World Congress, Tallinn, Estonia, USSR, 1990: 243-248.

[14] Tzou Ying Yu , Ou Rong Shyang , Jung Shih Liang , Chang Meng Yueh. High-Performance Programmable AC Power Source with Low Harmonic Distortion Using DSP-based Repetitive Control Technique[J]. IEEE

Transactions on Power Electronics, 1997, 12(4): 715-725.

[15] Tomoki Yokoyama, Atsuo Kawamura. Disturbance Observer Based Fully Digital Controlled PWM Inverter for CVCF Operation[J]. IEEE Transactions on Power Electronics, 1994, 9(5): 473-480.

[16] Osman Kuhrer. Deadbeat Control of A Three-Phase Inverter with An Output LC Filter[J]. IEEE Transactions on Power Electronics, 1996, 11(1): 16-23.

第 8 章　有源功率因数校正技术

电力电子装置多数通过整流器与电力网接口，经典的整流器是由二极管或晶闸管组成的一个非线性电路，在电网中产生电流谐波和无功污染，电力电子装置已成为电网主要的谐波源之一。我国国家技术监督局在 1994 年颁布了《电能质量公用电网谐波》标准（GB/T 14549—1993），国际电工学会也于 1988 年对谐波标准 IEC 555-2 进行了修正，制定 IEC1000-3-2 标准。传统整流器不符合新的规定，面临前所未有的挑战。

抑制电力电子装置产生谐波的方法主要有两种：一是被动方法，即采用无源滤波或有源滤波电路来旁路或滤除谐波；另一种是主动式的方法，设计新一代高性能整流器，它具有输入电流为正弦波、谐波含量低、功率因数高等特点，即具有功率因数校正功能。

有源功率因数校正技术是使整流电路获得较高的功率因数的一种功率变换技术，它包含有源功率因数校正变换电路拓扑及其控制技术。一般在传统整流器与输出直流负载之间引入功率半导体开关等元器件，通过对功率半导体开关的脉宽调制（PWM）控制，使得网侧输入交流电流跟踪输入电网电压正弦波，使功率因数近似为 1，达到功率因数校正的目的。

8.1　单相有源功率因数校正原理

8.1.1　电阻负载模拟

图 8-1a 表示单相市电给一个线性电阻供电，根据欧姆定律，输入电阻的电流 $i_s(\omega t)$ 为

$$i_s(\omega t) = \frac{u_s(\omega t)}{R} \tag{8-1}$$

其中单相市电电压 $u_s(\omega t) = \sqrt{2}U_s \sin \omega t$，代入式(8-1)，得到

$$i_s(\omega t) = \frac{\sqrt{2}U_s}{R}\sin(\omega t) \tag{8-2}$$

可见输入电流也是正弦波，且与输入电压的相位相同，如图 8-1b 所示。电阻负载具有单位功率因数，即功率因数 $PF = 1$。由以上简单分析可知：如果某一端口网络具有纯电阻的特性，则该一端口网络的功率因数 $PF = 1$。

单相二极管全桥整流器是一个非线性一端口网络，如图 8-2a 所示，即使单相市电电压输入正弦波，输入电流也不是正弦波，这样功率因数就小于 1。所谓有源功率因数校正是在二极管全桥整流器与输出直流负载之间引入功率半导体开关等元器件，通过对功率半导体开关的 PWM 控制，使整流电路输入电流在一个工频周期中跟踪电网输入电压正弦波的变化，以实现功率因数校正，如图 8-2b 所示。

经过改造后的一端口网络的特性近似模拟一个纯电阻的特性。关键是在图 8-2b 中插入什么子电路，其次是如何控制插入子电路中的功率半导体开关。下一节讨论插入子电路需要满足的条件。

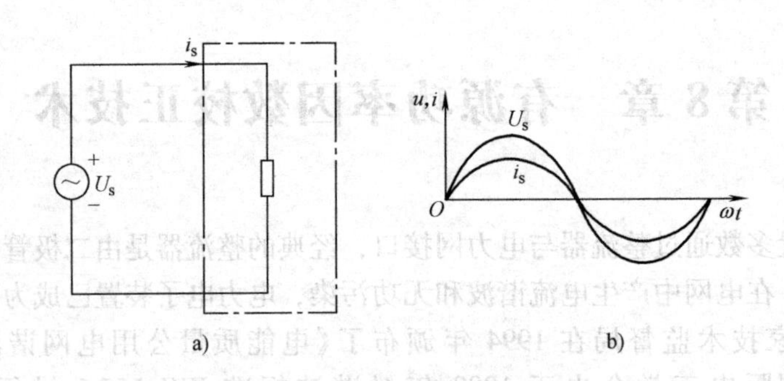

图 8-1 单相市电给电阻供电

a）电路 b）电压与输入电流

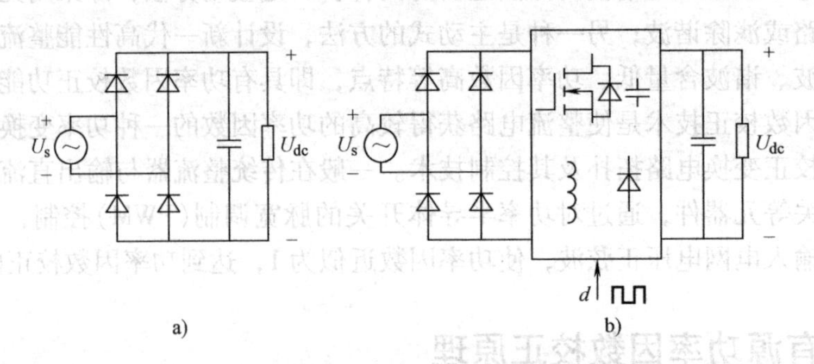

图 8-2 模拟纯电阻特性的一端口网络

a）二极管全桥整流器 b）改造后的一端口网络

8.1.2 功率变换器与有源功率因数校正

图 8-3 所示为一个具有功率因数校正功能的整流器，虚线框为插入的子电路，假定电网电压为

$$u_s(\omega t) = \sqrt{2}U_s\sin(\omega t) \tag{8-3}$$

假定整流二极管为理想元器件，这样整流桥的直流侧电压可表示为

$$u_d(\omega t) = |u_s(\omega t)| = \sqrt{2}U_s|\sin(\omega t)| \tag{8-4}$$

假定输出电压 U_o 的纹波很小，可视为理想的直流，于是得到子电路的电压传输比为

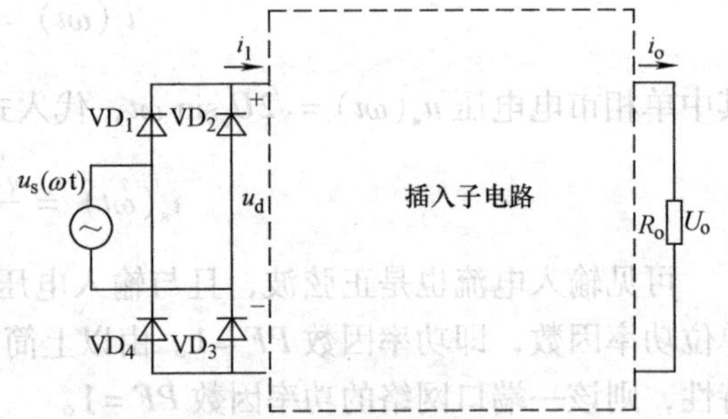

图 8-3 具有功率因数校正功能的整流器

$$T_{uu}(\omega t) = \frac{U_o}{u_d(\omega t)} = \frac{U_o}{\sqrt{2}U_s|\sin(\omega t)|} \tag{8-5}$$

图 8-4 给出了电压传输比 $T_{uu}(\omega t)$ 随时间变化的情况。当 $\omega t = k\pi + \frac{\pi}{2}$ 时，即在输入电网电压的波峰或波谷，电压传输比 $T_{uu}(\omega t)$ 达到最小值，$T_{uu\_min} = \frac{U_o}{\sqrt{2}U_s}$；当 $\omega t = k\pi$ 时，即在输

入电压过零点，电压传输比 $T_{uu}(\omega t)$ 达到最大值，为无穷大。实际电路无法实现无穷大的电压传输比，只能实现有限的升压功能，这也是为什么功率因数校正电路在输入电压为零附近($\omega t = k\pi$)存在工作不够理想的原因。因此，为实现较理想的功率因数校正功能，总是希望插入子电路应尽量逼近图 8-4 所示的电压传输比特性。可见插入的子电路一般要求具有升压特性，满足升压特性的功率变换器有升压型变换器、降升压型变换器、Cuk 型变换器、反激式变换器、SEPIC 变换器、Zeta 变换器等，如图 8-5 所示。

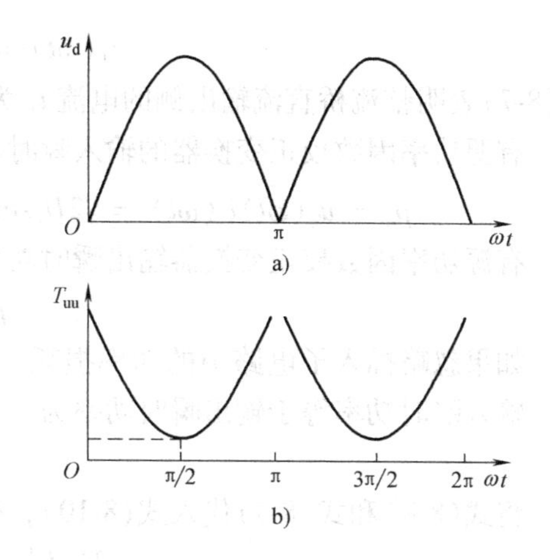

图 8-4　电压传输比 $T_{uu}(\omega t)$ 与时间的关系

a) 整流直流侧电压 u_d　b) 电压传输比 $T_{uu}(\omega t)$

假定有源功率因数校正变换器能够实现单位功率因数，功率器件的开关频率 f_s 远高于工频，输入电流 $i_s(\omega t)$ 开关纹波较小，若忽略纹波，则输入电流 $i_s(\omega t)$ 可近似视为与电网电压 $u_s(\omega t)$ 同相位的一个正弦波

$$i_s(\omega t) = \sqrt{2}I_s\sin(\omega t) \tag{8-6}$$

于是，整流桥直流输出侧的电流 i_1 为

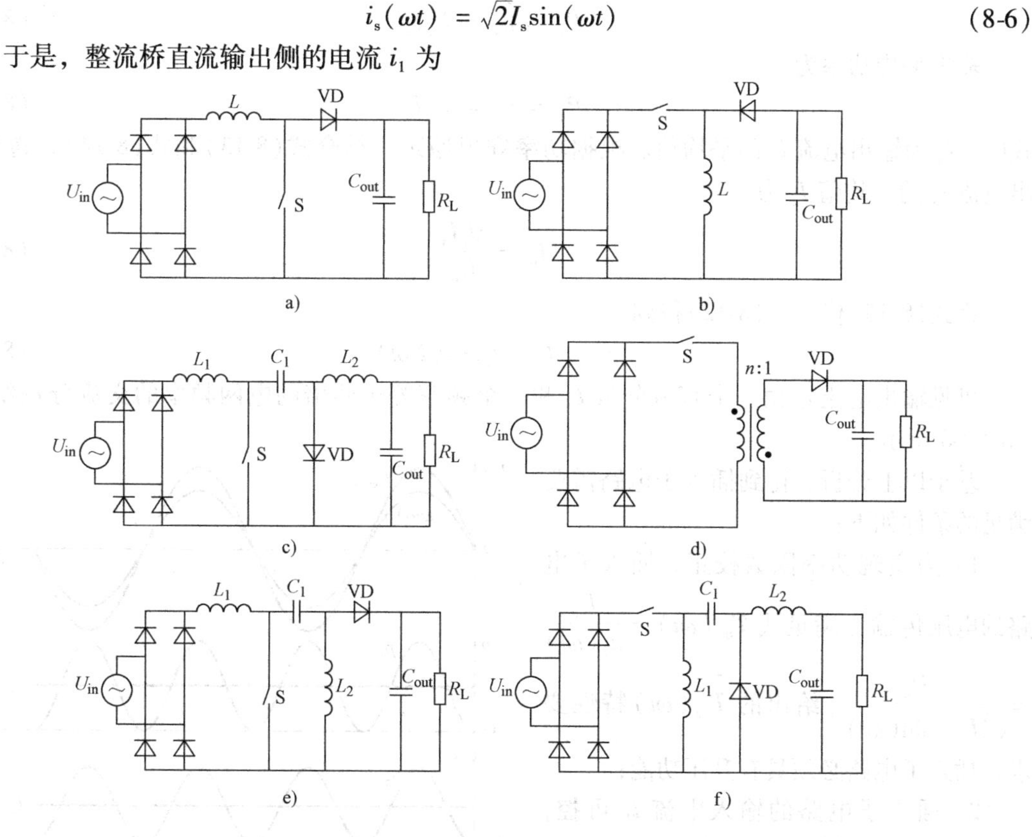

图 8-5　有源功率因数校正变换器

a) 升压型功率因数校正变换器　b) 降升压型功率因数校正变换器

c) Cuk 型功率因数校正变换器　d) 反激式功率因数校正变换器

e) SEPIC PFC　f) Zeta PFC

$$i_1(\omega t) = \sqrt{2}I_s|\sin(\omega t)| \tag{8-7}$$

式(8-7)表明整流桥直流输出侧的电流 i_1 为一个馒头形波。

有源功率因数校正变换器的输入瞬时功率为

$$p_s = u_s(\omega t)i_s(\omega t) = \sqrt{2}U_s\sin(\omega t)\sqrt{2}I_s\sin(\omega t) = 2U_sI_s[\sin(\omega t)]^2 \tag{8-8}$$

有源功率因数校正变换器输出瞬时功率为

$$p_o = U_oi_o \tag{8-9}$$

如果忽略插入子电路中的功率损耗，而且子电路内部没有储能元件，根据功率守恒定律，输入瞬时功率等于输出瞬时功率为

$$p_s = p_o \tag{8-10}$$

将式(8-8)和式(8-9)代入式(8-10)，得到

$$2U_sI_s[\sin(\omega t)]^2 = U_oi_o \tag{8-11}$$

于是得到输出电流 i_o 为

$$i_o = \frac{2U_sI_s}{U_o}[\sin(\omega t)]^2 = \frac{U_sI_s}{U_o} - \frac{U_sI_s}{U_o}\cos(2\omega t) \tag{8-12}$$

另外输入平均功率为

$$P_1 = \overline{p_s} = U_sI_s \tag{8-13}$$

输出平均功率为

$$P_o = \overline{p_o} = U_oI_o \tag{8-14}$$

式中，I_o 为输出电流 i_o 的平均值。根据功率守恒原理，结合式(8-13)和式(8-14)，得到输出电流 i_o 的平均值 I_o 为

$$I_o = \frac{U_sI_s}{U_o} \tag{8-15}$$

将式(8-15)代入式(8-12)得到

$$i_o = I_o - I_o\cos(2\omega t) \tag{8-16}$$

可见输出电流 i_o 由一个直流分量 I_o 和一个频率等于两倍的电网频率的交流分量组成，如图8-6所示。

基于以上分析，得到插入子电路需要满足的条件如下：

1）为实现功率因数校正，插入子电路的电压传输比满足式 $T_{uu}(\omega t) = \frac{U_o}{u_1(\omega t)} = \frac{U_o}{\sqrt{2}U_s|\sin(\omega t)|}$ 给出的 $T_{uu}(\omega t)$ 特性要求，插入子电路必须具有升压功能；

2）插入子电路的输入电流 i_1 可控，并跟踪 $|u_s(\omega t)|$ 的波形变化；

3）i_1 的幅值需要调节到适当的值，以满足输出负载功率的要求，使输出电压 U_o 稳定在所需电压。

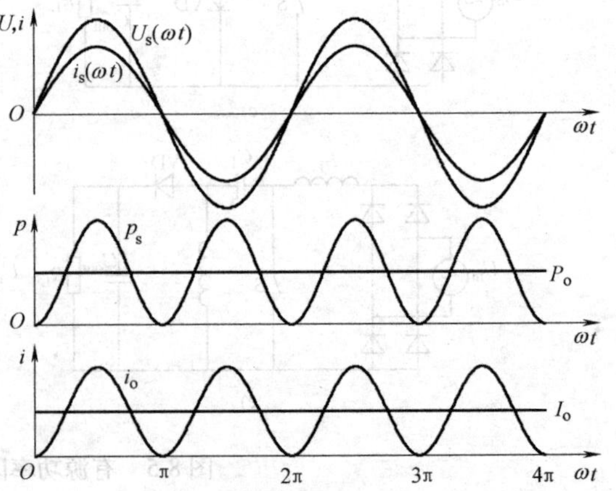

图8-6 有源功率因数校正变换器的输出电流 i_o

为了实现功率因数校正，需要对插入子电路的输入电流 i_1 的波形进行控制，使其波形跟踪 $u_d(\omega t)=|u_s(\omega t)|$ 的瞬时值的变化，即输入电流 i_1 波形的形状与 $|u_s(\omega t)|$ 的形状相同，而 i_1 的幅度调节到适当的值，使输出电压 U_o 稳定在所需电压。图 8-7 所示为实现功率因数校正的控制框图。i_1^* 为输入电流 i_1 的参考值，这里参考值 i_1^* 具有与 $u_d(\omega t)=|u_s(\omega t)|$ 相同的形状，i_1^* 等于 $u_d(\omega t)$ 信号与误差放大器 VA 的输出 I_c 的乘积。误差放大器 VA 的输出 I_c 为

$$I_c = K(s)(U_o^* - U_o) \tag{8-17}$$

式中，$K(s)$ 为误差放大器 VA 的传递函数；U_o^* 为输出电压参考值。误差放大器 VA 的作用是使输出电压 U_o 跟踪参考值 U_o^*。一般误差放大器 VA 的频带设计得较低，因此可以近似认为在一个工频周期中误差放大器 VA 的输出 I_c 近似恒定，这样乘法器的输出 i_1^* 的形状与 $|u_s(\omega t)|$ 相同。整流桥直流侧电流 i_1 的控制采用电流跟踪控制，根据实际电流 i_1 与电流参考值 i_1^* 误差，调节 PWM 调制器的输出脉冲的占空比，最后调节插入子电路中功率半导体开关的占空比。

图 8-8 所示为单相 BOOST 功率因数校正变换器，采用 BOOST 变换器作为插入子电路。由于全桥整流桥直流侧没有大容量滤波电容存在，因此后级 BOOST 变换器的输入端的电压将在零到输入电网电压的峰值 $\sqrt{2}U_s$ 之间波动。由于 BOOST 变换器具有升压特性，为使 BOOST 变换器正常工作，输出电压 U_o 必须大于输入电压的峰值 $\sqrt{2}U_s$，即

$$U_o > \sqrt{2}U_s \tag{8-18}$$

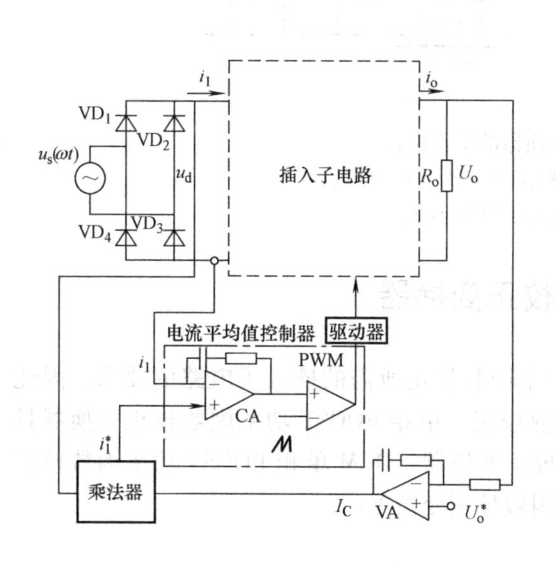

图 8-7　功率因数校正的控制框图

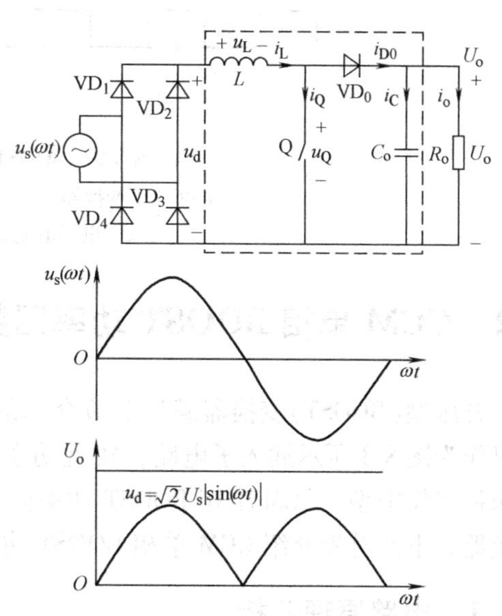

图 8-8　单相 BOOST 功率因数校正变换器

假设输入电网电压有效值 U_s 的变化范围为 85～265V，那么输出电压为

$$U_o > \sqrt{2}U_{s\_max} = \sqrt{2}\times 265\text{V} \approx 374\text{V} \tag{8-19}$$

通常选择 U_o 为 400V。

为了实现功率因数校正，需要通过对单相 BOOST 功率因数校正变换器中功率半导体开

关器件 Q 进行 PWM 控制，使得整流器交流输入电流的瞬时值跟踪电网交流电压的瞬时值的变化，达到功率因数校正的目的。对于 BOOST 变换器，根据 BOOST 电感 L 中电流的导通情况，可以分成两种模式：电感电流连续模式(CCM)、电感电流断续模式(DCM)，如图 8-9 所示。对应的单相 BOOST 功率因数校正变换器也有两种类型：CCM 单相 BOOST 功率因数校正变换器、DCM 单相 BOOST 功率因数校正变换器。

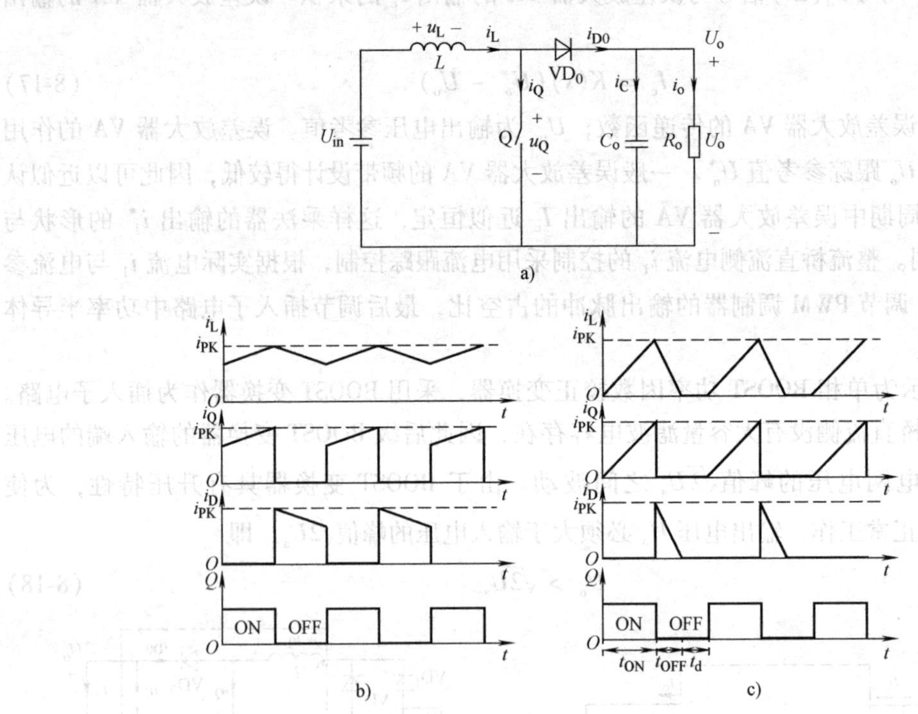

图 8-9　BOOST 变换器的工作模式

a) BOOST 变换器　b) 电感电流连续模式(CCM)模式

c) 电感电流断续模式(DCM)模式

8.2　CCM 单相 BOOST 功率因数校正变换器

升压型(BOOST)变换器满足上节介绍的功率因数校正所需的插入子电路的要求，因此可以作为图 8-3 所示插入子电路，实现功率因数校正。单相 BOOST 功率因数校正变换器具有两种工作类型：CCM 单相 BOOST 功率因数校正变换器、DCM 单相 BOOST 功率因数校正变换器。下面首先介绍 CCM 单相 BOOST 功率因数校正变换器。

8.2.1　电路原理分析

将 BOOST 变换器作为子电路插入图 8-3 得到单相 BOOST 功率因数校正电路，如图 8-10a 所示。由图可见，在单相桥式整流电路和负载电阻 R 之间插入由虚线框所包含的 BOOST 变换器，BOOST 变换器由开关器件 Q 和二极管 VD_0 以及输入电感 L 和输出电容 C_o 组成。

1. 开关周期阶段分析

假定通过电感 L 的电流 i_L 在一个工频周期中保持连续，也即不存在电感电流持续为零的区间，则称该电路工作在 CCM 模式。如果输出滤波电容 C_o 足够大，那么输出电压可以近似视为恒定值 $u_o=U_o$。设电网电压 $u_s(\omega t)$ 为

$$u_s(\omega t)=\sqrt{2}U_s\sin\omega t \tag{8-20}$$

式中，$\omega=2\pi f$ 为电网工作频率，$\frac{1}{f}$为电网工频的周期 T，即 $T=\frac{1}{f}$。如果忽略输入整流桥二极管的导通压降，整流桥的直流侧输出电压 u_d 的瞬时值为

$$u_d(\omega t)=\sqrt{2}U_s\left|\sin\omega t\right| \tag{8-21}$$

设 Boost 变换器中的功率开关 Q 采用恒定开关频率、变占空比 D 控制。设开关频率为 f_s，开关周期 $T_s=1/f_s$。为简化分析，在以下分析中，认为功率器件为理想开关，即功率器件导通时其压降为零，功率器件关断时其电阻为无穷大。在 CCM 模式下，一个开关周期 T_s 可以分成两个阶段。

(1) 阶段 1$(0, DT_s)$：BOOST 电感充磁阶段

在阶段 1 的等效电路如图 8-10b 所示，开关 Q 处于导通状态，而二极管 VD_0 处于关断状态，BOOST 电感处于充磁阶段。电压 $u_d(\omega t)$ 加在电感 L 上，电感上电压 u_L 为

$$u_L=u_d(\omega t)=\sqrt{2}U_s\left|\sin\omega t\right| \tag{8-22}$$

根据法拉第电磁感应定律，电感上电压 u_L 可以表示为

$$u_L=L\frac{di_L}{dt} \tag{8-23}$$

结合式(8-22)和式(8-23)，得到电感电流变化率为

$$\frac{di_L}{dt}=\frac{\sqrt{2}U_s}{L}\left|\sin\omega t\right|\geqslant 0 \tag{8-24}$$

式(8-24)表明，在阶段 1，电感电流处于上升状态，其上升率按正弦规律变化。

由于在阶段 1 二极管 VD_0 处于断态，电流 $i_{D0}=0$，输出负载电流只能依靠 C_o 放电维持，$i_o=-i_c$。

(2) 阶段 2(DT_s, T_s)：BOOST 电感放磁阶段

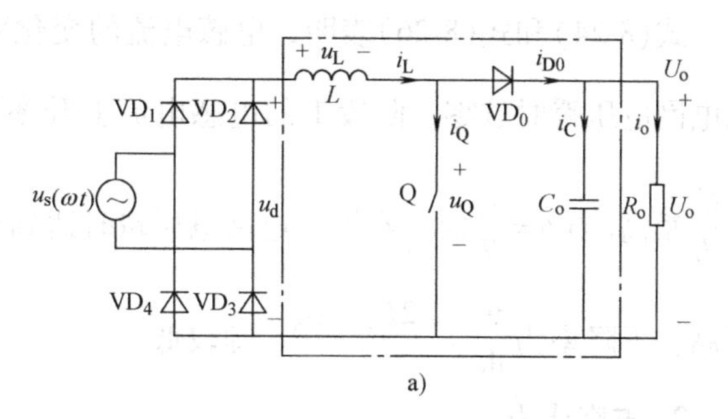

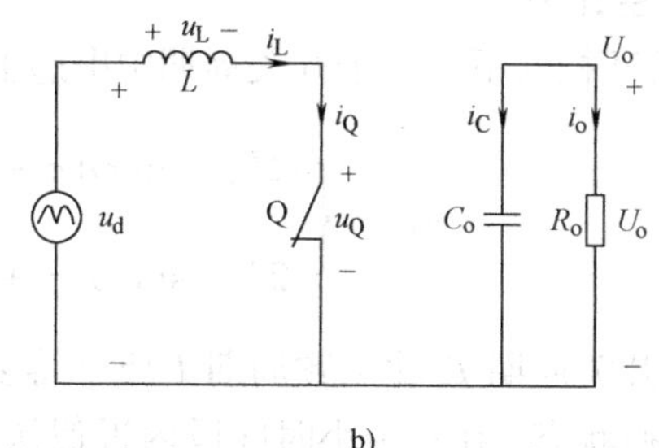

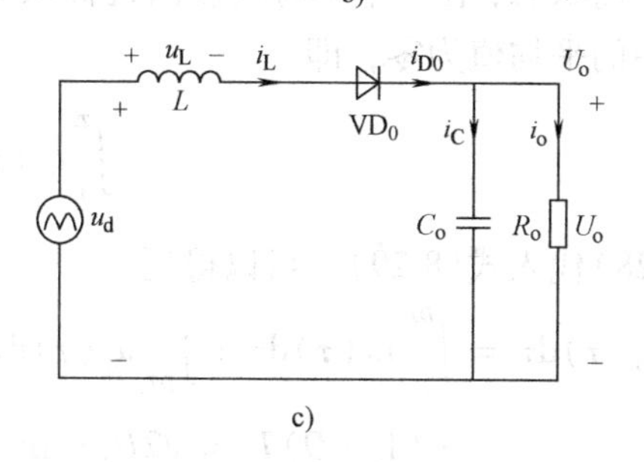

图 8-10　CCM Boost PFC 电路与阶段分析等效电路

a) Boost PFC 电路　b) 阶段 1 等效电路

c) 阶段 1 等效电路

在阶段 2 的等效电路如图 8-10c 所示，开关 Q 处于关断状态，而 VD_0 处于导通状态，BOOST 电感处于放磁阶段。电压 $u_d(\omega t)-U_o$ 加在输入电感 L 上，电感电压 u_L 为

$$u_L=u_d(\omega t)-U_o=\sqrt{2}U_s\left|\sin\omega t\right|-U_o \tag{8-25}$$

在阶段 2 中电感 L 的电流变化率为

$$\frac{\mathrm{d}i_L}{\mathrm{d}t}=\frac{\sqrt{2}U_s|\sin\omega t|-U_o}{L} \tag{8-26}$$

由于 $U_o>\sqrt{2}U_s$，推得

$$\frac{\mathrm{d}i_L}{\mathrm{d}t}<0 \tag{8-27}$$

式(8-27)表明，在阶段 2 中，电感电流下降，即表示电感 L 处于释放电能状态。在阶段 2，电感 L 与输入电源一起向输出负载输送电能，并对电容 C_o 充电。在此期间，滤波电容 C_o 中储存的能量将增加。电感 L 在阶段 1 储存能量，将其中一部分能量在阶段 2 向输出释放。由于在 CCM 模式，电感 L 储存了足够的能量，因此在阶段 2 末，电感 L 中的储能未耗尽，即在阶段 2 末的电感电流的值大于零。

式(8-24)和式(8-26)表明，电感电流的变化率随相位角 $\theta=\omega t$ 而变化。当 $\theta=0$ 时，输入电网电压瞬时过零，阶段 1 的电感电流上升率等于 0；而阶段 2 的电感电流下降率 $\frac{\mathrm{d}i_L}{\mathrm{d}t}=-\frac{U_o}{L}$ 很高。当 $\theta=\frac{\pi}{2}$ 时，在输入电网电压瞬时达到峰值，阶段 1 的电感电流上升率 $\frac{\mathrm{d}i_L}{\mathrm{d}t}=\frac{\sqrt{2}U_s}{L}$ 很高；下降率为 $\frac{\mathrm{d}i_L}{\mathrm{d}t}=\frac{\sqrt{2}U_s-U_o}{L}$，却较低。

2. 占空比 D

在 CCM 模式下，一个开关周期中电感上的电压 u_L 可表示为

$$u_L=\begin{cases}\sqrt{2}U_s|\sin\omega(\tau+t)| & 0<\tau<DT_s\\ \sqrt{2}U_s|\sin\omega(\tau+t)|-U_o & DT_s<\tau<T_s\end{cases} \tag{8-28}$$

假定开关周期 T_s 比工频周期 T 要小得多，于是可粗略认为在一个开关周期中电感上能量达到平衡状态，在一个小时间段内近似认为电路处于稳态，这样，电感电压 u_L 在一个开关周期中的平均值为零，即

$$\int_0^{T_s}u_L(\tau)\mathrm{d}\tau=0 \tag{8-29}$$

将式(8-28)代入式(8-29)，可以得到

$$\int_0^{T_s}u_L(\tau)\mathrm{d}\tau=\int_0^{DT_s}u_L(\tau)\mathrm{d}\tau+\int_{DT_s}^{T_s}u_L(\tau)\mathrm{d}\tau\approx\sqrt{2}U_s|\sin\omega t|DT_s+(\sqrt{2}U_s|\sin\omega t|-U)\cdot(1-D)T_s=\sqrt{2}U_s|\sin\omega t|T_s-U(1-D)T_s \tag{8-30}$$

结合式(8-29)和式(8-30)，解得

$$D(t)=1-\frac{\sqrt{2}U_s|\sin\omega t|}{U_o} \tag{8-31}$$

图 8-11 表示出电网电压 $u_s(\omega t)$、占空比函数 $D(t)$ 和 PWM 信号。在 CCM 模式下，在半个工频周期中，开关管 Q 的占空比随电网输入电压按正弦波规律变化。当输入电压的瞬时值过零时，占空比达到最大值 1；而当输入电压的瞬时值达到峰值时，占空比为最小值。因

此，为了实现功率因数校正，需要按照图 8-11 所示占空比函数 $D(t)$ 规律，对开关管 Q 通断进行脉宽调制控制。

式(8-31)仅是 CCM 模式的必要条件，但仅按照式(8-31)控制占空比 D，一般并不能实现输入电网电流的正弦化目标，通常采用电流瞬时值控制，使得输入电网电流瞬时值跟踪电网输入电压正弦波的变化，达到单位功率因数和输入电流正弦化的目标。

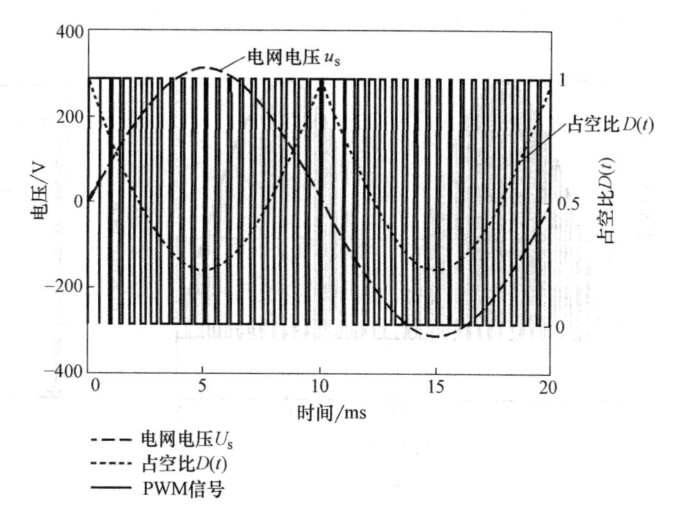

图 8-11　占空比函数 $D(t)$ 和 PWM 信号

3. 输出滤波电容电流纹波

如果频率调制比 $m_f=\dfrac{f_s}{f}$ 和电感 L 值足够大，且 i_L 谐波分量很小，i_L 电流可以近似表示为

$$i_L(t)=\sqrt{2}I_s\,|\sin\omega t| \tag{8-32}$$

这样电网输入电流为

$$i_s(t)=\sqrt{2}I_s\sin\omega t \tag{8-33}$$

在一个开关周期中，通过开关器件 Q 的电流可表示成

$$i_Q=\begin{cases}\sqrt{2}I_s\,|\sin\omega(\tau+t)| & 0<\tau<DT_s\\ 0 & DT_s<\tau<T_s\end{cases} \tag{8-34}$$

类似地，通过 BOOST 二极管 VD_0 的电流 i_{D0} 可表示为

$$i_{D0}=\begin{cases}0 & 0<\tau<DT_s\\ \sqrt{2}I_s\,|\sin\omega(\tau+t)| & DT_s<\tau<T_s\end{cases} \tag{8-35}$$

假定输出端滤波电容 C_o 值足够大，二极管 VD 的电流 i_{D0} 中交流分量几乎全部流入输出滤波电容 C_o。这样，流入电容的电流 i_c 可近似为

$$i_C(t)=i_{D0}(t)-\frac{1}{2\pi}\int_0^{2\pi}i_{D0}(t)\,\mathrm{d}\omega t \tag{8-36}$$

电容电流 i_C 波形如图 8-12a 所示。对电容电流 i_C 作傅里叶分析，得到电容电流 i_C 的谐波频谱如图 8-12b 所示。在低频段，存在两倍于电源频率的分量；在高频段，存在以开关频率 f_s 或开关频率倍数为中心的谐波分量及其边频带，其中以开关频率 f_s 为中心的谐波分量及其边频带最为显著。交流分量将主要流入输出滤波电容，不仅造成输出电压的脉动，同时会在滤波电容的寄生串联电阻(ESR)上产生功率损耗。在选择输出滤波电容器 C_0 时，需要综合考虑两倍工频的电流分量和开关频率 f_s 引起的高频电流分量。

忽略开关频率高频分量，通过二极管 VD 的电流的低频部分为

$$\langle i_{D0}\rangle_{T_s}=\frac{1}{T_s}\int_0^{T_s}i_{D0}(t)\,\mathrm{d}t=\sqrt{2}I_s\,|\sin\omega t|\,(1-D) \tag{8-37}$$

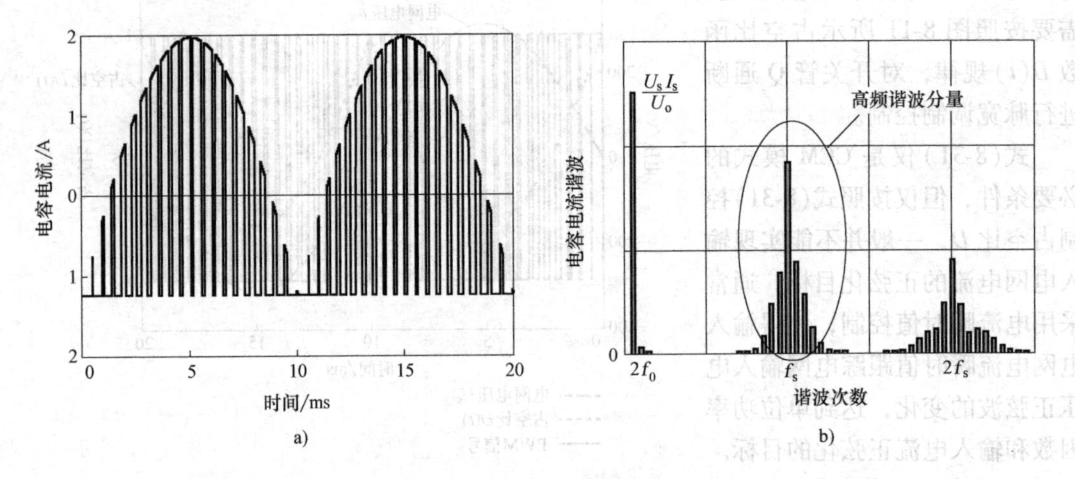

图 8-12 电容电流 i_C 及频谱

a) 流入电容的电流 i_C b) 电容的电流 i_C 频谱

代入式 $D(t)=1-\dfrac{\sqrt{2}U_s\,|\sin\omega t\,|}{U_o}$，得到

$$\langle i_{VD}\rangle_{T_s}=\sqrt{2}I_s\,|\sin\omega t\,|\left(\frac{\sqrt{2}U_s\,|\sin\omega t\,|}{U_o}\right)=\frac{2U_sI_s}{U_o}(\sin\omega t)^2=\frac{U_sI_s}{U_o}(1-\cos 2\omega t) \tag{8-38}$$

二极管 VD 电流的低频部分存在一个直流分量和一个两倍于电源频率的交流分量。假定 i_{VD} 中全部谐波电流均流入输出端滤波电容 C，这样，由式(8-38)可以得到电容电流 i_C 两倍于电源频率分量的幅值为

$$I_{Cm}(2f_0)=\frac{U_sI_s}{U_o} \tag{8-39}$$

由于开关频率电流分量的频率比较高，因此它对滤波电容的电压脉动的影响较小，输出电压脉动主要是由两倍于电源频率的分量引起的。输出电压的脉动的幅值为

$$U_{ripple\_m}=\frac{1}{2\pi(2f_0)C}I_{Cm}(2f_0)=\frac{U_sI_s}{4\pi f_0CU_o}=\frac{P_s}{4\pi f_0CU_o} \tag{8-40}$$

式中，$P_s=U_sI_s$，为 PFC 电路的输入功率。

式(8-40)表明，滤波电容的电容量越大，输出电压的脉动就越小。输出电压的低频脉动实际上是由于输入电网瞬时功率和输出瞬时功率不平衡造成的。输入电网瞬时功率为

$$p_s(t)=\sqrt{2}U_s\sin\omega t\cdot\sqrt{2}I_s\sin\omega t=U_sI_s(1-\cos 2\omega t) \tag{8-41}$$

从上式可见，输入瞬时功率中包含一个两倍电源频率的交流分量，而希望 PFC 电路输出是一个稳定的直流，也即希望输出瞬时功率为 $p_o(t)=U_oI_o$，这样输入瞬时功率与输出瞬时功率就存在不平衡，因此需要在 PFC 电路中增设一个储能环节，临时储存输入与输出之间存在的不平衡能量，输出滤波电容正是担当这一角色。由于输出滤波电容的容量有限，无法瞬间完成不平衡能量的充、放电，这样随着充、放电的进行，在电容两端必然引起电压的脉动。

8.2.2 CCM单相BOOST功率因数校正变换器的控制

图8-13所示为CCM单相BOOST功率因数校正变换器的控制框图，其中点画线框为控制电路。控制电路由电压PI调节器VA、乘法器MP、电流PI调节器CA，产生PWM信号的比较器，驱动器等。从控制系统的角度看，整个控制系统包含两个控制环路：一个是输出电压控制环路，其作用是实现输出电压的稳定控制，使得输出电压 U_o 跟踪参考值 U_{ref}，对应的调节器为VA；另一个是电感电流控制环路，其作用是使电感 L 的电流 i_L 的波形跟踪电网电压整流波形 u_d(馒头形)的瞬时值的变化，而其幅度由电压调节器VA的输出 I_{SM} 的设定，这样电网输入电流 i_s 就按照正弦波变化，对应的电流调节器为CA。

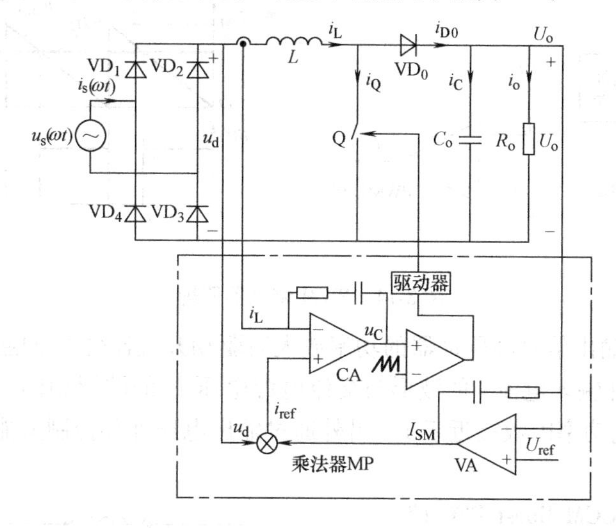

图8-13　CCM单相BOOST功率因数校正变换器的控制框图

图8-13中，设输出电压的参考值为 U_{ref}，输出电压的测量值为 U_o，参考值 U_{ref} 与输出电压 U_o 的误差经过电压调节器VA计算，得到一个反映电网需要向变换器输入所需功率的参考值 I_{SM}，I_{SM} 对应了正弦波电流 i_s 的幅值。当输出电压 U_o 大于参考值 U_{ref} 时，I_{SM} 就减小；当输出电压 U_o 小于参考值 U_{ref} 时，I_{SM} 就增大。当输出电压 U_o 等于参考值 U_{ref} 时，I_{SM} 保持不变。

电流调节器CA的电流参考值来自乘法器MP的输出 i_{ref}，反馈量为BOOST电感 L 的测量值 i_L，电流环的作用是使输入电网电流 i_s 与电网电压 u_s 相位相同，且输入电网电流波形也是正弦波。这里电流参考信号 i_{ref} 十分关键，i_{ref} 信号由乘法器MP产生。乘法器MP有两个输入端：一个输入为 I_{SM}，它来自电压调节器VA的输出，反映输入变换器的功率大小；另一个输入来自整流桥直流侧电压的测量值 u_d，它由电网电压 u_s 经过整流以后得到的馒头形波。乘法器MP输出可以表示为

$$i_{ref} = I_{SM}u_d = I_{SM}\sqrt{2}U_s\,|\sin\omega t| \tag{8-42}$$

乘法器MP输出作为电流环参考信号 i_{ref}，它是一个馒头形波，波形与交流电源电压 $|u_s|$ 相同，即在半个工频周波中电流参考值 i_{ref} 是与交流电源 u_s 同相位的正弦波。电流环参考信号 i_{ref} 的幅值与电压调节器VA的输出 I_{SM} 成正比，即取决于实际电压 U_o 与电压参考值 U_{ref} 的误差。电流调节器CA的反馈端来自BOOST电感 L 的测量值 i_L，将电流参考值 i_{ref} 与测量值 i_L 之差，经过电流调节器CA的运算得到的输出 u_C 作为PWM调制器的调制信号。由

PWM 调制器输出控制功率半导体开关的占空比，使电感电流的跟踪正弦波参考电流 i_{ref}，实现功率因数校正的目的。

PWM 调制器由三角波信号发生器和比较器构成，如图 8-14 所示。由锯齿波发生器产生恒定峰值和恒定周期的锯齿波，与控制量 $u_c(t)$ 经比较器比较后输出脉冲序列 $\delta(t)$，脉冲的占空比 D 与 u_C 成正比。PWM 调制器输出的 PWM 脉冲列的重复周期为 T_s，占空比可以表示为

$$D = \frac{u_c}{U_M}$$

其中，U_M 是锯齿波的峰值，$0 \leqslant u_c \leqslant U_M$。

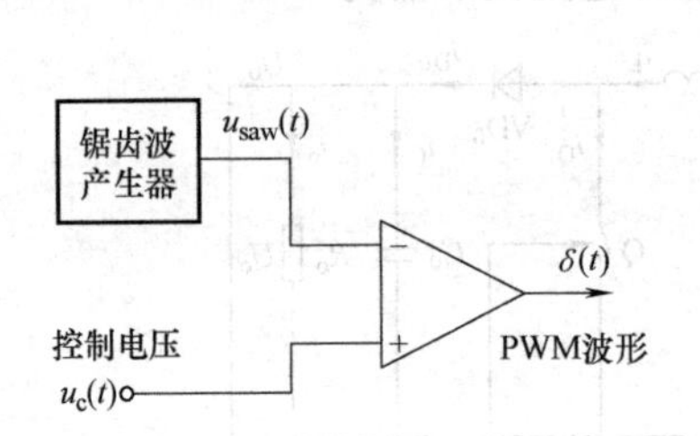

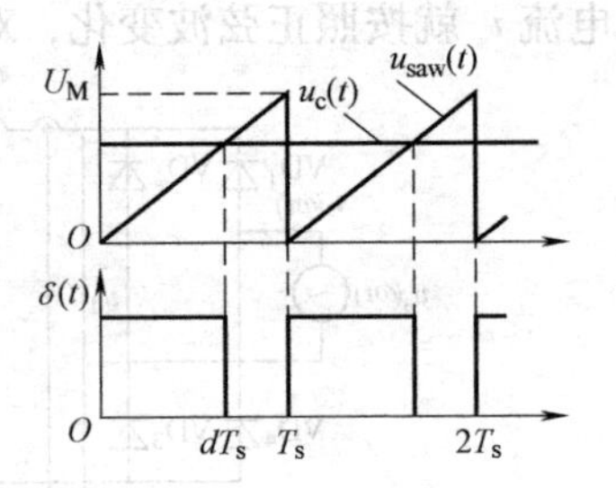

图 8-14 PWM 调制器原理

PWM 调制器的输出信号经驱动器的功率放大后驱动开关器件 Q 的通或断，使 i_L 跟踪电流参考信号 i_{ref}。这样输入电流 i_s 的波形与交流电源电压 U_s 的波形相同，输入电流 i_s 中的谐波大为减少，输入端功率因数接近于 1。另外通过输出电压外环控制又能保证输出电压 U_o 跟踪电压参考值 U_{ref}。

图 8-15 所示为 CCM Boost PFC 控制电路的改进电路，增加了一个二次方演算器 SQ 和一个除法器 DV。全波整流桥直流输出电压 u_d 除以一个直流量 U_{div} 后再送到乘法器 MP。

全波整流桥直流输出电压 u_d 经过 RC 滤波，得到输出信号为

$$U_f = k_f U_s \tag{8-43}$$

U_f 与输入电网电压有效值 U_s 成正比。U_f 经过二次方演算器得到 U_{SQ} 为

$$U_{SQ} = k_s(k_f U_s)^2 = k_s k_f^2 U_s^2 \tag{8-44}$$

直流量 $u_{div} = \dfrac{u_d}{k_s k_f^2 U_s^2}$ 与电源电压有效值 U_s 的二次方成反比。加入除法器的目的是使电压外环回路增益不随电网电压有效值的变化，可以消除电压外环回路传递函数依赖电网电压的特性，有利于提高控制系统的稳定性。

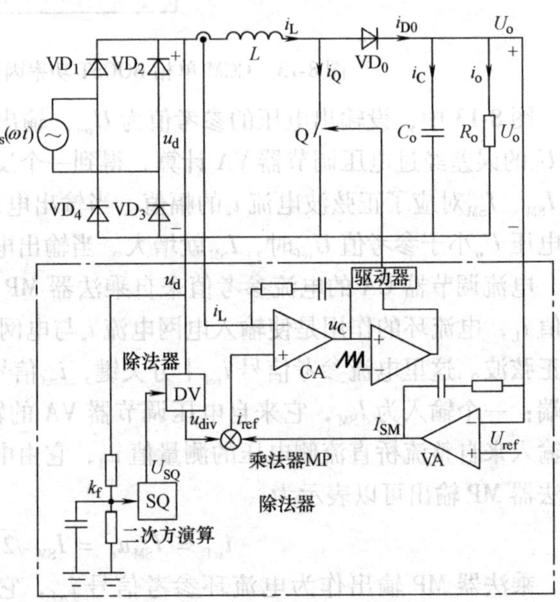

图 8-15 CCM Boost PFC 电路的改进

上面介绍的电流环控制方法实际上使电感电流的开关周期的平均值跟踪正弦波参考电流 i_{ref}，通常称为电流平均值控制。图 8-16 所示为采用电流平均值控制方法时电感电流的波形。此外，电流环也可以采用其他控制方法，如图 8-17 所示滞环控制，如图 8-18 所示电流峰值控制。与电流平均值控制相比，滞环控制和电流峰值控制都具有更快的动态响应。然而，滞环控制存在开关频率不固定的问题，而电流峰值控制在占空比大于 0.5 时存在不稳定问题，因此需要采取其他措施解决，以满足实际应用的要求。

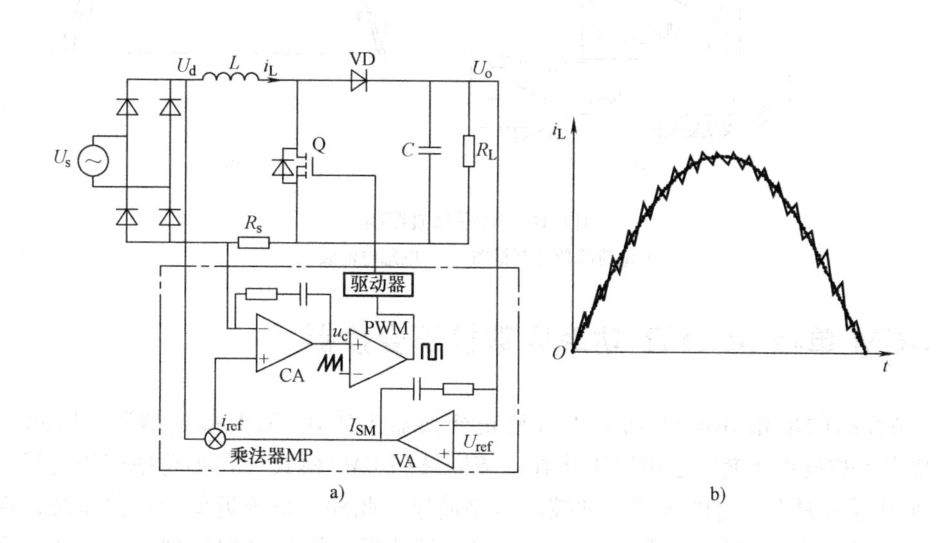

图 8-16　电流平均值控制
a）电流平均值控制框图　b）电感电流波形

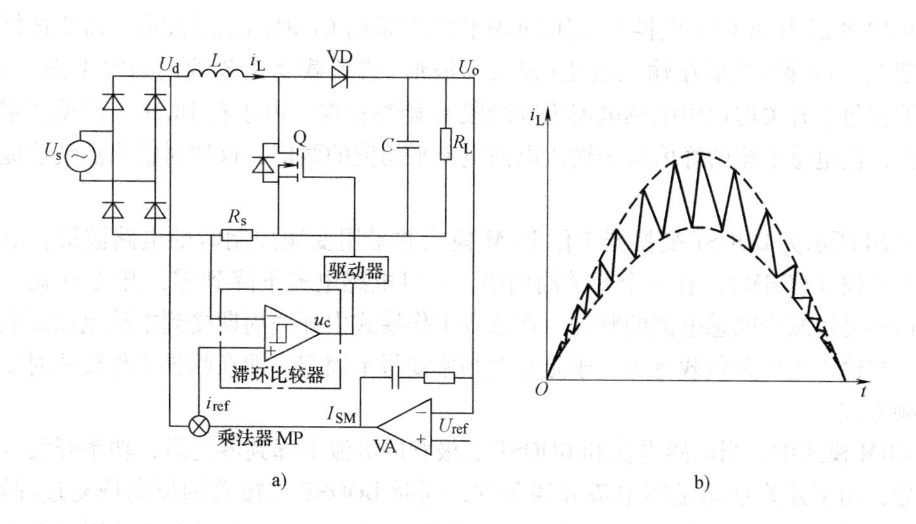

图 8-17　滞环控制
a）电流滞环控制框图　b）电感电流波形

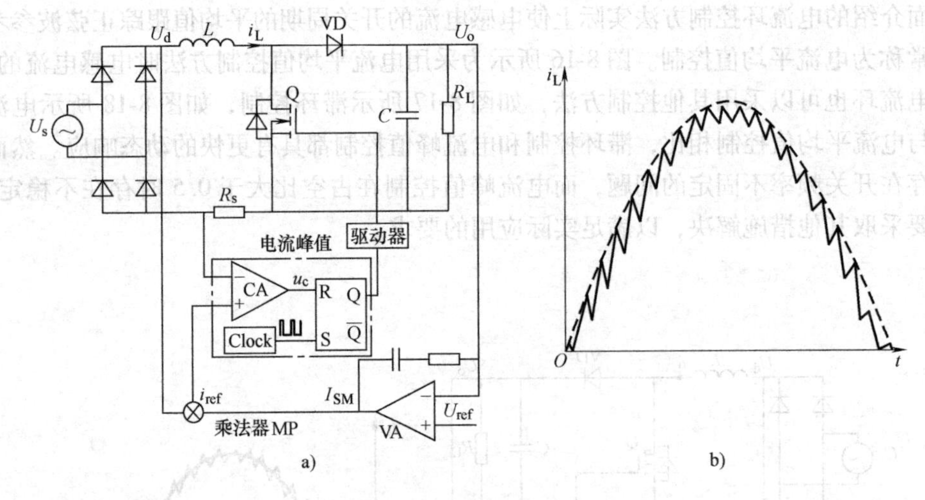

图 8-18 电流峰值控制

a) 电流峰值控制框图 b) 电感电流波形

8.3 DCM 单相 BOOST 功率因数校正变换器

上一节介绍的单相 BOOST 功率因数校正变换器工作在 CCM 模式情况，实际上单相 BOOST 功率因数校正变换器也可以工作在电流断续(DCM)模式。在小功率应用的场合，有时采用 DCM 模式具有一定的优势，如控制电路简单。此外，系统近似为一阶系统，控制回路设计简单。BOOST 二极管为零电流关断，二极管的反向恢复过程被抑制，因此减少了开关损耗。下面仍以单相 BOOST 功率因数校正电路为例来介绍。

DCM 单相 BOOST 功率因数校正变换器可细分为 DCM 工作模式和临界工作模式(CRM)。DCM 工作模式一般采用恒频率控制(CF)，CRM 工作模式需要采用变频控制(VF)。

图 8-19 所示为 BOOST 变换器工作 DCM 模式并采用 CF 时的电路波形。需要选择合适的开关周期 T_s，确保变换器在输入电压(馒头形波形)或负载变化范围内始终工作在 DCM 模式，也即在每个开关周期中电感电流为零阶段 t_d 始终存在。由于在 DCM 工作模式零阶段 t_d 始终存在，使电感电流的峰值大于输入电网电流平均值的两倍，这样对输入滤波器提出更高的要求。

图 8-20 所示为 BOOST 变换器工作 DCM 模式并采用变频控制时的电路波形，电路工作在临界工作模式(CRM)。在一个开关周期中，一旦电感电流下降到零，开关 Q 就立刻再次开通，这样可以减少电感电流的脉动。在临界工作模式中开关周期受到电感电流影响，而电感电流又与输入电压和负载有关，于是开关频率变得不固定，即在临界工作模式时变换器工作在变频方式。

在 CRM 模式中，当电感电流和 BOOST 二极管的电流下降到零之后，功率开关 Q 才施加开通信号，功率开关 Q 满足零电流开通条件，同时 BOOST 二极管的反向恢复过程被抑制，因此减少了开关损耗。在 CRM 模式中，由于没有死区时间 t_d，在每个开关周期中的电感电流波形为一个三角波，于是电感电流的峰值刚好是电感电流开关周期平均值的两倍。功率开关 Q 关断电感峰值电流，约为电感电流平均值的两倍。在 CRM PFC 电路中，输入差模电流

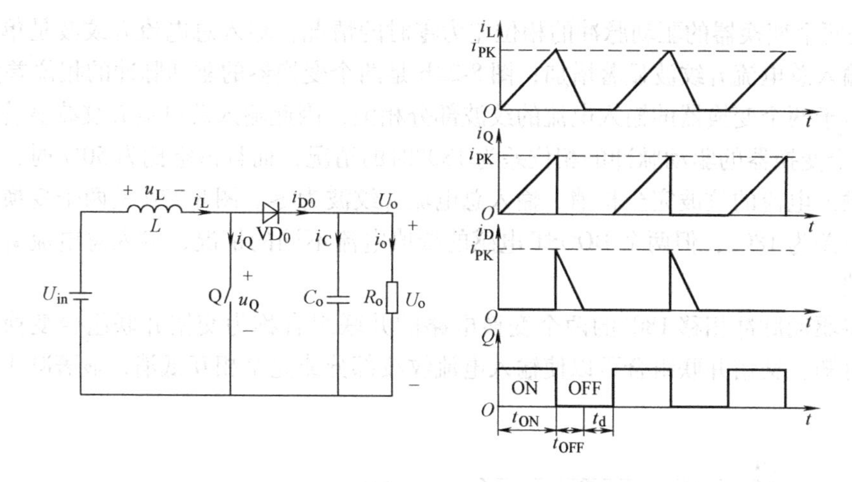

图 8-19　BOOST 变换器及采用 CF 时的电路波形

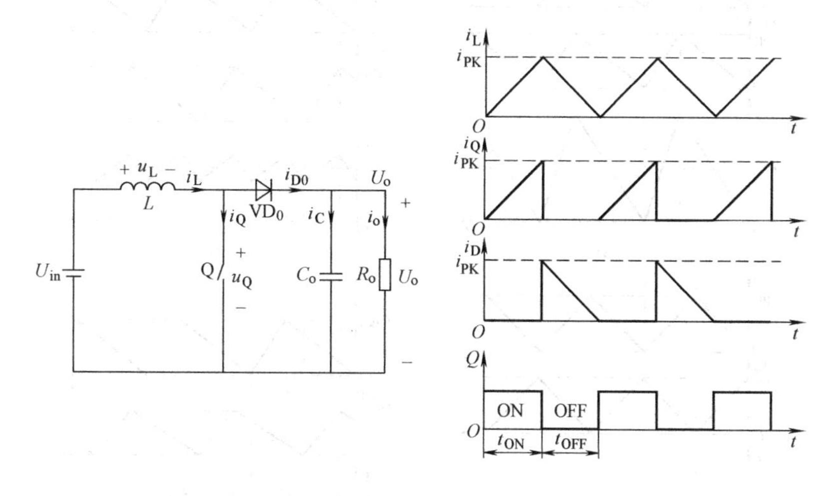

图 8-20　临界工作模式 BOOST 变换器及电路波形

的峰峰值为平均电流的两倍，它比采用 CF 的 DCM 模式下的差模电流显著减小，但仍大于 CCM 模式的差模电流。

CRM PFC 电路的开关频率变化范围将达到 10 倍以上，在实际电路中，为了减少开关频率损耗，会对上限开关频率进行限制，于是在上限开关频率时，电路就进入到 DCM 方式。

如果将两个 CRM 模式的 BOOST 变换电路并联组合起来，如图 8-21 所示，假定并联组合的两个变换电路的参数相同，开关频率也保持一致，且功率半导体开关驱动脉冲的占空比相同。输入总电流 i_L 为两个变换器的输入电流之和，即

$$i_L = i_{L1} + i_{L2} \tag{8-45}$$

式中，i_{L1}、i_{L2}分别为两个变换电路的电感电流。

组合电路的输入总电流 i_L的纹波由两个变换器的驱动脉冲的相位差、电感电流的峰值、占空比所决定，如图 8-22 所示。

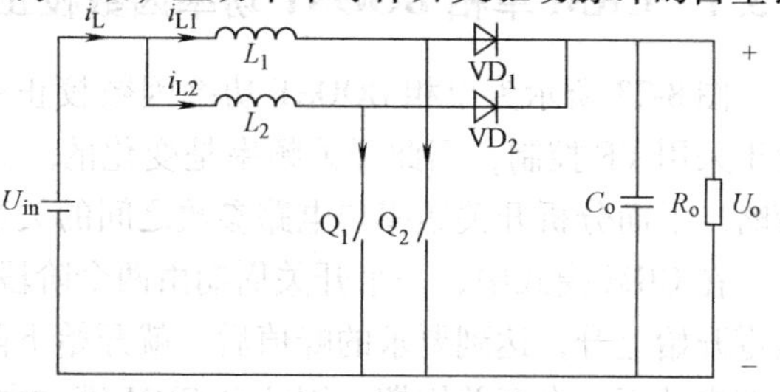

图 8-21　两个 CRM 模式的 BOOST 变换器并联组合

图 8-22a 是两个变换器的驱动脉冲的相位差为零时的情况，输入总电流 i_L 纹波是单个变换器的两倍，输入总电流 i_L 纹波显著增加；图 8-22b 是两个变换器的驱动脉冲的相位差为 180°时的情况，由于两个变换器的输入电流的纹波部分相消，因此输入总电流 i_L 纹波显著减少；图 8-22c 是两个变换器的驱动脉冲的相位差为 180°时的情况，而且占空比为 50% 时，此时两个变换器的输入电流的纹波完全相消，输入总电流 i_L 纹波为零。图 8-22d 是两个变换器的驱动脉冲的相位差为 180°，但两个 BOOST 电感的峰值电流不同的情况，输入总电流 i_L 中仍存在较大的纹波。

通常将驱动脉冲相移 180°的两个变换电路的并联组合称为交错并联组合变换器。从上面的分析可知，交错并联组合可以使输入电流纹波部分或完全相互抵消，显著减少输入电流纹波。

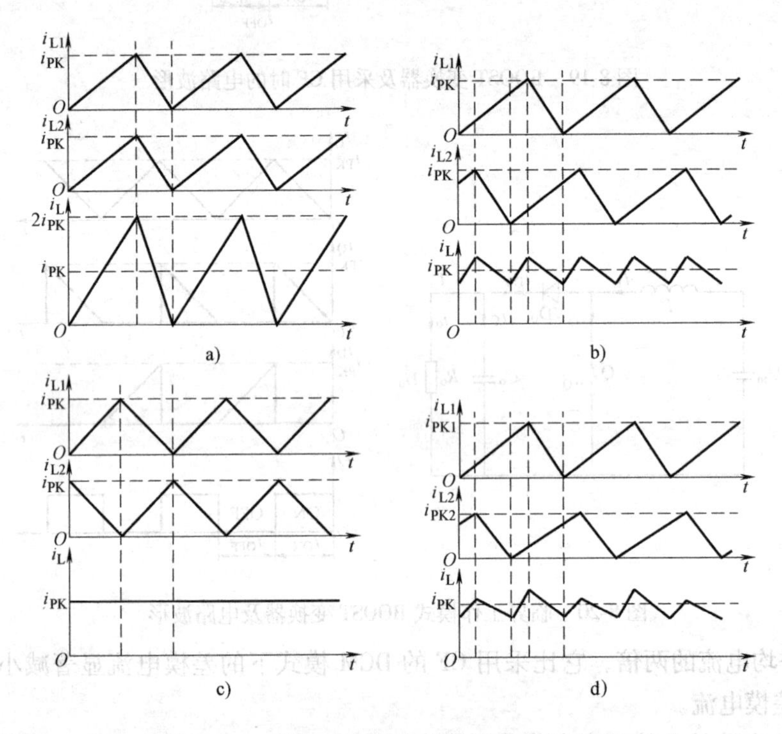

图 8-22 输入总电流 i_L

a）驱动脉冲的相位差为零 b）驱动脉冲的相位差为 180°

c）驱动脉冲的相位差为 180°，且占空比为 50% d）驱动脉冲的相位差为 180°，但两个电感的峰值电流不同

8.3.1 CRM 单相 BOOST 功率因数校正变换器电路分析

图 8-23 所示为单相 BOOST 功率因数校正变换器工作在 CRM 模式时电感电流的波形，由于采用 VF 控制，因此开关频率是变化的。为简化设计，VF 控制采用恒定开通时间控制策略。下面分析开关频率与电路参数之间的关系。

在 CRM 模式中，一个开关周期由两个阶段构成。在每个开关周期之初，电感电流总是从零开始上升，达到要求的峰值后，就开始下降，直到电感电流为零。一旦电感电流到零，立即启动下一个开关周期。因此在 CRM 模式中，电感电流的波形由一系列的三角形所组成。

在 CRM 模式中，一个开关周期由两个阶段构成，对应的等效电路如图 8-24 所示。为简

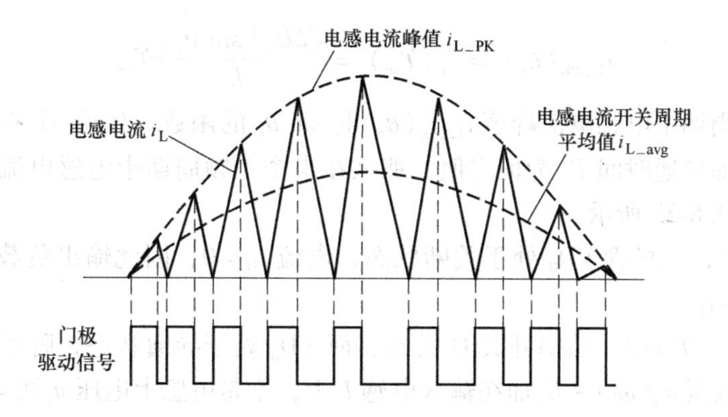

图 8-23　在 CRM 模式中电感电流波形

化分析，在以下分析中假定半导体功率器件为理想开关，功率器件导通时其压降为零，功率器件关断时其电阻为无穷大。

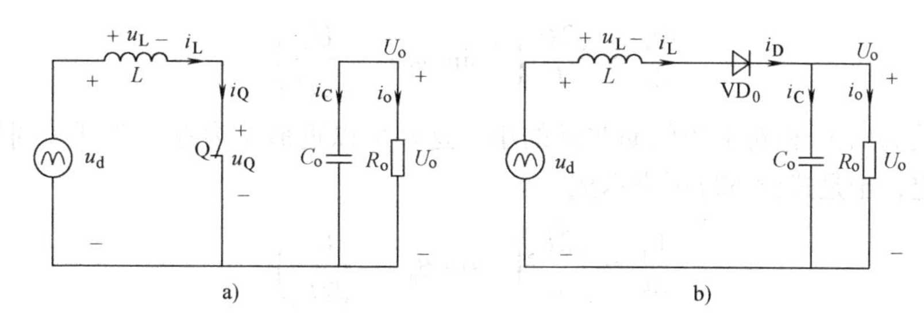

图 8-24　CRM 模式下工作状态

a）阶段 1（0，T_{on}）　b）阶段 2（T_{on}，T_s）

在阶段 1（0，T_{on}）中，功率开关 Q 导通，而 VD_0 处于关断状态，阶段 1 的等效电路如图 8-24a 所示。电压 $u_d(\omega t)$ 加在电感 L 上，电感上电压 u_L 可表示为

$$u_L = u_d(\omega t) = \sqrt{2}U_s \left|\sin \omega t\right| \tag{8-46}$$

电感电流变化率 $\frac{di_L}{dt}$ 为

$$\frac{di_L}{dt} = \frac{\sqrt{2}U_s}{L}\left|\sin \omega t\right| \tag{8-47}$$

由于开关周期 T_s 相对工频周期非常的小，因此近似认为在一个开关周期中电网电压保持恒定，由式(8-47)得到

$$\frac{di_L}{dt} = \frac{\sqrt{2}U_s}{L}\left|\sin \omega t\right| \approx \frac{\sqrt{2}U_s}{L}\left|\sin \omega t_n\right| = \frac{\sqrt{2}U_s\left|\sin \theta_n\right|}{L} \tag{8-48}$$

式中，$\theta_n = \omega t_n$ 表示在一个工频周期中，第 n 个开关周期的开始时刻。

由式(8-48)，可以解出阶段 1 中的电感电流为

$$i_L = \int_0^t \frac{\sqrt{2}U_s\left|\sin \theta_n\right|}{L}d\tau = \frac{\sqrt{2}U_s\left|\sin \theta_n\right|}{L}t \tag{8-49}$$

式(8-49)表明，在阶段 1 中电感电流 i_L 从零开始线性上升。在阶段 1 末，即 $t = T_{on}$，电感电流达到峰值，即

$$i_{L\_PK}(\theta_n) = i_L(T_{on}) = \frac{\sqrt{2}U_s|\sin\theta_n|}{L}T_{on} \tag{8-50}$$

在每个开关周期中电感电流峰值$i_{L_PK}(\theta_n)$是$\sin\theta_n$的函数。如果VF控制采用恒定开通时间控制策略，即导通时间T_{on}为恒定值，那么在半个工频周期中电感电流峰值的包络线按照正弦变化，如图8-23所示。

由于在阶段1，二极管VD_0处于关断状态，电流$i_D=0$，因此输出负载电流只能依靠C放电维持，$i_O=-i_C$。

在阶段2(T_{on}，T_s)中，功率开关Q关断，而VD_0处于导通状态，阶段2的等效电路如图8-24b所示。电压$u_d(\omega t)-U_o$加在输入电感L上，于是电感上电压u_L可表示为

$$u_L = u_d(\omega t) - U_o = \sqrt{2}U_s|\sin\omega t| - U_o \tag{8-51}$$

电感电流的变化率$\frac{di_L}{dt}$为

$$\frac{di_L}{dt} = \frac{\sqrt{2}U_s}{L}\left(|\sin\omega t| - \frac{U_o}{\sqrt{2}U_s}\right) \tag{8-52}$$

假定开关周期T_s相对工频周期非常的小，这样可以近似认为在一个开关周期中，电网电压保持恒定，于是式(8-52)可表示成

$$\frac{di_L}{dt} \approx \frac{\sqrt{2}U_s}{L}\left(|\sin\theta_n| - \frac{U_o}{\sqrt{2}U_s}\right) \tag{8-53}$$

由于$U_o>\sqrt{2}U_s$，因此上式的右边为负，表明在阶段2中，电感电流下降，即表示电感L处于释放电能状态。在阶段2中，电感L与输入电源一起向输出负载输送电能，并对电容C充电，电容C中储存的能量将增加。

由式(8-53)，得到在阶段2中的电感电流为

$$\begin{aligned} i_L(t) &\approx \int_{T_{on}}^{t}\frac{\sqrt{2}U_s}{L}\left(|\sin\theta_n| - \frac{U_o}{\sqrt{2}U_s}\right)d\tau + i_{L\_PK}(\theta_n) \\ &= \frac{\sqrt{2}U_s}{L}\left(|\sin\theta_n| - \frac{U_o}{\sqrt{2}U_s}\right)(t-T_{on}) + i_{L\_PK}(\theta_n) \end{aligned} \tag{8-54}$$

一旦电感电流下降到零，阶段2就结束，于是开始下一个开关周期。令上式在$t=T_s$时为零，以便求解开关周期T_s为

$$\frac{\sqrt{2}U_s}{L}\left(|\sin\theta_n| - \frac{U_o}{\sqrt{2}U_s}\right)(T_s-T_{on}) + i_{L\_PK}(\theta_n) = 0 \tag{8-55}$$

阶段2的持续时间T_{off}为

$$T_{off} = T_s - T_{on} = \frac{i_{L\_PK}(\theta_n)L}{U_o - \sqrt{2}U_s|\sin\theta_n|} = \frac{1}{\dfrac{U_o}{\sqrt{2}U_s|\sin\theta_n|}-1}T_{on} \tag{8-56}$$

阶段2的持续时间T_{off}与输出电压U_o、输入电压$\sqrt{2}U_s|\sin\theta_n|$、开关导通时间$T_{on}$有关。

在CRM模式中，电感L在阶段1储存能量将在阶段2末全部向输出释放，即在阶段2末的电感电流的值等于零。

开关周期为 $T_s = T_{on} + T_{off}$，利用式(8-56)，得到恒定导通时间控制时开关周期

$$T_s = \frac{T_{on}}{1 - \dfrac{\sqrt{2}U_s \mid \sin\theta_n \mid}{U_o}} \tag{8-57}$$

开关频率为

$$f_s = 1/T_s = \frac{1 - \dfrac{\sqrt{2}U_s \mid \sin\theta_n \mid}{U_o}}{T_{on}} \tag{8-58}$$

式(8-58)表明，单相 BOOST 功率因数校正变换器工作在 CRM 模式时，在一个工频周期中，开关频率 f_s 是变化的，如图 8-25 所示。当 $\theta = \omega t = \frac{\pi}{2}$ 时，开关频率 f_s 达到最低值，即

$$f_{s\_min} = \frac{1 - \dfrac{\sqrt{2}U_s}{U_o}}{T_{on}} \tag{8-59}$$

定义归一化开关频率 f_s^* 为

$$f_s^* = \frac{f_s}{1/T_{on}} = 1 - \frac{\sqrt{2}U_s \mid \sin\theta_i \mid}{U_o} \tag{8-60}$$

占空比为

$$D = \frac{T_{on}}{T_s} = 1 - \frac{\sqrt{2}U_s \mid \sin\theta_i \mid}{U_o} \tag{8-61}$$

式(8-61)与 CCM 模式时的占空比公式相同。

图 8-25 给出了开关频率随着输入交流电网电压正弦波变化的情况。图 8-25a 中输入交流电压的有效值 $U_s = 230\text{V}$，输出直流电压 $U_o = 400\text{V}$，可见在输入交流电压的峰值时开关频率约为输入交流电压过零时刻的开关频率的 1/5。图 8-25b 中，输入交流电压的有效值 $U_s = 90\text{V}$，输出直流电压 $U_o = 400\text{V}$，可见在输入交流电压的峰值时开关频率约为输入交流电压过零时刻的开关频率的 2/3。可见，输入电压的有效值越小，开关频率 f_s 的变化范围越窄。

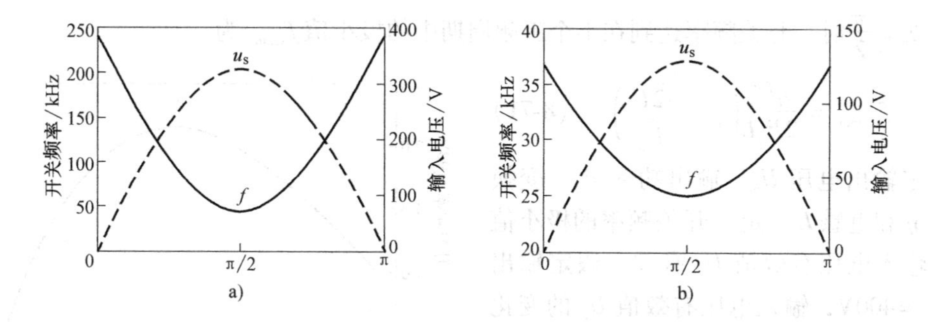

图 8-25　在 CRM 模式下开关频率与输入交流瞬时值的关系

a) $U_s = 230\text{V}_{rms}$，$U_o = 400\text{V}$　b) $U_s = 90\text{V}_{rms}$，$U_o = 400\text{V}$

PFC 变换器的输入交流电流的有效值 I_s 是直流输出功率 P_o，变换器效率 η 和输入电压有效值 U_s 的函数。假定输入功率因数为 1，得到输入交流电流的有效值 I_s 为

$$I_s = \frac{P_o}{\eta U_s} \tag{8-62}$$

如图 8-23 所示，一个开关周期的电感电流呈三角形，电感电流的峰值的包络线 i_{L_PK} 是电感电流开关周期平均值 i_{L_avg} 的两倍，即

$$i_{L\_PK}(\theta) = 2i_{L\_avg}(\theta) \tag{8-63}$$

在半个工频周期中，电感电流的开关周期平均值 i_{L_avg} 可以近似为正弦波，其有效值为 $i_{L\_avg} = I_s$，即 i_{L_avg} 可表示为

$$i_{L\_avg}(\theta) = \sqrt{2}I_s\,|\sin\theta| \tag{8-64}$$

将式(8-64)代入式(8-63)，得到 i_{L_PK} 为

$$i_{L\_PK}(\theta) = 2\sqrt{2}I_s\,|\sin\theta| \tag{8-65}$$

在电感电流达到峰值的时刻，$i_{L\_PK}(\theta_n) = I_{Lmax}(\theta_n)$。在 $\theta = \theta_n$ 时，由式(8-65)得到

$$i_{L\_PK}(\theta_n) = 2\sqrt{2}I_s\,|\sin\theta_n| \tag{8-66}$$

重写式(8-50)为

$$i_{L\_PK}(\theta_n) = \frac{\sqrt{2}U_s\,|\sin\theta_n|}{L}T_{on} \tag{8-67}$$

结合式(8-66)和式(8-67)，得到

$$T_{on} = \frac{2I_sL}{U_s} \tag{8-68}$$

将式(8-62)代入式(8-68)，得到

$$T_{on} = \frac{2P_oL}{\eta U_s^2} \tag{8-69}$$

将式(8-69)代入式(8-58)，得到

$$f_s = \frac{1 - \dfrac{\sqrt{2}U_s\,|\sin\theta_i|}{U_o}}{\dfrac{2P_oL}{\eta U_s^2}} = \frac{\eta U_s^2}{2P_oL}\left(1 - \frac{\sqrt{2}U_s\,|\sin\theta_n|}{U_o}\right) \tag{8-70}$$

当 $\theta_n = \frac{\pi}{2}$ 时，开关频率达到在半个工频周期中的极小值 f_{s_min} 为

$$f_{s\_min} = \frac{\eta U_s^2}{2P_oL}\left(1 - \frac{\sqrt{2}U_s}{U_o}\right) \tag{8-71}$$

假定输出电压 U_o、输出功率 P_o、变换器效率 η 和电感 L 一定，开关频率的极小值 f_{s_min} 与输入电压有效值 U_s 有关。假定输出电压 $U_o = 400\text{V}$，输入电压有效值 U_s 的变化范围为 90 ~ 265V，图 8-26 所示为开关频率极小值 f_{s_min} 与输入电压有效值 U_s 关系，这里以输入 $U_s = 90\text{V}$ 时开关频率极小值 f_{s_min} 为规一化基准。

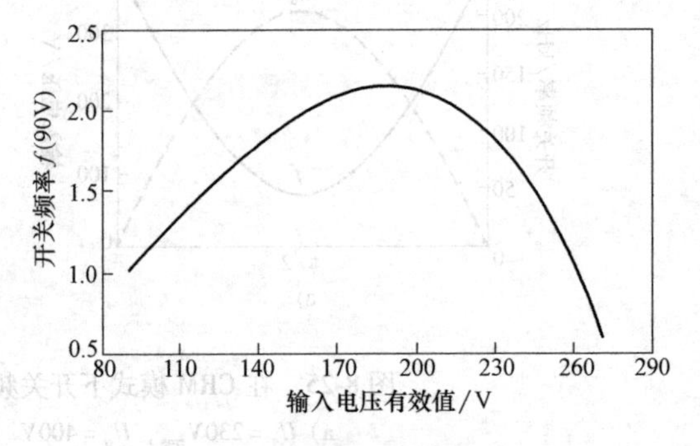

图 8-26 开关频率极小值 f_{s_min} 与输入电压有效值 U_s 的关系

可见当输入电压有效值 U_s 最大时，f_{s_min}为最小

$$f'_{s\_min}=\frac{\eta U_{s\_max}^2}{2P_oL}\left(1-\frac{\sqrt{2}U_{s\_max}}{400}\right) \tag{8-72}$$

式（8-72）可以用于 BOOST 电感值的设计，假定最小开关频率已经确定，这样可以由式（8-73），确定 BOOST 电感值为

$$L=\frac{\eta U_{s\_max}^2}{2f'_{s\_min}P_o}\left(1-\frac{\sqrt{2}U_{s\_max}}{400}\right) \tag{8-73}$$

8.3.2　CRM 单相 BOOST 功率因数校正变换器的控制

图 8-27 所示为 CRM 单相 BOOST 功率因数校正变换器的控制框图，也有电压外环和电流内环构成。电压外环的作用是控制变换器的输出直流电压，电流内环的作用是使输入电流波形控制为正弦波，即使输入电流波形跟踪电网电压的波形变化，实现单位功率因数。

图 8-27 中，输入交流电压 u_s 经过二极管全桥整流得到直流侧 u_d，经过电阻分量后得到一个馒头形信号 u_{d1}，用于 BOOST 电感电流波形控制。将参考电压 U_{ref} 和 BOOST 变换器的输出电压 U_o 的反馈信号分别送入电压调节器 VA，进行误差计算，电压调节器 VA 输出 I_{SM}反映了 PFC 变换器需要向负载输出功率的大小。由于电压外环的带宽设计得较低，因此在一个工频周期里电压调节器 VA 输出可视为恒定。通过乘法器 MP，将电压调节器 VA 输出的近似直流信号 I_{SM}与馒头形信号 u_{d1} 相乘，得到电流参考信号 i_{ref}。电流参考信号 i_{ref}仍保持为馒头形，跟踪电网瞬时电压波形变化，只是馒头形信号的幅度受到电压调节器 VA 输出 I_{SM}的调节。

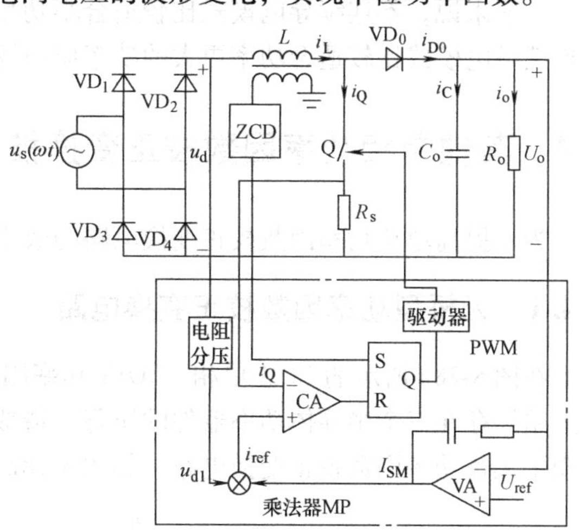

图 8-27　CRM 单相 BOOST 功率因数校正变换器的控制框图

电流控制环采用峰值电流控制，电流传感器测得的功率开关器件（或电感电流）的电流，一旦达到电流参考信号 i_{ref}，比较器反转，复位 RS 触发器，关断功率开关器件。于是 BOOST 变换器进入电感电流通过 BOOST 二极管向负载传递能量的阶段，随着时间的推移，电感中的能量逐步减小，电感电流也逐步减小，最后电感电流减小到零。一旦电感电流过零以后，过零检测电路就发出一个脉冲信号，置位 RS 触发器，于是再次开通功率开关器件，电路进入一个新的开关周期，BOOST 二极管被关断，电路进入电感充磁阶段。在该阶段，负载能量仅由输出滤波电容提供，电感电流线性上升，上升的斜率与输入电网电压的瞬时值成正比。一旦电感电流达到电流参考信号 i_{ref}，比较器再次反转，复位 RS 触发器，于是关断功率开关器件。图 8-27 中通过在 BOOST 电感上增加一个辅助绕组，用于电感电流过零检测（ZCD）。

Boost 变换器工作在 CRM 模式，电感电流的波形呈三角波，电感电流波形中的各三角波

峰值跟踪乘法器输出的馒头形信号，也就是跟踪电网电压波形。这样电感电流的波形的平均值近似为一个正弦波，并且与输入电压同相位，达到了功率因数校正的目的。

CRM 单相 BOOST 功率因数校正变换器采用变频控制，开关频率随输入交流电压和输出负载的变化，因此需要依据开关频率变化范围和纹波，精心设计输入电源侧 EMI 滤波器。

Boost 变换器工作在连续导电模式下的优点是：输入电流的纹波会比较小，EMI 滤波器体积也较小，变换器中开关和二极管的电流应力也较小；工作在连续导电模式的缺点是：输入电感值比较大，存在比较严重的二极管反向恢复问题，高频工作时存在较大的开关损耗。

不连续导电模式的优缺点正好和连续导电模式相反。其优点是：输入电感值比较小，并且不存在二极管的反向恢复问题；其缺点是：输入电流的纹波很大，需要较大的 EMI 滤波器，变换器中开关和二极管中的峰值电流达到同等功率 CCM 变换器中的两倍以上，因此通态损耗较大。

一般来说，不连续导电模式比较适合小功率应用，如功率在数瓦至数百瓦之间的应用，而连续导电模式比较适合功率更大的功率应用场合。

8.4 其他单相功率因数校正变换技术

为了提高单相功率因数校正变换电路的效率，出现了一些新的电路拓扑和控制方案。

8.4.1 无桥型功率因数校正变换电路

在图 8-28a 所示的 CCM 单相 BOOST 功率因数校正变换电路中，在电路工作时，功率回路上始终存在三个半导体功率器件的压降，造成了较大的导通损耗，为了降低这部分损耗，出现了无桥功率因数校正变换电路，如图 8-28b 所示。

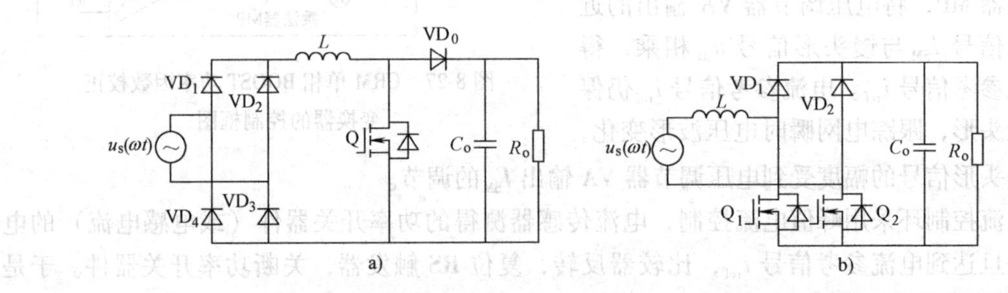

图 8-28 单相 BOOST 功率因数校正变换电路的改进
a) 传统 BOOST PFC b) 无桥型 PFC

在无桥型功率因数校正变换电路中，功率回路上导通的功率器件减少为两个半导体器件，导通损耗也相应减小。在半个工频周期内，功率开关 Q_1 和 Q_2 中，仅有一个作高频开关使用，另一个作为工频整流二极管使用。可以使用 MOSFET 的体二极管作为整流管使用，也可以将 MOSFET 作为同步整流管使用以进一步降低导通损耗。在传统 PFC 中电感在直流侧，而在无桥型 PFC 中电感放置在交流侧。

相对于传统的 BOOST PFC，无桥型功率因数校正变换电路存在较大的共模干扰，在设计 EMI 滤波器时需要特别注意。

8.4.2 低频开关功率因数校正变换电路

图 8-29 所示为低频开关功率因数校正变换电路结构及驱动信号，开关管 Q 在半个工频周期内仅开通和关断一次，开关频率仅为市电频率的两倍，远低于通常 PFC 电路中的数十至数百千赫的开关频率。与传统高频 PWM 开关 PFC 电路相比，低频开关功率因数校正变换电路的开关损耗显著降低，而且没有高频电磁干扰，可以降低对 EMI 滤波器的要求。

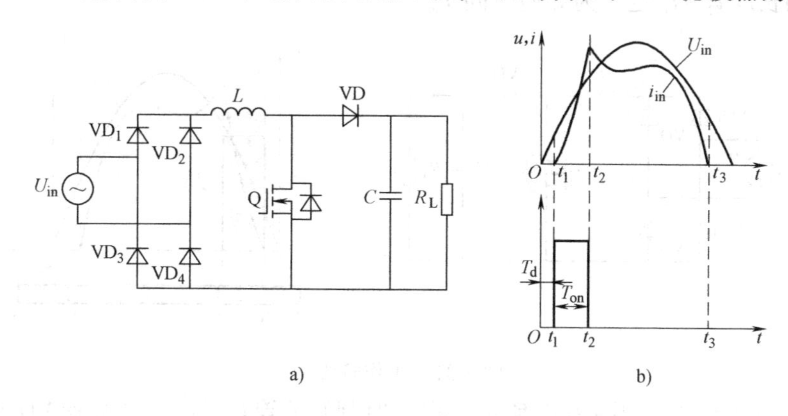

图 8-29　低频开关功率因数校正变换电路
a) 电路　b) 输入电压、电流、开关驱动脉冲

在半个电网周期内，低频 PFC 的工作过程可以分为四个阶段。

阶段 1（$t_0<t<t_1$）：如图 8-30 所示，开关管 Q 关断。由于输入电压 U_{in} 低于输出电压 U_o，全桥整流器中的二极管均关断，输入电流 i_{in} 为 0，输出电容 C 放电并向负载提供能量。电路满足以下关系：

$$\begin{cases}i_{in}(t)=0\\u_o(t)=u_o(0)\mathrm{e}^{-\frac{t}{R_LC}}\end{cases}\tag{8-74}$$

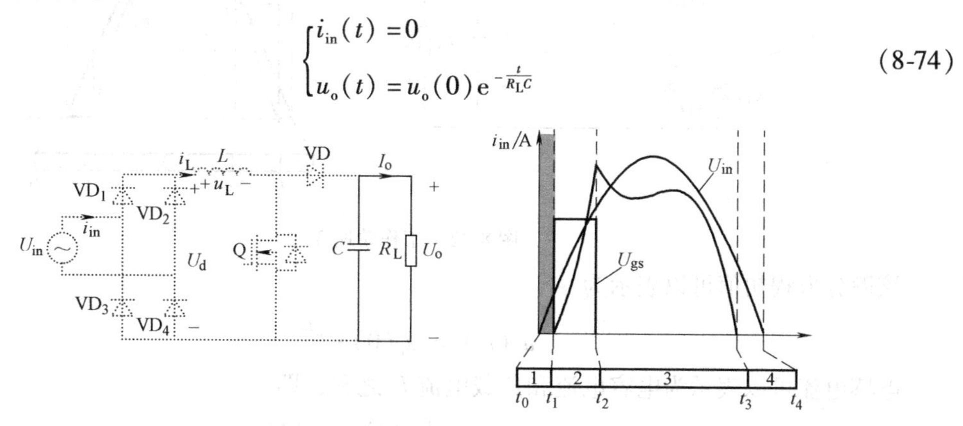

图 8-30　工作阶段 1

阶段 1 的长度 $t_0\sim t_1$ 定义为延迟时间 T_d。

阶段 2（$t_1<t<t_2$）：如图 8-31 所示，在 t_1 刻开关管 Q 开通。加在电感 L 两端的电压为输入电网电压

$$u_L(t)=u_{in}(t)=\sqrt{2}U_m|\sin(\omega t)|\tag{8-75}$$

电感 L 处于充磁状态，电感电流上升，输入电流可以表示为

$$i_{\text{in}}(t) = \frac{\sqrt{2}U_{\text{m}}}{\omega L}[\cos(\omega t_1) - \cos(\omega t)] \tag{8-76}$$

二极管 VD 承受反向电压关断，输出电容 C 继续放电并向负载提供能量。电容电压即输出电压 u_o 可以表示为

$$u_o(t) = u_o(0)e^{-\frac{t}{R_L C}} \tag{8-77}$$

阶段 2 的长度 $t_2 \sim t_1$ 定义为导通时间 T_{on}。

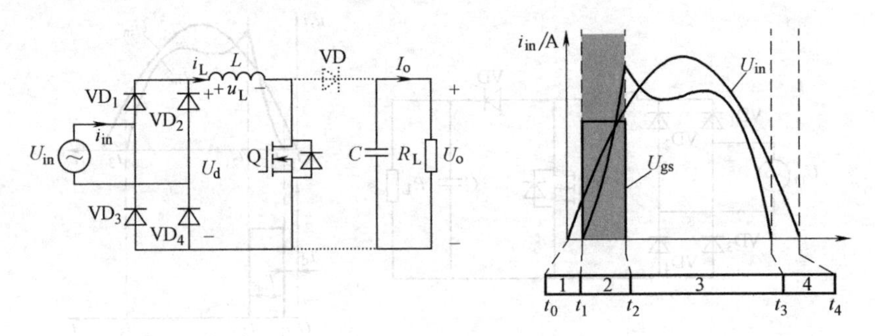

图 8-31　工作阶段 2

阶段 3（$t_2 < t < t_3$）：如图 8-32 所示，在 t_2 时刻开关管 Q 关断，二极管 VD 开通，电感 L 处于放磁状态，电感电流下降。电路状态可以用下述微分方程来描述，即

$$LC\frac{d^2u_o(t)}{dt^2} + \frac{L}{R}\frac{du_o(t)}{dt} + u_o(t) = \sqrt{2}U_m|\sin(\omega t)| \tag{8-78}$$

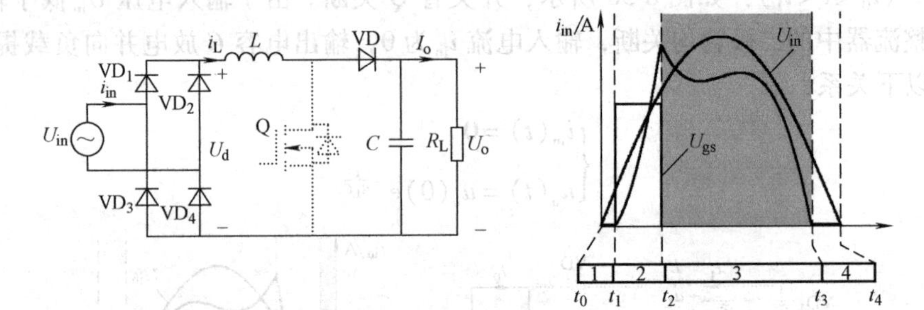

图 8-32　工作阶段 3

该微分方程初值可以表示为

$$u_o(t_2) = u_o(0)e^{-\frac{t_2}{R_L C}} \tag{8-79}$$

电感电流可以表示为电容电流和负载电流 I_o 之和，即

$$i_{\text{in}}(t) = C\frac{du_o(t)}{dt} + \frac{u_o(t)}{R_L} \tag{8-80}$$

阶段 4（$t_3 < t < t_4$）：如图 8-33 所示，t_3 时刻电感能量释放完毕，输入电流 i_{in} 为 0，二极管 VD 关断，输出电容 C 放电并向负载提供能量。电路满足以下关系：

$$\begin{cases} i_{\text{in}}(t) = 0 \\ u_o(t) = u_o(t_3)e^{\frac{t_3 - t}{R_L C}} \end{cases} \tag{8-81}$$

半个工频周期后输出电压可以表示为

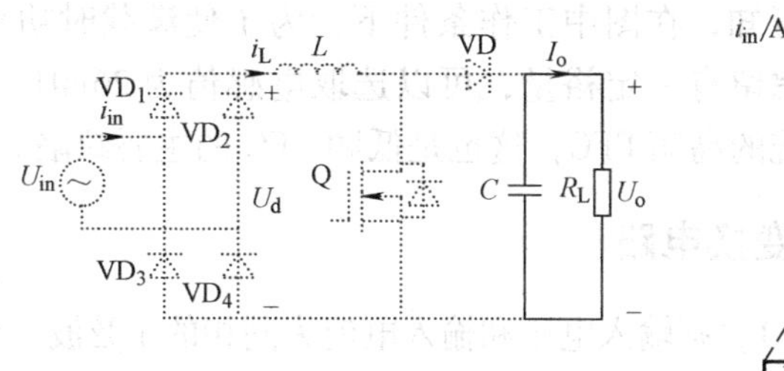

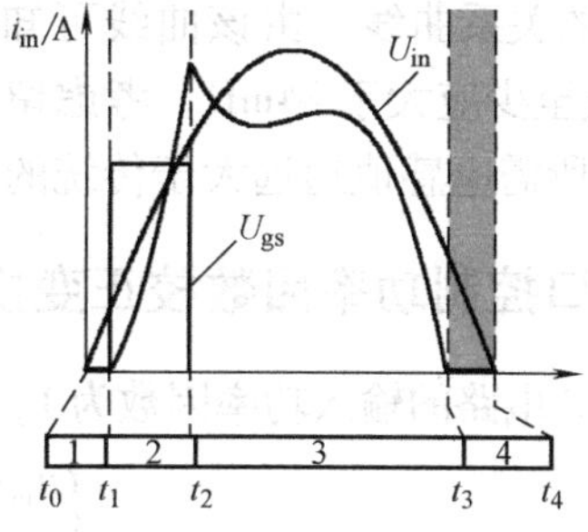

图 8-33　工作阶段 4

$$u_o\left(\frac{T}{2}\right)=u_o(t_3)\mathrm{e}^{\frac{t_3-T/2}{R_LC}} \tag{8-82}$$

由于电路工作在稳定状态，电容在 t_0 时刻的值应该等于在 $T/2$ 时刻的值，并且 t_3 时刻的输入电流为 0，故有

$$\begin{cases}i_{in}(t_3)=0\\ u_o\left(\frac{T}{2}\right)=u_o(t_3)\mathrm{e}^{\frac{t_3-T/2}{R_LC}}=u_o(0)\end{cases} \tag{8-83}$$

联立以上方程可以解出未知量 $u_o(0)$ 和 t_3，由此可推出输入电流 i_{in} 和输出电压 u_o 的方程。由输入电流方程可以求出电路功率因数和 THD。首先计算输入电流的有效值为

$$I_{rms}=\sqrt{\frac{1}{2\pi}\int_0^{2\pi}(i_{in}(\omega t))^2\mathrm{d}(\omega t)} \tag{8-84}$$

输入电流的基波成分有效值可由傅里叶公式计算出

$$I_{1rms}=\frac{1}{\sqrt{2}\pi}\int_0^{2\pi}i_{in}(\omega t)\sin(\omega t)\mathrm{d}(\omega t) \tag{8-85}$$

THD 和输入功率因数可以通过下式计算出

$$THD=\frac{\sqrt{I_{rms}^2-I_{1rms}^2}}{I_{1rms}} \tag{8-86}$$

$$PF=\frac{1}{\sqrt{1+THD^2}} \tag{8-87}$$

根据以上计算方法，利用 MathCAD 可以分析不同电路参数如延迟时间 T_d、导通时间 T_{on}、电感 L 对输入功率因数及输出电压的影响，从而选择合适的电路参数。

由于半个工频周期内开关仅仅开断一次，当输入电压及输出功率变化范围较大的时候，输出电压很难得到良好的约束，电压波动范围较大，不利于后级 DC/DC 的设计及效率优化。同时需要一个较大的电感 L，以改善输入电流质量。以一个 500W 低频 PFC 电路为例，图 8-34 所示为电感值

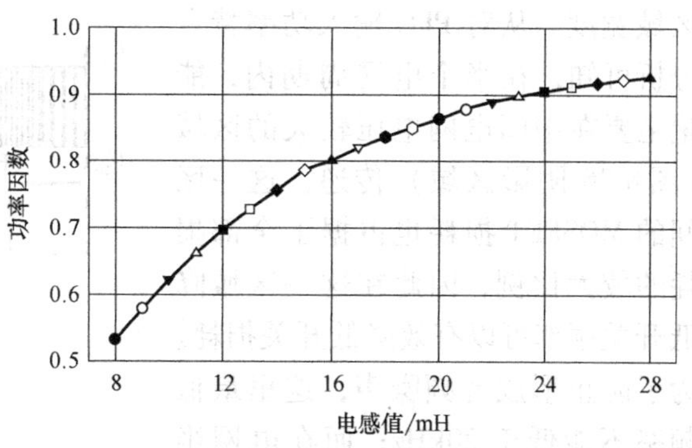

图 8-34　电感值和功率因数的关系
（$T_d=1.6\text{ms}$，$T_{on}=0.7\text{ms}$，$L=26\text{mH}$，$C=1.5\text{mF}$，$U_{in}=230U_{rms}$）

和功率因数的关系曲线。由该曲线可知，在图中工作条件下，为了使满载时功率因数大于0.9，电感值至少应大于24mH，考虑留有一定裕量，可以选取电感值为26mH。由此可见，低频PFC中所需电感值远远大于传统的高频PFC，这也是低频PFC的主要缺陷。

8.4.3 窗口控制功率因数校正变换电路

假设PFC电路的输入功率因数为1，则输入电压和输入电流为同相的正弦波，可以表示为

$$\begin{cases} u_{\text{in}}(t) = U_{\text{m}}\sin(\omega t) \\ i_{\text{in}}(t) = I_{\text{m}}\sin(\omega t) \end{cases} \tag{8-88}$$

根据功率平衡，可以得到输入功率 P_{in}、输出功率 P_{o} 之间的关系如下：

$$P_{\text{in}} = \frac{U_{\text{m}}I_{\text{m}}}{2} = P_{\text{o}} \tag{8-89}$$

PFC电路瞬时输入功率可以表示为

$$p_{\text{in}}(t) = U_{\text{m}}I_{\text{m}}\sin^2(\omega t) = \frac{U_{\text{m}}I_{\text{m}}}{2}[1 - \cos(2\omega t)] = P_{\text{o}}[1 - \cos(2\omega t)] \tag{8-90}$$

如图8-35所示，瞬时输入功率并不是恒定不变，而是以两倍工频频率脉动，其中主要的功率传递区域出现在图8-35阴影区域。该区域传递的功率可计算为

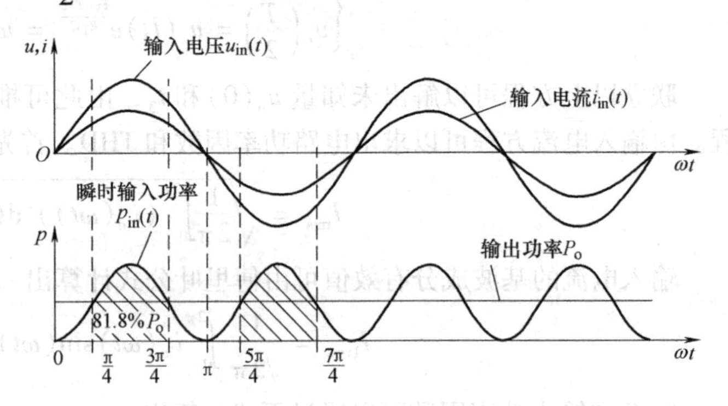

图8-35 PFC电路输入功率分析

$$\begin{aligned} p_{\text{shadow}}(t) &= \frac{1}{\pi}\int_{\frac{\pi}{4}}^{\frac{3\pi}{4}} p_{\text{in}}(\omega t)\,\text{d}(\omega t) \\ &= \frac{1}{\pi}\int_{\frac{\pi}{4}}^{\frac{3\pi}{4}} P_{\text{O}}[1 - \cos(2\omega t)]\,\text{d}(\omega t) \\ &= 81.8\%P_{\text{o}} \end{aligned} \tag{8-91}$$

显然大部分功率在这部分区域传递，大部分损耗也产生在这个区域，降低该区域的开关频率可以有效地降低开关损耗。根据以上分析出现了一种新颖的窗口控制技术。

图8-36所示为功率因数校正变换电路窗口控制概念图，其中 T 为电网周期，W 为窗口区域宽度。从对PFC输入功率特点分析可知，在半个电网周期内，能量主要在中间电网电压较大的区域（图8-36阴影区域）传递，这一区间的MOSFET损耗也占据了全部损耗的较大比例，因此在这一区域降低开关频率可以有效降低开关损耗。为了防止形成音频噪声，这里最低频率不能低于20kHz；而在电网半波的两侧部分，传递功率较少，MOSFET损耗较小，而此时较低的

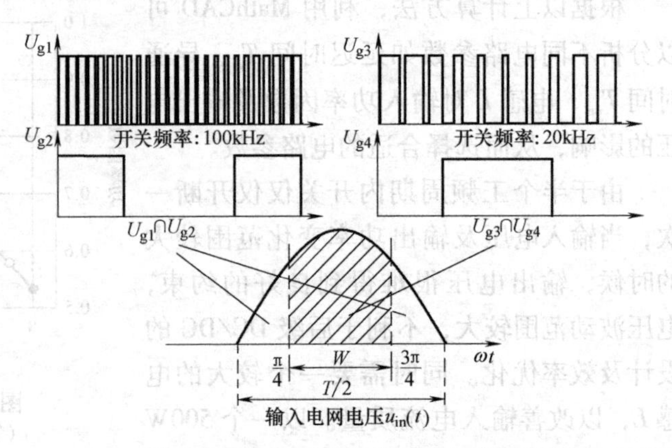

图8-36 功率因数校正变换电路窗口控制概念图

开关频率难以很好地跟踪正弦参考信号，容易形成过零点畸变，降低功率因数，因此在这个区域需要使用较高的开关频率如 100kHz，以获得较高的功率因数。

窗口区域的宽度 W 是窗口控制中最为重要的参数，窗口宽度直接影响着电路效率和功率因数。很明显，窗口宽度越大，电路效率越高，但是电流纹波变大，输入功率因数会降低。实际电路中往往对功率因数的大小有着不同的要求，因此可以根据对功率因数的要求来选择符合条件的窗口宽度。

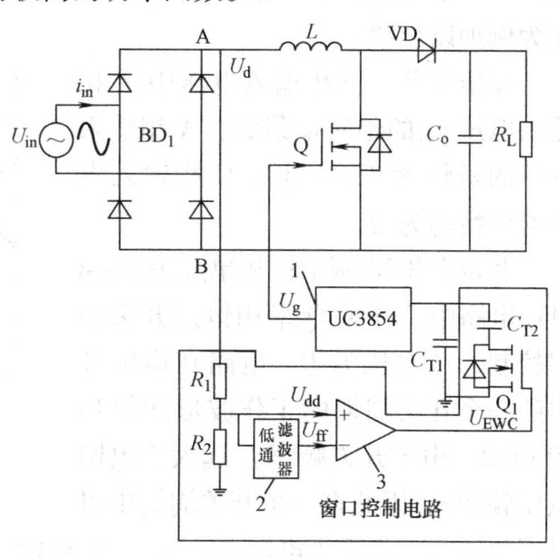

图 8-37　窗口功率因数校正变换电路实现方式

图 8-37 所示为窗口功率因数校正变换电路实现方式。首先采样输入电压正弦半波 U_d，并将其经过低通滤波后得到直流成分 U_{ff}，然后将采样得到的输入电压正弦半波信号 U_{dd} 与该直流成分 U_{ff} 比较得到窗口控制信号 U_{EWC}。由于采用输入电压正弦半波信号与其直流成分比较得到窗口控制信号，在不同输入电网电压下二者始终可以保持恒定比例，因此窗口控制信号可以不受输入电压变化的影响。通过窗口控制信号 U_{EWC} 控制 MOSFET 中 Q_1 的通或断，改变 PFC 控制芯片 UC3854 的外接电容，实现在 UC3854 的两种开关频率之间的切换。

8.5　三相 PFC 原理

单相功率因数校正变换器主要适用于小功率场合，在中大功率场合需要三相功率因数校正技术。三相功率因数校正电路拓扑较多，本节重点介绍三相单开关 Boost PFC 电路、三相六开关 PWM 整流电路。最后，对其他的三相功率因数校正电路作简要介绍。

8.5.1　三相单开关 Boost PFC 电路的控制

将单相 Boost PFC 延伸至三相电路，得到三相单开关 Boost PFC 电路如图 8-38 所示。它由三相二极管整流桥和 Boost 电路组合而成，在单相 Boost PFC 电路中 Boost 电感一般位于二极管整流桥的直流侧，而在三相单开关 Boost PFC 电路中，Boost 电感在二极管整流桥的交流侧。

1. 工作原理

假设三相单开关 Boost PFC 电路工作于电感电流断续模式，而且输入三相电网电压对称，则输入三相电网电压可表示为

$$\begin{cases} u_{sa}(t) = \sqrt{2}U_s\sin\omega t \\ u_{sb}(t) = \sqrt{2}U_s\sin\left(\omega t - \dfrac{2\pi}{3}\right) \\ u_{sc}(t) = \sqrt{2}U_s\sin\left(\omega t + \dfrac{2\pi}{3}\right) \end{cases} \tag{8-92}$$

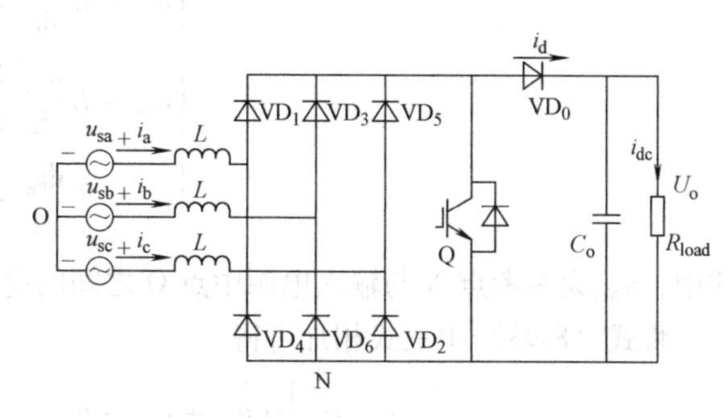

图 8-38　三相单开关 Boost PFC 电路

三相电网电压波形如图 8-39 所示，根据三相电网电压的极性，可以将一个工频周期划分为六个扇区。由于三相单开关 Boost PFC 电路的六个扇区中的工作过程类似，下面以扇区Ⅱ为例加以介绍。

在扇区Ⅱ，三相输入电压中 A 相输入电压 u_{sa} 的绝对值最大，A 相输入电压的极性为正，B 相、C 相输入电压的极性均为负。

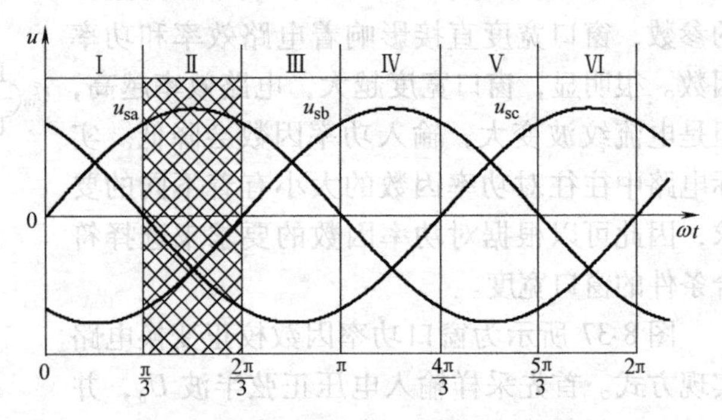

图 8-39　三相电网电压波形及扇区划分

假定图 8-38 所示三相单开关 Boost PFC 电路中，开关 Q 采用恒定开关频率控制，占空比为 D，电路在扇区Ⅱ中的一个开关周期的工作波形如图 8-40 所示。由于开关频率 f_s 远大于电网电压频率 f，因此在一个开关周期中可以近似认为三相输入电压 u_{sa}，u_{sb}，u_{sc} 恒定。一个开关周期可以划分为四个工作阶段，下面对各阶段进行逐一分析。在下面的阶段分析中，为简化分析，假定电力电子器件均为理想开关。

(1) 阶段 1 $(t_0 < t < t_1)$：电感充磁阶段

如图 8-40 所示，在 $t_0 < t < t_1$ 区间内，开关 Q 的驱动信号 $u_g > 0$，开关 Q 导通，二极管 VD_0 承受反压而关断。在该阶段，三相输入电压中 A 相输入电压 u_{sa} 的绝对值最大，而且 $u_{sa} > 0$，$u_{sb} < 0$，$u_{sc} < 0$，可以证明三相整流桥中 VD_1，VD_2 和 VD_6 导通，等效电路如图 8-41a 所示。可见三相输入电压分别连接三个电感，而三个电感的另一端通过开关 Q 而被连接在一起。本阶段中，三个电感处于充磁阶段，而输出部分与输入电源分离，电网中断对负载供电，负载电流由储存在 C_o 中的能量维持。

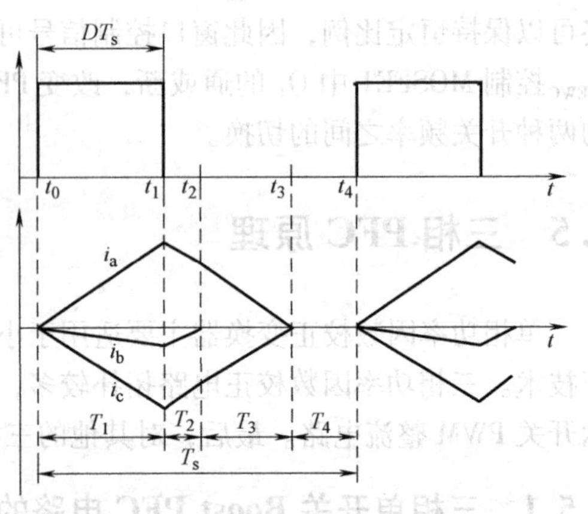

图 8-40　三相单开关 Boost PFC 电路一个开关周期的波形

由图 8-41a 可得

$$\begin{cases} u_{sa} - L\dfrac{di_a}{dt} = u_{NO} \\ u_{sb} - L\dfrac{di_b}{dt} = u_{NO} \\ u_{sc} - L\dfrac{di_c}{dt} = u_{NO} \end{cases} \tag{8-93}$$

式中，u_{NO} 为参考点 N 与输入电源中点 O 之间的电压。

将式（8-93）中三式相加可得

$$u_{NO} = \frac{1}{3}(u_{sa} + u_{sb} + u_{sc}) - \frac{L}{3}\left(\frac{di_a}{dt} + \frac{di_b}{dt} + \frac{di_c}{dt}\right) \tag{8-94}$$

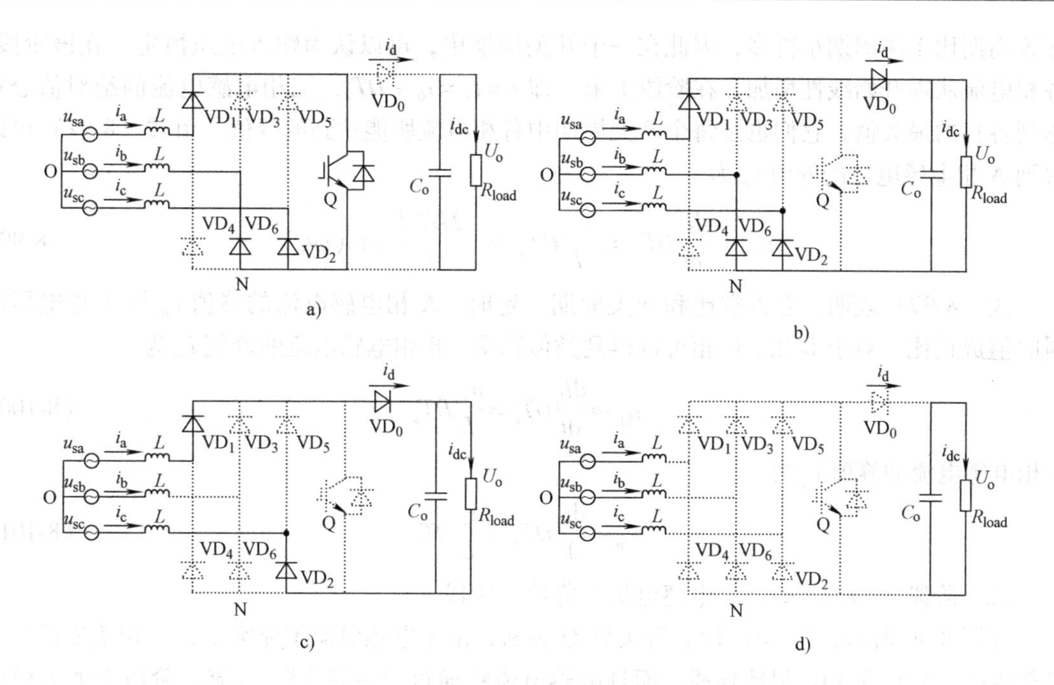

图 8-41　DCM 模式下电路各工作阶段等效电路
a）电感充磁阶段　b）电流下降第一阶段
c）电流下降第二阶段　d）断流阶段

由于三相输入电压对称和输入电流满足 *KCL* 电流定律，可得

$$\begin{cases} u_{sa} + u_{sb} + u_{sc} = 0 \\ i_a + i_b + i_c = 0 \end{cases} \tag{8-95}$$

将式（8-95）代入式（8-94）可得

$$u_{NO} = 0 \tag{8-96}$$

将式（8-96）代入式（8-93），得到

$$\begin{cases} \dfrac{di_a}{dt} = \dfrac{u_{sa}}{L} \\ \dfrac{di_b}{dt} = \dfrac{u_{sb}}{L} \\ \dfrac{di_c}{dt} = \dfrac{u_{sc}}{L} \end{cases} \tag{8-97}$$

将式（8-92）代入式（8-97），得到各相电感电流变化率为

$$\begin{cases} \dfrac{di_a}{dt} = \dfrac{\sqrt{2}U_s}{L}\sin\omega t \\ \dfrac{di_b}{dt} = \dfrac{\sqrt{2}U_s}{L}\sin\left(\omega t - \dfrac{2\pi}{3}\right) \\ \dfrac{di_c}{dt} = \dfrac{\sqrt{2}U_s}{L}\sin\left(\omega t + \dfrac{2\pi}{3}\right) \end{cases} \tag{8-98}$$

式（8-98）表明阶段 1 各相电感电流的上升率分别与对应相的电压瞬时值成正比。由于

开关周期比工频周期小得多，因此在一个开关周期中，可以认为输入电压恒定。在该阶段，各相电流从零开始线性增加。在阶段1末，即 $t = t_1 = t_0 + DT_s$，三相电感电流的绝对值分别达到各自的最大值，它们也是每个开关周期中各相电流所能达到的峰值。由式（8-97）可以得到A相电感电流的峰值 i_{ap} 为

$$i_{ap} \approx \frac{di_a}{dt}DT_s = \frac{u_{sa}}{L}DT_s = \frac{\sqrt{2}DT_sU_s}{L}\sin(\omega t_0) \tag{8-99}$$

式（8-99）表明，在占空比和开关周期一定时，A相电感电流的峰值 i_{ap} 与A相电压的瞬时值成正比。对于B相、C相可以得到类似结果，B相电感电流的峰值 i_{bp} 为

$$i_{bp} \approx \frac{di_b}{dt}DT_s = \frac{u_{sb}}{L}DT_s \tag{8-100}$$

C 相电感电流的峰值 i_{cp} 为

$$i_{cp} \approx \frac{di_c}{dt}DT_s = \frac{u_{sc}}{L}DT_s \tag{8-101}$$

（2）阶段2（$t_1 < t < t_2$）：电感电流下降第一阶段

如图8-40所示，当 $t = t_1$ 时，开关管Q关断，由于电感电流不能突变，三相整流桥中二极管 VD_1、VD_2 和 VD_6 保持导通，而且电感电流将通过二极管 VD_0 续流，阶段2的等效电路如图8-41b所示。在此阶段，三相电感 L 和输入电源一起向负载输送能量。根据图8-41b的等效电路可得

$$\begin{cases} L\left(\dfrac{di_a}{dt} - \dfrac{di_c}{dt}\right) = u_{sa} - u_{sc} - u_o \\ L\left(\dfrac{di_a}{dt} - \dfrac{di_b}{dt}\right) = u_{sa} - u_{sb} - u_o \\ L\left(\dfrac{di_c}{dt} - \dfrac{di_b}{dt}\right) = u_{sc} - u_{sb} \end{cases} \tag{8-102}$$

将式（8-102）中的前两式相加可得

$$L\left(2\frac{di_a}{dt} - \frac{d(i_b + i_c)}{dt}\right) = 2u_{sa} - (u_{sb} + u_{sc}) - 2u_o \tag{8-103}$$

利用式（8-95）化简得到

$$\frac{di_a}{dt} = \frac{1}{L}\left(u_{sa} - \frac{2u_o}{3}\right) \tag{8-104}$$

类似地可以推得其他两相电感电流在阶段2的变化率，三相合写如下：

$$\begin{cases} \dfrac{di_a}{dt} = \dfrac{1}{L}\left(u_{sa} - \dfrac{2u_o}{3}\right) \\ \dfrac{di_b}{dt} = \dfrac{1}{L}\left(u_{sb} + \dfrac{u_o}{3}\right) \\ \dfrac{di_c}{dt} = \dfrac{1}{L}\left(u_{sc} + \dfrac{u_o}{3}\right) \end{cases} \tag{8-105}$$

在阶段2，各相电感向输出负载释放能量，电感电流绝对值下降，下降速率与输出电压和各相电压有关。如图8-39所示，在扇区Ⅱ的前1/2区间中，即［π/3，π/2］，由于C相电压瞬

时值的绝对值最小，根据式（8-101），阶段 1 末，C 相电感电流所能达到的峰值最小，即 C 相电感储能最少，因此在阶段 2 中，C 相电感电流最先下降为零；同理，对于扇区Ⅱ的后 1/2 区间中，即［π/2，2π/3］，在阶段 2 中，B 相电感电流绝对值最先下降为零。一旦 B 相电流或 C 相电感电流下降为零，阶段 2 结束。下面以开关周期处于扇区Ⅱ的［π/2，2π/3］区间进行分析。

由式（8-105）可以推得在阶段 2 中 B 相电流 i_b 的表达式为

$$i_b(t) = i_{bp} + \frac{1}{L}\left(u_{sb} + \frac{u_o}{3}\right)(t - t_1) \tag{8-106}$$

在扇区Ⅱ的后 1/2 区间中，即［π/2，2π/3］，阶段 2 的持续时间 T_2 即为 B 相电流由其最大值 i_{bp} 下降为零所需的时间。由式（8-106），并结合式（8-100）得到阶段 2 的持续时间 T_2 为

$$T_2 = t_2 - t_1 = -\frac{Li_{bp}}{u_{sb} + \dfrac{u_o}{3}} = -\frac{u_{sb}DT_s}{u_{sb} + \dfrac{u_o}{3}} \tag{8-107}$$

由式（8-105）可知，在阶段 2，A 相电流 i_a 可以表示为

$$i_a(t) = i_{ap} + \frac{1}{L}\left(u_{sa} - \frac{2u_o}{3}\right)(t - t_1) \tag{8-108}$$

阶段 2 末的 A 相电流为

$$i_a(t_2) = i_{ap} + \frac{1}{L}\left(u_{sa} - \frac{2u_o}{3}\right)T_2 \tag{8-109}$$

代入式（8-99）和式（8-107），得到

$$i_a(t_2) = \frac{u_{sa}}{L}DT_s - \frac{1}{L}\left(u_{sa} - \frac{2u_o}{3}\right)\frac{u_{sb}DT_s}{u_{sb} + \dfrac{u_o}{3}} = \frac{u_oDT_s}{3L}\,\frac{u_{sa} + 2u_{sb}}{u_{sb} + \dfrac{u_o}{3}} \tag{8-110}$$

在阶段 2，C 相电流 i_c 可以表示为

$$i_c(t) = i_{cp} + \frac{1}{L}\left(u_{sc} + \frac{u_o}{3}\right)(t - t_1) \tag{8-111}$$

由式（8-95）得到

$$i_c(t) = -i_a(t) - i_b(t) \tag{8-112}$$

阶段 2 末的 C 相电流为

$$i_c(t_2) = -i_a(t_2) - i_b(t_2) = -i_a(t_2) \tag{8-113}$$

（3）阶段 3（$t_2 < t < t_3$）：电感电流下降第二阶段

阶段 3 的等效电路有两种。如果开关周期处于扇区Ⅱ的前 1/2 区间中，即［π/3，π/2］，在阶段 2 中 C 相电感电流绝对值最先下降为零；如果开关周期处于扇区Ⅱ的后 1/2 区间中，即［π/2，2π/3］，在阶段 2 中 B 相电感电流绝对值最先下降为零。现在假定开关周期处于扇区Ⅱ的后 1/2 区间中，于是在阶段 2 中 B 相电感电流绝对值最先下降为零，于是阶段 2 结束，得到阶段 3 的等效电路如图 8-41c 所示。在阶段 3 中，二极管 VD_6 关断，而且输入 B 相电流 $i_b = 0$，三相整流桥中只有二极管 VD_1 和 VD_2 导通，由图 8-41c 可以得到

$$\begin{cases} L\left(\dfrac{\mathrm{d}i_{\mathrm{a}}}{\mathrm{d}t}-\dfrac{\mathrm{d}i_{\mathrm{c}}}{\mathrm{d}t}\right)=u_{\mathrm{sa}}-u_{\mathrm{sc}}-u_{\mathrm{o}} \\ i_{\mathrm{b}}=0 \\ i_{\mathrm{a}}=-i_{\mathrm{c}} \end{cases} \tag{8-114}$$

解得

$$\begin{cases} \dfrac{\mathrm{d}i_{\mathrm{a}}}{\mathrm{d}t}=\dfrac{u_{\mathrm{sa}}-u_{\mathrm{sc}}-u_{\mathrm{o}}}{2L} \\ i_{\mathrm{b}}=0 \\ \dfrac{\mathrm{d}i_{\mathrm{c}}}{\mathrm{d}t}=-\dfrac{u_{\mathrm{sa}}-u_{\mathrm{sc}}-u_{\mathrm{o}}}{2L} \end{cases} \tag{8-115}$$

可见，在阶段3中电感电流下降率与输入电压和输出电压有关。式（8-115）只适用于［π/2，2π/3］区间，对于其他区间也可类似推导。

根据式（8-115），可以得到阶段3的A相电流为

$$i_{\mathrm{a}}(t)=i_{\mathrm{a}}(t_2)+\frac{u_{\mathrm{sa}}-u_{\mathrm{sc}}-u_{\mathrm{o}}}{2L}(t-t_2) \tag{8-116}$$

当A相电流下降到零时，阶段3结束。由式（8-116）得到阶段3的持续时间为

$$T_3=t_3-t_2=-\frac{2Li_{\mathrm{a}}(t_2)}{u_{\mathrm{sa}}-u_{\mathrm{sc}}-u_{\mathrm{o}}} \tag{8-117}$$

代入式（8-110）可得

$$T_3=t_3-t_2=-\frac{2L}{u_{\mathrm{sa}}-u_{\mathrm{sc}}-U_{\mathrm{o}}}\frac{U_{\mathrm{o}}DT_{\mathrm{s}}}{3L}\frac{u_{\mathrm{sa}}+2u_{\mathrm{sb}}}{u_{\mathrm{sb}}+\dfrac{U_{\mathrm{o}}}{3}}=-\frac{2u_{\mathrm{o}}DT_{\mathrm{s}}}{3}\frac{u_{\mathrm{sa}}+2u_{\mathrm{sb}}}{(u_{\mathrm{sa}}-u_{\mathrm{sc}}-u_{\mathrm{o}})\left(u_{\mathrm{sb}}+\dfrac{u_{\mathrm{o}}}{3}\right)} \tag{8-118}$$

（4）阶段4（$t_3<t<t_4$）：断流阶段

在阶段3中，A相和C相电流方向相反但大小相等，同时下降。一旦A相或C相电流下降为零，阶段3即告结束，而后进入阶段4。在阶段4，三相整流桥中所有二极管均截止，开关管Q和VD_0也关断，输入三相电感电流都为零，成为断流模式，阶段4的等效电路如图8-41d所示。负载与电源脱离，负载由C_{o}放电电流维持。

三相单开关PFC电路开关频率远高于电网频率，在一个开关周期内，输入电压瞬时值可近似认为不变。在开关导通期间，即在阶段1中加在三个Boost电感上的电压分别为各相的相电压，电感电流线性上升，在这期间各相的电流峰值正比于对应各相相电压瞬时值。但在开关关断的阶段2和阶段3中，加在输入各电感上的电压由输出电压与相电压瞬时值共同决定，因而电感上的电流平均值与输入电压瞬时值不再满足线性关系，电流也就产生了畸变。根据以上开关周期的分析，可以得出输入相电流的开关周期平均值的表达式。

以A相为例，当开关周期处于扇区Ⅱ的［π/2，2π/3］区间时，一个开关周期的A相电流如图8-40所示，A相电流的开关周期平均值为

$$\overline{i_{\mathrm{a}}}=\frac{1}{T_{\mathrm{s}}}\int_t^{t+T_{\mathrm{s}}}i(\tau)\mathrm{d}\tau=\frac{1}{T_{\mathrm{s}}}\left[\int_{t_0}^{t_1}i(\tau)\mathrm{d}\tau+\int_{t_1}^{t_2}i(\tau)\mathrm{d}\tau+\int_{t_2}^{t_3}i(\tau)\mathrm{d}\tau\right] \tag{8-119}$$

积分用求面积替代

$$\overline{i_a} = \frac{1}{T_s}\int_t^{t+T_s} i(\tau)\mathrm{d}\tau = \frac{1}{T_s}\left\{\frac{i_{ap}DT_s}{2} + \frac{[i_{ap} + i_a(t_2)]T_2}{2} + \frac{i_a(t_2)T_3}{2}\right\} \tag{8-120}$$

$$\approx \frac{1}{T_s}\left[\frac{i_{ap}}{2}(DT_s + T_2 + T_3)\right] \tag{8-121}$$

代入式（8-99）、式（8-107）、式（8-118），化简可得

$$\overline{i_a} = \frac{u_o D^2 T_s}{2L}\frac{u_o u_{sa} + 3u_{sa}u_{sb}}{(u_o - u_{sa} + u_{sc})(u_o + 3u_{sb})} \tag{8-122}$$

代入式（8-92），化简可得

$$\overline{i_a} = \frac{u_o D^2}{2Lf_s}\frac{M\sin(\omega t) + 3\sin(\omega t)\sin\left(\omega t - \frac{2\pi}{3}\right)}{\left[M - \sin(\omega t) + \sin\left(\omega t + \frac{2\pi}{3}\right)\right]\left[M + 3\sin\left(\omega t - \frac{2\pi}{3}\right)\right]} \tag{8-123}$$

式中，整流输出电压增益 M 定义为输出直流电压和输入交流电压峰值之比，即

$$M = \frac{u_o}{\sqrt{2}U_S} \tag{8-124}$$

同理，可以求得 A 相电流在其他区间内的表达式。考虑到 A 相电流为 1/4 工频周期对称，因此只需写出［0，π/2］区间 A 相电流的开关周期平均值的表达式。A 相电流的开关周期平均值表达式如下：

$$\overline{i_a}(\omega t) = \begin{cases} \dfrac{u_o D^2}{2Lf_s}\dfrac{\sin(\omega t)}{M - 3\sin(\omega t)} & ,0 \leqslant \omega t \leqslant \dfrac{\pi}{6} \\ \dfrac{u_o D^2}{2Lf_s}\dfrac{M\sin(\omega t) + \frac{\sqrt{3}}{2}\sin\left(2\omega t - \frac{2\pi}{3}\right)}{\left[M - 3\sin\left(\omega t + \frac{2\pi}{3}\right)\right]\left[M - \sqrt{3}\sin\left(\omega t + \frac{\pi}{6}\right)\right]} & ,\dfrac{\pi}{6} \leqslant \omega t \leqslant \dfrac{\pi}{3} \\ \dfrac{u_o D^2}{2Lf_s}\dfrac{M\sin(\omega t) + \sqrt{3}\sin\left(2\omega t + \frac{\pi}{3}\right)}{\left[M + 3\sin\left(\omega t + \frac{2\pi}{3}\right)\right]\left[M - \sqrt{3}\sin\left(\omega t + \frac{\pi}{6}\right)\right]} & ,\dfrac{\pi}{3} \leqslant \omega t \leqslant \dfrac{\pi}{2} \end{cases} \tag{8-125}$$

定义规一化的输入相电流为

$$\overline{i_a^*}(\omega t) = \frac{\overline{i_a}(\omega t)}{\overline{i_a}\left(\frac{\pi}{2}\right)} \tag{8-126}$$

由式（8-125）可见，输入相电流波形与升压比有关。图 8-42 所示为规一化的输入相电流波形与升压比的关系。从图可知，升压比 M 越大，电流波形正弦度越好。原因是升压比 M 越大，可以缩短一个开关周期中电流下降模式所占用的时间 T_2 和 T_3，削弱输入电流开关周期平均值对输出电压的非线性依赖关系，从而可以减小电流畸变。图 8-43 所示为各次谐波幅值与整流输出电压增益 M 的关系。

从上面的分析可知，为了减小网侧输入电流的畸变，需要提高输出电压，但提高输出电压将增大电路中功率器件的电压应力，同时使得后级功率变换器的输入电压升高。

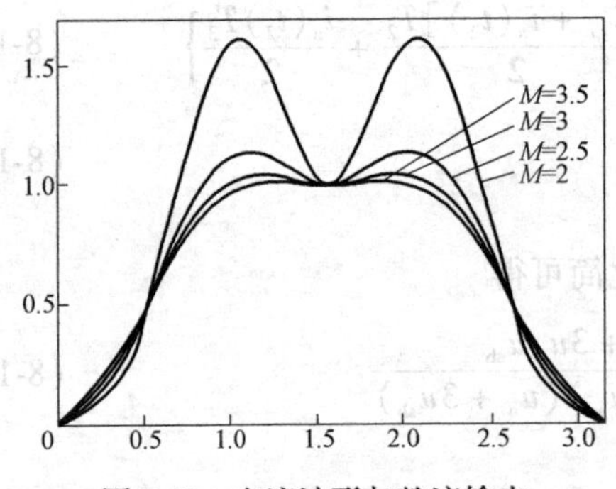

图 8-42 电流波形与整流输出电压增益 M 关系

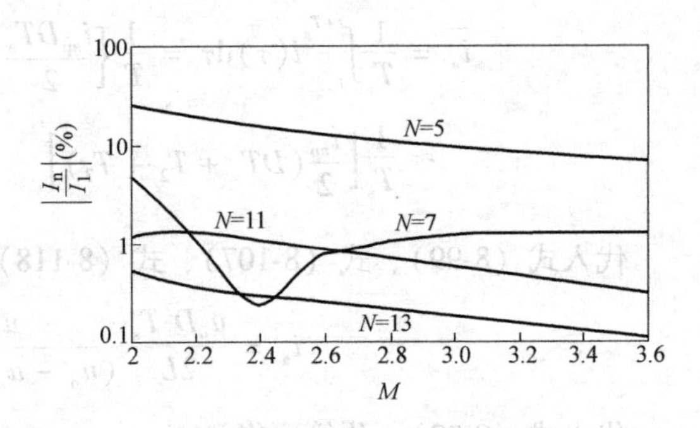

图 8-43 各次谐波幅值与整流输出电压增益 M 的关系

三相单开关 Boost PFC 电路的优点是：仅使用一只开关管，电路简单，控制简单；由于电路工作在 DCM 模式，Boost 二极管 VD_0 不存在反向恢复问题，且开关管在零电流下开通，开关损耗小。但是，三相单开关 Boost PFC 电路工作在 DCM 模式存在输入电流 *THD* 较大的问题，需要有较大的电源侧 EMI 滤波器。三相单开关 Boost PFC 电路一般应用于输出功率小于 10kW，并且对输入电流 *THD* 要求不高的场合。

2. 电路的控制

三相单开关 PFC 电路的控制如图 8-44 所示，控制环路中只有一个电压环，输出电压与参考电压的误差经过 PI 调节器后的控制信号与三角波比较，获得 PWM 信号控制开关管 Q 的导通或关断。

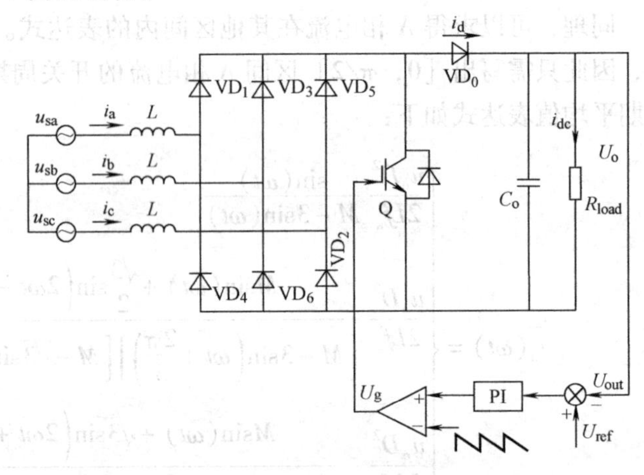

图 8-44 三相单开关 PFC 电路的控制

为了减小输出电压值和输入电流的 *THD* 值，可以使用注入谐波的方法来实现开关管的脉宽微调，从而减小电流 *THD* 值。谐波注入法主要是通过注入 6 次谐波来抑制输入电流谐波。6 次谐波注入使开关占空比修改为

$$d(t) = D\left[1 + m\sin\left(6\omega t + \frac{3\pi}{2}\right)\right] \tag{8-127}$$

m 为调节参数，$0 < m < 1$。由图 8-43 可知，输入电流谐波中 5 次谐波占主导地位，略去 5 次以上谐波时，三相电流可近似为

$$\begin{cases} i_a = I_1\sin(\omega t) + I_5\sin(5\omega t + \pi) \\ i_b = I_1\sin\left(\omega t - \dfrac{2\pi}{3}\right) + I_5\sin\left(5\omega t - \dfrac{\pi}{3}\right) \\ i_c = I_1\sin\left(\omega t - \dfrac{4\pi}{3}\right) + I_5\sin\left(5\omega t + \dfrac{\pi}{3}\right) \end{cases} \tag{8-128}$$

把式(8-127)代入式(8-125)中的 D,并忽略 m^2 项和高于 7 次的谐波,则有

$$
\begin{cases}
i_a' = I_1\sin(\omega t) + (I_5 - mI_1)\sin(5\omega t + \pi) - mI_1\sin(7\omega t) \\
i_b' = I_1\sin\left(\omega t - \dfrac{2\pi}{3}\right) + (I_5 - mI_1)\sin\left(5\omega t - \dfrac{\pi}{3}\right) - mI_1\sin\left(7\omega t - \dfrac{2\pi}{3}\right) \\
i_c' = I_1\sin\left(\omega t - \dfrac{4\pi}{3}\right) + (I_5 - mI_1)\sin\left(5\omega t + \dfrac{\pi}{3}\right) - mI_1\sin\left(7\omega t - \dfrac{4\pi}{3}\right)
\end{cases}
\tag{8-129}
$$

由此可见，注入6次谐波时，可以减小5次谐波，但同时也增大了7次谐波。谐波注入法的控制框图如图8-45所示。

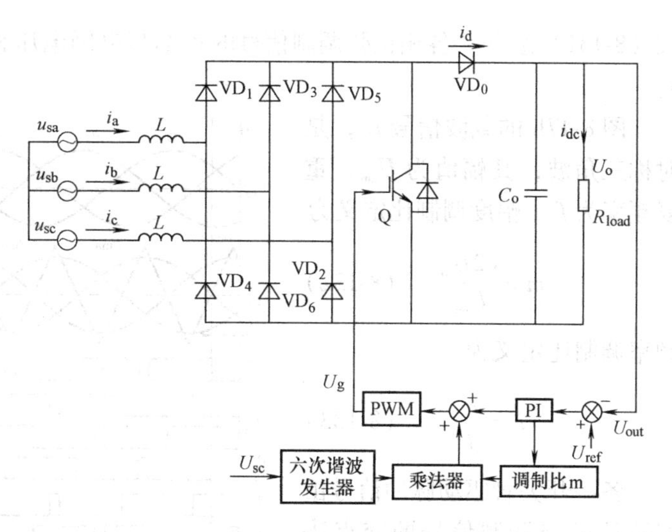

图8-45　谐波注入法控制框图

8.5.2　三相六开关PFC电路的控制

三相六开关电压型PWM整流电路如图8-46所示，主电路和三相逆变器是一样的。达到稳态时，输出直流电压不变，如果三相桥臂开关按照正弦规律脉宽调制或者空间矢量调制，PWM整流电路交流侧电压是可控三相电压源u_{ia}、u_{ib}和u_{ic}，它和输入三相电网电压共同作用于输入电感。适当控制PWM整流电路交流侧的电压u_{ia}、u_{ib}和u_{ic}的幅值和相位，就可以调节从三相电源u_{sa}、u_{sb}和u_{sc}取得的有功功率和无功功率的大小和方向。显然，对于功率因数校正的应用场合，要求无功功率应控制为零，有功功率能够可调以满足PWM整流电路负载的要求，另外直流电压能够稳定调节。

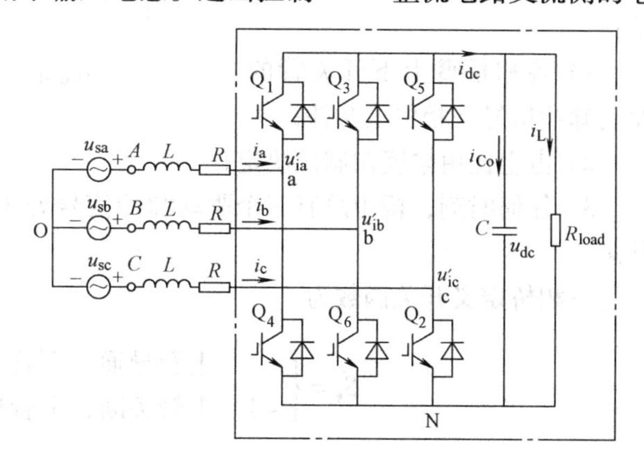

图8-46　三相电压型PWM整流器主电路

为了简化讨论，假设输入电网电压三相对称，可表示为

$$
\begin{cases}
u_{sa}(t) = \sqrt{2}U_s\sin\omega t \\
u_{sb}(t) = \sqrt{2}U_s\sin\left(\omega t - \dfrac{2\pi}{3}\right) \\
u_{sc}(t) = \sqrt{2}U_s\sin\left(\omega t + \dfrac{2\pi}{3}\right)
\end{cases}
\tag{8-130}
$$

假设所有开关元器件为理想开关，交流侧各相电阻、电感参数相同，即$L_a = L_b = L_c = L$，$R_a = R_b = R_c = L$。

图8-47b为三相电压型PWM整流器在SPWM调制下的典型工作波形。图中三相调制信号分别为

$$\begin{cases} u_{ma}(t) = \sqrt{2}U_m\sin(\omega t - \delta) \\ u_{mb}(t) = \sqrt{2}U_m\sin\left(\omega t - \delta - \dfrac{2\pi}{3}\right) \\ u_{mc}(t) = \sqrt{2}U_m\sin\left(\omega t - \delta + \dfrac{2\pi}{3}\right) \end{cases} \tag{8-131}$$

式（8-131）表明，各相正弦调制信号的频率与电网电压相同，但相位滞后于电网一个角度 δ。

图 8-47b 的载波信号 u_c，是对称三角波，其幅值为 U_{cm}，重复频率为 f_s。幅度调制比定义为

$$m = \frac{\sqrt{2}U_m}{U_{cm}} \tag{8-132}$$

频率调制比定义为

$$K = \frac{f_s}{f} \tag{8-133}$$

各相开关管驱动脉冲信号由载波信号与调制信号的交点决定，如图 8-47c 所示。由图可见，开关管驱动脉冲具有以下特征：

1）各相桥臂上下开关管的驱动脉冲信号在相位上互补；

2）占空比由幅度调制比决定；

3）任何时刻，桥中总有三个驱动脉冲信号处于高电平，即桥中有三个开关管处于导通状态。

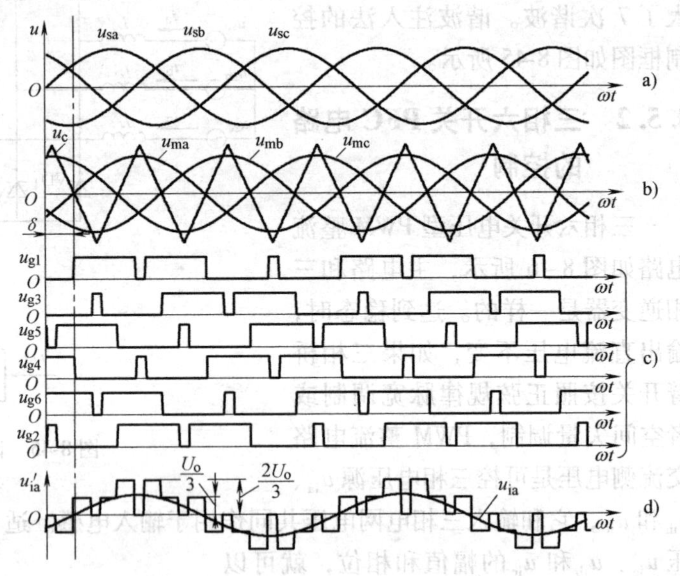

图 8-47　三相电压型 PWM 整流器工作波形

三相桥定义开关函数为

$$S_k = \begin{cases} 1 & \text{上管导通，下管关断} \\ -1 & \text{上管关断，下管导通} \end{cases} \quad k = a,\ b,\ c \tag{8-134}$$

可以推得整流器交流侧相电压表达式为

$$u_{ik}' = \left(S_k - \frac{S_a + S_b + S_c}{3}\right)u_o \tag{8-135}$$

根据上式和图 8-47c 可计算三相桥交流侧 A 相电压 $u_{ia}'(t)$ 波形，如图 8-47d 所示。图中，$u_{ia}'(t)$ 为三相桥交流侧 A 相电压基波分量，它对应调制信号 u_{ma}，可以表示为

$$u_{ia}(t) = \sqrt{2}U_i\sin(\omega t - \delta) \tag{8-136}$$

通过对 PWM 整流电路中开关的 SPWM 或者 SVM 调制控制，PWM 整流电路交流侧电压的基波幅值和相位可调，如果忽略谐波成分，可以表示为

$$\begin{cases} u_{ia}(t) = \sqrt{2}U_i\sin(\omega t - \delta) \\ u_{ib}(t) = \sqrt{2}U_i\sin(\omega t - \delta - 2\pi/3) \\ u_{ic}(t) = \sqrt{2}U_i\sin(\omega t - \delta + 2\pi/3) \end{cases} \tag{8-137}$$

式中，δ 是 PWM 整流电路交流侧电压的基波滞后于网侧输入电压的角度。用三相电压源 u_{ia}、u_{ib}和 u_{ic}代替图 8-46 中点画线方框的部分，可得到三相 PWM 整流器的交流基波等效电路，如图 8-48 所示。

由于图 8-48 所示的等效电路三相对称，这样三相交流电流也对称，三相交流电流可以表示为

$$\begin{cases} i_a(t) = \sqrt{2}I_s\cos(\omega t - \varphi) \\ i_b(t) = \sqrt{2}I_s\cos(\omega t - \varphi - 2\pi/3) \\ i_c(t) = \sqrt{2}I_s\cos(\omega t - \varphi + 2\pi/3) \end{cases} \tag{8-138}$$

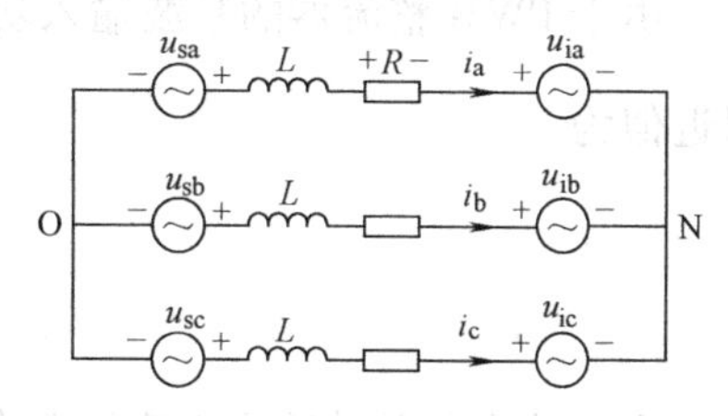

图 8-48　三相 PWM 整流器交流基波等效电路

式中，基波功率因数角 φ 是整流器输入电流滞后于网侧输入电压的角度。对于 PWM 整流电路，希望 $\varphi = 0$。以整流器 A 相为例，如果忽略电阻 R，则整流器 A 相电压、电流相量关系如图 8-49 所示，A 相电网侧输入电压相量 $\dot{U}_{sa}$、电网侧输入电流相量 $\dot{I}_{sa}$和整流器交流侧基波电压相量 $\dot{U}_{ia}$的矢量关系为

$$\dot{U}_{sa} = \dot{U}_{ia} + \mathrm{j}X\dot{I}_{sa} \tag{8-139}$$

式中，$X = \omega L$。图 8-49 为三相 PWM 整流器交流基波等效电路的相量图。

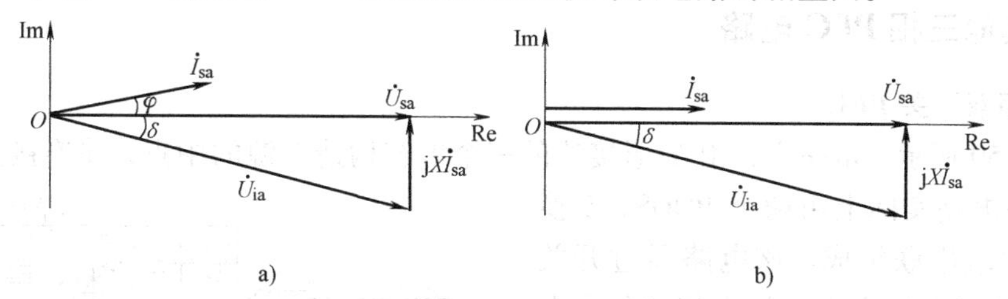

图 8-49　三相 PWM 整流器交流基波等效电路的相量图

a）基波功率因数角为 φ 时的相量图　b）基波功率因数角 $\varphi = 0$ 时的相量图

输入电流相量 $\dot{I}_{sa}$为

$$\dot{I}_{sa} = \frac{\dot{U}_{sa} - \dot{U}_{ia}}{\mathrm{j}X} = \frac{\sqrt{2}U_s - \sqrt{2}U_i\mathrm{e}^{-\mathrm{j}\delta}}{\mathrm{j}X} = \frac{\sqrt{2}U_s - \sqrt{2}U_i(\cos\delta - \mathrm{j}\sin\delta)}{\mathrm{j}X}$$
$$= \frac{\sqrt{2}U_i\sin\delta - \mathrm{j}\sqrt{2}(U_s - U_i\cos\delta)}{X} \tag{8-140}$$

输入电流相量 $\dot{I}_{sa}$的有功电流分量的有效值为

$$I_P = \frac{U_i\sin\delta}{X} \tag{8-141}$$

输入电流相量 $\dot{I}_{sa}$的无功电流分量的有效值为

$$I_Q = \frac{(U_s - U_i\cos\delta)}{X} \tag{8-142}$$

在对称系统中，电网流入PWM整流器有功功率和无功功率分别为

$$\begin{cases} P = 3U_sU_i\sin\delta/X \\ Q = 3U_s\dfrac{U_s - U_i\cos\delta}{X} \end{cases} \tag{8-143}$$

由于PWM整流器的基波输入功率因数角δ一般较小，即$\delta << \dfrac{\pi}{2}$，因此式（8-143）可以近似为

$$\begin{cases} P \approx 3U_sU_i\delta/X \\ Q \approx 3U_s\dfrac{U_s - U_i}{X} \end{cases} \tag{8-144}$$

有功功率与基波输入功率因数角δ成正比，即输入功率随着δ的增加而增加。当δ为正时，PWM整流器从电网吸收功率；当δ为负时，PWM整流器向电网发出功率。无功功率与电源电压与PWM整流器交流侧基波电压有效值之差$U_s - U$成正比。如果电源电压一定，随着PWM整流器交流侧基波电压有效值增加，输入无功功率减小。当$U_s - U_i$为正时，PWM整流器从电网吸收感性无功功率；当$U_s - U_i$为负时，PWM整流器从电网吸收容性无功功率。

为了实现功率因数校正，希望无功功率$Q = 0$，使基波功率因数角$\varphi = 0$，如图8-49b所示。通过控制δ，调节输入有功功率的大小。

8.5.3 其他三相PFC电路

1. 三相双开关PFC

在图8-50所示的电路中，由Y形接法的三个电容构造电源的中点，并连接至输出直流的中点，该电路实际上由两个BOOST变换电路在输出端串联组成。该电路通过开关S_1和S_2分别控制正向电压最大相和负向电压最大相的输入电流，实现功率因数校正的目的。为了保证输出直流的中点，设计了中点电压平衡控制电路，PI调节器用于输出点电压平衡控制，以保证电压u_{C1}和u_{C2}相等。另外有两个级联式双环调节环路，分别用于上BOOST变换电路和下BOOST变换电路的控制。电路的优点是：开关管数量较少；开关管所承受的电压只有输出电压的一半，这就可以选择耐压低而开关速度快的开关器件，如MOSFET；有利于减少开关损耗，提高开关频率，减小输入滤波电感体积。电路工作在CCM下，与单开关三相PFC比较，前端的EMI滤波器较小。电路的缺点

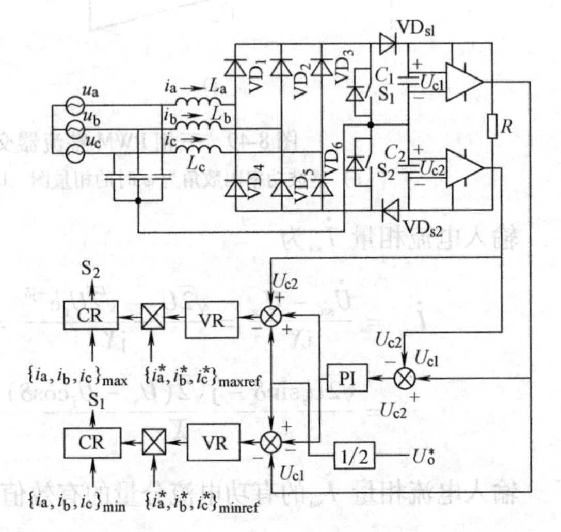

图8-50　三相双开关三电平PFC电路及控制框图

是：输入功率因数低，输入电流的 *THD* 较大。能量只能单向流动，输出直流电压的调节动态性能较差。

2. 三相三开关 PFC 电路

三相三开关 PFC 电路如图 8-51 所示，其中 S_1，S_2，S_3 为双向开关。由于电路的对称性，可以认为电容中点电位 U_M 与电网中点的电位近似相同，通过开关 S_1、S_2、S_3 可分别控制对应交流输入电感的电流。开关合上时对应输入相电流绝对值增大，开关断开时对应相桥臂上臂二极管或下臂二极管导通（电流为正时，上臂二极管导通；电流为负时，下臂二极管导通），在输出电压的作用下对应相电感上的电流减小。该电路的输入相电流的控制可以采用空间向量调制法。

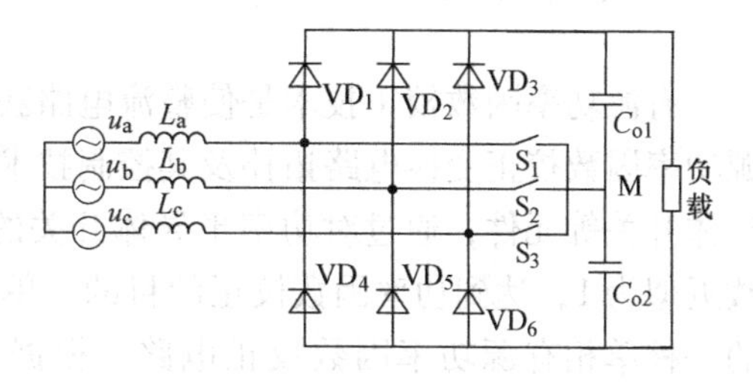

图 8-51　三相三开关三电平 PFC 电路

图 8-51 中的双向开关用一只 MOSFET 器件和四只整流二极管组成的整流桥相连接构成的双向开关来代替，就形成了维也纳整流器，如图 8-52 所示。这种电路的优点是开关所承受的电压只有输出电压的一半，因此可采用 MOSFET 器件。该电路的优点是输入电流 *THD* 小，电路的功率变换效率高，缺点是需要使用的元器件数量多。

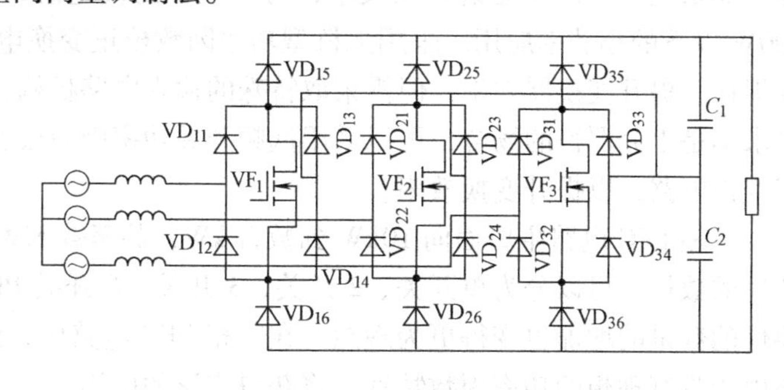

图 8-52　维也纳整流电路

3. 电流型三相 PFC 电路

电流型三相 PFC 电路利用电感 L_{dc} 作为储能元件，如图 8-53 所示。电流型三相 PFC 电路具有 Buck 型变换器的结构，因此其输出直流电压总是低于输入线电压的幅值。交流侧通常安装吸收电容，吸收电容吸收开关换流过程在交流侧电感上的能量，抑制开关上的电压过冲。直流侧的储能元件为一个大电感，使直流侧呈现电流源的特性。该电路要求三相桥中的开关器件具有反向阻断能力，如果开关器件没有反向阻断能力，如 MOSFET、IGBT，需要通过外部串联二极管构成。

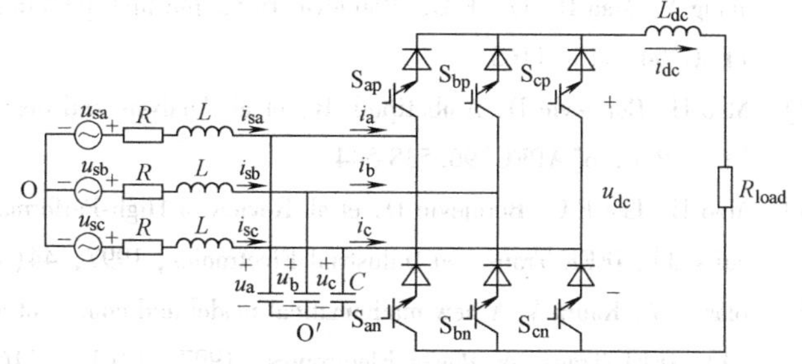

图 8-53　电流型三相 PFC 电路

电流型三相 PFC 电路的优点是可以实现较低压输出，并且由于输出电感的存在，没有桥臂直通的问题，电路的过电流保护方便。缺点是输入相电流不连续，输入滤波器较大，输出滤波电感的体积、重量和损耗都较大。另外，如果所用的开关器件没有反向阻断能力，通过外串二极管，增大了通态损耗。

8.6 本章小结

有源功率因数校正技术是使整流电路获得较高的功率因数的一种功率变换技术，包含有源功率因数校正变换电路拓扑及其控制技术。在传统整流器与输出直流负载之间引入功率半导体开关等元件，通过对功率半导体开关的脉宽调制（PWM）控制，使得网侧输入功率因数近似为1，达到功率因数校正的目的。单相BOOST型功率因数校正变换器是应用最广泛的一种单相有源功率因数校正电路。根据PWM调制方式的不同，可以分为CCM、DCM、CRM功率因数校正变换器。CCM单相BOOST型功率因数校正变换器具有功率器件利用率高、导通损耗小、电网侧电流连续和电磁干扰小等特点，适合于1kW到数kW的应用。CRM单相BOOST型功率因数校正变换电路，消除了二极管恢复问题，具有开关损耗小的特点。如果进一步结合交错并联技术，可以减少滤波电感，但存在较大的导通损耗，适合于500W以下的小功率应用。采用无桥型功率因数校正变换电路可以进一步减少功率器件的导通损耗，提升变换器效率，但需采取特殊的输入电路机构，解决电磁兼容问题。对功率因数要求不是十分严格的场合，可以采用低频开关功率因数校正变换电路或窗口控制功率因数校正变换电路，以提升变换效率。

三相PFC电路主要面向10kW到数百kW，甚至数MW的应用场合。根据使用有关开关器件的数量，可以分为单开关、2开关、3开关、6开关PFC电路。电路的性能也随着开关器件的数量的增加也变得更为理想。在三相PFC电路中，维也纳PFC电路和6开关PFC电路由于具有理想的功率因数特性，将获得广泛的应用。

参考文献

[1] 林渭勋，现代电力电子电路[M]. 杭州：浙江大学出版社，2002.

[2] Erickson Robert W. Fundamentals of power electronics[M], Kluwer Academic Publishers, 2001.

[3] Jiang Y, Mao H, Lee F C, Borojevic D. Simple high performance three-phase boost rectifiers[C], Proc. of PESC'94. 1158-1163.

[4] Mao H, Borojevic D, Ambatipudi R, et al. Analysis and design of high frequency three-phase boost rectifier [C]. Proc. of APEC'96. 538-544.

[5] Mao H, Lee F C, Borojevic D, et al. Review of High-Performance Three-Phase Power - Factor Correction Circuits[J], IEEE Trans. on Industrial Electronics, 1997, 44(4): 437-446.

[6] blasko V, Kaura V. A new mathematical model and control of a three-phase AC-to-DC voltage source converter [J], IEEE Trans. on Power Electronics, 1997, 12(1): 116 - 122.

[7] Marian P. Kazmierkowski, Luigi Malesani. Current control techniques for three-phase voltage-source PWM converters: a Survey[J], IEEE Transactions on Industrial Electronics, 1998, 45(5): 691-703.

[8] Chen Chern Lin, Lee Che Ming, Tu Rong Jie, et al. A novel simplified space-vector-modulated control scheme for three-phase switch-mode rectifier[J], IEEE Transactions on Industrial Electronics, 1999, 46(3): 512 - 516.

[9] Yazdani D, Bakhshai A R, Norouzzadeh H, Abaspour T, Introducing a novel space vector classification technique for performance improvement of a three-phase PFC converters[C], Proc. of PESC'03: 582-585.

[10] 杨成林，陈敏，徐德鸿. 三相功率因数校正(PFC)技术的综述[J]. 电源技术应用，2002(8): 50-

55.

[11] Huang Qihong, Lee Fred C. Harmonic Reduction In A Single-Switch, Three-Phase Boost Rectifier With High Order Harmonic Injected PWM[C]. Proc. of PESC'96: 1266-1271.

[12] Jang Yungtaek, Milan M. Jovanovic, A New Input-Voltage Feedforward Harmonic-Injection Technique With Nonlinear Gain Control For Single-Switch, Three-Phase , DCM Boost Rectifiers[C]. Proc. of PESC'99: 882-888.

[13] Simonetti D S L, Sebastian J, Uceda J, Single-Switch Three-Phase Power Factor Preregulator Under Variable Switching Frequency and Discontinuous Input Current[C], Proc. of PESC'93: 657-662.

[14] Peter M. Barbosa, Francisco Canales, Lee Fred C. Design Aspects of Paralleled Three-Phase DCM Boost Rectifiers[C], Proc. of PESC'99: 331-336.

[15] Chiu Huang Jen, Wang Tai Hung, Lin Li Wei, et al Current Imbalance Elimination for a Three-Phase Three-Switch PFC Converter[J], IEEE Trans. on Power Electronics, 2008, 23(2): 1020-1022.

[16] Tognolini M, A Ch Rufer. A DSP based Control for a Symmetrical Three-Phase Two -Switch PFC-Power Supply for Variable Output Voltage[C], Proc. of PESC'96: 1588-1594.

[17] Jaehong Hahn, Prasad N. Enjeti, Ira J. Pitel, A new Three-Phase Power-Factor Correction(PFC) Scheme Using Two Single-Phase PFC Modules[J]. IEEE Trans. on Industry Applications 2002, 38(1): 123-129.

[18] LOKAR Johann W, Ertl Hans, Zach Franz C. A Novel Three-Phase Single-Switch Discontinuous-Mode AC-DC Buck-Boost Converter with High-Quality Input Current Waveforms and Isolated Output[J]. IEEE Trans. on Power Electronics, 1994, 9: 160-172.

[19] Jiang Yiming, Mao Hengchun. U. S. PATENT DOCUMENTS 5, 886, 891 March, 1999.

[20] Zhang JM, Ren Y C, et al. Three-Phase Partly-Decoupled CCM PFC Converter Controlled by DSP[C]. Proc. of APEC'01: 577-581.

[21] Xu D M, Yang C, Kong J. H, Qian Zhaoming, Quasi Soft-Switching Partly Decoupled Three-Phase PFC With Approximate Unity Power Factor[C]. Proc. of APEC'98. : 953-957.

[22] Barbosa Peter, Canales Francisco, Lee F C. Analysis and Evaluation of the Two-Switch Three-Level Boost Rectifier[C]. Proc. of PESC'01: 1659-1664.

[23] Ewaldo L. M. Mehl, Ivo Barbi Design Oriented Analysis of A Hign Power Factor and Low Cost Three-Phase Rectifier[C], Proc. of PESC'96: 165-170.

[24] Qiao Chongming, Smedley Keyue M. A General Three-Phase PFC Controller Part I. For Rectifiers with a Parallel-Connected Dual Boost Topology[C]. Proc. of IAS'99: 2504 -2511.

[25] Qiao Chongming, Smedley Keyue M. A General Three-Phase PFC Controller Part II. For Rectifiers with a Parallel-Connected Dual Boost Topology[C]. Proc. of IAS'99: 2512 -2519.

[26] Kolar Johann W, Zach Franz C, A Novel Three-Phase Utility Interface Minimizing Line Current Harmonics of High-Power Telecommunications Rectifier Modules[C]. Proc. of INTELEC'94: 367-374.

[27] Singh B N, Joos Geza, Jain Praveen. Interleaved 3-Phase AC/DC Converters Based on a 4 Switch Topology [C]. Proc. of PESC'00: 1000-1011.